BASIC PHYSICAL PRINCIPLES OF POLYMERS

고분자의 물리적 기본 원리

박정기 저

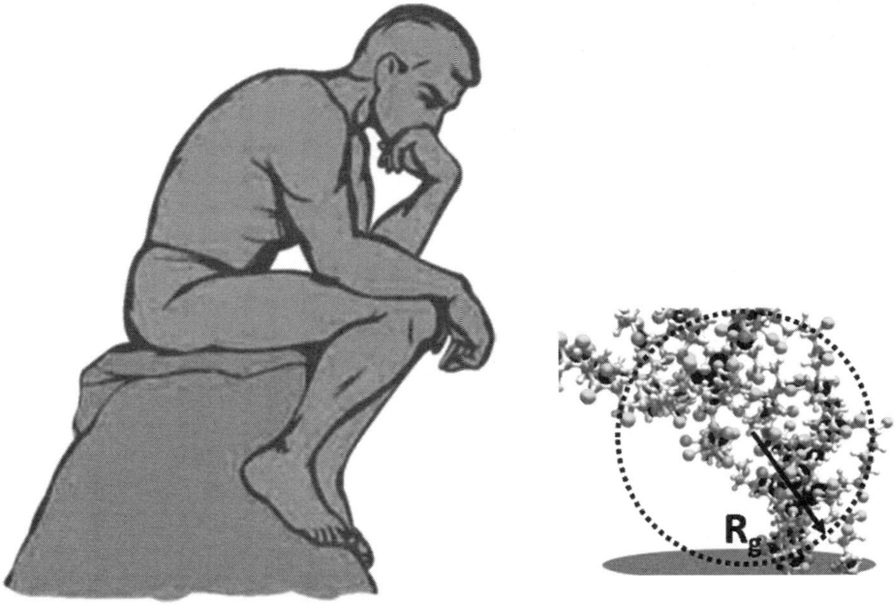

도서출판 홍릉

저자소개

박정기

박정기 교수는 KAIST에서 30여년을 연구와 교육에 헌신하였다. KAIST에 몸담기 전에는 기업에서도 상당한 기간 중요한 역할을 수행하였다. 연구개발을 위한 정부와 기업의 교량 역할도 오랫동안 적극적으로 수행하였다. 평생을 고분자와 이차전지 분야의 학술 및 기술 발전에 혼신의 힘을 쏟았다. 그 업적으로 한국고분자학회의 상암고분자상 및 국제 배터리 학회(IBA)의 기술상을 수상하였다. 현재 한국과학기술한림원의 종신회원이다.

서울대학교 화학공학과를 졸업하고 한국과학원(현 KAIST의 전신)에서 석사학위를 받은 후 미국 Stanford 대학에서 박사학위를 받았다. 한국전기화학회 회장 및 IMLB 국제학술대회 의장을 역임하였다.

고분자의 물리적 기본 원리

BASIC PHYSICAL PRINCIPLES OF POLYMERS

인 쇄: 2024년 9월 19일 초판 1쇄
발 행: 2024년 9월 27일 초판 1쇄

저 자: 박정기
발행인: 송 준
발행처: 도서출판 홍릉
주 소: 01093 서울시 강북구 인수봉로 50길 10
등 록: 1976년 10월 21일 제5-66호

전 화: 02-999-2274~5, 903-7037
팩 스: 02-905-6729
e-mail: hongpub@hongpub.co.kr
http://www.hongpub.co.kr
ISBN: 979-11-5600-230-7(93560)

정 가: 49,000원

머리말

대학에 있는 30여년 동안 고분자에 관련된 과목들을 줄곧 강의하였다. 강의를 위해 기존에 잘 알려진 교재를 사용하는 것이 일반적이긴 하지만, 내 경우에는 거의 그러지를 않고 내 스스로 임시 교재를 만들어 사용하였다. 내 구미에 맞는 교재를 찾기가 어렵기 때문이었다. 그래서 언젠가 시간이 되면 내 철학을 반영하는 교재를 스스로 쓰고 싶었다. 그런데 이를 실현하는데 의외로 시간이 많이 걸렸다. 마지막 강의를 끝내고 학교를 완전히 떠난 지 몇 년이 지났다. 부족하지만 지금이라도 그래도 내가 바라던 교재를 완성할 수 있어 그나마 참 다행이라는 생각이 든다.

무릇 모든 전공 학문에는 그 배경 학문이 있기 마련이다. 배경 학문의 도움으로 전공 학문이 성공적으로 완성될 수 있다. 고분자와 같은 응용 학문의 경우에는 더욱 그러하다. 배경 학문을 충분히 이해하지 못하면 고분자에 대한 이해가 한계를 가질 수밖에 없을 것이다. 고분자라는 학문은 기본적으로 재료에 관한 것이다. 각 재료에는 독특한 성질이 있는데, 크게 보면 물리적 성질과 화학적 성질이 따른다. 이들 성질을 충분히 이해하기 위해서는, 관련되는 기초 물리 및 화학, 물리화학 등의 배경 학문에 대한 이해가 필수적이다. 그럼에도 불구하고, 대부분의 교재들은 고분자 재료의 성질에 대한 직접적인 현상이나 결과를 통한 지식을 중심으로 소개를 하고 그 원리적 배경에 대한 논의를 소홀히 하는 경향이 크다고 느꼈다.

이에 고분자의 현상학적 사실에 대하여 그 물리적인 원인과 배경을 교재에서 최대한 쉽게 설명하고자 하는 것이 나의 철학이고 바램이었다. 이것이 가능하다면 고분자의 기초 및 응용에 관한 흥미를 더욱 북돋우고 발전시키는데 크게 기여할 수 있으리라는 믿음을 잃지 않았다. 고분자의 이해를 돕기 위한 기초 물리학적 개념에 대한 독자의 공감을 얻기 위해 전문 물리학도가 아닌 입장에서 최대한 쉽게 설명해 보려고 노력을 하였다. 처음엔 다소 어색하더라도 정성껏 차분히 접근하면 고분자의 물리적 기본 원리를 이해하는데 매우 큰 도움이 될 것으로 확신한다.

고분자와 관련된 물리적 배경의 용어나 원리를 정확히 이해하지 못하면, 애매모호한 상태에서 그냥 교재나 논문 등의 전체 내용을 인정하고 넘어가는 경우가 많다. 이럴 경우, 고분자의 물리적 성질이나 현상에 대하여 더 깊이 내용을 파고 들어갈 동기가 잘 부여되지 않는다. 예를 들어, 이완 현상이라는 개념이 고분자의 분자 차원에서의 메커니즘을 이해하는데 매우 중요한 역할을 함에도 불구하고, 많은 경우 소홀히 다루거나 이해가 부족하다고 느껴졌다. 더욱이 모든 물질의 기본 구조가 원자로 이루어져 있고 그들 사이의 상호 작용이 물질의 성질을 결정함에도 불구하고, 원자의 기본 구조 및 그 구성 요소인 원자핵과 전자의 역할에 대한 이해도 많이 부족하다고 느껴졌다. 이외에도, 고분자의 구조 및 성질을 확인하는데 절대적으로 필요한 각종 분광학적 해석 및 그 원리적 배경에 대한 이해가 많이 부족하다고 느껴졌다.

또 하나의 나의 집필 배경으로 집필자의 입장에서가 아니라 독자의 입장에서 집필을 하는 것이다. 많은 다른 교재들에 있어서, 집필자 자신의 지식과 흥미에 빠져 독자의 이해나 입장을 소홀히 다루는 경향이 있어 많이 아쉬웠다. 내 경우, 독자의 입장에서 이해하고 집필하려는 노력을 최대한 기울이다보니, 본 교재에서 부분적으로 중복된 설명이나 지나치게 긴 해석 또는 설명이 있을 수 있는데, 그래도 그것이 독자들을 위해 유리하다고 생각하였다. 다소 생소할 수 있는 고분자와 관련된 기초적 물리 개념을 위해, 그 정의, 원리 등에 대하여도 부연 설명하고저 노력하였다. 이와 관련하여, 고분자를 포함한 모든 물질의 성질을 결정함에 바탕이 되는 원자 내 원자핵 및 전자의 역할에 대해서도 관심을 가지도록 노력하였다.

말이 그렇지 이러한 철학을 실천하는 것이 마냥 쉽지는 않을 것이다. 우선, 배경 학문을 공부하는데 많은 추가적인 시간이 소요되고, 그것을 이해하는데 상당한 정력이 소요되기 때문이다. 내 경우에도 고분자 관련 과목의 강의를 준비함에 있어서 거의 절반에 가까운 시간을 배경 학문의 공부에 소모하였다. 그것이 물론 나에게 관련 분야의 연구에도 큰 도움을 준 것이 사실이고, 주요 연구 이슈에 대한 논쟁이 있을 때에도 항상 자신감을 심어 주었다. 뿐만 아니라, 잘 알려진 듯한 학문적 사실도 독자의 입장에서 재해석하려는 노력으로 또 추가적인 시간이 소요되었다.

특히, 고분자 학문에 대한 공부를 시작하는 초기 단계에 있거나 학위 과정 또는 전문 연구를 수행하는 과정에서, 전공 학문과 더불어 배경 학문을 공부하고 싶어도 충분히 공부할 시간적 여유가 없을 수 있다. 이들을 위해서라도 고분자에 관련된 학문적 사실과 더불어 배경 학문에 대한 관련 포인트들을 교재에 직접 소개하는 것이 유익할 수 있다는 생각을 줄곧 가지고 있었다. 이들에게도 실제로 많은 도움이 되었으면 참 좋겠다는 생각이다.

본 저서의 흐름에 대한 원칙은 대개 다음과 같다. 내가 매 학기 강의 시작 때에 어김없이 학생들에게 하는 조언이 있었다. 고분자를 공부함에 있어서 먼저 고분자 재료의 속으로 내 자신이 들어가 앉아서 바깥 세상을 보며, 사람들이 원하는 고분자 재료의 성질에 대하여 내가 직접 고분자 사슬이 되어 어떤 구조로 어떻게 거동하면 사람들의 요구를 만족시킬 수 있는지를 상상하고 검토해 보라는 것이었다. 본 저서의 표지 사진을 설계한 배경이기도 하다.

이에 따라, 본 저서의 제1장에서는 '고분자의 물리적 기본 원리'라는 교재를 통하여 무엇을 공부하는지를 소개하고, 연이어 제2장에서 단일 분자(single molecule)인 고분자 사슬(polymer chain)의 미세 구조(특히 사슬의 configuration)에 대한 고찰을 다른 내용들보다 먼저 다루었다. 제3장에서는 고분자 미세 구조에 대한 다른 하나의 축인 사슬의 conformation을 다루고 있다. 다음 제4장에서는 고분자 사슬의 기본 특성을 뒷받침할 수 있는 경험적 배경을 설명하기 위하여 고분자 용액의 상태 및 거동이 고분자 사슬에 의해 어떻게 지배되는지와, 그들이 실제 응용될 수 있는 원리를 다루었다. 제5장에서는 고분자의 대표적 고체 상태인 결정성 고분자의 특성에 대하여 고찰하였다. 물론, 여기에서도 고분자 사슬의 역할이 기초가 되는 배경을 설명하고 있다. 제6장에서는 무정형 고분자 고체 상태의 주요 지표가 되는 유리 전이(glass transition) 및 탄성/점탄성에 있어서 고분자 사슬의 역할을 설명하였다. 제7장에서는 다른 재료와 달리 고분자 재료만이 특별히 가지는 성질로서, 고분자의 성질에 큰 영향을 미치는 고분자 사슬의 배향 특성을 다루고 있다. 제8장에서는 실제 고분자의 응용에 중요한 역할을 하는 고분자의 기계 및 동역학적 성질을 다루었다. 마지막으로, 제9장에서는 첨단 응용과 관련이 깊은 고분자의 전기 및 광학적 특성에 있어서 고분자 사슬의 역할을 다루고 있다. 전체의 흐름은 각 장(chapter)이 서로 연결성이 충분하여 가급적 스토리텔링(story-telling) 형식이 될 수 있도록 노력하였다.

특히, 제2장 및 제3장에서 다루고 있는 고분자 사슬의 기본적 미세구조 특성에 대한 이론적 고찰 내용들이 보기에 따라서는 다소 생소하고 어렵다는 느낌을 줄 수도 있는데, 이는 우리가 통상 소홀하게 다루었던 배경 학문인 기초 물리적 사실들이 많이 수반되고 있기 때문이다. 하지만, 이를 극복할 수 있도록 노력하는 것이 고분자 학문에 대한 이해의 깊이를 한 단계 향상시키는데 꼭 필요할 것으로 생각된다. 고분자의 미세 구조가 고분자 물리 분야의 출발점이라 불리워지는 이유이기도 하다.

종합해 보면, 본 교재에서는 고분자 재료의 모든 물리적 특성을 그 최소 구성 단위의 하나인 고분자 사슬의 특성과 연관지어 설명을 하려고 노력하고 있다. 고분자 사슬의 기본 구조 특성을 완전히 이해하면, 고분자의 물리적 특성을 예견하여 기존의 고분자의 성질을 개선하거나 새로운 고분자를 설계, 합성함에 있어 매우 큰 도움이 될 수 있을 것이다. 혹자는 이를 '물질(matter)에 대한 정신(mind)의 승리'라고 약간은 과하게 말하기도 한다. 아마도 고분자 사슬에 대한 기본적 구조 특성이 고분자 전체에 대한 정신적 지주 역할을 할 수 있기 때문일 것이다.

나름대로 내 철학을 반영하는 교재가 될 수 있도록 많은 노력을 기울였으나 독자들로부터 충분히 공감을 얻을 수 있을지는 걱정이 된다. 하지만, 고분자 강의 및 연구를 평생 이어 온 사람 중의 하나로서 독자들에게 꼭 도움이 될 수 있기를 간절히 바래본다. 코로나로 외출이 거의 제한된 상태에서 답답하고 무료할 수 있는 일상을 본 교재 집필로 달랠 수 있었던 것도 조그만 위안이 되었다. 출판을 위하여 본 교재의 원고를 꼼꼼히 정성스럽게 미리 읽고 조언을 해 준 내 제자이며 이제는 동료인 김동원, 이홍경 교수에게 고마움을 전한다. 아직도 아날로그 마인드로 컴퓨터가 두려운 나를 위해, 원고 정리에 많은 도움을 준 권혁진 군에게도 고마운 마음을 가진다. 또, 본 교재가 세상에 나올 수 있도록 많은 도움을 준 도서출판 홍릉에도 고마움을 전하고 싶다.

2024년 9월
나의 에세이 〈뒤돌아 볼 수 없었던 길〉의 숙제 하나를 마치면서
박 정 기 교수

차례

CHAPTER 3 고분자 사슬의 Conformation

CHAPTER 4 고분자 용액과 상거동(phase behavior)

CHAPTER 5 결정성 고분자

CHAPTER 7 고분자 사슬의 배향

CHAPTER 8 고분자의 기계 및 동역학적 성질

CHAPTER 9 고분자의 전기 및 광학적 특성

CHAPTER 1

고분자의 물리적 기본 원리란 무엇인가?

우선 고분자(polymer)의 정의에 대해 잠깐 살펴보기로 한다. 고분자의 가장 일반적인 정의는 아래 그림 1.1과 유사한 형태로 많은 수의 화학적 반복 단위(chemical repeat unit)가 화학 결합에 의해 사슬 형태로 연결되어 있는 일반적으로 분자량이 큰 분자를 말한다. 이를 고분자 사슬이라 부르기도 한다. 화학 결합은 화합물 내에서 원자들 사이의 인력에 의해 원자들이 묶여 있는(bound) 상태로서 공유 결합, 이온 결합 등이 이에 포함된다.

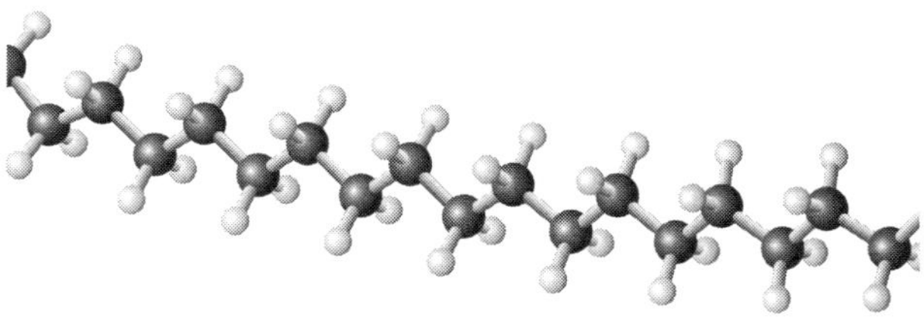

그림 1.1 ❖ 고분자 사슬의 일반적 모형

이러한 고분자는 플라스틱이나 음식, 직물, 자연, 심지어는 우리 몸의 DNA에도 수없이 많이 존재한다. 이와 같이 많은 수의 고분자로 구성된 재료가 특정 응용을 위한 고분자 제품의 재료로 사용되므로 고분자를 고분자 재료라 부르기도 한다. 원래 플라스틱이라는 용어는 고분자를 주성분으로하는 넓은 범위의 가볍고 강한 재료를 뜻하는데, 현실적으로는 많은 사람들이 최종 형태의 플라스틱 제품(예: 플라스틱 용기, 플라스틱 장난감, 각종 플라스틱 소비재 등)을 단순히 플라스틱이라 생각하고 있다.

폴리에틸렌(polyethylene), 폴리프로필렌(polypropylene), 폴리스티렌(polystyrene) 등이 대표적인 고분자 재료의 예로서 단순히 고분자로 부르기도 한다. 아래 그림 1.2에 음식이나 음료수, 화학 시료 등을 위한 플라스틱 용기나 파이프, 튜브, 장난감, 재활용품 통을 비롯하여 가설벽(guide wall) 등과 같은 구조물에 이르기까지 다양한 고분자 제품의 재료가 되는 입자 형태의 고밀도 폴리에틸렌(high density polyethylene)의 예를 나타내었다.

그림 1.2 ❖ 고밀도 폴리에틸렌 입자

다시 말하면, 고분자는 분자량이 큰 분자 또는 고분자 재료를 의미한다. 고분자와 관련된 주요 범용성 산업으로는 플라스틱, 섬유, 탄성체, 도료 등이 있다. 이와 더불어, 첨단 산업용 재료로서 전자 기기나 광 기기 산업, 에너지 저장 기기 산업, 기체 분리, 수질 정화용 기기, 생의학 재료 및 기기 산업 등에도 널리 적용되고 있다. 이에 따라, 오늘날 고분자는 금속, 세라믹과 더불어 3대 주요 재료를 형성하고 있다.

모든 분자 및 재료들은 크게 나누어 화학적 특성과 물리적 특성을 가지고 있다. 화학적 특성은 분자의 정체성(identity)의 변화와 관련된 특성을 이르는 것이고, 물리적 특성은 정체성의 변화를 수반하지 않는 모든 종류의 특성을 말한다. 이때의 정체성은 분자의 화학적 구조를 말한다. 예를 들어, 분자량, 색상, 단위 무게당 부피, 기계적 특성, 전기적 특성, 광학적 특성 등은 분자 구조의 변화를 동반하지 않으므로 모두 물리적 특성에 포함된다. 이에 반해, 화학 반응에 의한 새로운 생성물의 형성 과정이나 화합물의 산화 반응, 연소 반응, 분해 반응 등은 분자 구조의 변화를 수반하므로 화학적 특성에 해당한다. 본 저서에서 다루는 '고분자의 물리적 기본 원리'는 고분자의 물리적 특성을 결정하는 배경과 관련된 논리적 분석이나 해석을 의미한다.

고분자 재료는 실제로 수없이 많은 고분자 사슬들이 물리적으로 모여서 이루어지는 물질이다. 이에 따라, 고분자 재료의 특성을 이해하기 위해서는 이들을 구성하는 고분자(고분자 사슬에 해당)의 기본 특성을 완전히 이해함이 우선적이고 절대적으로 필요하다. 고분자 재료의 대부분의 물리적 성질들은 사슬의 입체 구조인 configuration 및 conformation(이들에 대한 자세한 설명은 뒤에 나타남) 등에 의해 근원적으로 결정이 되므로, 이들에 대한 깊은 이해가 기존의 고분자를 개선하거나 새로운 고분자를 설계하고 개발을 성공시키는데 핵심적인 기여를 할 수 있다. 이는 마치 정신(mind)이 물질(matter)을 지배하는 철학적 원리에 비견될 수도 있다. 이에 따라, 본 저서에서는 고분자의 사슬 구조를 먼저 살펴보기로 한다.

CHAPTER 2

고분자의 사슬 구조

일반적으로 선형 구조를 가지는 단일 고분자 사슬(1개의 고분자에 해당)에 대하여 비현실적이지만 완전히 곧게 펼쳤을 경우를 가정하면 그 길이가 수백 nm 스케일의 수준이 된다. 하지만, 실질적으로 유연한(flexible) 단일 고분자 사슬의 경우, 일반적으로 사슬 내의 원자들 사이의 상호 작용으로 인하여 아래 그림 2.1과 같이 코일(coil) 형태를 띄는 성향을 가진다. 이를 특별히 고분자 코일, 또는 사슬 코일이라 부르기도 한다.

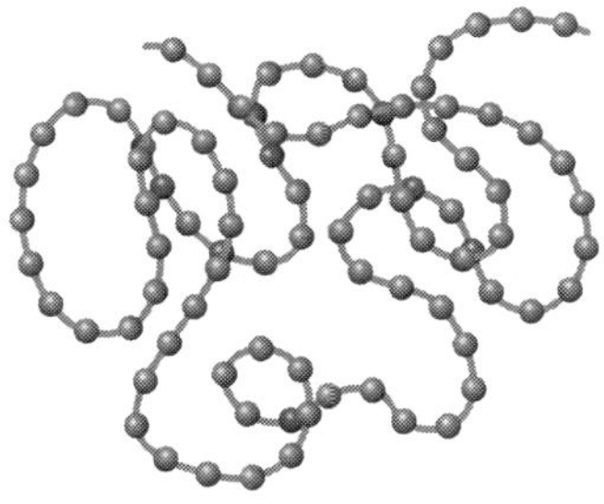

그림 2.1 ❖ 고분자 코일(사슬)

이들 사슬 코일은 무정형(amorphous) 고분자 재료 내에서는 서로 침투(interpenetration)하여 마치 실타래와 같이 얽힌(entangled) 구조를 가지게 된다. 이와 달리, 고분자 사슬의 반복적 기본 단위가 공간적 규칙성을 가지면 사슬들이 코일 형태를 이루지 않고, 서로 정렬이 되어 결정성(crystalline) 고분자를 이루기도 한다. 이들의 구조는 아래 그림 2.2에서 개략적으로 비교적 쉽게 유추해 볼 수 있다. 시장에서 바로 구입한 딱딱한 형태의 라면은 완전하지는 않지만 면 줄기(고분자의 사슬에 해당)들이 일정 수준의 정렬된 구조(반결정 구조에 비유: semi-crystalline)를 가지고 있는 반면, 물에 넣고 끓인 라면의 경우, 정렬된 구조가 허물어져 면 줄기들이 무질서(무정형 구조에 비유)하게 얽혀있는 상태가 된다.

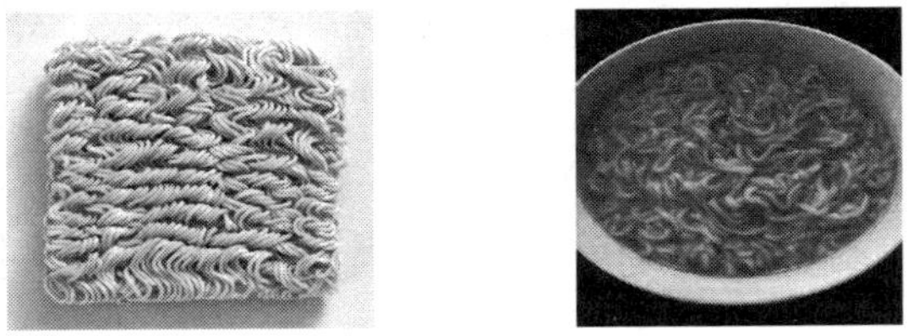

그림 2.2 ❖ 반결정 및 무정형 고분자의 개략적 비유

2.1 고분자 사슬의 미세 구조

고분자의 사슬 구조를 이해하기 위해서는 관련된 여러 가지 기본 용어에 대한 정의가 필요하다. 이때 정의되는 몇 가지 용어들은 우리 말로 옮기면 오히려 유사 용어들과의 구분이 매우 어려워지므로 영어로 용어를 사용하는 것이 훨씬 편리하여 본 저서에서는 영어로 표기하기로 한다. 이들에는 'constitution', 'configuration' 및 'conformation' 등이 포함되며, 모두 고분자 사슬의 미세 구조에 해당한다. 이외에, 사슬 내 연속 단위의 배열 분포, 사슬의 가지 구조 등도 사슬의 미세 구조에 포함된다.

2.1.1 고분자 사슬의 Constitution(또는 chemical constitution)

일반 유기화학에서 분자의 조성(composition)은 그 분자를 이루는 원자들의 상대적 함량을 말하는 것으로 분자의 정체성에 해당한다. 이와 달리, 분자의 'constitution'은 분자를 구성하는 조성과 더불어 그 원자들의 상호 연결성을 포함하여 말한다. 이때 원자의 상호 연결성은 공간적인 배열을 고려하지 않고 단순히 분자 내의 원자들이 서로 순서적으로 어떻게 연결되어 있는지를 나타낸다.

이에 비해, 고분자 사슬의 'constitution'은 고분자를 구성하는 단량체(monomer) 등과 같은 소단위(subunit)의 상대적 함량 및 이들이 사슬에 연결되어 있는 순서와 관련된 연결성을 나타낸다. 예를 들면, 아래 그림 2.3에 도식적으로 나타난 바와 같이 한 종류의 동일한 단량체(A)가 연결된 단일 중합체(homopolymer: 사슬1)나, 서로 다른 단량체(A, B)가 지속적으로 교대하여 연결되는 교대 공중합체(alternating copolymer: 사슬2), 서로 다른 단량체가 랜덤하게 연결되는 랜덤 공중합체(random copolymer: 사슬3), 서로 다른 단량체들이 블록 형태로 연결되어 있는 블록 공중합체(block copolymer: 사슬4), 곁가지(branch)가 있는 그래프트 공중합체(graft copolymer: 사슬5) 등이 사슬의 constitution이 서로 다른 고분자들이다.

```
—A—A—A—A—A—A—A—A—A—A—  1
—A—B—A—B—A—B—A—B—A—B—  2
—A—B—B—B—A—B—A—B—A—A—  3
—B—B—B—B—B—A—A—A—A—A—  4
—A—A—A—A—A—A—A—A—A—A—  5
        |           |
—B—B—B              B—B—B—
```

(1: 단일 중합체, 2: 교대 공중합체, 3: 랜덤 공중합체, 4: 블록 공중합체, 5: 그래프트 공중합체)

그림 2.3 ❖ 고분자 사슬 constitution의 예

2.1.2 고분자 사슬의 공간 구조

일반 유기화학에서 분자의 공간 구조는 분자 내에서의 화학 결합들의 3차원적 형태나 배열을 말한다. 분자 내의 화학 결합들을 끊고 이들을 재결합시킬 때에만 분자 내 화학 결합들의 공간적 배열이 변화될 수 있는 미세 구조를 'configuration'이라 부른다. 이에 따라 분자의 configuration은 영구적인 구조가 된다. 다시 말하면, 분자의 configuration은 화학 결합을 끊지 않고 단순히 화학 결합을 축으로 하는 치환체(탄화수소의 모사슬에 붙어 있는 수소 원자를 대체한 그룹)들의 내부 회전(internal rotation)에 의해서 얻어지는 일시적 공간 구조(시간에 따라 변하는 공간 구조)와는 다른 의미를 가진다. 여기서 내부 회전이라 함은 분자 전체로서의 외부 회전(external rotation)과는 달리, 분자 내부에서 화학 결합을 축으로 하는 치환체의 회전을 말한다.

유기 분자의 configuration을 나타내는 대표적인 예로서 카이랄 분자(chiral molecule)를 들 수 있다. 카이랄(chiral)이라는 단어는 그 어원이 그리스어의 손(hand)이라는 뜻에서 유래한다. 이에 따라 카이랄성(chirality)은 어원적으로 잘 쓰는 손(handedness)을 뜻한다. 즉, 카이랄성은 오른손잡이와 왼손잡이의 특성을 나타내는 것이다. 그 예로 오른손 장갑과 왼손 장갑을 들 수 있는데, 이들은 유사한 형태를 가지고 있으나 서로 다른 물체이다. 왜냐하면, 왼손 장갑에 오른손이 들어가지 않고, 오른손 장갑에는 왼손이 들어가지 않기 때문이다. 사람의 왼손과 오른손은 기본적으로 서로의 거울상이 겹쳐지지 않는다. 즉, 아래 그림 2.4에서와 같이 왼손과 오른손을 바닥을 위로 향한 채 서로 포개어 보면 완전히 겹쳐지지를 않는다.

이와 마찬가지로, 카이랄 분자는 서로 겹쳐질 수 없는 거울상을 가진다. 분자가 카이랄성을 가지기 위해서는 대칭면을 가지지 않아야 한다. 분자가 대칭면을 가지면 그 분자와 거울상이 서로 겹쳐지기 때문이다. 일반적으로 유기 분자가 비대칭 탄소 센터

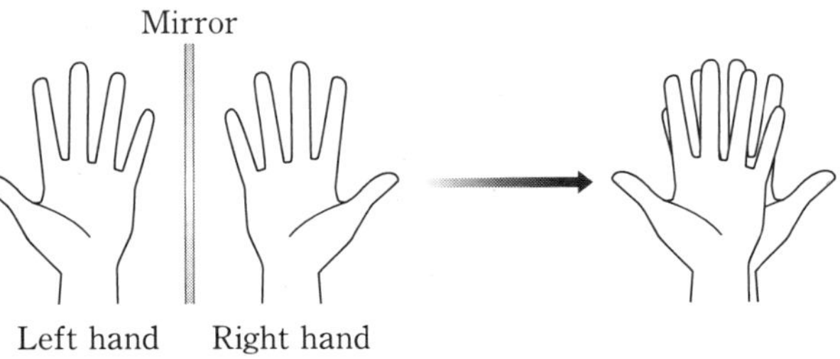

그림 2.4 ❖ 카이랄 물체의 예

(asymmetric carbon center)를 가지고 있으면 카이랄성을 가질 수 있는 조건이 되나, 비대칭 탄소 센터를 가지고 있지 않더라도 분자가 3차원적 구조에 있어서 대칭면이 없으면 거울상이 겹쳐지지 않아 카이랄성을 나타내는 경우도 있다.

이들 카이랄성은 손과 장갑의 경우에서처럼, 약물과 세포 타겟(cellular target) 사이의 결합 친화성과 상호 작용에 있어 매우 중요한 역할을 하므로 약물의 약리성을 결정하는데 중요한 역할을 한다. 또, 카이랄 분자는 편광면(plane of polarized light)을 회전시키는 능력을 가지고 있어 광학적 활성을 띨 수 있다.

유기 화합물의 경우, 젖산(lactic acid)이 카이랄 분자의 대표적 예로서 그 분자 구조가 비대칭적이며, 그 원래 분자 구조와 거울상이 겹쳐지지 않는다. 젖산의 분자식은 $CH_3CH(OH)COOH$로 주어지는데 그 공간 구조는 아래 그림 2.5에 나타난 바와 같이 정사면체로서, 탄소 원자가 정사면체 내부 공간의 중심에 위치하고 나머지 4개의 그룹(CH_3, H, OH, COOH)들이 정사면체의 꼭지점에 존재한다. 아래 그림에 주어진 2개의 분자들은 젖산이 가지는 서로 다른 configuration으로서 분자를 이루는 화학 결합들의 3차원적 공간 배열이 서로 다르다. 즉, 이들 두 구조는 어떻게 재배향(reorientation) 시키더라도 공간적으로 겹쳐질 수 없는 구조이다. 이들 2개의 배

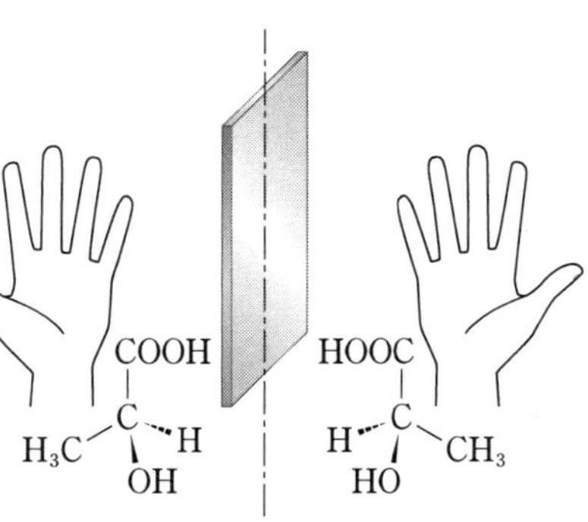

그림 2.5 ❖ 젖산 분자의 카이랄성

열 중 하나는 R-configuration(또는 L-configuration), 다른 하나는 S-configuration(또는 D-configuration)이라 부른다. 여기서, R, S는 Rectus(오른쪽), Sinster(왼쪽)이라는 라틴어 어원에서 출발한다. L/D는 levorotatory(왼쪽으로 회전하는 뜻), dextrotatory(오른쪽으로 회전하는 뜻)의 약자이다. R/S 시스템이 IUPAC(International Union of Pure and Applied Chemistry)의 공식 시스템이다.

R, S 시스템을 구분하는 것은 Cahn-Ingold-Prelog의 우선 규칙(priority rule)을 적용함으로써 가능하다. 즉, 중심에 있는 탄소 원자(카이랄 센터라고도 함: 4개의 서로 다른 그룹에 연결되며 거울에 나타나는 이미지를 원래 분자와 공간적으로 포개어 볼 때에 서로 겹쳐질 수 없는 구조를 만들어 주는 중심 원자)를 중심으로 거기에 연결되어 있는 꼭지점 그룹들을 비교한다. 각 꼭지점 그룹의 원자 중 카이랄 센터와 직접 연결된 원자의 원자 번호(원자핵에 있는 양자 수)를 비교하여 큰 그룹에 우선 순위를 주어 번호를 매긴다. 우선 순위가 가장 큰 것에서 출발하여 우선 순위를 따라 화살표를 만들었을 때 그 회전 방향이 시계 방향이면 R-configuration으로, 시계 반대 방향이면 S-configuration이라 정한다. 모든 화합물의 구조에서 이 법칙을 적용하여 화학 결합의 3차원적 배열의 차이를 명확히 구분할 수 있어, 이 방법에 의해 결정된 R, S-configuration을 절대 배열 구조(absolute configuration)라 부르기도 한다.

이와 같은 카이랄 분자는 실제 분자와 거울에 나타나는 이미지 분자를 포개었을 때 서로 겹쳐지지를 않아, 이들 두 분자 쌍들은 입체 이성질체(stereoisomer: 같은 constitution을 가지나 원자들의 3차원적 배열이 다른 이성질체)가 되며, 그 각각을 거울상 이성질체(enantiomer)라 부른다. 이때 각 이성질체들은 R, S와 같은 회전 방향성을 가진다.

이성질체(isomer)는 분자식은 같으나 분자 내 원자들의 배열이 서로 달라 그 성질이 서로 다른 화합물을 의미한다. 화합물 내에 2개의 상호 거울상 이성질체가 50 : 50의 비율로 존재하면 이를 라세미 혼합물(racemic mixture)이라 부른다. 라세미 혼합물 내의 각 거울상 이성질체들은 화학 결합의 절대 배열을 결정하는 Cahn-Ingold-Prelog의 우선 규칙에 의한 화살표의 회전 방향이 50 : 50의 비율로 서로 정반대이므로 광학적으로 활성을 띠지 못한다. 빛이 화합물을 통과할 때에 입사 방향과 다르게 투과가 진행될 경우 화합물이 광학적으로 활성을 띠게 되는데, 라세미 혼합물의 경우에는 정반대 방향으로 광학적 활성을 띠는 2개의 거울상 이성질체가 동시에 존재하므로 광학적 활성을 띨 수 없게 된다. 이와 같이 분자의 절대 배열 구조는 고분자를 포함한 물질의 광학적 성질에 중요한 영향을 미친다.

고분자의 경우, 사슬의 공간 구조를 나타내는 대표적인 예로 사슬의 입체 규칙성(stereoregularity: tacticity라고도 함)을 들 수 있다. 고분자 사슬의 입체 규칙성이라 함은 고분자 사슬 내에서 이웃하는 카이랄 센터(연결된 단량체들의 중심에 있는 탄소 원자)들의 상대적인 공간 화학(stereochemistry)을 말한다. 여기서 상대적인 공간 화학은 카이랄 센터를 중심으로 연결되어 있는 단위들의 3차원적인 상대적 위치를 의미한다. 이러한 고분자 사슬의 입체 규칙성은, 특히 사슬의 골격(backbone)에 치환 그룹이 붙어 있는 비닐 고분자(vinyl polymer: CH_2CHX 또는 CH_2CXY 단위가 반복되는 고분자, X, Y는 치환 그룹에 해당)의 경우에 그 특성을 결정함에 중요한 역할을 한다. 입체 규칙성을 가진 고분자에서는 공간적 배열을 위한 반복 단위(configurational repeating unit)가 동일하게 된다. 즉, 동일한 공간적 반복 단위가 연속적으로 이어진다.

공간적 배열을 위한 반복 단위는 통상 우리가 알고 있는 사슬의 구성을 위하여 단순하게 순서를 고려하는 constitution 반복 단위와는 다른 개념이다. 아래 그림 2.6에 주어진 신디오탁틱(syndiotactic) 폴리스티렌 고분자의 경우를 예로 들면, constitution 반복 단위는 각 단량체 단위에 해당하지만, configuration 반복 단위는 2개의 연속된 단량체 단위가 하나의 묶음이 되어 같은 공간 구조가 반복되고 있어 constitution 반복 단위보다 2배로 길어진다. 신디오탁틱 고분자는 사슬을 평면에 확장하여 늘어 놓았을 때 모든 치환체들이 고분자의 골격 사슬을 따라 교대하는 위치에 존재하는 입체 구조를 가진다.

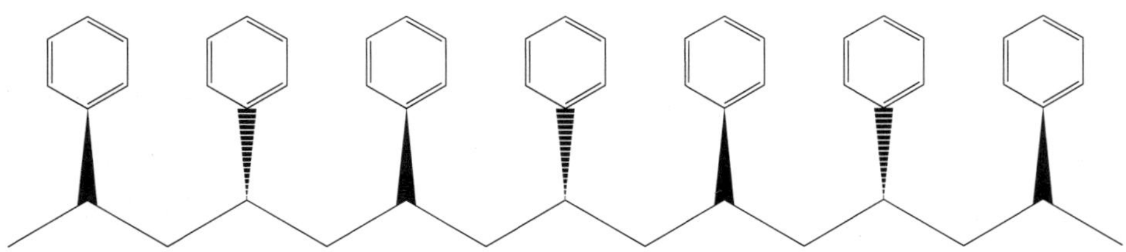

그림 2.6 ❖ 신디오탁틱 폴리스티렌 사슬을 평면에서 길게 확장한 구조

입체 규칙성이 달라지면 고분자 재료의 유리 전이온도(glass transition temperature) 등과 같은 물리적 성질에도 큰 변화가 일어난다. 예를 들면, 폴리메틸 메타크릴레이트(polymethyl methacrylate: PMMA) 고분자 재료의 경우, 아래 그림 2.7에서와 같이 고분자가 신디오탁틱 구조를 가지면 유리 전이온도가 115°C 전후인데 비하여, 이소탁틱(isotactic) 구조이면 45°C 전후의 낮은 값을 가져 서로 현저한 차이를 나타낸다.

비닐 고분자의 입체 규칙성 차이는 고분자 사슬의 골격 전체를 평면상에 지그재그(zigzag) 형태로 늘려 줌으로써 쉽게 구분할 수 있다. 사슬의 골격을 지면(paper plane)에 펼쳐 두면, 치환 그룹(X, Y)들은 아래 그림 2.7에 보이는 것처럼 지면에서 위로 빠져나오거나 아래로 내려가는 양상을 보인다.

이때 이소탁틱 입체 구조는 모든 치환 그룹들이 사슬 골격을 중심으로 같은 쪽에 위

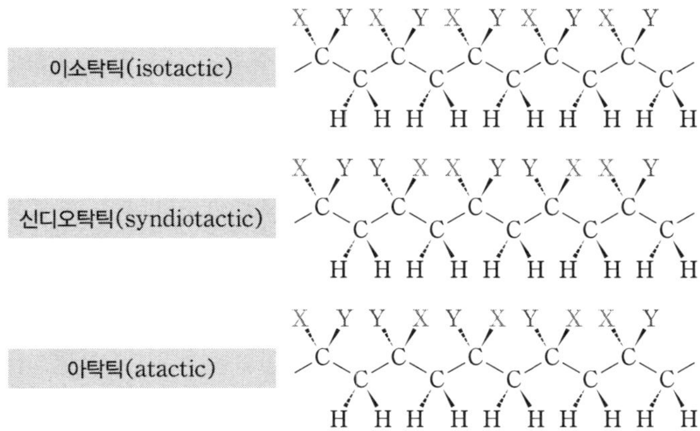

그림 2.7 ❖ 비닐 고분자의 입체 규칙성

치하게 되고, 신디오탁틱 입체 구조는 앞에서 언급한 것처럼 치환 그룹들이 사슬 골격을 따라 사슬 골격의 위 아래 방향으로 교대하면서 나타난다. 이소탁틱 고분자의 경우, 공간적 배열을 위한 반복 단위(configurational repeating unit)와 사슬의 단순한 구성을 위한 반복 단위(constitutional repeating unit)가 서로 같지만, 신디오탁틱 고분자에서는 앞의 두 반복 단위가 서로 다르게 된다. 이소탁틱이나 신디오탁틱과 달리, 입체 규칙성을 가지지 않는 고분자를 공간 구조적으로 아탁틱(atactic), 또는 입체 불규칙(heterotactic) 고분자라 부른다. 이소탁틱이나 신디오탁틱과 같은 고분자의 입체 규칙성은 고분자가 합성되는 과정에서 결정이 된다. 고분자의 합성 시 사용되는 촉매나 용매의 종류 등에 의해 고분자의 입체 규칙성이 큰 영향을 받는다.

위의 이소탁틱, 신디오탁틱, 아탁틱 고분자들이 분자량과 constitution은 같으나 입체 구조가 서로 달라 입체 이성질체가 됨에 비해, 고분자의 constitution 이성질체는 입체 구조에 상관없이 사슬의 분자량과 조성이 서로 같지만 원자의 단순 배열 순서가 다른 이성질체이다. Constitution 이성질체로서 아래 그림 2.8에 저분자인 *n*-펜타놀(*n*-pentanol)을 예로 하여 도식적으로 나타내었다.

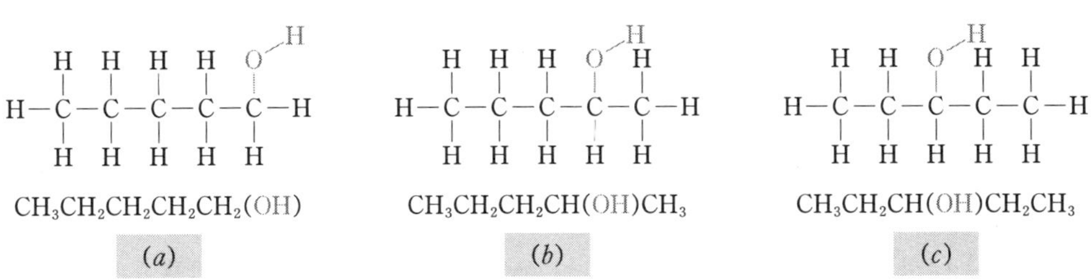

그림 2.8 ❖ *n*-펜타놀의 constitution 이성질체

고분자의 configuration과 달리, 고분자 내의 단일 화학 결합을 축으로 하는 치환 그룹들의 내부 회전에 의한 일시적인 고분자의 공간 구조를 사슬의 'conformation'이라 부른다. 여기서, 일시적 공간 구조라 함은 사슬의 conformation이 온도 등 열 에너지에 의해 매우 쉽고 빠르게 그 구조가 변화되기 때문이다. 고분자의 경우, 치환 그룹들의 내부 회전이 일어나면 사슬이 코일 형태화 되어 고분자가 전체적으로 특정 형태(shape)를 보인다. 고분자의 형태는 고분자 재료의 특성에 큰 영향을 미친다. 일반적으로 치환 그룹들의 내부 회전은 그에 필요한 활성화 에너지(activation energy)가 낮아 상온에서도 쉽게 일어나 고분자의 conformation은 매 순간 변화하게 된다. 이들 'conformation'과 'configuration'이라는 용어는 저자에 따라 서로 혼용하는 경우가 있으므로, 이때는 앞뒤 문맥에 따라 그 뜻을 잘 판단함이 필요하다.

2.1.3 고분자 사슬의 Configuration 이성질체

앞서 설명한 바와 같이, 이성질체라 함은 같은 분자식(같은 분자량 및 조성에 해당)을 가지나 원자들의 배열이 다른 화합물을 말한다. 이들 중, 같은 분자식을 가지며 치환 그룹들의 단순 배열이 같으면서도 이들의 공간적 배열이 서로 다른 화합물들을 특별히 입체 이성질체라 부른다. 입체 이성질체에는 configuration 이성질체와 conformation 이성질체가 있다. 이들은 분자의 화학적 구성을 나타내는 constitution 이성질체와는 다르다. Constitution 이성질체는 서로 같은 분자식을 가지며 원자들의 단순 배열 순서가 달라진다. 앞서 언급한 이소탁틱, 신디오탁틱, 아탁틱 고분자 이성질체들은 고분자 사슬의 길이 및 constitution은 같으나 입체 규칙성이 서로 다른 configuration 이성질체들로서, 사슬의 미세 구조가 영구적이어서 고분자의 성질에 매우 중요한 영향을 미친다. 고분자의 conformation 이성질체에 대한 상세 내용은 다음 장(chapter)에서 다루기로 한다.

2.2 NMR(핵자기 공명)의 기초 원리

위에서 소개한 고분자의 configuration에 대한 확인 및 특성 분석을 위해서는 NMR(nuclear magnetic resonance)이 거의 필수적으로 이용된다. 이에 따라, NMR의 기본 원리에 대한 개략적인 이해는 고분자의 configuration 미세구조를 이해함에 있어서 반드시 필요하다[1-4]. NMR에서는 원자핵의 특성을 다루므로 단순 유기 화합물이나 고분자에 존재하는 특정 원자들 사이의 구조적 차이점을 확인할 수 있게 한다. 뿐만 아니라, NMR의 이완(relaxation) 원리를 이용하여 이들 화합물의 동역학적 거동을 살펴볼 수도 있다.

아래에 소개할 원자의 구조는 NMR의 이해를 위한 기초 사항인 것은 물론이다. 이와 더불어, 재료의 모든 성질들은 원자 사이의 상호 작용에 의한 화학 결합(chemical bonding)에 의해 크게 영향을 받으므로, 원자 구조에 대한 기본적 이해는 고분자의 구조나 성질을 규명하고 이해하는 데 있어서도 매우 중요하다. 이를 위해서는 원자의 크기가 너무 작아 양자역학적 접근이 어쩔 수 없이 필요하게 된다. 양자역학은 고전 물리학(classical physics)과는 달리, 원자 규모 이하의 크기를 가진 물질들은 에너지가 양자화(quantized: 특정의 에너지 값만 존재)되고, 이들이 입자와 파동의 성질을 동시에 가지고 있다는 개념을 바탕으로 한다. 이에 비해, 고전 물리학은 Newton 역학이나 열역학 등과 같이 주로 거시적 스케일의 주제를 다룬다.

2.2.1 원자의 구조

앞에서 언급한 바와 같이, 고분자를 포함한 모든 물질의 성질들은 그들을 구성하고 있는 원자의 핵심 구성 요소인 양자(proton), 중성자(neutron), 전자(electron)의 성질과 연결되어 있으므로, 이에 대한 이해는 물질의 성질을 명확히 이해하는데 큰 도움이 된다. 원자핵을 구성하는 양자와 중성자는 기본 입자(elementary particle)인 쿼크(quark)로 구성되어 있다. 기본 입자는 더 이상의 작은 입자로 구성되어 있지 않는 입자를 말한다. 전자도 기본 입자에 속한다. 현재까지 인정되고 있는 원자 구조는 전자구름 모델(electron cloud model)에 기초한다. 원자를 구성하는 입자 중, 특히 전자의 구조는 원자 사이의 물리적, 화학적 상호 작용(화학 반응 포함)에 절대적 영향을 미쳐 궁극적으로 물질의 성질을 결정하게 되므로 그에 대한 이해는 매우 중요하다.

전자구름 모델이 제시되기 전까지는 원자 구조를 Bohr 모델로 설명하려고 하였다. Bohr 모델에서는 원자를 구성하는 입자인 전자가 원자핵 주위의 특정 원형 궤도(specific circular orbit)를 일정한 속도로 움직이며, 각 궤도의 에너지는 고정되어 있다고 가정하였다. 그러나 이 모델은 전자의 이중 성질(입자 및 파동성)을 고려하지 않음으로써 전자의 성질을 완전히 설명하지는 못하였다. 전자구름 모델은 전자의 이중 성질을 고려함으로써 현재까지 그 모델의 효용성을 인정받고 있다.

전자구름 모델은 양자역학 모델이라고도 하는데, 양자역학의 불확정성 원리(uncertainty principle)와 파동 함수(wave function)의 특성에 근거한 모델로서, 원자는 원자핵과 이를 둘러싸고 있는 전자구름으로 구성되어 있다. Heisenberg의 불확정성 원리는 양자역학적 입자의 위치와 속도(또는 진행 방향)를 동시에 정확히 알 수 없다는 근본 법칙(fundamental law)이다. 근본 법칙은 고전 역학에서 다루는 Newton의 운동 법칙처럼 다른 더 이상의 깊은 원리로 설명될 수 없는 법칙이다. Heisenberg의 불확정성 원리는 입자가 파동 성격도 함께 가지고 있어, 원천적으로 속도(또는 진행 방향)와 그에 따른 위치를 동시에 정확히 구하기 어렵다는 의미이다. 따라서, 특정의 속도와 방향을 가진 전자를 고려하면 그 위치를 정확히 알 수가 없게 된다.

위 불확정성 원리에 대한 이해를 돕기 위해 비유를 들어 보면, 전자는 입자와 파동의 성질을 동시에 갖고 있기 때문에 당구공보다는 물결에 가까운 거동을 보인다. 입자로 볼 수 있는 당구공의 경우, 어느 순간에 공간 상의 특정 위치에 존재하고 특정의 속력으로 특정의 방향으로 움직일 것이다. 이런 상황이 물결의 경우에는 해당되지 않는다. 돌맹이를 연못에 던지면 낙하된 지점으로부터 물결이 생겨 사방으로 퍼져 나간다. 돌맹이가 연못에 떨어진 위치를 알 수 있으므로 물결의 위치는 정확히 알 수 있지만, 물결이 사방으로 퍼져 나가므로 물결의 진행 방향은 알 수 없다. 이와 반대로, 물결이 연못가에 도달하면 물결의 진행 방향이 연못가 쪽임을 알 수 있다. 하지만, 이때 물결이 쭉 물을 따라오므로 그것이 어디서 오는지는 모른다.

즉, 양자역학 이론에 의하면 원자 내 전자들의 위치를 어느 특정 지점으로 명확히 정의할 수 없고(즉, 전자의 이동 경로를 정확히 알수 없고), 단지 전자가 특정 위치에 존재할 것으로 예상되는 확률을 나타내는 장(probability field)을 구할 수 있는데 이것이 전자구름이다. 이에 따라, 전자구름의 밀도는 특정 지점에 전자가 존재할 확률에 비례한다. 다시 말하면, 전자의 이동 경로는 정확히 알 수 없지만 전자들은 원자핵 주위의 공간을 엄청나게 빠른 속도로 정상파(standing wave) 형태로 움직이고 있는데, 이로 인해 전자구름이 형성된다. 원자핵 주위의 공간에서 전자가 가장 많은 시간을 보내는 특정의 영역을 궤도(orbital)라 부른다.

고전역학에서는 물체의 운동 상태가 Newton의 제2 법칙($F = ma$)에 따라 입자의 위치와 속도에 의해 규정된다. 즉, 초기 조건을 알면 시간에 따른 입자의 장래 거동을 예측할 수 있다. 이에 비해, 양자역학에서는 입자의 운동 상태가 Schrödinger의 파동 방정식(wave equation)에 의해 설명이 된다. 이 방정식으로부터 시스템의 파동 함수를 계산할 수 있다. Schrödinger 방정식은 어떤 주어진 원리로부터 유도된 것이 아니라, 위에서 설명한 바와 같이 전자를 포함한 작은 입자들이 입자와 파동의 이중적 성질을 가지고 있음을 설명하기 위하여 개발된 식으로서, 실험적으로 그 유효성이 입증되어 오늘날 양자역학의 근간을 이루고 있다.

Schrödinger 방정식은 전자라는 입자의 파동적 거동을 묘사한다. 전자 파동의 개념적인 이해를 위하여 상자 내 입자 모델(particle in a box model)을 사용한다. 상자 내 입자 모델은 침투할 수 없는 무한대의 높은 장벽(infinite wall)으로 둘러쌓인 매우 좁은 공간(수 nm 스케일)으로서, 입자들이 양자역학적인 거동을 보일 수 있다.

가장 간단한 예로서 1차원 상자 내 입자 모델 시스템(입자들이 앞뒤로 왕복하는 운동을 함)을 고려하면, 시간에 종속적인(time-dependent) Schrödinger 방정식은 다음과 같이 나타낼 수 있다

$$i\hbar\left[\frac{\partial\psi(x,t)}{\partial t}\right]=\left[(-\hbar^2/2m_e)\frac{\partial^2\psi(x,t)}{\partial x^2}\right]+U(x)\psi(x,t) \tag{2.1}$$

여기서, ψ는 파동 함수, $\hbar$는 환산 플랑크 상수(reduced Planck constant: 플랑크 상수인 h를 2π로 나눈 값에 해당), m_e는 전자의 질량, $U(x)$는 전자의 포텐셜 에너지이다. 플랑크 상수($h = 6.62607015 \times 10^{-34}$ J · Hz^{-1})는 양자역학에서 수학적인 표현을 위한 근본적 물리 상수이다.

파동 함수는 입자의 파동 특성을 단순히 수학적으로 나타낸 것으로서, 어떤 지점에서의 전자의 존재 가능성을 파동의 진폭과 연결되게 하므로 파동 함수를 확률 파동(probability wave)이라 부르기도 한다. 즉, 파동 함수는 그 물리적 실체가 있는 것은 아니고 전자가 특정 지점에 존재할 확률과 관련된다. 파동 함수는 Schrödinger 파동 방정식의 유효한 해(valid solution)가 된다. 원자가 2개 이상의 전자를 가지고 있는 경우에는 원자핵과 전자 사이의 인력뿐만 아니라 전자 사이의 반발력도 고려하여야 하므로, Schrödinger 방정식을 정확하게 풀기가 거의 불가능하게 되어 유효 해를 구한다. 유효 해는 선택된 해가 방정식의 양쪽을 같게 하는 해이다. 위의 방정식에서 허수를 나타내는 단위(i)가 있는 것은 온전히 수학적 계산의 편의를 위한 것이다. 일반적으로 파동 식은 sine 이나 cosine 등의 함수로 나타나므로, 위의 파동 함수도 복소수로 주어지는 것이 편리하다. 즉, 파동 함수는 매 시간마다 매 지점에 대해 복소수를 부여한다.

위의 1차원 상자 내 입자 모델 시스템에 대하여, 아래 그림 2.9에서와 같이 포텐셜 에너지가 존재하지 않는 간단한 시스템(자유 입자 시스템, $U = 0$)을 고려해 본다. 포텐셜 에너지가 존재하지 않으면 입자를 이동하는데 전혀 에너지가 소요되지 않으므로 입자가 자유 운동을 하게 된다. 이에 비해, 무한대의 높은 장벽은 입자가 침투할 수 없으므로 입자를 이동하는데 무한대의 에너지가 필요하므로 포텐셜 에너지가 무한대($U = \infty$)가 된다.

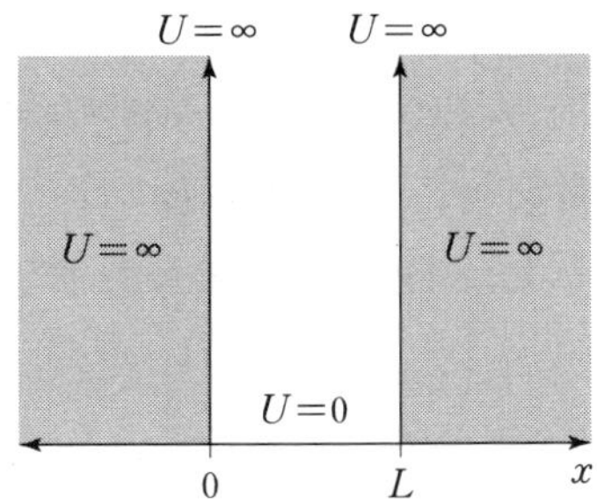

그림 2.9 ❖ 포텐셜 에너지가 존재하지 않는 1차원 상자 내 입자 모델

이때($U = 0$), 시간 종속적인(time-dependent) Schrödinger 방정식의 해는 다음과 같이 복소수로 나타난다.

$$\psi(x,t) = \psi(x)exp(-iE_p t/\hbar) \tag{2.2}$$

여기서, E_p는 자유 입자의 운동 에너지이다.

위 파동 함수는 양 또는 음의 부호를 가진다. 이에 따라, 전자가 특정 지점에서 발견될 확률은 파동의 진폭의 절대값을 제곱한 값에 비례한다. 이는 빛의 파동 이론에서 파동의 진폭의 제곱이 빛의 세기로 해석되는 것과 유사하다. 파동 함수의 부호는 2개 이상의 원자의 파동 함수가 결합하여 분자를 형성할 때에도 중요한 역할을 한다. 같은 부호를 가진 파동 함수의 결합은 서로 건설적(constructively)으로 간섭하여 화학 결합의 가능성으로 나타난다.

전자구름 분포를 위하여 파동 함수에 있어서 일정한 포텐셜 에너지(U)를 가진 공간적인 요소(element)에만 집중하게 되면, 1차원 모델 시스템에서의 파동 방정식은 아래와 같이 시간에 대하여 독립적인(time-independent) 방정식이 된다.

$$-\frac{\hbar^2}{2m_e}\frac{d^2\psi(x)}{dx^2} + U(x)\psi(x) = E\psi(x) \tag{2.3}$$

여기서, 첫번째 항은 전자의 운동 에너지와 관련되고, U는 전자의 포텐셜 에너지, E는 운동 에너지와 포텐셜 에너지를 포함한 시스템의 전체 에너지이다. 전자의 포텐셜 에너지는 원자핵으로부터의 거리(r)와 진공 유전율(ε_0)에 의해 다음과 같은 관계식을 가진다.

$$U(r) = \frac{-e^2}{4\pi\varepsilon_0 r} \tag{2.4}$$

여기서, e는 전자의 전하량이다.

위 식을 3차원의 파동 방정식으로 바꾸면 아래와 같이 된다.

$$-\frac{\hbar^2}{2m_e}\left[\frac{\partial^2}{\partial x^2}+\frac{\partial^2}{\partial y^2}+\frac{\partial^2}{\partial z^2}\right]\psi(x, y, z)-\frac{e^2}{4\pi\varepsilon_0 r}\psi(x, y, z) = E\psi(x, y, z) \tag{2.5}$$

시스템이 구형의 대칭성을 가지므로 위 방정식은 구(sphere)의 극 좌표(r, θ, ϕ)를 이용하여 다음과 같이 3차원적으로 표시할 수 있다.

$$\begin{aligned}&\frac{1}{r^2}\frac{\partial}{\partial r}\left(r^2\frac{\partial\psi}{\partial r}\right)+\frac{1}{r^2\sin\theta}\frac{\partial}{\partial\theta}\left(\sin\theta\frac{\partial\psi}{\partial\theta}\right)+\\&\frac{1}{r^2}\frac{1}{\sin^2\theta}\frac{\partial^2\psi}{\partial\phi^2}+\frac{8\pi^2}{h^2}m_e\left(E+\frac{e^2}{4\pi\varepsilon_0 r}\right)\psi = 0\end{aligned} \tag{2.6}$$

위의 편미분 방정식은 변수 분리(separation of variables)에 의해 그 해를 정확하게 구할 수 있다.

$$\psi(r, \theta, \phi) = R(r)\Theta(\theta)\Phi(\phi) \tag{2.7}$$

위 파동 함수의 각 성분은 다음 3개의 양자수(quantum number: n, ℓ, m)에 의하여 지배를 받는다. n은 주 양자수(principle quantum number)로서, 원자핵으로부터 전자까지의 평균 거리에 관계되며 전자의 에너지를 나타낸다. ℓ은 방위 양자수(azimuthal quantum number)로서 전자가 차지하는 공간의 형태를 나타내고, m은 자기 양자수(magnetic quantum number)로서 전자가 차지한 공간이 원자핵에 대해 가지는 배향을 나타낸다. 이들 양자수는 전자의 공간적 분포에 대한 정보를 제공한다. 아래 표 2.1에 수소 원자의 완전한 파동 함수의 예를 나타내었다. 이때 주어진 파동 함수에서 a_0는 $n = 1$에 해당하는 궤도의 반경으로서 첫번째 Bohr 반경(52.92 pm)과 같다.

표 2.1 선택된(selected) 수소 원자의 파동 함수

양자수			
n	l	m	파동 함수
1	0	0	$\psi_{1s} = \psi_{100} = \frac{1}{\sqrt{\pi}}\left(\frac{1}{a_0}\right)^{3/2} e^{-r/a_0}$
2	0	0	$\psi_{2s} = \psi_{200} = \frac{1}{4\sqrt{2\pi}}\left(\frac{1}{a_0}\right)^{3/2}\left(2-\frac{r}{a_0}\right)e^{-r/2a_0}$
2	1	0	$\psi_{2pz} = \psi_{210} = \frac{1}{4\sqrt{2\pi}}\left(\frac{1}{a_0}\right)^{3/2} \frac{r}{a_0} e^{-r/2a_0} \cos\theta$
2	1	+1	$\psi_{2px} = \frac{1}{4\sqrt{2\pi}}\left(\frac{1}{a_0}\right)^{3/2} \frac{r}{a_0} e^{-r/2a_0} \sin\theta\cos\phi$
2	1	−1	$\psi_{2py} = \frac{1}{4\sqrt{2\pi}}\left(\frac{1}{a_0}\right)^{3/2} \frac{r}{a_0} e^{-r/2a_0} \sin\theta\sin\phi$
3	0	0	$\psi_{3s} = \psi_{300} = \frac{1}{81\sqrt{3\pi}}\left(\frac{1}{a_0}\right)^{3/2}\left[6-6\left(\frac{2r}{3a_0}\right)+\left(\frac{2r}{3a_0}\right)^2\right]e^{-r/3a_0}$

아래 그림 2.10에 위 양자역학 모델에 의해 얻어진 전자가 발견될 확률에 따라 수소 원자 내 전자의 궤도에 따른 전자구름의 이미지를 나타내고 있는데, 구형(sphere), 덤벨(dumbbell), 링(ring) 등 다양한 형태를 띠고 있다. 이들은 물리적인 실체가 아니고 원자핵 주위에서 전자가 발견될 수 있는 확률을 나타내는 공간일 뿐이다.

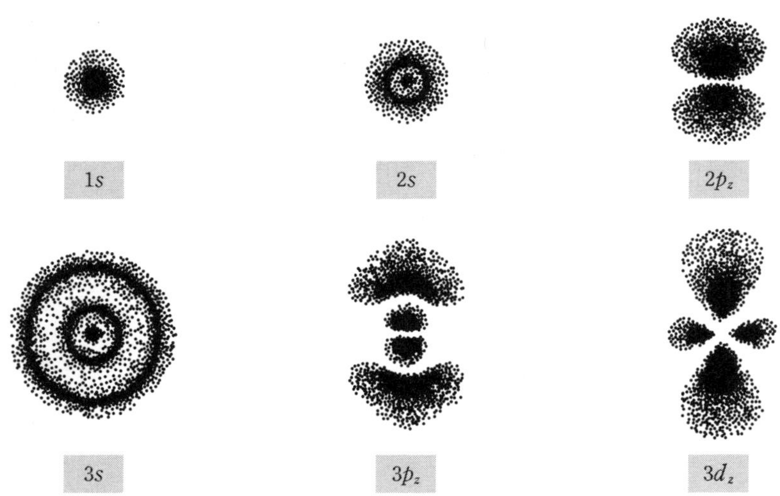

그림 2.10 ❖ 확률 밀도로 나타낸 수소 원자 궤도[5]

위 모델에 의거한 수소 원자 내 전자가 발견될 확률을 계산한 결과가 아래 그림 2.11에 나타나 있다. 이 확률을 반경 확률(radial probability)라고도 하는데, 이는 반경 r에서의 매우 얇은 쉘(shell)의 표면 위에서 전자가 발견될 확률이다. 이로부터 수소 원자 내의 전자는 대부분 1s 궤도에 머무르고 있음을 알 수 있다.

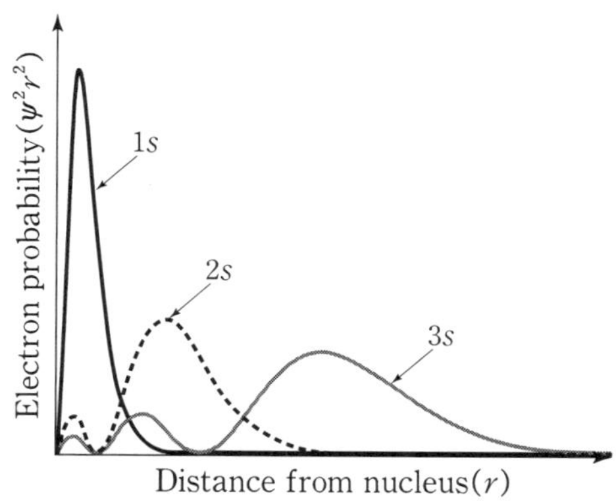

그림 2.11 ❖ 수소 원자 내 전자가 발견될 반경 확률

수소 원자의 경우, 전자의 에너지는 주 양자수(n)에만 관련되며 다음 식 2.8로 주어지는데, 에너지 수준이 균등하게 나누어지지 않는다. 전자가 원자핵으로부터 무한대의 거리에 있을 때에는 포텐셜 에너지가 0인데, 전자가 원자핵에 가까워질수록 쿨롱 인력이 작용하여 전자의 포텐셜 에너지가 감소한다. 전자의 운동 에너지(포텐셜 에너지 보다 매우 작으며 항상 양의 값을 가짐)도 전자가 원자핵에 가까워질수록 감소하므로 전자의 전체 에너지(E_n)는 항상 음의 값을 가진다.

$$E_n = -\frac{m_e e^4}{8\varepsilon_0^2 h^2}\frac{1}{n^2} \tag{2.8}$$

2.2.2 원자핵의 스핀(nuclear spin)

고전 물리학에서 아래 그림 2.12에서와 같이 전하를 가진 입자가 원형 고리(circular loop) 내를 움직일 때에 각운동량(angular momentum: 물체의 회전 운동을 묘사하는 것으로서 직선 운동량과 유사하게 대비되는 개념)을 가지게 되며, 이때 고리의 중심에 자기장이 형성되는 것은 이미 잘 알려진 사실이다.

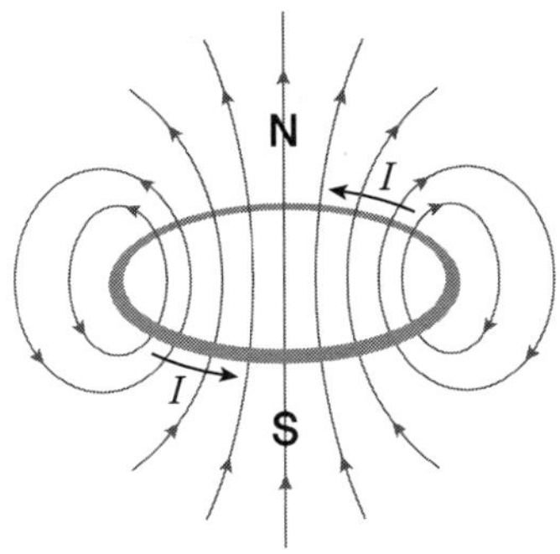

그림 2.12 ❖ 원형 고리 전류에 의한 자기장 형성

이는 각운동량이 어떤 형태의 회전 운동과 관련이 있기 때문이다. 즉, 전하를 가진 입자의 각운동량은 입자의 자기적 성질과 밀접한 관계를 가진다는 것이다. 이에 따라, 원자핵의 자기적 성질을 다루는 NMR에서는 원자핵의 각운동량에 대한 이해가 우선적으로 필요하게 된다.

원자핵은 양전하(positive charge)를 띠는 양자와 전하를 가지지 않는 중성자로 구성된다. 이들 입자들은 크기가 엄청나게 작아 그들의 특성을 고전적인 물리 법칙으로는 완전한 해석이 어려워, 양자역학이라는 새로운 물리적 원리를 적용하여 설명하고 있다. 이 이론에 의하면, 위 입자들은 실제적인 입자 운동과는 무관하게 그들 고유의 각운동량을 가진다. 이는 입자들이 가질 수 있는 궤도 각운동량(orbital angular momentum)과는 다른 것으로서, 입자들이 원천적으로 가지고 있는 각운동량(intrinsic angular momentum)이며 고유 스핀(intrinsic spin), 또는 스핀(spin)이라고도 한다.

스핀이라는 의미는 전통적으로 팽이나 지구 등에서 볼 수 있는 것처럼 거시적 물체의 무게 중심을 통하는 축을 중심으로 하여 자체 회전하는 운동을 지칭하기도 하지만, 양자역학에서는 원자나 원자보다 작은 입자들이 가지는 고유의 각운동량을 말한다.

고전 물리학에 있어서 운동량은 물체의 운동을 양(질량 × 속도)으로 표시한 것이다. 특히, 각운동량은 선운동량(linear momentum: 질량 × 직선 속도)에 대비되는 회전 운동량으로서, 스핀은 관성 모멘트(moment of inertia)와 각속도(angular velocity)를 곱한 값이다. 모멘트는 질량과 같은 물리량이 물체에 어떻게 분포되어 있는지를 나타내는 것이고, 관성은 물체의 운동의 변화에 대한 저항으로서 고전 물리학의 기본 원리이다. 이에 따라, 관성 모멘트는 회전 운동에 저항하기 위하여 질량들이 물체 자체의 회전 축을 중심으로 어떻게 분포되어 있는지를 나타내며, 선운동량의 질량에 해당하는 역할을 한다.

일반적으로 고전 물리학에서 정의되고 있는 스핀은 거시적 관점에서의 각운동량 형태의 하나인데, 아래 그림 2.13(a)에 나타난 팽이 등에서 보는 바와 같이 물체의 내부 회전

(물체의 질량 중심을 축으로 한 회전)에 의한 각운동량으로서 스핀 각운동량(spin angular momentum)이라 부른다. 이는 아래 그림 2.13(b)에 나타난 바와 같은 물체의 궤도 각운동량(물체의 질량 중심이 가지는 특정 회전 중심에 대한 운동량)과 다른 의미를 가진다.

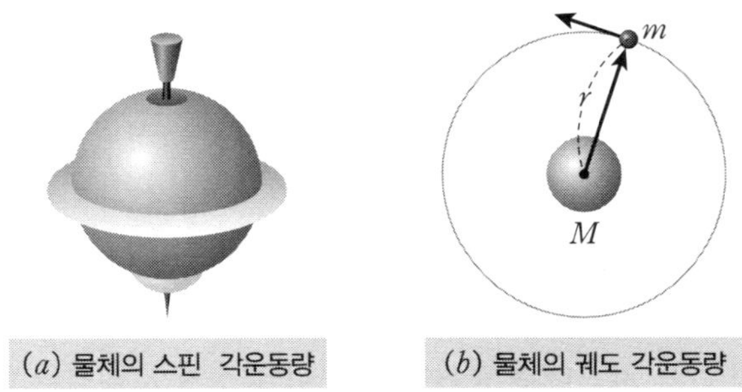

그림 2.13 ❖ 물체의 스핀 각운동량 및 궤도 각운동량

원자를 구성하는 입자들도 고전적으로 물체들이 가지는 스핀처럼 각운동량을 가지는데, 이때에는 그들 고유의 스핀 각운동량을 가지며 이를 단순히 스핀이라고도 부르고, 이는 고전 물리학에서 정의하는 스핀 각운동량과는 다른 개념으로서 매우 신기할 정도의 특이한 물리적 양(quantity)이다. 즉, 이들 입자의 스핀은 고전 물리학에서 다루는 스핀 각운동량과 같은 단위를 가지나 고전적 입자들처럼 실제로 회전 운동을 하는 것은 아니고, 질량이나 전하처럼 입자가 가지고 있는 기본 성질에 해당한다. 즉, 질량이나 전하처럼 그 값이 변하지 않는데 양자나 중성자, 전자와 같은 입자들은 모두 $\hbar/2$ 또는 $-\hbar/2$의 고유 스핀 값을 가진다. 각운동량과 환산 플랑크 상수는 같은 단위(joule.sec)를 가진다.

고전적 입자(양자 입자와 대비되는 개념)의 경우, 아래 그림 2.14에서와 같이 입자의 수직 축을 중심으로 시계 반대 방향으로 회전하면 각운동량의 방향(벡터)이 위로 향하여 스핀-up 상태라 하며, 이와 반대로 입자가 시계 방향으로 회전하면 스핀-down 상태라 한다. 원자를 구성하는 입자의 경우에도 스핀이 서로 다른 에너지 값을 가질 수 있는데, 고전 입자의 경우와 유사하게 스핀-up 또는 스핀-down 개념을 도입함으로써 서로 부호가 다른 값($\hbar/2$, $-\hbar/2$에 상응함)을 가질 수 있다. 스핀 값이 $\hbar/2$인 경우는 에너지가 낮은 스핀-up 상태에 해당하며, $-\hbar/2$인 경우는 에너지가 높은 스핀-down 상태에 해당한다. 즉, 원자를 구성하는 입자의 스핀은 고전 물리학에서 정의하는 각운동량과 같은 각운동량의 성질을 보이나, 고전 물리학에서와 같은 물리적 실체는 아니며 벡터(vector) 값을 가진다.

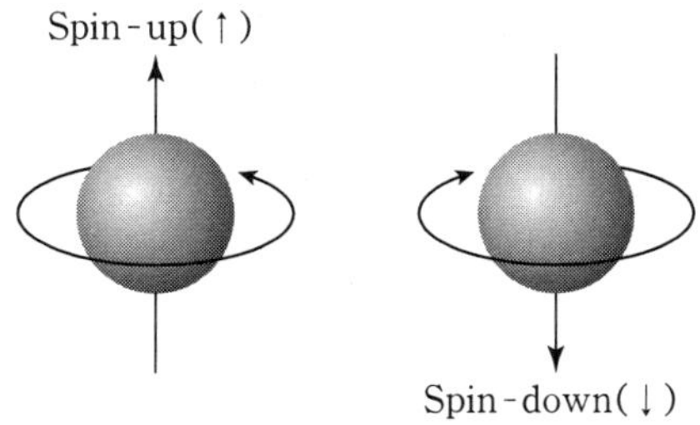

그림 2.14 ❖ 스핀-up 및 스핀-down 상태

양자역학의 이론이나 실험을 통해 원자 규모 이하의 입자들의 스핀 값이 양자화(quantized) 되어 있음이 확인되었다. 이때 양자화란 뜻은 스핀 값이 연속적이지 않고 불연속적으로 특정의 값을 가진다는 것이다. 양자나 중성자도 전자와 마찬가지로 특정의 스핀 값을 가지게 되는데 이를 양자수(quantum number)로 나타낼 수 있다. 이를 스핀 양자수라 부른다. 양자나, 중성자, 전자의 스핀 양자수는 1/2이다. 스핀의 절대값은 스핀 양자수(1/2)에 환산 플랑크 상수를 곱한 값인 $\hbar/2$로서, 단위는 고전 물리학의 각 운동량과 같은 단위를 가지며 스핀 벡터의 길이에 해당한다. 전자의 경우, 양자역학적으로 파동 함수가 원형 공간에 퍼져 있으나 질량 및 위치를 가지고 있으며 그 운동량이 명확히 존재하므로, 전자는 고전적 각 운동량에서처럼 양자역학적으로도 궤도 각운동량을 가지는 것으로 매칭하여 각 의존성(angular dependency)을 설명하고 있다.

2.2.3 원자핵의 자기적(magnetic) 활성화

원자핵의 종류에 따라 그 구성 요소인 양자와 중성자의 수가 서로 다른데, 그에 따라 원자핵이 자기적으로 활성을 가질 수 있는지 여부가 결정이 된다. 자기적으로 활성을 가진다는 것은 원자핵이 자기장 속에 있을 때 자석처럼 반응을 하는 것이다. 자기장이라 함은 자기적 성질을 가진 입자나 물체 주위의 공간에서 자기적 힘이 어떻게 분포되어 있는지를 설명하기 위한 도구로서의 모델이다. 이는 전하를 가진 입자나 물체 주위에서 힘을 느끼는 공간을 전기장이라 하는 것과 유사한 개념이다.

전자나 양자, 중성자들은 반정수(half integer)의 스핀 양자수를 가지는데, Pauli의 배타적 법칙(exclusion principle)을 따르게 되면 2개의 동일한 입자들이 공간에서 같은 위치를 점할 수 없게 되므로, 원자 궤도에 있어서 같은 궤도 내에서는 서로 방향이 반대되는 스핀들이 채워진다. 스핀 양자수는 다른 양자수(n, ℓ, m) 들과는 달리, Schrödinger 방정식으로부터 유도되지 않는다.

양자나 중성자는 더 작은 기본 입자인 쿼크로 구성되어 있음이 확인되었는데, 이들 입자도 스핀 양자수가 1/2 값을 가진다. 이들 입자도 Pauli의 배타적 법칙을 따른다. 양자는 2개의 위 쿼크(up quarks)와 1개의 아래 쿼크(down quark)로 구성되어 있는 반면, 중성자는 1개의 위 쿼크와 2개의 아래 쿼크로 구성되어 있다. 위 쿼크는 $(+2/3)e$의 양전하를 띠고, 아래 쿼크는 $(-1/3)e$의 음전하를 가지고 있다. 이에 따라, 양자는 $+1e$의 양전하를 보이고 중성자는 전하를 가지지 못한다. 위 쿼크와 아래 쿼크는 에너지 상태가 서로 다른 입자들로서(위 쿼크가 에너지가 더 낮은 상태) 특별히 기본 입자라 부르기도 한다. 이는 쿼크가 전자와 더불어 더 이상의 작은 물질로 구성이 되지 않는 물질의 근본적인 구성 요소이기 때문이다.

원자핵의 스핀 양자수는 원자핵을 구성하는 양자와 중성자 개수에 의해 결정이 된다. 예를 들면 수소 원자핵의 경우, 원자핵이 오직 1개의 양자로만 구성되어 있기 때문에 2개의 위 쿼크 중 1개와 아래 쿼크 1개가 쌍을 이루면(pairing: 짝짓기) 서로 스핀하는 방향이 반대가 되어 자기 모멘트가 0이 되나, 위 쿼크 1개가 남게 되어 이것이 스핀을 가져 자기적으로 활성을 띠게 된다. 쌍을 이루게 되면 쌍을 이루지 않는 스핀들 사이보다 서로 간의 반발력이 낮아 더욱 에너지가 낮은 안정화 상태로 가게 되어 가능하다면 먼저 쌍을 이루게 된다.

자기 모멘트는 자기 쌍극자 모멘트라고도 하는데 물리적 힘(토크: torque)을 발생시키기 위한 물리량의 하나이다. 모멘트는 그 정의가 거리와 물리량을 곱한 것으로서 힘도 아니고 에너지를 나타내는 것도 아니다. 모멘트는 거리에 따라 변화하는 어떤 새로운 물리량으로서, 힘이 가해졌을 때 물체가 특정 축을 중심으로 회전하려는 경향을 나타내는 척도이다. 이에 따라, 자기 모멘트는 자기장 속에서 회전할 수 있는 힘을 받게 된다. 아래 그림 2.15는 고리 전류(loop current)가 새로운 물리량인 자기 모멘트를 생성하는 예로서 자기 모멘트(μ)는 다음 식에 의해 결정된다.

$$\mu = IA \tag{2.9}$$

여기서, I는 고리를 흐르는 전류의 세기이고, A는 고리를 형성하는 면적이다. 이때 고리의 중심이 순환 축이 되고, I는 물리량의 역할을 하고, A는 거리와 관련된다.

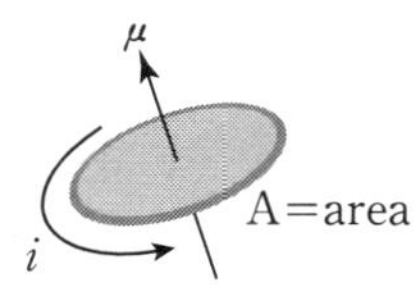

그림 2.15 ❖ 고리 전류에 의해 생성되는 자기 모멘트

결론적으로 자기 모멘트는 순환 운동(circulation)과 관련이 있다. 이와 마찬가지로, 전자나 원자핵 등 입자들도 전하를 가진 상태에서 순환 운동이 있을 수 있으므로 자기 모멘트를 가질 수 있다. 이와 같이 새로운 물리량(자기 모멘트)을 도입함으로써 순환 운동과 관련된 물리적인 관계식을 정립하는 것이 편리해진다.

아래 그림 2.16에서와 같이, 자석이 외부 자기장에 놓이면 토크(torque)라는 힘을 받게 되어 자기장의 방향과 평행하게 정렬이 된다. 즉, 자석이 가지는 자기 모멘트가 외부의 자기장(B_0) 내에서 상호 작용을 통하여 토크를 받게 된다. 토크는 물체가 축을 중심으로 순환을 할 수 있게 하는 힘의 척도이다.

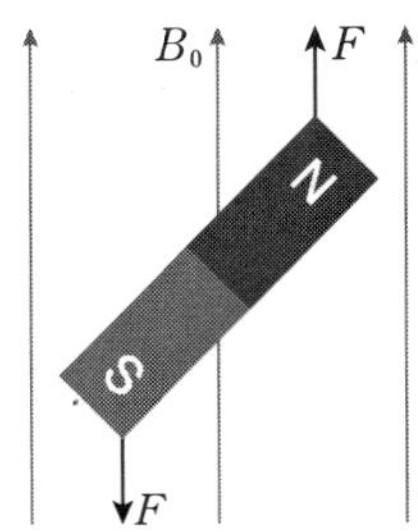

그림 2.16 ❖ 외부 자기장에 의해 자석이 받는 토크

자석의 경우에는 자기 모멘트가 자극(magnetic pole)의 세기와 자석의 길이(두 극 사이의 거리에 해당)의 곱에 해당한다. 고리 전류도 위 그림 2.15에서와 같이 자기장을 발생하는데, 이는 자석에서 형성되는 자기장과 유사하여 자기 쌍극자 역할을 함으로써 자기 모멘트를 발생한다. 이에 따라, 원자핵에서의 자기 모멘트는 근본적으로 전하를 가지는 입자의 스핀(각운동량)으로부터 야기된다.

탄소(^{12}C) 원자핵은 6개의 양자와 6개의 중성자를 가지고 있어, 이들을 구성하는 쿼크 입자들이 모두 짝짓기를 할 수 있어 원자핵 전체로 볼 때 스핀을 가질 수 없으므로 자기적인 활성을 갖지 못한다. 이에 비해, 탄소(^{13}C) 원자핵은 6개의 양자와 7개의 중성자를 가지므로 짝짓기를 하지 못하는 쿼크 스핀이 하나 남게 되어 원자핵이 자기적으로 활성을 나타낸다. 이와 같이 원자핵이 자기적 활성을 가지는 다른 원자핵으로는 ^{19}F, ^{7}Li 등이 있다. 결론적으로 양자나 중성자 중 어느 하나가 홀수이거나 둘 다 모두 홀수일 때에 그 원자핵은 자기적으로 활성을 보인다.

양자역학의 원리에 따르면, 외부 자기장의 존재 하에서 허용되는 원자핵의 스핀 상태(spin states)는 원자핵의 스핀 양자수(spin quantum number)에 의해 결정된다. 즉, 허용되는 스핀 상태의 수(서로 다른 스핀 양자수를 가지는 개수)는 원자핵의 스핀 양자수를 I라

할 경우 $(2I+1)$ 값을 가진다. 또, 이들 허용된 스핀 양자수의 값은 $-I$, $-I+1$, $-I+2$, $\cdots\cdots+I$로 얻어진다. 원자핵의 스핀 양자수는 핵을 구성하고 있으면서 짝짓기를 하지 않은 양자나 중성자의 수에 의해 결정이 되는데 1/2에 대한 양의 정수배 값을 가진다. 수소(^{1}H) 원자핵이나 탄소(^{13}C) 원자핵의 경우, 스핀 양자수가 1/2이므로 가능한 스핀 상태의 수는 2개가 존재한다. 즉, 이들 원자핵은 +1/2 과 −1/2의 서로 다른 스핀 양자수를 가지는 상태가 존재한다. 이들 서로 다른 스핀 상태는 에너지 수준이 다르다.

위에서 언급한 바와 같이 특정의 원자핵들은 자기적 활성을 가지므로 외부의 자기장에 놓일 경우 반응을 보인다. 다시 말하면, 원자핵이 외부의 자기장과 작용하여 회전력인 토크를 받는다. 이는 위에서 언급한 바와 같이 나침반의 바늘이 자기장을 가진 지구 표면에서 남극과 북극을 가리키는 원리와 유사하다. 원자핵이 받는 회전력(τ: 토크)은 다음 식으로 계산할 수 있다.

$$\boldsymbol{\tau} = \boldsymbol{\mu} \times \boldsymbol{B_0} \tag{2.10}$$

여기서, $\boldsymbol{\mu}$는 원자핵이 가지는 자기 모멘트이고, $\boldsymbol{B_0}$는 외부 자기장의 세기를 말한다.

이미 자기장을 만들고 있는 자기 모멘트가 다른 외부 자기장을 만나게 되면 토크를 받아 아래 그림 2.17과 같이 순환하려는 힘을 받게 된다. 이에 따라, 회전 축이 점차 변화하게 되는데 이를 세차운동(precession)이라 한다. 이때 받게 되는 회전력은 새로운 물리량(자기 모멘트)을 도입함으로써 위에 주어진 식 2.10으로 쉽게 계산할 수 있다.

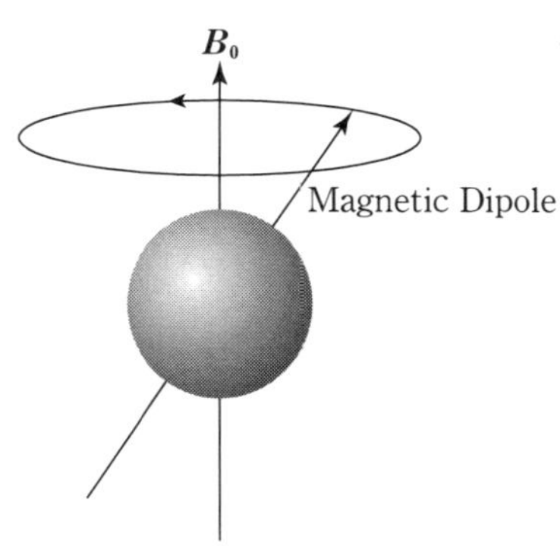

그림 2.17 ❖ 자기 모멘트(원자핵)의 세차 운동

2.2.4 원자핵의 자기 모멘트 정렬

수소 원자핵(^{1}H)이나 탄소 원자핵(^{13}C)은 자기 모멘트를 가질 수 있으므로, NMR의 배경 원리에 따라 이들이 외부의 자기장에 놓일 경우, 이들의 자기 모멘트는 외부 자기장의 방향과 같거나 또는 반대 방향으로 정렬(alignment)될 수 있어 자기적으로 활성화된다. 원자핵의 자기 모멘트는 원자핵의 스핀(원자핵 고유의 각운동량)에 비례한다. 원자핵의 스핀은 질량이나 전하처럼 자연의 근본 성질이다. 외부의 자기장과 같은 방향으로 정렬된 원자핵의 스핀을 α-스핀이라 하고, 반대 방향으로 정렬된 스핀을 β-스핀이라 부른다. α-스핀은 $+1/2$의 이차 스핀 양자수(secondary spin quantum number)를 가지고, β-스핀은 $-1/2$의 이차 스핀 양자수를 가진다. 이차 스핀 양자수는 스핀 양자수를 I라 하였을 때 $+I$와 $-I$의 값을 가진다. 아래 그림 2.18과 같이, 원자핵들이 외부 자기장 없이 단독으로 존재할 때에는 각 원자핵의 자기 모멘트들의 방향이 랜덤 상태가 되어 전체적으로는 자기 모멘트의 합이 0이 된다. 하지만, 원자핵들이 외부 자기장에 놓일 경우 스핀들은 α-스핀과 β-스핀으로 분리가 된다.

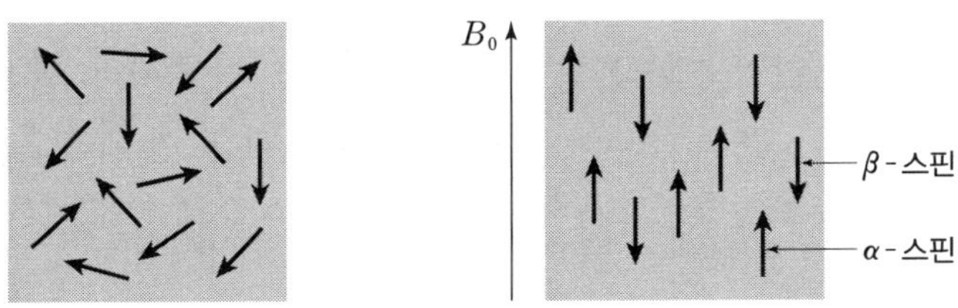

그림 2.18 ❖ 외부 자기장에 의한 원자핵의 자기 모멘트 정렬

분리된 α-스핀과 β-스핀은 자기적 포텐셜 에너지(E) 수준이 다르며, 다음과 같은 Maxwell 관계식에 의해 각각의 자기적 포텐셜 에너지 수준을 구할 수 있다. 이 관계식에서 음의 부호를 가지는 것은, 포텐셜 에너지가 자기장에 의해 스핀에 가해진 힘을 거슬러 스핀의 위치를 옮기는데 필요한 에너지이기 때문이다.

$$E = -\mu B_0 = -m_s \gamma \hbar B_0 \qquad \text{(Maxwell 관계식)} \tag{2.11}$$

여기서, m_s는 이차 스핀 양자수, γ는 자기 회전 비율(gyromagnetic ratio: ^{1}H 원자핵의 경우, 2.675×10^{8} rad/sec.tesla이고, ^{13}C 원자핵의 경우, 0.673×10^{8} rad/sec.tesla), B_0는 외부 자기장의 세기이다. ^{13}C 원자핵의 자기 회전 비율이 ^{1}H의 그것보다 작은 이유는 ^{13}C의 전자 밀도가 높아 그 원자핵이 외부 자기장을 느낄 수 있는 민감도가 낮기 때문이다.

^{1}H 원자핵이나 ^{13}C 원자핵의 경우, α-스핀과 β-스핀의 자기적 위치 에너지 차이는 다

음과 같이 나타난다.

$$\Delta E = \gamma \hbar B_0 \tag{2.12}$$

모든 원자핵들이 동일한 온도에 있는 열적 평형 상태에서는 스핀들의 미세 상태(microstate) 분포는 다음 식 2.13과 같이 Maxwell-Boltzmann 관계식을 따르게 된다. 이때 미세 상태는 에너지 수준이 다른 상태를 말하는 것으로 α- 또는 β-상태에 해당한다. Boltzmann 분포는 시스템이 어떤 미세 상태에 있을 확률 분포로서, 그 상태의 에너지와 시스템의 온도에 의해 영향을 받는다. 온도가 매우 낮을 때에는 거의 대부분의 스핀들이 낮은 에너지 상태에 존재하려는 경향을 가진다. 그런데 시스템의 온도가 증가하게 되면, 이처럼 낮은 에너지 상태를 선호하는 경향이 열적 운동에 의해 높은 에너지 상태로 가려는 경향에 의해 저항을 받게 되어 어떤 타협점을 이루게 되는데, 이것이 평형 분포를 이루며 이를 설명하기 위한 것이 Boltzmann 분포이다.

$$\frac{N_\alpha}{N_\beta} = \exp(-\Delta E/kT) \tag{2.13}$$

여기서, N_α는 α-스핀의 개수, N_β는 β-스핀의 개수이다. ^{1}H 원자핵의 경우, 일반적으로 위 비율(N_α/N_β) 값이 1.000064 정도로 α-스핀의 개수가 β-스핀 개수보다 아주 미소하게 큰 값을 보여준다.

2.2.5 Lamor 세차 운동(Larmor precession)

고전 물리학에서의 세차 운동은 팽이를 예로 하여 설명하는 경우가 많다. 팽이는 외부의 힘을 받더라도 그 모양이 변하지 않는 강체(rigid body)이다. 팽이의 회전 속도가 빠르면 중력을 이길 충분한 토크가 있어 팽이의 회전 축이 지면에 수직이지만, 시간이 지남에 따라 회전 속도가 감소하면 토크가 감소하여 팽이가 기울어져 팽이의 회전 축이 지구 중력장을 중심으로 원을 그리면서 움직이게 되는데 이를 '세차 운동(precession)'이라 한다. 기울어진 팽이는 중력 방향으로 힘을 받게 되는데, 이는 팽이의 각운동량을 유지하려는 힘인 토크와 균형을 이루어 세차 운동을 야기시킨다.

이와 유사한 형태로 ^{1}H나 ^{13}C 원자핵 등은 양자역학적 양(quantity)에 해당하는 고유의 각운동량인 스핀을 가지고 있어, 위의 팽이처럼 회전 축을 중심으로 세차 운동을 하는 것으로 고전 물리학적으로 상상해 볼 수 있다. 위 원자핵들이 외부 자기장 속에 놓여 있지 않을 때에는 자기 모멘트들이 모두 완전히 랜덤한 방향을 가지고 있지만, 외부의 정적 자기장(static magnetic field: B_0) 속에 놓이면 그 자기장의 방향과 평행하게 에너지가 서로 다른 α와 β 상태로 분리가 되는 과정이 일어나게 된다. 이에 따라, α와 β 상태의 에너지 차이만큼 외부 자기장에 수직으로 RF(radiofrequency) 코일을 통하여 외부에서 새로운 교대 자기장(alternating magnetic field: B_1)을 짧은 시간 동안 가해 주면, 일부의 α 상태의 스핀이 β 상태로 횡면(transeverse plane)으로 뒤집기(flip)가 된다. RF 코일은 구리 선과 같은 도전 물질의 루프의 세트(set of loops)로 구성되어 있어 안테나와 같은 역할을 한다. 즉, 새로운 자기적 에너지를 시스템(원자핵 스핀)에 전달하기도 하고, 시스템으로부터 시그널(여기된 스핀 정보)을 받는 역할도 한다. 이를 통해 교대 자기장이 원자핵의 자기 모멘트에 대하여 토크의 역할을 함으로써, 아래 그림 2.19와 같이 외부 자기장 방향을 축으로 한 원자핵의 세차 운동이 일어나는 것으로 간주할 수 있다. 교대 자기장은 교류 전류를 도입하여 얻어진다.

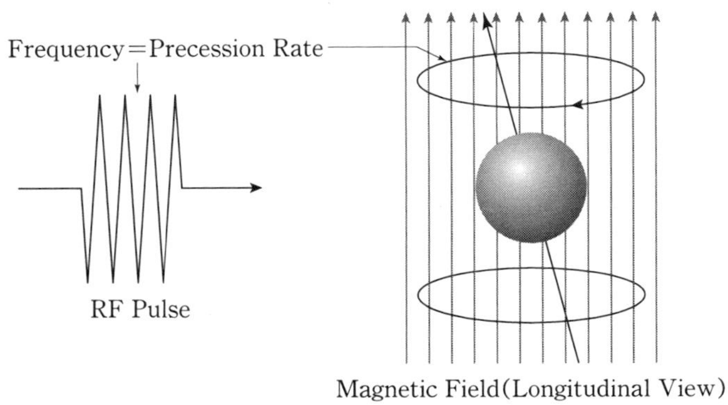

그림 2.19 ❖ 교대 자기장에 의한 원자핵의 세차 운동

외부에서 가해 주는 새로운 자기장(B_1)은 라디오 주파수를 가진 전자파로부터 얻어지는데, 이때의 주파수가 세차 운동의 주파수와 같으며 이를 Larmor 주파수라 부르고, 이는 원자핵의 공명 주파수(resonance frequency)에 해당한다. 이를 반영하면 다음과 같은 식이 주어질 수 있다.

$$\Delta E = \gamma \hbar B_0 = h\nu_1 \tag{2.14}$$

여기서, ν_1은 외부에서 가해 준 라디오 전자파의 주파수를 나타낸다.

위 식을 다시 정리하면 ν_1 값을 구할 수 있다.

$$\nu_1 = \frac{\gamma B_0}{2\pi}(\text{sec}^{-1}) = \gamma \hbar B_0(\text{radians}) \tag{2.15}$$

자기 공명 주파수는 원자핵이 α 상태에서 β 상태로 전환되는데 필요한 전자파의 주파수이다. 예를 들어 ^{1}H 원자핵의 경우, 자기장의 세기가 14,000 가우스(gauss)이면 이 원자핵을 뒤집기하는데 60 MHz에 해당하는 라디오 주파수를 가진 전자파가 필요하게 된다. 이는 두 스핀 사이의 에너지 차이가 매우 작아(실온에서의 열 에너지 보다도 훨씬 작음), 진동수가 작아서 낮은 에너지를 가지는 라디오 전자파로 스핀 사이의 전이(transition)가 가능하다.

^{1}H 원자의 전자들은 s 전자들로서 원자 궤도의 형태가 구형을 가진다. 이들 전자들은 외부에서 자기장을 가할 때, Fleming의 왼손 법칙에 의한 힘을 받아 외부에서 가해진 자기장(B_0)의 방향을 중심으로 순환을 하게 된다. 이때 유도된 전류는 Lenz 법칙에 따라 아래 그림 2.20과 같이 외부에서 가해 준 자기장의 방향과 반대 방향으로 새로운 자기장(B')을 야기한다.

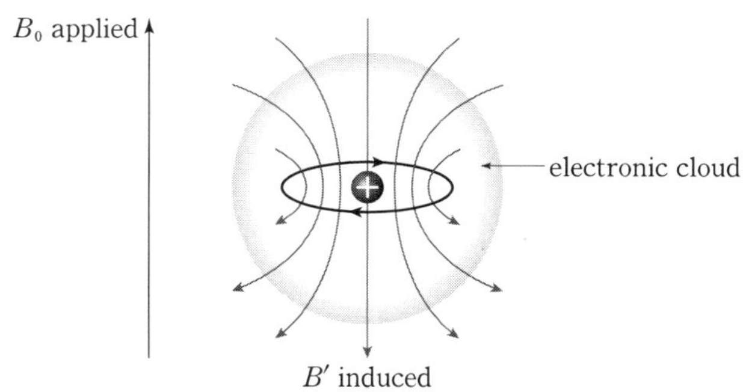

그림 2.20 ❖ 수소 원자 내 전자의 유도 전류에 의해 생성되는 자기장

이에 따라, 유도된 자기장은 원자핵이 실제로 외부에서 가해 준 자기장보다 더 작은 자기장을 느끼게 한다. 이리하여 원자핵이 전자에 의해 가리워진 상태(shielded state)에 있게 된다. 이는 마치 태양이 구름에 가리워질 때 우리가 느끼는 태양 빛의 세기가 감소되는 것에 비유될 수 있다. 전자에 의해 가리워진 ^{1}H 원자핵이, 가리워지지 않았을 때와 같은 주파수로 자기 공명하기 위해서는 외부에서 가해주는 자기장의 세기를 좀 더 크게 증가시켜야 한다.

2.2.6 원자핵의 자기 공명 주파수

분자 내의 각각의 원자핵은 그 주위의 전자구름 밀도가 다를 수 있으므로 외부 자기장 속에서 다른 자기장의 세기를 느낄 수 있다. 전자구름의 밀도는 원자핵 주위의 영역별로 다르며, 원자핵보다는 훨씬 더 큰 영역에 걸쳐 분포한다. 원자핵 주위의 전자 분포는 원자핵의 국부적 기하 형태(원자 결합의 길이, 결합각, 결합하는 상대의 종류 등)에 의해 영향을 받는다. 이에 따라, 각각의 원자핵이 느끼는 국부적 자기장의 세기는 원자핵 주위의 전자 분포에 의해 영향을 받게 된다. 원자핵이 실제로 느끼는 자기장의 유효 세기(B)는 다음과 같은 식으로 나타낼 수 있다.

$$B = B_0(1-\sigma) \tag{2.16}$$

여기서, B_0는 외부 자기장의 세기이고, σ는 전자들의 순환(전자 구름이지만 양자역학적으로 각운동량을 가지고 있어 순환을 하는 것으로 고려함)에 의해 가리워지는 자기장의 세기 정도를 나타내는 상수로서 차폐 상수(shielding constant)라고 한다. 차폐 상수 값은 대개 $10^{-4} \sim 10^{-6}$ 범위의 매우 작은 값을 가진다.

위와 반대로, 어떤 경우에는 원자핵 주위의 전자 순환이 오히려 원자핵이 느끼는 외부 자기장의 세기를 크게 할 수도 있는데 벤젠 분자의 경우가 대표적이다. 아래 그림 2.21에 나타난 바와 같이, 벤젠 분자 내에서의 전자의 순환은 방향족 고리(aromatic ring)를 따라 이루어지므로, 고리의 옆으로 붙어 있는 수소 원자핵들은 벤젠 분자 평면에 수직으로 외부 자기장을 가할 경우에 더 커진 세기의 자기장을 느끼게 된다. 이를 '방향족 고리 전류 효과(aromatic ring current effect)'라 한다. 벤젠 분자 평면의 중심에서는 전자의 순환으로 유도되는 자기장의 방향은 외부에서 가해 준 자기장과 반대 방향이 된다.

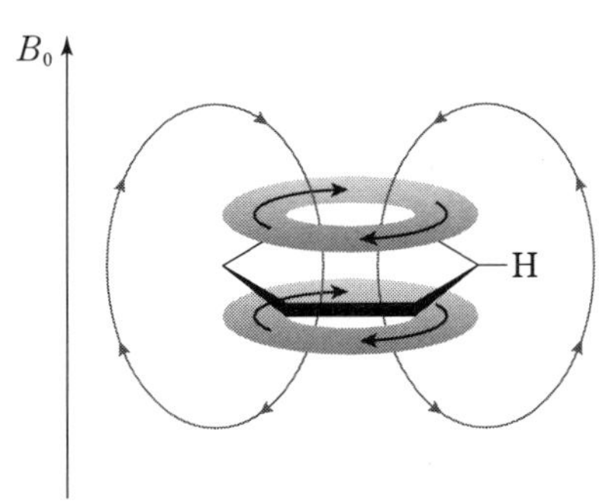

그림 2.21 ❖ 벤젠 분자의 유도 자기장 방향

앞에서 설명한 바와 같이, 자기적 활성을 가진 원자핵들이 외부 자기장 속에 놓여 있을 때 외부에서 적절한 에너지를 가진 전자파를 조사(irradiation)하면, α-스핀 상태에 있던 원자핵을 에너지 수준이 더 높은 β-스핀 상태로 여기시킬(excited) 수가 있다. 이때의 전자파는 라디오 주파수를 가지는 것이 일반적이며, 자기장의 세기는 B_1으로 표기하고 그 주파수는 앞에서 언급한 Larmor 주파수와 같다. 실제로 외부에서 가해주는 B_1 자기장은 Larmor 주파수 근처의 넓은 범위의 주파수를 가진 연속적인 sine 형태의 파동(펄스)이다. α-스핀 상태에서 β-스핀 상태로 여기 시키는데 필요한 에너지는 원자핵 주위의 전자의 분포에 의해서 영향을 받는다. 주어진 원자핵 주위의 전자 분포 특성에 따라 Larmor 주파수, 즉 자기 공명 주파수가 달라진다. 원자핵의 자기 공명에 필요한 에너지(ΔE)는 다음 식에 의해 자기 공명 주파수(ν_1)와 관련된다.

$$\Delta E = \gamma \hbar B_0(1-\sigma) = h\nu_1 \tag{2.17}$$

여기서, ν_1은 외부에서 가해 준 B_1 자기장의 주파수이기도 하다.

2.2.7 화학 이동(chemical shift: δ)

원자핵의 자기 공명 주파수는 위 식 2.17에서 나타난 바와 같이 외부에서 가해 준 자기장(B_0)의 세기에 비례한다. 이는 사용한 NMR 기기의 성능(B_0 값의 크기)에 따라 자기 공명 주파수가 다르게 나타남을 의미한다. 사용한 기기의 성능에 관계없이 같은 시료에 대해 동일한 자기 공명 주파수를 얻는 방법으로 화학 이동이라는 개념을 사용하며 다음 식 2.18과 같이 정의한다. 화학 이동(δ)이라 함은 사용한 NMR 기기의 성능에 관계없이 오직 시료인 화학 물질에 따라 달라지는 값이라는 의미를 내포하고 있다.

$$\delta = \frac{(\nu_1 - \nu_{ref}) \times 10^6}{\nu_{ref}} \text{ (ppm)} \tag{2.18}$$

여기서, ν_1은 위에서와 같이 원자핵의 자기공명 주파수이고, ν_{ref}는 분석을 위해 첨가된 표준 물질의 자기공명 주파수이다. ν_1 및 ν_{ref} 모두, 가해진 외부 자기장의 세기에 비례하므로 화학 이동값은 분석에 사용된 NMR 기기의 성능에 관계없이 주어진 시료에 대하여 항상 같은 값을 보여준다. 표준 물질로 자주 사용되는 대표적인 예로 TMS(tetramethyl silane: $Si(CH_3)_4$)가 있다. TMS 분자에는 12개의 수소 원자핵이 있어, 크고 선명한 자기 공명 피크가 생긴다. 또, TMS 분자 내의 실리콘(silicon) 원자가 전기적인 음성도가 매우 낮아 주위의 수소 원자핵에 전자를 밀어주어, 수소 원자핵들의 외부 자기장 가림 현상이 심하여 이들의 자기 공명 주파수가 대부분의 다른 분자들의 수소 원자핵보다 매우 낮은 값을 가진다. 이러한 특성이 TMS를 표준 물질로 적합하게 한다.

실제로 NMR 분석 시에는 위의 식을 일부 수정하여 다음과 같이 화학 이동값을 계산한다.

$$\delta = \frac{(\nu_1 - \nu_{ref}) \times 10^6}{\nu_{ref}} \text{(ppm)}$$
$$\approx \frac{(\nu_1 - \nu_{ref}) \times 10^6}{\nu_{opr}} \text{(ppm)} \tag{2.19}$$

여기서, ν_{opr}은 NMR 기기 자체의 자기장(B_0)이 만들어내는 원자핵의 주파수로 항상 고정된 값이다. 자기장의 세기가 11.75 T(tesla)인 NMR 기기의 경우, 고정된 주파수는 수소 원자핵을 기준으로 할 경우에 500 MHz가 된다. 일반적으로 $(\nu_1 - \nu_{ref})$ 값이 ν_{ref}나 ν_{opr} 값에 비하여 엄청나게 작으므로 위의 근사식이 성립될 수 있다. 이에 따라, ν_{ref} 값을 모르더라도 $(\nu_1 - \nu_{ref})$ 값은 NMR 차트(chart)로부터 읽을 수 있으므로 쉽게 화학 이동값을 계산할 수 있다.

일반적으로 화학 이동값은 원자핵의 종류에 따라 크게 달라지며, 주어진 원자핵의 경우에는 원자핵 주위의 전자 밀도나 원자들 사이의 화학 결합 특성(이중 결합이나 삼중 결합 등)에 의해 큰 영향을 받는다. 특정 화학 이동값에 해당하는 피크들이 NMR 차트에서 나타나는 위치와 그 개수, 강도(intensity), 피크 분리(peak splitting)가 분자 구조의 확인에 있어서 중요한 역할을 한다. 피크의 강도는 자기 공명에 관여하는 원자핵의 수에 비례하므로 주어진 분자 내에 있는 원자핵의 수에 비례한다. 이로 인해 NMR 기법이 물질의 구조 분석에 있어서 다른 일반적인 분석법들과는 달리, 정량적 해석이 가능해지는 큰 장점을 가진다.

자기 공명 피크가 나타나는 상대적인 위치에 있어서, 전자구름에 의한 원자핵의 가림이 덜하여 상대적으로 화학 이동값이 더 큰 위치(에너지 수준이 더 높은 상태에 해당)에 나타나는 피크를 'downfield'에서 나타난다고 한다. 그 반대의 경우, 피크는 'upfield'에서 나타난다고 한다. 이는 얼핏 보면 약간 혼란스러울 수 있다. 왜냐하면, 일반적으로 downfield가 보다 낮은 에너지 영역을 나타낸다고 기대하기 때문이다.

이런 배경에는 역사적 기원이 있다. 1세대 NMR 기기는 '연속 파장 주사(continuous wave field sweep)'라는 방법으로서 연속적으로 자기장의 세기를 변화시키는 것이었다. 이 방법은 라디오 주파수 영역의 주파수를 고정한 상태에서 외부에서 가하는 자기장의 세기를 변화시키면서 자기 공명 피크를 감지하는 것이었다. 이 경우에는 원자핵에 대한 전자구름의 가림 현상이 클수록 자기 공명을 위하여 더 강한 자기장이 필요하게 되어 upfield라는 용어를 사용하였다. 이에 비해, 현대 NMR 기기는 Fourier transform NMR(FT-NMR)인데, 이 기기에서는 외부에서 가하는 자기장의 세기는 일정하게 유지한 채, 라디오 주파수의 전 영역에 걸친 짧은 펄스를 시료에 조사한다. 이 경우에는 전자구름의 가림이 심할수록 원자핵이 흡수하는 에너지가 낮아져 원자핵은 낮은 에너지 수준을 보인다. 이는 1세대 NMR 기기를 사용하여 얻어지는 현상과 정반대의 결과이다. 즉, 앞의 서로 다른 두 방법은 실제 다른 결과를 보이는 것이 아니고, 같은 데이터를 보이는데 단지 단어 선택(wording)이 혼합되어 있는 것이다.

화학 이동값이 자기장 세기(B_0)에 무관하게 얻어지기는 하지만, ($\nu_1 - \nu_{ref}$) 값 자체는 B_0 값이 클수록 커지므로 피크 사이의 간격이 넓어져, 피크의 분리가 용이하여 그들을 쉽게 구분할 수 있는 장점이 있다. 아래 그림 2.22에 4-hydroxy-4-methyl-2-pentanone 화합물의 ¹H NMR 스펙트럼이 주어져 있다.

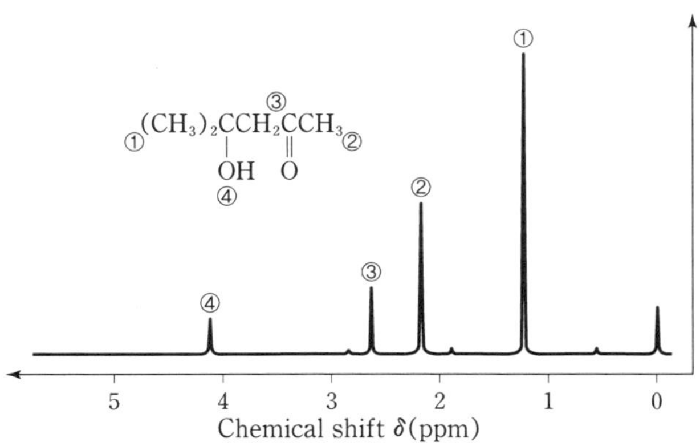

그림 2.22 ❖ 4-hydroxy-4-methyl-2-pentanone의 ¹H 스펙트럼

위 그림에서 화학 이동값이 0인 피크는 표준 물질인 TMS의 수소 원자핵에 해당하고, 피크 1은 3차 탄소(tertiary carbon: 다른 3개의 탄소 원자에 결합되어 있는 탄소 원자)에 붙어있는 메틸기의 수소 원자핵의 화학 이동이며, 피크 2는 카보닐기(carbonyl group)에 연결된 메틸기의 수소 원자핵의 화학 이동에 해당하는 피크이다. 피크 2가 피크 1보다 downfield(화학 이동값이 더 큰 쪽)에 나타나는 것은, 카보닐기가 전자를 끌어당기는 성향이 커서 그에 연결된 메틸기의 수소 원자핵이 전자의 가림을 적게 받아 화학 이동값이 크게 되기 때문이다. 피크 3는 메틸렌기의 수소 원자핵에 해당하는 피크로서, 메틸렌기의 탄소 원자에 연결된 탄소들이 전기 음성도가 높은 산소 원자에 연결되어 있어 화

학 이동값이 피크 2보다 downfield에서 나타나고, 피크 4는 수소 원자가 전기 음성도가 높은 산소 원자에 직접적으로 연결되어 있어 화학 이동값이 가장 downfield에서 나타난다. 피크들의 강도가 각 그룹에 속해 있는 수소 원자핵의 수에 비례하고 있음도 확인할 수 있다.

2.2.8 원자핵의 스핀과 스핀 사이의 상호 작용(spin-spin coupling)

앞에서 고리 전류로부터 자기 모멘트가 생성함을 설명하였다. 자기 모멘트는 자석에서도 존재하는데 자석의 세기와 방향성을 나타내는 것으로 자석 고유의 성질이다. 이때의 방향성은 자석의 남극에서 북극을 향하는 힘의 방향이다. 자석이 생산하는 자기장의 세기는 자기 모멘트에 비례한다. 즉, 자기 모멘트는 자기장 내에서 물체가 자기장에 정렬할 수 있는 능력의 척도가 된다. 이는 고리 전류에서도 마찬가지로 적용이 된다. 다시 말하면 고리 전류를 자석으로 생각할 수 있다. 즉, 고리 전류에 흐르는 전류의 방향에 따라 자기 모멘트의 방향이 결정이 되고, 형성되는 자기장의 세기도 자기 모멘트의 크기에 비례한다. 고리 전류의 경우, 고리의 면적이 커질수록 자기 모멘트도 비례하여 커지는데, 이것도 자석의 경우 길이가 커질수록 자기 모멘트가 비례하여 커지는 것과 유사하다.

자기적 힘은 자석의 극(pole) 사이에 작용하는 힘인데, 이는 전하 사이에 전기적 힘이 작용하는 것과 비슷한 이치로서 자연에 존재하는 근본적 힘이다. 고리 전류에서와 같이, 흐르는 전류에 의해 생성되는 자기 모멘트들 사이에서도 자석에서의 극과 같이 상호 힘이 작용할 수 있는데, 이를 자기적 상호 작용이라 한다. 각각의 자기 모멘트들은 그와 관련된 자기장을 가지고 있으므로, 주어진 자기 모멘트는 상대 자기 모멘트가 가지는 자기장에 의해 힘을 받게 되는 상호 작용이 생긴다. 이는 전기적 쌍극자 모멘트가 전기장 내에서 힘을 받는 현상에 비유될 수 있다. 원자핵의 경우, 원자핵 주위를 순환하고 있는 전자들에 의한 미세 전류에 의해 자기장이 형성되어, 이로 인해 상대 원자핵의 자기 모멘트가 영향을 받게 되는 상호 작용이 일어난다. 이것이 원자핵의 스핀-스핀 상호 작용이다.

스핀 값이 0이 아닌 원자핵 사이의 상호 작용(스핀-스핀 상호 작용)에는 2가지 형태가 있다. 직접적인 상호 작용과 간접적인 상호 작용이 그들이다. 직접적인 상호 작용은 쌍극자와 쌍극자 사이에서 공간을 통하여 직접적으로 작용이 일어나는 데 비하여, 간접적인 상호 작용은 원자 사이의 화학적 결합에 관여하는 전자를 통하여 이루어진다. 직접적인 상호 작용은 고체 상태의 화합물에서 중요한 역할을 하게 되는 반면, 간접적인 상호 작용은 주로 액체 상태의 화합물에서 일어난다. 액체 상태에서는 분자들이 빠른 속도로 텀블링(tumbling)을 하므로, 아래에 설명하는 특수한 경우를 제외한 대부분의 직접적인 상호 작용들은 평균화되어 없어진다.

액체 상태에서 일어나는 특수 상호 작용은 외부에서 가해 준 자기장에 무관하게 원자핵 사이에서 일어나는 특유의 스핀 사이의 상호 작용이다. 이 상호 작용은 방향성이 없으므로 스칼라(scalar) 상호 작용, 또는 J-상호 작용(J-coupling)이라 부른다. J-상호 작용에 있어서, 주어진 원자핵의 스핀이 가지는 자기장에 의해 화학 결합에 관여된 전자들의 스핀이 그 자기장의 방향으로 상당 부분 정렬이 되는데 이를 스핀 편극(spin polarization)이라 한다. 이에 따라, 상대 원자핵의 자기장과 자기 모멘트도 변하게 되어 상대 원자핵의 에너지 수준도 변하게 된다. 주어진 원자핵이 α-스핀일 경우에는 상대 원자핵의 에너지 수준을 증가시키고, β-스핀일 때에는 상대 원자핵의 에너지 수준이 낮아진다. 이에 따라 상대 원자핵의 자기 공명 주파수가 2개로 나누어지며, 자기 공명 피크도 아래 그림 2.23에서와 같이 2개로 분리되어 나타난다. 주어진 원자핵의 α-스핀과 β-스핀의 개수가 거의 같으므로 2개로 나누어진 피크들은 같은 형태로 나타난다. 이들 2개로 분리된 피크 사이의 자기 공명 주파수 차이를 J-상호 작용 상수(J-coupling constant)라 부른다. J-상호 작용 상수는 화학 결합에 관여한 전자들에 의해서만 영향을 받으므로 그 값이 외부에서 가해 준 자기장의 세기에는 영향을 받지 않는다.

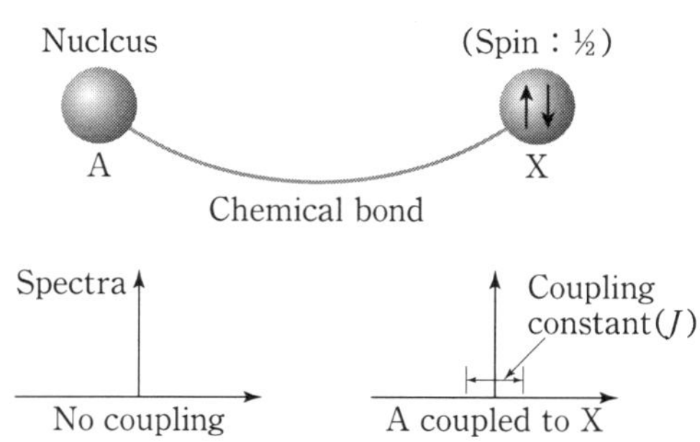

그림 2.23 ❖ 원자핵 스핀 사이의 상호 작용 상수(J)

일반적으로 J-상호 작용은 2~3개에 걸친 화학 결합 사이에 크게 나타나며 화학 결합의 수가 더 늘어남에 따라 급격히 감소한다. J-상호 작용 상수는 일반적으로 몇 분의 1 Hz 주파수에서 20 Hz에 이르는 작은 크기의 상호 작용으로서, 일반적으로 이면각(dihedral angle), 치환기, 궤도 혼성(orbital hybridization), 고리 스트레인(ring strain) 등에 의해 영향을 받는다. 이에 따라, J-상호 작용 상수는 분자 내에서의 공유 결합에 있어서 국부적 전자 구조와 관련되므로, 원자들의 화학적 연결성 및 분자의 constitution, configuration, 기하학적 구조 등에 대한 이해를 위해 도움이 될 수 있다.

^{1}H NMR에 있어서 아래 그림 2.24와 같이 분자 내의 같은 탄소에 붙어 있는 2개의 수소 원자 사이의 상호 작용을 같은 자리 짝지음(geminal coupling)이라 하고, 바로 이웃에 연결된 탄소 원자에 붙어 있는 수소 원자 사이의 상호 작용을 이웃 자리 짝지음(vicinal coupling)이라 부른다. 같은 자리 짝지음은 메틸렌(methylene) 그룹에 붙어 있는 수소 원자들이 입체화학적으로 서로 다를 때에만 일어난다. 이웃 자리 짝지음은 3개의 화학 결합에 걸쳐 일어나므로 분자의 내부 회전이 가능한 화학 결합의 conformation에 관한 정보를 제공할 수 있다.

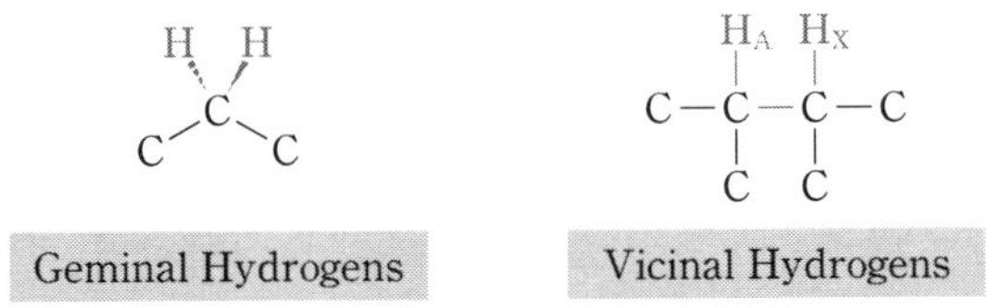

그림 2.24 ❖ 수소 원자의 같은 자리 짝지음과 이웃 자리 짝지음

아래 그림 2.25에 메틸 프로파노에이트(methyl propanoate) 화합물의 ^{1}H NMR 스펙트럼이 주어져 있다.

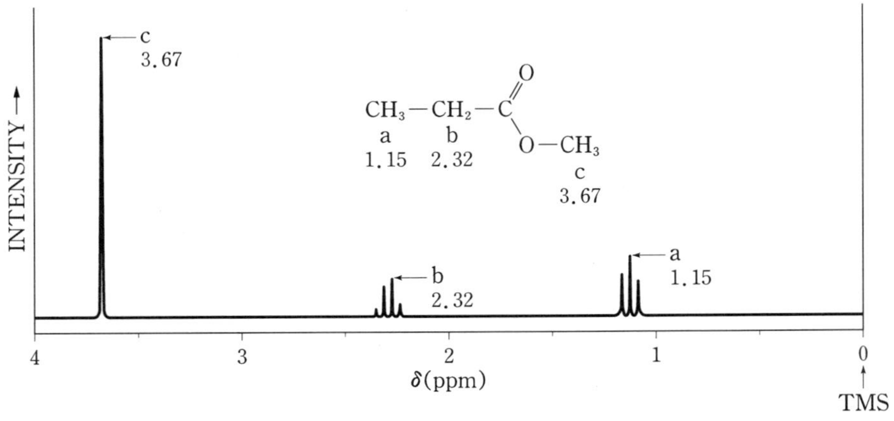

그림 2.25 ❖ Methyl propanoate의 ^{1}H 스펙트럼

산소 원자에 연결되어 있는 메틸 그룹(methyl group)은 한 개의 피크(δ 3.67 ppm)로만 나타나는데 이를 단일 피크(singlet)라 한다. 이 메틸 그룹에 붙어 있는 수소 원자들은 모두 같은 화학적 환경(chemical environment: 원자들의 화학적 연결성)을 가지고 있어 같은 화학 이동값을 가지며, 이들은 서로 상호 작용을 하지 않아 수소 원자핵 피크의 분리가 없이 단일 피크로 나타나게 된다. 이와 같이 동일한 원자 연결성(화학적 환경)을

가진 원자핵을 화학 등가(chemically equivalent) 원자핵, 또는 화학 이동 등가(chemical shift equivalent) 원자핵이라 부른다. 이에 비해, 원자들이 입체화학적으로 동일하여 같은 자기적 성질을 가지는 원자핵을 자기 등가(magnetically equivalent) 원자핵이라 부른다. 화학 등가 원자핵은 자기 등가 원자핵이 될수도 있고 그렇지 않을 수도 있지만, 자기 등가 원자핵은 항상 화학 등가 원자핵이 된다. 아래 그림 2.26에 자기 등가 원자핵을 가진 화합물과 자기 등가를 가지지 못하는 원자핵을 가진 화합물의 예를 나타내었다.

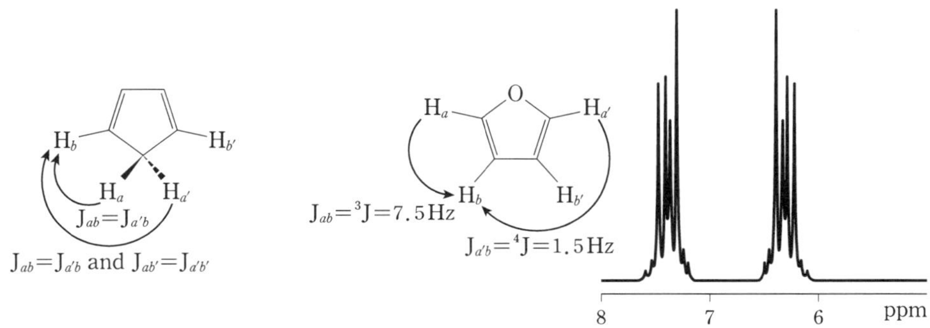

(*a*) 자기 등가성이 있는 수소 원자핵　　(*b*) 자기 등가성이 없는 수소 원자핵

그림 2.26 ❖ 자기 등가성이 있는 수소 원자핵(a)과 자기 등가성이 없는 수소 원자핵(b)

위 그림의 자기 등가성이 없는 화합물의 경우, 수소 원자 사이의 결합 상수(coupling constant)가 서로 다른 것(J_{ab}, $J_{a'b}$)이 자기 등가성이 없음을 증명한다. 자기 등가성이 없는 화합물의 경우, ^{1}H NMR 스펙트럼이 보다 더 복잡하게 나타난다. 자기 등가성이 없는 위 화합물의 경우, 이중선의 이중선(doublet of doublet)이 나타나고 있음을 알 수 있다.

또, 위의 그림 2.25에 나타난 메틸 프로파노에이트 스펙트럼에 의하면 전기 음성도가 큰 산소 원자에 연결되어 있는 메틸 그룹의 경우, 전자에 의한 외부 자장의 가림이 줄어들어 수소 원자핵이 상대적으로 큰 화학 이동값(δ 3.67 ppm)을 보인다. 메틸렌 그룹에 있는 수소 원자핵들은 화학 이동값이 조금 낮게 나타나는데 (δ 2.32 ppm), 피크가 4개로 분리되어 quartet가 된다. 이는 바로 이웃하고 있는 메틸 그룹에 붙어 있는 3개의 서로 같은 수소 원자들(화학 이동값이 서로 같음)에 의해 상호 작용을 받기 때문이다. 메틸렌 그룹에 있는 수소 원자핵들은 화학 이동값이 같으므로 서로 피크를 분리시키지 않는다. 탄소 원자에 연결되어 있는 또 다른 메틸 그룹의 수소 원자핵들은 전기 음성도가 상대적으로 낮은 탄소 원자에 연결되어 있어 화학 이동값이 상대적으로 낮은 값(δ 1.15 ppm)을 보여주며, 이웃하는 메틸렌 수소 원자핵에 의해 3개의 피크로 분리되어 이를 triplet이라 부른다.

2.2.9 ^{1}H NMR의 화학 이동에 영향을 미치는 인자

일반적으로 ^{1}H NMR의 화학 이동에 영향을 미치는 주요 인자로서는 다음 몇 가지를 들 수 있다.

i) 주위 그룹의 전기 음성도
ii) 궤도 혼성화(orbital hybridization)
iii) 자기적 비등방성

주위 그룹의 전기 음성도가 크면 해당 원자핵 주위의 전자 밀도가 낮아져 외부 자기장으로부터 가림을 적게 받게 된다. 궤도 혼성화는 원자 궤도의 성분(원자에 속해 있는 각 전자들의 궤도)을 혼합하여 얻어지는 새로운 원자 궤도를 말한다. 탄소 원자는 6개의 전자 궤도($1s^2$, $2s^2$, $2p_x$, $2p_y$)를 가지고 있는데 이들이 혼성화될 수 있다. 에틸렌(ethylene) 분자 등에서 보는 바와 같이 sp^2 혼성 탄소의 경우, $2s$ 전자 중의 하나가 먼저 p 궤도로 올라가면(promotion) 원자 궤도는$1s^22s2p_x2p_y2p_z$ 형태가 된다. 여기서 $2s$와 $2p_x$, $2p_y$ 전자들이 혼성화되어 3개의 새로운 sp^2 궤도를 형성한다. 이때 3개의 궤도들은 모두 동일하게 된다. 이와 같이 새로운 탄소 원자 궤도를 형성할 수 있는 이유는 혼성화된 궤도들의 에너지가 혼성화되지 않은 궤도의 에너지보다 낮기 때문이다. 혼성화된 탄소 원자들의 s 특성(s-character)은 궤도에 따라 그 비중이 다른데, sp^3의 경우에는 s 특성이 상대적으로 가장 낮은 비중이고 sp 궤도에서 가장 큰 비중을 가진다. 이때 s 특성의 비중이 커질수록 탄소원자 주위로 전자가 존재할 확률이 커져 탄소 원자 주위에 연결되어 있는 수소 원자핵은 전자에 의한 가림 현상이 감소하게 된다.

자기적 비등방성은 물체의 자기적 성질이 방향에 따라 달라지는 것을 뜻한다. π 결합(π-bonding)에 관여하는 전자는 p 전자로서 움직임이 좋아, Fleming 법칙에 따라 외부에서 가해지는 자기장에 따른 자기적 힘에 의해 순환 전류를 야기시키는데, 이로 인해 원자핵 주위에 새로운 유도 자기장이 형성되어 원자핵의 자기적 비등방성을 야기시킨다.

예를 들어 벤젠 분자의 경우, 앞에서 설명한 바와 같이 외부에서 자기장이 벤젠 분자의 평면에 수직으로 가해지면, π 전자들이 벤젠 고리의 가운데를 축으로 하여 순환을 하게 되어 새로운 자기장을 유도할 수 있다. 분자들이 텀블링(tumbling)을 하다가 우연히 분자 평면이 외부 자기장에 수직인 위치가 되면, 자기적 힘에 의해 전하를 띤 입자인 전자가 원을 그리며 순환을 한다. 이로부터 Lenz 법칙(자기장의 변화를 상쇄시키는 방향으로 유도자기장이 형성됨)에 따라 고리 전류가 유도 자기장을 형성하여 아래 그림 2.27에서와 같이 분자 평면 고리의 가운데에서는 외부 자기장과 정반대 방향으로 유도 자기장이 형성되어 전자의 순환에 의한 자기장 가림 현상이 일어나고, 고리의 측면에서는 외부 자기장과 같은 방향의 유도 자기장이 형성되어 오히려 벤젠 분자에 있는 수소 원자핵들은 외부에서 가해준 자기장보다 더 강화된 자기장을 느끼게 됨으로써 자기장의 비등방적 가림 효과가 발생한다.

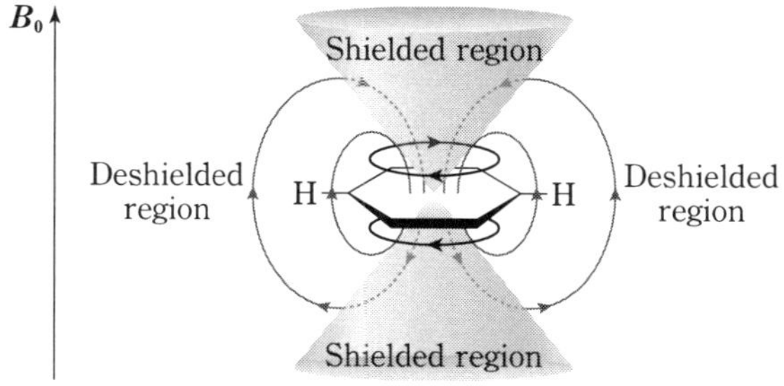

그림 2.27 ❖ 벤젠 분자내 수소 원자핵의 비등방적 자기장 가림 및 가림 제거 영역

아세틸렌 분자에 있어서는 외부 자기장이 분자 축에 수평으로 가해질 경우와 수직으로 가해질 경우를 고려할 수 있다. 외부 자기장이 아래 그림 2.28에서와 같이 분자 축에 수직으로 가해지는 경우에는 π 전자들의 순환이 매우 어려워 상자기성 효과(paramagnetic effect: 수소 원자핵이 느끼는 자기장이 증대되는 효과)를 얻기가 어렵다. 이에 비해, 외부 자기장이 분자 축에 평행으로 가해질 경우에는, π 전자들의 순환이 쉽게 일어나 아래 그림에서와 같이 반자기성 효과(diamagnetic effect: 수소 원자핵이 느끼는 자기장이 감소하는 효과)가 크게 나타난다. 이에 따라, 분자가 텀블링을 하다가 분자 결합 축이 우연히 외부 자기장에 평행하는 위치에 있을 때 분자 내의 수소 및 탄소 원자핵이 모두 외부 자기장과 반대 방향으로 자기장이 유도되는 반자기성 가림(diamgnetic shielding: 가림 효과가 커짐) 효과가 나타난다.

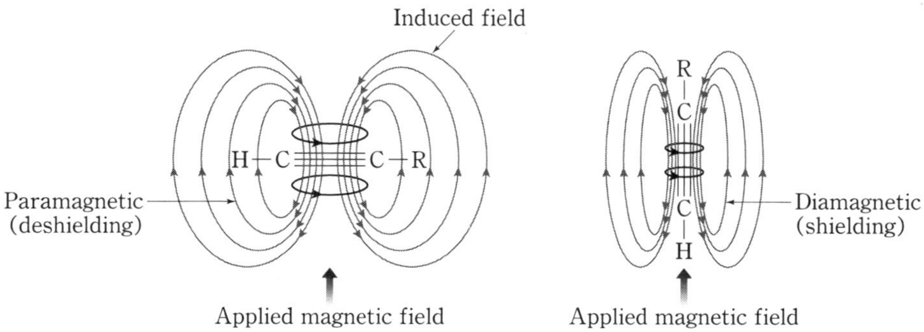

그림 2.28 ❖ 아세틸렌 분자 내 수소 원자핵의 자기장 강화 및 감소

이에 비해 에틸렌 분자의 경우, 아래 그림 2.29에서와 같이 π 전자의 순환 축이 탄소 원자를 중심으로 분자의 탄소-수소 골격에 수직이 된다. 중심이 되는 탄소 원자는 이중 결합의 평면이 외부 자기장에 대해 수직인 위치에 있을 경우에 외부 자기장의 방향과 반대가 되고, 측면에 있는 수소 원자핵 주위에서 유도되는 자기장은 외부 자기장의 방향과 같게 된다. 이에 따라, *sp* 탄소(아세틸렌에 있는 탄소)가 sp^2 탄소(에틸렌에 있는 탄소)보다 전자의 *s* 특성이 커서 아세틸렌에 있는 탄소 원자의 전기 음성도가 더 큼에도 불구하고, 실제로는 반자성적 비등방성(diamagnetic anisotropy) 영향에 의해 아세틸렌의 수소 원자핵이 에틸렌의 수소 원자핵보다 더 큰 자기적 가림을 느끼게 되어 화학 이동값이 더 작아진다.

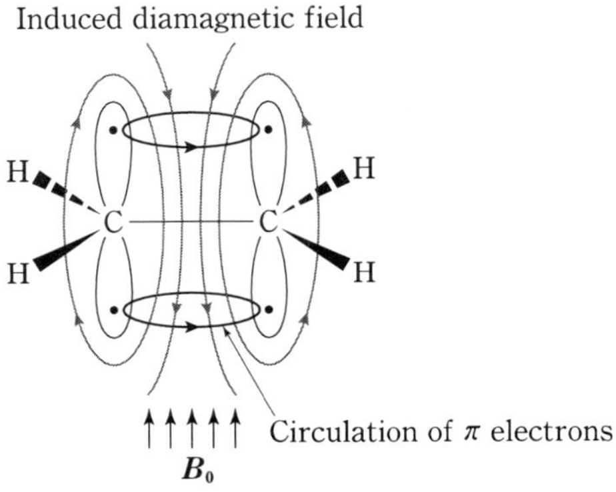

그림 2.29 ❖ 에틸렌 분자 내 수소 원자핵의 자기장 강화 및 감소

유기화합물의 ^{1}H NMR 화학 이동값은 원자핵의 화학적 환경에 따라 일반적으로 아래 그림 2.30에 나타난 범위와 같다.

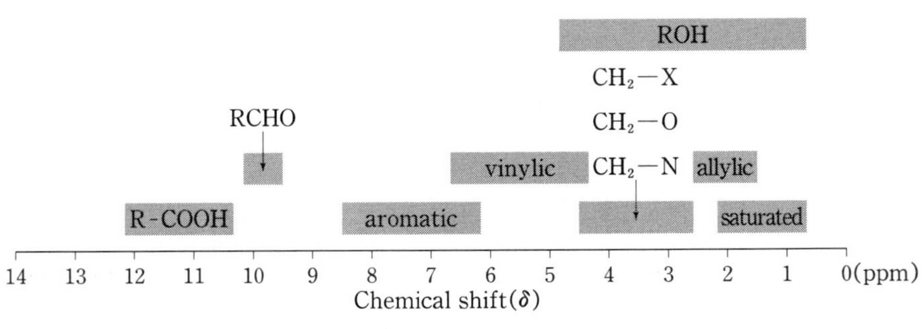

그림 2.30 ❖ 유기 화합물의 ^{1}H NMR 화학 이동값 범위

2.2.10 ^{13}C NMR

^{13}C의 원자핵과 ^{1}H 원자핵의 큰 차이점은 ^{13}C의 경우에 6개의 전자를 가지는 반면, ^{1}H는 단 1개의 전자를 가지고 있는 것이다. 이에 따라, 원자핵 주위의 전자 밀도의 변화가 ^{1}H에 비해 ^{13}C이 더 큰 변화를 받기 쉽다. 전자 밀도의 변화는 바로 화학 이동에 영향을 미친다. 이에 더하여, ^{13}C는 4가(tetravalent) 이므로 다양한 종류의 그룹들에 연결되어 있어 화학 이동의 변화 폭이 더 커지게 된다. 이에 따라, 일반적으로 ^{1}H NMR은 화학 이동값이 0 ~ 14 ppm의 범위에서 나타나지만 ^{13}C NMR에서는 그 값이 0 ~ 240 ppm의 넓은 범위에서 나타난다. ^{13}C NMR은 기본적으로 자기장에 대한 원자핵의 민감도가 낮고, 시그널(signal)을 얻는데 매우 긴 시간이 소요되어 ^{1}H NMR에 비해 자주 사용되는 기법은 아니지만, 스펙트럼이 단순하고 피크가 겹치는 경향이 훨씬 적은 장점을 가지고 있다. ^{13}C 원소가 자연에 존재하는 양이 매우 적어 $^{13}C-^{13}C$ 상호 작용은 일반적으로 잘 나타나지 않아 스펙트럼이 단순화되는 경향을 가진다. 아래 그림 2.31에 propan-1-ol의 ^{13}C NMR 스펙트럼을 나타내었다.

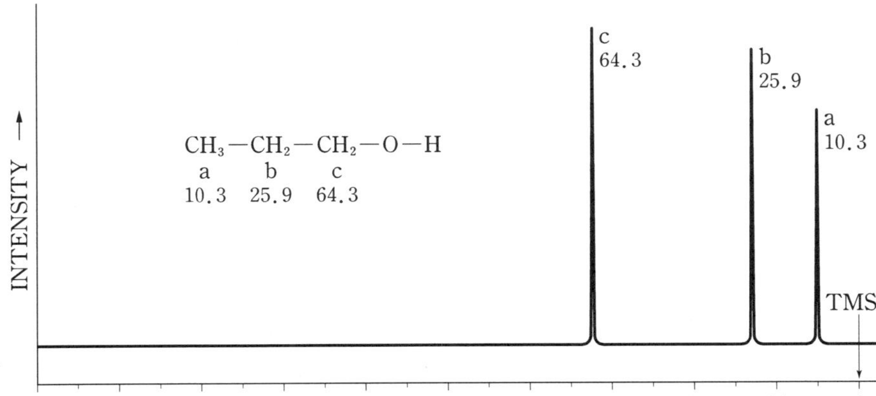

그림 2.31 ❖ Propan-1-ol의 ^{13}C NMR 스펙트럼

특정 원자핵의 자기 모멘트와 각운동량의 비율을 자기 회전 비율이라 부르는데, 원자핵의 외부 자기장에 대한 민감도로서 자기 공명 주파수에 해당하는 Larmor 주파수를 결정하는 중요한 인자가 된다. ^{13}C 원자핵이 ^{1}H 원자핵보다 약 1/4 정도의 작은 자기 회전 비율을 가지는데, 이는 ^{13}C의 전자 수가 더 많아 원자핵이 자기장을 느끼는 효율이 더 낮기 때문이다. 이에 따라, 주어진 자기장에서 ^{13}C은 ^{1}H보다 작은 값의 Larmor 주파수 값을 보인다.

^{13}C NMR의 화학 이동은 탄소에 붙어 있는 원자의 전기 음성도와 상자기성 효과에 의해 큰 영향을 받는다. 상자기성 효과는 주어진 물질이 외부에서 가해 준 자기장에 의해 약하게 끌리는 특성으로서, 이때 물질 내에 야기되는 유도 자기장은 외부에서 가해 준 자기장의 방향으로 정렬을 하는 특성을 가진다. 물질이 홀전자(unpaired electron)를 가지고 있으면 상자기성을 나타낸다. 이때 홀전자는 자신이 가지는 자기 모멘트로 인해 외부의 자기장에 끌리게 되며, 가해진 자기장의 방향으로 정렬하게 된다. 홀전자의 스핀 상태가 α 상태이므로 1/2의 순수 스핀(net spin) 값을 가져 외부의 자기장과 같은 방향이 된다. 쌍전자(paired electron)의 경우에는 α 상태와 β 상태가 각기 존재하므로 순수 자기 모멘트를 가질 수 없어 자기장을 유도하지 못한다. 이런 특성을 반자기성이라 한다.

^{13}C NMR의 화학 이동은 탄소 원자의 궤도 혼성화에 의해서도 큰 영향을 받는다. 탄소 원자는 6개의 전자 궤도($1s^2$, $2s^2$, $2p_x$, $2p_y$)를 가지고 있는데 이들이 혼성화 될 수 있다. 에틸렌(ethylene) 분자 등에서 보는 바와 같이 sp^2 혼성 탄소의 경우, $2s$ 전자 중의 하나가 먼저 p 궤도로 올라가면 원자 궤도는$1s^22s2p_x2p_y2p_z$ 형태가 된다. 여기서 $2s$와 $2p_x$, $2p_y$ 전자들이 혼성화되어 3개의 새로운 sp^2 궤도를 형성한다. 이 경우 혼성화가 일어나더라도 $2p$ 궤도에는 $2p_z$라는 홀전자가 남아 있어 탄소 원자 궤도는 순수 스핀을 가지므로 상자기성 효과를 나타낸다. 이에 비해, 메탄(methane) 분자 등에서와 같이 sp^3 혼성 탄소의 경우 4개의 서로 동일한 혼성 궤도를 가져 탄소 원자의 궤도가 홀전자를 가질 수 없으므로 상자기성 효과를 보이지 않는다. 또, sp^2 혼성 탄소는 sp^3 혼성 탄소보다 원자의 전자 분포에 있어서 s 특성이 더 크므로 전기 음성도가 약 0.2 정도 더 높다. 이들 이유로 인해 sp^3 혼성 탄소가 sp^2 혼성 탄소보다 외부 자기장으로부터 훨씬 더 가림 현상이 크게 나타난다.

아세틸렌(acetylene) 분자는 앞에서 설명한 바와 같이 선형이므로 sp 혼성화가 되면 2개의 동일한 혼성 궤도가 생기는 반면, 다른 2개의 혼성화 되지 않은 p 궤도($2p_y$, $2p_z$)가 존재하게 된다. 이들 혼성화 되지 않은 p 궤도들은 자기장 주위로 순환이 쉽게 일어나는데, 분자가 외부의 자기장과 수직일 경우에는 유도 자기장이 형성되지를 않고, 분자가 외부 자기장과 평행일 때에만 유도 자기장이 형성된다.

탄소 원자의 경우, ^{12}C 원자핵은 자기적 활성을 띠지 못하고 ^{13}C만 자기적 활성을 가지고 있다. 그런데 지구상의 자연 탄소 중에서 ^{13}C은 그 함량이 오직 1.1% 밖에 되지를 않아, 일반적으로 탄소 원자핵의 자기 공명으로부터 단위 시간당 얻어지는 NMR 신호의 강도는 매우 낮으므로, 신호의 충분한 강도를 얻기 위해서는 수소 원자핵에 비해 매우 긴 시간의 NMR 주사(scanning)가 필요하다.

일반적으로 ^1H NMR 스펙트럼에 영향을 미치는 인자들이 ^{13}C NMR 스펙트럼에도 유사하게 영향을 미친다. 1차 탄소(primary carbon: 1개의 다른 탄소 원자에 결합된 탄소 원자)에서 4차 탄소(quarternary carbon: 4개의 다른 탄소 원자에 결합된 탄소 원자)로 갈수록, 연결되어 있는 그룹의 전기 음성도에 큰 영향을 받아 화학 이동값은 커진다. ^{13}C 화학 이동에 대한 치환체의 영향도 존재하는데, 이들에 대한 영향은 많은 경우에 경험적으로 그 효과를 수치적으로 반영한다. 일반적으로 치환체의 α, β, γ 탄소는 골격 사슬을 기준으로 작용기에 붙어 있는 탄소의 순서를 나타낸다. 탄소 원자의 주위 환경에 따른 유기 화합물의 일반적인 화학 이동값의 크기를 아래 그림 2.32에 나타내었다.

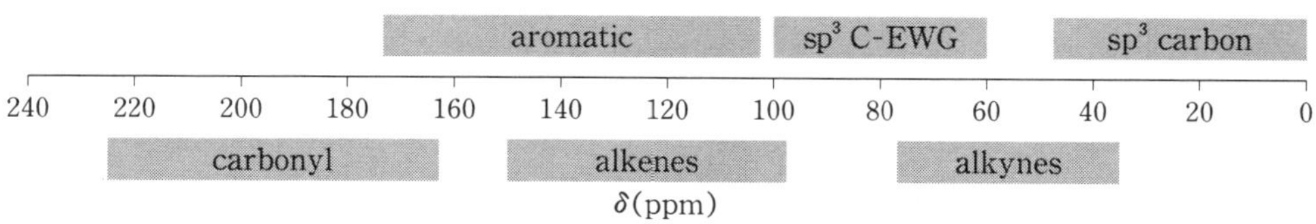

그림 2.32 ❖ 유기 화합물의 탄소 원자(^{13}C)의 주위 환경에 따른 화학 이동값 범위

2.3 NMR을 이용한 고분자의 미세구조 분석

2.3.1 고분자의 입체 규칙성(tacticity)

일반적으로 유기화학에서 정의되는 입체화학적 이성질체는 분자량이 서로 같고 화학 결합이 되어 있는 원자들의 배열 순서도 같은데, 원자들의 공간적인 배향이 서로 다른 화합물을 말한다. 이 개념을 고분자에 적용하여, 고분자 사슬 내에서의 이웃하는 카이랄 센터들의 상대적인 입체화학을 고분자의 입체 규칙성(tacticity: 그리스어로 배열이라는 의미를 가짐)이라 부른다. 일반적으로 이성질화는 단순히 동일한 조성을 이루는 원자들을 다양한 방법으로 배열함으로써 여러가지 형태나 크기의 분자를 얻을 수 있고, 이를 통해 유기 화합물이나 고분자의 물리적, 화학적 성질을 상당한 수준으로 변화시킬 수 있는 장점이 있어 고분자의 설계나 응용에 있어 중요한 역할을 할 수 있다.

앞에서 이미 한차례 설명한 바와 같이, 고분자 사슬 내에서 모든 카이랄 센터가 같은 configuration을 가지고 있으면 동일 배열 고분자, 또는 이소탁틱 고분자(isotactic polymer)라 부르고, 사슬을 따라 이웃하는 카이랄 센터들이 반대의 configuration을 가지면서 규칙적으로 교대되어 있으면 교대 배열 고분자, 또는 신디오탁틱 고분자(syndiotactic polymer)라 부른다. 카이랄 센터의 configurtion이 사슬을 따라 무질서하게 나타날 경우의 고분자는 혼성 배열 중합체, 또는 아탁틱 고분자(atactic polymer)라 부른다. 이들 입체 규칙성은 고분자의 물리적 특성에 상당한 영향을 미치므로 고분자의 입체 규칙성에 따른 구조 분석 및 특정의 입체 규칙성을 유도하기 위한 고분자의 합성 방법 등이 중요한 과제가 된다. 이와 같은 고분자의 입체 규칙성에 따른 구조 분석을 수행할 때에, 외부의 자기장이 가해진 상태에서 입체 규칙성의 변화에 따라 해당 원자핵(^{13}C나 ^{1}H 원자핵 등) 주위의 자기적 성질이 변화되므로 NMR이 중요한 역할을 할 수 있게 된다.

이와 같은 고분자의 입체 규칙성은 특히 상업적으로 매우 중요한 비닐 고분자(vinyl polymer)에서 두드러지게 나타난다. 그 대표적인 예로서, 다음 그림 2.33과 같은 분자 구조식을 가지는 폴리메틸 메타크릴레이트(PMMA)를 들 수 있다.

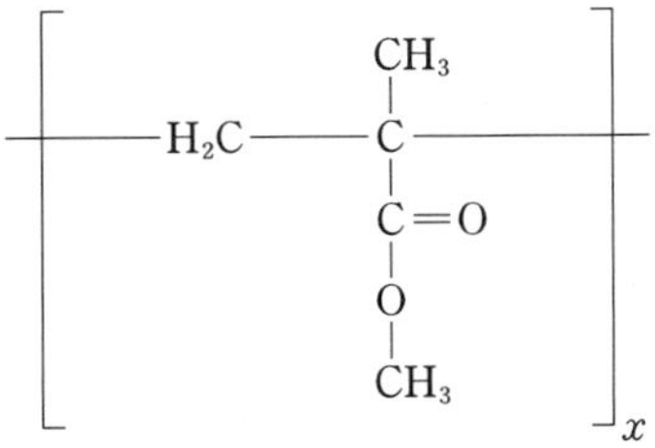

그림 2.33 ❖ 폴리메틸 메타크릴레이트의 화학 구조식

PMMA의 입체 규칙성은 고분자의 합성 조건에 따라 달라질 수 있다. PMMA는 일반적으로 라디칼 중합에 의해 합성되지만, 음이온 중합이나 배위 중합(coordination polymerization)에 의해서도 만들어질 수 있다. PMMA의 입체 규칙성은 중합 조건을 조절함으로써 이소탁틱성이 높은 구조에서부터 신디오탁틱성이 높은 구조에 이르기까지 다양하게 변화시킬 수 있다. 이소탁틱 PMMA는 Grignard 시약이나 알킬리튬(alkyllithium) 등과 같은 음이온 중합용 촉매를 사용하여 얻어질 수 있다. 신디오탁틱 PMMA는 저온에서 라디칼 중합을 진행하거나 저온에서 Ziegler-Natta 촉매를 사용하여 합성할 수 있다.

위의 PMMA의 분자 구조식을 살펴보면 화학적 환경이 서로 다른 3가지 종류의 수소 원자핵이 존재함을 알 수 있다. 메틸렌 그룹, 메틸 그룹, 메톡시(methoxy: CH_3O-) 그룹에 붙어 있는 수소 원자핵들이 그들이다. 이들 세 종류의 수소 원자핵들은 주위에 연결되어 있는 그룹들이 서로 달라 각 원자핵들이 느끼는 자기적 가림의 정도가 다르다. 우선, 메톡시 수소 원자핵은 수소 원자에 연결된 탄소 원자가 전기 음성도가 높은 산소 원자에 다시 연결되어 있어 상대적으로 전자구름에 의한 자기적 가림 정도가 낮다.

이웃하는 그룹들이 화학 이동에 영향을 미칠 때에는, 이들이 해당 원자핵 주위의 전자 밀도를 변화시켜 전자의 순환 정도를 변화시키거나(간접적 영향), 또는 유도 자기장을 발생시킴으로써 충분히 가까운 거리에 있는 해당 원자핵이 느끼는 자기장의 변화(직접적 영향)를 준다. 메틸렌 그룹의 수소 원자핵은 메틸 그룹의 수소 원자핵보다 큰 값의 화학 이동을 보여준다. 이는 간접적인 영향 측면에서 보면, 메틸렌 그룹은 2개의 C-C 결합에 연결되어 있는 반면, 메틸 그룹은 1개의 C-C 결합에 연결되어 있는데, 연결되어 있는 원자가 탄소일 경우에 수소일 때보다 전기 음성도가 더 크므로 메틸렌 그룹의 수소 원자핵이 더 큰 화학 이동값을 보인다. 직접적인 영향 측면에서 보면, 이웃하는 C-C 단일 결합이 그 자체 결합 내에서 전자들이 순환하여 아래 그림 2.34에서와 같이 해당 수소 원자핵의 자기장을 강화시키는 효과(자기적 가림 효과가 줄어듦: deshielded)를 가지게 되는데, 메틸렌 그룹의 경우 이웃하는 C-C 결합이 2개가 존재하여 이웃하는 C-C 결합이 1개인 메틸 그룹 때에 비해 자기적 가림 효과가 감소한다.

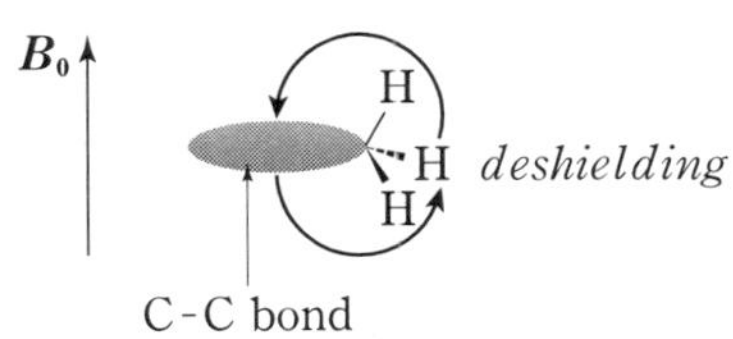

그림 2.34 ❖ 메틸렌 그룹 내 수소 원자핵의 자기적 가림 효과

고분자의 입체 규칙성을 해석함에 있어서 우선 사슬을 따라 카이랄 센터들의 configuration을 규정하여야 한다. 이를 위해 유기화학에서 통용되고 있는 메조 화합물(meso compound)과 라세미 혼합물(racemic mixture)의 개념을 활용한다. 메조 화합물은 분자 내에 2개, 또는 그 이상의 입체 센터(stereocenter: 카이랄 센터에 해당)를 가지고 있으면서 내부 평면 대칭(internal plane symmetry)을 가지는 화합물이다. 이 내부 평면이 아래 그림 2.35에 나타난 바와 같이 분자를 2개로 나누어 그 각각이 서로 중첩되는 거울상을 형성하여 분자는 광학적으로 활성이 없어지게 된다.

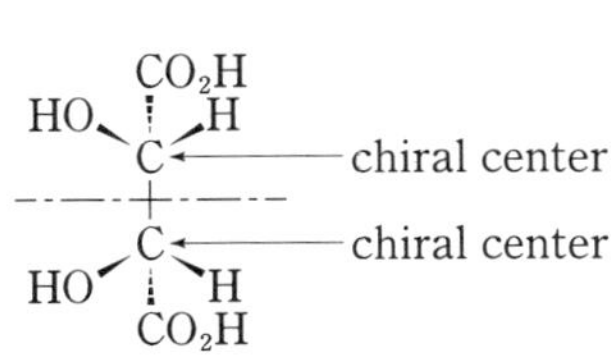

그림 2.35 ❖ 서로 중첩되는 거울상을 가지는 분자(메조 화합물)

라세미 혼합물은 그것을 구성하고 있는 2개의 입체 센터들이 서로 거울상이면서도 중첩되지 않는 혼합물로서, 아래 그림 2.36에 나타난 *R*-lactic acid와 *S*-lactic acid 혼합물과 같은 경우에 해당한다

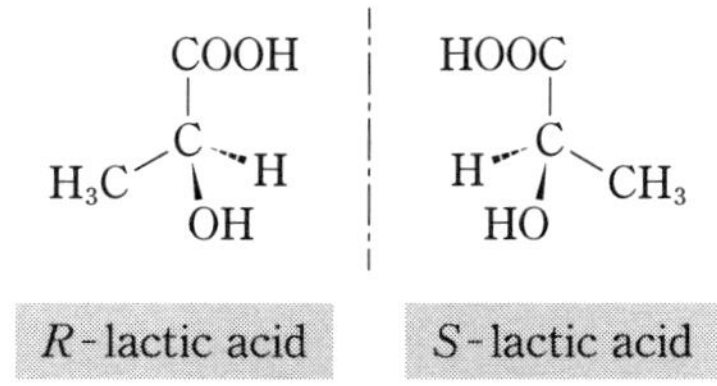

그림 2.36 ❖ 서로 중첩되지 않는 거울상을 가지는 라세미 혼합물

이를 고분자 사슬에서 바로 이웃하는 카이랄 센터의 반복 단위에 적용하여 그 configuration이 거울상 형태로 서로 중첩되면 '*m*'으로 표기하고, 중첩되지 않으면 '*r*'로 표기한다. 또 다른 예로서, 사람의 왼손과 오른손은 서로 중첩되지 않는 거울상이므로 이들 두 손을 합치면 라세미 혼합물과 같은 개념이 된다.

고분자 사슬에서 카이랄 구조를 가진 반복 단위가 2개씩 바로 연결된 사슬의 특정 부분들을 'dyad'라 하고, 카이랄 구조를 가진 반복 단위가 3개씩 연속하여 연결된 사슬의 특정 부분들을 'triad'라 부른다. 아래 그림 2.37에 폴리프로필렌(polypropylene) 사슬의 meso dyad(m), racemo dyad(r), meso triad(mm), racemo triad(rr), heterotactic triad(rm) 등이 잘 나타나 있다.

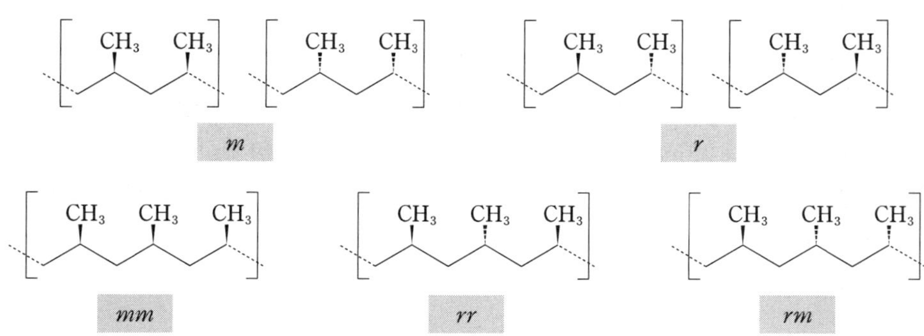

그림 2.37 ❖ 폴리프로필렌 사슬의 dyad 및 triad 구조

아래 그림 2.38에 나타난 ^{1}H NMR 스펙트럼은 입체 규칙성에 따른 PMMA의 스펙트럼이다.

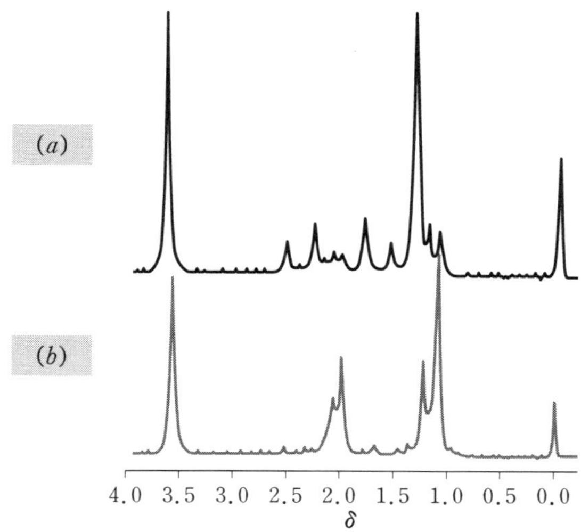

그림 2.38 ❖ 폴리메틸 메타크릴레이트의 60 MHz ^{1}H NMR 스펙트럼(15% 클로르벤젠 용액): (a) 이소탁틱 구조가 주를 이루는 중합체, (b) 신디오탁틱 구조가 상당히 포함된 중합체 [3]

위의 ^{1}H NMR 스펙트럼(a)는 Grignard 시약인 phenyl magnesium bromide를 톨루엔(toluene)에 용해시킨 음이온 중합용 촉매를 사용하여 합성된 PMMA 시료를 위한 것이고, 스펙트럼(b)는 저온에서 라디칼 중합에 의해 얻어진 PMMA 시료에 대한 것이다. 스펙트럼(a)에 해당하는 PMMA 시료는 이소탁틱 구조가 주를 이루고 있는 반면, 스펙트럼(b)에 해당하는 PMMA 시료는 신디오탁틱 구조가 상당히 포함되어 있다. ^{1}H NMR 스펙트럼을 얻기 위해 사용한 기준 물질은 TMS(tetramethyl silane)이고, 이를 기준으로 화학 이동값을 계산한 것이다. 이에 따라, 화학 이동값이 크다는 것은 원자핵의 전자 밀도에 의한 가림이 적은 경우를 의미한다.

위 스펙트럼에 나타나 있는 ^{1}H NMR 피크들은 기준 피크를 제외하고 개략적으로 3개의 피크 군(peak group)으로 존재함을 알 수 있다. 위에서 언급한 바와 같이 화학 이동값이 가장 큰 피크 군(가장 downfield에서 나타남)이 메톡시 그룹의 수소 원자핵에 해당하고, 다음으로 화학 이동값이 큰 피크 군이 메틸렌 그룹의 수소 원자핵에 해당하며, 가장 화학 이동값이 작은 피크 군이 메틸 그룹의 수소 원자핵에 해당한다. 또, 각각의 피크 군은 다시 몇 개의 피크로 분리되고 있음을 알 수 있다. 이들 다시 나누어지는 피크들은 카이랄 구조를 가진 반복 단위들로 구성된 고분자 사슬의 triad 구조를 나타낸다.

위 스펙트럼(a)를 보면 메틸렌 그룹의 수소 원자핵 피크가 대체로 4개의 피크로 분리되고, 스펙트럼(b)에서는 메틸렌 그룹의 수소 원자핵 피크가 2개의 피크로 약하게 분리되고 있음을 알 수 있다. 고분자 사슬에 있어서 racemo와 meso의 dyad, triad 및 pentad(5개의 연속 단위)를 위한 메틸렌 그룹의 수소 원자핵은 아래 그림 2.39와 같이 나타낼 수 있다.

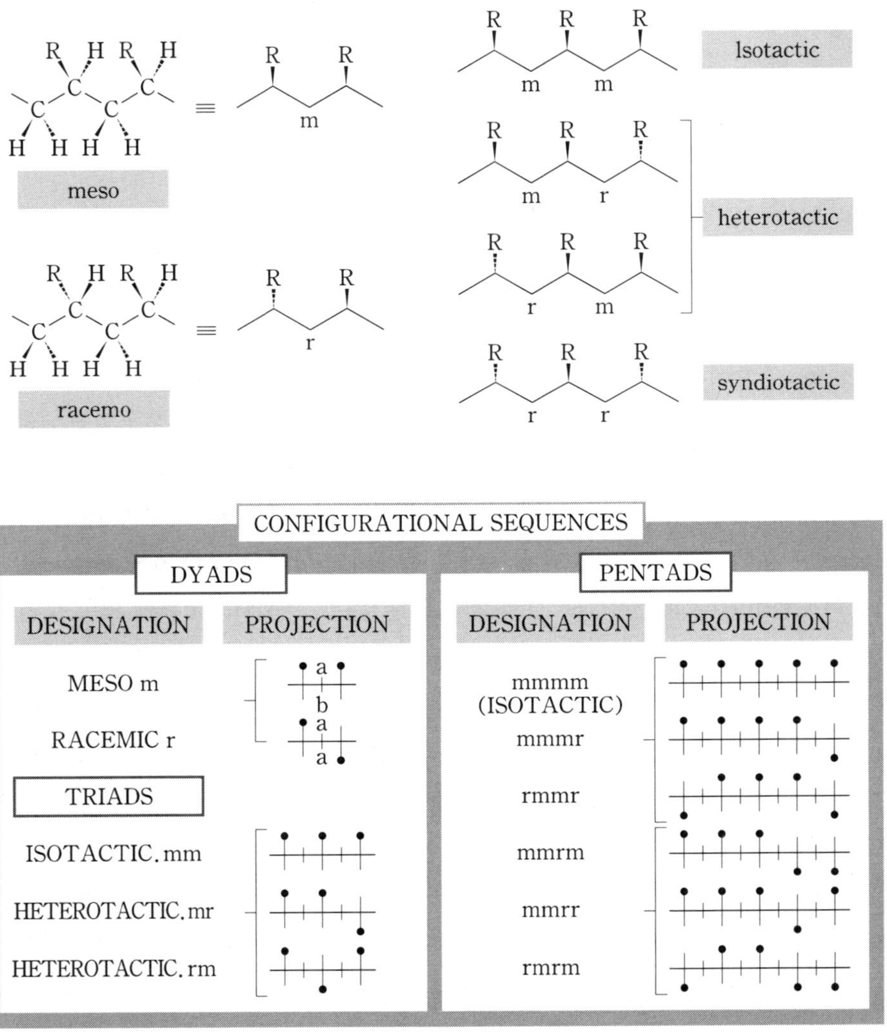

그림 2.39 ❖ Racemo와 meso의 dyad, triad 및 pentad를 위한 메틸렌 그룹의 수소 원자핵

위 그림 2.39에 의하면 racemo dyad의 경우, 2개의 메틸렌 그룹의 수소 원자핵은 똑같은 입체화학적 환경을 가지고 있어 NMR 화학 이동값이 하나만 존재하고, 고분자 시료가 완벽한 신디오탁틱 구조이면 메틸렌 그룹의 수소 원자핵 피크는 단일 피크로 나타나야 한다. 실제 스펙트럼(그림 2.38b)에서 메틸렌 그룹의 수소 원자핵이 단일 피크와 유사하지만 2개의 피크로 나누어지는 것처럼 보이는 것은, 실제 고분자 시료가 완전한 신디오탁틱 고분자가 아니고 신디오탁틱 구조를 상당히 포함하는 고분자이기 때문이다.

위 그림 2.39에서 meso dyad의 경우, 메틸렌 그룹에 있는 두 개의 수소 원자핵(H_a, H_b)들이 서로 다른 입체화학적 환경을 가지고 있음을 알 수 있다. 이에 따라 H_a와 H_b는 서로 다른 화학 이동을 가짐은 물론, 서로가 화학 결합을 통하여 전자들의 스핀 편극(spin polarization: 스핀이 외부 자기장과 같은 방향으로 정렬되는 정도를 나타냄)이 전달이 되어 H_a와 H_b의 화학 이동값이 변하게 된다. 화학 결합은 전자구름으로 구성되어 있으므로 전자의 스피닝(spinning)에 의해 자기장을 형성할 수 있어, H_a와 H_b 사이에서 자기 모멘트를 가진 원자핵의 스핀들이 서로 상호 작용을 할 수 있게 되어 스핀 극성이 전달된다. 이에 따라 H_a는 H_b의 스핀 극성 (α, β 상태)의 영향을 받아 각기 2개의 피크로 분리되고, 마찬가지 이유로 H_b도 H_a의 스핀 극성에 의한 영향을 받아 2개의 피크로 분리된다. 이리하여 meso dyad는 사중선(quartet)을 보이게 되는데, 이것이 위에서 보여준 스펙트럼 중에서 주로 이소탁틱 구조를 가지고 있는 시료의 스펙트럼에서 잘 나타나고 있다.

메틸 그룹의 수소 원자핵 피크의 경우에는 더 나아가 triad 수준에서의 미세 구조 특성에 대한 정보를 추가로 제공할 수 있다. Triad 수준의 미세 구조는 위 그림 2.39에서와 같이 mm, rr, mr의 세 가지 경우를 고려할 수 있다. 위에 나타난 스펙트럼 중 하나(b)는 신디오탁틱 구조가 상당히 포함된 미세구조를 가진 시료를 위한 것이고, 다른 하나(a)는 이소탁틱 구조가 주를 이루는 미세구조를 가진 시료에 대한 것임을 이미 알고 있는 상황이므로, 메틸 그룹의 수소 원자핵 피크의 분리된 피크를 통하여 triad 수준(mm, rr, mr)의 미세 구조 분포를 유추할 수 있게 된다. 예상한 바와 같이 메틸 그룹의 수소 원자핵 피크는 대체로 3개의 피크로 분리되고 있다.

이들 분리된 메틸 그룹의 수소 원자핵 피크를 지정하기 위해서는 이미 메틸렌 그룹의 수소 원자핵 피크를 통해 확인된 시료의 특성을 참고한다. 즉, 이소탁틱 구조가 주를 이루는 시료의 경우 메틸 그룹의 수소 원자핵 피크에서 mm 피크가 가장 강하게 나타나야 하므로 mm, mr, rr의 순서로 화학 이동값이 크게 나타난다고 추리를 할 수 있다. 따라서, 두 시료 모두에 대하여 메틸 그룹의 수소 원자핵 피크는 화학 이동값이 더 큰 mm으로부터 시작하여 mr, rr의 순서로 지정할 수가 있다. 이에 따라, mm, mr, rr 피크들의 상대적 면적을 계산하여 각 시료들의 triad 수준에서의 미세구조 분포를 확인할 수 있다. 실제로 각 스펙트럼으로부터 신디오탁틱 구조가 상당히 포함된 시료의 경우에 rr의 상대적 분포가 매우 크고, 이소탁틱 구조가 주를 이루는 시료의 경우에는 mm의 상대적 분포가 매우 높음을 알 수 있다.

2.3.2 시스-트랜스 이성질 현상(cis-trans isomerism)

시스-트랜스 이성질 현상도 입체 이성질 현상(stereoisomerism)의 한 종류이다. '시스(cis)' 라는 의미는 아래 그림 2.40에서와 같이 작용기들이 탄소 사슬을 중심으로 한 평면의 같은 쪽에 존재하는 것이고, '트랜스(trans)'는 작용기들이 서로 탄소 사슬을 중심으로 한 평면의 반대 쪽에 존재한다는 의미이다.

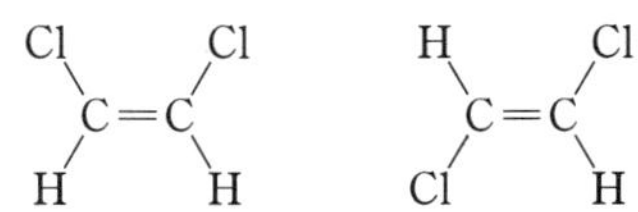

cis trans

그림 2.40 ❖ 시스 및 트랜스 이성질체

시스-트랜스 이성질 현상은 원자나 작용기들이 위 그림에서와 같이 분자 내에서 원자 결합들의 내부 회전이 제한됨으로 인하여 공간적으로 다르게 배열됨으로써 야기된다. 예를 들면, 분자 내에 C=C 결합, C=N 결합, 고리 구조(ring structure) 등이 있을 때 나타날 수 있다.

아래 그림 2.41에 poly(cis-1,4-isoprene)과 poly(trans-1,4-isoprene)의 ^{13}C NMR 스펙트럼이 주어져 있다. 고분자 시료의 용해를 위해 사용한 용매는 dimethylene dichloride (CH_2Cl_2)이고, 임의의 기준 물질로서 벤젠이 사용되었다. 벤젠을 구성하는 탄소 원자핵들은 벤젠 분자에 붙어 있는 수소 원자핵 때와 마찬가지로 고리 전류 영향을 받는다. 이로 인해 위의 두 고분자 시료에 존재하는 대부분의 탄소 원자핵보다 훨씬 downfield에서 피크가 나타난다. 이에 따라, 벤젠을 임의의 기준 물질(화학 이동값 = 0)로 사용하면 고분자 시료 내의 대부분의 다른 탄소 원자핵들의 화학 이동값이 음의 값을 가지므로, 아래 스펙트럼에서는 계산된 화학 이동 수치에 절대값을 사용하여 특별히 화학 이동값으로 사용하고 있다.

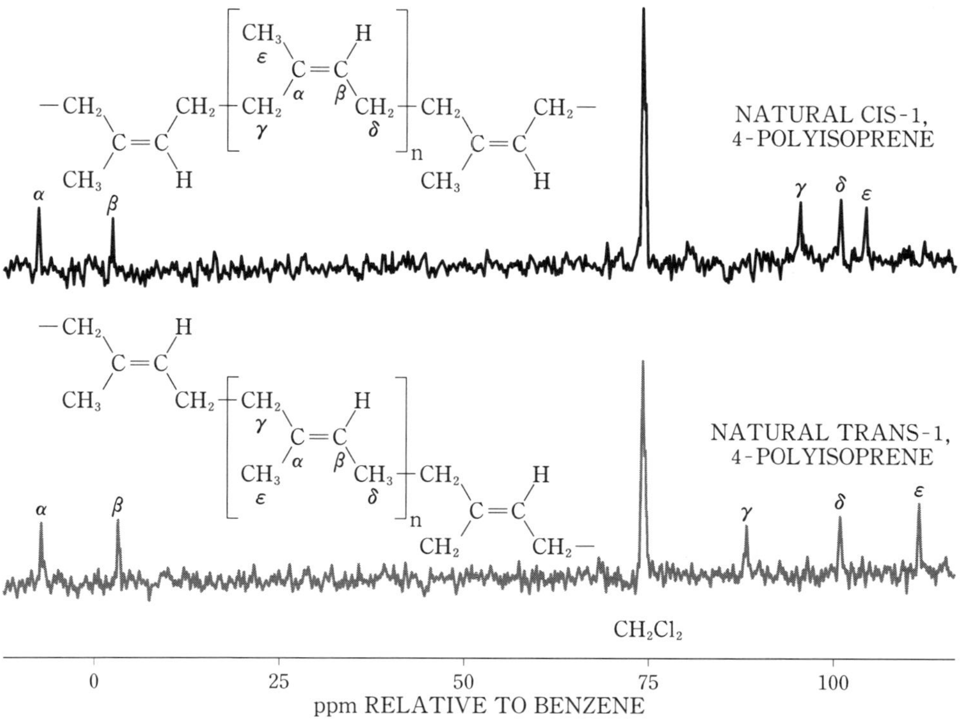

그림 2.41 ❖ 천연 시스-1,4 폴리이소프렌과 천연 트랜스-1,4 폴리이소프렌의 15.08 MHz ^{13}C NMR 스펙트럼: 수소와의 상호 작용을 제거한 스펙트럼, 약 10%(wt/vol) dichloromethane 용액[6]

π-전자를 가진 α, β 탄소 원자핵 피크는 단일 결합을 가진 다른 탄소 원자핵 피크에 비해 훨씬 downfield에서 나타나고 있다. 단일 결합의 탄소 원자핵들은 용매인 dimethylene dichloride(CH_2Cl_2)보다 더 upfield에서 나타난다. 이는 CH_2Cl_2의 Cl 원자가 전기 음성도가 높기 때문이다. 단일 결합의 탄소 원자핵인 $\gamma, \delta, \varepsilon$의 상대적 화학 이동값은 바로 이웃하여 결합되어 있는 탄소 원자의 개수와 공간적으로 가까운 거리에 존재하고 있는 탄소 원자의 개수에 영향을 받은 결과이다. 탄소 원자핵 피크인 α, β의 상대적 화학 이동값도 각 탄소에 직접 결합되어 있는 탄소 원자의 수가 다르기 때문이다.

시스와 트랜스 형태의 단일 결합의 탄소 원자핵을 비교해 보면 γ peak의 경우, 트랜스 형태에서 가까운 주위의 공간에 탄소 원자가 적어 반발력이 줄어들게 됨에 따라 시스 형태 때보다 downfield에서 나타난다. 마찬가지 배경으로 인하여 ε peak에서는 시스 형태 때가 공간적으로 가까운 주위에 탄소 원자의 수가 적어 트랜스 형태 때보다 더 downfield에서 나타난다.

2.3.3 광학 이성질 현상(optical isomerism)

광학 이성질 현상 역시 입체 이성질 현상의 한 종류이다. 광학 이성질체들은 선형 편광에 대해 반응하는 형식을 제외하고 모든 물리적 성질과 화학적 성질들이 서로 동일하다. 이때 편광(polarization)이라 함은 파의 진동이 파의 진행 방향에 대해 특정 방향으로 일어나는 것이다. 선형 편광은 아래 그림 2.42에서와 같이 빛의 진동이 빛의 진행 방향을 따라 단일 평면에 국한되는 빛을 말한다.

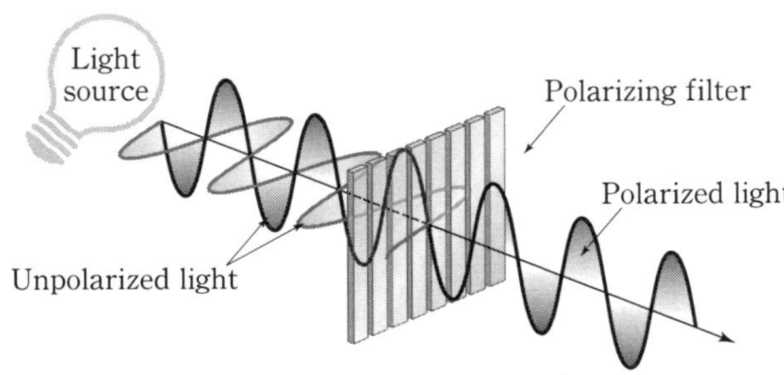

그림 2.42 ❖ 선형 편광의 생성

광학적으로 활성을 가진 물질은 진행하는 선형 편광의 평면을 회전시키는 능력을 가지고 있다. 이는 물질 내에서 국부적으로 전자 밀도가 다르게 되어, 진행하는 선형 편광의 평면이 전자의 밀도를 따라 회절하므로 아래 그림 2.43에서와 같이 선형 편광의 광학축(optical axis)을 중심으로 원형을 그리며 진행 방향을 바꾸기 때문이다.

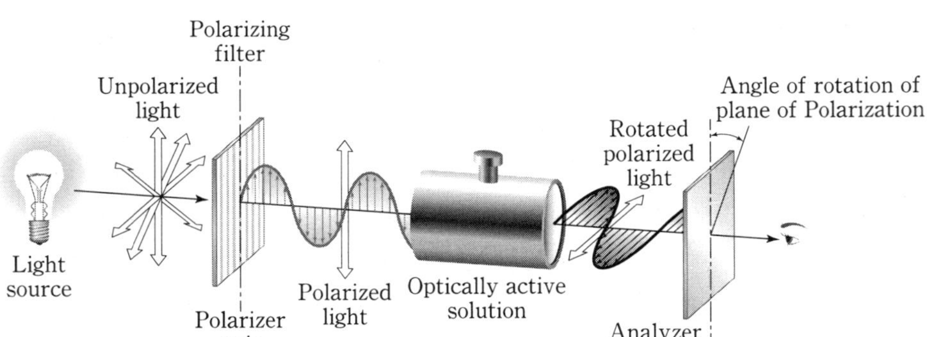

그림 2.43 ❖ 광학적 활성을 가진 물질의 선형 편광 회전

일반적으로 빛이 물질을 통과하게 되면 흡수(absorption), 투과(transmission), 또는 반사(reflection)가 일어날 수 있다. 빛이 투과를 하지 못하면 반사되거나 흡수된다. 빛

은 전기장을 가지고 있으므로 물질을 만나면 우선 물질 내의 전자와 상호 작용을 한다. 상호 작용에 의해 물질 내의 전자가 움직이게 되는데(jiggling), 입사되는 빛의 주파수가 전자의 자연 주파수(natural frequency)와 일치하면 전자가 빛 에너지를 흡수하여 진동 운동으로 전환시켜 이웃하는 원자와 상호 작용을 통하여 진동 에너지를 열 에너지로 변환시킨다. 이를 빛의 흡수 현상이라 한다. 여기서, 전자의 자연 주파수는 일반 악기를 건드리면 일정 주파수가 생기는 것처럼 빛이 물체에 들어와 전자를 건드렸을 때(disturbed) 가지는 진동 주파수를 뜻한다. 조사된 빛 에너지가 열 에너지로 변할 수 있는 것은 기본적으로 빛의 재방출이 없기 때문이다. 빛을 받아 공명에 의해 전자가 진동을 하게 되면 격렬하게 움직여, 이웃하는 원자들의 진동을 야기시켜 물질 내의 전체 원자들의 진동으로 이어져 그들 전체의 진동 에너지가 열 에너지로 나타난다.

빛의 주파수가 물질 내의 전자의 자연 주파수와 일치하지 않을 때에는 투과나 반사(또는 회절)가 일어난다. 빛의 투과는 빛이 표면을 통과한 후 회절이나 산란이 없이 물질 내를 경로의 변화 없이 쭉 진행하는 현상이다. 즉, 물체가 투명하면(산란이 없으면) 빛의 투과가 일어난다. 빛의 반사나 회절은 서로 다른 빛의 통과 속도를 가진 두 매질 사이의 경계에서 일어난다. 빛의 반사는 매질의 경계면에서 튕겨 나오는(bounce-off) 현상이고, 회절은 경계면에서 빛의 진행 방향이 꺾이는(bending) 현상이다. 경계면은 물체의 표면이 될 수도 있고 물질 내부에 존재하는 경계면이 될 수도 있다. 빛이 물질을 통과하면 산란이 일어날 수도 있다. 빛의 산란은 반사의 한 영역으로서, 빛의 입사각과 반사각이 서로 다른 값을 가지며 모든 방향으로 반사가 이루어지는 현상이다. 이에 비해, 빛의 반사는 일반적으로 입사각과 반사각이 같은 경우를 말한다.

빛의 회절은 다른 매질로 통과되는 빛의 속도나 파장을 변화시킨다. 위의 광학적 이성질화는 입사된 빛과 전자의 상호 작용에 의한 빛의 회절 현상에 기인한다. 기본 원리적으로, 선형 편광은 같은 주파수로 같은 진행 방향을 가지는 오른손 원형 편광(right-handed circular polarized light)과 왼손 원형 편광(left-handed circular polarized light)의 중첩(superposition)으로 표시할 수 있다. 원형 편광은 편광이 원을 따라 움직이는 것으로서, 아래 그림 2.44에서와 같이 전기장이 서로 수직이며, 크기는 같지만 위상 차이가 $\pi/2$가 되는 2개의 선형 성분으로 구성된다. 이에 따라 위의 두 원형 성분의 위상 차이가 있을 경우, 이들이 중첩될 때 선형 편광의 방향이 달라지며, 위 그림 2.43에서와 같이 선형 편광이 광학적 회전(optical rotation)을 하게 된다. 광학적 활성을 가진 물질은 오른손 원형 편광과 왼손 원형 편광의 진행 속도가 달라지므로(굴절률이 달라짐) 원형 복굴절(circular birefringence)을 보인다.

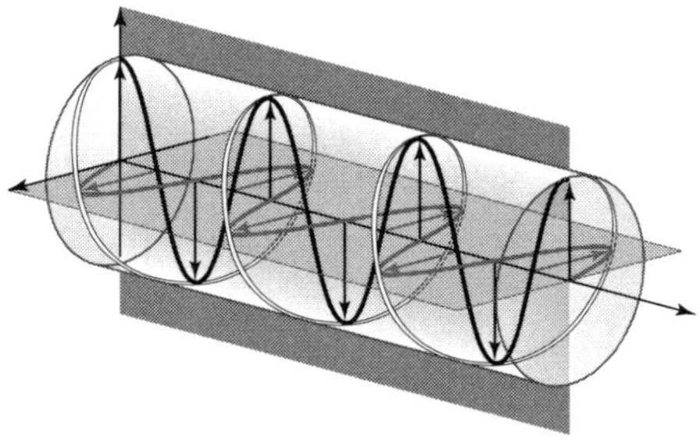

그림 2.44 ❖ 원형 편광을 구성하는 2개의 선형 편광 성분

광학적 이성질을 가질 수 있는 고분자로 폴리프로필렌 옥사이드(polypropylene oxide)를 들 수 있다. 이 고분자의 단위 반복체에 해당하는 propylene oxide의 구조는 아래 그림 2.45와 같이 각기 카이랄 센터를 가지고 있는 *R*-형과 *S*-형 단량체들로서 거울상 이성질체(enantiomer)들이다.

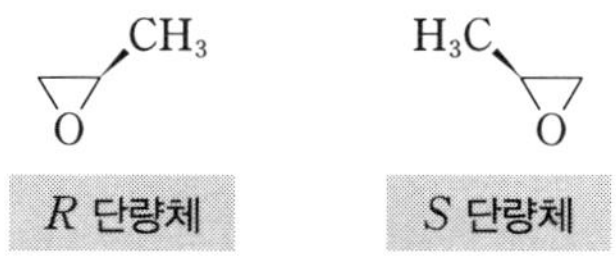

그림 2.45 ❖ Propylene oxide의 *R*, *S* 단량체

프로필렌 옥사이드(propylene oxide) 단량체를 이온 중합에 의해 개환 중합 시켰을 때 나타날 수 있는 것으로서, 위치가 규칙적인 머리 꼬리(regioregular head-to-tail) 고분자를 기준으로 할 경우, 입체화학적 이성질체들의 구조로서 triad 수준에서의 펼친 사슬 형태(평면에 지그재그로 투시한 형태에 해당)로 구분하면 아래 그림 2.46에서와 같이 4가지 형태가 존재할 수 있다.

사슬 중합(chain polymerization: 부가 중합이라고도 함)에 있어서, 곁그룹(side group 또는 pendant group: 수소를 치환하고 있으므로 치환체라는 용어와도 혼용하고 있음)을 가진 단량체가 성장하고 있는 사슬에 부가될 때에 2가지 방법이 있다. 이때 비닐(vinyl: CH_2=CHR) 형태의 2중 결합을 가진 단량체의 두 탄소 원자들은 서로 구분이 되는데, 그 중의 하나를 임의적으로 머리(head)라 하고 다른 하나를 꼬리(tail)라 정한다. 이럴 경우, 사슬 중합에서 단량체가 부가될 때의 모드(mode)는 머리-꼬리 형대가 되거나 머리-머리(또는 꼬리-꼬리) 형태가 된다. 이러한 현상을 배열 이성질 현상(sequence isomerism)이라 부르기도 한다.

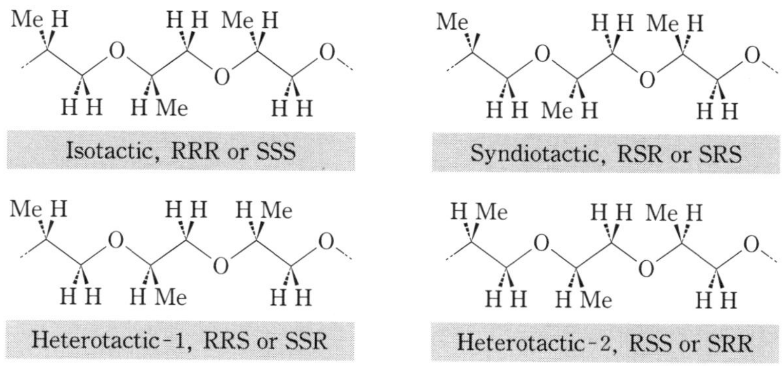

그림 2.46 ❖ 폴리프로필렌 옥사이드의 머리-꼬리 구조를 기준으로 한 triad 수준에서의 입체화학 구조

프로필렌 옥사이드 단량체 자체는 카이랄 센터를 가지고 있지만, 중합된 고분자들은 사슬의 구조적 배열에 따라 광학적 활성을 띠기도 하고 그렇지 않을 수도 있다. 위의 4가지 입체화학적 이성질체 중에서 이소탁틱 고분자와 아탁틱 고분자는 광학적 활성을 가지지만, 신디오탁틱 고분자의 경우 광학적 활성을 가지지 못한다. 신디오탁틱 고분자에서는 *R*-형태와 *S*-형태의 단량체들이 고분자 사슬에서 정확하게 번갈아 나타나 전체 고분자에 대한 광학 회전이 일어나지 않기 때문이다. Triad 수준에서 처음에 나타나는 단량체는 *R*-형태이거나 *S*-형태 둘 중의 하나이다. 그런데 이들이 triad에서 mr이나 rm의 배열을 가질 수 있으므로 혼성 배열-1(heterotactic-1) 고분자는 mr의 미세구조를 나타내고, 혼성 배열-2(heterotactic-2) 고분자는 rm의 미세구조를 보여 입체화학적으로는 서로 다르지만 광학적 활성은 서로 같다.

이외에 폴리락틱산(polylactic acid)이나 폴리아미노산(polyamino acid)과 같이 단량체가 카이랄 센터를 가져 광학적 활성을 가지는 생분해성, 생체 적합성 고분자들도 있다. 대부분의 비닐 고분자들은 유사 카이랄성(pseudo-chirality)을 가지고 있으나 광학적 활성을 나타내지 못한다. 비닐 고분자의 경우, 긴 사슬 내에 있는 탄소 원자들은 엄밀한 의미에서는 곁그룹이 있을 경우 카이랄 센터가 될 수도 있으나, 사슬을 따라 카이랄 센터 양쪽에 있는 긴 그룹들의 구조적인 차이가 거의 없으므로 실제적으로 비닐 고분자가 거의 광학적 활성을 나타내지 못하기 때문이다.

2.3.4 사슬의 Constitution 이성질 현상

분자량은 같으나 원자들이 결합되어 있는 순서가 다른 이성질체들을 constitution 이성질체라고 한다. Constitution 이성질체에는 위치 이성질체(positional isomer 또는 regioisomer라 부르기도 함)와 골격 이성질체(skeletal isomer)의 2가지 종류가 있다. 위치 이성질체는 기본이 되는 탄소 원자의 골격은 그대로 유지한 채 작용기나 다른 치환체가 붙어 있는 위치가 다른 이성질체를 말한다. 예를 들면, 아래 그림 2.47에서와 같이 1-프로파놀(1-propanol)과 2-프로파놀(2-propanol) 같은 경우이다.

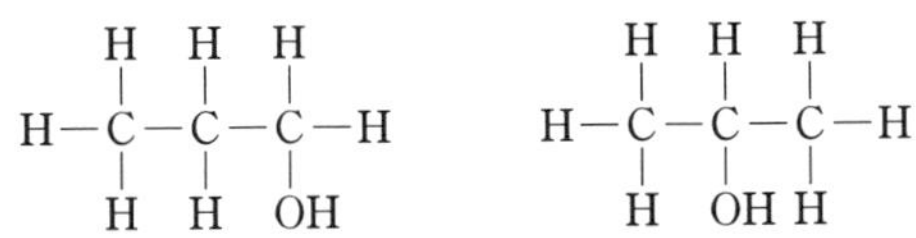

1-propanol 2-propanol

그림 2.47 ❖ 위치 이성질체(1-propanol, 2-propanol)

이와 달리, 골격 이성질체는 골격이 되는 탄소 원자들이 재배열되는 경우이다. 아래 그림 2.48에서와 같이 *n*-펜탄(*n*-pentane), 이소펜탄(isopentane), 네오펜탄(neopentane) 등이 이에 해당한다.

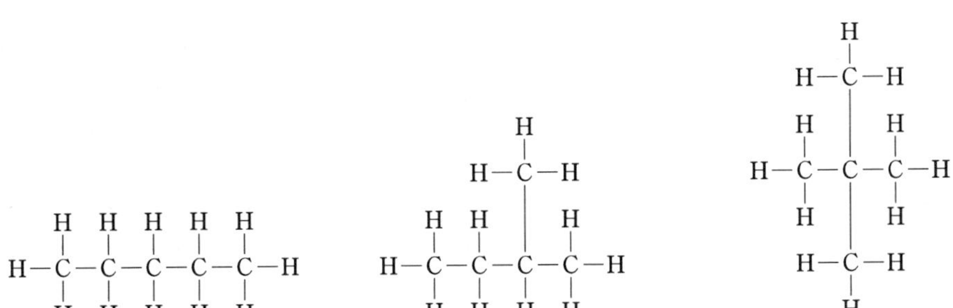

n-pentane Iso-pentane Neo-pentane

그림 2.48 ❖ 골격 이성질체(*n*-pentane, iso-pentane, neo-pentane)

위치 이성질체에는 머리-머리 결합(head-to-head defect) 구조 등도 포함된다. 중합 반응에 있어서, 성장하는 고분자 사슬 라디칼에 단량체들이 부가될 때에 단량체가 접근하는 방향에 따라, 얻어지는 비닐 고분자의 사슬 구조에 아래 그림 2.49에서와 같이 머리-머리 결합 구조가 생길 수 있다. 머리-머리 구조는 중합 과정 중에 사슬 라디칼이 불안정한 구조(1차 라디칼)를 형성할 뿐만 아니라, 생성된 고분자 내의 탄소 원자의 연결 세기의 약화, 고분자의 열화(degradation) 등 고분자의 성질을 퇴화시키는 경향이 있어 결함 구조로 인식된다.

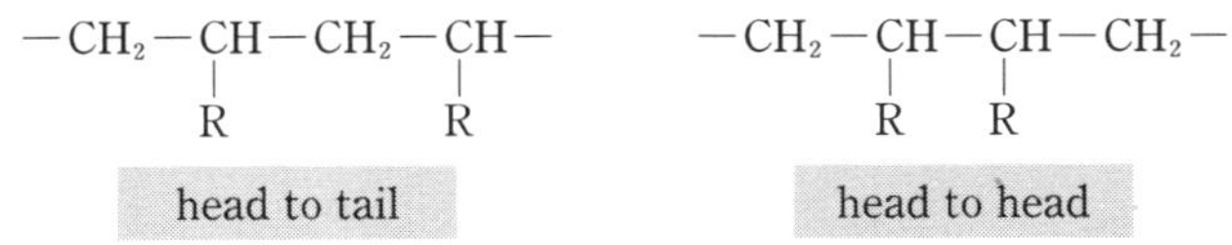

그림 2.49 ❖ 비닐 고분자의 머리-꼬리 구조 및 머리-머리 구조

입체화학적 상호 작용 측면에서, 머리-머리 구조의 경우 치환 그룹(R) 사이의 반발력이 작동하므로 머리-꼬리 구조가 얻어지는 것이 일반적이긴 하지만, 비닐 플루오라이드(vinyl fluoride)나 비닐리덴 플루오라이드(vinylidene fluoride) 단량체와 같이 치환 원자(F: 불소)의 크기가 매우 작을 경우, 일부의 단량체들은 머리-머리 구조 형태로 성장하는 사슬에 부가될 수 있다. 이 경우에는 고분자 사슬에 일반적인 머리-꼬리 구조 이외에 머리-머리 구조가 부분적으로 포함될 수 있다.

폴리비닐리덴 플루오라이드(polyvinylidene fluoride: PVDF)의 ^{19}F NMR spectrum이 아래 그림 2.50에 나타나 있다.

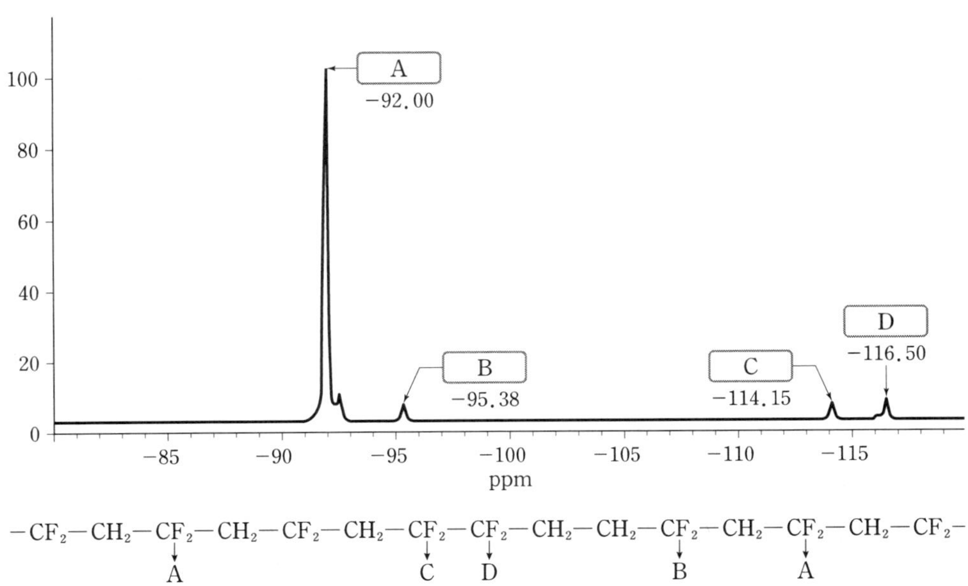

그림 2.50 ❖ 폴리비닐리덴 플루오라이드의 ^{19}F NMR 스펙트럼[7]

위 스펙트럼을 얻을 때 사용한 기준 물질은 trichlorofluoro methane($CFCl_3$)으로서, 염소(Cl) 원자의 높은 전기 음성도로 인하여 외부 자기장으로부터의 가림이 상대적으로 적어, 다른 피크들의 화학 이동값이 음의 값으로 나타난다. 이에 따라, 위 스팩트럼에서의 더 높은 화학 이동값(절대값 기준)은 외부 자기장으로부터의 더 큰 가림을 의미하게 된다. 위에 예로 나타난 고분자 사슬은 단량체 1개가 반전(inversion) 상태로 부가되었을 때 사슬 내에서 그 주위의 화학 환경이 어떻게 달라지는지를 보여주고 있다.

위 그림 2.50에 나타난 고분자 사슬에서 'A'로 나타난 부분은 단량체가 정상적으로 부가(머리-꼬리 형태로 부가)되었을 때 얻어지는 구조이고, 'B', 'C', 'D'는 한 단량체의 반전 부가(inversion addition)에 따라 다르게 얻어지는 불소 원자의 화학적 환경들이다. 예를 들어 'D' 피크의 경우, 불소 원자가 공간적으로 서로 인접하여 반발력이 작용하게 됨과 아울러, 바로 이웃하는 위치에 수소 원자와 수소 원자 사이의 반발도 존재하여 불소 원자핵 주위의 전자 밀도가 증가하게 되므로, 외부 자기장으로부터 가림이 상대적으로 커지게 되어 위 NMR 스펙트럼에서 가장 높은 화학 이동값(절대값)을 보여준다.

외부 자기장으로부터의 가림은 주로 공간적으로 인접한 원자들 사이의 반발력에 의해 영향을 받게 되는데, 이는 원자의 크기나 편극(polarizability: 전자구름이 일그러지기 쉬운 정도를 나타냄) 등에 의해 결정된다. 이에 따라, 원자 크기가 가장 작은 수소 원자와 편극이 가장 작은 불소 원자 사이의 반발이 가장 약해 'A' 피크가 가장 작은 화학 이동값(절대값 기준)을 보이게 된다. 불소 원자는 크기가 작아 특별히 작은 편극을 보인다. 편극이 클수록 원자 사이의 인력이 증가된다. 그 다음으로, 수소 원자와 수소 원자 사이의 반발이 작용하는 'B' 피크가 낮은 화학 이동값(절대값 기준)을 나타내고, 그 다음에 불소 원자와 불소 원자 사이의 반발이 작용하는 'C' 피크가 낮은 화학 이동값(절대값 기준)을 보인다.

위 ^{19}F NMR 스펙트럼에 나타난 피크들의 상대적인 면적을 계산함으로써 머리-머리 구조와 머리-꼬리 구조의 상대적인 양을 계산할 수 있다. 'D' 피크가 전체 피크 면적에서 차지하는 비중이 약 5-6%에 해당하므로 부가된 단량체 중에서 약 5 ~ 6%가 머리-머리 또는 꼬리-꼬리 구조를 가지고 있음을 알 수 있다. 뿐만 아니라, 'B', 'C', 'D' 피크들의 면적이 거의 같은 것으로 보아, 반전되어 부가되는 단량체들이 고분자 사슬 내에 랜덤하게 존재함을 알 수 있다.

폴리비닐 플루오라이드(polyvinyl fluoride: PVF)의 경우에는 단량체의 반전 부가가 더 용이하여 그 양이 PVDF 때보다 더 큰 값을 나타내는 것으로 보고되고 있다(12 ~ 16%). PVDF나 PVF 모두 탄소 골격에 원자 크기가 작은 불소 원자들이 결합되어 있어 폴리에틸렌에서처럼 높은 결정성과 높은 사슬 유연성을 가지고 있다. PVDF나

PVF는 기계적 성질이나 내열성, 화학적 저항성 등이 우수한 측면에서 상당히 유사하지만, PVDF의 경우에 압전성 효과(piezoelectric effect)나 열전성 효과(pyroelectric effect)가 더 크게 나타난다. 이들 고분자들은 기존에 사용되고 있는 세라믹(유기물도, 금속도 아닌 무기 물질)에 비해 압전성 효과나 열전성 효과가 낮지만, 가볍고 성형성이 우수하여 많은 관심을 받고 있다.

압전성 효과는 고분자 사슬을 기계적으로 늘려 사슬을 배향시킨 후 폴링(poling) 함으로써 응력에 따른 편극의 변화가 전위차로 나타나는 것을 말한다. 이때 편극이라 함은 전기적 편극을 말하는 것으로서, 아래 그림 2.51에서와 같이 외부 전기장(E_0)에 의해 원자핵 주위의 전자 분포가 일그러지는(distortion) 현상이다.

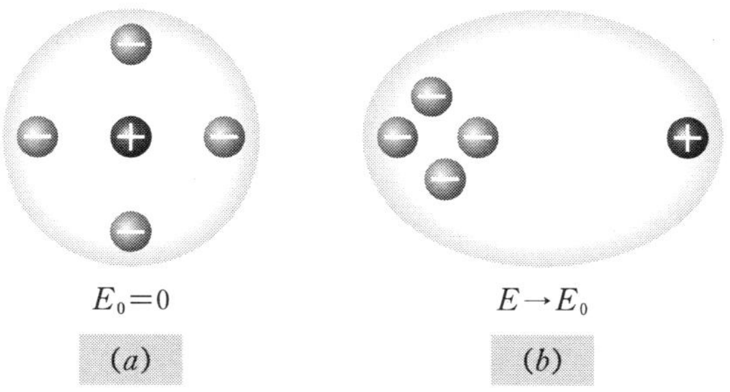

그림 2.51 ❖ 전기적 편극(electric polarization)

폴링 과정은 높은 전기장이나 열을 가함으로써 대부분의 쌍극자들을 어느 정도 같은 방향으로 배향 시키는 과정이다. 고분자 사슬에 열을 가하여 온도가 증가함에 따라 물질 내에 편극의 변화에 따른 전위차가 나타나는 것을 열전성 효과라 부른다. 이들 효과가 나타나기 위해서는 고분자 사슬이 상당히 약한 분자간 상호 작용을 가짐이 필요한데, 불소 원자의 낮은 원자 편극률이 이를 충족시키기에 유리하다. 불소 원자의 전자 배열 구조가 $1s^22s^22p^5$로 이루어져 있어, 가정 안정한 구조를 형성하기 위하여 단 하나의 전자를 필요로 하고 원자핵이 전자를 끌어 당기는 힘이 매우 강하다. 이에 따라, 불소 원자가 다른 원소의 전자를 받아들이는 능력이 매우 강하게 되어 가장 전기 음성도가 높다. 이처럼 전기 음성도가 가장 높은 원소이긴 하지만, 그 크기가 매우 작아 전자들이 모두 원자핵에 가깝게 모여 있어 원자가 잘 편극되지 않는다. 이로 인해 불소 원자가 존재할 경우, 분자 사이의 상호 작용이 약해진다. 또, 불소 원자가 수소 결합을 할 때에도 비교적 약한 수용체(acceptor) 역할을 한다.

전기 음성도가 원자의 성질인데 비해 쌍극자 모멘트는 분자의 성질이다. 물질 내에 높은 전기적 편극을 유도(일반적으로 외부에서 전기장을 가함)하기 위해서는 물질의 유도 쌍극자 모멘트가 커야 하는데, 불소 원자의 전기 음성도가 높아 기본적으로 PVDF나 PVF의 경우에 유리하게 된다. 즉, 두 원자 사이의 전기 음성도 차이가 크면 유도 쌍극자 모멘트가 커지기 때문이다. 물질의 편극률은 외부에서 전기장을 가했을 때 쌍극자 모멘트가 유도되는 척도이므로, 일반적으로 분자 내 전자가 차지하는 부피가 클수록 증가하게 되어 고분자가 저분자 유기 화합물에 비해 편극률(polarizability)이 훨씬 높다. 또한, 고분자의 경우 사슬을 따라 전자들이 한 방향으로 공유되어 있으므로, 외부에서 전기장을 가했을 때 전자의 일그러짐이 저분자 유기 화합물에 비해 용이하다.

압전성 물질은 기계적 변형 에너지나 진동 에너지를 전기적 에너지로 전환할 수 있는데, 상당히 작은 양의 전하를 자체적으로 생성하므로 그에 따른 용도가 매우 다양하다. 가장 대표적인 용도로서 압전 센서나 압전 작동기(actuator) 등을 들 수 있는데, 산업용, 소비자 전자 제품(consumer electronics), 의료용, 군사용 등 그 응용 범위가 매우 넓다.

2.3.5 공중합체 사슬의 공단량체 배열

공중합체 사슬은 공단량체(comonomer)들의 배열(sequence)로 구성되어 있다. 공중합체의 물리적 성질은 공중합체를 구성하는 공단량체의 조성 및 이들의 배열 분포(sequence distribution)에 의해 큰 영향을 받는다. 이들 배열 분포는 교대 형태에서부터 랜덤 형태를 거쳐 블록(block) 형태에 이르기까지 다양하게 존재하게 되는데, 이를 확인하기 위해서는 NMR 스펙트럼이 매우 큰 도움이 된다. 특히, NMR 스펙트럼이 공단량체의 입체화학적 배열 분포에 민감하여 공중합체의 미세 구조를 결정하는데 중요한 역할을 할 수 있다.

공단량체 배열은 입체화학적 configuration을 무시할 경우 다음과 같이 나타낼 수 있다.

Dyads: m_1m_1 m_1m_2 (or m_2m_1) m_2m_2

Triads: $m_1m_1m_1$ $m_2m_2m_2$

$m_1m_1m_2$ (or $m_2m_1m_1$) $m_1m_2m_2$(or $m_2m_2m_1$)

$m_2m_1m_2$ $m_1m_2m_1$

Tetrads:

$m_1m_1m_1m_1$ $m_1m_1m_2m_1$($m_1m_2m_1m_1$) $m_2m_2m_2m_2$

$m_1m_1m_1m_2$($m_2m_1m_1m_1$) $m_1m_1m_2m_2$($m_2m_2m_1m_1$) $m_1m_2m_2m_2$($m_2m_2m_2m_1$)

$m_2m_1m_1m_2$ $m_2m_1m_2m_2$ $m_2m_1m_2m_1$($m_1m_2m_1m_2$) $m_1m_2m_2m_1$

아래 그림 2.52에 나타난 ^{1}H NMR 스펙트럼은 비닐리덴 클로라이드(vinylidene chloride) 단량체로 구성된 단일 중합체(a)와, 이소부틸렌(isobutylene) 단량체로 구성된 단일 중합체(b) 및 70 mole%의 비닐리덴 클로라이드(m_1)와 30 mole%의 이소부틸렌(m_2) 공단량체로 구성된 공중합체(c)로부터 얻어진 것이다.

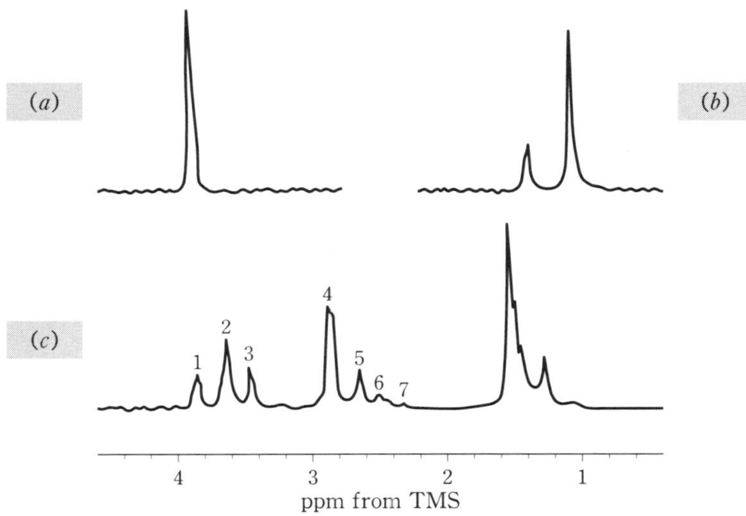

그림 2.52 ❖ 폴리비닐리덴 클로라이드, 폴리이소부틸렌, 비닐리덴 클로라이드(70 몰%)와 이소부틸렌(30 몰%) 공중합체의 60 MHz ^{1}H NMR 스펙트럼: 각 피크 별 tetrad의 단량체 연결성, (1) $m_1m_1m_1m_1$, (2) $m_1m_1m_1m_2$, (3) $m_2m_1m_1m_2$, (4) $m_1m_1m_2m_1$, (5) $m_2m_1m_2m_1$ (6) $m_1m_1m_2m_2$, (7) $m_2m_1m_2m_2$ [8]

다음에 주어진 이소부틸렌 단량체와 비닐리덴 클로라이드 단량체의 화학 구조식으로부터, 우선 위 단일 중합체들의 NMR 피크를 쉽게 해석해 볼 수 있다.

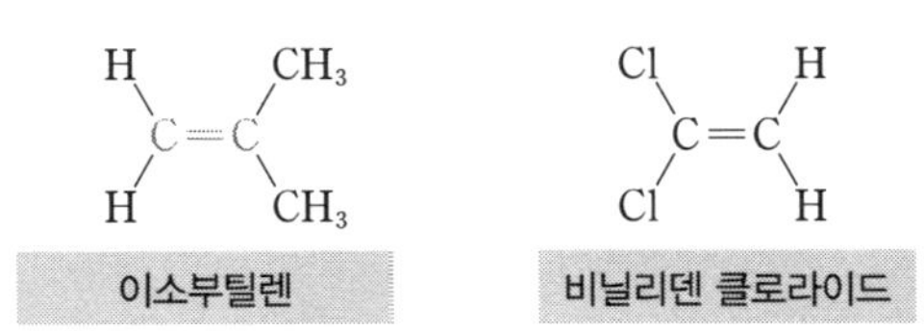

그림 2.53 ❖ 이소부틸렌과 비닐리덴 클로라이드의 화학 구조식

즉, 비닐리덴 클로라이드 단일 중합체의 경우, 자기적으로(magnetically) 수소 원자핵의 종류가 1개 밖에 존재하지 않아 NMR 피크가 단일 피크로 나타나는 반면, 이소부틸렌 단일 중합체에서는 자기적으로 다른 수소 원자핵이 2가지 종류가 있어 2개의 서로

다른 NMR 피크가 나타난다. 비닐리덴 클로라이드로 구성된 단일 중합체의 수소 원자가 전기 음성도가 높은 염소(chlorine) 원자에 결합되어 있어, 이소부틸렌 단일 중합체에 비해 훨씬 더 downfield에서 나타난다. 이에 비해, 비닐리덴 클로라이드와 이소부틸렌으로 구성된 공중합체에서는 여러 개의 NMR 피크가 나타난다. 이는 공단량체들의 배열 분포에 기인하는 것이다.

앞에서 설명한 tetrad 공단량체 배열을 보면, 입체화학적 configuration을 무시할 경우 10개의 서로 다른 배열이 존재함을 알 수 있다. 이로부터 위에 주어진 공중합체의 NMR 피크(10개)들이 tetrad 공단량체 배열과 연관되어 있음을 추정할 수 있다. 화학 이동값이 큰 것부터 차례로 테트라드(tetrad) 공단량체 배열을 나타내면 다음과 같다.

$m_1m_1m_1m_1$, $m_1m_1m_1m_2$, $m_2m_1m_1m_2$, $m_1m_1m_2m_1$, $m_1m_1m_2m_2$, $m_2m_1m_2m_1$,
$m_2m_1m_2m_2$, $m_1m_2m_2m_1$, $m_1m_2m_2m_2$, $m_2m_2m_2m_2$

위의 이소부틸렌-비닐리덴 클로라이드 공중합체는, 그 공단량체인 m_1, m_2가 모두 대칭 구조를 가지고 있어 입체화학적 configuration을 고려할 필요가 없다. 그러나 일반적으로 $CXY=CH_2$ 구조를 가진 공단량체를 중합시켜 얻어지는 공중합체에서는 미세 구조 분석을 위해 입체화학적 configuration을 추가적으로 고려하여야 한다. 아래 그림 2.54에 이런 형태의 공중합체에 대한 구분될 수 있는 공단량체의 dyad, triad 배열을 나타내었다.

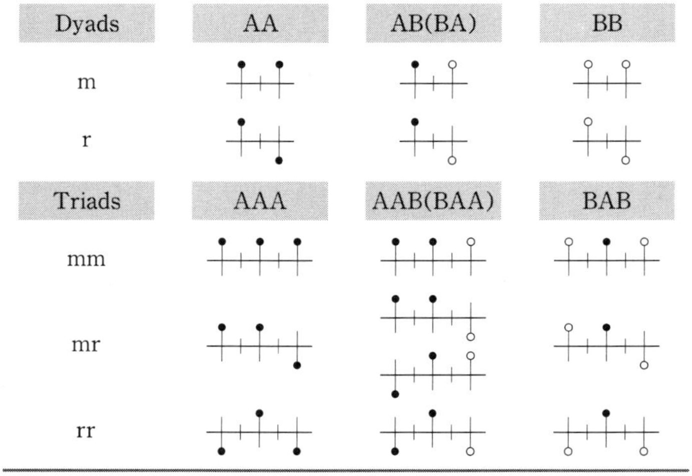

※+10 others with •and ○reversed

그림 2.54 ❖ $CXY=CH_2$ 구조를 가진 공단량체로부터 얻어지는 공중합체의 입체화학적 구조에 대한 dyad, triad의 공단량체 배열(A, B: 공단량체)

공단량체 dyad 배열의 경우에는 6개의 서로 다른 입체화학적 configuration이 존재 가능하고, triad 배열은 20개의 구분 가능한 입체화학적 configuration이 존재한다. 일반적으로 이론적으로 존재 가능한 입체화학적 configuration의 수, $N(n)$은 다음 식으로 결정될 수 있다.

$$N(n) = 2^{2(n-1)} + 2^{n-1} \tag{2.20}$$

여기서, n은 dyad($n = 2$)나 triad($n = 3$) 등 공단량체 배열에 포함된 공단량체의 개수를 나타낸다.

아래 주어진 그림 2.55는 스티렌-메틸 메타크릴레이트(styrene-methyl methacrylate) 공중합체의 ^{1}H NMR 스펙트럼으로서, 랜덤 공중합체(a)와 교대 공중합체(b)의 경우를 비교한 것이다.

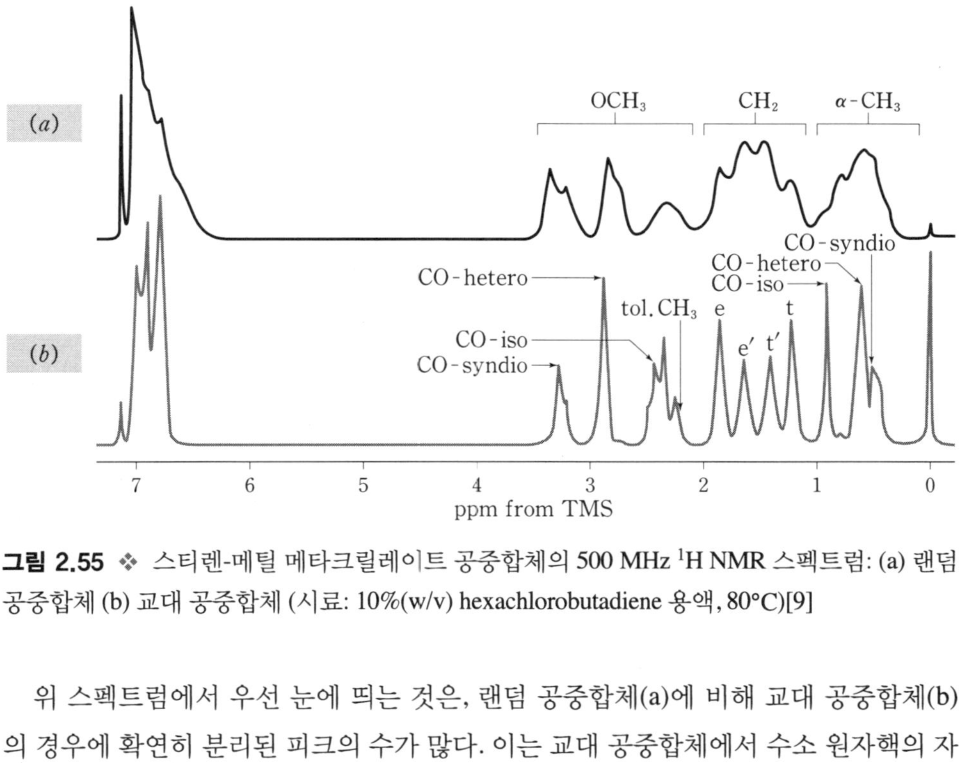

그림 2.55 ❖ 스티렌-메틸 메타크릴레이트 공중합체의 500 MHz ^{1}H NMR 스펙트럼: (a) 랜덤 공중합체 (b) 교대 공중합체 (시료: 10%(w/v) hexachlorobutadiene 용액, 80°C)[9]

위 스펙트럼에서 우선 눈에 띄는 것은, 랜덤 공중합체(a)에 비해 교대 공중합체(b)의 경우에 확연히 분리된 피크의 수가 많다. 이는 교대 공중합체에서 수소 원자핵의 자기적 환경이 명확히 구분되어지기 때문이다. 랜덤 공중합체의 경우에는 수소 원자핵의 자기적 환경이 다양하게 랜덤 형태로 존재할 수 있어, 다양한 값의 화학 이동을 가질 수 있으므로 피크들이 날카롭지(sharp) 못하고 넓게 나타난다. 랜덤 공중합체 스펙트럼을 보면 크게 4개의 피크 군을 확인할 수 있다. 이들은 비교적 쉽게 구분이 되는데, 가장

downfield에서 나타나는 방향족 화합물의 수소 원자핵으로부터 출발하여 메톡시 그룹의 수소 원자핵, 메틸렌 그룹의 수소 원자핵, α-메틸 그룹(작용기에 붙어 있는 첫번째 탄소에 해당하는 α-탄소에 연결된 메틸 그룹)의 수소 원자핵 순서로 나타난다.

위의 (b) 스펙트럼은 공단량체가 거의 완벽하게 교대하고 있는 공중합체를 위한 것인데, 랜덤 공중합체에서 개략적으로 구분되었던 피크들이 각 그룹 별로 다시 세부적으로 분리되어 나타난다. 교대 공중합체 사슬의 triad 수준에서 구분될 수 있는 입체화학적 configuration들을 아래 그림 2.56에 나타내었다.

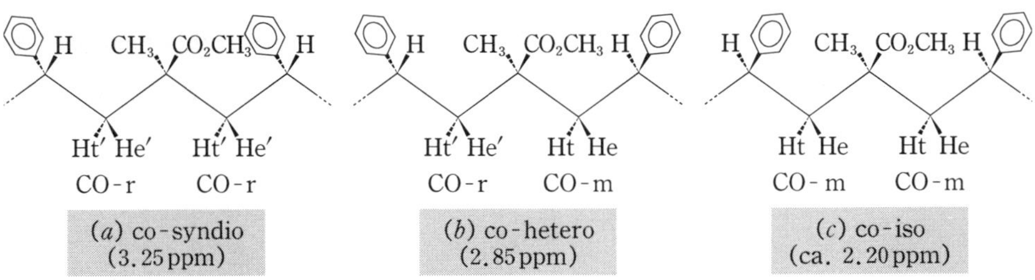

그림 2.56 ❖ 스티렌-메틸 메타크릴레이트 교대 공중합체의 triad 수준에서의 입체화학적 configuration[9]

교대 공중합체 사슬의 입체화학적 configuration에 따른 피크들이 메톡시 그룹의 수소 원자핵 피크, 메틸렌 그룹의 수소 원자핵 피크, α-메틸 그룹의 수소 원자핵 피크 군 내에서 co-syndio, co-hetero, co-iso 피크들로 다시 나누어 분리되고 있음을 볼 수 있다. 예를 들어, 메톡시 그룹의 수소 원자핵이 co-syndio 구조에서 가장 downfield에서 나타나고 있는데, 이는 메톡시 그룹이 공간적으로 이웃하고 있는 메틸 그룹과 벤젠 그룹으로부터 평면 위 아래로 멀리 떨어져 있어 서로 간의 반발력이 작게 작용하기 때문이다. 이와 같은 NMR 스펙트럼을 통해 교대 공중합체의 입체화학적 configuration에 대한 정량적 정보를 얻을 수 있게 된다.

2.3.6 고분자 사슬의 가지화

고분자 사슬의 가지화(branching)는 고체 고분자나 고분자의 용액 등의 물리적 성질에 영향을 미치는 매우 중요한 인자 중의 하나이다. 사슬 가지화는 사슬 가지의 개수, 사슬 내에서 가지가 존재하는 위치, 가지의 길이 등에 따라 고체 고분자나 고분자 용액의 물성에 미치는 영향의 정도가 달라진다. 사슬 가지화는 중합 반응 중에 랜덤하게 일어나기도 하지만, 특정의 가지 구조를 얻기 위하여 특별한 중합 방법이나 중합 조건을 택하기도 한다. 예를 들어, 메탈로센(metallocene) 촉매를 사용한 에틸렌(ethylene)과 1-올레핀(1-olefin: 이중 결합이 α-위치에 있는 올레핀 화합물로서 α-올레핀이라고도 함)의 공중합 등이 특정의 가지 구조를 얻기 위한 방법 중의 하나이다. 또, 다기능 단량체(multi-functional monomer)를 이용한 축중합(condensation polymerization)에 의해서도 얻어질 수 있다.

사슬 가지에는 길이에 따라 긴 사슬 가지(long chain branch: LCB)와 짧은 사슬 가지(short chain branch: SCB)가 있다. 긴 사슬 가지는 일반적으로 랜덤 코일 사슬에 있어서, 가지가 사슬의 얽힘을 형성하기에 충분히 긴 가지를 말한다. 사슬의 가지화 효과가 가장 두드러지게 나타나는 고분자로서 폴리에틸렌을 들 수 있다. 이는 폴리에틸렌의 분자 구조가 매우 단순하여 사슬 내의 소단위체들의 배향이 변하여 코일 상태가 되어 상호 침투하기가 용이하기 때문이다.

산소를 개시제로 하여 고온, 고압 하에서의 중합에 의해 폴리에틸렌을 얻을 경우(저밀도 폴리에틸렌이 얻어짐)에는 짧은 사슬 가지와 긴 사슬 가지가 사슬을 따라 랜덤하게 얻어진다. 아래 그림 2.57에 저밀도 폴리에틸렌의 ^{13}C NMR 스펙트럼을 나타내었다.

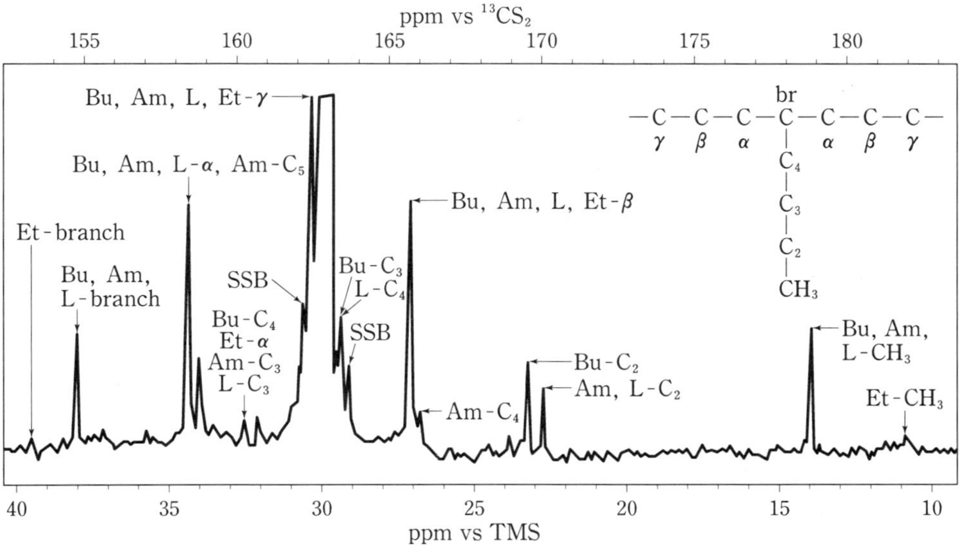

그림 2.57 ❖ 저밀도 폴리에틸렌($\overline{M}_w = 15600$, $\overline{M}_n = 13950$)의 25MHz ^{13}C NMR 스펙트럼, 20% 1,2,4-trichlorobenzene 용액, 110°C, 말단 탄소(CH_3), Et(ethyl), Bu(*n*-butyl), Am(*n*-amyl), L(long), SSB(spinning side band)[10]

위에 나타난 피크들의 정체를 확인하기 위한 모델 화합물로서 에틸렌-1-올레핀(ethylene-1-olefin) 화합물을 사용한다. 에틸렌-1-올레핀 합성에 사용되는 1-올레핀 반응물의 종류에 따라 가지의 정체가 달라지므로, 이들의 NMR 스펙트럼을 통해 저밀도 폴리에틸렌의 가지를 확인할 수가 있다. 이러한 과정을 통해 저밀도 폴리에틸렌에 존재하는 가지의 정체를 확인한 결과들이 위 그림 2.57에 잘 표시되어 있다.

사슬 가지들의 명명 방법은 다음과 같이 이루어진다. 예를 들어, Et-CH_3는 에틸 가지(ethyl branch)의 마지막 끝에 있는 메틸 그룹의 탄소를 나타내고, Bu-C_2는 부틸 가지(butyl branch)의 끝에서 2번째 탄소를, Et-branch는 에틸 가지에 있어서 가지가 시작되는 사슬 골격에 위치하는 가지 탄소(branched carbon)를 의미한다. 가지 탄소는 주사슬과 가지가 서로 만나는 곳에 위치한 탄소를 뜻한다. 이때의 가지 탄소를 가지점(branch point)이라 부르기도 한다. 또, Et-β는 에틸 가지를 가지는 가지점에서 β 위치에 있는 주사슬의 탄소를 말한다. L-C_2는 긴 사슬 가지의 끝에서 2번째 탄소에 해당하고, 아밀(amyl) 그룹은 펜틸(pentyl) 그룹과 같은 의미이다.

위의 피크들의 상대적인 면적을 계산함으로써 사슬 가지의 분포를 계산할 수 있는데 그 결과가 아래 표 2.2에 나타나 있다.

표 2.2 저밀도 폴리에틸렌의 가지별 개수[10]

Type of branch	Number of branches/1000 backbone carbons
$-CH_3$	0.0
$-CH_2CH_3$	1.0
$-CH_2CH_2CH_3$	0.0
$-CH_2CH_2CH_2CH_3$	9.6
$-CH_2CH_2CH_2CH_2CH_3$	3.6
Hexyl or longer	5.6
	19.8

위 표의 결과에 의하면 저밀도 폴리에틸렌의 경우, 주사슬을 형성하는 탄소 원자 1000개당 약 20개의 가지가 존재함을 알 수 있다. 이들 중 14개의 가지가 탄소 원자수가 5개 이하인 짧은 사슬 가지이고 6개가 헥실(hexyl), 또는 그 이상의 크기를 가진 가지이다. 짧은 사슬 가지 중 특히 부틸(butyl) 가지가 많은 것은 다음과 같은 되물기 메커니즘(backbiting mechanism)으로 설명할 수 있다.

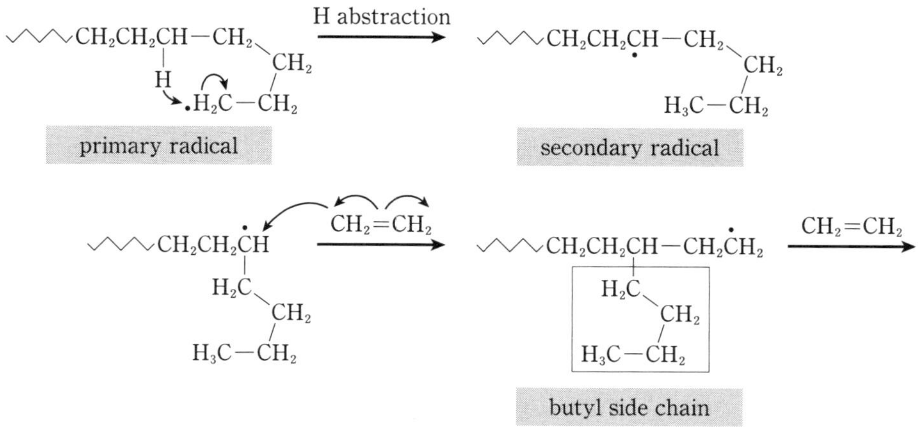

그림 2.58 ❖ 저밀도 폴리에틸렌의 부틸 가지(butyl branch) 생성을 위한 되물기 메커니즘

저밀도 폴리에틸렌의 긴 사슬 가지의 개수나 길이 등에 대한 정보는 지금까지의 분석 방법에 한계가 있어 명확히 얻기가 어려웠다. 최근에는 원자 현미경(atomic force microscopy: AFM)에 의한 단분자 이미징(imaging) 방법이 제안되어 보다 정확한 정보가 일부 얻어지고 있다. 이들 보고에 의하면 저밀도 폴리에틸렌의 주사슬 길이가 162 nm일 때에 긴 사슬 가지의 길이는 10 nm, 18 nm, 31 nm 등으로 나타난다.

폴리에틸렌의 경우, 짧은 사슬 가지와 달리 긴 사슬 가지는 그 생성을 분자 간 사슬 전이 메커니즘으로 설명하는 것이 일반적이다. 즉, 성장하고 있는 고분자 사슬의 자유 라디칼 사이트가 매우 반응성이 커서 아래 그림 2.59에 나타난 바와 같이, 성장을 멈춘 다른 데드 고분자(dead polymer)에 있는 수소를 떼어 내어 데드 고분자의 사슬 내에 새로운 성장 사이트를 발생시켜, 여기에서 새로운 단량체들이 중합을 시작함으로써 긴 사슬 가지를 생성시킨다.

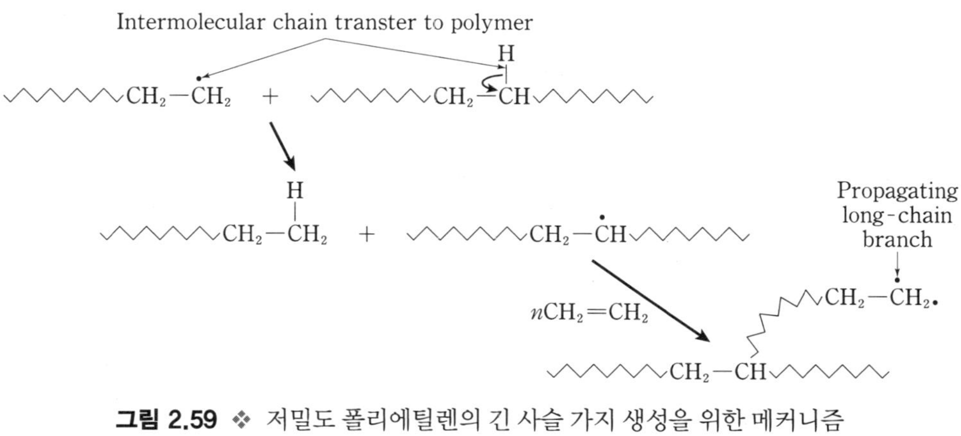

그림 2.59 ❖ 저밀도 폴리에틸렌의 긴 사슬 가지 생성을 위한 메커니즘

그래프트 공중합체도 가지 고분자의 한 종류라 볼 수 있다. 그래프트 공중합체에서는 주사슬과 곁사슬에 있는 반복 단위가 서로 다른 특징이 있다. 그래프트 공중합체는 일반적으로 자유 라디칼 공중합(free radical copolymerization)에 의해 얻어지는데, 주로 랜덤 공중합이 이루어져 미세 구조를 조정하기 어려운 단점이 있다.

가지 효과(branching effect)가 가장 잘 나타나는 대표적 고분자는 아래 그림에 나타난 바와 같은 폴리에틸렌(LDPE, LLDPE, HDPE)이다.

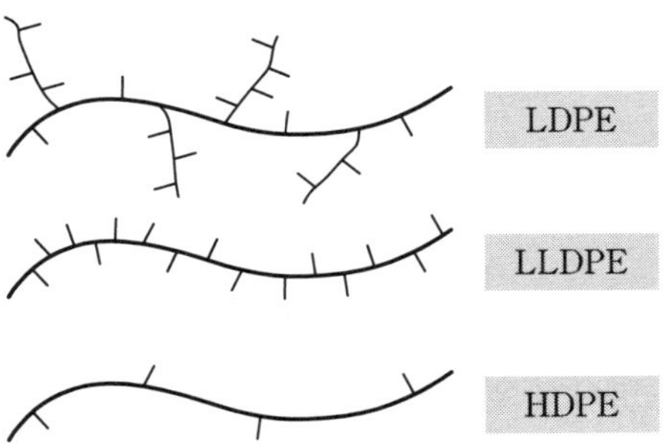

그림 2.60 ❖ 가지화 효과에 따른 폴리에틸렌의 종류

저밀도 폴리에틸렌(LDPE)의 경우, 랜덤하게 분포된 가지의 수가 많아 사슬 패킹(chain packing)이 어렵다. 이에 비해 고밀도 폴리에틸렌(high density polyethylene: HDPE)은 일반적으로 Ziegler-Natta 촉매를 사용하여 얻어지는데, 가지의 수가 매우 적고 그 길이가 짧아 사슬 패킹이 훨씬 용이하여 고분자의 결정화도가 더 높다. 이에 따라, 저밀도 폴리에틸렌은 고밀도 폴리에틸렌에 비해 밀도가 낮고, 인장 강도도 낮으며 녹는 점 등이 낮다.

저밀도 폴리에틸렌이 고밀도 폴리에틸렌에 비해 사슬의 유연성이 높아 인성(toughness: 질김 정도)은 더 우수한 편이다. 이들 특성으로 인하여 저밀도 폴리에틸렌은 농업용 필름이나 연질 튜브(flexible tube) 등에 많이 쓰이는데 비해, 고밀도 폴리에틸렌은 높은 강도를 요구하는 중공 성형(blow-molding) 제품 등에 많이 이용된다.

저밀도 폴리에틸렌은 특히 긴 사슬 가지에 의해 용융 가공성(melt processability)이 큰 영향을 받는다. 저밀도 폴리에틸렌의 긴 사슬 가지는 일반적으로 분자량이 1000 g/mole 정도의 수준이며, 약 70개 정도의 탄소원자가 포함된 것으로 이해되고 있다. 또, 고분자 1개당 약 3 ~ 10개 정도의 긴 사슬 가지가 존재하는 것으로 보고되고 있다. 긴 사슬 가지가 존재할 경우, 사슬의 얽힘 밀도(entanglement density)는 증가하나 사슬이 수축(contraction)되어 용융 상태에서 부피가 감소하므로 사슬의 회전 반경(radius of gyration)이 감소한다. 사슬의 얽힘 밀도가 증가하면 사슬의 유연성이 감소하여 사슬의 유체 내 흐름을 방해하지만, 회전 반경이 감소하면 유체 내에서 흐름에 대한 저항을 적게 받아 사슬의 흐름이 용이해진다. 이들 두 효과는 서로 상쇄되는 작용을 하지만, 결과적으로는 긴 사슬 가지가 존재하면 용융 점도가 감소하여 용융 가공성이 향상된다. 긴 사슬 가지의 존재는 용융 점도 이외에, 용융 점도의 온도 의존성, 전단 감소(shear thinning) 효과 등에도 영향을 미친다. 그러나 일반적으로 긴 사슬 가지의 존재에 의해 고분자의 결정성이 감소하여 기계적 물성은 저하된다.

저밀도 폴리에틸렌의 기계적, 열적 성질을 보완하기 위하여 개발된 고분자가 선형 저밀도 폴리에틸렌(linear low density polyethylene: LLDPE)이다. 선형 저밀도 폴리에틸렌은 대개 Ziegler-Natta 촉매나 메탈로센 촉매 등을 바탕으로 에틸렌과 1-부텐(1-butene), 1-핵센(1-hexene) 등과 같은 1-올레핀의 공중합에 의해 짧은 사슬 가지를 생성할 수 있어, 저밀도 폴리에틸렌의 기계적, 열적 물성을 보완할 수 있다. 고분자의 용융 가공성에 있어서 가장 중요한 인자 중의 하나로 용융 강도가 있는데, 이는 용융 상태에서 신장 변형(extensional deformation)에 대한 저항을 나타내는 지표로서, 필름이나 튜브, 중공 성형 제품 등의 제조에 있어서 중요한 역할을 한다.

선형 저밀도 폴리에틸렌의 경우, 저밀도 폴리에틸렌에 비해 용융 강도가 낮은데, 이는 저밀도 폴리에틸렌이 긴 사슬 가지의 존재로 인해 사슬의 얽힘이 크기 때문이다. 이에 따라, 선형 저밀도 폴리에틸렌의 용융 강도를 보완하기 위하여 저밀도 폴리에틸렌을 일부 블렌딩(blending)하기도 한다. 폴리에틸렌에서의 짧은 사슬 가지는 사슬의 패킹에 방해가 되어 주로 결정성 구조 형성에 영향을 미치는데, 선형 사슬에서 짧은 사슬 가지가 많을수록 결정화도가 감소한다. 결정성 구조의 생성은 기계적 성질이나 열적 성질을 향상시키는 역할을 할 수 있다. 고밀도 폴리에틸렌의 경우, 짧은 사슬 가지의 개수가 1000개의 탄소 원자당 불과 몇 개에 불과해 결정화도가 높아 기계적 성질이나 열적 성질이 우수한 편이다. 이들 폴리에틸렌(LDPE, LLDPE, HDPE)의 전형적 대표 특성을 아래 표 2.3에 비교하였다.

표 2.3 폴리에틸렌의 가지화에 따른 종류별 특성 비교

	LDPE	LLDPE	HDPE
이름	저밀도 폴리에틸렌	선형 저밀도 폴리에틸렌	고밀도 폴리에틸렌
구조	짧은 가지 및 긴 가지가 많은 구조	짧은 가지가 많은 구조	가지가 없거나 짧은 가지가 적은 구조
촉매 및 공정	튜브형 또는 오토 클레이브 방법을 사용하는 라디칼 중합 사용	Ziegler-Natta 촉매 또는 메탈로센 촉매 사용	Ziegler-Natta 촉매, 크롬 또는 필립스 촉매 사용
밀도	0.910 ~ 0.925 g/cm^3	0.91 ~ 0.94 g/cm^3	0.941 ~ 0.965 g/cm^3
결정화도	낮은 결정화도(30 ~ 50%)	중간 정도의 결정화도(65 ~ 75%)	높은 결정화도(80 ~ 90%)
특성	• 유연성 및 높은 투명도 • 높은 수분 차단 특성 • 저온에서의 높은 충격강도 • 산, 염기 및 식물성 기름에 대한 높은 내화학성	LDPE와 비교하여, • 높은 인장강도 • 높은 충격 및 천공 저항	• 높은 내화학성 • 높은 인장강도 및 수분 차단 특성 • 반연질(semi-rigid) 또는 경질(rigid)

참고문헌

[1] J.L Koenig, *Chemical Microstructure of Polymer Chains*, John Wiley & Sons, New York (1980)

[2] A.E. Tonelli, *NMR Spectroscopy and Polymer Microstructure*, VCH Publishers.Inc (1989)

[3] F.A. Bovey, *High Resolution NMR of Macromolecules*, Academic Press (1972)

[4] H. Friebolin, *Basic One- and Two-Dimensional NMR Spectroscopy*, VCH Verlagsgesellschaft (1991)

[5] D. Vlachakis, S.C. Tsaniras, *Journal of Molecular Biochemistry*, 1, 65 (2012)

[6] M.W. Duch, D.M. Grant, *Macromolecules*, 3, 165 (1970)

[7] C.W. Wilson III, E.R. Santee Jr, *Journal of Polymer Science*, Part C, 8, 97 (1965)

[8] T. Fischer, J.B. Kinsinger, C.W Wilson, *Journal of Polymer Science*, Part B4, 379 (1966)

[9] S.A. Heffner, F.A. Bovey, L.A. Verge, P.A. Mirau, A.E. Tonelli, *Macromolecules*, 19, 1628 (1986)

[10] F.A. Bovey, F.C. Schilling, F.L. McCrackin, H.L. Wagner, *Macromolecules*, 9, 76 (1976)

CHAPTER 3

고분자 사슬의 Conformation

앞 장에서는 고분자 사슬의 구조에 있어서 사슬의 configuration에 대하여 중점적으로 다루었다. 본 장(chapter)에서는 고분자 미세 사슬 구조의 다른 하나의 축인 사슬의 conformation에 대해 다루기로 한다. 고분자 사슬의 conformation도 사슬의 configuration과 더불어 고분자의 물리적 성질을 결정하는 근간이 되고 고분자의 성질 및 기능에 큰 영향을 미친다. 이에 따라, 고분자 사슬의 conformation에 대한 이해는 고분자 시스템의 구조나 성질을 예측하고 조절하는데 결정적인 역할을 한다[1, 2, 3]. 단량체의 중합 반응이 일어나면 단일 고분자(single polymer molecule)는 여러 가지의 다른 사슬 conformation을 가질 수 있게 된다. 이는 고분자 사슬의 단일 화학 결합(chemical bond)을 중심으로 내부 회전(internal rotation)의 정도가 각 결합 별로 달라지기 때문이다. 내부회전에 따른 서로 이웃하는 두 화학 결합 사이의 공간적 위치 관계는 화학 결합의 길이, 결합각, 각 결합의 회전 상태 등에 따라 결정된다. 이와 같이 화학 결합을 중심으로 한 내부 회전에 의하여 아래 그림 3.1에서처럼 사슬의 랜덤 conformation이 이루어질 수도 있다.

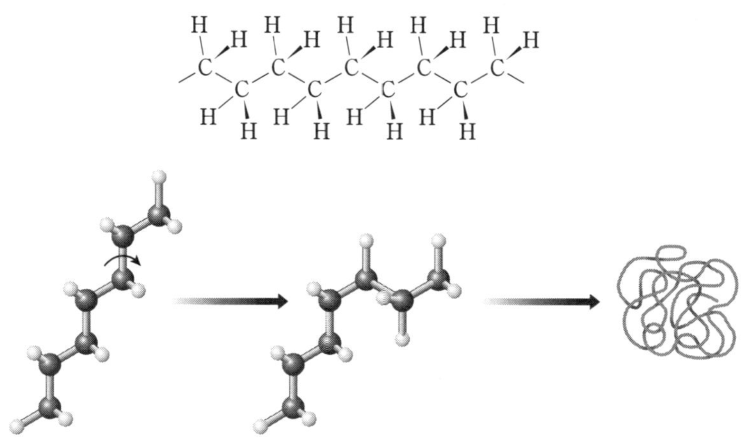

그림 3.1 ❖ 고분자 사슬의 내부 회전에 의한 랜덤 conformation

3.1 고분자 사슬의 Conformation 분석

아래 그림 3.2와 같은 에탄(ethane) 분자에서는 단일 화학 결합에 있는 각 탄소 원자들이 기본적으로 자유롭게 회전할 수 있다. 왜냐하면, 각 탄소 원자(실제로는 원자핵)를 회전하더라도 두 원자핵 사이의 가상적인 선을 따라 대부분의 전자가 존재하므로, 그들 사이의 전자 분포가 변하지 않아 화학 결합의 세기가 변하지 않기 때문이다.

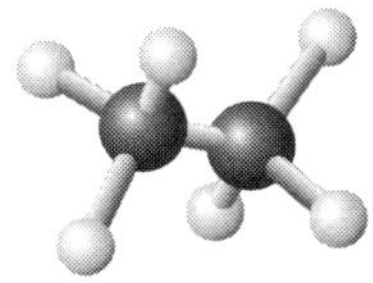

그림 3.2 ❖ 에탄 분자 내 탄소 원자의 단일 결합

그러나 *n*-부탄(*n*-butane) 분자에서처럼 사슬의 내부 탄소 원자(internal carbon atom: 사슬의 끝에 있는 탄소 원자를 제외한 원자)에 치환 그룹이 있을 경우에는, 입체 장애(steric hindrance)에 의해 주사슬에 있는 내부 탄소 원자들의 회전이 완전히 자유롭지를 못하고 제약을 받게 된다. 이리하여, 아래 그림 3.3에서와 같이 원자의 회전에 따라 트랜스(trans: anti conformation이라고도 부름)나 고쉬(gauche) 등의 안정한 conformation이 얻어진다.

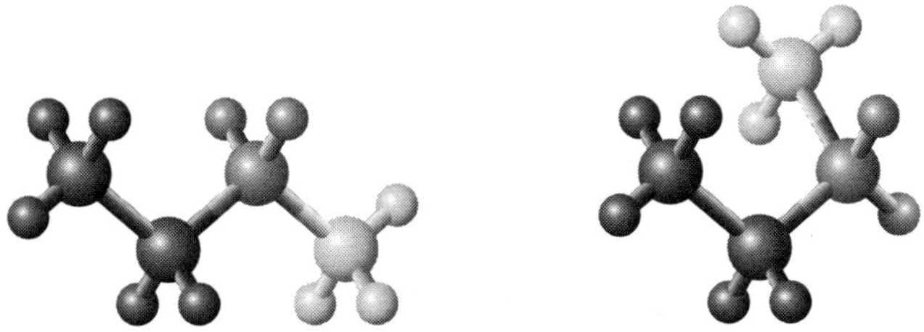

(*a*) 트랜스(conformation) (*b*) 고쉬(conformation)

그림 3.3 ❖ *n*-부탄 분자의 트랜스 및 고쉬 conformation

트랜스 conformation은 이면각(dihedral angle)이 0°일 때이고, 고쉬 conformation은 이면각이 60°일 경우에 해당한다. 이면각이라 함은 아래 그림 3.4에서와 같이 사슬 내의 연속되는 골격 원자들이 형성하는 2개의 교차하는 평면이 이루는 각(ϕ)으로서 비틀림각(torsional angle)이라 부르기도 한다.

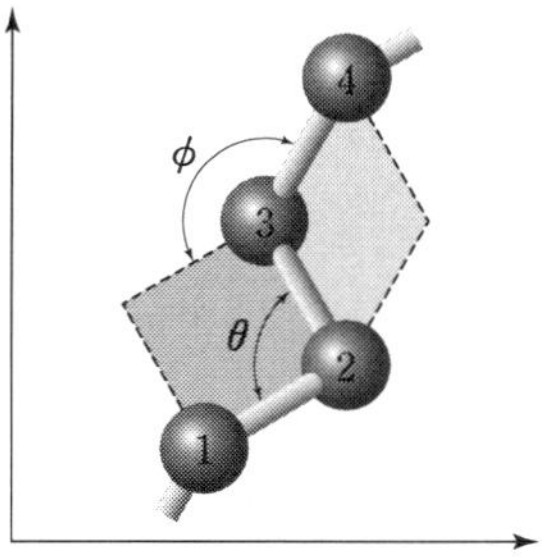

그림 3.4 ❖ 이면각(또는 비틀림각): ϕ

이들 conformation은 서로 다른 포텐셜 에너지, 즉 화학 포텐셜 에너지(chemical potential energy: 화학 결합 내에 저장된 에너지)를 가진다. 고분자 사슬의 경우에는 논리적으로 구분할 수 있는 사슬 conformation의 수가 너무 커서 이들을 일일이 개별적으로 고려하는 것은 현실적으로 불가능하다. 이로 인해 사슬 conformation을 다룰 때에는 일반적으로 통계적 접근 방법을 이용하게 된다.

위와 같이 형성되는 다양한 사슬 conformation은 사슬의 유연성에 의해 큰 영향을 받는다. 고분자 사슬의 유연성은 고분자의 주사슬이 분자 수준에서 얼마나 용이하게 움직일 수 있는지를 말한다. 사슬의 유연성은 온도, 원자의 결합 형태, 곁그룹의 종류, 가지 등에 의해 영향을 받을 수 있다. 사슬의 유연성에는 정적 사슬 유연성(static chain flexibility)과 동적 사슬 유연성(dynamic chain flexibility)이 있다.

폴리에틸렌 사슬의 경우, 아래 그림 3.5와 같이 직선의 conformation을 가지면 수소 원자들 사이의 반발력이 최소가 되어 화학 포텐셜 에너지가 최소값을 가진다. 일반적으로 포텐셜 에너지는 기준점으로부터 거리에 따라 변하는 저장 에너지를 뜻하는데, 화학 포텐셜 에너지도 원자들의 상대적 위치에 따라 에너지가 변하므로 크게 보면 포텐셜 에너지의 하나라 볼 수 있으므로, 화학 포텐셜 에너지를 단순히 포텐셜 에너지라 부르기도 한다. 직선 conformation을 가진 폴리에틸렌 사슬 내의 모든 단량체 단위들은 트랜스 conformation을 가지고 있다. 절대 온도 0 K에서 이 conformation은 열 에너지가 없으므로 운동성이 전혀 없다.

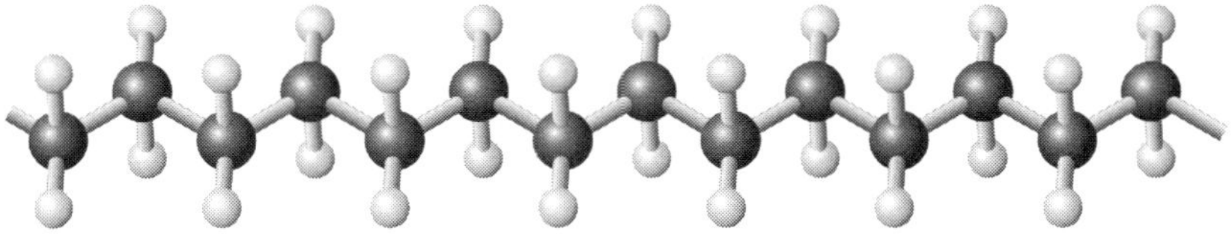

그림 3.5 ❖ 폴리에틸렌 사슬의 트랜스 conformation

그러나 온도가 0 K보다 커지게 되면 사슬의 열적 요동(thermal fluctuation)에 의해 원자들의 위치가 변하므로 포텐셜 에너지가 증가하게 된다. 이때 새롭게 얻어지는 conformation들의 존재 확률(P)은 Boltzmann의 법칙에 의해 결정되며, 다음과 같이 화학 포텐셜 에너지(U)의 함수로 표시할 수 있다.

$$P(U) \propto \exp(-U/kT) \tag{3.1}$$

일반적으로 주사슬이 보통의 C-C 결합으로 구성된 고분자에서 내부 회전이 존재하면, 사슬은 직선 conformation으로부터 벗어나 사슬의 유연성을 야기시킨다. 평형 상태에 있는 사슬의 정적 유연성(static flexibility)은 내부 회전에 의한 이성질 구도(scheme)로 설명할 수 있다. 즉, 주사슬 내의 원자 결합들의 내부 회전이 쉬우면 사슬의 움직임이 쉬워지게 되는데 이를 사슬의 정적 유연성이라 한다. 이때 사슬이 코일화하므로 유연한 고분자 사슬을 고분자 코일(polymer coil)이라 부르기도 한다.

내부 회전에 의한 이성질 상태들의 에너지 수준에 따른 각 상태의 개체 수를 이용하여 정적 사슬 유연성을 규정할 수 있다. 정적 사슬 유연성은 시간에 따라 변하지 않는 성질이므로, 이들 상태의 개체 수는 아래 관계식 3.2(Boltzmann의 분포 법칙)에서 나타난 바와 같이 고쉬와 트랜스 상태에 해당하는 최저 에너지 수준의 차이(ΔU)에 의해 결정되며, 평형 상태에서 고쉬와 트랜스 상태에 있는 화학 결합 수(N_g, N_t)의 상대적인 비율로 나타난다. 고쉬 상태의 결합이 많을수록 사슬의 정적 유연성이 커지게 된다.

$$N_g/N_t = \exp(-\Delta U/kT) \tag{3.2}$$

아래 그림 3.6은 단순히 C-C 결합으로 구성되는 고분자 사슬과 유사한 구조를 가지

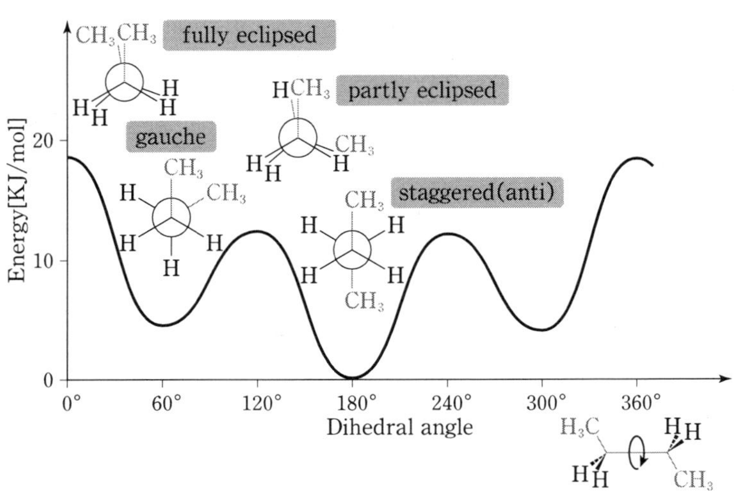

그림 3.6 ❖ *n*-부탄 분자의 내부 회전에 따른 화학 포텐셜 에너지의 변화

는 *n*-부탄 분자의 내부 회전에 따른 이면각(비틀림각)의 변화에 의한 화학 포텐셜 에너지의 변화를 개략적으로 보여준다.

n-부탄의 안정한 트랜스, 고쉬 conformation은 역사적으로 초기에 아래 그림 3.7에서와 같이 Raman 스펙트럼(1500 cm^{-1} 이하 영역) 등에 의해 그 존재가 확인될 수 있었다.

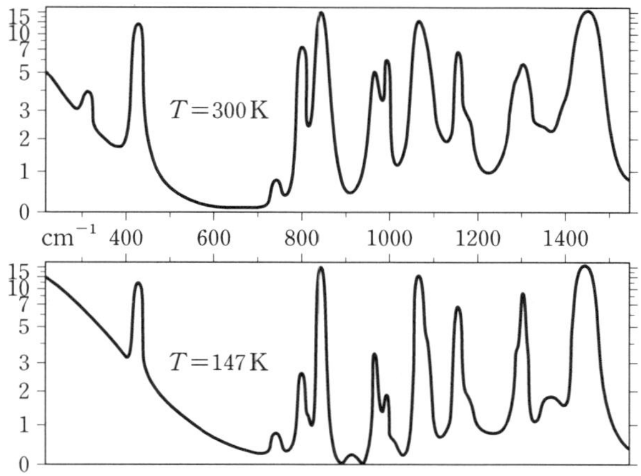

그림 3.7 ❖ 액체 *n*-부탄의 Raman 스펙트럼(300 K, 147 K)[5]

위 Raman 스펙트럼은 액체 상태의 *n*-부탄이 300 K와 147 K에 있을 때에 얻은 것들이다. Raman 산란(scattering)은 분자의 진동에 따른 편극률의 변화에 의해 야기된다. 우선 위 피크들에 해당하는 진동 모드의 파동수(wavenumber: 주파수에 상응)는 C−C 결합에 의한 영역에서 나타나고 있다. 위 스펙트럼에서 파동수가 954 cm^{-1}, 1148 cm^{-1}에서 나타나는 피크 군은 각기 $-CH_3$ 그룹 내 −C−H 결합의 twisting 모드, wagging 모드에 해당한다. 이때 wagging 모드와 twisting 모드는 아래 그림 3.8에서 보여주는 바와 같이 원자 그룹의 평면과 분자 내 나머지 부분을 통과하는 평면 사이가 이루는 각의 변화와 관련된 진동 운동이다. 위의 두 피크 군으로부터 저온에서 그 강도가 더 약해지는 피크(gauche에 해당)를 쉽게 구분할 수 있다.

이들 각 피크 군은 안정한 동소체(에너지가 상대적으로 더 낮은 트랜스 구조)를 나타내는 선과 덜 안정한(에너지가 상대적으로 더 높은 고쉬 상태로서 큰 파동수에 해당) 동소체를 나타내는 선으로 구성되어 있다. 이로부터 온도의 감소에 따라 고쉬 상태에 해당하는 강도가 더 약해짐을 알 수 있다. 즉, 온도의 감소에 따라 고쉬 상태의 conformation의 개수가 감소하고 있다.

물론, *n*-부탄의 두 회전 이성질체의 존재에 대한 이러한 추론은 시간이 지남에 따라 양자화학적 계산에 의해서도 검증되었다. 양자화학적 계산은 그 학문적 배경이 매우 복잡하지만, 다행히 이를 바탕으로 분자의 구조나 성질 등을 구하기 위한 컴퓨터 프로그램들이 잘 개발되어 있어 널리 사용되고 있다.

양자화학에 의한 계산으로 우선 분자 내 전자의 결합 에너지(electronic binding energy: 전자를 원자나 분자 등으로부터 떼어내는데 필요한 에너지)를 구할 수 있어, 이를 기초로 하여 가장 에너지가 낮은(안정화된) 최적화된 분자 구조를 찾을 수 있다. 이때에는 분자의 진동(원자핵의 상대적 위치 변화에 의함)을 무시한다. 실제로는 분자 내 원자핵은 전자에 비해 엄청나게 느린 속도로 운동을 하고 있다. 이에 따라, 일단 최적화된 구조를 바탕으로 원자핵의 위치 변화에 따른 화학 결합의 진동수 및 진동의 세기를 계산할 수 있다. 이와 더불어, 분자가 에너지를 흡수하였을 때 일어나는 원자핵의 위치 변화의 양과 방향(쌍극자 모멘트의 변화에 해당)을 예측하여 진동 모드를 결정할 수 있다.

분자의 진동 모드에는 크게 보면 화학 결합의 신장(stretching)과 굽힘(bending)의 2가지 모드가 있다. 일반적으로 유기 화합물의 메틸렌(methylene) 그룹 내에서 두개의 수소 원자는 아래 그림 3.8에서와 같이 여섯 가지의 다른 방법(대칭 신장, 비대칭 신장, scissoring, rocking, wagging, twisting)으로 진동을 할 수 있다. 이때 굽힘 모드(2개의 화학 결합 사이의 결합각이 변화는 모드)는 평면 내 굽힘 운동인 scissoring 및 rocking과 평면 외 굽힘 운동인 wagging, twisting을 포함한다.

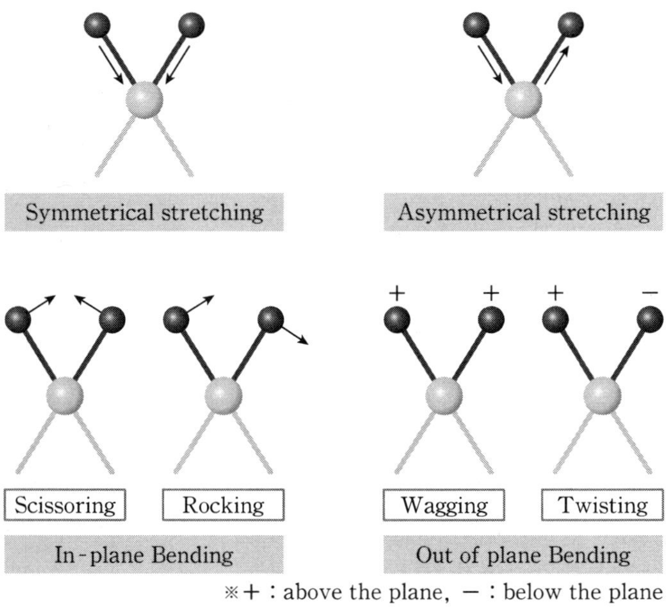

그림 3.8 ❖ 분자의 진동 모드

분자의 진동 운동은 기본적으로 화학 결합을 형성하는 원자들이 앞 뒤로 움직이거나 스윙(swing)을 하든지, 또는 위 아래로 움직이는 등의 주기적 운동으로서 이들 운동은 동시에 일어난다. 이러한 운동은 원자들이 열 에너지에 의해 평형 상태로부터 벗어나고 탄성에 의해 다시 복원되는 과정이다. 이때 분자의 무게 중심은 변하지 않는다. 이러한 진동 운동은 진동수와 진폭을 가지게 되는데, 진동수는 화학 결합을 형성하고 있는 원자들의 무게와 결합의 세기, 원자의 기하학적 형태(geometry: 전자의 분포 등을 포함) 등에 의해 영향을 받는다. 원자의 무게가 작을수록, 그리고 화학 결합의 세기가 클수록 진동수는 증가한다. 화학 결합의 세기가 클수록 결합을 신장하거나 수축시키는데 많은 힘이 들어가는데, 이는 더 많은 에너지가 필요함을 의미하며 이에 따라 진동수는 더 커진다.

분자의 진동 운동을 확인할 수 있는 기법에는 위의 Raman 분광법 이외에 IR 분광법이 있다[4]. 두 방법 모두 분자의 진동에 관련된 변화를 관찰하기 때문에 진동 분광법(vibrational spectroscopy)이라 부른다. 일반적으로 분광법이라 함은 방사선(radiation)과 물질의 상호 작용에 의해 방사선이 흡수되거나 방출되는 현상을 조사하고 해석하는 것이다. IR 분광법과 Raman 분광법의 근본적 차이는, 입사 광선의 주파수 차이(입사 에너지의 차이에 해당)에 따라 입사 광선과 물질 사이의 상호 작용이 서로 달라짐에 있다. 참고로 아래 표 3.1에 각 방사선의 에너지를 대변하는 주파수와 파장을 나타내었다. 방사선의 에너지는 주파수가 클수록 커진다.

표 3.1 방사선의 종류에 따른 주파수 및 파장

Type of Radiation	Frequency Range(Hz)	Wavelength Range
Gamma-rays	$10^{20} - 10^{24}$	$< 10^{-12}$ m
X-rays	$10^{17} - 10^{20}$	1 nm – 1 pm
Ultraviolet	$10^{15} - 10^{17}$	400 nm – 1 nm
Visible	$4 \times 10^{14} - 7.5 \times 10^{14}$	750 nm – 400 nm
Near-infrared	$1 \times 10^{14} - 4 \times 10^{14}$	2.5 μm – 750 nm
Infrared	$10^{13} - 10^{14}$	25 μm – 2.5 μm
Microwaves	$3 \times 10^{11} - 10^{13}$	1 mm – 25 μm
Radio waves	$< 3 \times 10^{11}$	> 1 mm

IR 스펙트럼의 경우에는 입사광인 적외선(infrared radiation: IR)의 흡수에 따른 분자의 진동에 의해 전기 쌍극자 모멘트가 변화됨으로써 시그널(signal)이 얻어지고, Raman 분광법에서는 에너지가 적외선보다 더 높은 가시광선이 물질에 흡수되어 전자를 여

기시킴으로써 분자의 진동을 야기한 후 광선이 산란(모든 방향으로 방사됨)된다. 이때 입사 에너지와 산란 에너지의 차이가 Raman 스펙트럼의 시그널로 나타난다. 즉, 편극이 될 수 있는(polarizable) 분자에 대하여 입사 광선의 에너지가 분자의 진동 모드를 여기시켜 산란 광선을 야기시킨다. 산란 광선의 에너지는 입사 광선에 비해 진동 전이(vibrational transition)에 해당하는 에너지만큼 감소하게 된다. 이에 따라, Raman 산란은 Rayleigh 산란과 달리 비탄성적 산란(inelastic scattering)이다.

IR 광선은 전자를 여기 상태로 올려 놓을 충분한 에너지를 가지지 못하고, 대신 진동 운동을 여기시킨다. 즉, IR 분광법에서는 적외선의 진동수가 화학 결합의 자연 진동수(natural frequency)와 같을 때 흡수가 일어나며(공명 진동수에 해당), 이때 진동의 진폭(amplitude)이 증가함으로써 에너지가 증가하여, 아래 그림 3.9에서와 같이 양자역학적으로 높은 에너지 수준에 도달한다. 분자 내의 원자들은 0 K 이상에서는 항상 진동을 하고 있으므로, 원자 사이의 결합들은 특정의 주파수를 가지고 특정의 방향으로 항상 진동을 하는데 이를 자연 진동수리고 한다. 진동의 진폭이 커짐에 따라 쌍극자 모멘트의 변화가 따른다. 이에 따라, IR 스펙트럼은 화학 결합의 쌍극자 모멘트의 변화와 직접적인 관련을 가진다. 즉, IR에 의한 진동 에너지 전이(vibrational energy transition)는 쌍극자의 초기 상태에서 최종 상태로의 전이를 위한 IR과 쌍극자 모멘트의 양자역학적 상호 작용(selection rule에 의함)이 필요한데, 이때의 쌍극자 모멘트를 전이 쌍극자 모멘트(transition dipole moment)라고 하며 빛의 흡수와 직접적으로 관련된다.

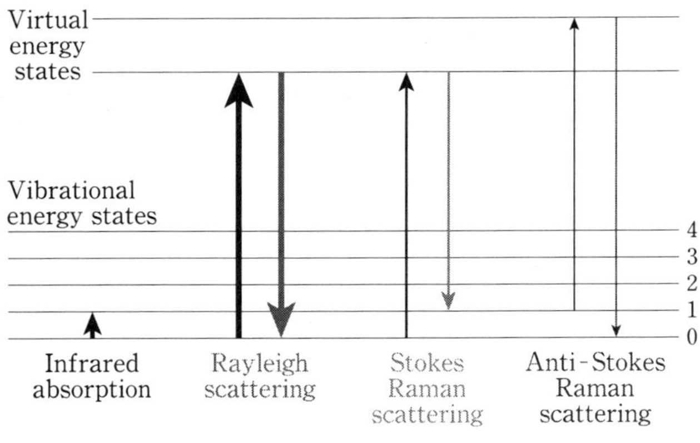

그림 3.9 ❖ IR 분광법 및 Raman 분광법의 진동 메커니즘 차이

이에 비해, Raman 분광법은 입사 광선으로 에너지가 적외선보다 더 높은 가시광선을 이용하는데, 이때 상호 작용에 의한 분자 내 화학 결합의 편극(polarization) 변화가

일어난다(유도 쌍극자 모멘트 발생). 편극은 화학 결합의 전자 분포가 일그러진 상태 또는 일그러지는 현상을 뜻한다. 이에 따라, Raman 분광법은 쌍극자의 편극률의 변화와 직접적으로 관련된다. 입사광선의 에너지가 위 그림 3.9에서와 같이 양자역학적으로 전자의 에너지 전이(양자역학적 에너지 흡수에 의해 전자의 에너지가 한 수준에서 다른 수준으로 실제로 여기되는 과정)를 위한 수준에는 미치지 못하더라도, 단순히 전자를 여기시킬 수는 있으므로 화학 결합의 편극에 변화가 생긴다. 즉, 일시적인 전자의 일그러짐 현상(유도 쌍극자 모멘트에 해당)이 생긴다. 이때의 전자 상태를 가상 에너지 상태(virtual energy state)라고 하는데, 이는 양자역학적 상태(양자화 된 에너지를 가짐)가 아니며 단순히 전자가 입사 광선의 에너지를 흡수한 광자(photon: 전자파를 구성하는 기본적으로 질량이 없는 입자 형태의 에너지 뭉치로서 에너지를 전달하는 역할을 함)로서 에너지를 가진 상태이며 매우 짧은 시간 동안만 존재한다. 높은 에너지를 가진 가상 상태의 광자가 기저 상태(ground state: 전자파의 최소 별개 에너지)로 이완하면서 산란 과정이 일어난다. 이때, 일반적으로 분자 크기가 입사 광선의 파장보다 훨씬 작으므로 산란되는 광의 진동수가 입사 광선의 진동수와 동일한 Rayleigh 산란이 주를 이룬다. 이와 더불어, 산란되는 광선이 물질과의 상호 작용(편극 변화를 유도)에 의해 에너지를 전달해주어 진동 에너지가 크게 변하는 진동 전이(vibration transition)가 일어나고, 그 진동수가 입사 광선의 진동수와 달라질 수도 있는데 이를 Raman 산란이라 부른다.

Raman 산란에 있어서 위 그림 3.9에서와 같이 기저 상태에 있던 전자가 높은 에너지 상태로 여기되었다가 이완 과정 중에 광선을 방출하게 되는데, 이때 산란 광선이 물질에 에너지를 전달하여 물질의 진동 에너지를 변화시킬 수 있다. 높은 에너지 상태로 여기된 전자는 매우 불안정하여 매우 짧은 시간동안 존재하며, 원자핵의 정전기적 작용으로 기저 상태로 회복되려는 이완 과정이 존재하는데, 이로 인해 광선이 방출된다. 양자역학적인 기저 상태는 전자들이 가장 안정한 configuration을 가지는 상태로서 특정의 에너지 값을 가지나, 이 에너지를 외부에 전달할 수는 없으며 기저 상태에서도 진동 운동은 존재한다.

산란 광선은 물질과의 상호 작용에 의한 에너지의 손실(흡수 과정에 해당하며 진동 에너지의 증가를 유발함)을 감당하면서 기저 상태보다 약간 높은 에너지 상태로 복귀할 수 있는데, 이를 Stokes 산란이라 하며 에너지 손실로 인해 산란 광선의 진동수가 입사 광선의 진동수보다 작아진다. 이와 더불어, 원래부터 진동 여기(vibrational excitation) 상태에 있던 전자가 입사 광선의 에너지를 얻어 여기된 상태에서 기저 상태로 되돌아가는 Anti-Stokes 산란이 일어날 수 있는데, 이때의 진동수는 원래의 진동 여기 에너지와 입사 광선의 에너지를 합한 것에 의한 것으로서 입사광의 진동수보다 커지게 된다. 즉,

이때 방출되는 광자는 분자의 진동 에너지에 대한 정보를 포함하고 있다. 원래부터 존재하는 진동 여기 상태는 시스템에 존재하는 열로 인해 일부 분자들이 기저 상태와 다른 여기된 진동 모드를 가지고 있는 상태이다.

이에 따라, Raman 분광법에 있어서는 입사 광선에 의해 흡수된 에너지가 산란 광선 에너지와 물질의 진동 에너지의 합으로 표시될 수 있다. 이때 입사 광선의 진동수와 산란 광선의 진동수 차이를 Raman 이동(Raman shift)이라 부르며, 이는 바로 물질의 진동 모드의 상대적 진동수를 나타낸다. 이러한 배경이 Raman 분광법으로 하여금 분자의 진동 모드를 확인할 수 있게 한다. 이에 따라, Raman 이동은 주어진 분자나 작용기에 대해서 IR의 피크에 해당하는 진동수와 같다. Raman 이동은 입사 광선의 진동수나 Raman 분광기의 설계나 응용과는 독립적인 값이다.

일반적으로 원래 기저 상태에 있는 분자의 수가 원래 여기된 상태에 있는 분자의 수보다 훨씬 더 많으므로, Stokes 산란의 세기가 훨씬 더 크게 되어 Raman 산란 실험에서는 거의 Stokes 산란을 측정하게 된다. 대표적인 화학 결합의 종류에 따른 IR 흡수 및 Raman 산란을 위한 진동수가 아래 표 3.2에 나타나 있다.

표 3.2 작용기들의 IR 및 Raman 진동수

(a) 작용기들의 IR 흡수를 위한 진동수

Absorption frequency(cm^{-1})	Functional groups	Compounds
3300 ~ 3500	N−H stretching	Amines
3000 ~ 3100	C−H stretching	Alkene
2840 ~ 3000	C−H stretching	Alkane
1715 ~ 1730	C=O stretching	α, β-unsaturated ester
1600 ~ 1650	C=C stretching	conjugated alkene
1626 ~ 1662	C=C stretching	Alkene
1566 ~ 1650	C=C stretching	Cyclic alkene
1500 ~ 1550	N−O stretching	Nitro compound
1465	C−H bending	Methylene group
1450 ~ 1375	C−H bending	Methyl group
1380 ~ 1385	C−H bending	Alkane
1200 ~ 1275	C−O stretching	Alkyl aryl Ester
1163 ~ 1210	C−O stretching	Ester
1020 ~ 1075	C−O stretching	Vinyl Ether
665 ~ 730	C=C bending	Alkene

(b) 작용기들의 Raman 흡수를 위한 진동수

Functional Group	Position(cm^{-1})	Remarks
>S-S<	500 ~ 550	
C-C	~1060 and 1127	Polyethylene
C-C	700 ~ 1260	Highly mixed in complex molecule
Aromatic ring	~ 1000	Monosubstituted
Aromatic ring	~ 1000	1,3 disubstituted
Aromatic ring	~ 1000	1,3,5 trisubstituted
Aromatic ring	~ 860	1,4 disubstituted
CH_3 umbrella mode	~ 1375	
CH_3 and CH_2 deformations	1410 ~ 1460	
>C=C<	~ 1650	
>C=C<	~ 1623	Ethylene
>C=0 mixed with NH deformation	1620 ~ 1690	Amide 1
>C=O	1710 ~ 1745	Changes for ketone, aldehyde, and ester
C=C	2100 ~ 2300	
SH	2540 ~ 2600	
>CH_2	2896 and 2954	Ethane
>CH_2	2845 and 2880	Polyethylene
CH_3	2870 and 2905	Polypropylene
$R_1R_2R_3CH$	2880 ~ 2890	Methine CH
CH	~ 2900	Cellulose
CH	~ 3015	Olefinic CH
CH	~ 3065	Aromatic CH
CH	3280 ~ 3340	Acetylenic CH
NH	3150 ~ 3340	Broadened and shifted by H-bonding
OH	3000 ~ 3600	Broadened and shifted by H-bonding

IR 스펙트럼은 결합 내 원자 사이의 전기 음성도 차이가 커서 쌍극자 모멘트가 쉽게 유발되는 작용기나 극성 결합(polar bond) 등에 민감한 반면, Raman 스펙트럼은 단일 원자핵 결합(homonuclear bond)에서처럼 쌍극자 모멘트 형성이 어려우나 편극 유발이 용이한 핵을 가진 결합(예: C−C, C=C, C≡C 등)에 더욱 민감한 특성을 가진다. 즉, IR 분광법에 덜 민감한 분자들도 Raman 분광법에서는 강한 시그널을 나타낼 수 있다. 이에 따라, IR 분광법과 Raman 분광법은 화학 구조의 특성을 규명하기 위한 상호 보완적 기법으로서, 이를 활용할 경우 더 많고 정확한 정보를 얻을 수 있다.

예를 들어, 이산화탄소(CO_2)의 대칭적 신장 모드는 분자의 순 쌍극자 모멘트(net dipole moment)에 변화가 없으므로 IR 활성(IR active)을 띠지 못한다. 하지만, 대칭적 신장에 따라 두 결합 모두 편극의 유발이 용이하므로 Raman 활성(Raman active)을 가진다. 이에 비해, 비대칭적 신장에 있어서는 분자의 순 쌍극자 모멘트의 변화가 존재하여 IR 활성을 띠는데 비하여 순 편극의 변화가 없어 Raman 활성을 가지지 못한다. 이에 따라, Raman 스펙트럼은 일반적으로 알킬 사슬의 conformation의 규명에 자주 활용된다. 일반적으로 대칭성이 거의 없는 분자의 경우에는 기본적으로 IR이나 Raman 기법에 모두 활성을 보인다. IR과 Raman 피크의 세기는 각기 쌍극자 모멘트의 변화와 편극률 변화의 제곱에 비례한다.

Ralyleigh 산란은 탄성적 산란이 주를 이루고, Raman 산란은 비탄성적 산란이다. 탄성적 산란은 산란된 광선의 에너지가 입사 광선의 에너지와 같고 그에 따라 서로 진동수도 같다. 이에 비해, 비탄성적 산란은 산란된 광선의 에너지가 입사 광선의 에너지보다 크거나 작으므로 산란 광선의 진동수도 입사 광선의 진동수보다 크거나 작다. Rayleigh 산란을 이용하여 묽은 고분자 용액 시스템으로부터 고분자의 평균 분자량, 고분자 코일의 크기 등을 구할 수 있다(다음 장에서 자세한 내용이 언급됨). Raman이나 Rayleigh 산란을 위하여 일반적으로 사용되는 입사 광선은 가시 광선인 레이저(laser) 광선이다.

아래 그림 3.10에 사염화 탄소(carbon tetrachloride: CCl_4)의 완전한 Raman 스펙트럼이 주어져 있는데, Rayleigh 피크가 매우 강한 세기를 나타내고, Reighleigh 진동수를 전후하여 Raman 이동이 나타나고 있음을 알 수 있다. 실제의 Raman 분광기에서는 필터를 사용하여 Rayleigh 피크와 anti-Stokes Raman 피크를 제거할 수 있다. 아래의 Raman 피크가 3개로 나뉘어지는 것은 진동 모드의 겹침(degeneracy)과 관련이 있다. 즉, 이들 피크는 겹침이 없는 진동 모드(non-degenerate mode: 218 cm^{-1}), 이중 겹침 모드(doubly degenerate mode: 314 cm^{-1}), 3중 겹침 모드(tripally degenerate mode: 459 cm^{-1})에 해당한다. 겹침 모드는 모드 자체는 다르나 진동수가 같은 진동 모드들이 결합되어 나타나는 현상으로서, 쉬운 예로 이산화탄소(CO_2)의 평면 내(in-plane) 굽힘 모드와 평면 외(out-of-plane) 굽힘 모드의 결합이 겹침 모드에 해당한다.

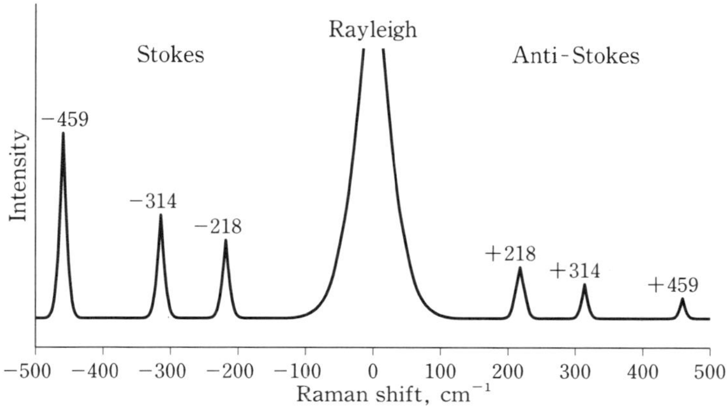

그림 3.10 ❖ 사염화 탄소의 Raman 스펙트럼

n-부탄보다 더 긴 *n*-알칸(alkane)의 안정한 conformation들도 *n*-부탄에서 가능했던 트랜스와 고쉬의 내부 회전 상태의 결합으로 나타날 것이다. 긴 사슬을 가진 *n*-알칸의 conformation에 대한 정보를 얻기 위해서는 *n*-펜탄의 conformation을 모델로 하여 이의 conformation을 먼저 고려함이 필요하다. 아래 그림 3.11에 *n*-펜탄 분자를 위한 4가지(tt, tg, g^+g^+, g^+g^-)의 안정한 conformation을 나타내었다.

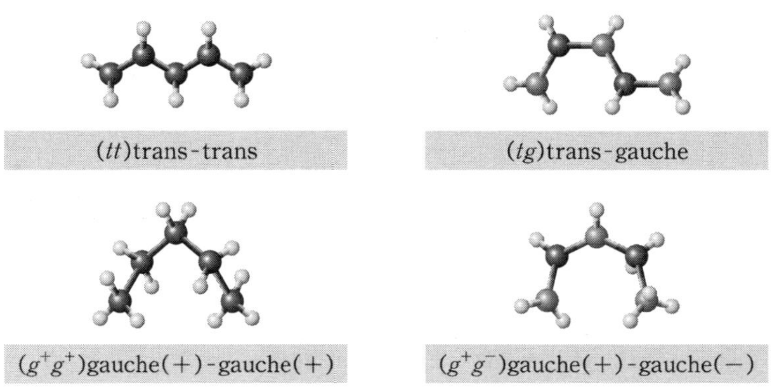

그림 3.11 ❖ *n*-펜탄 분자의 4가지 안정한 conformation: 이면각, tt(180°, 180°), tg(64°, 176°), g^+g^+(58°, 58°), g^+g^-(60°, −95°)[6]

위 *n*-펜탄에 대하여 실험적으로 얻어진 Raman 스펙트럼이 아래 그림에 주어져 있다.

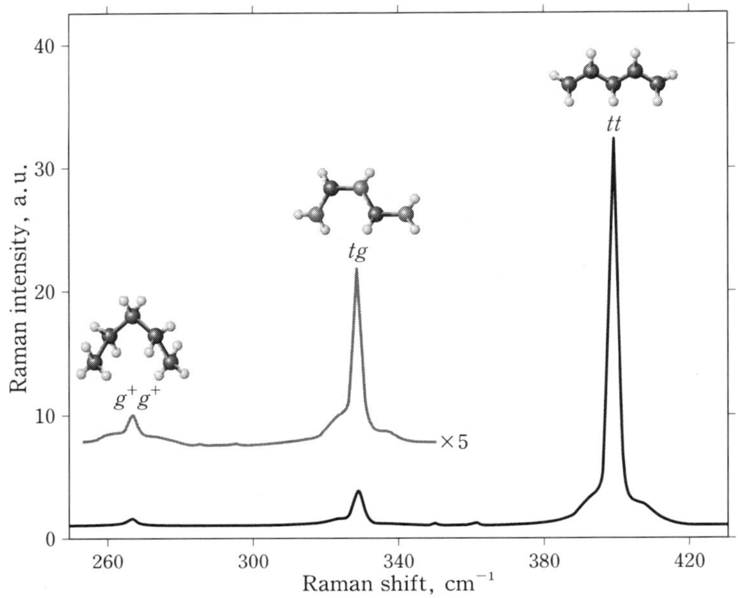

그림 3.12 ❖ *n*-펜탄의 Raman 스펙트럼 (−130.3°C: 기체 상태): *tt*(399.0 cm^{-1}), *tg*(328.9 cm^{-1}), g^+g^+(267.1 cm^{-1})[6]

n-펜탄의 conformation들에 대한 양자화학적 계산 결과와 Raman 산란 실험 결과를 비교한 것이 아래 표 3.3에 나타나 있다.

표 3.3 *n*-펜탄의 conformation에 따른 Raman 진동수(실험치와 이론치의 비교)[6]

			Calculated			
			ab initio		DFT	
Conformation		Experimental	HF	MP2	SVWN5	B3LYP
trans-trans	*tt*	399.0 ± 0.2	421.4	402.0	399.2	396.9
trans-gauche	*tg*	328.9 ± 0.2	349.2	330.4	325.8	327.9
gauche(+)-gauche(+)	g^+g^+	267.1 ± 0.3	282.8	267.9	266.5	268.3
gauche(+)-gauche(−)	g^+g-	362	379.7	363.6	354.9	354.7

제1 원리(ab initio)는 양자화학에 기반을 둔 것으로서, 파동 함수를 이용하여 오로지 기본적인 물리 법칙과 상수, 입자들에 대한 기본 정보만을 토대로 실험을 통한 경험

적 데이터 없이 물질의 모든 물리적, 화학적 성질을 계산하는 방법이다. 이를 위해서는 상당한 가정이 필요한데(예를 들어 원자가 움직이지 않으며 전자와 전자의 상호 작용이 없다고 가정하는 등), 그 방법 중의 하나가 HF(Hartree-Fock) 근사법이다. 이에 비해, MP2(Moller-Plesset)가 제안한 방법에서는 전자와 전자 사이의 상호 작용을 고려하는 것이다. 또 다른 방법으로, 밀도 함수 이론(density functional theory: DFT)은 전자들의 파동 함수 대신 파동 함수를 제곱한 밀도 함수로 대체함으로써 계산에 소요되는 시간을 단축할 수 있는 장점이 있다. SVWN5나 B3LYP는 밀도 함수 이론에서 전자 밀도를 시간과 공간의 함수로 나타내는 것이 서로 다른 경우이다.

IR이나 Raman 분광법이 작용하기 위해서는 다음 2가지 조건이 만족되어야 한다. 입사 광선의 진동수가 분자의 자연 진동수와 일치하여야 하고, 분자의 진동에 의해 물질 내에 IR의 경우에는 쌍극자 모멘트의 변화, Raman의 경우에는 편극의 변화가 있어야 한다. 단순한 이원자 분자(diatomic molecule)의 경우에는 진동수가 화학 결합의 길이나 원자의 종류의 함수가 되지만, 보다 복잡한 분자의 경우에는 원자들의 운동이 원자 좌표의 복잡한 함수가 되는데, 이를 진동 모드(vibrational mode)라고 한다. 물질 내에서의 원자의 좌표와 포텐셜 에너지 사이의 관계를 포텐셜 에너지 표면(potential energy surface: PES)이라 부른다. 위의 양자화학적 계산에 의해 원자들의 가장 안정한 최소 에너지 위치와, 원자들이 이 평형 위치로부터 벗어나는 곡률(curvature: 곡면이 휘어지는 정도, PES의 2차 도함수에 해당)과 포텐셜 에너지의 예측이 가능하다. 이때 곡률은 진동을 위한 힘의 상수(k: 원자 사이의 힘의 세기를 나타내는 지표)와 관련이 되며, 진동 에너지(E_v)와 힘의 상수는 진동수(ν_m)와 다음 식에 의해 상관 관계를 가진다.

$$\begin{aligned} E_v &= (\nu + 1/2)(h/2\pi)\sqrt{k/\mu} \\ &= (\nu + 1/2)h\nu_m \end{aligned} \tag{3.3}$$

여기서, ν는 진동 양자수(vibrational quantum number)이고, μ는 환산 질량($m_1m_2/(m_1+m_2)$)이다.

위의 양자화학적 계산 결과로부터 Raman 실험 결과가 양자화학적 계산(제1 계산법 및 밀도 함수 이론 등) 결과와 잘 일치하고 있음을 볼 수 있다. 양자화학적 계산은 특정된 분자 구조(원자핵이나 전자 등의 공간적 배열만 고려)로부터 시작하여 에너지를 계산한 후 가장 낮은 에너지를 가진 최적화된 기하학적 구조를 찾아가는 방법이다. 양자화학적 계산에 의한 이들 conformation의 최적화된 n-펜탄의 구조는 아래 그림 3.13과 같다.

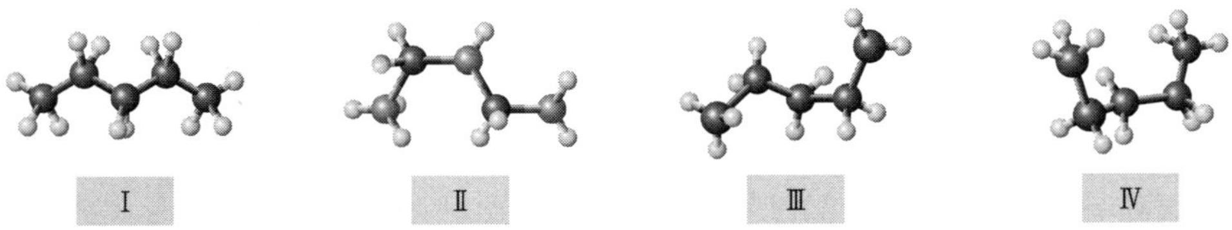

그림 3.13 ❖ 양자화학적 계산에 의해 최적화된 *n*-펜탄의 conformation[7]

또한, 이들 최적화된 conformation들의 상대적인 함량은 아래 표에 나타난 바와 같다.

표 3.4 양자화학적 계산에 의해 최적화된 *n*-펜탄의 conformation의 상대적 함량[7]

Group of conformations	Energy, a. u.	Amount of conformers in a group	Relative content of the group, %
I. TT	−197.7502269	1	63.7
II. TG^-. TG^+, G^-T, G^+T	−197.7483045	4	33.7
III. G^-G^-, G^+G^+	−197.7464909	2	2.5
IV. G^-G^+, G^+G^-	−197.7438359	2	0.2

양자화학적 계산을 *n*-헥산에 대하여 확장해 보았을 때 얻어진 최적화된 conformation은 아래 그림 3.14와 같으며 그 상대적인 함량을 아래 표 3.5에 나타내었다.

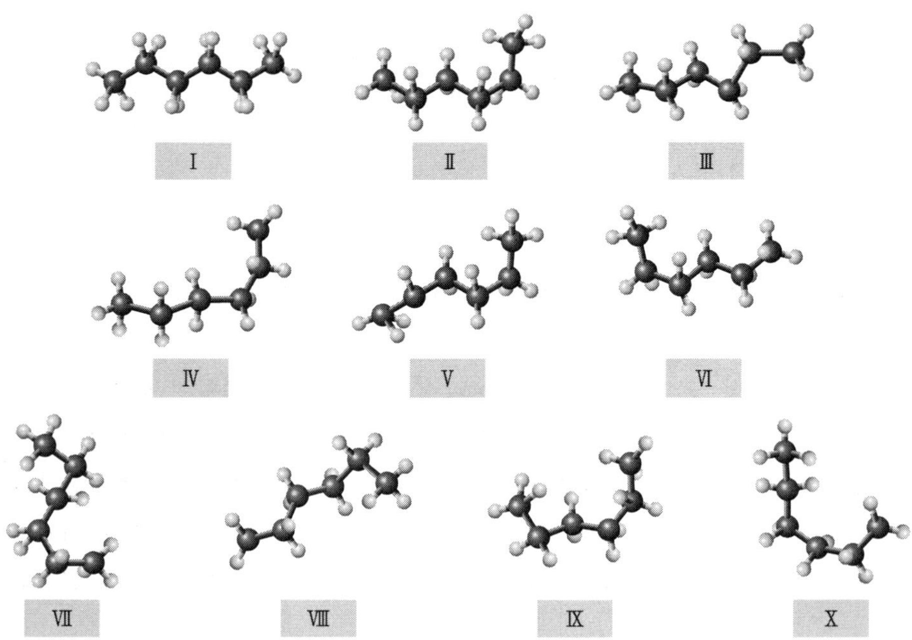

그림 3.14 ❖ 양자화학적 계산에 의해 최적화된 *n*-헥산의 conformation[7]

표 3.5 양자화학적 계산에 의해 최적화된 *n*-헥산의 conformation의 상대적 함량[7]

Group of conformations	Energy, a. u.	Amount of conformers in a group	Relative content of the group, %
I. TTT	−237.05945658	1	52.4
II. TTG^+, TTG^-. G^+TT, G^-TT	−237.05753960	4	27.5
III. TG^-T, TG^+T	−237.05745460	2	12.6
IV. TG^-G^-, TG^+G^+, G^-G^-T, G^+G^+T	−237.05562322	4	3.6
V. G^-TG^-, G^+TG^+	−237.05561372	2	1.8
VI. G^-TG^+, G^+TG^-	−237.05547869	2	1.6
VII. $G^-G^-G^-$, $G^+G^+G^+$	−237.05374416	2	0.3
VIII. TG^-G^+, TG^+G^-, G^-G^+T, G^+G^-T	−237.05299512	4	0.2
IX. $G^-G^-G^+$, $G^+G^-G^-$, $G^-G^+G^+$, $G^+G^+G^-$	−237.05097111	4	~0
X. $G^-G^+G^-$, $G^+G^-G^+$	−237.04792152	2	~0

이들 *n*-펜탄과 *n*-헥산에 대하여 실험적으로 얻어진 Raman 스펙트럼을 양자화학적 계산에 의하여 얻어진 결과와 비교하여 아래 그림 3.15와 3.16에 각기 나타내었다.

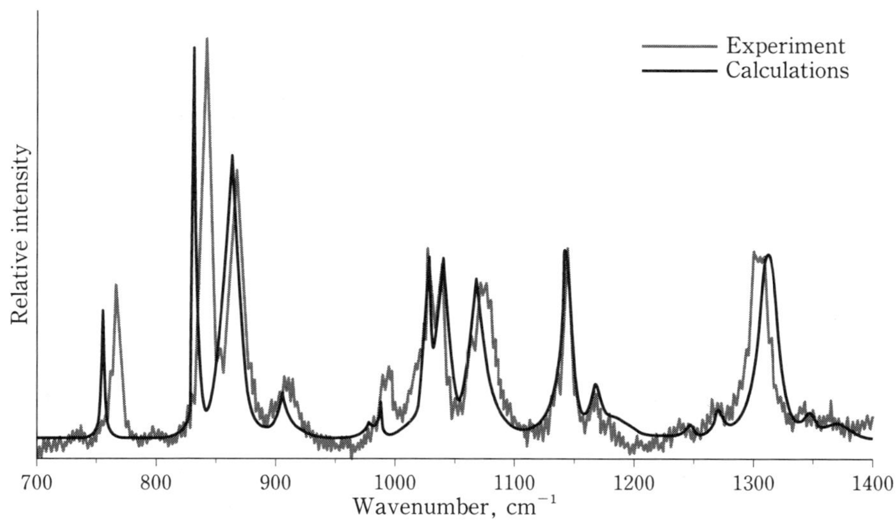

그림 3.15 ❖ *n*-펜탄의 실험과 이론적 계산에 의해 얻어진 Raman 스펙트럼 비교[7]

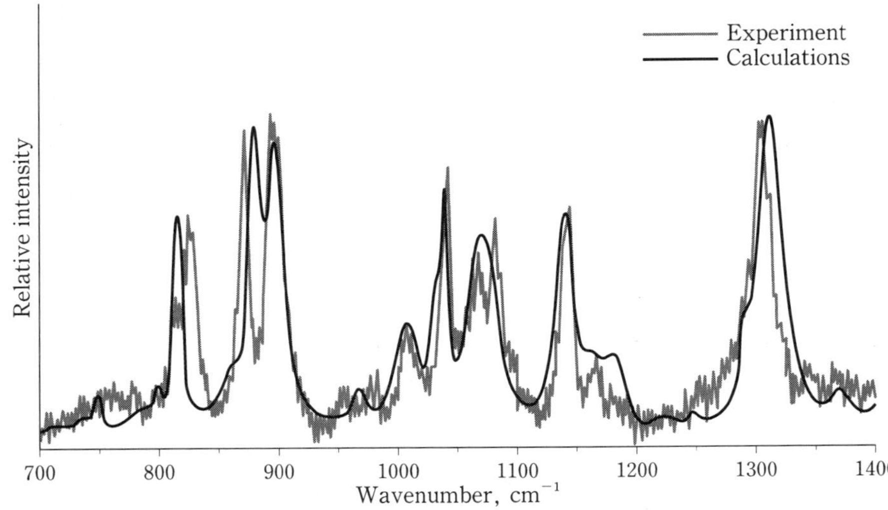

그림 3.16 ❖ *n*-헥산의 실험과 이론적 계산에 의해 얻어진 Raman 스펙트럼 비교[7]

고분자의 경우, 일반적으로 사슬 내 원자의 수가 수천개에 이르므로 고분자 conformation 결정을 위하여 양자화학적 계산을 하는 것은, 일반적으로 사슬의 conformation이 비규칙적이고 계산에 소요되는 시간이 비현실적으로 길다. 이에 따라, 해당 고분자의 conformation과 연관된 올리고머(oligomer) 모델 화합물을 이용하여 고분자의 conformation 특성을 관찰하는 것이 일반적이다. 아래 그림 3.17에 그 하나의 예로서 폴리비닐리덴 플루오라이드(PVDF)의 conformation 결정을 위한 모델 화합물들을 나타내었다.

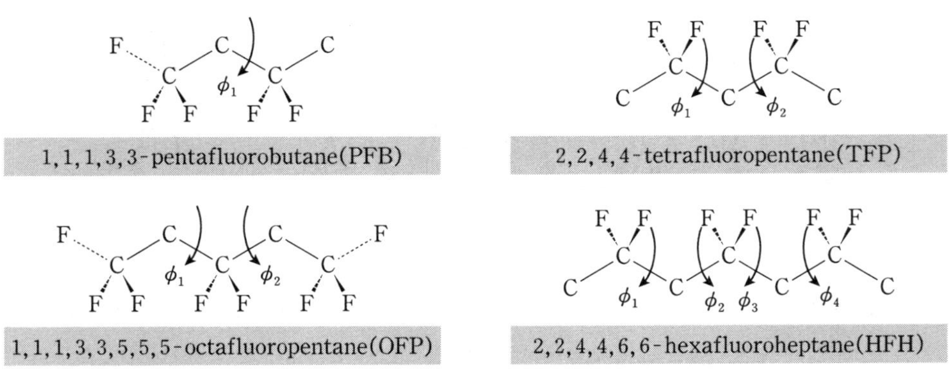

그림 3.17 ❖ 폴리비닐리덴 플루오라이드 conformation 결정을 위한 모델 화합물[8]

이들 모델 화합물의 conformation에 대하여 양자화학적 계산으로부터 얻어진 이면각과 에너지 값이 아래 표 3.6에 주어져 있다. SCF(self-consistent field) 방법은 HF 방법과 밀도 함수 방법을 함께 포함하는 방법이다.

표 3.6 모델 화합물들의 conformation 기하학 및 포텐셜 에너지[8]

1, 1, 1, 3, 3-Pentafluorobutane(PFB)

conformer	ϕ(deg)	SCF	MP2
g^+	53.4	0.00	0.00
t_+	175.3	1.08	1.47
t	180.0	1.07	1.49
cis	0.0	3.12	2.90
g^+_-t	122.9	3.28	3.42

2,2,4,4-Tetrafluoropentane(TFP)

conformer	ϕ_1 (deg)	ϕ_2 (deg)	SCF	MP2
g^+g^+	58.7	58.7	0.00	0.00
g^+t_-	50.3	167.9	0.73	0.91
$g^+g^-_-$	50.8	−86.7	3.43	3.14
t_+t_+	193.2	193.2	3.10	3.63
t_+t_+	195.8	195.8	3.04	3.70
$g^+t^-_-g^+g^+$	65.8	120.3	3.41	3.52
$g^+g^-_-g^+_+g^-$	66.3	−66.3	3.68	3.83
$tcis$	180.0	0.0	3.80	3.83
$t_-t^-_-t_-g^+$	178.9	124.4	5.09	5.46
tt	180.0	180.0	3.25	3.93

* t_+, t_-, t^+, t^-, t^-_-, g^+_+, g^+_-, g^-_-: distorted conformations from trans and gauche

1, 1, 1, 3, 3, 5, 5, 5-Octafluoropentane(OFP)

conformer	ϕ_1 (deg)	ϕ_2 (deg)	SCF	MP2
g^+g^+	62.2	62.2	0.00	0.00
g^+t_-	54.2	165.5	0.76	1.46
$g^+g^-_-$	61.1	−109.3	3.59	3.44
tt	180.0	180.0	2.13	3.70
$g^+t^-_- g^+g^+$	69.1	118.4	3.26	3.99
$tcis$	180.0	0.0	4.20	4.81
$t_- t^-_- t_- g^+$	175.8	123.2	4.19	5.41

2, 2, 4, 4, 6, 6-Hexafluoroheptane(HFH)

conformer	ϕ_1 (deg)	ϕ_2 (deg)	ϕ_3 (deg)	ϕ_4 (deg)	MP2
$g^+g^+g^+g^+$	65.3	65.1	65.1	65.3	0.00
$g^+g^+t_+g^-$	53.9	62.0	188.4	50.8	0.27
$g^+g^+t_-g^+$	60.6	59.3	164.0	50.6	0.33
$g^+g^+g^+t_+$	64.0	61.2	66.6	187.2	0.48
$t_+g^+g^+t_-$	194.0	69.8	52.4	171.9	0.62
$g^+t_- g^+t_-$	51.3	165.5	51.1	168.0	0.81
$g^+t_- t_- g^+$	50.9	166.0	166.0	50.9	1.21
$g^-t^+g^+t_-$	−51.4	184.2	562.4	165.0	1.55
$g^+g^+t_+t_+$	55.7	62.9	190.4	193.4	2.29
$t_- t_- g^+t_-$	165.9	163.7	50.4	167.2	2.93
$g^-_- g^+t_- g^+$	−87.2	52.3	165.7	50.6	3.09
$g^+t_- t_- t_-$	50.0	165.5	164.0	165.8	3.52
$t_- t_- t_- t_-$	165.7	163.9	163.9	165.7	6.53
$tttt$	180.0	180.0	180.0	180.0	7.51

고분자 사슬의 conformation 특성 분석을 위하여 IR 스펙트럼을 이용한 예로서 다음과 같은 화학 구조식을 가진 폴리아크릴산(polyacrylic acid: PAA)의 경우를 들 수 있다.

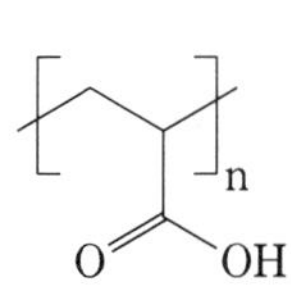

그림 3.18 ❖ 폴리아크릴산의 화학 구조식

아래 그림 3.19에 완전히 건조된 PAA 캐스트 필름(cast film) 시료의 온도를 40°C에서 130°C까지 변화시키면서 얻은 FTIR 스펙트럼을, 그리고 아래 표 3.7에 그 주요 진동 모드를 나타내었다.

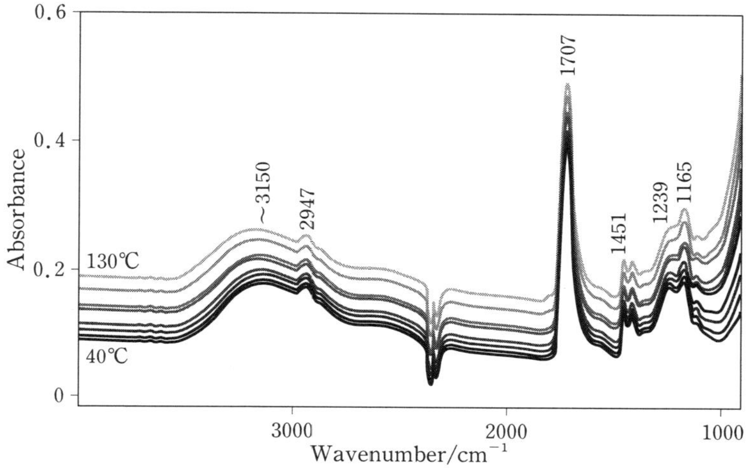

그림 3.19 ❖ 폴리아크릴산 캐스트 필름의 FTIR 스펙트럼(40 ~ 130°C)[9]

표 3.7 폴리아크릴산 캐스트 필름의 IR 및 Raman 밴드[9]

Band Positions in cm^{-1}		
IR	Raman	Assignments
3140, broad		O–H stretching
2947	2927, 2877	CH_2 or CH stretching
2500 ~ 2700		Overtones and combinations of bands near 1413 and 1248 cm^{-1} enhanced by Fermi resonance
1707 strong	1698	C=O stretching
1451	1457	CH_2 deformation
1412		C–O stretching coupled with O–H in-plane bending
	1333	CH_2 twist
1239		C–O stretching coupled with O–H in-plane bending
1111	1105	CH_2 rock
	846	C–COOH stretching

아래 그림 3.20은 위 PAA의 $-C=O$ 그룹의 신장 밴드(stretching band: 1697 cm^{-1}) 영역의 온도에 따른(50°C ~ 110°C) 스펙트럼 변화를 나타낸 것으로 40°C에서의 스펙트럼을 기준으로 한 차이 스펙트럼(difference spectrum)이다. 차이 스펙트럼은 기준이 되는 시료의 스펙트럼으로부터 해당 시료에 해당하는 스펙트럼을 차감한(subtraction) 것이다. 아래의 차이 스펙트럼에서 온도에 따른 밴드의 세기는 고분자 사슬의 conformation 변화와 관련이 있음을 알 수 있다.

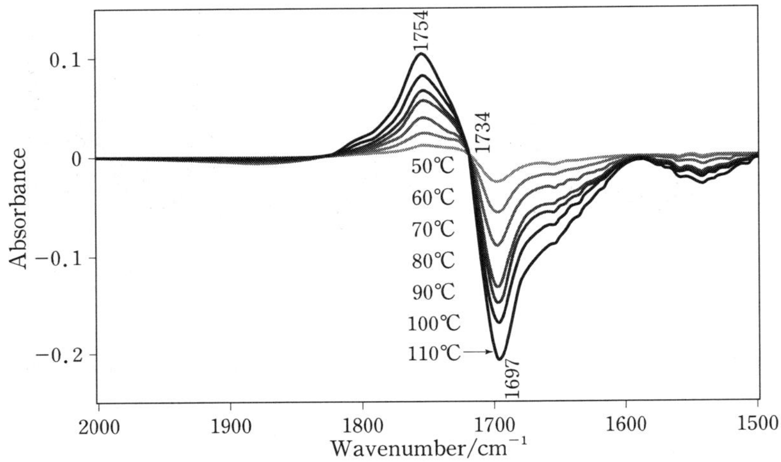

그림 3.20 ❖ 폴리아크릴산 캐스트 필름의 FTIR 차이 스펙트럼 (50 ~ 110°C): 차이 스펙트럼을 구하기 위한 기준 스펙트럼은 40°C에서 얻어진 것임[9]

우선, 시료의 온도가 증가하면 높은 에너지(높은 파동수에 해당)를 가진 conformation의 상대적인 세기가 증가함을 볼 수 있다. 높은 에너지와 낮은 에너지를 가진 conformation의 농도를 각기 C_+, C_-라고 하면 다음의 van't Hoff 관계식(자유 에너지의 변화와 평형 상수와의 관계)이 성립한다. 이때 높은 에너지의 conformation은 골격 사슬의 경우, 고쉬 상태에 해당하고 낮은 에너지의 conformation은 트랜스 상태에 해당한다. 그리고 곁사슬의 경우에는 $-COOH$ 그룹의 회전 운동에 따라 서로 다른 conformation(포텐셜 에너지가 서로 다름) 상태를 가질 수 있다.

$$\frac{C_-}{C_+} = \exp(-\Delta G/RT) \qquad \text{(van't Hoff 관계식)} \tag{3.4}$$

이들 두 conformation의 밴드 세기(A_+, A_-)는 다음과 같이 표시된다.

$$A_+ = a_+ b C_+ \tag{3.5}$$

$$A_- = a_- b C_- \tag{3.6}$$

여기서, a_+, a_-는 각 밴드의 흡수도(absorptivity)이고, b는 시료의 경로 길이(path length)이다.

$$\Delta G = \Delta H - T\Delta S \tag{3.7}$$

$$ln\left(\frac{A_-}{A_+}\right) = -\left(\frac{\Delta H}{RT}\right) + \left(\frac{\Delta S}{R}\right) - ln\left(\frac{a_-}{a_+}\right) \tag{3.8}$$

$$\Delta H = h_+ - h_- \tag{3.9}$$

$$h_+ = -R\frac{\partial \ln A_+}{\partial(1/T)} \tag{3.10}$$

$$h_- = -R\frac{\partial \ln A_-}{\partial(1/T)} \tag{3.11}$$

여기서, h_+와 h_-는 각 conformation의 활성화 에너지이다. 또, ΔS 및 $\left(\frac{a_-}{a_+}\right)$ 비율은 온도에 따라 변하지 않는다고 가정한다.

위의 차이 스펙트럼에서 약 1734 cm^{-1}에서 나타나는 밴드는 온도에 따라 일정한 흡수를 보이는 점(isosbestic point)인데, 이는 높은 에너지와 낮은 에너지 사이에서의 conformation 평형에 해당한다. 이들 밴드들의 흡수(absorbance: A)를 van't Hoff 식을 이용하여 플롯하면(50°C ~ 110°C) 아래 그림 3.21과 같다.

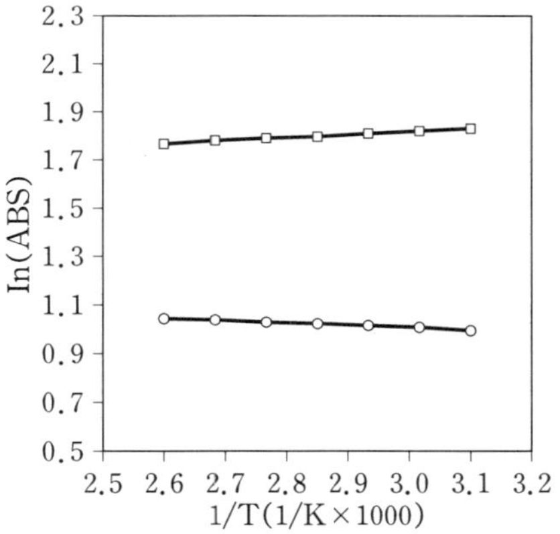

그림 3.21 ❖ log 흡수(absorbance)와 온도의 역수($1/T$)를 이용한 van't Hoff 플롯: □(ln A_+), ○(ln A_-), ln(ABS)는 lnA_+와 lnA_-의 절대값을 의미함[9]

위의 데이터에 대한 선형 회귀(linear regression) 분석으로부터 $\Delta H_1 = h_+ - h_-$ $= 1.76$ kJ/mole임을 알 수 있다.

아래 그림 3.22는 위의 경우보다 더 높은 온도인 110°C ~ 130°C 온도 범위에 걸쳐 얻어진 차이 스펙트럼이다.

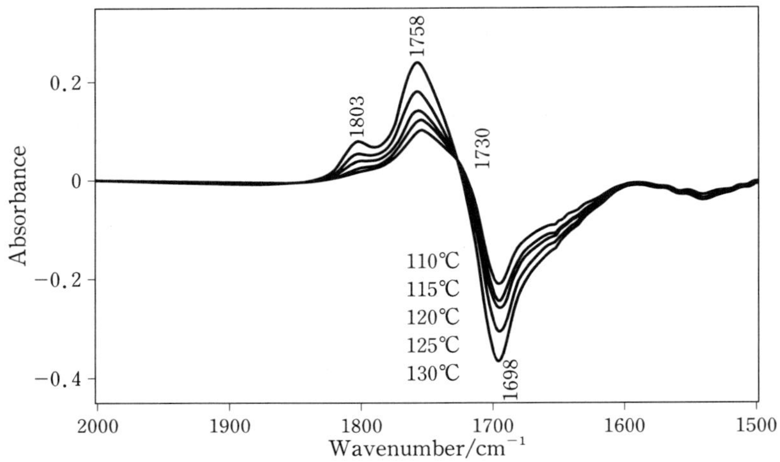

그림 3.22 ❖ 폴리아크릴산 캐스트 필름의 FTIR 차이 스펙트럼 (110°C ~ 130°C): 차이 스펙트럼을 구하기 위한 기준 스펙트럼은 40°C에서 얻어진 것임[9]

앞에서와 마찬가지 방법으로 van't Hoff 식을 플롯하면 아래 그림 3.23과 같다. 이로부터 $\Delta H_2 = h_+ - h_- = 7.56$ kJ/mole임을 알 수 있다.

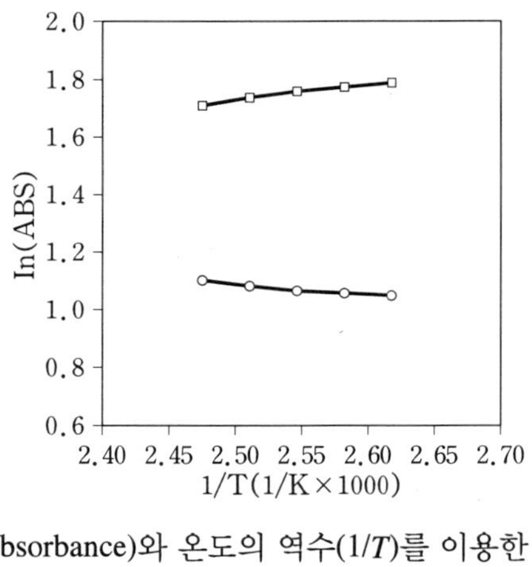

그림 3.23 ❖ log 흡수(absorbance)와 온도의 역수($1/T$)를 이용한 van't Hoff 플롯 □($\ln A_+$), ○($\ln A_-$), ln(ABS): ln(ABS)는 $\ln A_+$와 $\ln A_-$의 절대값을 의미함[9]

고분자의 유리 전이 온도 이하에서는 사슬 골격의 conformation은 고정되므로 (frozen) 곁사슬의 변화에 관련된 conformation 에너지와 관련된다. 이에 따라, 폴리아크릴산의 유리 전이 온도가 약 105°C ~ 110°C이므로 곁사슬의 conformation 변화를 위한 에너지(conformational energy)는 앞의 스펙트럼 데이터에서 얻어진 바와 같이 1.76 kJ/mole이 된다. 이에 비해, 유리 전이온도 이상에서는 곁사슬과 골격 사슬의 운동이 모두 일어나므로 이들에 대한 conformation 에너지는 위의 결과에서 나타난 바와 같이 7.56 kJ/mole이 되어, 트랜스-고쉬 conformation 변화를 위한 골격 사슬의 conformation 에너지는 5.80 kJ/mole이 된다. 이들 에너지 값은 −COOH 그룹 사이의 수소 결합 에너지 28 ~ 36 kJ/mole 보다 훨씬 작음을 알 수 있다.

이미 앞에서 설명한 고분자 사슬의 평형 상태에서의 정적 유연성과는 달리, 동적 사슬 유연성은 시간에 따라 변하는 성질을 나타내는 것으로서, 보통의 C−C 결합으로 구성된 단순 고분자 사슬의 경우, 트랜스 상태에서 고쉬 상태로 전이되는 속도와 관련되는 것으로 아래 관계식 3.12로 설명이 될 수 있다. 이 전이를 위하여 활성화 에너지(ΔE)가 필요한데, 이 값이 동적 사슬 유연성을 결정하는 주요 지표가 된다. 분자의 conformation 변화와 관련하여 원자 수준에서의 모델을 기초로 한 운동 방정식을 수치적으로(numerically) 풀어나가는 분자 동역학 전산 모사(molecular dynamics simulation) 등의 결과에 의하면, *n*-부탄 분자의 경우 위 전이를 위한 활성화 에너지 값((ΔE)은 약 3 ~ 4 kcal/mole이다. 이때 conformation 상태가 지속되는 시간($\tau_p = 1/\omega$: persistence time)은 다음 식으로 설명한다.

$$\tau_p = \tau_0 \exp(-\Delta E/kT) \tag{3.12}$$

여기서, τ_0는 주파수 인자(frequency factor)에 해당하는 시간 스케일을 의미한다. 주파수 인자는 예비 지수 인자라고도 하는데, 에너지 장벽이 없을 때 conformation 상태의 변화가 일어나는 시간 스케일에 해당한다. 이는 화학 반응의 경우에 있어서 에너지 장벽(ΔE)이 없을 때 반응에 참여하는 분자의 비율과 유사한 의미를 갖는다.

상태의 지속 시간보다 작은 시간 스케일에서는 사슬이 유연하지 않게 보이고, 지속 시간보다 더 긴 시간 스케일에서는 사슬이 유연하게 보이는데, 관찰하는 시간 동안 많은 다른 conformation들을 볼 수 있게 된다. *n*-부탄 분자의 경우, 트랜스와 고쉬 상태의 상호 전환 시간(지속 시간에 해당)이 picosecond 정도의 시간 스케일에 가깝다.

사슬 세그멘트의 conformation이 트랜스 상태에서 고쉬 상태로 변하게 되면 사슬의 유연성이 야기되는데, 우리가 관심을 가지는 세그멘트의 길이 스케일에 따라서도 사슬의 유연성을 규정할 수 있다. 세그멘트 길이 스케일에 따른 접선 방향이 서로 상관 관계를 잃어버리는 한계가 되는 세그멘트 길이를 지속 길이(persistence length)라 부른다. 즉, 지속 길이 스케일 내에 존재하고 있는 세그멘트들은 거의 똑바른(straight) 형태로 단단하게(rigid) 연결된 것으로 간주하게 된다. 지속 길이보다 큰 세그멘트 길이를 고려할 경우에는, 고분자 사슬을 연속적 연질 사슬(flexible chain)로 볼 수 있다. 비유를 들면, 요리가 된 스파게티 가닥의 지속 길이는 약 10 cm 정도가 된다. 다시 말하면, 스파게티 가닥은 약 10 cm 정도의 길이로 거의 뻣뻣한 상태를 유지한다는 것이다.

고분자 사슬을 사슬의 유연성 관점에서 보면 연질 사슬, 반연질 사슬(semi-flexible chain), 경직 사슬(rigid chain)의 세 가지 형태로 구분할 수 있다. 연질 사슬은 세그멘트들이 충분히 자유롭게 내부 회전을 할 수 있다. 일반적으로 연질 사슬은 비극성이거나 낮은 극성을 가지는 세그멘트들로 구성되어 있다. 이들 사슬의 반복 단위가 입체화학적으로 규칙성이 있는 구조를 가지면 사슬의 유연성이 충분하여 결정성 고분자 사슬을 형성할 수 있다. 연질 사슬의 대표적 예로서 폴리에틸렌, 아탁틱 폴리프로필렌, 아탁틱 폴리스티렌 등이 있다.

반연질 사슬은 세그멘트들의 내부 회전이 제한을 받는 경우이다. 내부 회전을 제한하는 입체적 인자로는 벌키한(bulky) 곁그룹, 사슬 골격에 존재하는 방향족 그룹, 또는 이웃하는 사슬들 사이의 강한 인력(예를 들면 수소 결합 등) 등을 들 수 있다. 이들 사슬도 반복 단위가 화학적 또는 기하학적으로 규칙성이 있고, 극성 그룹을 포함하고 있으면 반연질 고분자 사슬을 형성할 수 있다. 그 대표적인 예로서 방향족 폴리에스터의 일부, 방향족 폴리아미드(aromatic polyamide), 다당류(polysaccharides), 폴리펩티드(polypeptides), 액정 고분자 등이 있다.

경직 사슬은 거의 방향족 그룹으로만 구성되어 있어 세그멘트들의 내부 회전이 거의 불가능하다. 그 예로서, 폴리파라페닐렌(polypara-phenylene), 폴리벤즈티아졸(polybenzthiazole), 폴리파라하이드록시벤조산(polypara-hydroxybenzoic acid) 등이 있다. 이들은 내열성, 내용매성(solvent resistance) 등이 매우 뛰어난 특성을 가진다.

3.2 단일 고분자 사슬의 특성 치수(characteristic dimension)

특성 치수라 함은 실제의 물리적 치수를 말하는 것이 아니라 물리적 시스템의 특성을 잘 이해하기 위하여 새롭게 정의된 치수로서, 그 시스템의 물리적 특성에 큰 영향을 끼치는 치수이다. 일반적으로 고분자 시스템(polymer system: 여러 개의 성분들이 모인 집합체를 의미함)의 거시적 성질들은 시스템을 구성하고 있는 개개의 고분자 사슬들 사이의 미시적 상호 작용으로부터 야기된다.

단일 고분자의 형태 및 크기가 고분자 시스템의 성질이나 성능에 큰 영향을 미친다. 이들의 중요성은 사슬의 constitution이나 configuration, conformation에 못지 않게 크다. 단일 고분자 사슬 자체의 정체는 진한(concentrated) 고분자 용액 시스템이나 무정형(amorphous) 고체 고분자 시스템에 있어서 그 정체가 충분히 그대로 인정된다. 왜냐하면, 진한 고분자 용액이나 무정형 고체 고분자 시스템 내의 단일 고분자 사슬들이 이웃하는 사슬과의 반발 작용(사슬 내부의 상호 작용, 사슬과 사슬 사이의 상호 작용 포함)들이 서로 균형을 이루어 단일 고분자 사슬의 conformation을 충분히 유지할 수 있다고 예상되기 때문이다.

어떤 코일 형태의 주어진 단일 고분자 사슬이 특정의 사슬 conformation을 가질 확률은 주위의 환경(용매의 종류 및 농도, 상태, 온도 등), 사슬 내의 원자들의 결합각, 내부 회전 정도, 각 세그멘트들이 가지는 conformation이 존재할 확률 등에 의해 결정된다. 단일 고분자 사슬의 형태 및 크기는 사슬의 conformation 이외에도, 사슬의 길이(분자량에 해당), 단일 고분자의 화학 구조, 사슬의 가지화 정도, 환경(용매나 온도 등) 등에 의해 영향을 받는다.

고분자 사슬의 결정화 과정에 있어서도 단일 고분자의 크기가 영향을 미친다. 고분자 사슬의 결정화 과정은 용융 상태에 있는 고분자 사슬들이 서로 얽혀(entangled) 있다가 층 구조(layered structure)로 바뀌는 과정이다. 용융 고분자 내에서의 단일 사슬들이 가지는 크기(부피에 해당)가 사슬의 정렬 과정에 매우 중요한 역할을 할 수밖에 없다. 단백질 사슬 분자는 변성 상태(denatured state: 랜덤 코일 형태를 가짐)에서 안정된 고유 상태(native state)로 바뀔 때에 나선형 사슬 형태로 접힘(folding) 과정이 일어난다. 이러한 conformation의 변화로 세포가 생물학적 기능을 할 수 있게 된다. 후천성 면역 결핍증(AIDS)을 야기시키는 HIV 바이러스도 단백질 사슬 분자를 가지며, 사슬 접힘을 함으로써 개략적으로 구(sphere)의 형태 및 크기를 가진다. 이에 따라, 콘돔 라텍스(condom latex)도 HIV 바이러스 입자들의 침투를 효과적으로 억제하기 위하여 적절히 재료 설계가 이루어져야 한다.

모터 오일(motor oil)에 사용되는 고분자 첨가제도 그 단일 사슬 분자가 형태 및 크기를 가지고 있는데, 이들 형태 및 크기에 따라 모터 오일의 점도가 영향을 받게 된다.

3.2.1 단일 선형 고분자 사슬의 말단 거리(end-to-end distance)

단일 선형 고분자 사슬의 말단 거리는 아래 그림 3.24에 나타난 바와 같이 사슬의 양 끝 사이의 직선 거리를 말한다.

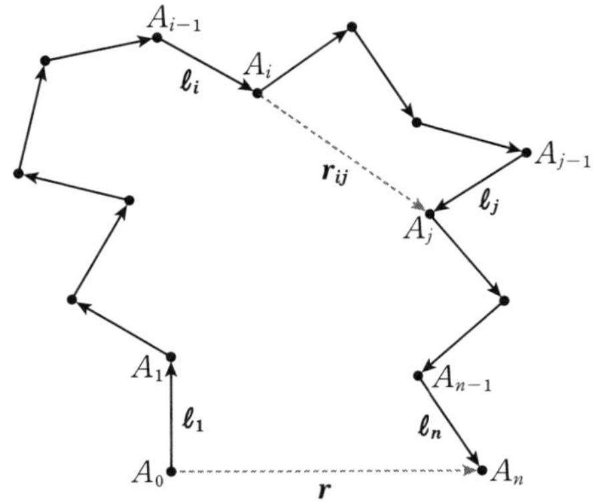

그림 3.24 ❖ 단일 선형 고분자 사슬의 말단 거리($\boldsymbol{r}$)

위 그림에서 $\boldsymbol{r}_{ij}$는 원자 A_i에서 원자 A_j까지의 거리를 나타내는 거리 벡터(distance vector)이다. 사슬의 말단 거리는 벡터 양(vector quantity)으로서 사슬 내의 모든 결합들의 벡터 합에 해당한다. 이에 따라, 이를 말단 거리 벡터(end-to-end distance vector: $\boldsymbol{r}$)라 하며 세그멘트 벡터(segment vector: $\boldsymbol{\ell}_i$)와 다음과 같은 관계를 가진다. 세그멘트 벡터는 화학 결합 벡터(chemical bond vector) 자체일 수도 있다.

$$\boldsymbol{r} = \boldsymbol{\ell}_1 + \boldsymbol{\ell}_2 + \boldsymbol{\ell}_3 + \cdots = \sum_{i=1}^{n} \boldsymbol{\ell}_i \tag{3.13}$$

단일 선형 사슬의 말단 거리는 사슬의 유연성이 작을수록(즉 강직도가 클수록), 그리고 사슬의 분자량이 커질수록 커지는 경향을 가진다.

고분자 사슬은 열적 요동(thermal fluctuation)에 따라 매우 다양한 conformation을 가질 수 있다. 이에 따라 사슬의 물리적 성질을 평가하기 위해서는 이들 많은 수의 사슬 conformation으로부터 얻어지는 결과들을 평균화하여야 한다. 단일 고분자 사슬이 등방 시스템이면 다양한 conformation들의 평균으로부터 얻어지는 말단 거리 벡터 값은 0이 된다.

$$\langle \boldsymbol{r} \rangle = 0 \tag{3.14}$$

여기서, ⟨ ⟩은 conformation의 평균화 과정을 뜻하고, $\langle \boldsymbol{r} \rangle$는 conformation의 변화에 따른 말단 거리 벡터들의 평균값을 나타내며, 이를 평균 말단 거리 벡터(mean end-to-end distance vector)라 부른다. 그런데 실제로는 말단 거리 벡터가 모든 배향을 가지는 등방 사슬 시스템에서도 벡터가 아닌 스칼라 값(scalar quantity)인 평균 말단 거리 값은 존재할 수 있다. 이에 따라, conformation 변화를 고려한 사슬의 특징적 크기를 구하기 위해 단순히 conformation에 따른 말단 거리 벡터들을 합치는 것이 아니라, 다음과 같은 평균 제곱 말단 거리(mean-square end-to-end distance)를 정의하게 된다. 이 값은 스칼라 양이 된다.

$$\langle r^2 \rangle = \langle \mathbf{r} \cdot \mathbf{r} \rangle = \langle (\sum_{i=1}^{n} \boldsymbol{\ell}_i)^2 \rangle = \langle (\boldsymbol{\ell}_1 + \boldsymbol{\ell}_2 + \boldsymbol{\ell}_3 + \cdots + \boldsymbol{\ell}_n)^2 \rangle$$
$$= \sum_{i=1}^{n} \langle \boldsymbol{\ell}_i^2 \rangle + 2 \sum_{i \neq j} \langle \boldsymbol{\ell}_i \boldsymbol{\ell}_j \rangle \tag{3.15}$$

단일 고분자 사슬이 외부로부터 전혀 영향을 받지 않는 상태일 때의 평균 제곱 말단 거리를 특별히 $\langle r^2 \rangle_o$로 표시하며 이러한 상태를 '무동요 상태(unperturbed state)'라 한다. 실제로, 용매나 온도 등과 같은 외부의 환경이 영향을 미치면 단일 사슬의 평균 제곱 말단 거리는 변하게 된다. 여기서 무동요 상태라 함은 고분자 사슬을 따라 오로지 단거리 상호 작용(short-range interaction)만 존재하는 상태를 말한다. 단거리 상호 작용은 결합각, 결합 길이, 내부 회전각(비틀림각, 즉 torsional angle이라고도 함) 등 오직 나노미터 거리 수준의 스케일에서만 상호 작용이 발휘되어 사슬 conformation에 영향을 주는 경우이다.

이에 비해, 장거리 상호 작용(long-range interaction)은 사슬 궤적(chain contour)을 따라 멀리 떨어져 있는 단량체들 사이의 상호 작용을 의미하며, 실질적으로는 단거리 상호 작용이 아닌 모든 종류의 상호 작용을 포함한다. 무동요 상태에서는 단량체들이 코일화 될 때에 사슬 내의 같은 사이트(site)를 점유할 수 있다고 가정하는데, 이는 현실적이지 않지만 실제 사슬의 conformation에 따른 사슬 성질들을 설명하기 위한 하나의 기준이 되는 경우를 가정한 것으로서, 이러한 상태에 있는 사슬을 '이상 사슬(ideal chain)'이라 부른다.

위 개념과 유사한 것으로서 '이상 기체(ideal gas)'와 '이상 용액(ideal solution)'이 있다. 이상 기체는 기체 입자 사이에 전혀 상호 작용이 없다고 가정한다. 이것이 비현실적인 가정이지만, 기체 입자 사이에 상호 작용이 존재하는 실제 기체를 이론적으로 다루기 위한 하나의 기준으로 고려한다. 이상 용액에서는 구성 성분들 사이(용매-용질, 용매-용매, 용질-용질 사이)의 상호 작용은 존재하나, 이들 다른 세 종류의 상호 작용 정도가 서로 같아 전체적으로 순수 분자간 힘(net intermolecular force)이 없는 경우이다. 이것도 비현실적이지만 실제 용액을 다루기 위한 기준을 제공한다.

사슬의 평균 제곱 말단 거리는 실험적으로 광산란이나 크기 배제 크로마토그래피

(size exclusion chromatography) 등에 의해 간접적으로 측정이 가능하며, 총 쌍극자 모멘트(total dipole moment)를 측정함으로써도 계산이 가능하다. 사슬의 총 쌍극자 모멘트는 쌍극자를 구성하는 각 결합의 쌍극자 모멘트의 벡터를 합한 것이므로, 이것이 사슬을 구성하는 각 세그멘트들의 벡터를 합하여 얻어지는 말단 거리와 같은 원리이기 때문이다. 위에서 정의한 평균 제곱 말단 거리의 근의 값(root value)을 근 평균 제곱(root-mean square: RMS) 말단 거리라 부르며 $\langle r^2 \rangle^{1/2}$로 표시한다.

3.2.2 단일 고분자 사슬의 회전 반경(radius of gyration: R_g)

단일 고분자 사슬의 회전 반경은 사슬의 무게 중심으로부터 각 원자들까지의 평균 제곱 거리를 모든 원자들에 대하여 무게 평균한 값의 제곱근 값으로 정의되는데, 단순한 말단 거리 때와는 달리, 가지가 있는 고분자의 경우에도 적용이 가능하다. 아래 그림 3.25는 $n+1$개의 원자로 구성된(n개의 결합으로 구성됨) 단일 고분자 사슬로서, 사슬의 무게 중심이 ⊕로 나타나 있다. 이로부터 고분자 사슬의 회전 반경(R_g)은 다음과 같이 표시된다.

$$R_g = (R_g^2)^{1/2} = (\Sigma m_i \boldsymbol{s}_i^2 / \Sigma m_i)^{1/2} = (\Sigma(m_i/M)\boldsymbol{s}_i^2)^{1/2} \tag{3.16}$$

여기서, m_i는 각 원자들의 무게를 나타내고, $\boldsymbol{s}_i$는 각 원자와 사슬의 무게 중심을 연결하는 위치 벡터(position vector)이다. 즉, R_g는 고분자 사슬의 무게 중심으로부터 사슬 세그멘트들이 어떻게 분포되어 있는지를 나타내는 척도이다. 이에 따라, R_g는 고분자 코일의 크기에 대한 의미를 가지게 되고, 사슬의 말단 거리보다는 더 직접적인 물리적 의미를 지니고 있으며, 주로 고분자 용액이나 무정형 고체 고분자에서 적용될 수 있다. R_g는 고분자 코일의 크기를 나타낼 수 있는 지표 중의 하나로서 실험적으로 결정할 수 있다.

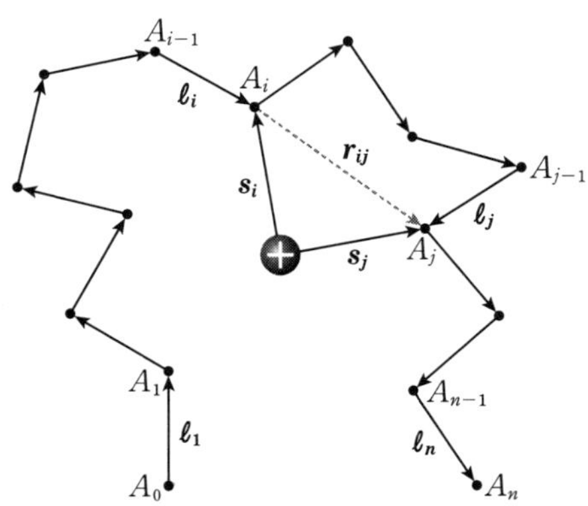

그림 3.25 ❖ 단일 고분자 사슬의 무게 중심(⊕)

고분자 코일의 크기를 R_g로 나타내려는 시도는 얼핏 보면 어색하게 보이나 그 배경은 일반 물리학에서 찾을 수 있다. 일반 물리학에서 회전 축을 중심으로 회전하고 있는 물체의 R_g는, 물체의 전체 질량이 한 곳의 중심에 집중되어 있다고 가정했을 경우의 회전 축을 중심으로 한 관성 모멘트(moment of inertia)가 실제 물체의 질량 분포에 따른 관성 모멘트와 같아지는 거리(회전 축으로부터 거리)로 정의한다. 이를 고분자 사슬에 적용하면 위에서 정의한 회전 반경에 대한 관계식이 다음과 같이 얻어진다.

$$R_g^2 \Sigma m_i = \Sigma m_i s_i^2 \tag{3.17}$$

$$R_g^2 = (\Sigma m_i s_i^2)/\Sigma m_i = \Sigma(m_i/M)s_i^2 \tag{3.18}$$

관성 모멘트는 $m_i s_1^2$으로 표시되는데, 일반 물리학에서는 회전하는 물체가 지속적으로 회전 운동을 유지하려는 성향을 나타낸다.

위와 같은 R_g의 정의는, 같은 전체 질량을 가지고 있는 물체라 하더라도 질량의 분포가 다를 경우의 R_g(회전 운동의 효과에 해당)가 달라질 수 있는 것을 설명할 수 있다. 예를 들어 피겨 스케이팅의 경우, 같은 사람이 팔을 벌리거나 앉는 자세에 따라 회전 축을 중심으로 한 R_g값이 달라져 관성 모멘트가 달라진다. 관성 모멘트가 작아질수록 각운동량 보존 법칙에 따라 더 빠른 속도로 스핀 운동을 하게 된다. 즉, 피겨 스케이팅 선수가 갑자기 팔을 몸 쪽으로 끌어 당김으로써 스핀 속도가 빨라진다. 위와 같은 일반 물리학에서의 R_g의 거동은 같은 분자량을 가지고 있는 단일 고분자 사슬이라 하더라도 코일링(coiling)되는 양상에 따라 단일 고분자 코일의 크기가 달라질 수 있는 것과 비교되는 현상으로 볼 수 있다. 이에 따라, 일반 물리학에서 사용되고 있는 회전 물체의 R_g 개념을 고분자 과학에 적용하는 것이 가능하고 유용하다.

실제로, 고분자 사슬은 시간에 따라 열적 요동에 의해 지속적으로 그 conformation이 바뀐다. 이에 따라 사슬의 conformation과 관련된 사슬의 성질을 다룰 때에는 conformation 전체에 대한 평균화를 고려해야 한다. 사슬의 conformation들을 평균화 한 R_g 값은 다음과 같이 표시할 수 있다.

$$\langle R_g \rangle = \langle \Sigma m_i s_i^2 / \Sigma m_i \rangle^{1/2} = \langle s^2 \rangle^{1/2} \tag{3.19}$$

$$s^2 = \Sigma m_i s_i^2 / \Sigma m_i \tag{3.20}$$

여기서, s^2은 질량 분포의 2차 모멘트이고, s_i는 i번째 원자와 사슬의 무게 중심까지의 거리이다.

그림 3.26은 사슬을 구성하는 원자의 사슬 무게 중심으로부터의 위치 벡터($\boldsymbol{s_i}$, $\boldsymbol{s_j}$)와 임의의 두 원자 사이를 연결하는 거리 벡터(distance vector: $\boldsymbol{r_{ij}}$) 사이의 관계를 나타낸

다. 이 그림에서 $\boldsymbol{r}_i$, $\boldsymbol{r}_j$, $\boldsymbol{r}_{cm}$은 사슬의 원점(O)을 중심으로 한 각 원자(i, j)나 사슬 코일의 무게 중심(G)의 위치 벡터를 의미한다.

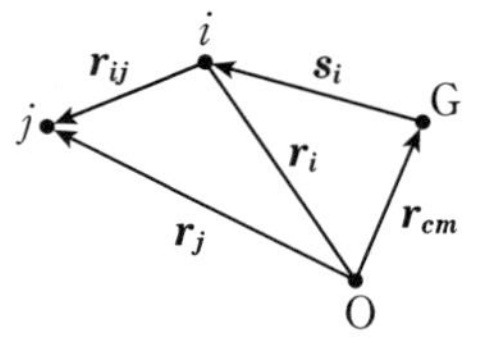

그림 3.26 ❖ 사슬 내 원자의 위치 벡터와 원자 사이를 연결하는 거리 벡터의 관계

이들 벡터 사이의 관계는 다음 식으로 표시할 수 있다.

$$\boldsymbol{r}_{ij} = \boldsymbol{r}_j - \boldsymbol{r}_i = \boldsymbol{s}_j - \boldsymbol{s}_i \tag{3.21}$$

$$\boldsymbol{s}_i = \boldsymbol{r}_i - \boldsymbol{r}_{cm} \tag{3.22}$$

단일 중합체의 경우에는 물리적으로 사슬 내의 모든 원자들의 질량이 같으므로, 코일의 무게 중심에 대한 질량 분포의 2차 모멘트(무게 중심으로부터 각 원자까지의 거리의 제곱을 원자의 개수로 나눈 값)는 거리 벡터를 이용하여 표시할 수 있다. 일반 물리학에서의 모멘트는 물체가 외부로부터 힘을 받았을 때 회전하려는 힘과 관련된 개념이지만, 앞의 경우처럼 물리적 양의 분포를 나타내는데에도 적용이 될 수 있다. 모멘트는 일반적으로 통계학에서는 n개의 랜덤 변수(x_i)에 대한 평균값과의 차이의 p차 모멘트를 다음과 같이 정의한다.

$$\langle (x_1 - \bar{x})^p + (x_2 - \bar{x})^p + (x_3 - \bar{x})^p + \cdots + (x_n - \bar{x})^p \rangle / n \tag{3.23}$$

통계학적으로는 2차 모멘트의 제곱근의 값이 표준 편차가 되며, 평균값으로부터 벗어난 분포를 나타낸다. 이에 따라, 2차 모멘트는 사슬의 질량 분포를 위한 하나의 척도가 된다. 3차 모멘트는 분포 곡선의 비대칭도(skewness)를 나타낸다. 이에 따라, 사슬의 질량 분포의 2차 모멘트는 다음 식으로 나타난다.

$$\begin{aligned} s^2 &= [1/(n+1)]\Sigma \boldsymbol{s}_i^2 = [1/(n+1)]\Sigma(\boldsymbol{r}_i - \boldsymbol{r}_{cm})^2 = [1/2(n+1)^2]\Sigma\Sigma(\boldsymbol{r}_j - \boldsymbol{r}_i)^2 \\ &= [1/2(n+1)^2]\Sigma\Sigma {\boldsymbol{r}_{ij}}^2 \end{aligned} \tag{3.24}$$

이로부터, 여러 가능한 사슬 conformation들을 평균한 평균 제곱 회전 반경(mean-square radius of gyration)은 다음과 같이 나타낼 수 있다.

$$\langle R_g^2 \rangle = \langle s^2 \rangle = [1/2(n+1)^2]\Sigma\Sigma {\boldsymbol{r}_{ij}}^2 \tag{3.25}$$

이를 다시 무동요 상태로 표시하면 다음과 같다.

$$\langle R_g^2 \rangle_o = \langle s^2 \rangle_o = [1/2(n+1)^2]\Sigma\Sigma\langle \boldsymbol{r_{ij}}^2 \rangle_o \tag{3.26}$$

사슬 내의 어떤 두 원자 사이를 연결하는 거리(r_{ij})는 다음과 같이 표시할 수도 있다.

$$r_{ij} = c(j-i)\ell \qquad (j > i) \tag{3.27}$$

여기서, ℓ은 화학 결합(또는 세그멘트)의 길이이며, c는 $(j-i)$ 값에 따라 변화되는 적절한 상수이다.

결론적으로, $\langle R_g^2 \rangle$은 어떠한 형태를 가진 물체이든지 상관없이 그 물체의 크기를 대변할 수 있는 특성적 파라미터라 볼 수 있다. 고체로 된 구(solid sphere)의 경우, R_g는 그 구(sphere)의 실제 물리적 반경(physical radius, R)과는 다음 식과 같이 다른 값을 가진다.

$$\langle R_g^2 \rangle = \int_o^R r^2 4\pi r^2 dr \Big/ \int_o^R 4\pi r^2 dr = (3/5)R^2 \tag{3.28}$$

원형 막대(circular rod: 막대형 고분자를 묘사, 반경 R, 길이 L)는 R_g가 R 및 L과 다음과 같은 관계를 가지는데, 같은 분자량의 경우 막대형 고분자가 연질 고분자(구로 묘사)에 비해 훨씬 더 큰 R_g 값을 가진다.

$$\langle R_g^2 \rangle = (R^2/2) + (L^2/12) \tag{3.29}$$

3.3 고분자 사슬 모델

고분자 사슬 모델은 고분자에 대한 이해를 보다 증진시키기 위하여 복잡한 상황을 단순화함으로써, 고분자 사슬의 특징적 크기를 계산하거나 고분자의 어떤 성질을 예측하는 등에 긴요하게 이용될 수 있다. 고분자 사슬 모델에는 크게 나누어 이상 사슬 모델(ideal chain model)과 실제 사슬 모델(real chain model)이 있는데, 이는 이상 기체와 실제 기체의 비교에서와 같은 개념을 제공한다.

이상 사슬은, 이상 기체가 분자 사이에 전혀 상호 작용이 없는(분자간 힘이 작용하지 않음) 것에 비견하여, 사슬을 따라 존재하는 단량체들 사이의 상호 작용을 완전히 무시하여 배제 부피 효과(excluded volume effect)가 전혀 없는 사슬을 말한다. 실제 고분자 사슬에서의 배제 부피는 기하학적 원인이나 상호 반발 작용으로 인해 서로 이웃하는 단량체에 있어서 한 단량체가 상대 단량체에 더 이상 접근할 수 없게 되어 생성되는 빈 부피(void volume)를 뜻한다. 이에 따라, 이상 사슬은 사슬을 따라 존재하는 각 단량체가 사슬 연결 시에 이웃하는 어떤 단량체가 존재하더라도, 그 이웃 단량체가 점유하는 공간을 다시 점유할 수 있다는 의미이다. 사슬을 따라 멀리 떨어져 존재하는 단량체 사이에도 배타적(exclusive) 힘이 전혀 작동하지를 않아 서로 간에 전혀 상관성이 없는, 즉 상호 작용이 없는 상태가 된다.

이에 비해, 실제 사슬은 단량체들 사이의 상호 작용에 의해 배제 부피 효과가 분명하게 존재한다. 배제 부피 효과는 주로 상호 반발 작용에 의해 일어나며 그 작용은 단거리 상호 작용이 주를 이룬다. 배제 부피 효과에 의해 단량체들이 위치할 수 있는 공간이 줄어들어 가능한 사슬의 conformation 개수가 줄어든다. 이상 기체의 경우에서와 같이, 이상 사슬 모델이 고분자의 실제 상황을 이해하는데 도움이 될 뿐만 아니라, 보다 정교한 고분자 사슬 모델을 개발하기 위한 기초가 될 수 있어 '고분자 물리' 분야의 출발점이라 불리워지고 있다. 이상 사슬에는 앞으로 이 장(chapter)에서 소개할 자유 연결 사슬, 자유 회전 사슬, 장애 회전 사슬, 지렁이 모양의 사슬, Gauss 사슬, 회전 이성질 사슬들이 모두 포함된다.

3.3.1 자유 연결 사슬 모델(freely-jointed chain model: FJC model)

자유 연결 사슬 모델(FJC 모델)은 가상적인 선형 사슬 모델로서 1934년 Kuhn에 의해 제안되었으며, 고분자 사슬 모델 중에서 가장 단순한 모델이다. 자유 연결 사슬 모델에서는 아래 그림 3.27에서와 같이 단순히 단일 결합으로 구성되어 있는 단일 선형 사슬을 다음과 같이 가정하고 있다.

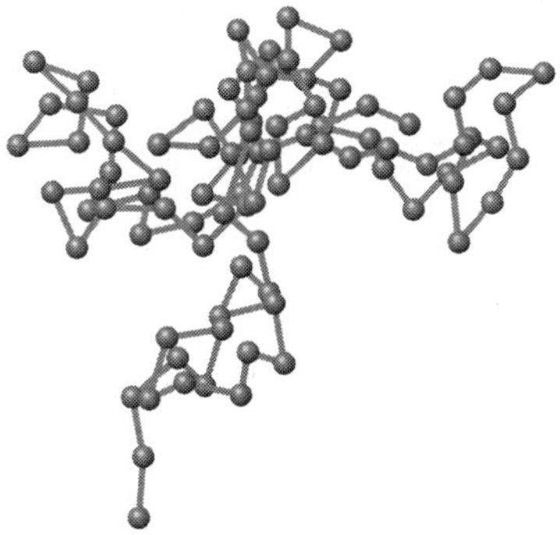

그림 3.27 ❖ 자유 연결 사슬 모델

i) 사슬을 구성하는 모든 세그멘트(C−C 단일 결합 또는 단량체 등에 해당)들이 같은 길이를 가지며, 두 개의 연속된 세그멘트가 이루는 결합각은 어떠한 값도 가질 수 있다. 즉, 자유로운 결합각(free bond angle)을 가진다.
ii) 각 세그멘트는 모든 방향으로 랜덤하게 배향되어 있어 비틀림각을 별도로 고려할 필요가 없다. 즉, 자유로운 비틀림각을 가진다.
iii) 각 세그멘트 사이에 상호 작용이 전혀 없다.
iv) 용매가 존재하더라도 세그멘트들은 전혀 영향을 받지 않는다.

자유 연결 사슬은 원천적으로 무동요 상태 조건을 만족시키므로, 말단 거리의 벡터 조작(vector manipulation)으로부터 다음과 같은 관계식을 얻을 수 있다.

$$\begin{aligned}\langle r^2\rangle_o &= \langle \boldsymbol{r}\cdot\boldsymbol{r}\rangle = \langle \textstyle\sum_i \boldsymbol{\ell}_i)^2\rangle = \langle(\boldsymbol{\ell}_1+\boldsymbol{\ell}_2+\boldsymbol{\ell}_3+\cdots\boldsymbol{\ell}_n)^2\rangle \\ &= \Sigma\langle\boldsymbol{\ell}_i^2\rangle + 2\Sigma\Sigma\langle\boldsymbol{\ell}_i\boldsymbol{\ell}_j\rangle \end{aligned} \tag{3.30}$$

$$\begin{aligned}\langle r^2\rangle_o &= n\ell^2 + 2\sum_i\sum_j\langle\boldsymbol{\ell}_i\boldsymbol{\ell}_j\rangle \\ &= n\ell^2 + 2\ell^2\sum_{i\neq j}\sum\langle\cos\theta\rangle_{ij} \\ &= n\ell^2\end{aligned} \tag{3.31}$$

여기서 $\boldsymbol{\ell}_i$, $\boldsymbol{\ell}_j$는 세그멘트 벡터, ℓ은 각 세그멘트의 길이, n은 사슬을 구성하는 세그멘트 개수이고, θ는 결합각이 아니라 $\boldsymbol{\ell}_i$ vector와 $\boldsymbol{\ell}_j$ 벡터가 이루는 각으로서 보충각(supplement angle)이다. 모든 내부 회전각에 대한 보충각의 평균값은 다음과 같이 계산된다.

$$\langle\cos\theta\rangle_{ij} = \int_o^{2\pi}\cos\theta d\theta/\int_o^{2\pi}d\theta = 0 \tag{3.32}$$

이에 따라, 자유 연결 사슬의 근 평균 제곱(root mean square: RMS) 말단 거리는 다음과 같은 관계식으로 표시할 수 있다.

$$\langle r^2\rangle_o^{1/2} = n^{1/2}\ell \tag{3.33}$$

특정 세그멘트(i, j) 사이의 RMS 말단 거리를 구하기 위하여 위 관계식을 적용하면 다음과 같이 표시할 수 있다.

$$\langle r_{ij}{}^2\rangle_o = |j-i|\,\ell^2 \tag{3.34}$$

앞에서 이미 구한 $\langle R_g^2\rangle$와 세그멘트 사이의 제곱 말단 거리인 $\langle r_{ij}{}^2\rangle$와의 일반적인 관계식을 이용하여 자유 연결 사슬에 대한 $\langle R_g^2\rangle$와 제곱 말단 거리인 $\langle r^2\rangle$사이의 관계식을 구할 수 있다. 특히, n값이 상당히 클 경우에는 이 관계식이 다음과 같이 간략하게 표시된다.

$$
\begin{aligned}
\langle R_g^2 \rangle_o &= [1/2(n+1)^2] \sum_{j=1}^{n} \sum_{i=1}^{j-1} \langle r_{ij}{}^2 \rangle_0 = [1/2(n+1)^2]\Sigma\Sigma |j-i|\, \ell^2 \\
&= [1/(n+1)^2] \sum\sum_{0 \le i < j} |j-i|\, \ell^2 \\
&= [\ell^2/(n+1)^2]\Sigma\Sigma |j-i| \\
&= [\ell^2/(n+1)^2] \sum_{j=1}^{n} \sum_{i=1}^{j-1} i \\
&= [\ell^2/(n+1)^2] \sum_{j=1}^{n} j(j-1) \\
&\approx [\ell^2/2(n+1)^2]\Sigma j^2 \\
&= [\ell^2/2(n+1)^2][n(n+1)(2n+1)] \\
&\approx (\ell^2/2n^2)(n^3/3) \\
&= n\ell^2/6 \\
&= (1/6)\langle r^2 \rangle_o
\end{aligned}
\tag{3.35}
$$

이 관계식은 자유 연결 사슬뿐만 아니라 다른 종류의 이상 연질 사슬(ideal flexible chain)에 대해서도 n값이 충분히 크면 모두 유효하다. 왜냐하면, 다른 이상 연질 사슬들도 모두 궁극적으로 잘 코일화되고 배제 부피 효과가 없으며, 뒷 부분에서 설명될 Kuhn 모델 적용이 가능하여 Kuhn 세그멘트의 길이만 달라질 뿐 기본적으로 자유 연결 사슬과 같은 성격을 가지기 때문이다.

위 관계식으로부터 이상 사슬이 무동요 상태에서는 선형 사슬의 길이가 상당히 길어지면 $\langle r^2 \rangle_o$ 및 $\langle R_g^2 \rangle_o$가 분자량(사슬의 길이에 해당)에 비례함을 알 수 있다. 폴리스티렌의 경우 분자량이 70,000이면 $\langle R_g^2 \rangle_o^{1/2}$ 값이 약 71 Å임이 실험적으로 얻어진다. 이로부터 $\langle r^2 \rangle_o^{1/2}$ 값도 위 관계식을 이용하여 계산할 수 있다.

위의 결과들을 토대로 고분자 사슬의 강직도(stiffness)를 정의하는 하나의 파라미터로서 특성비(characteristic ratio: C_∞, 사슬의 길이가 충분히 길 경우에 해당)를 다음과 같이 정의할 수 있다.

$$
C_\infty \equiv \langle r^2 \rangle_o / n\ell^2 \tag{3.36}
$$

위 정의에 따르면 자유 연결 사슬의 C_∞ 값은 1.0이 되고, 실제 고분자 사슬의 경우에는 C_∞ 값이 1.0보다 더 커진다. 실험적으로 보고된 대표적 실제 고분자 사슬들의 C_∞ 값은 다음과 같다.

폴리에틸렌 옥사이드(PEO: 5.0), 폴리에틸렌(6.7), 폴리메틸 메타크릴레이트(6.9),

폴리스티렌(10.2), DNA(600)

여기서, DNA는 반연질(semi-flexible) 고분자이므로 매우 높은 C_∞ 값을 보인다.

위에서 나타난 자유 연결 사슬의 특성들은 세그멘트 벡터 개념을 이용하여 얻어진 결과이다. 이와는 달리, 자유 연결 사슬의 특성을 이해하기 위하여 통계역학적으로 접근해 볼 수 있다. 통계역학(statistical mechanics)이라 함은 통계적인 개념과 역학적인 개념을 동시에 이용하여 물리적 성질을 해석하는 기법이다. 통계역학적인 기법을 이용하면 앞의 경우에서 보여준 사슬의 특정 성질만이 아니고, 특정 성질과 관련된 부가적인 정보를 얻을 수 있는 장점이 있다.

자유 연결 사슬에 대한 통계역학적인 접근을 위해 제안된 모델로서 랜덤 걷기 모델이 있다. 랜덤 걷기 과정은 하나의 관찰에서 다음 관찰까지의 과정이 랜덤하게 연속 형태로 일어나는 것을 말한다. 이에 따라, 자유 연결 사슬과 랜덤 걷기 이론 사이에는 분명히 어떤 관계가 존재한다. 실제로 자유 연결 사슬에 대해 랜덤 걷기 이론을 적용하면 $\langle r^2 \rangle$ 이외에 사슬의 말단 거리들의 분포에 관한 정보도 추가적으로 얻을 수 있다. 랜덤 걷기 모델의 다른 대표적인 예로 입자의 Brown 운동을 들 수 있다.

랜덤 걷기 모델을 위하여 아래 그림 3.28에서와 같이 사슬의 한쪽 끝이 좌표 상의 원점에 위치한다고 가정을 한다.

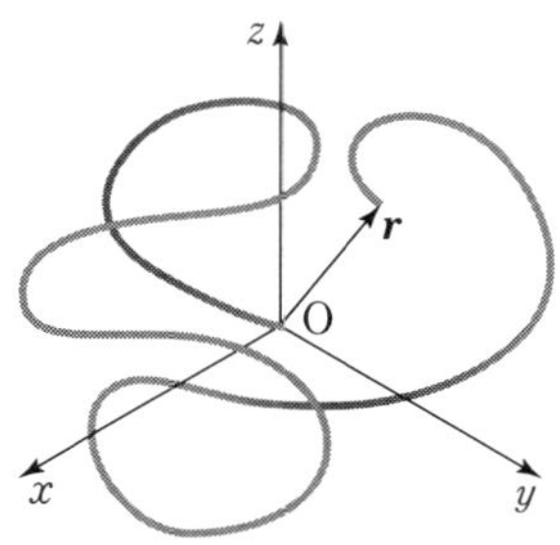

그림 3.28 ❖ 랜덤 걷기 사슬 모델을 위한 좌표

우선, 가장 간단한 예로서 자유 연결 사슬이 일직선 상에서 랜덤한 거동을 보일 경우를 생각해 보기로 한다. 이때 사슬의 세그멘트들은 x축 상에서 랜덤하게 연속적 형태로 앞쪽(positive direction), 뒤쪽(negative direction)으로 이동을 하게 된다. 세그멘트의 전체 개수가 n일 때 앞으로 이동한 세그멘트가 n_+개이고, 뒤로 이동한 세그멘트의 개수가 n_-이 될 확률(W)은 통계적으로 다음과 같이 나타낼 수 있다.

$$W(n_+, n_-) = (1/2)^n n!/[\{(n + x/\ell)/2\}\{(n - x/\ell)/2)\}]! \tag{3.37}$$

여기서, $n = n_+ + n_-$이고, $x = (n_+ - n_-)\ell$로서 변위(displacement)를 의미한다.

펙토리얼(factorial)에 대한 Stirling의 근사식을 적용하면 n값이 충분히 클 경우에는 다음 관계식이 성립한다.

$$ln\ n! \approx (nln\ n) - n \tag{3.38}$$

이에 따라, 앞에서 얻어진 관계식들을 아래와 같이 다시 재정리할 수 있다.

$$-ln\ W(x) = (n\ell + x/2\ell)ln(1 + x/n\ell) + (n\ell - x/2\ell)ln(1 - x/n\ell) \tag{3.39}$$

$$ln(1 + x/n\ell) \approx x/n\ell - (1/2)(x/n\ell)^2 + \cdots. \tag{3.40}$$

$$ln\ W(x) \approx -x^2/2n\ell^2 \tag{3.41}$$

$$W(x) = k.exp(-x^2/2n\ell^2) \tag{3.42}$$

$$k\int_{-\infty}^{\infty} \exp(-x^2/2n\ell^2)dx = 1 \tag{3.43}$$

$$k = (2\pi n\ell^2)^{-1/2} \tag{3.44}$$

(정규화 상수: normalization constant, 확률 분포의 합이 1.0이 되는 요구 조건을 충족시키는 상수)

$$W(x) = (2\pi n\ell^2)^{-1/2}\exp(-x^2/2n\ell^2) \tag{3.45}$$

여기서, $W(x)$는 직선 상에서 단위 길이당 사슬의 끝이 발견될 확률을 의미하며 전체 변위(x) 영역에 걸쳐 적분을 하면 합이 1.0이 되므로, 이를 확률 밀도 함수(probability density function), 또는 확률 분포 함수(probability distribution function)라 부르기도 한다. 이는 아래 그림 3.29와 같이 수학적으로 Gauss 함수 형태를 가지며 종 모양의(bell-shaped) 곡선으로 연속적 분포 함수이다.

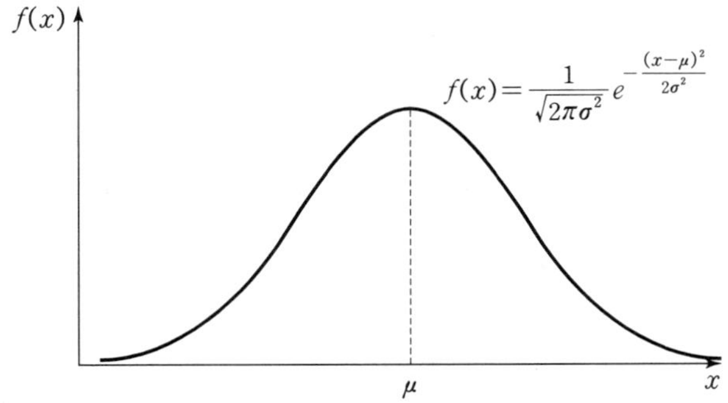

그림 3.29 ❖ Gauss 함수의 형태(σ: 표준편차, μ: 기대값)

사슬은 공간적으로 존재하므로 위 개념을 3차원 공간으로 확대하기 위한 작업이 필요하다. 3차원 공간에서의 차등 부피 단위(differential volume unit)인 $dxdydz$에서 사슬의 끝이 발견될 확률, $P(x, y, z)$는 다음과 같은 과정을 거쳐 얻어진다. 이때 하나의 사슬 끝은 원점에 고정되어 있고 다른 하나의 사슬 끝이 느슨하여, 이 사슬 끝은 x, y, z 방향으로 모두 같은 기회를 가지며 존재한다고 가정한다.

$$P(x, y, z) = W(x, y, z)\, dxdydz \tag{3.46}$$

이때, $W(x, y, z)$는 단위 부피당 사슬 끝이 발견되는 확률 분포 함수에 해당하며 다음과 같이 표시된다.

$$W(x, y, z) = (3/2\pi n\ell^2)^{1/2} \exp[-(3/2n\ell^2)(x^2 + y^2 + z^2)] \tag{3.47}$$

보다 더 중요한 확률은 사슬의 원점으로부터 모든 방향으로 거리 r에 있는 사슬 끝을 발견하는 확률이다. 이는 원점으로부터 거리, r에 있는 두께, dr의 구 껍질(spherical shell) 내에 사슬 끝이 존재할 확률과 같으며 다음과 같이 얻어진다.

$$W(r)dr = W(x, y, z)\, 4\pi r^2 dr \tag{3.48}$$

위 관계식을 결합하면 $W(r)$은 다음과 같다.

$$W(r) = 4\pi(\beta/\pi^{1/2})^3\, r^2 \exp(-\beta^2 r^2) \tag{3.49}$$

이때, $\beta = (3/2n\ell^2)^{1/2}$이고 $W(r)$을 사슬 끝의 방사상 분포 함수(radial distribution function)라 부른다. $W(r)$도 종 모양의 곡선이지만 완전한 Gauss 함수 형태는 아니다. 하지만, n 값이 충분히 클 경우(긴 사슬에 해당)에는 Gauss 함수에 매우 근접하는 형태를 가진다.

위 관계식을 이용하여 자유 연결 사슬에 대한 평균 제곱 말단 거리를 다음과 같이 구할 수 있다.

$$\begin{aligned} \langle r^2 \rangle_o &= \int_o^\infty r^2 W(r)dr \\ &= 4\pi(2\pi n\ell^2/3)^{-3/2} \int_o^\infty r^4 \exp(-3r^2/2n\ell^2)dr \\ &= n\ell^2 \end{aligned} \tag{3.50}$$

이렇게 얻어진 결과는 앞에서 벡터 조작으로부터 얻어진 결과와 동일함을 알 수 있다.

위에서 얻어진 사슬 끝의 방사상 분포 함수를 이용하여 다음과 같이 평균 제곱 회전 반경도 구할 수 있다. 사슬의 j번째 반복 단위를 무게 중심으로 가정하고, j번째 반복 단위에서부터 출발하여 사슬의 느슨한 끝까지 반복 단위들을 순서대로 세어 보았을(count) 때, 각 반복 단위들에 지수(index)인 k(dummy variable: 가짜 변수에 해당)를 부여하면 다음과 같이 식을 전개할 수 있다.

$$(R_g^2)_j = [\Sigma m_0 W(k,r)r^2 + \Sigma m_o W(k,r)r^2]/\Sigma m_o \tag{3.51}$$

여기서, m_o는 반복 단위의 무게를 말한다.

$$(R_g^2)_j = (1/n)[\Sigma W(k,r) + \Sigma W(k,r)]r^2 \tag{3.52}$$

$$\begin{aligned}\langle R_g^2\rangle_o &= \Sigma(R_g^2)_j/n \\ &= (1/2n^2)\sum_{j=1}^{n}[\Sigma W(k,r) + \Sigma W(k,r)]r^2 \\ &= (1/n^2)\Sigma\Sigma\int_o^\infty 4\pi r^4(2\pi k\ell^2/3)^{-3/2}\exp(-3r^2/2k\ell^2)dr \\ &= (1/n^2)\sum_{j=1}^{n}\sum_{k=1}^{j}k\ell^2\end{aligned} \tag{3.53}$$

$$\begin{aligned}\langle R_g^2\rangle_o &= \int_o^n\{\int_o^j(\ell^2/n^2)kdk\}dj \\ &= \int_o^n(\ell^2/n^2)(j^2/2)dj \\ &= (1/6)n\ell^2 \\ &= (1/6)\langle r^2\rangle_o\end{aligned} \tag{3.54}$$

이 결과 또한, 벡터 조작으로부터 얻어진 결과와 동일하다.

위에서 얻어진 방사상 분포 함수로부터 벡터 조작 때와는 달리, 말단 거리나 회전 반경에 대하여 여러 conformation의 평균값 이외에, 이들의 분포에 대한 정보를 얻을 수 있다. 예를 들면, 말단 거리의 최빈값(most probable value)인 r_{max}를 다음과 같이 구한다.

$$W(r) = (\beta/\pi^{1/2})^3 4\pi r^2\exp(-\beta^2r^2)$$

$$\beta = (3/2n\ell^2)^{1/2} \tag{3.55}$$

$$dW(r)/dr = 0 \tag{3.56}$$

$$r_{max} = 1/\beta = \ell(2n/3)^{1/2} = 0.82n^{1/2}\ell \tag{3.57}$$

또, 말단 거리의 단순 평균값 $\langle r\rangle$도 다음과 같이 구할 수 있다.

$$\begin{aligned}\langle r\rangle &= \int_o^\infty rW(r)dr \\ &= 2/(\beta\pi^{1/2}) = 0.92\,n^{1/2}\ell\end{aligned} \tag{3.58}$$

이와 유사하지만 다른 종류의 값인 근 평균 제곱 말단 거리는 다음과 같이 구한다.

$$\begin{aligned}\langle r^2\rangle_o^{1/2} &= \langle\int_o^\infty r^2W(r)dr\rangle^{1/2} \\ &= (3/2\beta^2)^{1/2} = n^{1/2}\ell\end{aligned} \tag{3.59}$$

이들 여러 종류의 conformation에 대한 평균값들은 말단 거리의 분포 곡선에서 다음과 같이 위치하게 된다.

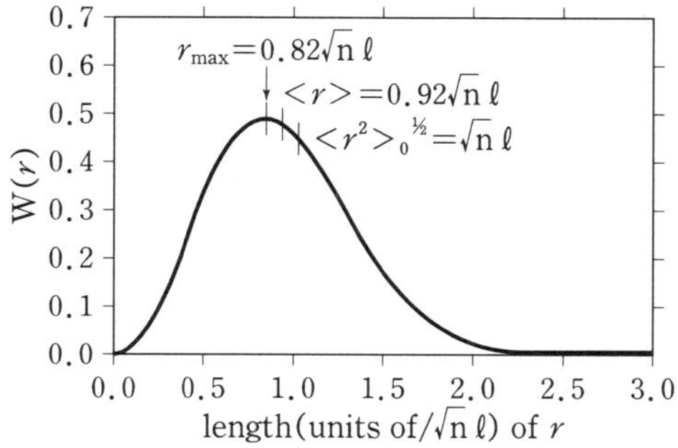

그림 3.30 ❖ 사슬 말단 거리의 방사상 확률 분포 및 종류별 평균 말단 거리

즉, 이들 값의 상호 크기 비교는 다음과 같다.

$$r_{max} < \langle r \rangle < \langle r^2 \rangle_o^{1/2} \tag{3.60}$$

이와 같이 무동요 상태에 있는 자유 연결 사슬의 경우, 근 평균 말단 거리는 세그멘트 수의 1/2 승(power)에 비례하는 특성을 보이나, 실제 사슬에 가까운 자기 회피 랜덤 걷기 모델(self-avoiding random walk model)을 적용할 경우에는 0.5와 1.0 사이의 승에 비례하는 결과를 보여준다.

3.3.2 자유 회전 사슬 모델(freely-rotating chain model: FRC model)

앞에서 다룬 자유 연결 사슬에서는 자유로운 결합각을 가정하고 있는데, 이는 실제 사슬 내의 탄소 원자들이 정사면체의 configuration을 가지는 사실과 정면으로 어긋난다. 이에 따라, 자유 회전 사슬에서는 아래 그림 3.31에 나타난 바와 같이 사슬 내의 연속 결합 사이의 결합각이 고정되어 있고, 단지 결합의 내부 회전이 가능하다고 가정한다.

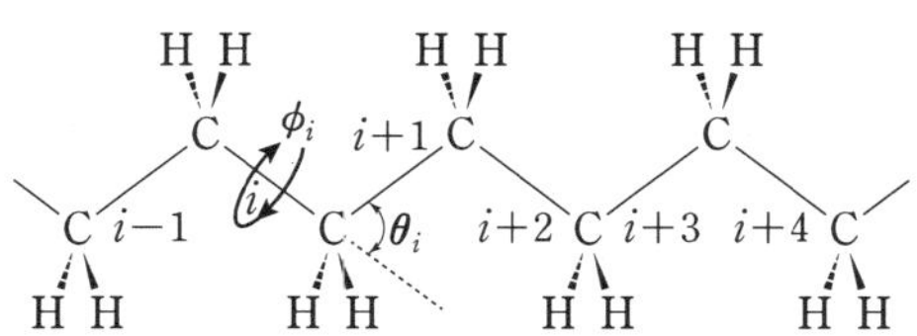

그림 3.31 ❖ 자유 회전 사슬 모델

이웃하는 세그멘트들의 배향(orientation)을 위한 단위 벡터들이 이루는 평균각인 보충각(θ)은 다음 관계식을 가진다.

$$\theta = 180^\circ - (\text{고정된 결합각}) \tag{3.61}$$

$$\langle \boldsymbol{\ell}_i \boldsymbol{\ell}_j \rangle = \ell^2 \cos\theta \qquad (j = i + 1) \tag{3.62}$$

위 관계를 보다 일반화하여 2개의 세그멘트가 k 세그멘트 만큼 떨어져 있는 경우에는 위 관계식이 다음과 같이 변한다.

$$\langle \boldsymbol{\ell}_i \cdot \boldsymbol{\ell}_{i+k} \rangle = \ell^2 (\cos\theta)^k \tag{3.63}$$

이를 참고로 하여 자유 회전 사슬에 대한 말단 거리 관계식을 구해 보면 다음과 같다.

$$\langle r^2 \rangle_o = n\ell^2 + 2 \sum_{i=1}^{n} \sum_{j=1}^{n} \langle \boldsymbol{\ell}_i \boldsymbol{\ell}_j \rangle \tag{3.64}$$

$$\langle \boldsymbol{\ell}_i \cdot \boldsymbol{\ell}_j \rangle = \langle \boldsymbol{\ell}_1\boldsymbol{\ell}_2 + \boldsymbol{\ell}_1\boldsymbol{\ell}_3 + \cdots\cdots \boldsymbol{\ell}_1\boldsymbol{\ell}_n + \boldsymbol{\ell}_2\boldsymbol{\ell}_1 + \boldsymbol{\ell}_2\boldsymbol{\ell}_3 + \cdots + \boldsymbol{\ell}_2\boldsymbol{\ell}_n + \cdots \rangle, \ (i \neq j) \tag{3.65}$$

$$\langle \boldsymbol{\ell}_i \cdot \boldsymbol{\ell}_{i+1} \rangle = \ell^2 \cos\theta \tag{3.66}$$

$$\langle \boldsymbol{\ell}_i \cdot \boldsymbol{\ell}_{i+2} \rangle = \ell^2 (\cos\theta)^2 \tag{3.67}$$

$$\langle \boldsymbol{\ell}_i \cdot \boldsymbol{\ell}_j \rangle = \ell^2 (\cos\theta)^{j-i} \tag{3.68}$$

여기에서 $j - i = k$, $\cos\theta = \alpha$로 두면, 평균 제곱 말단 거리는 다음과 같이 표시할 수 있다.

$$\begin{aligned}\langle r^2 \rangle_o &= n\ell^2 [1 + (2/n) \sum_{k=1}^{n-1} (n-k)\alpha^k] \\ &= n\ell^2 \{1 + 2[\Sigma\alpha^k - (2/n)\Sigma k\alpha^k]\} \\ &= n\ell^2 \{1 + 2(\alpha - \alpha^n)/(1-\alpha) - (2/n)[\alpha(1-\alpha)^n/(1\text{-}\alpha)^2 - n\alpha^n/(1-\alpha)]\} \\ &\cong n\ell^2 [1 + 2\alpha/(1-\alpha) - (2\alpha/n)(1-\alpha)^n/(1-\alpha)^2]\end{aligned} \tag{3.69}$$

위 관계식으로부터 특성비는 세그멘트 개수인 n의 함수가 됨을 알 수 있다. n값이 충분히 크고 α값이 1.0에 아주 가깝지 않으면(즉 결합각이 180°보다 충분히 작으면), 위 관계식은 다음과 같이 보다 간략하게 표시할 수 있다.

$$\langle r^2 \rangle_o \approx n\ell^2 [(1+\alpha)/(1-\alpha)] = n\ell^2 [(1+\cos\theta)/(1-\cos\theta)] \tag{3.70}$$

만약 결합각이 일반적인 값인 109.5°($\theta = 70.5°$)이면 평균 제곱 말단 거리가 다음과 같이 된다.

$$\langle r^2 \rangle_o = 2n\ell^2 \tag{3.71}$$

이에 따라, 무동요 상태에 있는 자유 회전 사슬의 특성비 값은 2.0이 된다.

자유 회전 사슬의 R_g는 다음과 같이 구할 수 있다. 우선 단일 자유 회전 사슬의 말단 거리에 대한 관계식에서 n을 $|i-j|$로 대체하면 다음과 같이 표시될 수 있다.

$$\langle r_{ij}^2 \rangle_o = |i-j|\ell^2[1 + 2\alpha/(1-\alpha) - (2\alpha/|i-j|)(1-\alpha)^{|i-j|}/(1-\alpha)^2] \quad (3.72)$$

$$\langle R_g^2 \rangle_o = [1/2(n+1)^2] \sum_{j=1}^{n} \sum_{i=j+1}^{n} \langle r_{ij}^2 \rangle_o \approx (1/6)n\ell^2[(1+\alpha)/(1-\alpha)] \quad (3.73)$$

여기에서도 코일의 크기가 자유 연결 사슬 때와 마찬가지로 $n^{1/2}$에 비례함을 알 수 있다.

위 식에서 n값이 충분히 클 경우에는 다음 관계식이 성립된다.

$$\langle R_g^2 \rangle_o = (1/6)\langle r^2 \rangle_o \quad (3.74)$$

이 관계식은 앞에서 언급한 것처럼 모든 종류의 이상 연질 사슬 모델에 대하여도 성립한다.

3.3.3 장애 회전 사슬 모델(hindered-rotation chain model: HRC model)

실제 고분자 사슬에 있어서는 각 결합의 내부 회전을 제한하는 사슬 내에서의 입체적 상호 작용이 존재한다. 입체적 상호 작용은 중첩되는 전자들 사이의 반발 작용에 의해 야기된다. 이에 따라, 보다 실제 상태에 가까운 사슬 conformation을 구현하기 위해서는 연속되는 골격 원자들이 형성하는 두 면(plane)의 교차로 인해 생기는 비틀림 상태(torsional state)를 고려하여야 한다. 이로 인해 장애 회전 사슬 모델에서는 앞의 사슬 모델에서보다 더 적은 수의 구분될 수 있는 내부 회전 상태가 존재하게 된다.

장애 회전 사슬 모델은 골격 사슬의 내부 결합(internal bond: 사슬의 끝 결합을 제외한 모든 결합)에서 이웃하는 골격 탄소에 붙어 있는 그룹들 사이의 상호 작용만을 고려한다. 즉, 이웃하는 내부 결합의 회전과는 무관하다고 가정하는 것이다. 이에 따라, 이를 결합 비종속적(bond-independent) 상호 작용이라 부르기도 한다. 간단한 예를 들면, 아래 그림 3.32에서 나타나 있듯이 n-부탄(n-butane)에서의 내부 C−C 결합의 회전이 이에 해당한다.

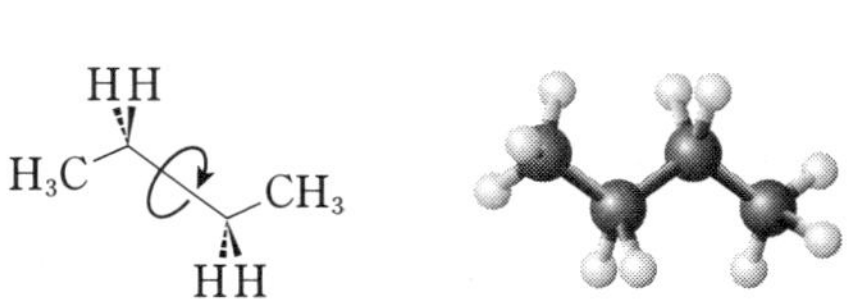

그림 3.32 ❖ n-부탄의 내부 C-C 결합의 회전

이 경우의 단순 상호 작용은 폴리에틸렌의 C−C 장애 회전을 위한 합리적인 모델이 될 수 있다.

하지만, *n*-펜탄(*n*-pentane)의 경우를 생각해 보면 사슬 내의 상호 작용 양상이 달라진다. 아래 그림 3.33에 나타난 바와 같이 *n*-펜탄 사슬에서는 이웃하는 내부 결합 사이에 상호 작용이 존재함을 알 수 있다.

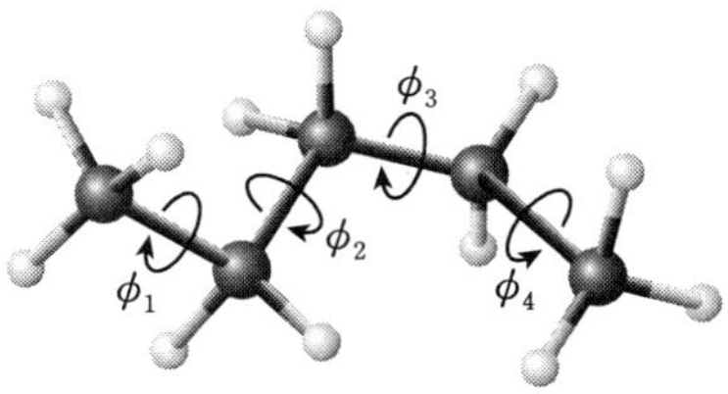

그림 3.33 ❖ *n*-펜탄의 내부 C-C 결합의 회전

이와 같은 상호 작용을 결합 종속적(bond-dependent) 상호 작용 또는 '펜탄 효과'라 부른다. 실제 고분자 사슬에서는 이러한 결합 종속적 상호 작용이 존재하며, 사슬의 내부 결합들의 내부 회전은 이웃하는 결합의 내부 회전각에 의해 영향을 받는다.

장애 회전 사슬의 평균 제곱 말단 거리는 결합의 비틀림에 의한 상호 작용 에너지(비틀림 포텐셜 에너지)가 영향을 미친다. 비틀림 포텐셜 에너지(torsional potential energy)는 결합의 conformation이 가지는 총 포텐셜 에너지의 한 부분이므로, 총 포텐셜 에너지를 먼저 살펴보기로 한다. 총 포텐셜 에너지는 아래 그림 3.34에 나타난 바와 같이 여러 요소에 의해 결정이 된다.

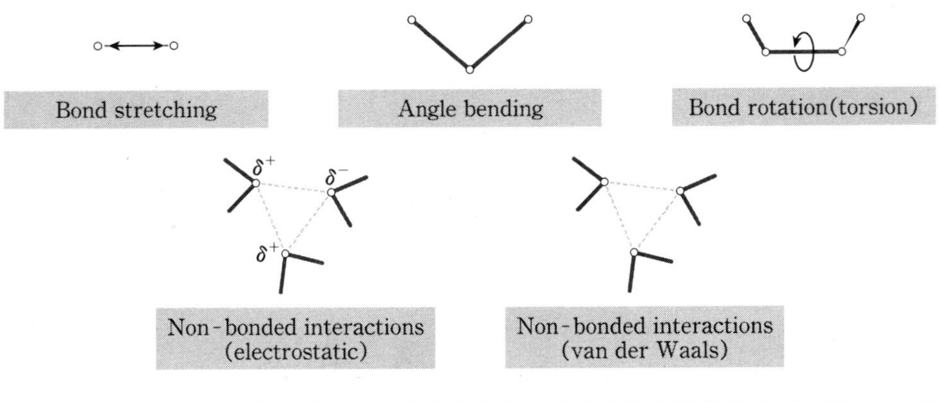

그림 3.34 ❖ 사슬의 포텐셜 에너지를 결정하기 위한 분자역학의 힘의 장에 기여하는 요소들

i) 결합의 연신 에너지
i) 결합각의 굽힘 에너지
ii) 결합의 회전에 의한 비틀림 에너지
iii) 비결합 에너지(non-bonded energy): 비결합 에너지에는 정전기적 상호 작용과 van der Waals 상호 작용이 있다. van der Waals 힘은 화학적으로 결합하지 않은 원자나 분자 사이의 상호 작용을 의미하는데, 일반적으로는 분자 사이의 상호 작용을 나타낸다.

장애 회전 사슬의 평균 제곱 말단 거리는 매우 복잡한 계산 과정을 거쳐 비틀림각의 함수로 얻어질 수 있는데 그 결과는 다음과 같다.

$$\langle r^2 \rangle_o = n\ell^2[(1+\cos\theta)/(1-\cos\theta)][(1+\langle\cos\phi\rangle)/(1-\langle\cos\phi\rangle)]$$
$$= n\ell^2[(1+\cos\theta)/(1-\cos\theta)]\sigma^2 \tag{3.75}$$

여기서, ϕ는 비틀림각(또는 이면각), θ는 보충각, σ는 입체 장애 파라미터(steric hindrance parameter)이다. 이때, 입체 장애 파라미터(σ)는 다음과 같이 정의된다.

$$\sigma \equiv [(1+\langle\cos\phi\rangle)/(1-\langle\cos\phi\rangle)]^{1/2} \tag{3.76}$$
$$\langle\cos\phi\rangle = \int\exp[-U(\phi)/kT]\cos\phi d\phi/\int\exp[-U(\phi)/kT]d\phi \tag{3.77}$$

여기서, $U(\phi)$는 비틀림 포텐셜 에너지 함수이고, $\langle\cos\phi\rangle$는 비틀림각에 따른 총 포텐셜 에너지 분포에 대한 평균 비틀림각으로서, 비틀림각에 따른 화학 포텐셜 에너지로부터 Boltzmann 분포 법칙을 적용하여 얻어진다. 비틀림 포텐셜 에너지에 가장 큰 영향을 미치는 것은 van der Waals 상호 작용이다. 비틀림 포텐셜 에너지는 실험적으로 결정하는 것이 어려우므로, 양자역학 및 분자역학(molecular mechanics)의 도움을 받아 결정이 된다.

단위 몰을 기준으로 한 총 포텐셜 에너지(E_{tot})와 비틀림 포텐셜 에너지(E_{tors}) 및 비 비틀림 포텐셜 에너지($E_{non-tors}$: 총 포텐셜 에너지에서 비틀림 포텐셜 에너지를 제외한 값에 해당, non-torsional potential energy)의 관계를 다음과 같이 나타낼 수 있다.

$$E_{tot} = E_{non-tors} + E_{tors} \tag{3.78}$$

총 포텐셜 에너지는 양자역학적 방법으로 계산이 되고, 비틀림 포텐셜 에너지를 제외한 나머지 에너지인 비 비틀림 포텐셜 에너지($E_{non-tors}$)는 분자역학적 방법인 힘의 장(force field)에 의하여 계산할 수 있다. 다행히 총 포텐셜 에너지를 위한 양자역학 관련 패키지 프로그램이나 비 비틀림 포텐셜 에너지를 위한 분자역학 관련 패키지 프로그램들이 잘 개발되어 있어, 각 프로그램 운용에 필요한 기본 정보들만 갖추어져 있으면 쉽게 각 포텐셜 에너지를 구할 수 있다.

분자역학이라 함은 양자역학과는 달리, 시스템의 에너지를 전자의 분포와 상관없이 원자들의 위치만을 고려하여 계산하는 것이다. 예를 들어, 결합의 연신 에너지(E_{st}) 및 결합각의 굽힘 에너지(E_{bend})는 힘의 장에 따라 다음 식에 의해 계산한다.

$E_{st} = \Sigma k_b(r - r_0)^2$ (k_b는 스프링 상수이며, r은 평형 위치인 r_0로부터 늘어난 거리) (3.79)

$E_{bend} = \Sigma k_\theta(\theta - \theta_0)^2$ (k_θ는 상수이며, θ는 평형 결합각인 θ_0로부터 벗어난 결합각) (3.80)

이때 일련의 상수 값들은 실험이나 양자역학적 계산에 의한 반경험적 방법으로 얻어질 수 있다.

비결합 포텐셜 에너지($E_{non\text{-}bond}$)는 Lennard-Jones 포텐셜 에너지와 정전기적 포텐셜 에너지로 구성된다. Lennard-Joens 포텐셜(E_{LJ}: 단위 몰당 포텐셜 에너지에 해당)은 화학 결합이 없는 두 원자 사이의 상호 작용에 의한 단위 몰당 포텐셜 에너지를 거리의 함수로 설명하는 것으로 다음과 같이 표시된다. 즉, Lennard-Jones 포텐셜 식은 두 원자 사이의 인력과 반발력의 차이를 설명하고 있다.

$$E_{LJ} = 4\varepsilon[(\sigma/r)^{12} - (\sigma/r)^6] \tag{3.81}$$

Lennard-Jones 포텐셜(E_{LJ})은 아래 그림 3.35와 같이 나타나며, ε은 Lennard-Jones 포텐셜의 우물 깊이(well-depth)이고, σ는 van der Waals 반경이다. 우물 깊이(ε)는 서로 화학 결합 상태가 아닌 원자 사이에 작용하는 인력을 나타내는 지표이고, van der Waals 반경(σ)은 결합하지 않은 상태의 두 원자가 서로 가까이 갈 수 있는 거리의 절반에 해당한다.

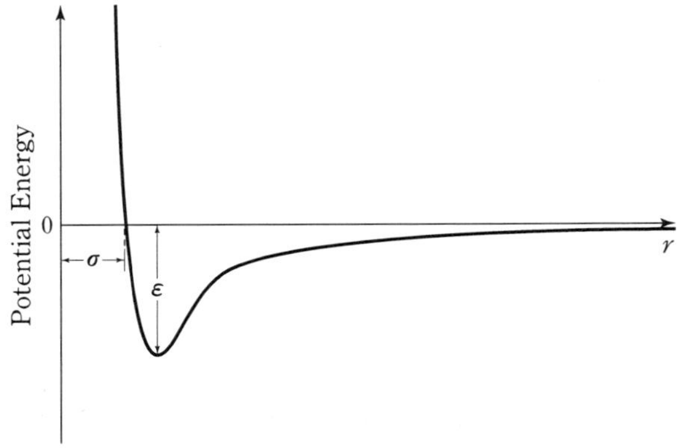

그림 3.35 ❖ Lennard-Jones 포텐셜

화학 결합을 하지 않은 두 원자 사이의 단위 몰당 정전기적 포텐셜 에너지(E_{static})는 다음과 같이 표시된다.

$$E_{static} = (q_i q_j / 4\pi\varepsilon_0 r_{ij}) \tag{3.82}$$

여기서, q는 전하량, ε_0는 진공 유전율이다.

이에 따라 단위 몰당 비결합 포텐셜 에너지($E_{non\text{-}bond}$)는 다음과 같이 된다.

$$E_{non\text{-}bond} = E_{LJ} + E_{static} = 4\varepsilon[(\sigma/r)^{12} - (\sigma/r)^6] + (q_i q_j / 4\pi\varepsilon_0 r_{ij}) \tag{3.83}$$

위에서 설명한 바와 같이, 분자역학과 양자역학의 도움으로 비틀림 포텐셜 에너지($E_{tors} = E_{tot} - E_{non\text{-}tors}$)가 수치적으로 계산될 수 있다. 비틀림 포텐셜 에너지, $U(\phi)$는 주기성을 가진 포텐셜 함수로 나타나며, 이는 경험적으로 몇 가지 형태로 표시할 수 있는데, 그 중의 하나가 다음과 같이 비교적 간단한 형태의 식을 가진다. 이때 V_n은 각 주기 함수의 세기이다.

$$U(\phi) = \Sigma(V_n/2)(1 + \cos n\phi) \tag{3.84}$$

비틀림(torsion) 자체가 주기성을 가지므로, 비틀림 포텐셜 에너지도 기본적으로 주기성을 가지는 Fourier 시리즈 형태로 표시될 수 있다. Fourier 시리즈라 함은 주기 함수를 sine이나 cosine의 무한 합으로 확장하여 표시한 것으로서, Taylor 시리즈에 비견될 수 있다. 이들 시리즈 함수는 수학을 물리 과학(physical science)에 응용할 수 있는 장점을 가지고 있다.

위의 식 3.84에서 V_n은 비틀림 장벽(torsional barrier)의 크기이고, n은 0, 1, 2, 3값을 가지는데 이는 Fourier 시리즈의 연속을 나타내는 지수이며, 비틀림 포텐셜 에너지의 최대, 최소점이 나타나는 주기성과 관련된 정수 상수(integer constant)이다. 즉, 결합이 360°회전하는 동안 나타나는 최대, 또는 최저 포텐셜 에너지의 개수에 해당한다. 일반적으로 위와 같이 Fourier 시리즈의 3개 항(term)이면 비틀림 포텐셜 에너지를 모델화하기에 어느 정도 충분하다. 비틀림 포텐셜 에너지 함수를 위한 파라미터(V_1, V_2, V_3 등)의 결정은 양자역학 및 분자역학의 도움으로 계산된 비틀림 포텐셜 에너지와, 위의 비틀림 포텐셜 함수에 의해 얻어진 에너지 값의 차이가 최소화되도록 함으로써 결정될 수 있다. 이를 위한 프로그램도 잘 개발되어 있다.

n-부탄에서와 같이 3개의 공유 결합에 의해 떨어져 있는 원자들 사이의 입체적 장애가 있을 경우, 비틀림 포텐셜 에너지는 다음 관계식 3.85로 얻어질 수 있으며 앞의 그림 3.6과 같이 나타난다. 비틀림 포텐셜 에너지는 분자 내(intramolecular) 상호 작용 에너

지로서 고분자 사슬의 유연성(chain flexibility)이나 세그멘트의 동역학에 중요한 역할을 한다.

$$U(\phi) = 11.8 + 7.66 \cos\phi + 4.64 \cos 2\phi + 8.8 \cos 3\phi \tag{3.85}$$

앞의 관계식에 의하면 장애 회전 사슬에서도 $\langle r^2 \rangle_o$가 n값에 비례함을 알 수 있다. 자유 회전 사슬 경우에는 사슬 내에 입체 장애가 존재하지 않으므로 σ 값이 1.0이 된다. 앞에서 고려한 저분자의 비틀림 포텐셜 에너지를 구하는 과정은 사슬 모델에서도 사슬의 구조를 적절히 대표할 수 있는 저분자 모델 화합물을 사용하여 적용이 가능하므로, 고분자 사슬 전체에 대한 포텐셜 에너지 계산 시간을 획기적으로 줄일 수 있다. 앞에서 소개한 여러 사슬 모델들을 적용하여 폴리에틸렌 사슬($\ell = 1.53$Å, $n = 5{,}000$, 결합각 $= 112°$)에 대하여 근 평균 제곱(RMS) 말단 거리 값을 계산한 결과는 다음과 같다.

FJC : 108 Å, FRC: 160 Å, HRC (60%: $\phi = 180°$, 20%: $\phi = +60°$,
20%: $\phi = -60°$): 245 Å

폴리에틸렌의 장애 회전 사슬 모델에 대해 C_∞를 계산한 값은 5.13인데, 실험적으로 얻어진 값은 약 6 ~ 7 정도로서 계산 값과 상당히 근사하고 있음을 보여준다.

자유 회전 사슬과 장애 회전 사슬에서는 자유 연결 사슬과 달리, 결합각이나 내부 회전 포텐셜(internal rotational potential)과 같은 단거리 상호 작용에 의한 사슬의 팽창이 존재한다.

위에서 언급한 모든 사슬 모델들은 사슬 내의 소단위(subunit)들이 자기 교차(self-cross)될 수 있는 것으로 가정하고 있는데, 이들 사슬들은 배제 부피가 존재하지 않게 되어 이상 사슬이라 부른다.

사슬 내의 단량체 소단위들이 이웃하는 소단위들에 결합되어 있는 상태에서 랜덤 배향을 가지는 사슬 conformation 형태의 고분자 사슬을 랜덤 코일(random coil)이라 부르기도 한다. 랜덤 코일에서 내부 회전에 제한이 없는 이상적인 형태는 자유 회전 사슬이다. 일반적으로 랜덤 코일은 매 단일 결합에서 내부 회전이 일어나며, 그 정도가 같은 종류의 결합으로 구성된 저 분자량을 가진 분자에서 볼 수 있는 자유도와 같다.

3.4 고분자 사슬의 Conformation 성질을 설명하기 위한 파라미터

고분자 사슬의 conformation 관련 성질을 이해하기 위한 파라미터(parameter)에는 여러 가지가 있는데 이들은 서로 상관 관계를 가지고 있다. 이들 대표적인 파라미터에는 입체 장애 파라미터(σ), 특성비(C_∞), 지속 길이(persistence length), Kuhn 길이, 회전 반경(R_g) 등이 있다.

3.4.1 입체 장애 파라미터(steric hindrance parameter: σ)

입체 장애 파라미터는 고분자 사슬의 conformation 성질 중에서 가장 간단한 개념으로서 다음과 같이 자유 회전 사슬의 평균 제곱 말단 거리, $\langle r^2 \rangle_{fr}$을 사용하여 정의할 수 있다.

$$\langle r^2 \rangle_o = \langle r^2 \rangle_{fr} \cdot \sigma^2$$

$$\sigma = [\langle r^2 \rangle_o / \langle r^2 \rangle_{fr}]^{1/2} \qquad (3.86)$$

즉, 입체 장애 파라미터는 자유 회전 사슬에 있어서 사슬의 내부 회전에 대해 제한이 가해지는 효과(비틀림 효과라고도 함)를 나타내는 파라미터이다. 고분자 사슬의 비틀림 운동에 제한이 가해질 경우, 자유 회전 사슬 때에 비해 사슬이 팽창된다. 이에 따라, 실제 모든 고분자 사슬에 있어 σ값은 1.0보다 커지게 된다. 이때, 평균 제곱 말단 거리도 물론 커진다. 일반적으로 고분자 사슬에 벌키한 곁그룹이 붙어 있으면 내부 회전이 어려워져 σ값이 증가하게 된다. 그러나 고분자 사슬의 골격에 방향족 고리와 같은 단단한 링(rigid ring)이 사슬의 대부분을 차지할 경우, 일반적으로 σ값이 감소하는 경향을 보인다. 이는 고분자 사슬 내의 대부분은 단단한 상태에서 나머지 일부분만 비틀림 운동이 가능하여 말단 거리 증가에 기여하기 때문이다.

아래 표 3.8에 일부 고분자 사슬들에 대하여 실험적으로 결정된 전형적 σ값들이 나타나 있다.

표 3.8 대표적 고분자의 입체 장애 파라미터

Polymer	σ (입체 장애 파라미터)
Polystyrene(PS)	2.30
Polymethyl methacrylate(PMMA)	2.08
Polydimethyl siloxane(PDMS)	1.39
Polypropylene(atactic PP)	1.61
Polyisobutylene(PIB)	1.80

위에 나타난 표에서 PDMS의 경우에 매우 낮은 σ값을 보이고 있는데, 이는 아래 그림 3.36에서와 같이 그 결합각(Si-O-Si: 143°)이 상당히 크고, 산소 원자에 붙어 있는 그룹이 없어 내부 회전이 용이하기 때문이다. 폴리스티렌이 상대적으로 높은 σ값을 보이는 것은, 사슬 골격에 붙어 있는 방향족 고리 그룹이 벌키하여 내부 회전에 제약을 가하기 때문이다.

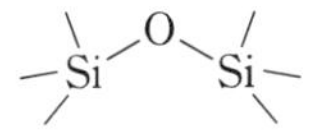

그림 3.36 ❖ 폴리디메틸 실록산의 화학 구조식

3.4.2 특성비(characteristic ratio: C_∞)

주어진 사슬에 대하여 측정된 제곱 말단 거리와 자유 연결 사슬의 제곱 말단 거리와의 비율로 정의되는 특성비(C_∞)는 다음과 같이 표시할 수 있다.

$$C_\infty = \langle r^2/n\ell^2 \rangle = \sigma^2 \langle r^2 \rangle_{fr}/n\ell^2 \tag{3.87}$$

위 관계식에서 볼 수 있듯이 C_∞는 σ^2에 비례한다. σ가 주어진 결합각에서 자유로운 내부 회전을 가정했을 경우의 비틀림 관련 파라미터인 것임에 비하여, C_∞는 결합각의 효과를 추가적으로 포함하고 있어 C_∞가 σ보다 더 선호되는 성격을 가지며 일반적으로 σ값보다 더 크다. 아래 표 3.9에 여러 종류의 고분자 사슬들의 전형적인 C_∞값(실험적으로 얻어진 값)을 표로 나타내었다.

표 3.9 대표적 고분자의 특성비

Polymer	특성비(C_∞)
Polybutadiene	4.9
Polyethylene oxide(PEO)	5.0
Polyisobutylene(PIB)	6.6
Polyethylene	6.8
Polypropylene	6.8
Polymethyl methacrylate(atactic PMMA)	6.9
Polystyrene	10.2
DNA	600

폴리부타디엔의 경우에 특히 낮은 C_∞값을 보이는 것은, 아래 그림 3.37에서와 같이 그 사슬이 선형 구조를 가지고 있고, 골격 탄소에 붙어 있는 그룹이 오직 수소로만 구성되어 있어 C-C 단일 결합을 중심으로 한 내부 회전이 매우 용이하기 때문이다.

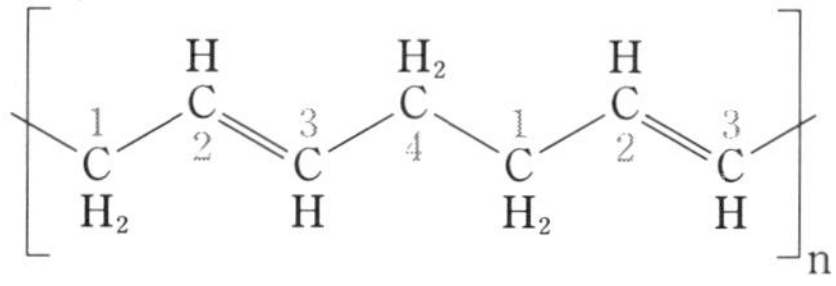

그림 3.37 ❖ 폴리부타디엔의 화학 구조식

폴리스티렌의 경우, 입체 장애 파라미터에서와 같은 이유로 상대적으로 높은 C_∞값을 보여주고 있다. 특히, DNA의 경우 매우 높은 C_∞값을 보여준다. DNA는 이중 가닥(double strand)의 나선형 구조를 가지고 있어, 사슬 상호 간의 수소 결합에 의한 강한 상호 작용으로 사슬의 내부 회전이 극도로 제한을 받아 사슬의 말단 거리가 크게 증가하기 때문이다.

위에서 보여준 C_∞ 값은 묽은 고분자 용액의 θ-상태에서 측정한 것들이다. Θ-상태는 고분자의 용해와 침전이 균형을 이루는 상태로서 온도나 용매를 적절히 선정함으로써 얻어질 수 있는데, 이 상태에서는 고분자 사슬이 주위에 용매의 존재를 전혀 느끼지 못함으로써 고분자 사슬 자체만의 특성을 발현하게 된다. 이때에는 고분자 사슬들이 이상 사슬처럼 거동을 한다. 특별히 묽은 용액에서 측정을 하는 것은 단일 사슬의 특성을 조사하기 위함이다.

자유 연결 사슬 모델을 제외한 이상 사슬의 특성비(C_n)는 아래 그림 3.38에 나타난 바와 같이 사슬의 길이(n)에 따라 증가하는 경향을 보이나, 사슬의 길이가 충분히 길어짐에 따라 특정 값에 수렴하는 특성을 보인다. 이는 n값이 충분히 커지게 되면 말단 거리가 더 이상 큰 변화를 보이지 않기 때문이다.

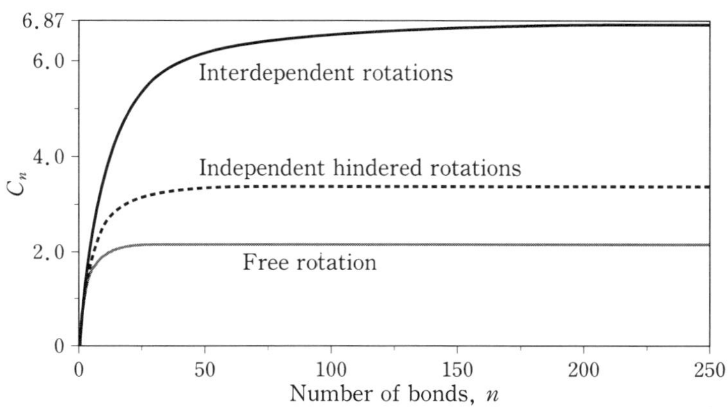

그림 3.38 ❖ 고분자 사슬 길이에 따른 특성비의 변화

실제 고분자에서는 배제 부피 효과가 존재하여 사슬 내의 세그멘트들이 자기 회피(self-avoiding) 현상을 보인다. 이에 따라, C_n값은 n값의 증가에 따라 특정 값에 수렴하지 않고 증가 속도가 둔화되기는 하지만 지속적으로 증가하는 경향을 보인다. 실제로 de Genne의 스케일링 개념(scaling concept)을 적용하면, C_n^*값이 $n^{0.2}$에 비례하는 경향을 보인다.

3.4.3 Kuhn 길이(Kuhn length)

Kuhn 모델에서는 아래 그림 3.39에서와 같이, 실제 고분자 사슬(n개의 반복 단위인 세그멘트로 구성됨)이 가상적인 단위 길이 b를 가진 N개의 세그멘트로 구성되어 있는 자유 연결 사슬이라고 가정한다. 이는 실제 고분자 사슬을 보다 간단하게 다루기 위함이다. 다시 말하면, 자유 연결 사슬에서의 세그멘트에 상응하는 Kuhn 세그멘트를 랜덤 걷기 모델에 적용함으로써, 실제 고분자 사슬을 재스케일링(rescaling) 하는 것이다. 이에 따라, Kuhn 모델에서 얻어지는 사슬을 Kuhn 사슬, 또는 '등가 자유 연결 사슬(equivalent freely jointed chain)'이라 부르기도 한다. Kuhn 사슬은 어떠한 형태의 이상 고분자 사슬로부터도 생성될 수 있는 보편적 사슬(universal chain)이 된다. Kuhn 사슬은 자유 연결 사슬 때와 마찬가지로, 사슬의 화학적 특성과는 무관한 가상 세그멘트를 가진다. Kuhn 세그멘트의 길이(Kuhn 길이라고도 함)는 랜덤 걷기 특성을 따르는, 즉 자유 연결 사슬의 특성을 가질 수 있도록 일반적으로 몇개의 C−C 결합으로 구성되는 유효 세그멘트의 길이가 된다.

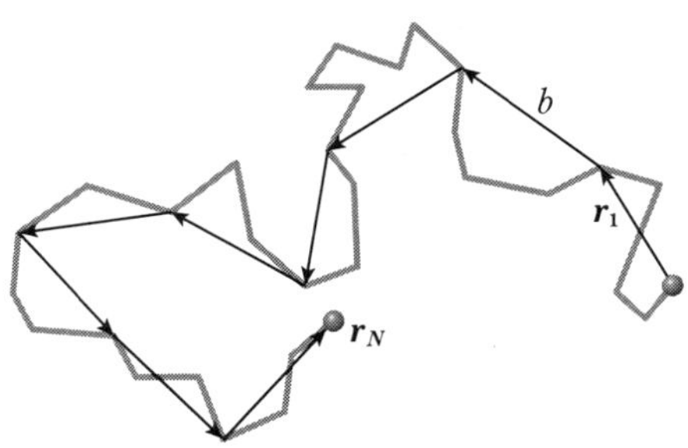

그림 3.39 ❖ Kuhn 세그멘트(b)

다시 말하면, Kuhn 길이는 고분자 사슬에서 랜덤 배향을 가질 수 있는 두 지점 사이의 최소 길이를 말한다. 이와 같이 Kuhn 세그멘트로 구성된 고분자 사슬은 각 세그멘트들이 서로 상관성을 전혀 가지지 않는다. 즉, 연속적인 세그멘트 벡터의 배향이 다른 모든 세그멘트 벡터로부터 완전히 독립적이 된다. 이로 인해 보다 강직한 고분자 사슬의 경우 Kuhn 길이는 더 커지게 된다.

Kuhn 사슬은 주어진 이상 사슬에서와 같은 말단 거리와 궤적 길이(contour length: 고분자 사슬을 결합각을 유지한 채 완전히 늘렸을 때의 길이)를 가지는 것으로 가정한다. 이로부터 Kuhn 길이가 사슬의 강직도를 설명하는 하나의 지표로 간주할 수 있게 된다. Kuhn 모델은 고분자 사슬의 길이가 아주 짧거나 사슬의 세그멘트 사이에 강한 상호 작용이 있을 경우에는 적용되기 어렵다. 왜냐하면, 이들 경우에는 랜덤 배향을 가지는 유효 세그멘트를 가지기 어렵기 때문이다.

위 그림 3.39에서 나타난 바와 같이 Kuhn 사슬은 Kuhn 길이 b를 가진 N개의 세그멘트로 구성되어 있다. Kuhn 모델에서는 원래 사슬과 같은 궤적 길이(L)를 가져야 하므로 다음 관계식이 성립한다.

$$L = Nb = n\ell \tag{3.88}$$

그러나 실제 경우에 있어서는 Nb 값은 $n\ell$ 값보다 작다. ($Nb < n\ell$)

Kuhn 사슬도 자유 연결 사슬이므로 다음 식을 만족하여야 한다.

$$\langle r^2 \rangle_o = Nb^2 = Lb \tag{3.89}$$

$$b = \langle r^2 \rangle_o / L = n\ell^2 C_\infty / L \tag{3.90}$$

이 관계식에서 C_∞ 때와 마찬가지로 사슬이 더 강직할수록 Kuhn 길이가 커짐을 알 수 있다. 이에 따라, Kuhn 길이도 사슬의 강직도를 나타내는 하나의 지표로서 원래 사슬 세그멘트 길이의 배수로서 나타난다.

자유 연결 사슬에 대한 Kuhn 길이를 위 관계식을 이용하여 계산하면 다음과 같이 된다.

$$b = n\ell^2 C_\infty / L = \ell \tag{3.91}$$

즉, FJC의 경우에는 세그멘트 길이 자체가 Kuhn 길이와 같아진다.

위 관계식에서 C_∞가 실험적으로 결정될 수 있는 값이므로 Kuhn 길이도 실험적으로 결정될 수 있다. C_∞는 광산란이나 중성자 산란(neutron scattering) 실험 등에 의해 결정될 수 있다.

아래 표 3.10에 여러 고분자 사슬에 대하여 실험적으로 결정된 전형적인 Kuhn 길이 값이 나타나 있다.

표 3.10 대표적 고분자의 Kuhn 길이

Polymer	Kuhn 길이(b)
Polyisoprene	8.2 Å
Polybutadiene	9.6 Å
Polypropylene	11 Å
Polyethylene oxide(PEO)	11 Å
Polydimethyl siloxane(PDMS)	13 Å
Polyethylene	14 Å
Polymethyl methacrylate(PMMA)	17 Å
Polystyrene	18 Å
DNA	100 nm

위 결과로부터 많은 합성 고분자의 경우, Kuhn 길이 값이 ~1 nm 스케일임을 알 수 있다. 전형적인 C−C 결합의 길이가 약 1.5 Å 정도인 것을 고려하면, Kuhn 길이는 약 6 ~ 7개 정도의 C−C 결합으로 구성되어 있을 것으로 추정된다. C_∞에서와 마찬가지로 폴리스티렌의 경우, 역시 비교적 높은 b값을 보여주고 있다. 이는 역시 골격 사슬에 붙어 있는 벌키한 방향족 그룹 때문이다. 또, DNA의 경우에도 특성비(C_∞) 때처럼 상대적으로 매우 큰 값을 나타낸다.

자유 회전 사슬에 대한 Kuhn 길이는 다음과 같은 방법으로 계산될 수 있다.

$$\langle r^2 \rangle_o = n\ell^2 C_\infty = Nb^2 \tag{3.92}$$

$$L = n\ell \cos(\theta/2) = Nb \tag{3.93}$$

$$\text{그러므로, } b = \ell\{C_\infty/[\cos(\theta/2)]\} \tag{3.94}$$

일반적인 C−C 결합의 결합각이 약 109°임을 감안하면, θ(보충각) 값이 71°가 되어 b값은 2.45 ℓ이 된다. 즉, 자유 회전 사슬은 자유 연결 사슬보다 Kuhn 길이가 약 2.5배 정도 더 커진다.

위와 같이 정의된 Kuhn 길이는 실험적으로 매우 측정이 용이하여 기본적으로 매우 편리한 개념이지만, 그 모델의 가정에서 원래 사슬과 같은 궤적 길이를 가진다고 하는 것이 실질적으로는 제약이 되며, 보다 더 강직한 사슬로 갈수록 세그멘트들의 랜덤 배향 성격이 약해져 Kuhn 모델에서 벗어나는 단점이 있다.

3.4.4 지속 길이(persistence length)

앞서 언급한 바와 같이, Kuhn 사슬은 짧은 사슬이나 강직한 사슬에 대해서는 적용하기가 적절치 않다. 이를 보완하기 위한 개념이 지속 길이이다. 지속 길이의 개념을 쉽게 이해할 수 있는 간단한 예가 요리된 라면이다. 라면은 요리하기 전 상태에서는 꼬불꼬불하나 나름대로 규칙적으로 정렬된 구조를 가지고 있는 반면, 요리가 완성되면 면이 풀어져 고분자 사슬이 코일화 된 상태처럼 보인다. 이때 면들이 상당한 길이까지는 뻣뻣한 상태를 유지하다가 휘어지는 구조를 보이는데, 이처럼 뻣뻣한 상태를 유지하는 길이가 바로 고분자 사슬의 지속 길이에 비견될 수 있다.

고분자 사슬에서는 일정 부분의 연속된 세그멘트가 그 구간에서 거의 같은 접선 벡터를 가질 수 있는데, 이 구간의 길이를 지속 길이라고 한다. 이에 따라, 지속 길이는 고분자 사슬의 강직성 또는 유연성을 나타내는 하나의 지표가 될 수 있으며, 하나의 특성 길이가 될 수 있다. DNA에 있어서 지속 길이는 여러가지 특성(기계적 성질, 고유 점도, 전기전도도, 이온 뭉침 등)에 큰 영향을 미친다. 지속 길이에 대한 보다 세부적인 이해는 다음에 설명하는 지렁이 모양의 사슬(worm-like chain: WLC) 모델을 통해서 얻어질 수 있다.

3.5 지렁이 모양 사슬 모델

지렁이 모양 사슬 모델(worm-like chain model: WLC model)은 상당한 강직도를 가지고 있는 반연질(semi-flexible) 고분자 사슬의 거동을 설명하는데 특히 유용하다. 지렁이 모양 사슬 모델은 아래 그림 3.40에 나타난 것처럼, 고분자 사슬이 마치 지렁이처럼 꿈틀거리며 움직이는 특성을 염두에 두면 이해하는데 도움이 된다. 지렁이는 기본적으로 하나의 큰 튜브 안에 여러 개의 원통형 튜브가 존재하는 형태를 가지므로, 지렁이를 고분자 사슬이 여러 개의 세그멘트로 연결되어 있는 구조로 간주한다.

그림 3.40 ❖ 지렁이 모양의 고분자 사슬

이때 지렁이의 각 세그멘트는 자유 내부 회전을 할 수는 있으나, 전체 몸체는 고유의 강직도(intrinsic stiffness)를 가지고 있는 것으로 가정한다. 즉, 지렁이는 고유의 강직도로 인해 보충각이 매우 작아 사슬이 전체적으로 코일링 하기가 어려운 반면, 각 세그멘트가 자유 회전을 할 수 있어 코일링을 할 수는 있다. 그러므로 지렁이 모양의 사슬 모델은 DNA 등과 같은 반연질성 사슬의 거동을 설명하는 데에 매우 유용하다. 지렁이 모양 사슬 모델의 한계 상황(limiting case)이 되면 이상 사슬의 보편적 묘사가 가능하다.

지렁이 모양 사슬 모델은 Kratky-Porod 모델이라고도 불리는데 자유 회전 사슬 모델의 특별한 경우라 볼 수 있다. 즉, 자유 회전 사슬 모델에서는 결합각이 고정된 값을 가지는 상태에서 각 세그멘트들이 자유 회전을 하여 전체 사슬이 쉽게 코일링 할 수 있는 반면, 지렁이 모양 사슬 모델에서는 각 세그멘트들이 자유 회전은 가능하나 보충각이 매우 작아 사슬 전체적으로는 상당히 뻣뻣한 상태를 유지하면서 조금씩 휘어지는 특성을 가진다. 이에 따라, 지렁이 모양 사슬 모델은 자유 회전 사슬 모델에 적용하였던 기본 개념들을 상당 부분 그대로 이용할 수 있다.

아래 그림 3.41에 지렁이 모양 사슬의 일부분을 나타내었는데, i와 j는 사슬의 궤적을 따라 존재하는 어떤 지점을 나타낸다.

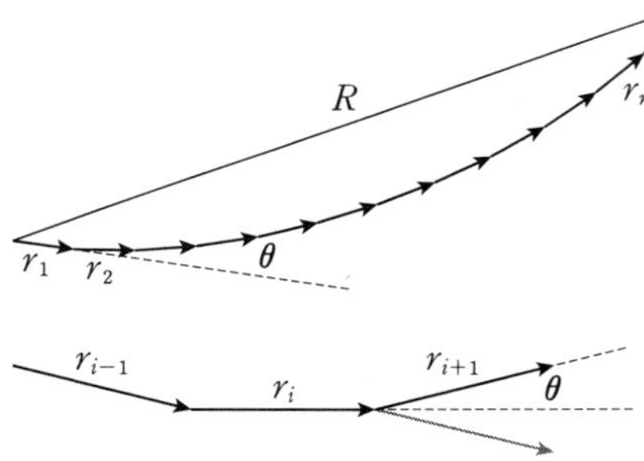

그림 3.41 ❖ 지렁이 모양 사슬의 궤적 및 세그멘트 위치

매우 작은 보충각(θ 라디안)을 가지는 사슬의 경우에는 다음과 같은 근사식이 성립될 수 있다.

$$1 - \cos\theta \approx -\ln(\cos\theta) \tag{3.95}$$

사슬을 따라 이웃하는 어느 두 단위 벡터($\boldsymbol{u}_i$, $\boldsymbol{u}_j$)들의 배향 상관 함수(orientational correlation function)는 다음과 같이 계산된다. 배향 상관 함수는 사슬의 궤적에서 어떤 두 지점에서의 단위 벡터들의 배향 사이의 상호 관계성을 나타낸다.

$$\begin{aligned}\langle \boldsymbol{u}_i \cdot \boldsymbol{u}_j \rangle &= \langle \boldsymbol{\ell}_i \boldsymbol{\ell}_j \rangle / \ell^2 \\ &= (\cos\theta)^{|j-i|} \\ &= \exp[\,|j-i|\ln(\cos\theta)] = \exp[-|j-i|\theta^2/2] = \exp[-|s_j - s_i|\theta^2/2\ell] \\ &= \exp(-s/\ell_P) \end{aligned} \tag{3.96}$$

여기서, s는 사슬의 부분적 궤적을 나타내며, 위 식으로부터 ℓ_p는 사슬의 지속 길이로서 다음과 같이 정의한다.

$$\ell_P = 2\ell/\theta^2 \tag{3.97}$$

이때 ℓ은 무한히 작은 세그멘트의 길이이고 θ는 무한히 작은 보충각인데, 사슬의 강직도에 따라 다른 값을 가지는 특성값들로서, 이들의 비율이 길이의 차원(dimension)을 가지며 사슬의 지속 길이를 결정하는 인자들이다. 위 식에서 사슬 전체의 길이(L)를 궤적으로 고려하면, $s = L$이 되고 ℓ_P는 L_p로 표시할 수 있게 된다.

위의 배향 상관 함수는 궤적의 길이에 따라 지수적으로(exponentially) 감소하는 특성을 보인다. 이와 같은 지수적 감소는 자연에서 많이 관찰되는 물리적 현상이다. 이때 감소의 특성을 결정짓는 고유 값이 존재하는데 이를 특성값이라 한다. 위 배향 상관 함수의 경우 지속 길이가 특성값에 해당한다. 위의 배향 상관 함수는 궤적 길이에 따라 0에서 1.0까지의 값을 가지게 되는데, 위 관계식에서 지속 길이(ℓ_P 또는 L_p) 값이 0이면 배향 상관 함수 값은 0이 되어 궤적을 따라 이웃하는 단위 벡터들의 배향 사이에 전혀 상관관계가 없어진다. 반면에, 지속 길이가 매우 커져 무한 값(∞)을 가지면 배향 상관 함수 값은 1.0이 되어 이웃하는 단위 벡터들의 배향 사이에도 완벽한 상관성이 존재하며, 사슬의 길이를 무한대로 늘리더라도 단위 벡터들 사이에는 완벽한 상관성이 존재한다. 이는 실제로 완벽한 강직도를 가진 막대형 사슬(perfectly rigid-rod chain)에 해당한다. 지속 길이 값, 즉 사슬의 고유 강직도가 매우 커서 사슬의 길이가 무한하게 길어지더라도 그 고유 강직도는 유지된다는 뜻이다.

이에 따라, 지속 길이는 가상의 무한 길이의 사슬을 염두에 두고 해석을 하게 된다. 위의 식에서 L_P값이 L값과 같게 되면 배향 상관 함수 값은 $1/e$이 된다. 이는 무한히 긴 사슬을 가상적으로 고려할 경우, L_p값이 L값과 같을 경우에는 그 고유 강직도에 있어서 L_P값이 L값 정도의 수준을 유지한다는 의미이다. 이런 이유로 지속 길이는 사슬의 강직도와 관련된 고유 성질이며 특성 길이가 된다. 아래 그림 3.42에 사슬의 강직도에 따른 사슬 전체 궤적 길이(L)와 지속 길이(L_p)의 관계를 나타내었다.

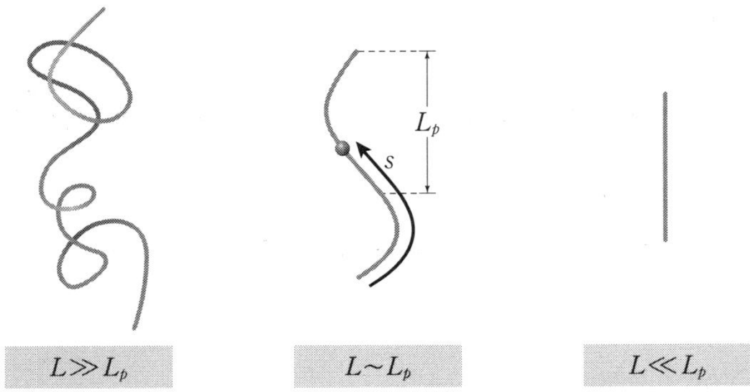

그림 3.42 ❖ 사슬의 강직도에 따른 사슬 전체 궤적 길이와 지속 길이의 관계

위의 개념을 적용하면 지속 길이보다 더 짧은 사슬의 궤적 영역에서는 사슬이 마치 유연한 탄성 막대(flexible elastic rod)처럼 거동을 보이며, 이와 반대로 지속 길이보다 더 긴 궤적 영역에서는 랜덤 걷기 유형으로 거동하게 된다. 지속 길이는 사슬이 원천적으로 강직하여 그 배향이 유지될 수 있는 길이를 말한다.

다음에 지렁이 모양 사슬에 있어서 사슬의 고유 강직도 파라미터인 지속 길이와 Kuhn 길이와의 관계를 살펴본다. 지렁이 모양 사슬은 기본적으로 아주 작은 세그멘트 단위로 자유 회전을 하므로, L_P값은 매우 작고 보충각(θ)이 매우 작아 다음 관계식이 성립한다.

$$C_\infty = (1+\cos\theta)/(1-\cos\theta) \approx [1+(1-(\theta^2/2))]/(\theta^2/2) \approx 4/\theta^2 \tag{3.98}$$

$$b = \ell C_\infty/[\cos(\theta/2)] = \ell(4/\theta^2) = 2L_P \tag{3.99}$$

또, 지렁이 모양 사슬은 매우 작은 보충각(θ)을 가지므로 L값은 다음과 같이 근사화된다.

$$L = n\ell\cos(\theta/2) \approx n\ell \tag{3.100}$$

즉, 지렁이 모양 사슬의 궤적 길이가 자유 연결 사슬 때의 궤적 길이 값과 거의 같음을 알 수 있다. 다시 말하면, 지속 길이(L_P) 값이 매우 작을 때에는 지렁이 모양 사슬이 자유 연결 사슬의 성격을 가지고 있다. 뿐만 아니라, 지렁이 사슬의 Kuhn 길이는 지속 길이의 약 2배가 됨을 알 수 있다. 이와 같은 관계는 모든 이상 고분자 사슬에 대해서도 성립이 된다. 왜냐하면, 모든 이상 사슬들은 매우 유연하여 L_P 값이 매우 작기 때문이다. 특히, 자유 연결 사슬 경우에는 위 관계식에 의하면 지속 길이 값은 $\ell/2$이 되는데, 이는 자유 연결 사슬의 한 세그멘트가 완벽히 강직하지만 자유 결합각을 가지므로, 한 세그멘트가 반대 방향으로도 배향할 수 있어 중복 계산되기 때문이다.

지렁이 모양 사슬의 평균 제곱 말단 거리는 다음과 같이 계산할 수 있다.

$$\langle \boldsymbol{u}(\mathbf{s}) \cdot \boldsymbol{u}(\mathbf{s}') \rangle = \exp(-|s-s'|/L_p) \tag{3.101}$$

$$\begin{aligned}\langle r^2 \rangle_o &= \int_o^L \int_o^L \langle \boldsymbol{u}(s)\boldsymbol{u}(s') \rangle ds ds' \\ &= \int_o^L ds \int_o^L \exp(-|s-s'|/L_p) ds' \\ &= 2L_P L - 2L_p^2[1-\exp(-L/L_p)]\end{aligned} \tag{3.102}$$

또, 지렁이 모양 사슬의 평균 제곱 회전 반경도 다음과 같이 계산할 수 있다.

$$\begin{aligned}\langle R_g^2 \rangle_o &= (1/n^2)\Sigma \langle r_{ij}^2 \rangle = (1/2L^2)\int_o^L \int_o^L [r(s)-r(s')]^2 ds ds' \\ &= (1/L^2)\int_o^L ds \int [r(s)-r(s')]^2 ds' \\ &= (1/L^2)\int ds \int [2L_p\{|s-s'| + L_p(\exp(-|s-s'|/L_p)-1)\}] ds' \\ &= (1/3)L_P L - L_p^2 - 2L_p^3/L\{[1-(L_p/L)][1-\exp(-L/L_p]\}\end{aligned} \tag{3.103}$$

지렁이 모양 사슬을 Kuhn 사슬화 하면 위 관계식은 다음과 같이 된다.

$$\langle R_g^2 \rangle_o \approx (1/3)L_P L \approx (1/3)(b/2)(Nb) = (1/6)Nb^2 \tag{3.104}$$

이로부터 평균 제곱 회전 반경, $\langle R_g^2 \rangle_o$이 이상 사슬에 대하여 보편적 형태(universal form)를 가지게 됨을 알 수 있다.

위에서 주어진 WLC의 $\langle r^2 \rangle_o$에 대한 관계식에서 2개의 한계 사례를 볼 수 있다.

a) $L \gg L_p$이면 $\langle r^2 \rangle_o \approx 2L_P L \approx bL$이 되어 자유 연결 사슬 또는 Kuhn 사슬 상태로 돌아간다.
b) $L \ll L_p$이면 $\langle r^2 \rangle_o \approx 2L_P L - 2L_P^2[1-\{(1-L/L_p+(1/2)(L/L_p)^2)\}] \approx L^2$가 되어 강직 막대 사슬 한계에 이르게 된다.

이에 따라, 지렁이 모양 사슬 모델은 L_p값의 크기에 따라 강직한 막대 사슬이나 유연한 사슬을 모두 설명할 수 있게 된다. 지렁이 모양 사슬 모델이 자유 연결 사슬을 설명할 수 있는 것은 지렁이 모양 사슬이 기본적으로 자유 회전을 하는 사슬이기 때문이다.

아래 그림 3.43에 지렁이 모양 사슬에 있어서 $\langle r^2 \rangle_o/L_p^2$와 L/L_p의 개략적인 상관성이 나타나 있다.

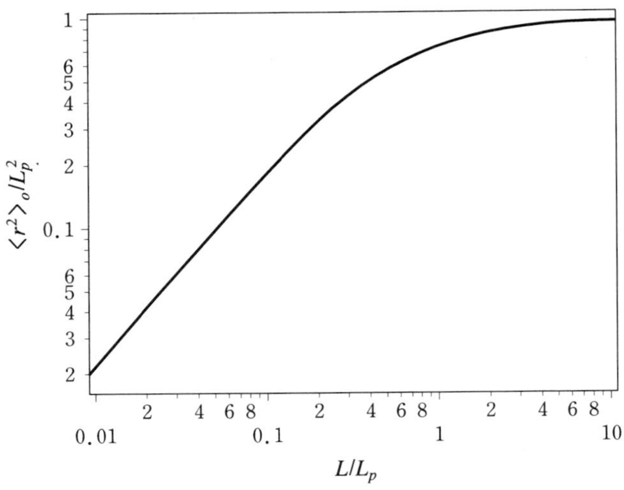

그림 3.43 ❖ 지렁이 모양 사슬의 $\langle r^2 \rangle_o/L_p^2$와 L/L_p의 관계

위 그림에서 값들이 로그(logarithm)로 표시되어 있으므로 앞의 관계식에 대해서도 로그를 취해 보면 막대형 사슬에 대해서는 다음 관계식이 성립하게 된다.

$$\langle r^2 \rangle_o/L_p^2 = L^2/L_p^2 = (L/L_p)^2 \tag{3.105}$$

이를 (L/L_p)에 대해서 서로 로그 플롯을 하면, $2 \log(L/L_p)$와 $\log(L/L_p)$의 플롯으로 바뀌게 되며 이때의 기울기 값은 2.0이 된다.

$$\langle r^2 \rangle_o/L_p^2 = 2L_pL/L_p^2 = 2(L/L_p) \tag{3.106}$$

마찬가지 방법으로 Kuhn 사슬에 대해서도 위 플롯의 기울기를 구할 수 있는데, 그 값이 1.0이 된다. 즉, 지렁이 모양 사슬 모델을 적용하면 사슬의 전체 강직도 영역에 걸쳐 유효한 플롯을 얻을 수 있게 된다.

이중 가닥 DNA의 경우, 지속 길이가 약 50 nm로 알려져 있다. 이를 기준으로 하면 DNA 사슬에 있어서 50 nm보다 작은 길이 스케일을 고려하는 영역에서는 강직 막대와 다소 같은 거동을 하고, 그 이상의 길이 스케일을 고려하면 유연한 사슬처럼 거동을 하는 것으로 해석이 된다.

지속 길이는 실험적으로 산란, 고유 점도, 전자 현미경 방법 등에 의해 결정될 수 있다. Kuhn 세그멘트가 실험적으로 쉽게 측정할 수 있는 장점이 있는 반면에, 지속 길이는 그것이 갖는 간단하고 명확하며 세밀한 의미로 인하여 보다 더 직접적인 물리적 의미를 가진다.

3.6 가우스 사슬 모델

가우스 사슬(Gaussian chain)은 자유 연결 사슬과 Kuhn 사슬의 개념을 보다 더 일반화한 것이다. 가우스 사슬도 물론 이상 사슬의 하나이다. Kuhn 사슬이 모든 이상 사슬을 다시 스케일링(scaling) 하여 단순화할 수 있는 장점이 있음에도 불구하고, 그 한계점으로서 원래 사슬과 같은 궤적 길이를 가진다는 점, 짧은 사슬이나 강한 상호 작용이 있는 사슬 또는 근본적으로 강직성을 가지는 사슬에는 적용이 어려운 점이 있다. 이를 보완하기 위하여 나타난 개념이 가우스 사슬 모델(Gaussian chain model)이다.

가우스 사슬 모델에서는 Kuhn 사슬 모델과 달리, 사슬을 이루는 Kuhn 길이와 말단 거리 벡터가 모두 가우스 분포(Gaussian distribution)를 가지고 있다고 가정을 함으로써, 보다 더 실제 사슬의 거동에 가까운 설명을 할 수 있다. 가우스 분포는 랜덤 변수가 대칭적으로 분포하고 평균값을 가지며 일반적으로 종 모양을 가지는 분포 형태이다. 가우스 분포는 자연과학이나 사회과학에서 실제 값인 랜덤 변수의 분포를 잘 알 수 없는 경우에 자주 이용되는 통계적 수단이다. 가우스 분포 개념을 도입할 경우, 여러가지 물리적 양을 이론적으로 계산할 때에 분명한 해석적 표현(explicit analytical expression)을 얻기가 쉬운 장점도 있다.

가우스 사슬은 고분자 사슬의 국부적 구조(결합각, 비틀림 효과 등)를 정확하게 묘사하지는 못하지만, 보다 큰 길이 스케일에서의 성질을 묘사할 수 있다. 예를 들면, 개별 사슬의 conformation 관련 성질이나 가교 사슬의 탄성, 또는 많은 수의 사슬 시스템의 집합적 성질(collective property)인 사슬의 확산이나 이완, 선형 점탄성 등을 설명하는데 유용하다.

가우스 사슬 모델에서는 자유 연결 사슬을 N개의 세그멘트로 다시 스케일링 하고, 평균 제곱 말단 거리가 $n\ell^2 = Nb^2$가 되도록 가정을 하며 궤적 길이는 정의하지 않는다. 여기서, b는 가우스 분포를 가지는 세그멘트들의 평균 길이를 나타낸다. 궤적 길이를 정의하지 않는 이유는 세그멘트의 길이가 가우스 분포를 형성하기에 충분하도록 세그멘트 수(N) 선택이 임의적이고, 그에 따른 겉보기 궤적 길이(apparent contour length: Nb)가 N값에 따라 변하기 때문이다.

가우스 사슬의 conformation 관련 성질(말단 거리, 회전 반경 등)을 평가하기 위한 기계적 모델로서, 에너지와 힘이 물체의 변형에 미치는 영향을 다루는 '구슬-스프링 모델(bead-spring model)'이 있다. 아래 그림 3.44에 그 모형이 나타나 있다.

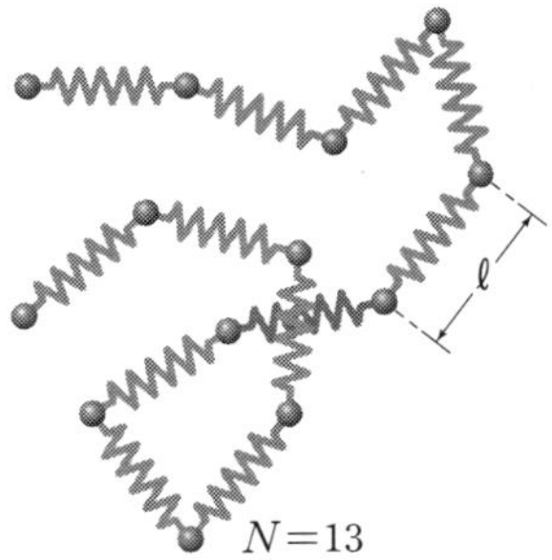

그림 3.44 ❖ 가우스 사슬을 위한 구슬-스프링 모델(ℓ : 가우스 분포를 가짐)

위 그림에서 각 구슬은 몇 개의 반복 단위를 포함하는 소사슬(sub-chain)의 무게 중심의 위치를 나타내고, 이들 구슬 사이에 스프링(사슬의 세그멘트에 해당)이 존재한다. 위 그림의 가우스 사슬은 13개의 구슬과 12개의 스프링으로 구성되어 있다. 각 스프링은 무게가 없으며 가우스 분포를 가지는 Kuhn 세그멘트에 해당한다. 이때 스프링에 대해서는 단순 조화 포텐셜(simple harmonic potential)이 적용되는 것으로 가정한다. 즉, 스프링이 Hooke의 탄성 법칙($F = -kx$)을 따르게 되어 선형 탄성 대응(linear elastic response)을 보이며 길이가 무한으로 늘어날 수 있다. 다시 말하면, 스프링은 마찰 작용이 없으며 사슬의 탄성이나 변형 성질을 결정하는 요소이다.

위의 스프링 개념을 바탕으로 이상 사슬들에 대한 힘과 변형 사이의 관계를 구해 본다. 우선 자유 연결 사슬 또는 Kuhn 사슬의 경우를 살펴보면 다음과 같다.

외부에서 힘을 가했을 때 세그멘트가 가지게 되는 에너지(E_{segment})는 다음과 같이 계산된다.

$$E_{\text{segment}} = \boldsymbol{b}_i \cdot \boldsymbol{F} \tag{3.107}$$

여기서, $\boldsymbol{b}_i$는 각 세그멘트의 길이 벡터이고, $\boldsymbol{F}$는 외부에서 가한 힘의 크기를 나타내는 벡터이다. 그런데 시스템의 에너지를 계산함에 있어 통계역학적 개념인 분배 함수(partition function)를 이용할 수 있다. 분배 함수는 시스템에서 가능할 수 있는 미세 상태의 전체 수로서 차원(dimension)이 없다. 이때의 전체 수는 단순한 어떤 합이 아니고 가중치 합이다. 가능한 미세 상태의 전체 수를 계산할 때에는 Boltzmann 인자(Boltzmann factor)를 가중치로 사용한다. 이리하여 낮은 에너지 상태가 더 쉽게 시스템에 접근이 가능하게 고려한다.

통계역학에서의 분배란 의미는 n개의 입자가 k개의 에너지 수준에 어떻게 분포되어 있느냐는 것이다. 이와 달리, 분배 함수는 특정의 에너지 상태에 있는 시스템을 발견할 확률을 계산하기 위한 정규화 인자(normalization factor)이다.

위의 자유 연결 사슬에 대하여 외부에서 힘을 어떤 한 방향(예를 들어 z축 방향 등)으로 가할 경우 연신이 일어나는데, 이때 각 세그멘트들은 서로 다른 배향을 가질 수 있으며 그 에너지 수준도 서로 다르게 된다.

이들 세그멘트의 배향을 위한 분배 함수($Z_{segment}$)는 Boltzmann 인자를 이용하여 다음과 같이 표시할 수 있다.

$$\begin{aligned} Z_{segment} &= \sum_i \exp(\boldsymbol{b}_i \cdot \boldsymbol{F}/kT) \\ &= \int \exp(\boldsymbol{b}_i \cdot \boldsymbol{F}/kT) \sin\theta \, d\theta d\phi \end{aligned} \tag{3.108}$$

위의 사슬 신장으로부터 고분자 사슬에는 회복력에 의하여 $(-\boldsymbol{b}_i \cdot \boldsymbol{F})$에 상응하는 에너지가 저장된다. 위 연신에 따른 고분자 사슬 전체에 저장되는 에너지(E_{chain})는 다음과 같다.

$$\begin{aligned} E_{chain} &= \Sigma \boldsymbol{b}_i \cdot \boldsymbol{F} \\ &= \boldsymbol{r} \cdot \boldsymbol{F} \end{aligned} \tag{3.109}$$

여기서, $\boldsymbol{r}$은 사슬의 말단 거리 벡터이다. 위 관계식들로부터 시스템의 에너지와 분배 함수 사이에는 어떤 상관 관계가 있음을 알 수 있다. 전체 사슬의 배향에 대한 분배 함수는 각 세그멘트의 분배 함수를 순서에 따라 연속적으로 곱한 값에 해당하므로 다음과 같이 나타낼 수 있다.

$$\begin{aligned} Z(N, F) &= \int \exp\{(1/kT)\boldsymbol{F}\Sigma \boldsymbol{b}_i\} \prod \sin\theta_i d\theta_i d\phi_i \\ &= [4\pi \sinh(Fb/kT)/(Fb/kT)]^N \end{aligned} \tag{3.110}$$

분자의 내부 에너지(internal energy)는 분자의 랜덤 운동과 관련된 에너지로서 kT의 배수로 표시된다. 또, 통계역학에서 엔트로피는 분배 함수와 다음과 같은 관계를 가진다.

$$S = k \ln Z \tag{3.111}$$

이로부터 자유 연결 사슬의 신장에 따른 Helmholtz 자유 에너지(A: 일정한 온도와 부피 조건하에서 얻어질 수 있는 유용한 일, 즉 non-PV work)는 분배 함수를 이용하여 다음과 같이 나타낼 수 있다. 이때 신장에 따른 사슬의 내부 에너지에는 변화가 없다고 가정한다.

$$
\begin{aligned}
A(N,F) &= -TS \\
&= -kT\ln Z(N,F) \\
&= -kTN[\ln(4\pi \sinh(Fb/kT)) - \ln(Fb/kT)] \qquad (3.112)
\end{aligned}
$$

위 관계식을 이용하여 힘이 작용하는 방향(z축)을 따라 평균 말단 거리는 다음과 같이 Langevin(£) 함수로 표시할 수 있다.

$$
\begin{aligned}
\langle z \rangle &= -\partial A/\partial F = bN[\coth(Fb/kT) - 1/(Fb/kT)] \\
&= bN£(Fb/kT) \qquad (3.113)
\end{aligned}
$$

$$
\begin{aligned}
\text{여기서, } £(x) &= \coth(x) - (1/x) \\
&= x/3 - x^3/45 + \cdots\cdots \approx x/3 \qquad (x\text{가 작은 값일 경우}) \qquad (3.114)
\end{aligned}
$$

위 식에서 F값이 매우 작으면 평균 말단 거리는 다음과 같이 된다.

$$\langle z \rangle = Nb(Fb/3kT) \qquad (3.115)$$

즉, F값이 $\langle z \rangle$에 비례하는 결과를 보이는데 이는 엔트로피 스프링에 해당한다. 다시 말하면, 사슬의 변형에 영향을 크게 미치는 것은 내부 에너지보다도 엔트로피가 결정적 역할을 하게 된다는 의미이다. 자유 연결 사슬에서는 모든 conformation들이 같은 에너지를 가지므로 신장을 하더라도 내부 에너지에는 변화가 없다. 그 대신, 신장 과정을 통하여 접근 가능한 conformation의 수가 줄게 되어 사슬의 엔트로피가 감소하게 된다.

또, F값이 매우 커지는 경우에는 평균 말단 거리에 대한 관계식이 다음과 같이 된다.

$$F = (kT/b)(1/(1-(\langle z \rangle/Nb)) \qquad (3.116)$$

즉, F값은 $\langle z \rangle$값이 커지면서 증가하는 속도가 커지는 양상을 보인다. 이는 실제 현상과는 거리가 먼 결과를 보인다.

지렁이 모양 사슬(WLC)에 대해서도 가우스 사슬 모델의 스프링 개념을 이용하여 힘과 변형 사이의 관계를 구해 볼 수 있다. 지렁이 모양 사슬(WLC)과 같이 고유 강직도를 가진 가는 물질(slender material: 가는 막대 등)의 경우에는 신장에 따라 연신 이외에 굽힘 변형(bending deformation)이 함께 일어난다. 즉, 사슬이 신장 및 굽힘에 대한 저항을 가지고 있다. 이에 따라, 사슬의 총 탄성 에너지(E)는 다음과 같이 굽힘과 연신에 관련된 에너지의 합으로 표시할 수 있다.

$$E = E_{\text{bending}} + E_{\text{elong(stretching)}} \tag{3.117}$$

전통적 굽힘 이론(classical bending theory)으로부터 얇은 막대가 z 방향으로 힘을 받을 때의 굽힘 에너지(E_{bending})는 다음과 같이 표시된다.

$$E_{\text{bending}} = (1/2)\kappa/\int kT[(d\boldsymbol{u}(s)/ds)]^2 ds \tag{3.118}$$

위 식에서 κ는 굽힘 계수(bending modulus)이고, $d\boldsymbol{u}(s)/ds$는 곡률(curvature)이다.

일반적으로 열적 평형에 있는 물체는 kT 스케일의 에너지를 가지고 시간에 따라 요동(fluctuation)을 한다. 그런데 가는 직선 막대(thin straight rod)의 경우에는 힘이 가해질 때 주위 환경과 에너지를 교환하면서 굽힘을 하게 된다. 이와 같이 굽힘이 일어나면 국부 배향이 요동을 하는데 이 요동은 지속 길이로 특징된다. 즉, 지속 길이가 클수록 가는 막대 단면이 더 직선화된다

직관적으로 보더라도 지속 길이는 굽힘 계수에 비례하고 온도(kT)에는 반비례할 것으로 짐작된다. 기계적 분석에 따르면 지속 길이(L_p)는 다음과 같은 관계식을 가진다.

$$L_p = \kappa/kT \tag{3.119}$$

또, z 방향으로의 신장에 의한 순(net) 탄성 에너지는 Hooke 법칙에 의해 다음과 같이 나타난다.

$$E_{\text{elong}} = -\int \boldsymbol{Fu}(s)\langle z\rangle ds \tag{3.120}$$

이에 따라 총 탄성 에너지는 다음과 같이 된다.

$$E = kT\int[(L_p/2)\,|\,d\boldsymbol{u}(s)/ds\,|^2 - (\boldsymbol{Fu}(s)/kT)\langle z\rangle]ds \tag{3.121}$$

자유 연결 사슬에서와 같이 분배 함수를 이용하여 WLC에 대하여 F와 $\langle z\rangle$ 사이의 관계식을 구하면 근사 수치 해는 다음과 같다.

$$F = (kT/L_p)[(1/(4(1-\langle z\rangle/L)^2) - (1/4) + \langle z\rangle/L] \tag{3.122}$$

앞에서 얻어진 바와 같은 가해진 힘(F)과 변형 $\langle z\rangle$ 사이에 대하여 사슬의 모델에 따른 이론적 관계를 아래 그림 3.45에 나타내었다.

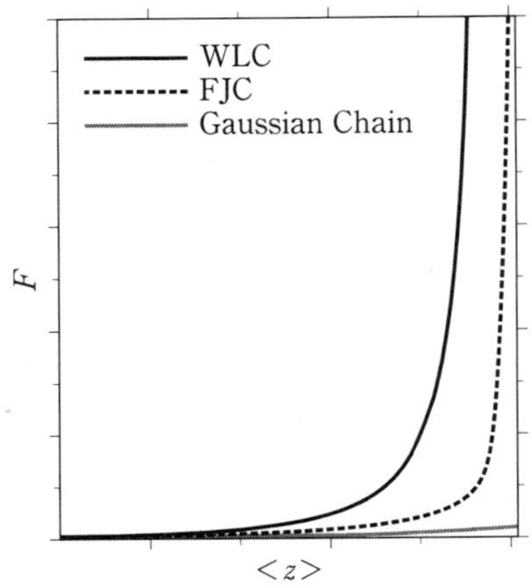

그림 3.45 ❖ 사슬의 모델에 따른 가해진 힘과 변형의 관계

이들 관계를 DNA 사슬의 신장에 따른 실험 결과와 비교하면 아래 그림 3.46과 같다.

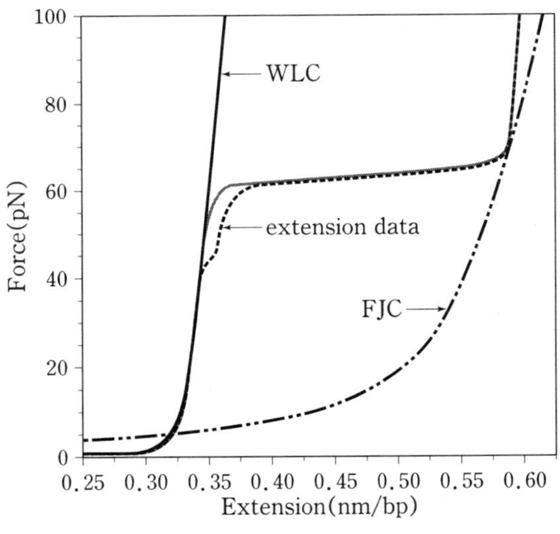

그림 3.46 ❖ DNA 사슬의 신장 실험 결과와 사슬 모델의 비교[10]: 1 bp(base pair) = 0.34 nm

위 그림으로부터 DNA 사슬의 신장을 위해 Kuhn 사슬 모델(자유 연결 사슬 모델과 마찬가지 효과를 가짐)은 중간급 힘(intermediate force)의 범위에서는 실험 데이터와 잘 맞지 않는 경향을 보임을 알 수 있다. 이에 반해, 지렁이 모양 사슬 모델은 상당히 넓은 힘의 범위에 걸쳐 실험 데이터와 일치하는 경향을 보인다. 이는 DNA가 반연질 사슬이기 때문이다. 신장 거리(stretching distance)가 궤적 길이에 가까워질 때까지는 실험 데

이터와 잘 일치하는 경향을 보이나, 그 이상의 신장이 일어나면 지렁이 모양 사슬 모델은 실험 데이터보다도 훨씬 더 크게 요구되는 힘의 증가 속도를 보인다. 이는 지렁이 모양 사슬 모델이 궤적 길이가 일정한 값을 가지는 것을 전제로 하므로 그 이상의 길이에서는 늘어날 수 없기 때문이다.

가우스 사슬에 대하여 구슬-스프링 모델의 스프링 개념을 도입하여 가해진 힘과 변형 사이의 관계를 구하는 것도 물론 가능하다. 가우스 사슬에서는 세그먼트의 길이가 가우스 분포를 가지므로 세그먼트 벡터($\boldsymbol{b}_i$)가 존재할 확률 분포, $P(\boldsymbol{b}_i)$는 다음과 같이 나타난다.

$$P(\boldsymbol{b}_i) = (3/2\pi b^2)^{3/2}\exp(-3\boldsymbol{b}_i^{\,2}/2b^2) \tag{3.123}$$

이에 따라, N개의 세그먼트가 존재할 경우의 말단 거리 벡터($\boldsymbol{r}$)가 존재할 확률 분포는 다음과 같이 된다.

$$\begin{aligned} P(\boldsymbol{r}) &= \prod_{i=1}^{N} (3/2\pi b^2)^{3/2}\exp(-3\boldsymbol{b}_i^{\,2}/2b^2) \\ &= (3/2\pi N b^2)^{3/2}\exp(-3\boldsymbol{r}^2/2Nb^2) \end{aligned} \tag{3.124}$$

여기서, b는 가우스 분포를 하고 있는 세그먼트들의 평균 길이이다.

사슬의 신장에 따라 PV 일(PV work)이 존재하지 않음을 전제로 하므로, 신장에 따라 사슬에 저장되는 탄성 에너지는 Helmholtz 자유 에너지(A)로 나타난다. Helmholtz 자유 에너지를 지배하는 인자 중의 하나가 엔트로피이므로, 우선 엔트로피와 확률 분포의 다음 관계식을 이용하여 엔트로피를 구한다.

$$S(r) = k \ln P(r) \tag{3.125}$$

말단 거리에 따른 Helmholtz 자유 에너지는 다음과 같이 구할 수 있다.

$$\begin{aligned} A(r) &= U - TS \\ &= U - (3kT/2)\ln(3/2\pi N b^2) + (3kTr^2)/(2Nb^2) \end{aligned} \tag{3.126}$$

여기서, U는 사슬의 내부 에너지를 나타내는데, 스프링으로 대변되는 세그먼트로 구성되는 사슬에 있어서는 사슬의 신장에 따라 내부 에너지의 변화가 없으므로, 가우스 사슬의 가해진 힘과 변형 사이의 관계식은 다음과 같이 된다.

$$F = \frac{\partial A(r)}{\partial r} = \frac{3kT\langle z\rangle}{Nb^2} \tag{3.127}$$

이 관계식은 신장이 매우 큰 경우에도 가해진 힘(인장력)은 신장에 따라 사슬이 선형적이고 지속적으로 늘어나는 결과를 보여주는데, 이는 실제로 전혀 현실성이 없는 것으로서 가우스 사슬의 단점이다. 연질 고분자에 대하여 앞에서 다룬 Kuhn 사슬과 Gauss 사슬의 경우를 비교하여 가해진 힘과 변형 사이의 관계를 아래 그림 3.47에 나타내었다.

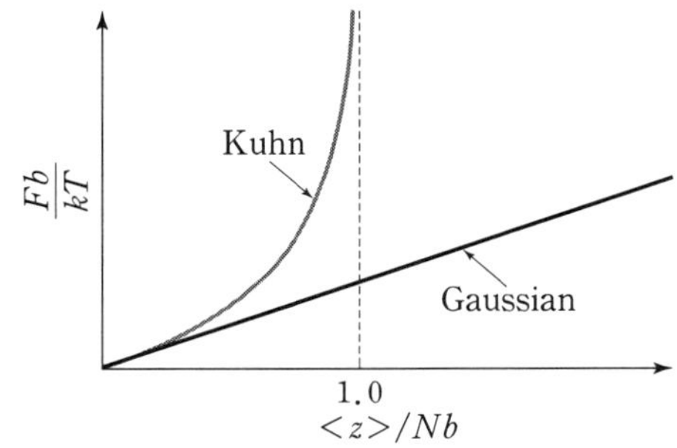

그림 3.47 ❖ 연질 사슬의 신장에 대한 사슬 모델(Kuhn, Gauss)의 적용

Kuhn 사슬의 경우에는 사슬의 신장이 총 궤적 길이를 초과하지 않는 것을 적절히 반영하고 있다. 또, 사슬을 신장하는데 필요한 힘이 신장에 따라 지속적으로 증가하는 것을 보여준다. 이에 따라, Kuhn 사슬 모델도 변형이 커질수록 유효성이 감소한다. 이에 비해, 가우스 사슬은 변형이 큰 영역에서는 전혀 유효한 모델이 아님을 알 수 있다. 즉, 가우스 사슬은 신장에 따라 선형적으로 요구되는 힘이 증가하고, 또 궤적 길이에 대한 제한이 없는 모델이므로 궤적 길이보다 더 큰 변형 영역에서도 사슬의 강직도(stiffness: 스프링 상수에 해당, $3kT/Nb^2$)가 일정하므로, 위 그림에서와 같이 사슬이 제한 없이 지속적으로 신장되는 비현실적인 결과를 보여주게 된다. 실제로, 대부분의 고분자들은 어느 범위의 신장을 넘어서면 늘림에 대한 저항이 너무 커져 파열(rupture) 현상이 일어난다.

그럼에도 불구하고, 가우스 사슬은 변형이 작은 영역에서 사슬의 충분히 큰 부분(section)이나 전체 사슬과 관련된 물리적 성질을 설명하는 데는 매우 유용한 것으로 증명되고 있다. 왜냐하면, 가우스 사슬 모델은 Kuhn 사슬 모델보다 더 큰 세그멘트 길이를 전제로 하고 있기 때문이다. 분자량이 충분히 클 경우, 가우스 사슬 세그멘트들이 가우스 분포를 할 수 있고 말단 거리도 가우스 분포를 가질 수 있다. 가우스 사슬 모델은 분자의 자세한 구조를 어느 정도 고려하면서 계산 과정이 용이한 모델이다.

DNA와 같은 생물 고분자 사슬은 반연질 사슬이어서 보통은 지렁이 모양 사슬 모델로 설명을 하고 있으나, 중간급 스케일의(intermediate scale: 세그멘트의 평균 길이가 상당히 큼)의 가우스 사슬 모델(경직 가우스 사슬 모델)을 이용하여 설명하기도 한다. 경직 가우스 사슬은 사슬 내에 몇 개의 연속된 세그멘트들이 같은 방향으로 놓여 있는 모델 사슬이다. 생물 고분자 사슬의 경우, 매우 넓은 범위의 세그멘트 길이 스케일에 걸친 가우스 사슬 모델을 적용하여 세그멘트의 평균 길이가 얻어진다.

Kuhn 사슬의 세그멘트 수를 N, 세그멘트당 길이를 b라 하고, 이를 N/λ(λ: 정수)로 다시 스케일링하여 가우스 사슬로 바꾸게 되면 세그멘트의 수는 $1/\lambda$로 줄어든다. 이때 가우스 사슬의 세그멘트 평균 길이(b')는 사슬 변환 과정에서 말단 거리가 변하지 않는다고 가정함으로써 다음과 같이 $\lambda^{1/2}$ 배만큼 더 커지게 된다.

$$Nb^2 = (N/\lambda)b'^2 \tag{3.128}$$

$$b' = \lambda^{1/2}b \tag{3.129}$$

위에서 언급한 것처럼, 가우스 사슬에서는 Kuhn 사슬의 경우에 부과되는 것과 같은 궤적 길이를 가지는 제한 조건은 전제하지 않는다.

3.7 회전 이성화 상태 모델

회전 이성화 상태 모델(rotational isomeric state model: RIS model)도 이상 사슬 모델의 하나이다. 앞에서 설명하였던 장애 회전 사슬 모델은 비틀림각이 연속적인 값을 가진다는 가정하에, 이웃하는 탄소에 붙어 있는 그룹 사이의 상호 작용(3-결합 상호 작용: 상호 작용하는 그룹 사이에 3개의 화학 결합이 존재함)만을 고려하였다. 또, 실제 conformation 관련 성질을 계산하는 과정에서는 평균 비틀림각 값을 사용하였다.

그러나 실제 사슬에 있어서는 이웃하는 결합 사이에서도 상호 작용(4-결합 상호 작용: 상호 작용하는 그룹 사이에 4개의 화학 결합이 존재함)이 존재하므로 이를 반영하는 것이 보다 현실적이다. 이들 이웃하는 결합 사이의 상호 작용으로 인해 화학 결합의 내부 회전에 따른 포텐셜 에너지의 변화가 생긴다. 이때 포텐셜 에너지는 비틀림각의 연속 함수로 나타나는데, 회전 이성화 상태 모델에서는 최소 포텐셜 에너지를 가지는 별개의(discrete) 비틀림 상태(trans, gauche 상태)만 고려한다.

지금까지 다루었던 다른 이상 사슬 모델(FJC, Kuhn, FRC, HRC, WLC, Gauss 사슬 모델)들은 분자의 자세한 구조를 고려하지 않는다. 장애 회전 사슬 모델에서는 부분적으로 3-결합 상호 작용을 고려하는 반면에, 회전 이성화 상태 모델에서는 화학 결합 사이의 내부 회전에 따른 상호 작용까지 고려함으로써 분자의 자세한 구조를 상당 수준 반영하는 장점을 가진다. 또, 회전 이성화 상태 모델은 conformation 관련 성질을 계산하는 과정이 상당히 효율적인 장점도 가지고 있다. 회전 이성화 상태 모델에서는 다음 사항들을 가정하여 출발한다.

i) 긴 거리의 사슬 내부 상호 작용을 무시하고, 이웃하는 화학 결합 사이의 짧은 거리 상호 작용(4-결합 상호 작용)만을 고려한다.
ii) 각 결합은 trans, g^+, g^-의 별개의 conformation만 가진다.
iii) 화학 결합 길이와 결합각은 고정된 값을 가진다.
iv) 사슬의 conformation 에너지(포텐셜 에너지)는 가장 가깝게 이웃하는 쌍들의 에너지의 합으로 한다. 즉, i번째 결합의 포텐셜 에너지(E_i)는 $(i-1)$번째 결합과 i번째 결합의 비틀림각에 의해서 결정된다.

$$E_i(\phi) = \prod_{i=2}^{n-1} E_i(\phi_{i-1}, \phi_i) \tag{3.130}$$

v) 이상 사슬의 거동을 보인다. 즉, 사슬의 배제 부피 효과는 고려하지 않는다.

위에서 각 화학 결합의 포텐셜 에너지를 구하기 위하여 포텐셜 에너지 함수를 이용할 수 있다. 포텐셜 에너지 함수는 원자들 사이의 상호 작용 에너지를 계산하기 위한 함수로서, 사슬 내에서의 신장(2-body interaction), 굽힘(3-body interaction, 2 bond interaction), 비틀림(4-body interaction, 3-bond interaction), 정전기적 작용 등에 의한 상호 작용을 고려한다. 이들 상호 작용에 의한 에너지는 탄성 에너지로서 원자 사이의 인력 또는 반발력으로부터 야기된다. 이때 탄성 에너지는 Hooke 법칙을 따른다고 가정한다. 이에 따라, 각 종류별 상호 작용 에너지는 각 결합을 탄성 스프링으로 간주하여 계산한다. 각 탄성 에너지의 종류별 포텐셜 에너지 함수는 다음과 같다.

$$E_{st} = \Sigma k_b(r - r_o)^2 \qquad (k_b\text{: 스프링의 신장을 위한 힘 상수, force constant})$$

$$E_{be} = \Sigma k_\theta(\theta - \theta_o)^2 \qquad (k_\theta\text{: 스프링의 굽힘을 위한 힘 상수})$$

$$E_{tor} = (1/2)k_{\text{tor},1}(1 + \cos\phi) + (1/2)k_{\text{tor},2}(1 + \cos 2\phi) + (1/2)k_{\text{tor},3}(1 + \cos 3\phi)$$
$$(k_{\text{tor}}\text{: 스프링의 뒤틀림을 위한 힘 상수}) \tag{3.131}$$

$$E_{non} = E(\text{van der Waals}) + E(\text{정전기적 상호 작용})$$
$$= \Sigma\Sigma(-A/r_{ij}^{\ 6} + B/r_{ij}^{\ 12}) + \Sigma\Sigma q_i q_j/4\pi\varepsilon_0 r_{ij} \tag{3.132}$$

$$E_{tot} = E_{st} + E_{be} + E_{tor} + E_{non} \tag{3.133}$$

여기서, E_{non}은 비결합 상호 작용 에너지(화학 결합을 통한 상호 작용이 아님)를 나타내며, van der Waals 상호 작용 에너지나 정전기적 상호 작용 에너지 등이 포함되는데, 일반적으로는 사슬을 따라가며 4-결합(bond)보다 더 큰 거리에서의 상호 작용이다. 비틀림 포텐셜 에너지는 실제로 비결합 상호 작용이지만, 매우 가까운 거리의 비결합 상호 작용이므로 편의상 결합을 통한 상호 작용으로 간주한다. 이미 앞에서 한차례 설명한 바와 같이, 위 포텐셜 에너지 함수에서 스프링 상수 등의 계수는 양자역학적 계산이나 진동 분광법 등의 실험에 의해서 결정된다.

n-부탄은 C_2-C_3 bond를 중심으로 아래 그림 3.48과 같이 2번째 결합의 내부 회전으로부터 3-결합 상호 작용에 의해, trans(*t*로 표시), gauche$^+$(g^+로 표시), gauche$^-$(g^-로 표시)의 3개의 conformation을 가질 수 있다.

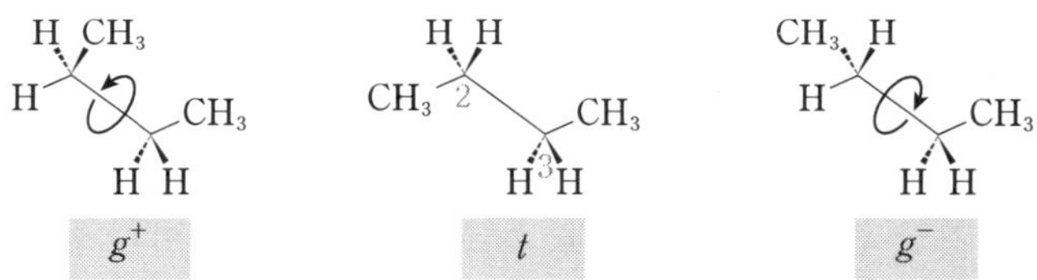

그림 3.48 ❖ *n*-부탄의 내부 회전에 의한 사슬 conformation(t, g^+, g^-)

이때, g^+와 g^- conformation은 2개의 메틸 그룹들이 서로 가까이 인접하고 있어 상호 반발 작용에 의해 *t* conformation 보다 높은 포텐셜 에너지를 가진다. *n*-부탄의 C_2의 비틀림각에 따른 포텐셜 에너지의 변화는 앞의 그림 3.6에서 나타난 바와 같은데, 트랜스(*t*: anti라고도 함) conformation 때의 포텐셜 에너지를 0으로 두고 다른 conformation 때의 상대적 에너지를 표시하고 있다. 트랜스(*t*) conformation에서 고쉬(*g*) conformation으로 변형하기 위한 활성화 에너지는 약 3.7 kcal/mole(15.54 kJ/mole에 해당)로서 그리 높은 값이 아니어서, 상온에서도 트랜스 상태에서 고쉬 상태로의 가역적인 전이는 매우 빠른 속도로 일어난다.

n-부탄의 사슬에서 탄소 수를 하나 더 늘리면 *n*-펜탄 분자가 되는데, 여기에는 내부 회전을 할 수 있는 중심 결합(central bond: 사슬의 끝이 아닌 내부에 존재하는 결합)이 2개 존재한다. 이에 따라, 2개의 내부 회전각이 존재하며, 이로 인해 이웃하는 결합 사이의 4-결합 상호 작용(주로 반발 작용에 해당함)이 추가적으로 발생한다. 아래 그림 3.49에 이들 4-결합 상호 작용에 따라 구분되는 conformation들을 나타내었다.

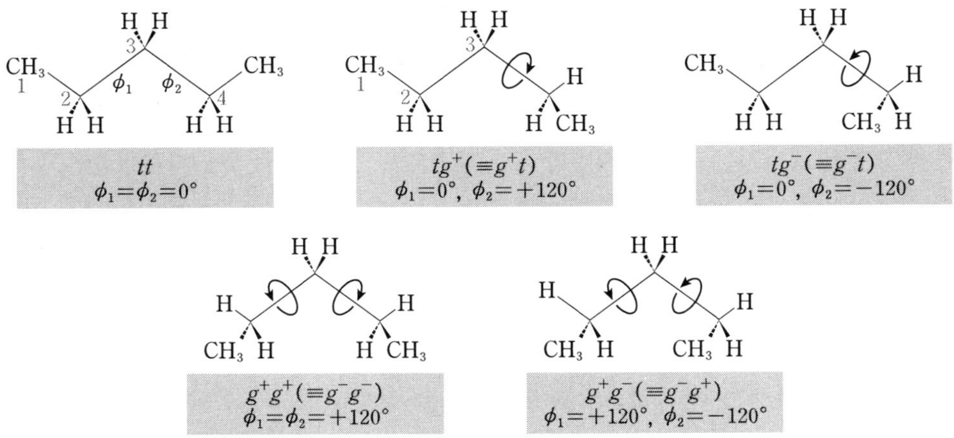

그림 3.49 ❖ n-펜탄의 내부 회전에 의한 conformation

일반적으로 n개의 결합으로 구성된 단순 선형 사슬에서, 회전 이성화 상태 모델을 적용하기 위하여 $(n-2)$개의 비말단 결합(non-terminal bond)에 대하여 t, g^+, g^-등의 회전 상태를 부여한다. 가장 간단한 예로, 아래 그림 3.50에 나타난 바와 같이 폴리메틸렌 사슬이 conformation을 형성함에 있어서 각 세그멘트들의 회전 상태에 따른 기여도를 생각해 보기로 한다.

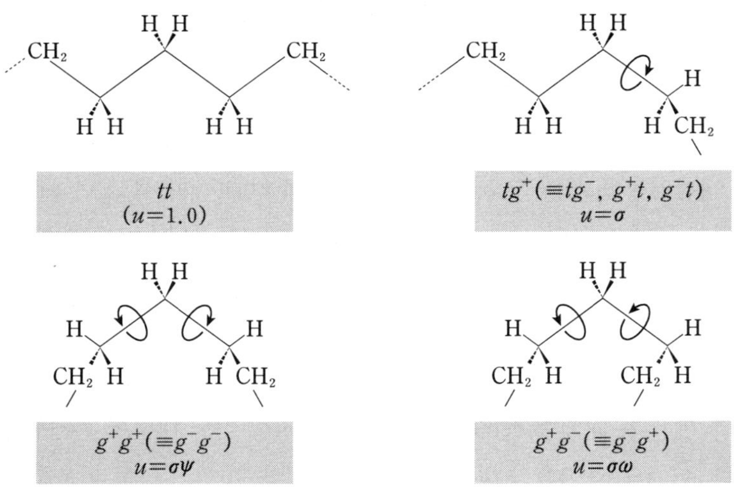

그림 3.50 ❖ 폴리메틸렌 사슬의 내부 회전에 따른 각 conformation의 기여도

이들 세그멘트의 가중치를 구하기 위하여 트랜스(t) 때의 통계적 가중치(u)를 1.0으로 두고 g^+나 g^- 때의 상대적인 가중치를 고려한다. 이는 정규화 된 가중치는 아니다. 각 세그멘트에 대한 통계적 가중치(u_i)는 다음과 같이 정의된다. 즉, u_i는 Boltzmann 인자에 해당한다.

$$u_i = \exp[-E_i(\phi_{i-1}, \phi_i)/RT] \tag{3.134}$$

폴리메틸렌 사슬에는 n-부탄과 같은 상호 작용(3-결합 상호 작용)과 n-펜탄과 같은 상호 작용(4-결합 상호 작용)이 존재한다. 3-결합 상호 작용은 바로 이웃하는 2개의 메틸렌 그룹 사이의 반발에 의한 상호 작용이고, 4-결합 상호 작용은 이웃하는 내부 결합을 통한 다른 2개의 메틸렌 그룹 사이의 상호 작용이다. 예를 들어, g^+g^+conformation에 대한 통계적 가중치는 다음과 같이 구할 수 있다. 우선, 총 포텐셜 에너지는 3-결합 상호 작용 에너지($E3$)와 4-결합 상호 작용 에너지(E4)를 합친 값이다.

$$E = E3 + E4 \tag{3.135}$$

$$u = \exp[-(E3 + E4)/RT] = \exp(-E3/RT) \cdot \exp(-E4/RT)$$
$$= \sigma\psi \tag{3.136}$$

여기서, σ는 g^+나 g^- conformation에서 3-결합 상호 작용(1차 상호 작용이라고도 함)을 위한 통계적 가중치이고, ψ는 4-결합 상호 작용(2차 상호 작용)을 위한 통계적 가중치이다. 더 높은 고차 상호 작용(higher order interaction)도 물론 존재하지만 이들은 상호 작용의 정도가 상대적으로 낮아 무시할 수 있다.

n-펜탄(n-pentane)의 g^+g^+ 또는 g^-g^- conformation에서 메틸 그룹 사이의 거리가 상당히 멀어 상호 작용이 약해 ψ값이 거의 1.0에 가깝고, 이와 달리 g^+g^- 또는 g^-g^+ conformation의 경우에는 매우 큰 반발적 상호 작용으로 ψ값이 0.026에 불과하다. 폴리메틸렌의 i번째 결합에서의 2개의 연속 결합에 대한 통계적 가중치(U_i)를 행렬(matrix) 형태로 표시하면 다음과 같다.

$$U_i = (i-1)\begin{cases} (t) \\ (g^+) \\ (g^-) \end{cases} \overbrace{\begin{matrix} (t) & (g^+) & (g^-) \end{matrix}}^{i} \begin{bmatrix} 1 & \sigma & \sigma \\ 1 & \sigma & \sigma\omega \\ 1 & \sigma\omega & \sigma \end{bmatrix} \tag{3.137}$$

n개의 결합을 가진 사슬의 특정 conformation에 대한 통계적 가중치(Ω)는 다음과 같

이 표시할 수 있다.

$$\Omega = \prod_{i=2}^{n-1} U_i \tag{3.138}$$

이때 말단 결합(terminal bond)은 고려하지 않는다. 이를 바탕으로 모든 가능한 사슬 conformation에 대한 통계적 가중치의 합인 분배 함수(Z)는 다음과 같이 표시할 수 있다.

$$Z = \sum_{i=2}^{n-1} \prod u_i = J^*[\prod_{i=2}^{n-1} U_i]\mathrm{J} \tag{3.139}$$

이때에도 i값은 비말단 결합에 대해서만 적용한다. 위에서 J^*는 행 벡터(row vector)이고, J는 열 벡터(column vector)로서 다음과 같이 정의된다. 이를 통해 1개의 스칼라(single scalar) 값을 구할 수 있게 된다.

$$J^* = [1\ 0\ 0] \qquad J = \begin{bmatrix} 1 \\ 1 \\ 1 \end{bmatrix} \tag{3.140}$$

위에서 Z 값은 결합의 회전 상태와 그에 따른 포텐셜 에너지 값을 알면 계산할 수 있게 된다.

위에 소개된 회전 이성화 상태 이론을 이용하여 사슬의 평균 제곱 말단 거리를 구할 수도 있다. 이를 위해 2개의 연이은 결합에 대한 국소 좌표계(local coordinate system)를 먼저 아래 그림 3.51과 같이 정의한다.

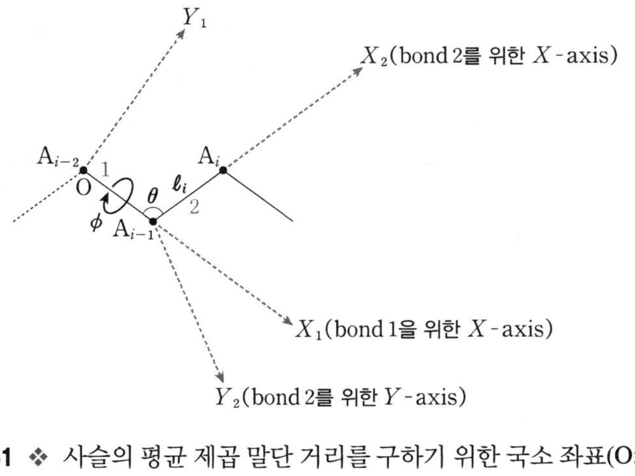

그림 3.51 ❖ 사슬의 평균 제곱 말단 거리를 구하기 위한 국소 좌표(O: Origin)

사슬의 말단 거리 벡터($\boldsymbol{r}$)는 사슬 내의 모든 결합들을 첫번째 결합에 투사(projection)함으로써 얻어지는 벡터들의 합이다.

$$\boldsymbol{r} = \Sigma \boldsymbol{\ell}_i \tag{3.141}$$

이를 계산하기 위하여 우선 결합의 국소 좌표를 첫번째 결합의 좌표로 변환하는 것이 필요하다. 세그멘트 벡터 $\boldsymbol{\ell}_i$는 (3 × 1) 행렬로 다음과 같이 표시할 수 있다.

$$\boldsymbol{\ell}_i = \begin{bmatrix} \ell_i \\ 0 \\ 0 \end{bmatrix} \tag{3.142}$$

모든 $\boldsymbol{\ell}_{i+1}$의 배향을 $\boldsymbol{\ell}_i$로 변환하면 다음과 같이 표시할 수 있다.

$$\boldsymbol{\ell}_i = T_i \boldsymbol{\ell}_{i+1} \tag{3.143}$$

여기서, T_i는 (3 × 3)의 차원을 가지는 행렬로서 다음과 같이 표시된다.

$$T_1 = \begin{matrix} & X_2 & Y_2 & Z_2 \\ X_1 & \cos\theta & \sin\theta & 0 \\ Y_1 & \sin\theta & \cos\theta & 0 \\ Z_1 & 0 & 0 & -1 \end{matrix}_{\,1} \tag{3.144}$$

$$T_i = \begin{matrix} & X_{i+1} & Y_{i+1} & Z_{i+1} \\ X_i & -\cos\theta & \sin\theta & 0 \\ Y_i & -\sin\theta\cos\phi & -\cos\theta\cos\phi & -\sin\phi \\ Z_i & -\sin\theta\sin\phi & -\cos\theta\sin\phi & \cos\phi \end{matrix}_{\,i} \quad (i > 1) \tag{3.145}$$

위의 변환 행렬(transformation matrix)을 이용하여 특정 사슬의 말단 거리 벡터($\boldsymbol{r}$)를 다음과 같이 나타낼 수 있다.

$$\begin{aligned} \boldsymbol{r} &= T_0\boldsymbol{\ell}_1 + T_1\boldsymbol{\ell}_2 + T_1T_2\boldsymbol{\ell}_3 + \cdots + T_1T_2\cdots T_{n-1}\boldsymbol{\ell}_n \\ &= \sum_1^n \left(\prod_0^{n-1} T_j\right)\boldsymbol{\ell}_i \end{aligned} \tag{3.146}$$

위에서 T_0 행렬(3 × 3)은 단위 행렬(identity matrix, 또는 unit matrix)이라 부르며 다음과 같이 정의된다.

$$T_0 \equiv \begin{bmatrix} 1 & 0 & 0 \\ 0 & 1 & 0 \\ 0 & 0 & 1 \end{bmatrix} \tag{3.147}$$

특정 사슬의 말단 거리 벡터는 생성 행렬(generator matrix: A_i)을 이용하여 표시하면 다음과 같이 된다.

$$\begin{aligned} \boldsymbol{r} &= T_0\boldsymbol{\ell_1} + T_1\boldsymbol{\ell_2} + T_1T_2\boldsymbol{\ell_3} + \cdots + T_1T_2\cdots T_{n-1}\boldsymbol{\ell_n} \\ &= A_1A_2\cdots\cdots A_{n-1}A_n = \prod A_i \end{aligned}$$

생성 행렬은 변환 행렬과 세그멘트 벡터를 결합한 것으로서, 바로 말단 거리 벡터를 생성할 수 있으며 다음과 같이 나타낼 수 있다.

$$A_1 = [\,T_1 \quad \ell_1]_1 \qquad A_n = \begin{bmatrix} \boldsymbol{\ell_n} \\ 1 \end{bmatrix}_n$$

$$A_i = \begin{bmatrix} T_i & \boldsymbol{\ell_i} \\ \mathbf{0} & 1 \end{bmatrix}_i \tag{3.148}$$

위의 개념을 이용하여 여러 가능한 conformation에 대한(k: 특정의 사슬 conformation) 말단 거리 벡터들의 평균은 분배 함수(Z)를 이용하여 다음과 같이 구할 수 있다.

$$\langle \boldsymbol{r} \rangle = (1/Z)\sum_k\left(\prod_i u_iA_i\right)_k \tag{3.149}$$

각각의 다른 사슬들은 각 결합에 대하여 서로 다른 비틀림 포텐셜을 가지고 있다.

제곱 말단 거리의 conformation에 따른 평균값, $\langle r^2 \rangle_o$도 유사한 방법으로 생성 행렬을 이용하여 아래와 같이 구할 수 있다. 두 세그멘트 벡터인 $\boldsymbol{\ell_i}$와 $\boldsymbol{\ell_j}$ 벡터의 스칼라 곱(dot product)은 다음과 같은 관계를 가진다.

$$\boldsymbol{\ell_i} \cdot \boldsymbol{\ell_j} = \boldsymbol{\ell_i}^T T_i^{(j-i)} \boldsymbol{\ell_j} \tag{3.150}$$

$$\langle \boldsymbol{\ell_i} \cdot \boldsymbol{\ell_j} \rangle = \boldsymbol{\ell_i}^T \langle T_i^{(j-i)} \rangle \boldsymbol{\ell_j} \tag{3.151}$$

여기서 $\boldsymbol{\ell_i}^T$는 $\boldsymbol{\ell_i}$의 전치 행렬(transpose matrix)이며 다음과 같이 표시된다.

$$\boldsymbol{\ell_i}^T = [\,\ell_i\, 0\; 0] \tag{3.152}$$

이로부터 다음과 같은 결과가 얻어진다.

$$\langle r^2 \rangle = (1/Z)\varphi_1\varphi_2\cdots\varphi_n \tag{3.153}$$

여기서, φ는 생성 행렬이며 다음과 같은 관계를 가진다.

$$\varphi_1 = [\,\mathrm{G}_1,\ \mathbf{0}\ \ \mathbf{0}\,] \tag{3.154}$$

$$\varphi_i = \begin{bmatrix} G_t & \sigma G_g^+ & \sigma_g^- \\ G_t & \sigma G_g^+ & \sigma\omega G_g^- \\ G_t & \sigma\omega G_g^+ & \sigma G_g^- \end{bmatrix}_i \tag{3.155}$$

$$\varphi_n = \begin{bmatrix} G_n \\ G_n \\ G_n \end{bmatrix}_n \tag{3.156}$$

$$G_i = \begin{bmatrix} 1 & 2\boldsymbol{\ell}^T T & \ell^2 \\ \mathbf{0} & T & \boldsymbol{\ell} \\ \mathbf{0} & \mathbf{0} & 1 \end{bmatrix}_i \tag{3.157}$$

$$G_1 = [\,1\ \ 2\,\boldsymbol{\ell}_1^T T_1\ \ \ell_1^2\,]_1 \tag{3.158}$$

$$G_n = \begin{bmatrix} \ell_n^2 \\ \boldsymbol{\ell}_n \\ 1 \end{bmatrix}_n \tag{3.159}$$

위의 G_i는 비틀림각에 따라 서로 다른 변환 행렬인 T_i를 가진다. 아래 그림 3.52와 같이 폴리옥시메틸렌(polyoxymethylene: POM)은 2개의 결합으로 된 반복 단위(two-bond repeat unit)를 가지고 있다. 각 결합을 중심으로 회전하여 얻어지는 2개의 서로 다른 통계적 가중치 행렬(U_a, U_b)을 표시하면 다음 식 3.160 및 3.161과 같이 된다.

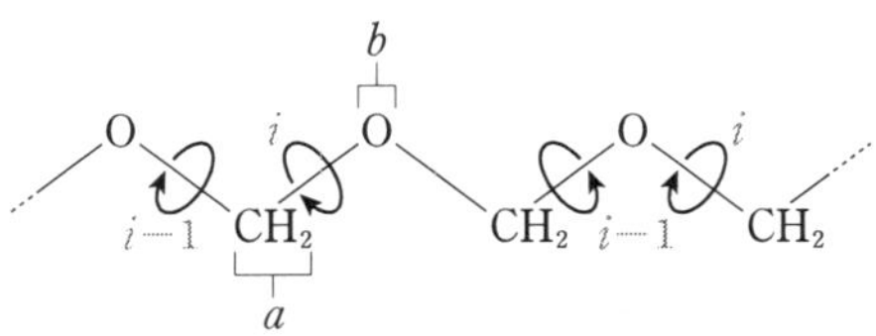

그림 3.52 ❖ 폴리옥시메틸렌의 화학 구조식

$$U_a = \begin{matrix} & t & g^+ & g^- \\ t & 1 & \sigma & \sigma \\ g^+ & 1 & \sigma & \sigma\omega_a \\ g^- & 1 & \sigma\omega_a & \sigma \end{matrix} \tag{3.160}$$

$$U_b = \begin{array}{c} \\ t \\ g^+ \\ g^- \end{array} \begin{array}{c} \begin{array}{ccc} t & g^+ & g^- \end{array} \\ \begin{bmatrix} 1 & \sigma & \sigma \\ 1 & \sigma & \sigma\omega_b \\ 1 & \sigma\omega_b & \sigma \end{bmatrix} \end{array} \tag{3.161}$$

폴리옥시메틸렌은 고쉬 conformation(tg^+, tg^-)에 있어서 이웃하는 원자나 그룹 사이의 우호적 상호 작용으로 인해 트랜스 conformation 때보다 훨씬 더 낮은 포텐셜 에너지를 가져 1차 통계적 가중치가 매우 높다($\sigma \approx 12$). 그러나 고쉬 conformation이 연속으로 이어질 경우($g^{\pm}g^{\mp}$)에는 아래 그림 3.53에 나타난 바와 같이 이웃하는 원자나 그룹의 상호 반발 작용으로 에너지가 높은 상태가 되어 2차 통계적 가중치(ω_a, ω_b)가 매우 작다. 이를 고려하여 얻어진 1차 및 2차 통계적 가중치는 다음과 같은 값을 가진다.

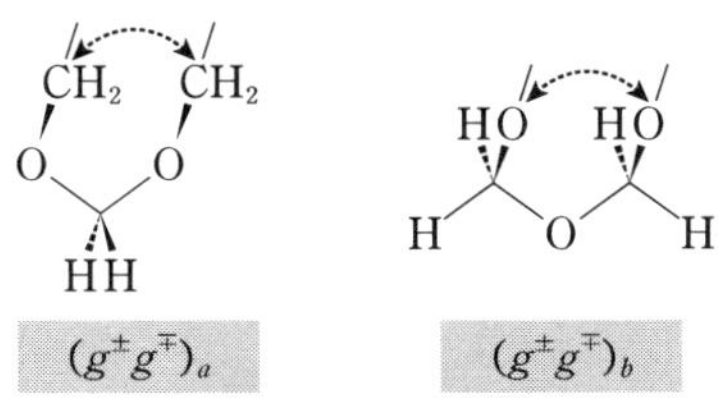

그림 3.53 ❖ 폴리옥시메틸렌의 고쉬 conformation

$$\sigma \approx 12 \qquad \omega_a \approx 0 \qquad \omega_b \approx 0.05$$

위의 폴리옥시메틸렌에 대하여 회전 이성화 상태 이론을 이용하여 특성비(C_∞)를 구하면 그 값이 10이 되는데, 이는 실험적으로 얻어지는 값과 상당히 일치한다.

위에서 다룬 회전 이성화 상태 모델은, 앞의 다른 이상 사슬 모델에 비해 사슬의 자세한 분자 구조적 특성을 반영하고 있는 장점이 있음에도 불구하고 다음과 같은 단점도 가지고 있다.

i) 사슬의 골격에 고리 구조와 같은 복잡한 반복 단위 구조가 있을 경우에는 회전 이성화 상태 모델을 적용하기가 어렵다. 이 경우에는 복잡한 반복 단위 구조를 골격 사슬 내 하나의 그룹으로 간주하여 회전 이성화 상태 모델을 적용한다.
ii) 사슬의 말단 거리 분포나 동적 성질을 제공하지 못한다.
iii) 사슬에 대한 특정의 낮은 에너지 conformation 상태(t, g^+, g^-)만 고려하는 한계점을 가지고 있다.

그럼에도 불구하고, 회전 이성화 상태 모델은 대부분의 선형 사슬 conformation에서 평균적 성질을 구하는 엄청나게 복잡한 과정을, 행렬의 곱셈이라는 단순한 과정을 통하여 쉽고 빠르게 계산할 수 있는 장점이 있다.

위와 같이 회전 이성화 상태 이론을 이용하여 구할 수 있는 무동요 선형 사슬의 성질에는 위에서 언급한 평균 제곱 말단 거리, 특성비 이외에도 회전 반경, 지속 길이, 평균 제곱 쌍극자 모멘트, 편극 비등방성(polarization anisotropy), 응력 광학 계수(stress-optical coefficient) 등이 있다.

회전 이성화 상태 이론이 가지는 한계점을 보완하기 위하여, 회전 이성화 상태 이론을 몬테 카를로(Monte Carlo: MC) 방법과 결합시키는 방법(RIS-MC)이 있다. 몬테 카를로 방법은 기본적으로 가능한 입력 영역(input domain)을 정의하고, 이를 바탕으로 입력을 랜덤하게 생성하여 출력의 분포 함수를 구하는 것이다. RIS-MC는 단순한 행렬 조작에 의해 계산될 수 없는 성질들 중의 일부를 계산할 수 있게 한다. 예를 들어 사슬의 말단 거리의 분포 함수를 구할 수 있다. RIS-MC에 있어서 RIS의 통계적 가중치는 선형 사슬의 MC의 입력 생성을 위해 사용될 수 있다. RIS-MC는 표준 RIS 계산보다 더 주의를 기울이는 계산 작업이긴 하지만, 그 배경이 되는 이론은 어떤 면에서 RIS 이론보다 더 단순하다. RIS-MC에서는 관심이 되는 각 성질에 대한 생성 행렬을 계산할 필요가 없다.

회전 이성화 상태 구도에서 특정의 사슬 conformation이 존재할 정규화 확률(normalized probability: 전체 확률의 합이 1.0이 됨)은 다음과 같이 표시된다.

$$P(\phi_1 \cdots\cdots \phi_n) = Z^{-1} \prod_{i=2}^{n-1} u_i(\phi_{i-1}, \phi_i) \tag{3.162}$$

RIS-MC에서는 사슬의 conformation이 완성될 때까지 사슬 골격의 회전 상태를 세그멘트 하나 하나씩 설정을 한다.

i) 우선 랜덤 샘플 추출을 하기 전에 입력 풀(input pool)의 구성을 결정하기 위한 작업을 한다. 이미 정해져 있는 단일 결합이 존재할 사전 확률(priori probability: 다른 모든 결합들의 상태에 전혀 관계가 없는 확률)은 다음과 같이 표시된다.

$$P_i(\phi) = Z^{-1} U_1 \cdots\cdots U_{i-1} U_i' U_{i+1} \cdots\cdots U_n \tag{3.163}$$

여기서, U_i'은 U_i가 ϕ 상태에 해당하는 열(column)들을 제외한 모든 열들을 0으로 치환한 경우에 해당한다. U_1과 U_n은 다음과 같이 정의된다.

$$U_1 = [1 \quad 0 \quad 0] \tag{3.164}$$

$$U_n = \begin{bmatrix} 1 \\ 1 \\ 1 \end{bmatrix} \tag{3.165}$$

$(i-1)$번째 결합이 주어진 상태에서 i번째 결합이 얻어지는 조건부 확률을 구하기 위해서, 먼저 연속된 쌍 결합(pair bond)의 사전 확률을 표시하면 다음과 같다.

$$P_{i-1,\,i}(\phi_{i-1,\,i}) = Z^{-1}U_1 \cdots\cdots U_{i-1}U_i''U_{i+1}\cdots U_n \tag{3.166}$$

여기서, U_i''는 U_i가 주어진 회전 상태인 ϕ'과 ϕ에서의 요소들을 제외한 모든 요소들을 0으로 치환한 경우이다.

$(i-1)$번째 결합이 ϕ' 상태에서 i번째 결합이 ϕ 상태로 존재할 조건부 확률($q_{i-1,\,i}$)은 다음과 같이 표시된다.

$$q_{i-1,\,i}(\phi_{i-1}, \phi_i) = P_{i-1,\,i}(\phi_{i-1}, \phi_i)/P_{i-1}(\phi') \tag{3.167}$$

일단 조건부 확률이 계산되면 랜덤하게 사슬 conformation을 바로 생성시킬 수 있다. 첫번째 결합은 앞에 결합이 없으므로 정의가 되지 않는다. 두번째 결합의 상태는 사전 확률에 따라 랜덤하게 선택된다. 그 뒤에 연속되는 결합들의 상태는 이전 결합의 상태와 조건부 확률을 이용하여 선택된다. 이 과정이 사슬에 있는 모든 결합들의 상태가 설정될 때까지 계속된다. 설정된 결합 상태들로부터 변환 행렬을 계산할 수가 있고, 이로부터 사슬 내의 모든 골격 원자들의 3차원 공간에서의 위치를 계산할 수 있게 된다. 이와 같이 몬테 카를로 절차에 의해 생성되는 각 사슬 conformation으로부터 사슬의 성질에 대한 데이터가 얻어지며, 절차가 진행됨에 따라 이동 평균(running average) 값이나 분포 함수가 얻어질 수 있다. Conformation을 랜덤하게 생성하는 과정은 미리 정해 둔 총 생성 수(total generation number)에 도달할 때까지 반복된다. RIS-MC 기법은 사슬의 결합을 하나 하나씩 연결하기 때문에 가지를 가진 고분자 경우에도 적용이 가능하다.

앞에서 다룬 RIS나 RIS-MC 기법은 고려 대상인 사슬의 통계적 가중치가 이미 존재할 경우에 이용이 가능하다. 이런 제약에서 벗어나 보다 더 광범위하게 적용할 수 있는 방법으로 RIS-Metropolis Monte Carlo(RMMC) 기법이 있다. RMMC는 통계적 가중치가 요구 되지도 않고 심지어는 비틀림각도 사용하지 않는다. 그 대신 사슬의 conformation 관련 성질을 결정하기 위해 힘의 장(force field)을 바로 사용한다. 엄밀히 말하면 RMMC는 RIS 기법에 속하지 않는다. 그러나 RMMC는 RIS 이론에서 적용하는 몇 가지 기본 가정들을 사용하고, RIS에서 구해지는 것과 같은 종류의 성질들을 계산하기 위하여 사용된다는 특성을 가지고 있다. RMMC에서는 선택된 힘의 장을 이용하여 사슬의 conformation 에너지를 바로 계산한다. 또, 결합의 회전은 지속적으로 변하도록 한다. 힘의 장을 이용할 경우, 그 해가 해석적으로(analytically) 풀리지 않으므로 비틀림 포텐셜 에너지는 수치적으로(numerically) 얻어진다. 이 기법을 사용하면 공중합체나 가지 고분자, 유연한 곁그룹을 가진 단일 중합체 사슬도 다룰 수 있게 된다. 유연한 곁그룹은 결합의 다양한 회전각을 가질 수 있고, 공중합체는 길이가 다른 다양한 결합들로 구성되어 있는 것이므로 RMMC 적용이 가능하다. 만약에 사슬의 통계적 가중치를 이미 알고 있는 경우라면 RIS-MC가 RMMC보다 더 빨리 결과를 얻을 수 있다.

RMMC 절차에 있어서는 사슬의 임의적 conformation으로부터 출발하여 conformation에 작은 변화를 지속적으로 주는 과정인데, 결합을 회전시킴에 따라 얻어지는 새로운 conformation의 포텐셜 에너지가 앞의 conformation에 비해 어느 정도 작아지는지를 판단하여 새로운 conformation을 지속적으로 찾아간다. 매우 많은 횟수 동안 위 과정을 반복하게 되면 사슬 conformation이 평형 상태에 이르게 된다. RMMC의 모의 과정(simulation process: algorithm)의 윤곽을 아래에 예로 나타내었다.

i) 고정된 결합 길이와 결합각을 가진 최초의 임의적 사슬 conformation을 선택한다.
ii) 랜덤하게 내부 회전을 할 사슬 골격에 있는 화학 결합을 선택한다.
iii) 선택된 결합에 대하여 비틀림각을 $-180°$와 $+180°$ 범위에서 랜덤하게 선택한다.
iv) 결합을 회전시켜 새로운 비틀림각을 선택하여 새로운 포텐셜 에너지를 계산한다.
v) 0과 1 사이에서 랜덤하게 숫자(R)를 발생시켜, 이것이 $\exp(-(E_{new} - E_{old})/kT$값보다 작으면 이 새로운 비틀림각 값을 보존하고, 그렇지 않으면 예전 비틀림각 값으로 돌아간다.
vi) 충분하게 이 과정을 거치면 사슬이 평형 상태에 도달한다. 이때 사슬 conformation 관련 성질(r^2, R_g^2 등)들을 계산하고 이러한 성질들의 이동 평균값(running average)을 갱신한다.
vii) 위 2번째 절차부터 바람직한 반복 회수(number of iterations) 만큼 실행이 될 때까지 반복한다.

앞에서 소개된 여러가지 이상 사슬 모델을 이용하여 계산된 폴리에틸렌(분자량 100,000)의 회전 반경(R_g)의 예는 아래와 같다.

FJC(5.3 nm), FRC(7.5 nm), HRC(9.9 nm), RIS(14 nm)

3.8 실제 사슬의 배제 부피 효과

이상 사슬에서는 멀리 떨어져 연결된 화학 결합 벡터들이 공간에서 같은 위치를 점유하여 자기 교차(self-intersection)될 가능성을 배제하지 않는다. 이에 비해, 실제 사슬에서는 사슬의 한 부분이 다른 부분과 같은 공간을 점유할 수가 없고 자신의 부피로부터 다른 부분을 배제한다. 이를 '배제 부피 효과(excluded volume effect)'라 한다. 이와 같은 배타(exclusion)는 반발력이나 인력과 같은 순 2체 상호 작용(net two-body interaction)에 의해 일어난다. 즉, 배제 부피는 물체 주위에 다른 유사한 형태의 물체의 중심이 침투할 수 없는 부피를 뜻한다.

앞에서 이상 사슬의 근 평균 제곱 말단 거리는 반복 단위 수의 제곱 근에 비례함을 보았다. 이에 반해, 광산란 등 다른 실험에 의하면 실제 사슬의 경우 근 평균 제곱 말단 거리가 반복 단위 수의 제곱근보다 더 빠른 속도로 증가함을 나타낸다. 이를 개략적으로 증명하기 위해 Flory는 배제 부피 개념을 도입하여 다음과 같은 논리를 전개하였다.

사슬 시스템(일정한 온도와 부피를 가짐)의 총 자유 에너지(A: Helmholtz 자유 에너지)는 다음과 같이 표시할 수 있다.

$$A(r) = A_{\text{entropy}} + A_{\text{repulsion}} = c_1 r^2/nb^2 + c_2 v_{ex} n^2/r^3 \qquad (3.168)$$

여기서, c_1과 c_2는 상수이고, r은 말단 거리, v_{ex}는 배제부피, b는 결합 길이, n은 결합의 수를 나타낸다. 위 관계식의 근거는 아래 과정을 통하여 얻어진다.

사슬의 말단 거리의 확률 분포, $W(r)$은 다음과 같이 표시할 수 있다.

$$W(r) = (3/2\pi nb^2)^{3/2}\exp[-3r^2/2nb^2]$$

이를 이용하여 사슬 시스템의 엔트로피(S)와 자유 에너지(Helmholtz 자유 에너지)는 다음과 같이 표시된다.

$$S(r) = k \ln W(r) \qquad (3.169)$$

$$A = -TS = -kT \ln W(r) \qquad (3.170)$$

이로부터 사슬 시스템의 자유 에너지는 r^2/nb^2에 비례함을 알 수 있다.

사슬 내의 상호 반발 작용에 의한 자유 에너지는 배제 부피에 비례한다. 또, 상호 반발 작용을 야기시키는 단위 부피 당의 단량체 쌍(monomer pair)의 수는 n^2/r^3에 비례한다. 즉, $A_{\text{repulsion}}$은 $v_{ex} \cdot n^2/r^3$에 비례하게 된다. 이들로부터 사슬의 말단 거리를 얻기 위한 다음 관계식을 얻을 수 있다.

$$dA/dr = 2c_1 r/nb^2 + c_2 v_{ex} n^2(-4)r^{-4} = 0 \qquad (c_1, c_2\text{: 비례 상수}) \qquad (3.171)$$

$$r = (2c_2/c_1)^{1/5}(v_{ex})^{1/5}(n^3b^2)^{1/5} \qquad (3.172)$$

$$r \propto (v_{ex}/b^3)^{1/5} bn^{3/5} \qquad (3.173)$$

이로부터 근 평균 제곱 말단 거리(RMS 말단 거리)는 $n^{0.6}$에 비례함을 알 수 있다. 이는 실험으로 얻어진 결과와도 매우 유사하다.

이상 사슬 모델의 하나인 자유 연결 사슬 모델의 경우에는 랜덤 걷기 모델을 적용할 수 있었다. 이 경우, 사슬 시스템 내의 사슬들이 배제 부피를 가지지 않는다. 다시 말하면, 사슬 내의 세그멘트들은 기존의 세그멘트들이 존재하는지 여부에 상관없이 공간 내의 어느 곳에서든지 위치할 수 있다는 것이다. 이에 비해, 실제 사슬은 필연적으로 배제 부피를 가지게 된다. 이에 따라, 실제 사슬의 세그멘트들은 기존의 세그멘트가 공간 내에 존재할 경우 그 공간을 피하고 위치하여야 한다.

이를 반영하기 위한 모델로서 격자 모델(lattice model: 공간에서 사이트를 연속적으로 나타내는 것이 아니라 격자 상에서 사이트를 별개(discrete)로 정의하는 물리적 시스템)이 적용될 수 있다. 격자는 사이트들을 n-차원 상에서 배열한 것이다. 여기에 자유 연결 사슬의 개념을 도입하면, 아래 그림 3.54에서와 같이 자기 회피 랜덤 걷기(self-avoiding random walk: SAW) 모델이 된다.

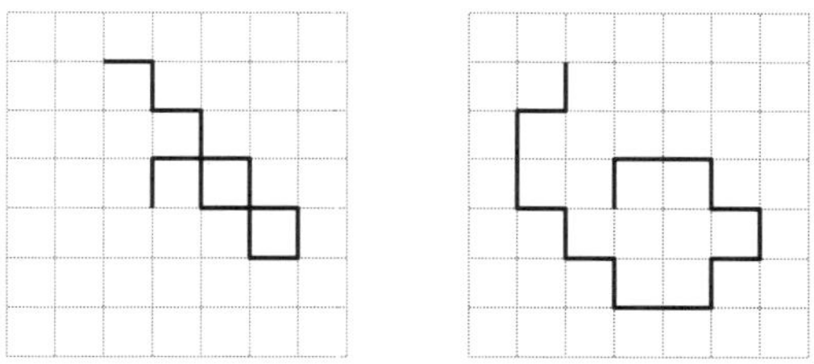

그림 3.54 ❖ 자유 연결 사슬 모델 및 자기 회피 랜덤 걷기 모델

격자 모델에서 격자 내의 각 사이트(site: lattice point라고도 함)들은 세그멘트를 대변하며, 각 사이트들이 연결된 하나의 연속체가 사슬을 형성한다. 자기 회피 랜덤 걷기 모델에서는 걷는 자(walker)가 한번 방문한 사이트는 다시 방문하는 것이 허용되지 않음으로써 배제 부피 효과가 반영된다. 또, 자기 회피 랜덤 걷기 모델에서는 비정사면체 결합각(non-tetrahedral bond angle)을 가지며 결합의 포텐셜 에너지는 결합의 회전각과는 무관하다.

자기 회피 랜덤 걷기 모델을 수학적으로 묘사하기가 매우 어려우므로, 고분자의 성질들은 해석적으로 풀기가 어려워 일반적으로는 몬테 카를로 기법을 이용한 수치적 시뮬레이션(numerical simulation)에 의해 그 해를 구한다. 이에 따라, 자기 회피 랜덤 걷기 모델을 위한 알고리즘 개발이 매우 중요하다. 자기 회피 랜덤 걷기 모델은, 특히 매우 묽은 고분자 용액 시스템의 경우에 사슬 사이의 상호 작용이 무시될 수 있어 적용하기가 유리하다. 이와 달리, 반묽은 용액(semi-dilute solution)이나 진한 고분자 용액, 벌크 상태 고분자 시스템에서는 상호 반발 작용이 균형을 이루므로 단순히 랜덤 걷기 모델을 적용하는 것이 오히려 더 유리하다.

자기 회피 랜덤 걷기 모델에서의 계산에 소요되는 시간은 사슬 내의 세그멘트 개수가 증가함에 따라 급격하게 증가한다. 이에 따라, 효율은 매우 제한적이지만 매우 단순한 방법이다. 자기 회피 랜덤 걷기 기법은 다른 기법과의 비교를 위한 하나의 기준 역할을 할 수 있다. 실제로 입방 격자(cubic lattice: 격자 단위 b)에서 n-단계(step) 자기 회피 랜덤 걷기를 적용할 경우의 얻어진 데이터는 아래 그림 3.55와 같으며 다음과 같은 관계식이 얻어진다.

$$R_g/b = 0.4205 \times n^{0.5934} \tag{3.174}$$

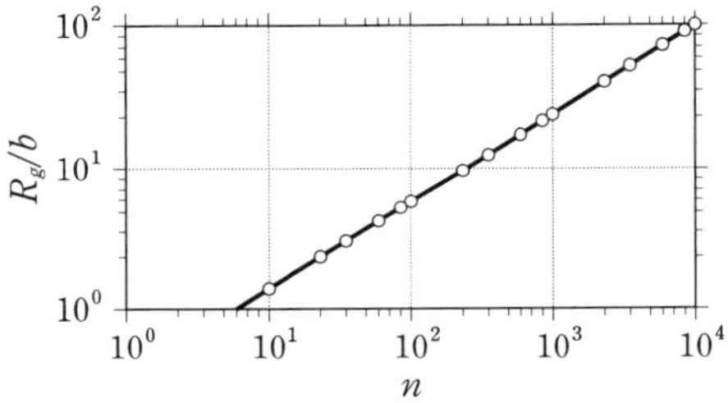

그림 3.55 ❖ 자기 회피 랜덤 걷기 모델을 적용한 사슬 회전 반경과 스텝 수의 관계

참고로 이상 사슬의 경우에는 아래와 같은 관계가 얻어지는 것을 앞에서 이미 다루었다.

$$\langle R_g{}^2 \rangle_o^{1/2} / \ell \propto n^{0.5} \tag{3.175}$$

아래 그림 3.56에 자기 회피 랜덤 걷기 격자 모델을 이용하여 얻어진 제곱 말단 거리(R^2)의 방사 분포(radial distribution: R^2W)를 가우스 사슬의 경우와 비교하여 나타내었다.

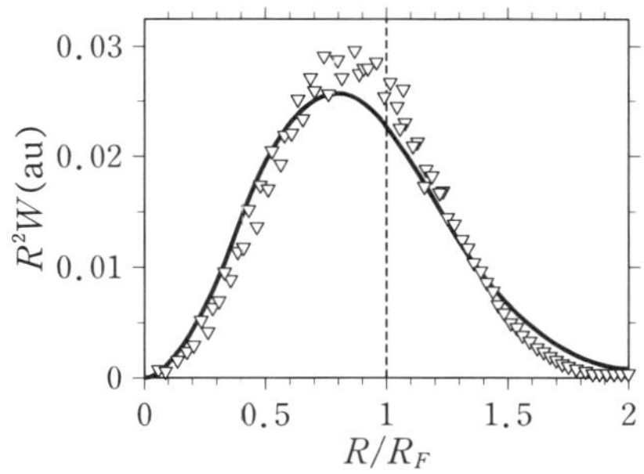

그림 3.56 ❖ 자기 회피 랜덤 걷기 모델을 적용한 사슬의 제곱 말단 거리의 방사 분포(R_F: 자유 연결 사슬의 말단 거리, W: 확률 분포 함수, 실선은 비대칭 가우스 함수)

참고문헌

[1] C.R. Rubinstein, R. Colby, Chap 2 Ideal Chains, *Polymer Physics*, Oxford University Press Inc, New York (2003)

[2] I. Teraoka, Chap 1 Models of Polymer Chains, *Polymer Solutions: An Introduction to Physical Properties*, John Wiley & Sons, Inc, New York (2002)

[3] U.W. Gedde, Chap 2 Chain Conformations in Polymers, *Polymer Physics*, Chapman & Hall (1995)

[4] J.L Koenig, *Spectroscopy of Polymers*, Elsevier (1999)

[5] G.J. Szasz, N. Sheppard, D.H. Rank, *Journal of Chemical Physics*, 16, 704 (1948)

[6] R.M. Balabin, *Journal of Physical Chemistry* A, 113, 1012 (2009)

[7] S.M Kuznetsov, V.S. Novikov, E.A. Sagitova, L.Y. Nikolaeva, P.P Pashnin, *Laser Physics*, 29, 085701 (2019)

[8] O.G. Byutner, G.D. Smith, *Macromolecules*, 32, 8376 (1999)

[9] J. Dong, Y. Ozaki, K. Nakashima, *Journal of Polymer Science* Part B, Polymer Physics, 35, 407 (1997)

[10] K.R. Chaurasiya, T. Paramanathan, M.J. McCauley, M.C. Williams, *Physics of Life Reviews*, 7(3), 299 (2010)

CHAPTER 4

고분자 용액과 상거동(phase behavior)

일반적으로 용액이라 함은 2개 이상의 물질들의 균일한 혼합물을 이르는 것으로서 이들은 단일 상(single phase)을 형성한다. 이때 상(phase)은 시스템 내에서 물리적, 화학적 성질이 균일한 공간의 영역을 말한다. 이에 따라, 고분자 용액은 액체 용매에 고체 고분자가 균일하게 용해되어 있는 시스템이다. 혼화성이 있는(miscible) 고분자 블렌드에서와 같이 고체 고분자와 고체 고분자가 균일하게 혼합되어 단일 상을 형성하면 고체-고체 용액에 해당한다. 고체 고분자 블렌드가 단일 상을 형성하면 일반적으로 하나의 유리 전이온도로 나타난다.

고분자 용액의 응용 범위는 광범위한데 그 주요 예는 다음과 같다.

i) 고분자의 특성화(분자량이나 R_g의 결정 등)
ii) 중합 반응을 위한 매개(media)
iii) 고분자의 응용(섬유, 접착제 제조 등)을 위한 수단
iv) 고점도 제품으로의 응용(페인트, 모터 오일 등)
v) 수용성 고분자의 응용(식품, 화장품, 의약품 등)

위의 모든 응용에 있어서 가장 기본적으로 대두되는 질문은 특정의 고분자를 위한 용매가 어떤 것인가 하는 점이다. 이를 위해서는 고분자와 용매 사이의 상호 작용을 이해함이 필요하다. 고분자와 용매의 상호 작용을 이해하는 것은 위의 응용적 요구 이외에도, 고분자 사슬의 구조적 기본 원리를 이해하는 데에도 매우 큰 도움이 된다 [1, 2, 3].

4.1 저분자 용액의 통계 열역학

고전 열역학이 열역학 시스템의 거시적 변수인 온도, 압력, 부피와 열, 에너지, 일 사이의 관계를 다루는데 비하여, 통계 열역학은 확률 이론을 이용하여 열역학 시스템의 미세 거동을 설명한다. 여기서 열역학 시스템은 온도나 압력, 부피 등과 같은 열역학적 상태 변수로 설명될 수 있는 거시적 공간 영역을 말한다. 이에 따라, 통계 열역학은 열역학 시스템의 분자 스케일에서의 미시적 거동과 시스템의 거시적 거동을 연결하는 가교 역할을 한다고 볼 수 있다. 여기서 다루는 통계 열역학은 시스템의 힘과 에너지와 관련되므로 통계 역학이라 부르기도 한다. 아래에 여러가지 형태의 용액 시스템의 특성을 살펴보기로 한다.

4.1.1 이상 용액(ideal solution)

이상 용액은 다음과 같은 기본적인 특성을 가진 용액 시스템으로 정의한다.

i) 완전하게 랜덤 혼합(이상 혼합이라고도 함)을 이룬다.
ii) 용질과 용매 사이, 용매와 용매 사이, 용질과 용질 사이의 상호 작용이 모두 동일한 정도를 가져 순 상호 작용(net interaction)이 없다. 이에 따라, 혼합에 의한 시스템의 에너지 변화는 없다. ($\Delta H_m = 0$)
iii) 용매와 용질의 형태가 같고 크기도 같다.
iv) 혼합에 의하여 시스템의 부피 변화가 없다.

이와 같은 특성은 이상 기체의 경우와 상당히 유사한 면을 가진다. 즉, 이상 기체의 경우에도 입자 사이에 상호 작용이 전혀 없다. 단지, 이상 기체 경우에는 입자의 부피가 거의 무시되는 점 입자(point particle)로 간주한다. 이에 따라, 이상 기체에서는 입자 사이의 직접 충돌을 통한 탄성 충돌만 일어난다.

이상 용액을 설명하기 위하여 아래 그림 4.1과 같은 격자 모델이 자주 이용된다. 격자 모델은 연속된 공간을 바탕으로 하는 것이 아니고, 반복되는 요소 단위 패턴(elemental unit pattern)이 주기적인 구조를 가지는 물리적 모델이다. 이때 반복되는 요소 단위는 하나의 공간 단위를 형성하며 정육면체(cubic), 팔면체(octahedral) 등 다양한 모양을 가질 수 있다. 이로 인해 격자 모델은 이산값(discrete value: 연속적인 값과 대비됨)에 의존하게 되므로, 특히 랜덤 변수를 다루는 경우에 수학적으로 상당히 단순한 작업이 가능하게 된다. 이는 분자 배향 등에 크게 영향을 받지 않는 용액 시스템의 물리적 성질 등을 검토할 때에 합리적인 출발점이 될 수 있다.

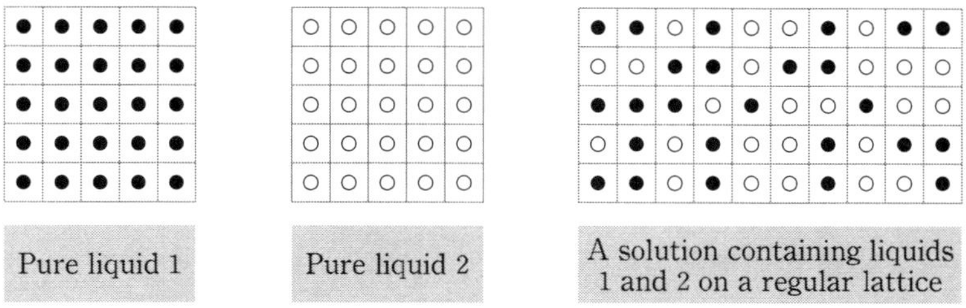

그림 4.1 ❖ 이상 용액 시스템을 설명하기 위한 격자 모델

위 그림에서 비어 있는 원(blank circle)은 용매 분자(분자1)이고, 채워진 원(filled circle)은 용질 분자(분자2)를 나타내며, 이들이 각각 차지하는 부피는 격자의 요소 단위와 같다. 위 격자 모델에 기초하여 혼합에 따른 용액 시스템의 엔트로피 변화는 다음과 같이 계산된다. 이때 엔트로피 변화는 이상 용액이므로 순 상호 작용이 없어 오직 혼합에 따른 조합 엔트로피(combinatorial entropy: 시스템의 구성 성분의 위치에 관련된 엔트로피)의 변화에 의해서만 일어나는 비 동역학적(non-kinetic) 엔트로피이다. 조합 엔트로피는 위치 엔트로피(positional entropy), 또는 configuration 엔트로피라고도 부른다. 조합 엔트로피는 에너지와 무관하게 통계역학적인 방법으로 분자들을 격자 내에 배열하는 방법과 관련된다.

격자 내에서 용매 분자와 용질 분자들을 위한 구분할 수 있는 배열의 수(Ω)는 용매 분자의 수 N_1, 용질 분자의 수 N_2와 다음과 같은 관계를 가진다. 이때 용매 분자와 용질 분자들은 각기 자기들 사이에서는 서로 구분이 되지 않는다.

$$\Omega = (N_1 + N_2)!/N_1!N_2! \tag{4.1}$$

조합 엔트로피(S)는 이상 용액의 경우, 다음과 같은 Boltzmann 식을 이용하여 구할 수 있다.

$$S = k \ln \Omega \tag{4.2}$$

이때 Ω는 용매 분자와 용질 분자를 위한 구분할 수 있는 배열의 수로서, Boltzmann 식에서 의미하는 시스템의 미시 상태의 수에 해당한다. 위의 관계식을 비 팩토리얼(non-factorial) 형태로 바꾸기 위해서는 Stirling의 근사법을 이용한다. Stirling의 근사법은 미시 상태의 수(N)가 큰 값일 때 유효하다.

$$\ln N! = N\ln N - N \quad (4.3)$$

혼합에 따른 이상 용액 시스템의 엔트로피 변화(ΔS_m)는 다음과 같이 계산된다.

$$\Delta S_m = S_{\text{mix}} - (S_1 + S_2) \quad (4.4)$$

여기서, S_{mix}는 혼합물의 엔트로피, S_1과 S_2는 각기 순 용매 시스템과 순 용질 시스템의 조합 엔트로피를 나타낸다. 순 용매 시스템에서 분자들을 배열할 수 있는 방법은 오로지 1개이고, 순 용질 시스템에서도 마찬가지로 배열 방법이 하나 밖에 없으므로, S_1과 S_2는 모두 0의 값을 가진다. 이에 따라, 혼합에 따른 엔트로피의 변화는 다음과 같이 나타난다.

$$\Delta S_m = S_{\text{mix}} - (S_1 + S_2) = S_{\text{mix}} = k\ \ln\Omega = k\ \ln[(N_1 + N_2)!/N_1!N_2!] \quad (4.5)$$

이로부터 이상 용액의 혼합에 따른 Gibbs 자유 에너지의 변화(ΔG_m)는 혼합물 내의 분자1과 분자2의 몰 분율(X_1, X_2)을 이용하여 다음과 같이 나타낼 수 있다.

$$\Delta G_m = \Delta H_m - T\Delta S_m = RT(n_1 \ln X_1 + n_2 \ln X_2) \quad (R = kN_A\text{: } N_A\text{는 Avogadro 수}) \quad (4.6)$$

여기서, n_1, n_2는 각기 분자1과 분자2의 몰(mole) 수이다.

4.1.2 정규 용액(regular solution)

정규 용액은 비이상 용액(non-ideal solution)을 설명하기 위한 가장 단순한 모델이다. 즉, 혼합에 따른 엔트로피 변화가 이상 용액 때와 같은 원칙을 따르지만, 용액을 구성하는 분자 사이에 순 상호 작용(net interaction)의 힘이 있어, 혼합에 따라 혼합열(heat of mixing)이 0이 아닌 값($\Delta H_m \neq 0$)을 가지는 용액으로서, 이상 용액처럼 상당한 규칙성을 가지고 있어 Hildebrand에 의해 처음으로 정규 용액이라는 이름이 주어졌다.

위 정규 용액에 대하여도 격자 모델을 적용해 보기로 한다. 각 격자 사이트의 가장 가까운 이웃 사이트의 개수로 정의되는 배위수(coordination number)를 z라고 표시할 경우, 용액이 랜덤하게 혼합되면 분자1(용매)과 분자2(용질)가 접촉하는 총 개수는 X_1zN_2로 나타낼 수 있다.

이로부터 분자2에 대한 혼합(분리의 반대 개념)에 따른 에너지의 변화(ΔH_m)는 다음과 같다.

$$\Delta H_m\,(\text{분자2에 대한}) = X_1 z N_2(\varepsilon_{22} - \varepsilon_{12}) \tag{4.7}$$

여기서, ε_{12}는 분자1과 분자2를 분리시키는데 필요한 에너지이고, ε_{22}는 분자2와 분자2 사이를 분리하는데 필요한 에너지이다. 혼합이 일어나기 전에는 분자 2와 분자2 사이의 작용만 존재하지만, 혼합이 일어나면 분자1과 분자2 사이의 작용이 생긴다. 마찬가지 방법으로 분자1에 대해서도 혼합에 따른 에너지의 변화를 고려할 수 있다. 이를 모두 감안하여 혼합에 따른 분자1과 분자2의 접촉 형성에 따른 접촉당 엔탈피 에너지의 변화는 다음과 같다.

$$\begin{aligned}\Delta H_m(\text{접촉당 엔탈피 변화}) &= (1/2)[(\varepsilon_{22} - \varepsilon_{12}) + (\varepsilon_{11} - \varepsilon_{12})]\\ &= (1/2)[(\varepsilon_{11} + \varepsilon_{22}) - 2\varepsilon_{12}]\end{aligned} \tag{4.8}$$

이에 따라, 분자1과 분자2의 접촉에 따른 총 엔탈피 에너지 변화는 다음과 같다.

$$\begin{aligned}\Delta H_m(\text{총 엔탈피 변화}) &= X_1 z N_2[(\varepsilon_{11} + \varepsilon_{22}) - 2\varepsilon_{12}]/2\\ &= (1/2)[N_1/(N_1 + N_2)](zN_2)[(\varepsilon_{11} + \varepsilon_{22}) - 2\varepsilon_{12}] = \beta n_1 n_2 N_A/n\\ &= \beta' n_1 n_2\end{aligned} \tag{4.9}$$

여기서, $\beta = (z/2)[(\varepsilon_{11} + \varepsilon_{22}) - 2\varepsilon_{12}]$, $n = n_1 + n_2$, $\beta' = \beta N_A/n$의 관계를 가지고 있는데, β'은 상호 작용 파라미터로서 특정 물질에 관련되는 값이다. 이로부터 혼합에 따른 엔트로피 변화와 엔탈피 에너지 변화를 모두 합친 자유 에너지의 변화(ΔG_m)는 다음과 같다.

$$\Delta G_m = RT(n_1 \ln X_1 + n_2 \ln X_2) + \beta' n_1 n_2 \tag{4.10}$$

위 결과식은 거의 같은 몰 부피를 가진 저분자 성분으로 구성된 혼합물에만 적용이 가능하다.

4.2 고분자 용액의 Flory-Huggins 이론

위의 정규 용액에서는 용매 분자와 용질 분자의 크기가 같다고 가정하였지만, 고분자 용액에서는 용매 분자와 고분자 사이에 크기 차이가 매우 크므로, 격자 모델을 적용함에 있어서도 차이가 생길 수밖에 없다. 격자 모델 적용에 있어서 정규 용액과의 큰 차이점은 고분자는 사슬 분자이므로 세그멘트들이 서로 연결되어 있다는 것이다. 이로 인해 격자에 용액의 성분들을 채워서 배열시킬 때에 아래 그림 4.2에 나타난 바와 같이 제약이 가해진다.

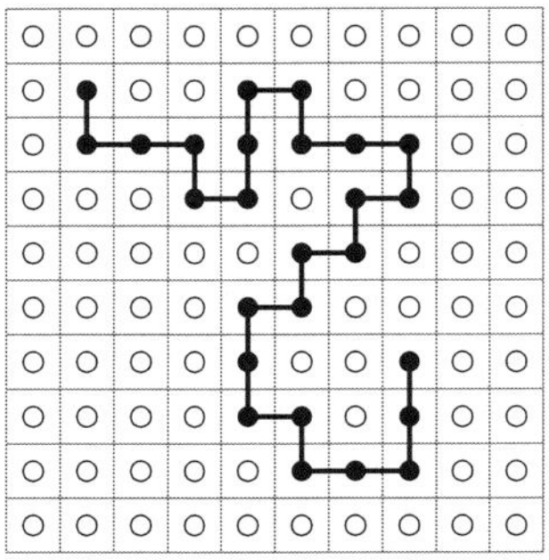

그림 4.2 ❖ 고분자 용액 시스템을 설명하기 위한 격자 모델

Flory-Huggins의 격자 이론은 서로 다른 사슬 conformation에 대해서 동일한 에너지를 가진다고 가정을 한다. 또한, 고분자 사슬이 매우 유연하다고 가정한다. 이러한 가정은 현실적으로는 물론 한계가 있는 점에 유의하여야 한다. 그럼에도 불구하고, 고분자 용액을 위한 격자 모델의 실질적 적용을 위하여 다음과 같은 가정이 적용된다.

i) 고분자 사슬의 각 세그멘트와 각 용매 분자들은 격자의 각 사이트를 점유한다.
ii) 고분자 사슬의 각 세그멘트와 각 용매 분자는 같은 크기를 가진다.
iii) 혼합에 따른 부피 변화는 없다.

격자 내 사이트의 총 개수(N)는 다음과 같다.

$$N = N_1 + xN_2 \tag{4.11}$$

여기서, x는 고분자 사슬당 세그멘트 개수이다.

Flory-Huggins 격자 이론의 기본적인 배경은 평균장 근사법(mean-field approximation)이다. 평균장 근사법은 많은 수의 개별 성분들이 서로 상호 작용을 하고 있는 시스템에서, 어떤 주어진 개별 성분에 대한 다른 모든 성분들의 영향을 하나의 평균 장(single averaged field: 다른 모든 성분들의 분자 간 작용하는 힘의 평균값)으로 근사화 하는 것이다. 이리하여 다체 문제(many-body problem)를 단일체 문제(one-body problem)로 단순화시킨다. 이를 바탕으로 i개의 고분자 사슬이 격자에 채워져 있을 때에 어느 특정의 사이트가 이미 채워져 있을 확률(f)은 다음과 같다.

$$f = xi/(N_1 + xN_2) \tag{4.12}$$

물론, 이러한 가정은 용액이 묽을 때에는 유효하지 못하다.

위의 가정을 토대로 용액 내의 고분자 사슬의 조합 엔트로피(또는 configuration 엔트로피)를 다음과 같이 계산할 수 있다. 격자 내에서 $(i+1)$번째 고분자 사슬의 첫번째 세그멘트가 놓여 질 수 있는 가능한 사이트의 수는 $(N - xi)$가 된다. 또, $(i+1)$번째 고분자 사슬의 두번째 세그멘트가 놓여 질 수 있는 사이트의 수는 $z(N - xi - 1)/N$이 되는데, 이는 $z(N - xi)/N$으로 근사화 할 수 있다. 같은 방법으로 세그멘트3에 대해서도 격자 내에 놓여 질 수 있는 사이트의 수를 계산하면 $(z-1)(N - xi - 2)/N$이 되는데 이 역시 $(z-1)(N - xi)/N$으로 근사화 된다. 세그멘트4 이상의 연속되는 세그멘트에 대해서는 세그멘트3 때와 같은 수의 가능한 사이트의 수를 가진다. 이를 종합하면, 격자 내에 이미 i개의 고분자 사슬이 채워져 있는 상태에서 $(i+1)$번째 고분자 사슬이 위치할 수 있는 방법의 수(W_{i+1})는 다음과 같이 나타낼 수 있다.

$$\begin{aligned} W_{i+1} &= (N - xi)z[(N - xi)/N][(z-1)(N - xi)/N]^{x-2} \\ &= z(z-1)^{x-2}N[(N - xi)/N]^{x} \end{aligned} \tag{4.13}$$

이를 i번째 고분자 사슬에 대해서 나타내면 다음과 같다.

$$W_i = z(z-1)^{x-2}N\{[N - x(i-1)]/N\}^{x} \tag{4.14}$$

이에 따라, 격자 내에 N_2개의 고분자 사슬을 위치시킬 수 있는 방법의 총계(Ω)는 다음과 같다. 이때 고분자 사슬은 단일 분산 시스템(mono-dispersed system)인 것으로 가정한다.

$$\Omega = W_1 W_2 \cdots\cdots W_i \cdots\cdots W_{N_2}/N_2! = (1/N_2!)\Pi W_i \tag{4.15}$$

$$\Omega = z^{N_2}(z-1)^{N_2(x-2)}x^{xN_2}\{(N/x)!/[(N/x) - N_2]!\}^{x} \tag{4.16}$$

이에 따라, 혼합물의 configuration 엔트로피(S_{mix})는 다음과 같다.

$$S_{mix} = k\ \ln[(1/N_2!)\Pi W_i \tag{4.17}$$

이에 Stirling의 근사법을 적용하면 S_{mix}는 다음과 같이 표시된다.

$$S_{mix}/k = -N_2\ln(xN_2/N) - n_1\ln(N_1/N) + N_2[\ln z + (x-2)\ln(z-1) + (1-x) + \ln x] \tag{4.18}$$

순수 용매 시스템은 용매 분자를 격자에 배열할 수 있는 방법이 1가지 밖에 없으므로 configuration 엔트로피(S_1)는 0이다. 하지만, 순수 고분자 시스템의 경우에는 고분자가 사슬 분자이므로 배열할 수 있는 방법이 0이 아니어서 configuration 엔트로피(S_2)는 유한 값을 가진다.

$$S_2 = kN_2[\ln z + (x-2)\ln(z-1) + (1-x) + \ln x] \tag{4.19}$$

이로부터 용매 분자와 고분자 사슬을 혼합함에 따른 엔트로피 변화(ΔS_m)는 다음과 같이 된다.

$$\begin{aligned}\Delta S_m &= S_{\text{mix}} - (S_1 + S_2)\\ &= -k[N_1\ln(N_1/N) + N_2\ln(xN_2/N)]\\ &= -R[n_1\ln(N_1/N) + n_2\ln(xN_2/N)]\\ &= -R(n_1\ln\phi_1 + n_2\ln\phi_2)\end{aligned} \tag{4.20}$$

여기서, ϕ_1과 ϕ_2는 각기 용매와 고분자의 부피 분율을 나타낸다.

다른 한편으로, 혼합에 따른 엔탈피 에너지의 변화도 계산할 수 있다. 용매 분자1과 고분자 사슬 세그멘트2 사이의 접촉이 형성됨에 따른 에너지의 변화($\Delta\varepsilon$)는 다음과 같이 표시할 수 있다.

$$\begin{aligned}\Delta\varepsilon &= (1/2)\varepsilon_{11} + (1/2)\varepsilon_{22} - \varepsilon_{12}\\ &= (1/2)[\varepsilon_{11} + \varepsilon_{22} - 2\varepsilon_{12}]\end{aligned} \tag{4.21}$$

여기서, ε_{11}은 용매 분자와 용매 분자 사이의 상호 작용 에너지이고, ε_{22}는 고분자 사슬 세그멘트 사이의 상호 작용 에너지이며, ε_{12}는 용매 분자와 고분자 사슬 세그멘트 사이의 상호 작용 에너지이다. 이들 상호 작용 에너지는 온도의 함수이므로, 분자 스케일에서의 내부 에너지의 자릿수(order of magnitude)인 kT 에너지와 비교하여 다음과 같은 무차원 파라미터(χ: Flory-Huggins 상호 작용 파라미터라고 부름)를 정의한다.

$$\chi = z\Delta\varepsilon/kT \tag{4.22}$$

즉, χ는 용매 분자 당(또는 고분자 사슬의 세그멘트 당) 상호 작용 에너지를 kT 에너지 값으로 나눈 것이다. 격자 모델에서 χ는 유일한 물질 특유의 파라미터이다. 이를 이용하여 ΔH_m은 다음과 같이 나타낼 수 있다.

$$\Delta H_m = z\phi_2 N_1\Delta\varepsilon = kT\chi N_1\phi_2 = RT\chi n_1\phi_2 \tag{4.23}$$

위 관계식에 의하면 χ가 음의 값을 가지면 발열 혼합이 되고, 분자 사이에 접촉이 생김에 따라 에너지가 감소한다. 반대로, χ가 양의 값을 가지면 흡열 혼합이 일어난다. 즉,

혼합을 위해 에너지가 필요한 경우이다. 이에 따라, ΔG_m은 다음과 같이 표시되며 이를 원래의(original) Flory-Huggins 식이라 부르기도 한다.

$$\Delta G_m = \Delta H_m - T\Delta S_m = RT(n_1 \ln\phi_1 + n_2 \ln\phi_2 + \chi n_1 \phi_2) \tag{4.24}$$

이로부터 χ는 주어진 고분자에 대한 용매의 열역학적 수월성(goodness)을 나타낸다고 볼 수 있다. 위 격자 모델에서는 엔트로피 관련 항이 랜덤 혼합을 가정하고 있으나, 실제 상황에서는 용매의 수월성이 랜덤 혼합에도 영향을 미친다.

위의 격자 모델을 이용한 Flory-Huggins 식은 비교적 간단한 관계식으로 나타나 활용하기 쉬운 장점이 있음에도 불구하고, 다음과 같은 한계점을 가진다.

i) 용액 시스템 내의 고분자 사슬이 단순 분포(mono-disperse)되어 있다는 전제를 안고 있다.
ii) 상당히 진한 고분자 용액에 유효하게 적용된다.
iii) 격자 내에서 랜덤 혼합하는 것을 전제로 하므로 매우 유연한 고분자 사슬에 적용이 유리하다.
iv) 특정의 상호 작용(specific interaction: 수소 결합 등)은 무시된다.
v) 상호 작용 파라미터인 χ의 농도 의존성은 무시된다.
vi) 혼합 때의 부피 변화는 무시된다.

이와 같은 한계점으로 인하여, Flory-Huggins 식은 주로 고분자 용액을 위한 혼화 거동(miscibility behavior)의 일반적 경향을 예측하는데 이용된다.

Flory-Huggins 식이 평균장 근사법에 기반을 두고 있으므로 분자 사이의 상호 작용이 단일체 문제가 된다. 혼합에 따른 상호 작용은 실제로 단일체 문제로부터 출발하여 다체 문제에 이르기까지 다양한 종류의 상호 작용이 존재한다. 단일체 상호 작용은 주위의 상황과 전혀 무관한 거동을 보이는 것이므로 이론적으로 이상 용액에서만 가능하다. 다체 문제는 상호 작용을 하는 많은 입자로 구성된 미세 시스템을 칭한다. Flory-Huggins 식을 고분자 농도의 비리알 식(virial equation)으로 변형시키면 다양한 형태의 분자 사이의 상호 작용을 고려해 볼 수 있다. 비리알 식은 멱급수(power series)로 표시되는데 통계역학으로부터 유도될 수 있으며, 이상 상태에서 벗어난 실제 분자 상호 간의 작용에 대한 정보를 제공할 수 있다. 비리알 식은 낮은 농도나 압력 등의 조건에서만 적용이 가능하므로 묽은 고분자 용액 시스템에서 적용이 가능하다.

우선, 혼합에 따른 자유 에너지의 변화(ΔG_m)를 고분자 용액 내에서의 혼합에 따른 화학 포텐셜(μ)의 변화로 바꾸어 볼 수 있다. 이는 ΔG_m이 단순히 시스템 전체의 혼합에 따른 에너지 변화를 대변하는 것임에 비하여, 화학 포텐셜의 변화($\Delta\mu_i$)는 혼합물 시스템 내의 성분이 일을 할 수 있는 능력을 나타내기 때문이다. 즉, 용매가 고분자를 용해할 수 있는 직접적인 능력의 척도를 얻을 수 있다. 화학 포텐셜(μ_i)은 시스템 내의 성분의 개수 변화에 따라 흡수되거나 방출되는 에너지로서 다음과 같이 얻을 수 있다.

$$\begin{aligned}\Delta\mu_1 &= \mu_1 - \mu_1^0 = \partial\Delta G_m/\partial n_1 \\ &= RT\,[\chi\phi_2 + \chi n_1(\partial\phi_2/\partial n_1) + \ln\phi_1 + (n_1/\phi_1)(\partial\phi_1/\partial n_1) + (n_2/\phi_2)(\partial\phi_2/\partial n_1)] \quad (4.25)\end{aligned}$$

위 관계식에서 μ_1은 고분자 용액 내에서의 용매의 화학 포텐셜이고, μ_1^0는 순수 용매의 화학 포텐셜이다. 다음과 같은 관계를 이용하면 위의 관계식이 수학적으로 보다 더 유용한 형태로 바뀔 수 있다.

$$\phi_1 + \phi_2 = 1 \quad (4.26)$$

$$\phi_1 = n_1/(n_1 + xn_2) \quad (4.27)$$

$$\phi_2 = xn_2/(n_1 + xn_2) \quad (4.28)$$

이상 용액에서는 성분 물질의 화학 포텐셜이 용액 내에서의 농도에 비례한다. 이에 비해, 고분자 용액을 포함한 실제 용액에서는 이상 용액에서 벗어나므로 성분 물질의 화학 포텐셜을 구하기 위하여 이상 용액의 농도에 상응하는 개념인 성분 물질의 활동도(activity, a_i)를 다음과 같이 정의한다.

$$a_i = \exp[(\mu_i - \mu_i^0)/RT] \quad (4.29)$$

위 관계식들을 이용하여 다시 정리하면 다음과 같다.

$$\ln a_1 = (\mu_1 - \mu_1^0)/RT = \ln(1-\phi_2) + [1-(1/x)]\phi_2 + \chi\phi_2^2 \quad (4.30)$$

이때 성분 물질의 활동도(열역학적 활동도)를 실제 용액에서의 유효 농도라 부르기도 한다. 열역학적 활동도는 실제 용액에 대해서 다음 관계에 의해 실험적으로 구할 수 있다.

$$a_1 \approx p_1/p_1^0 \quad (4.31)$$

여기서, p_1은 용액 내에서의 용매의 부분 증기압이고, p_1^0는 순수 용매의 증기압이다.

고분자 용액 내에서의 다양한 상호 작용들을 분리해 내기 위하여 고분자의 농도 항을 멱급수에 의해 확장을 할 수 있다. 이는 특별히 묽은 고분자 용액에 대해 수학적으로 가능하다.

$$\ln(1-\phi_2) = -\phi_2 - \phi_2^2/2 - \phi_2^3/3 - \cdots \tag{4.32}$$

$$(\mu_1 - \mu_1^0)/RT = -\phi_2/x - (1/2-\chi)\phi_2^2 + \cdots \tag{4.33}$$

그런데 ϕ_2는 고분자의 질량 농도(c_2: g/cm^3)와 다음과 같은 관계를 가진다.

$$\phi_2/xV_1 = c_2/M_2 \tag{4.34}$$

여기서, V_1은 용매의 몰 부피이다.

이를 이용하여 화학 포텐셜을 위한 위 관계식 4.33을 비리알 식 형태로 다시 나타낼 수 있다. 비리알(virial)이라는 의미는 라틴어 어원으로 힘 또는 에너지를 뜻한다. 역학 분야에서 시스템의 구성 성분인 입자나 분자들 사이의 상호 작용하는 힘을 설명하기 위하여 사용되었는데 무한 시리즈 형태로 나타난다.

$$(\mu_1 - \mu_1^0)/RT = -V_1c_2[(1/M_2) + A_2c_2 + A_3c_2{}^2 + \cdots] \tag{4.35}$$

여기서, A_2는 고분자의 2차 비리알 계수(second virial coefficient), A_3는 3차 비리알 계수(third virial coefficient)라 부르며 다음과 같은 관계식을 가진다.

$$A_2 = [(1/2)-\chi)](\rho_1/M_1\rho_2^2) \qquad (\rho_1, \rho_2\text{: 용매 및 고분자의 밀도}) \tag{4.36}$$

여기서, A_2는 고분자 사슬의 쌍별 상호 작용(pairwise interaction)을 나타내는 지표이고, A_3 및 고차 비리알 계수들은 고분자 사슬의 다체 상호 작용에 해당한다. 이상 용액의 경우에는 A_2 값이 0이 되며, 비리알 식에서 첫번째 항만 남아 있게 된다. 즉, 이상 용액의 경우에는 용액 내에서의 용매의 화학 포텐셜 값이 용액 내에서의 고분자의 농도에 비례하며, 고분자 사슬 사이의 상호 작용이 존재하지 않게 된다. 일반적으로 A_3 및 그 이상의 고차 비리알 계수 값들은 그 크기가 A_2 값에 비해 상대적으로 매우 작아 무시된다. 이에 따라, A_2는 용매와 고분자의 상용성(compatibility)을 나타내는 척도가 된다. 상용성은 혼화성과 비슷한 개념으로 자주 사용되고 있으나, 엄밀한 의미에서 혼화성은 혼합물이 분자 수준까지의 균일성을 나타내고, 상용성은 불균일성이 그리 크지를 않아 실제로 혼합물을 유용하게 사용하는데 있어서 문제가 없는 경우이다. A_2 값이 클수록 μ_1 값이 작게 되어 더 좋은 상용성을 보인다. 위의 A_2와 χ의 관계식에서 χ 값이 작을수록 상용성이 더 우수함을 알 수 있다. 이들 관계를 종합하면 다음과 같다.

i) 이상 용액: $\chi = 1/2, A_2 = 0$
ii) 양용매(good solvent): $\chi < 1/2, A_2 > 0$
iii) 빈용매(poor solvent): $\chi > 1/2, A_2 < 0$

위 관계식에서 χ값은 A_2를 실험적으로 구함으로써 얻어질 수도 있음을 알 수 있다. χ를 실험적으로 구하는 방법에는 다음과 같은 것들이 있다.

i) 용매의 활성도(부분 증기압)
ii) 용액의 삼투압
iii) 산란(광산란, 중성자 산란 등)
iv) 역 기체 크로마토그래피(inverse gas chromatography)
v) 고유 점도

이들 중 가장 보편적으로 쓰이는 광산란(Rayleigh 산란) 방법에 대해서는 다음 절에서 자세히 소개하기로 한다.

앞의 Flory-Huggins 식에서는 χ 값이 고분자의 농도에 무관한 것으로 가정하고 있다. 그러나 실제 고분자 용액 시스템에서는 χ 값은 농도에 의해 영향을 받게 되는데, 그 종속 관계는 보통 실험에 의해 결정한다. Flory-Huggins 식을 근간으로 하여 실험적으로 얻어진 χ 값의 농도 의존성이 아래 그림 4.3에 나타나 있다.

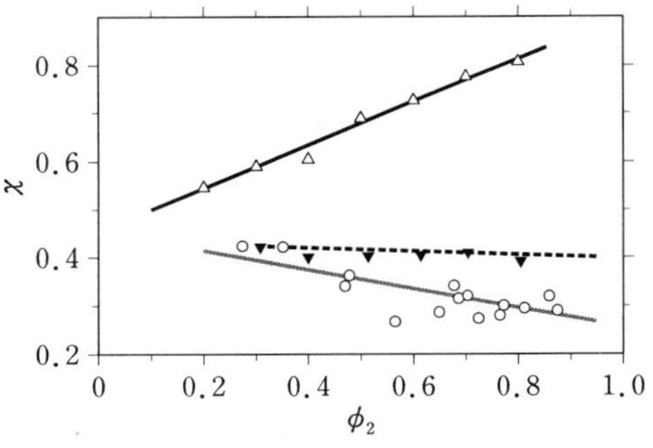

그림 4.3 ❖ 고분자 용액 시스템의 상호 작용 파라미터의 농도 의존성: ○(폴리스티렌의 벤젠 용액), ▼(고무의 벤젠 용액), △(폴리디메틸실록산의 벤젠 용액) [4]

위 데이터로부터 χ의 농도 의존성은 고분자의 종류에 따라 달라짐을 알 수 있다. 이는 고분자의 종류에 따라 고분자와 용매 사이의 상호 작용이 서로 다르기 때문이다. 고무(폴리이소부틸렌: PIB)가 벤젠에 용해되어 있는 용액의 경우, χ의 농도 의존성이 약하게 나타나고 있는데, 이는 다른 고분자 용액 시스템에서는 거의 찾기 어려운 특별한 경우이다.

Flory-Huggins 식에 나타나는 χ는 그 관계식을 유도하는 과정에서, 시스템의 엔트로피는 조합 엔트로피 요소만 존재하는 상태에서 χ는 오로지 엔탈피 에너지와 관련되는 것으로 가정하였다. 하지만, 실제 시스템에 있어서는 χ가 엔탈피 외에, 조합 엔트로피와 더불어 고분자와 용매의 상호 작용에 의한 비조합(non-combinatorial) 엔트로피 요소도 포함하게 된다. 이들 상호 작용은 당연히 고분자의 농도에 의해 영향을 받는다. 즉, χ는 엔탈피 요소(χ_H)와 엔트로피 요소(χ_S)를 고려하여 다음과 같이 표시할 수 있다.

$$\chi = \chi_H + \chi_S. \tag{4.37}$$

χ의 농도 의존성은 Flory-Huggins 식을 변형하여 아래와 같이 구할 수 있다. 우선 각 격자 사이트(단량체 또는 용매 분자)에 대한 혼합에 따른 자유 에너지 변화(ΔG_L)는 다음과 같이 표시할 수 있다.

$$\begin{aligned} \Delta G_L &= \Delta G_m/(n_1 + xn_2) \\ &= RT(n_1 \ln\phi_1 + n_2 \ln\phi_2 + \chi n_1 \phi_2)/(n_1 + xn_2) \\ &= RT(\phi_1 \ln\phi_1 + \phi_2 \ln\phi_2 + g\phi_1\phi_2) \end{aligned} \tag{4.38}$$

여기서, g는 새로 도입되는 상호 작용 파라미터로서 다음과 같이 정의한다.

$$g = \chi/(n_1 + xn_2) \tag{4.39}$$

$$g = g_0 + g_1\phi_2 + g_2\phi_2^2 + \cdots \tag{4.40}$$

여기서, 상호 작용 파라미터(g)는 고분자의 농도에 대하여 멱급수(g_k) 형태로 표시될 수 있다. 일반적으로 온도가 올라가면 상호 작용이 약해지므로 상호 작용 파라미터(g)에 대하여 온도 의존성을 다음과 같이 추가로 고려한다

$$g_k = g_{k1} + g_{k2}/T \tag{4.41}$$

고분자의 농도와 온도를 변화시켜가며 g값을 측정 후, 데이터 피팅(data fitting)에 의해 g_k 값을 결정할 수 있다. ΔG_L에 Avogadro 수(N_A)를 곱하면 몰 당의 ΔG 값으로 바꿀 수도 있다.

4.3 고분자 용액의 광산란(Rayleigh 산란)

고분자 사슬과 같은 작은 입자들을 특성화하기 위해서는 광산란을 위한 고분자 용액의 농도가 매우 묽어야 한다. 이는 고분자 사슬들 사이의 상호 작용을 무시하기 위함이다.

Rayleigh 산란은 근본적으로 분자의 편극(외부의 전기장과 상호 작용하여 일시적인 쌍극자 형성)으로부터 야기된다. 즉, 외부에서 가시 광선(교류 전기장에 해당)이 입사하면 전자가 여기되어 높은 에너지 상태에 도달한 후, 이완 과정에 의해 다시 전자파를 방출하게 되는데 이것이 산란이다. 이때 산란이 탄성적으로 일어나면(에너지 손실이 없음) Rayleigh 산란이다. 입사 가시 광선의 파장보다 충분히 작은 크기를 가진 이상 기체 분자(이상적 탄성 산란이 일어나는 시스템)의 산란에 대하여 Rayleigh가 산란 강도와 편극률(polarizability), 비편광(unpolarized) 입사 가시 광선의 파장 사이의 관계식을 개발하였다. 즉, 아래 그림 4.4에서와 같은 광산란 장치 시스템에서 비편광 입사 광선에 대한 고분자 용액의 산란 강도(i_θ: 산란 각 θ 때에 산란 중심으로부터 거리 r에 있는 측정 지점에서의 단위 시간당, 단위 면적당 산란 강도)는 다음 식 4.42로 표시된다.

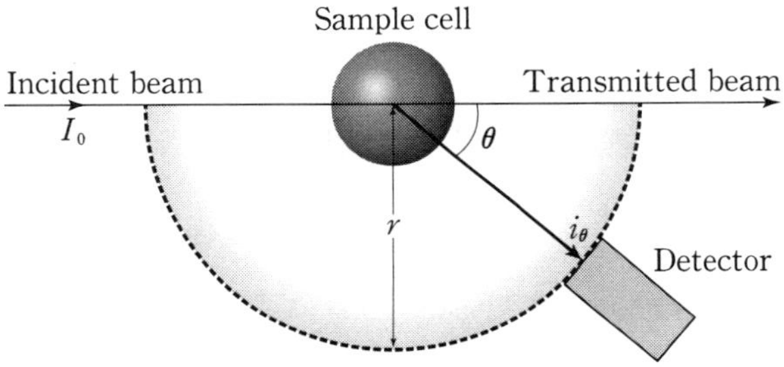

그림 4.4 ❖ 광산란 장치 시스템

$$i_\theta = (I_o n N_A)(8\pi^4\alpha^2/r^2\lambda^4)(1+\cos^2\theta) \qquad \text{(Rayleigh의 이상적 탄성 산란식)} \qquad (4.42)$$

여기서, n은 용질 분자의 몰 수이고, α는 용질 분자의 편극률(polarizability), I_o는 입사 광선의 강도, r은 산란 센터로부터 측정 지점까지의 거리, θ는 산란각을 나타낸다. 산란 측정 장치의 기하학과 무관한 산란 강도를 다음과 같이 정의하는 것이 편리한데, 이를 Rayleigh 비율(R_θ)이라 부르며 무차원 값을 가진다.

$$R_\theta = i_\theta r^2/I_0(1+\cos^2\theta) \qquad (4.43)$$

액체는 이상 기체에 비해 단위 부피당 분자가 훨씬 더 많으므로, 순수 용매의 경우에는 밀도 요동(density fluctuation)이 존재한다. 편극 요동은 밀도 요동과 상관 관계를 가지므로 순수 용매의 산란은 밀도 요동으로 대변할 수 있다. 용액의 경우에는 용질의 국부적 농도 요동(local concentration fluctuation)이 발생한다. 용액에서의 농도 요동은 용매 및 용질의 몰 수의 변화를 동시에 수반한다. 편극의 요동은 용질의 농도에 따른 굴절률의 변화($\partial n/\partial c$)를 매개로 용질의 국부적 농도 요동과 상관 관계를 가진다. 이에 따라 용액 시스템에서는 산란 효과가 농도 요동으로 대변될 수 있다.

이에 따라, 저분자 용액 시스템에서는 Einstein의 요동 이론(fluctuation theory)을 도입하여 최종적으로 다음과 같은 관계식이 성립한다.

$$Kc/\Delta R = (1/M) + 2A_2c + 3A_3c^2 + \cdots \quad (K = 2\pi^2 n_0^2 (dn/dc)^2\text{: 광학 계수}) \tag{4.44}$$

여기서, c는 용질의 농도, n_0는 순수 용매의 굴절률이고, M은 용질의 분자량이다. 용액 시스템에서는 아래 식에서와 같이 용액과 순수 용매의 Rayleigh 비율 차이(ΔR)를 과잉(excess) Rayleigh 비율이라 정의한다.

$$\Delta R = R_{\text{solution}} - R_{\text{solvent}} \tag{4.45}$$

위의 저분자 용액에 대해 얻어진 관계식들은 용매나 용질 분자가 서로 간섭을 하지 않는 점 산란체(point scatterer) 역할을 하는 것으로 가정하였다. 이러한 가정은 용질인 고분자의 크기가 충분히 작지 않을 경우(코일의 반경 > $\lambda/20$, λ는 입사 광선의 파장)의 고분자 용액에서는 적용되기 어렵다. 왜냐하면, 아래 그림 4.5에서와 같이, 같은 고분자 내의 다른 세그멘트에서 산란되는 광선들이 서로 간섭을 하기 때문이다.

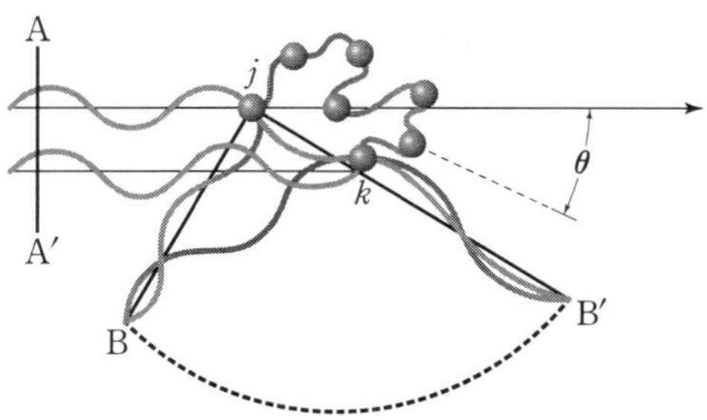

그림 4.5 ❖ 고분자의 사슬 세그멘트로부터 산란되는 광의 간섭

위 그림에서 사이트 j와 사이트 k에서 산란되는 광선들은 AA'와 BB' 사이에서 서로 다른 거리를 이동한다. 이때의 이동 거리 차이는 여하튼 고분자의 크기와 상관성을 가진다. 이를 감안하여 고분자 용액 시스템에 대해서는 앞의 Rayleigh 이론에 근거하여 얻어진 식을 다음과 같은 입자 산란 인자(particle scattering factor: $P(\theta)$)를 도입하여 수정할 필요가 생긴다. 입자 산란 인자를 형태 인자(form factor)라 부르기도 한다.

$$P(\theta) = i_{s,\text{actual}}/i_{s,\text{Rayleigh}} \qquad (i_s\text{: 산란광의 강도}) \tag{4.46}$$

즉, 입자 산란 인자는 고분자 세그멘트 사이의 산란 간섭에 의해 산란 강도가 약해지는 정도를 나타내는 지표이다. 즉, 산란되는 빛의 강도가 감소하게 되며, 그 강도는 고분자 코일의 크기나 모양(R_g로 대변됨)에 따라 달라진다. 입자 산란 인자는 코일의 회전 반경과 다음과 같은 관계식을 가진다.

$$1/P(\theta) = 1 + (q^2 < R_g^2 > /3) \quad (q = 4\pi n_0 \sin(\theta/2)\text{: 산란 벡터의 절대 값}) \tag{4.47}$$

여기서, 산란 벡터는 산란 광선 벡터와 입사 광선 벡터의 차이(difference)를 나타낸다.

이에 따라, 고분자 용액(묽은 용액)에 대한 산란 강도(ΔR_θ)는 다음과 같이 표시된다. 이 식을 Zimm 플롯식이라 부르기도 한다.

$$\begin{aligned} Kc/\Delta R_\theta &= (1/P(\theta))[(1/M) + 2A_2c] \\ &= [(1/M) + 2A_2c]\,[1 + (16\pi^2 n_0{}^2 \langle R_g^2 \rangle \sin^2(\theta/2)/3\lambda^2] \end{aligned} \tag{4.48}$$

고분자가 분자량 분포를 가질 경우에는 위 식이 다음과 같이 변경되어 표시된다.

$$Kc/\Delta R_\theta = [(1/\overline{M}_w) + 2A_2c]\,[1 + (16\pi^2 n_0{}^2 \langle R_g^2 \rangle_z \sin^2(\theta/2)/3\lambda^2] \tag{4.49}$$

여기서, $\overline{M}_w$는 사슬의 무게 평균 분자량이고 $\langle R_g^2 \rangle_z$는 사슬의 z-평균 제곱 회전 반경이다.

산란 강도는 입사되는 광선의 편광에 의해서도 영향을 받게 되는데 환산 산란 강도(R_θ)가 각기 다음과 같이 표시된다.

i) 수직 편광: $R_\theta = i_\theta r^2/[I_0 V]$ (4.50)

ii) 수평 편광: $R_\theta = i_\theta r^2/[I_0(\cos^2\theta)V]$ (4.51)

여기서, V는 산란 부피(scattering volume: 감지기의 시야와 입사 광선이 교차하는 부피)이다.

위의 Zimm 플롯식을 이용하여 묽은 고분자 용액에 대한 광산란 데이터를 적절히 피팅(fitting)함으로써 그래픽을 이용하여 중요한 정보($\overline{M}_w, A_2, R_g$)를 쉽게 얻을 수 있는데, 그 과정이 아래 그림 4.6에 나타나 있으며 이를 Zimm 플롯이라 부른다. 특히, R_g는 고분자의 conformation에 대한 중요한 정보가 된다.

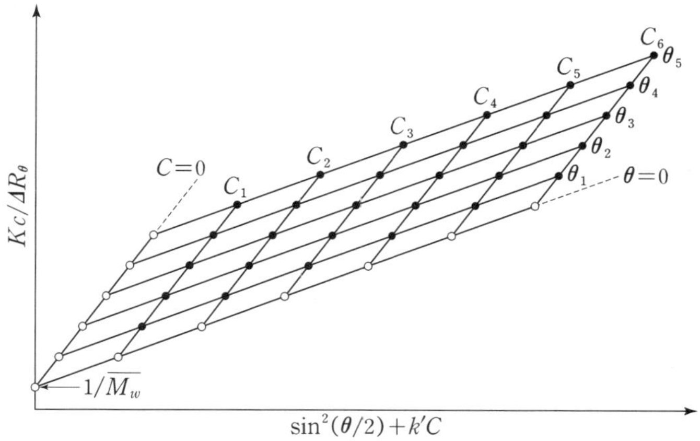

그림 4.6 ❖ 묽은 고분자 용액의 광산란으로부터 얻어지는 데이터의 Zimm 플롯

광산란 강도 데이터는 주어진 고분자 농도에서 산란각을 변화시켜 얻고, 또 주어진 산란각에서 고분자의 농도를 변화시켜 얻는다. 산란각이 0°인 상태와 고분자 농도가 0인 상태에서는 산란 강도 데이터를 얻을 수 없으므로, 앞에서 얻어진 데이터를 외삽(extrapolation)함으로써 얻어진다. 이들 외삽에 의해 얻어진 선들은 실험이 제대로 이루어지면 y축 상에서 서로 교차하여 절편을 형성한다. 이들 선의 기울기와 절편 값으로부터 다음과 같이 고분자 코일에 대한 중요한 정보를 구할 수 있다.

i) Y축의 절편 값 $= 1/\overline{M}_w$ ($\overline{M}_w$: 고분자의 무게 평균 분자량)
ii) $c = 0$에서의 선 기울기 값 $= 16\pi^2 R_g^2/3\lambda^2\overline{M}_w$
iii) $\theta = 0$에서의 선 기울기 값 $= 2A_2$

4.4 배제 부피 이론

배제 부피 이론(excluded volume theory)의 개념은 Kuhn 사슬 모델을 고안한 Kuhn에 의해 제안되었는데, 곧이어 Flory가 그 개념을 고분자 사슬에 적용하였다. 배제 부피는 앞 장에서 이미 설명한 바와 같이, 어떤 물체 주위에 다른 유사한 형태의 물체의 중심이 침투할 수 없는 부피를 말한다. 배제 부피 이론은 격자 이론의 기본 가정인 랜덤 혼합이나 혼합에 따른 부피 변화가 없는(no volume change) 등의 전제적인 개념을 전혀 가지지 않는다.

이상 사슬에서는 사슬들이 이미 점유된 사이트도 다시 점유할 수 있으므로, 각 반복 단위들이 차지하는 부피가 고분자 사슬의 conformation에 전혀 영향을 미치지 않는다. 즉, 이상 사슬에서는 배제 부피 효과가 전혀 없다고 가정한다. 뿐만 아니라, 용융 고분자의 경우에도 사슬의 반복 단위 사이의 상호 반발 작용들이 국부적 균형을 이루고 있어 사슬의 conformation이 다른 반복 단위의 존재에 의해 영향을 거의 받지 않으므로 배제 부피 효과가 없다고 가정하여도 무방하다. 그러나 고분자 용액의 경우에는 고분자와 용매의 상호 작용에 의해 고분자 사슬이 확장될 수 있어 배제 부피 효과가 존재한다. 이때, 배제 부피 효과라 함은 배제 부피의 변화에 따른 시스템의 변화를 의미한다. 이들 배제 부피가 고분자 과학에서 매우 중요한 역할을 함에도 불구하고, 일반적으로는 이를 물리적, 수학적으로 취급하기가 매우 까다롭다.

고분자 용액에서의 배제 부피는 고분자 사슬의 크기나 형태 등에 의해 영향을 받는다. 단순한 논리적 전개를 위하여, 먼저 아래 그림 4.7과 같이 주어진 반경 r인 고분자의 강체 구형 코일(hard sphere coil, 강체 구에 해당)에 대한 배제 부피를 생각해 보기로 한다.

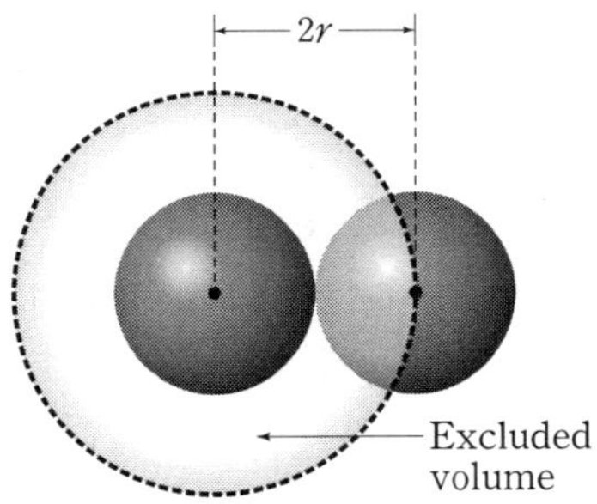

그림 4.7 ❖ 고분자의 강체 구형 코일: 구의 반경(r)

위에 주어진 강체 구형 코일의 쌍에 대한 배제 부피는 $(4\pi/3)(2r)^3$이 된다. 이리하여 강체 구형 코일당 배제 부피는 $(2\pi/3)(2r)^3$으로서 강체 구형 코일 부피의 4배가 된다. 여기서 강체 구형 코일의 배제 부피는 강체 구 코일 사이에 상호 작용이 전혀 없으므로 엔탈피와는 무관하고 오로지 엔트로피에만 영향을 미친다. 이때 혼합에 따른 엔트로피의 변화는 용질 분자들이 놓여질 수 있는 방법과 관련이 된다. 엔트로피는 강체 구형 코일 시스템의 총 부피에서 배제 부피를 제외한 순 부피에 비례하게 될 것이다.

묽은 용액(비리알 식과의 연결 고리가 가능함)을 고려해 볼 경우, 첫번째 용질 분자(강체의 구형 고분자 사슬)를 시스템 내에 놓을 수 있는 방법의 수 (W_1)는 용액의 총 부피(V)에 비례하므로 다음과 같이 표시할 수 있다.

$$W_1 = KV \tag{4.52}$$

여기서, K는 비례 상수이다.

용액 시스템 내에 두번째 용질 분자를 놓을 수 있는 방법의 수(W_2)는 용질 분자 1개당 배제 부피(u)를 사용하여 다음과 같이 표시될 수 있다.

$$W_2 = K(V - u) \tag{4.53}$$

위 논리를 i번째 용질 분자에 적용하면 다음과 같다.

$$W_i = K[V - (i-1)u] \tag{4.54}$$

이로부터 N_2개의 용질 분자를 시스템 내에 놓을 수 있는 전체 방법의 수(Ω)는 같은 강체 용질 분자가 서로 교환이 가능하므로(interchangeable) 다음과 같이 표시할 수 있다.

$$\Omega = (1/N_2!)\prod_{i=1}^{N_2} K[V - (i-1)u] \tag{4.55}$$

위 식을 $i = 0 \sim (N_2 - 1)$의 범위에 대한 합의 형태로 바꿀 수 있다.

$$\Omega = (1/N_2!)\prod_{i=0}^{N_2-1} K[V - iu] \tag{4.56}$$

Boltzmann 식에 따르면 혼합물의 엔트로피(S_{mix})는 ln Ω에 비례한다.

$$S_{mix}/k = N_2\ln(KV) - \ln N_2! + \Sigma\ln[1 - (iu/V)] \tag{4.57}$$

위 식에서 iu/V 값이 매우 작으므로 $\ln(1 - iu/V)$ 값은 $-iu/V$ 값과 거의 같아지게 되어 위 관계식은 다음과 같이 정리될 수 있다.

$$S_{mix}/k = N_2\ln(KV) - \ln N_2! - (u/V)\Sigma i \tag{4.58}$$

0에서 y까지의 정수의 합이 $y(y+1)/2$이므로 다음과 같은 근사화가 가능하다.

$$\Sigma i = (N_2 - 1)N_2/2 \approx (1/2)N_2^2 \tag{4.59}$$

또, V는 부분 몰 부피(partial molar volume: $\overline{V_i}$)의 합에 해당하므로 다음과 같이 표시할 수 있다.

$$V = \Sigma n_i\overline{V_i} \tag{4.60}$$

이들 관계식을 이용하면 S_{mix}를 위한 다음 관계식이 성립한다.

$$S_{mix}/R = n_2\ln K + n_2\ln(n_1\overline{V_1} + n_2\overline{V_2}) - (1/N_A)\ln N_2! - (1/2)uN_A[n_2{}^2/(n_1\overline{V_1} + n_2\overline{V_2})] \tag{4.61}$$

이 관계식을 이용하여 다음 각각에 대한 configuration 엔트로피를 계산할 수 있다. 순수 용매의 경우에 $n_2 = 0, \overline{V}_2 = 0$ 이므로 $S_1 = 0$가 되고, 순수 용질(강체 구형 고분자)의 경우에는 $n_1 = 0, \overline{V}_1 = 0$ 이므로 S_2 값은 다음과 같이 계산된다.

$$S_2 = n_2 \ln K + n_2 \ln(n_2 \overline{V}_2) - (1/N_A)\ln N_2! - uN_A n_2/2\overline{V}_2 \tag{4.62}$$

이에 따라 혼합에 따른 엔트로피 변화(ΔS_m)는 다음과 같이 표시된다.

$$\begin{aligned}(\Delta S_m)/R &= (S_{mix}/R) - (S_1 + S_2)/R \\ &= n_2 \ln[(n_1\overline{V}_1 + n_2\overline{V}_2)/n_2\overline{V}_2] - (1/2)uN_A[n_2^2/(n_1\overline{V}_1 + n_2\overline{V}_2)] + (1/2)uN_A n_2/\overline{V}_2\end{aligned} \tag{4.63}$$

혼합에 따른 용매의 부분 몰 엔트로피 변화($\Delta\overline{S}_1$)는 다음과 같이 계산된다.

$$\begin{aligned}\Delta\overline{S}_1 &= \overline{S}_1 - S_1^0 = \partial[(\Delta S_m)/\partial n_1] \\ &= R[n_2\overline{V}_1/(n_1\overline{V}_1 + n_2\overline{V}_2) + (1/2)N_A\overline{V}_1 u[n_2/(n_1\overline{V}_1 + n_2\overline{V}_2)]^2\end{aligned} \tag{4.64}$$

고분자 사슬이 강체이므로 ΔH_m은 0의 값을 가져 혼합에 따른 용매의 화학 포텐셜 변화($\Delta\mu_1$)는 다음과 같이 표시된다.

$$\Delta\mu_1 = -T\Delta\overline{S}_1 = -RT[n_2\overline{V}_1/V + (1/2)N_A\overline{V}_1 u(n_2/V)^2] \tag{4.65}$$

고분자 용액 시스템에서 고분자의 농도(c_2)는 보통 질량 농도(g/cm^3)로 표시하고 있는데, 이는 다음과 같이 고분자의 분자량과 상관 관계를 가질 수 있다.

$$c_2 \approx (n_2/n_1)M_2/\overline{V}_1 \approx x_2 M_2/\overline{V}_1 \approx x_2 M_2/V_1^0 \qquad (V_1^0\text{: 순수 용매의 몰 부피}) \tag{4.66}$$

이 관계식을 이용하면 $\Delta\mu_1$은 다음과 같이 표시된다.

$$\Delta\mu_1 = -RTc_2\overline{V}_1[(1/M_2) + c_2(uN_A/2M_2^2)] \tag{4.67}$$

또, $\Delta\mu_1$은 삼투압(osmotic pressure: Π)과 다음과 같은 관계를 가진다.

$$\Delta\mu_1 = -\Pi\overline{V}_1 \tag{4.68}$$

위 두 관계식을 결합하면 삼투압(측정 가능한 변수)이 다음과 같은 형태의 관계식으로 표시된다.

$$\Pi = RT[(c_2/M_2) + (1/2)(N_A u/M_2^2)c_2^2] \tag{4.69}$$

이를 다시 정리하면 다음과 같이 된다.

$$(\Pi/RTc_2) = (1/M_2) + (1/2)(N_A u/M_2^2)c_2$$
$$= 1/M_2 + A_2 c_2 \quad (4.70)$$

그러므로 A_2 및 u는 다음과 같이 얻어진다.

$$A_2 = (1/2)uN_A/M_2^2 \quad (4.71)$$
$$u = 2A_2 M_2^2/N_A \quad (4.72)$$

위 관계식에서 삼투압(Π)은 실험적으로 측정할 수 있으므로, Π/RTc_2와 c_2를 변수로 하여 그래프로 플롯을 하게 되면, M_2와 A_2 값을 구할 수 있고 최종적으로 u를 계산할 수 있게 된다. 이로부터 A_2는 코일 강체 구 모델에 따른 용액 내에서의 용질의 배제 부피 척도라 볼 수 있다. 이러한 개념은 단백질과 같은 단단하게 결속된 분자(compact molecule)에 쉽게 적용할 수 있다.

위에서 나타난 배제 부피 개념을 랜덤 코일 고분자의 묽은 용액에 대하여도 적용해 보기로 한다. 잠정적으로 랜덤 코일을 묽은 용액 내에 있는 구형(spherical) 영역이라 가정하여 배제 부피 개념을 도입한다. 이때 구형 영역의 부피(V_d) 및 배제 부피(u: 용질 분자 1개당 배제부피))는 다음과 같다.

$$V_d = (4/3)\pi R_g^3 \quad (4.73)$$
$$u = 4V_d = 4(4/3)\pi R_g^3 \quad (4.74)$$

이로부터 A_2 값이 다음과 같이 구해진다.

$$A_2 = (1/2)(N_A/M_2^2)(16/3)\pi R_g^3 \quad (4.75)$$

위 관계식에 의하면 유연한 고분자 사슬의 배제 부피는 R_g에 의해 영향을 받게 되는데, 실제로 R_g는 고분자와 용매의 상호 작용에 민감하다. 이러한 특성을 고려하기 위하여 다시 χ 인자가 포함되어 있는 원래의 Flory-Huggins 식을 고려해 본다. 추가적으로 랜덤 고분자 코일의 용액 내에서의 부피 효과도 고려하여 A_2를 구해 본다.

이미 앞에서 보여주었던 것처럼, 묽은 용액 내에서의 용매의 화학포텐셜은 원래의 Flory-Huggins 식을 이용하여 다음과 같이 얻어진다.

$$\Delta\mu_1/RT = (\mu_1 - \mu_1^0)/RT = \ln a_1 = \ln(1-\phi_2) + \phi_2[1-(1/x)] + \chi\phi_2^2 \quad (4.76)$$

위 식에서 ϕ_2는 다음과 같이 표시할 수 있다.

$$\phi_2 = n_2\overline{V}_2/(n_1\overline{V}_1 + n_2\overline{V}_2) \approx (n_2/n_1)(\overline{V}_2/\overline{V}_1) \approx X_2V_2/V_1 \approx c_2\overline{V}_2/M_2 \quad (4.77)$$

묽은 용액 내에서의 용매의 화학 포텐셜과 삼투압 사이의 관계식 ($\Delta\mu_1 = -\Pi\overline{V}_1$) 및 용질의 부피 분율을 위한 시리알 전개(serial expansion) 관계 [$\ln(1-\phi_2) = -\phi_2^2 - \phi_2^2/2 - \cdots\cdots$]를 이용하면 다음과 같은 관계식을 구할 수 있다.

$$\Pi\overline{V}_1/RT = [\overline{V}_2/M_2 - (1-(1/x))\overline{V}_2/M_2]c_2 + [(1/2)-\chi](\overline{V}_2/M_2)^2c_2^2 + \cdots\cdots \qquad (4.78)$$

위 관계식을 환산 삼투압(reduced osmotic pressure: Π/RTc_2) 항으로 표시하면 다음과 같다. 환산 삼투압 개념을 도입함으로써 이상 용액에 해당하는 항을 분리해 낼 수 있다.

$$\begin{aligned}\Pi/RTc_2 &= (\overline{V}_2/xM_2\overline{V}_1) + [[(1/2)-\chi]/\overline{V}_1][(\overline{V}_2/M_2)^2c_2] \\ &= (1/M_2) + [(1/2-\chi)/\overline{V}_1][(\overline{V}_2/M_2)^2c_2]\end{aligned} \qquad (4.79)$$

따라서, 용질의 분자량, 부분 몰 부피(용질의 용액 내에서의 부피 효과), 고분자와 용매의 상호 작용을 모두 고려한 A_2 관계식은 다음과 같이 표시된다.

$$A_2 = [(1/2-\chi)](\overline{V}_2^2/\overline{V}_1M_2^2) \qquad (4.80)$$

이 관계식은 실질적으로 단순히 화학 포텐셜로부터 구한 결과와 같음을 알 수 있다. 이로부터 팽윤된 코일 강체 입자에 대한 배제 부피는 다음과 같이 나타난다.

$$\begin{aligned}A_2 &= (1/2)uN_A/M_2^2 \\ u_{coil} &= 2A_2M_2^2/N_A \\ &= 2[(1/2-\chi)\overline{V}_2^2/N_A\overline{V}_1]\end{aligned} \qquad (4.81)$$

이는 고분자와 용매 사이에 상호 작용이 전혀 없는 순수한 코일 강체 입자 모델의 경우($u = 2A_2M_2^2/N_A$)와 대비가 된다. 즉, 순전히 강체 입자 모델을 따를 경우에는 A_2가 배제 부피에 의해 결정되는 반면, 랜덤 코일에 있어서는 배제 부피 개념을 도입할 경우, 고분자-용매 상호 작용에 의해 강체 구형 영역의 크기가 결정이 된다. 그러나 랜덤 코일은 실제로 강체 영역이 아니므로 위의 해석은 잠정적인 접근이라 볼 수 있다. 위와 같은 접근은 단백질과 같은 단단하게 결속된 분자에 적용하는 것이 유용하다. 여기서 주의해야 할 점은, 묽은 용액 시스템임에도 불구하고 평균장 근사법에 기초를 하고 있는 원래의 Flory-Huggins 이론을 적용하고 있다는 것이다. 이에 따라, A_2가 원래의 Flory-Huggins 이론의 한계성을 극복하고, 물질 관련 파라미터들인 R_g 및 χ와 더불어 관련이 되는 사항들을 보다 더 포용할 수 있는 관계식을 유도할 필요성이 생긴다.

4.5 Flory-Krigbaum 이론

앞에서 다룬 랜덤 코일 고분자의 용액 시스템을 위한 배제 부피 모델은 Flory의 묽은 고분자 용액 이론(dilute polymer solution theory)이라고도 불리는데, 이미 언급한 바와 같이 평균장 근사에 근거를 두고 있는 원래의 Flory-Huggins 이론의 약점을 그대로 지니고 있다. 실제로 평균장 근사는 묽은 고분자 용액 시스템에서는 유효하지 못하다. 묽은 고분자 용액 시스템은 진한(concentrated) 고분자 용액 시스템과 달리, 아래 그림 4.8에 나타난 바와 같이 다음과 같은 특징을 가지고 있다.

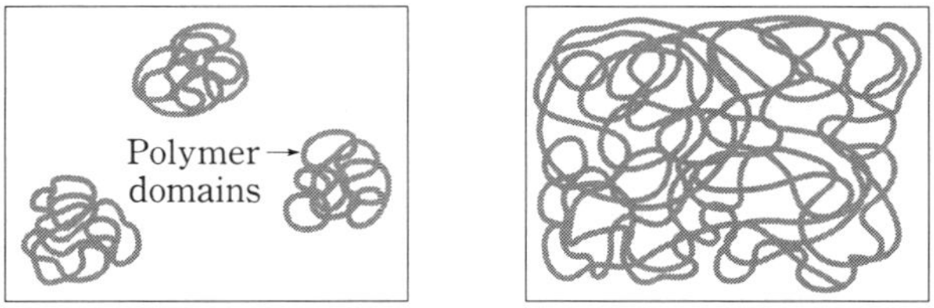

(a) (b)

그림 4.8 ❖ 묽은 고분자 용액 시스템(a)과 진한 고분자 용액 시스템(b)

i) 고분자 사슬들은 용액 시스템 내에서 서로 멀리 떨어져 있으며 불균일 시스템을 이룬다.
i) 순수 용매 내에서 고분자 사슬의 세그멘트로 이루어진 구름들이 분산되어 있는 것으로 볼 수 있다.
ii) Flory-Huggins 이론 및 배제 부피 개념이 고분자 영역의 요소 부피(element voume)에 대해서만 적용이 될 수 있다.

위 특성을 반영하기 위하여 묽은 고분자 용액 시스템에서, 아래 그림 4.9에 주어진 것과 같이 2개의 고분자 코일이 어느 정도 겹쳐져 있는 상태를 고려해 보기로 한다.

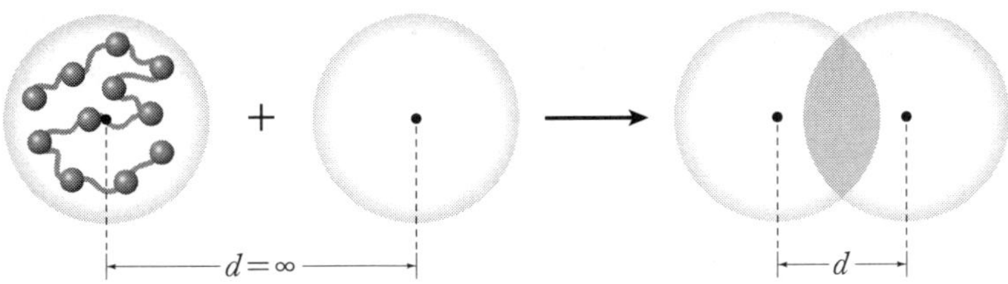

그림 4.9 ❖ 묽은 고분자 용액 시스템에서 코일이 어느 정도 겹쳐진 상태

우선, 각 고분자 코일의 세그멘트 부피 분율(ϕ^*)이 균일하다고 가정한다. 이 경우, 위 그림의 그늘진 영역(shaded area) 내에서의 고분자 코일당 세그멘트 부피 분율은 $2\phi^*$가 된다. 묽은 고분자 용액 시스템 내에서 고분자 코일을 위치시킬 수 있는 확률(고분자 코일이 위치하는 확률에 해당: Ω)은, 다음과 같이 Boltzmann 인자($-\Delta G/kT$)를 이용하여 두 코일의 중심 사이의 떨어진 거리(d)의 함수로 표시할 수 있는 것으로 가정한다.

$$\Omega(d) = \Omega(d=\infty)\exp(-\Delta G/kT) = \exp(-\Delta G/kT) \tag{4.82}$$

두 코일의 떨어진 거리가 매우 커지면, 묽은 고분자 용액 시스템에서 고분자는 시스템 내의 어디에서도 위치할 수 있으므로 그 확률($\Omega(d=\infty)$)은 1.0에 근접한다. 고분자 코일이 서로 접근하여 겹쳐지면 ΔG가 커지는 방향으로 작용하여, 고분자 코일이 시스템 내에 위치할 확률이 감소하게 된다. 이때 ΔG는 겹쳐진 영역에서의 ϕ^*(세그멘트 농도 효과) 및 부피 변화(기하학적 효과)와 연관이 된다.

$$\Delta G = (\text{세그멘트 농도 효과}) \times (\text{기하학적 효과}) \tag{4.83}$$

$$\Delta G = V_{\text{lens}}\Delta G_{m,2\phi^*} - 2V_{\text{lens}}\Delta G_{m,\phi^*} \tag{4.84}$$

여기서, V_{lens}는 렌즈 모양의 부피로서 코일이 겹쳐진 영역의 부피이고, $\Delta G_{m,2\phi^*}$, $\Delta G_{m,\phi^*}$는 각기 코일의 겹침 후 및 전 상태에서의 세그멘트 용액의 단위 부피당 혼합에 따른 자유 에너지의 변화를 나타낸다. 기하학적 효과는 겹치는 영역의 부피를 코일 중심 사이의 떨어진 거리(d)와 R_g의 함수로서 나타낼 수 있다.

코일이 겹쳤을 때의 렌즈 모양의 부피에서의 혼합에 따른 자유 에너지 변화에 대한 농도 효과는 다음과 같다.

$$\Delta G_{m,\text{conc}} = \Delta G_{m,2\phi^*} - 2\Delta G_{m,\phi^*} \tag{4.85}$$

고분자 코일 내에서는 세그멘트 밀도가 일정하다고 가정할 수 있으므로 Flory-Huggins 이론의 적용이 가능하다. 코일이 겹쳐지기 이전의 코일 내에서($N_2 = 1$, 코일의 개수에 해당) 용매 분자의 개수(N_1)는 코일 영역 부피(V_d) 및 용매의 몰 부피(V_1)를 이용하여 다음과 같이 표시할 수 있다.

$$N_1 = (1-\phi^*)V_d N_A / V_1 \tag{4.86}$$

원래의 Flory-Huggins 이론을 이용하여 먼저 $\Delta G_{m,\,2\phi^*}$과 $\Delta G_{m,\,\phi^*}$를 구한 후 $\Delta G_{m,\,\mathrm{conc}}$을 구하면 다음과 같다.

$$\Delta G_{m,\,\mathrm{conc}} = 2kT(1/2-\chi)(\overline{V}_2^2/\overline{V}_1 V_d) \tag{4.87}$$

이에 따라, 2개의 코일이 서로 떨어진 거리(d)에서 존재할 확률은 다음과 같이 표시할 수 있다.

$$\ln[\Omega(d)/\Omega(d=\infty)] = (-\Delta G/kT) \propto [(1/2-\chi)\cdot f(d, R_g)] \tag{4.88}$$

여기서 문제의 기하학적 측면은 코일 사이의 거리(d)와 R_g의 함수가 된다.

위 확률 개념을 이용하여 구의 부피에 대하여 배제 부피(u)를 매우 복잡한 계산 과정을 거쳐 다음과 같이 얻을 수 있다.

$$\begin{aligned} u &= \int_o^\infty [1-\Omega(d)]4\pi d^2 d(d) \\ &= (2\overline{V}_2^2/\overline{V}_1 N_A)(1/2-\chi)[1-(y/2!2^{3/2})+(y^2/3!3^{3/2})+\cdots] \end{aligned} \tag{4.89}$$

여기서, $y = (2\overline{V}_2^2/\overline{V}_1 N_A)[(1/2)-\chi](3/4\pi R_g)^{3/2}$이다. (4.90)

위의 관계식은 팽창 인자(expansion factor: α)를 이용하여 표시할 수도 있다.

$$u = [(4/3)\pi R_g^3]2(4\pi/3)^{1/2}(\alpha^2-1)[(1-(z/2!2^{3/2})+(z^2/3!3^{3/2})+\cdots)] \tag{4.91}$$

여기서, $z = 2(\alpha^2-1)$이고, α는 고분자 코일의 미동요 크기(unperturbed dimension)에 대한 용액 시스템에서의 고분자 코일 크기의 비율로서 다음과 같이 정의된다.

$$\langle r^2\rangle^{1/2} = \alpha_r \langle r^2\rangle_0^{1/2} \tag{4.92}$$

$$\langle R_g^2\rangle^{1/2} = \alpha_g \langle R_g^2\rangle_0^{1/2} \tag{4.93}$$

고분자 코일의 팽창이 작을 경우, 팽창 계수인 α_r과 α_g는 거의 같은 값을 가진다. 위 관계식에서 고분자 코일의 배제 부피는 반경이 R_g인 구의 부피에 비례함을 알 수 있다.

위의 내용들과 앞서 논의된 용매의 화학 포텐셜과 배제 부피 사이의 관계식을 이용하면 다음과 같은 관계식을 얻을 수 있다.

$$\Delta\mu_1 = \mu_1 - \mu_1^0 = -RTc_2\overline{V}_1[(1/M_2) + c_2(uN_A/2M_2^2)]$$
$$= RT[(-\phi_2/x) + (\chi - 1/2)(F(X)\phi_2^2 + \cdots)] \tag{4.94}$$

여기서, $F(X) = 1 - (X/2!)2^{3/2} + (X^2/3!)3^{3/2} - \cdots\cdots$

$X = 2[(1/2) - \chi]](\overline{V}_2^2 M_2^2/\overline{V}_1 N_A)(3/4\pi R_g^2)^{3/2}$이며, x는 코일당 세그멘트의 수이다.

위 관계식에서 A_2는 다음에 해당한다.

$$A_2 = (1/2 - \chi)F(X) \tag{4.95}$$

이로부터 얻어진 결과가 평균장 근사에 근거한 이론 보다 훨씬 더 실험 결과와 일치하고 있음이 확인된다. Flory-Krigbaum 이론의 주요 관심 사항은, A_2 및 배제 부피가 배제 부피 이론에서처럼 고분자 코일의 크기에 전적으로 종속되는 것이 아니라, 고분자와 용매의 상호 작용에 의해서도 영향을 받는다는 것이다.

또, Flory와 Krigbaum은 묽은 고분자 용액에 대하여 원래의 Flory-Huggins 이론을 수정하여 특성적 온도인 θ-온도가 존재함을 예측하였다. 이미 앞에서, 원래의 Flory-Huggins 이론을 단순히 묽은 용액에 적용하면 다음과 같은 비리알 식이 얻어질 수 있었다.

$$(\mu_1 - \mu_1^0)/RT = -\overline{V}_1 c_2[(1/M_2) + A_2c_2 + A_3c_2^2 + \cdots\cdots]$$
$$A_2 = (1/2 - \chi)(\rho_1/M_1\rho_2^2)$$

위 A_2를 위한 관계식의 첫번째 항의 (1/2)은 묽은 고분자 용액에 있어서 $\ln(1 - \phi_2)$의 Tayler 전개식에서 유래되며, 이는 이상 혼합과 관련된 엔트로피에 연관된다. 분자간 접촉이 있으면 상호 작용이 존재하게 되는데, 이것이 개별 분자들의 엔트로피에 기여하는 양상을 바꾼다. 즉, χ 인자도 엔트로피 성분을 가지게 된다. Flory-Huggins 이론을 위한 격자 모델에서는 오로지 조합 엔트로피만 고려되며, 혼합에 의한 부피 변화나 접촉 상호 작용에 의한 엔트로피 기여는 전혀 고려하지 않는다. 위의 Flory-Krigbaum 이론의 주요 관심 사항은 앞에서 이미 언급한 바와 같이, A_2 및 배제 부피가 고분자 코일의 크기에 전적으로 종속되는 것이 아니라, 고분자와 용매의 상호 작용에 의해서도 영향을 받는다는 것이다.

앞에서 얻어진 묽은 고분자 용액에서의 화학 포텐셜을 위한 관계식에서 1/2과 χ 항을 버리고, 새로운 엔트로피 항(ψ)과 엔탈피 항(κ)을 채택해 보기로 한다. 이는 χ 항이 엔트로피 요소를 포함하고 있는 것을 고려하기 위함이다. 위의 묽은 고분자 용액에서의 화학 포텐셜을 위한 관계식에서, 이상 용액을 위한 화학 포텐셜 항 및 나머지 과잉 화학 포텐셜 항(excess chemical potential term: 이상 용액으로부터 벗어난 정도를 나타내는 화학 포텐셜)은 다음과 같다.

$$(\mu_1 - \mu_1^0)^{\text{ideal}} = -RT\phi_2/x \tag{4.96}$$

$$(\mu_1 - \mu_1^0)^E = -RT(1/2-\chi)\phi_2^2 = \Delta G_1^E = \Delta H_1^E - T\Delta S_1^E \tag{4.97}$$

$$= RT\kappa\phi_2^2 - RT\psi\phi_2^2 \tag{4.98}$$

$$= RT\phi_2^2(\kappa - \psi) \tag{4.99}$$

이에 따라, 다음 관계식이 성립한다.

$$(1/2) - \chi = -(\kappa - \psi) \tag{4.100}$$

Θ-온도(Flory 온도라고도 함)에서는 과잉 화학 포텐셜이 0의 값을 가지므로 다음 관계식들이 성립한다.

$$\Delta G_1^E = 0 \tag{4.101}$$

$$\Delta H_1^E = \theta\Delta S_1^E \tag{4.102}$$

$$RT\kappa\phi_2^2 = \theta R\psi\phi_2^2 \tag{4.103}$$

$$\kappa = \psi(\theta/T) \tag{4.104}$$

여기서, 온도가 θ이면 ψ와 κ값은 서로 같게 되어 $A_2 = 0$이 되므로 용액 내에서 이상 사슬 거동을 보이게 된다. A_2는 다음과 같이 ψ의 함수로 표시할 수 있다.

$$\begin{aligned} A_2 &= (1/2-\chi)(\rho_1/M_1\rho_2^2) \\ &= [\psi - \psi(\theta/T)]v_2^2/\overline{V}_1M_2^2 \\ &= \psi[(1-(\theta/T)]v_2^2/\overline{V}_1M_2^2 \end{aligned} \tag{4.105}$$

위의 ψ는 A_2와 θ를 실험적으로 측정함으로써 구할 수 있고, 이로부터 κ값도 결정될 수 있다.

Θ-조건을 만족시키는 용매와 온도를 각각 θ-용매, θ-온도라고 부른다. 즉, θ-용매는 이상 용액은 아니지만 묽은 용액의 어떤 주어진 온도에서 고분자 코일이 이상 사슬처럼 거동하는 용매이다. 마찬가지로, θ-온도는 묽은 용액을 위한 주어진 용매에서 고분자 코일이 이상 사슬처럼 거동하는 온도이다. 벌크 무정형 고분자 상태에서는 사슬 사이의 상호 작용이 무시될 수 있으므로 θ-조건이 만족된다고 볼 수 있다. 이에 따라, θ-온도는 양용매와 빈용매를 결정짓는 경계선이라 볼 수 있다.

위와 같은 접근 방법은, 상호 작용 파라미터인 χ가 농도에 의한 의존성을 가지는 경험적 사실을 고려하여 χ 파라미터 대신 새로운 파라미터인 κ, ψ를 도입함으로써, 묽은 고분자 용액에서의 해석을 보다 더 융통성 있게 한다. 아래 표 4.1에 여러 고분자 용액 시스템에 대하여 얻어진 ψ, κ 값들을 나타내었다.

표 4.1 묽은 고분자 용액의 θ 온도, ψ, κ 파라미터[4]

Polymer	Solvent	θ in K	ψ	κ at 25°C
Polyisobutylene	Benzene	297	0.15	0.15
	Toluene	261	0.14	0.12
	Ethylbenzene	251	0.14	0.117
	Cyclohexane	126	0.14	0.059
	n-Heptane	0	0.035	0
Polystyrene	Cyclohexane	307	0.13	0.134
	Benzene	100	0.09	0.03
	Toluene	160	0.11	0.06
	Ethyl acetate	222	0.03	0.02
	Methyl ethyl ketone	0	0.006	0

ψ 값은 이상 혼합에서 벗어난 과잉 엔트로피와 관련되는 인자로서 용매화 엔트로피(solvation entropy)에 해당한다. 즉, 고분자 용액 시스템에서 용매의 공간적 또는 기하학적 특성도 포함하고 있다. 과잉 엔탈피 요소에 해당하는 κ 값이 클수록 혼합열이 크게 되어 열적으로 빈용매가 된다. 위 표에서 $(\psi - \kappa)$ 값의 크기가 고분자와 용매의 상용성을 나타내는 지표가 될 수 있는데, 보다 큰 양(positive)의 값일수록 상용성이 더 커진다. 이에 따라, 사이클로헥산(cyclohexane)이나 n-헵탄은 폴리이소부틸렌(PIB)을 위한 양용매가 되고, 벤젠이나 톨루엔은 빈용매이다. θ-온도나 θ-용매는 상평형도(temperature-composition diagram)나 A_2, 점도-분자량 관계(Mark-Houwink 식: $a = 0.5$), 구름점 적정(cloud-point titration) 등을 통해 결정할 수 있다.

4.6 상태 방정식 접근법(equation of state approach: EOS approach)

앞 부분에서 고분자 용액에 대한 이론은 격자 모델(원래의 Flory-Huggins 식)이나 배제부피 모델(특별히 묽은 고분자 용액을 위함)을 바탕으로 하였다. 배제 부피 모델에 있어서도 묽은 고분자 용액 내의 세그멘트 용액 영역(세그멘트와 용액으로만 구성된 특정의 영역)에 대해서는 고분자의 농도가 충분하여 원래의 Flory-Huggins 식이 적용 가능한 것으로 가정하였다. 기본적으로 원래의 Flory-Huggins 식은 묽은 고분자 용액에 적용하기에는 한계를 가지고 있다. 격자 모델은 근본적으로 국부적 분자 구조 특성을 포함하는 접근 방법이 될 수 없다. 즉, 자유 부피 개념이 포함되지 않는다.

이에, 고분자 용액(또는 고분자 액체: polymeric liquids)을 위해 격자 개념을 완전히 배제하는 접근 방법으로서 상태 방정식이 Flory 등에 의해 제시되었다. 상태 방정식은 기체 시스템에 있어서 이상 기체 방정식($PV = nRT$) 등에 의해 잘 알려져 있다. 상태 방정식은 주어진 물리적 조건(온도, 압력, 부피 등의 조건)에서 물질의 상태를 설명할 수 있는 상태 변수(온도, 압력, 부피 등)들의 상호 관계를 연결하는 열역학 방정식이다. 상태 방정식은 격자 모델과 달리, 혼합과 관련하여 부피 변화의 영향에 따른 추가적인 엔트로피나 엔탈피 기여를 반영할 수 있다.

위의 상태 방정식에 의한 접근 방법은 이전의 대응 상태 이론(corresponding state theory)에 근거하여 도입되었다. 대응 상태 이론의 핵심은 같은 환산 상태(reduced state)에 있는(대응 상태에 해당) 물질들은 열역학적으로 유사하게 거동한다는 것이다. 이때 환산 성질($p_r = p/p_c$, $T_r = T/T_c$, $v_r = v/v_c$)은 유체의 상태를 임계 상태(critical state: p_c, T_c, v_c)에서의 유체 상태로 스케일링한 상태 변수이다. Flory 등이 고분자 용액을 위하여 대응 상태 이론에 상태 방정식을 도입함에 있어서 환산 상태 변수를 다음과 같이 정의하였다.

$$\boldsymbol{v} = v/v^* \tag{4.106}$$

$$\boldsymbol{p} = p/p^* \tag{4.107}$$

$$\boldsymbol{T} = T/T^* \tag{4.108}$$

고분자 용액에서의 임계 상태는 고분자 세그멘트가 하드 코어(hard core: 자유 부피가 없는 상태) 상태에 있을 때를 말한다. 이때 임계 상태에서의 변수를 특성 변수(characteristic variable)라 하며, v^*, T^*, p^* 등으로 표시한다.

Flory 등이 통계 열역학의 분배 함수를 이용하여 복잡한 계산 과정을 거쳐 최종적으로 얻어진 상태 방정식은 다음과 같으며, 이는 용액을 구성하는 각 성분에 공히 적용된다.

$$\boldsymbol{pv}/\boldsymbol{T} = \boldsymbol{v}^{1/3}/(\boldsymbol{v}^{1/3} - 1) - (1/\boldsymbol{vT}) \tag{4.109}$$

이로부터 열팽창 계수(α)와 열압력 계수(γ)에 관련된 식을 다음과 같이 얻을 수 있다.

$$\alpha \equiv (1/v)(\partial v/\partial T)_p \tag{4.110}$$

$$\boldsymbol{v}^{1/3} = (3 + 4\alpha T)/(3 + 3\alpha T) \tag{4.111}$$

$$\gamma \equiv (1/p)(\partial p/\partial T)_v \qquad (4.112)$$

$$p^* = \gamma T \boldsymbol{v}^2 \qquad (4.113)$$

$$T^* = T[\boldsymbol{v}^{4/3}/(\boldsymbol{v}^{1/3} - 1)] \quad \text{(압력이 0이 되는 극한 상태에서의 관계식)} \qquad (4.114)$$

위 관계식에서 α를 측정하면 $\boldsymbol{v}$의 계산이 가능하고 이로부터 $\boldsymbol{v}^*$가 구해진다. 또한, γ를 측정함으로써 p^*의 계산이 가능하고, $\boldsymbol{v}$로부터 T^*를 구할 수 있다.

위 상태 방정식을 이용하여 얻어진 고분자 용액의 용매 및 고분자 성분에 대한 특성 변수 값의 예는 아래 표 4.2에 나타난 바와 같다.

표 4.2 고분자 용액의 용매 및 고분자 성분의 Flory 상태 방정식 파라미터

Polymer	v^* ($cm^3\ g^{-1}$)	T^*(K)	p^* (J/cm^{-3})
Benzene	0.8860	4709	628
Cyclohexane	1.0012	4721	530
Methyl ethyl ketone	0.9561	4555	582
Toluene	0.9275	5179	547
Natural rubber	0.9432	6775	519
Polydimethylsiloxane	0.8395	5530	241
Polyisobutylene	0.9493	7580	448
Polystyrene	0.8098	7420	547

예를 들어, 폴리스티렌 성분을 위한 v^*값은 0.8098 cm^3/g이고, p^*값은 547 J/cm^3 (5470 기압에 해당)이며, T^*값은 7420 K(약 4000°C)이다. T^*값이 매우 큰 이유는 하드 코어 상태를 유지하기 위해 필요한 접촉 에너지가 매우 높기 때문이다.

위 상태 방정식을 이성분계 고분자-고분자 혼합물(고분자 액체로 간주됨)에 대하여도 적용이 가능한데, 이때 혼합에 따른 화학 포텐셜 변화($\Delta\mu_1$)는 매우 복잡한 계산 과정을 거쳐 다음과 같이 표시된다[5].

$$\Delta\mu_1 = RT\{[\ln\phi_1 + [(1 - x_1)/x_2]\phi_2]\} + p_1^* v_1^* \{3\boldsymbol{T}_1 \ln[(\boldsymbol{v}_1^{1/3} - 1)/(\boldsymbol{v}^{1/3} - 1)] + \boldsymbol{v}_1^{-1} - \boldsymbol{v}^{-1} + \boldsymbol{p}_1(\boldsymbol{v} - \boldsymbol{v}_1)\} + (X_{12} - TQ_{12}\boldsymbol{v}) v_1^* \theta_2^2/\boldsymbol{v} \qquad (4.115)$$

여기서, x_1과 x_2는 각 고분자 사슬당 세그멘트의 수이고, X_{12}는 세그멘트 사이의 상호 작용 파라미터이며, Q_{12}는 비조합 엔트로피 보정 항(non-combinatorial entropy correction term)이다. 또, θ_2는 세그멘트의 표면 분율($\phi_2 s_2/s$)이고 s_i는 각 세그멘트의 표면적이다. 세그멘트의 표면적은 세그멘트 사이의 접촉에 따른 상호 작용 에너지를 구하

기 위하여 도입된 개념이다. 비조합 엔트로피는 세그멘트의 위치와 관련된 조합 엔트로피를 제외한 시스템의 나머지 엔트로피(자유 부피의 존재에 따라 시스템에 접근 가능한 공간이 추가되는 효과 등)이다.

위에서 얻어진 결과는, 원래의 Flory-Huggins 이론이 설명할 수 없었던 고분자-고분자 혼합물에서 일반적으로 일어나는 하한 임계 용액 온도(LCST: lower critical solution temperature) 거동을 설명할 수 있게 하였다. 하한 임계 용액 온도는 아래 그림 4.10에 나타난 바와 같이, 그 온도 이하에서는 혼합물의 성분들이 모든 조성에 대하여 혼합이 되는 임계 온도를 말한다. 고분자-고분자 혼합물의 경우, 꽤 일반적으로 $\Delta H_m < 0$이어서 원래의 Flory-Huggins 이론으로 LCST 현상을 설명할 수가 없다. 이에 비해, 혼합물의 성분들이 비극성 저분자인 경우에는 혼합물 시스템이 엔트로피 변화에 대한 영향을 크게 받으므로, 하한 임계 용액 온도 거동이 상한 임계 용액 온도(upper critical solution temperature, UCST: 그 온도 이상에서는 혼합물의 성분들이 모든 조성에 대하여 혼합이 되는 임계 온도) 거동보다 훨씬 드물게 나타난다.

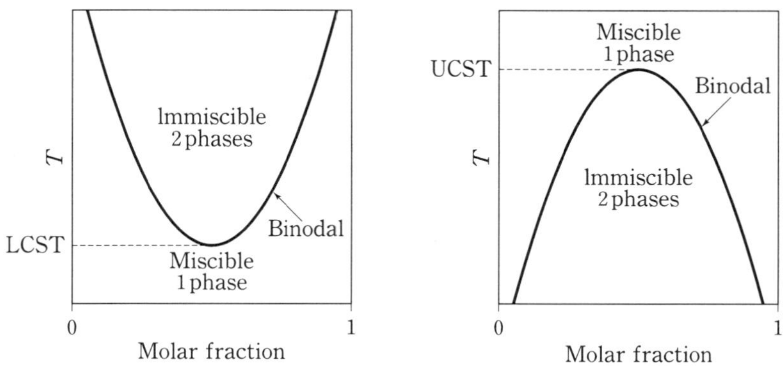

그림 4.10 ❖ 혼합물의 LCST, UCST

특히, 비극성 고분자 용액의 경우에 가끔 LCST 상분리가 일어나는 것은 약간 놀라운 측면이 있다. 왜냐하면, 비극성 혼합물 시스템의 경우에는 엔트로피 효과가 상대적으로 중요해지는 경향을 띄게되므로 LCST 상분리가 쉽게 일어나지 않을 것으로 예상되기 때문이다. 일반적으로 LCST 상분리가 일어나는 배경에는 다음과 같은 2가지를 들 수 있다. 극성 상호 작용이 존재하면 온도의 증가에 따라 상호 작용이 약화되므로 ΔH_m이 덜 음의 값을 가지게 되어 LCST를 보이는 원인이 될 수 있다. 다른 하나는, 압축률 효과(compressibility effect)를 들 수 있다. 용매 분자는 고분자에 비해 훨씬 압축이 용이한데, 온도가 증가하면 두 성분 사이의 압축률 차이가 더욱 커지게 되어 혼합성이 약화되는 경향을 보인다. 일부 비극성 고분자 용액 시스템에서는 압축률 효과가 크게 작용하여 LCST 거동을 보일 수 있다.

위의 상태 방정식을 기초로 하여 유도된 앞의 화학 포텐셜 관계식 (4.115)을 사용할 때에 분자량(M), X_{12}(엔탈피 인자), Q_{12}(엔트로피 인자) 등의 인자들에 따라 고분자 혼합물의 경우, 아래 그림 4.11에서와 같이 다양한 형태의 상평형도를 보일 수 있다.

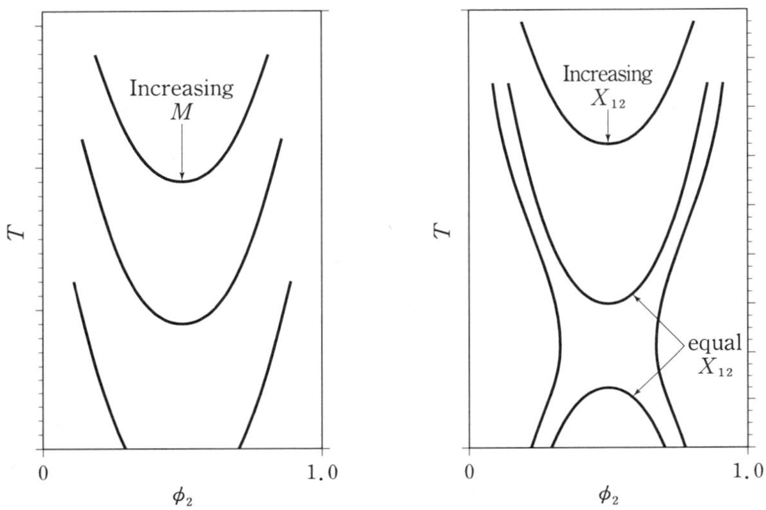

그림 4.11 ❖ 고분자-고분자 혼합물의 분자량 및 상호 작용 인자(X_{12})에 따른 여러가지 형태의 상평형도[5]

4.7 고분자-고분자 혼합물 시스템을 위한 Flory-Huggins 이론의 응용

앞에서 지적한 바와 같이 원래의 Flory-Huggins 이론이 고분자를 포함하는 시스템의 LCST 거동을 설명하지 못하는 한계점이 있음에도 불구하고, 고분자-고분자 혼합물을 포함한 고분자 용액 시스템의 상분리 현상의 기본 원리를 이해하기 위해 가장 널리 이용되고 있는 모델로 인식되고 있다.

Flory-Huggins 식을 적용하여 고분자-고분자 혼합물의 혼화성을 위한 임계 조건을 구해 본다. 고분자-고분자 혼합물 시스템의 전체 부피가 V이고 n개의 셀(cell)로 구성된 격자에서 두 성분의 부피 분율(ϕ_1, ϕ_2)는 다음과 같이 표시된다.

$$\phi_1 = x_1N_1/(x_1N_1 + x_2N_2) = x_1N_1/V \tag{4.116}$$

$$\phi_2 = x_2N_2/(x_1N_1 + x_2N_2) = x_2N_2/V \tag{4.117}$$

$$V = x_1N_1 + x_2N_2 \tag{4.118}$$

여기서, N_1, N_2는 각기 구성 성분인 고분자의 수를 나타내고 x_1, x_2는 구성 고분자 사슬당 세그멘트 수이다. Flory-Huggins 이론에 따르면 구성 고분자들의 이상 혼합에 관련된 엔트로피 변화(ΔS_m)는 다음과 같다.

$$\Delta S_m = -k[N_1\ln(x_1N_1/(x_1N_1 + x_2N_2)) + N_2\ln[x_2N_2/(x_1N_1 + x_2N_2)] \tag{4.119}$$

위 관계식들을 결합함으로써 구성 고분자들의 이상 혼합에 따른 엔트로피 변화는 다음과 같이 표시할 수 있다.

$$\Delta S_m = -kV[(\phi_1/x_1)\ln\phi_1 + (\phi_2/x_2)\ln\phi_2] = -(RV/N_A)\,[(\phi_1/x_1)\ln\phi_1 + (\phi_2/x_2)\ln\phi_2] \tag{4.120}$$

이에 따라, 세그멘트 몰당의 이상 혼합에 따른 엔트로피 변화는 다음과 같다.

$$\Delta S_m = -R[(\phi_1/x_1)\ln\phi_1 + (\phi_2/x_2)\ln\phi_2] \tag{4.121}$$

이웃하는 단량체 1, 2 사이의 상호 작용으로 인해 혼합에 의한 총 엔탈피 변화는 다음과 같다.

$$\Delta H_m = z\Delta\varepsilon N_1\phi_2 = \chi kTN_1\phi_2 \tag{4.122}$$

이를 세그멘트당 혼합에 따른 엔탈피 변화로 바꾸면 다음과 같다.

$$\Delta H_m = \chi kT\phi_1\phi_2 \tag{4.123}$$

이로부터 세그멘트 몰당의 혼합에 따른 Gibbs 자유 에너지 변화는 다음과 같다.

$$\Delta G_m = RT[(\phi_1/x_1)\ln\phi_1 + (\phi_2/x_2)\ln\phi_2 + \chi\phi_1\phi_2] \tag{4.124}$$

위 관계식을 이용하여 혼화성을 위한 임계 조건을 구할 수 있다. 임계 조건은 아래 자유 에너지 관련 그림 4.12(예: UCST)에서 나타난 바와 같이 변곡점들이 합쳐지는 점에 해당하므로 다음 조건을 만족시킨다.

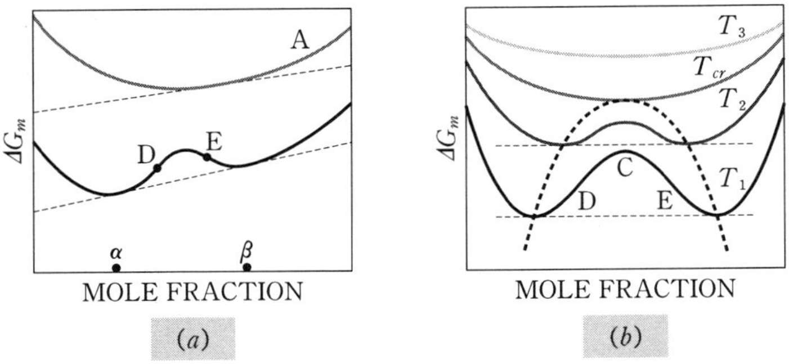

그림 4.12 ❖ (a) 이성분 혼합물의 혼합에 따른 ΔG_m (b) 완전한 혼화성으로부터 부분 혼화성으로의 전이(transition)

$$\frac{\partial^3\left(\frac{\Delta G_m}{RT}\right)}{\partial \phi_2^3} = \left[\frac{1}{x_1(1-\phi_1)^2}\right] - \frac{1}{x_2\phi_1^2} = 0 \tag{4.125}$$

$$\phi_{1,c} = (x_1)^{1/2}/[(x_1)^{1/2} + (x_2)^{1/2}] \tag{4.126}$$

$$\frac{\partial^2\left(\frac{\Delta G_m}{RT}\right)}{\partial \phi_2^2} = \left[\frac{1}{x_1(1-\phi_1)}\right] + \frac{1}{x_2\phi_1} - 2\chi = 0 \tag{4.127}$$

$$\chi_c = (1/2)(1/x_1{}^{1/2} + 1/x_2{}^{1/2})^2 \tag{4.128}$$

이와 더불어 스피노달(spinodal) 조건도 구할 수 있다. 스피노달은 준안정상(metastable phase)과 완전히 불안정한 상의 경계를 나타내며 다음과 같이 구할 수 있다.

$$\frac{\partial^2\left(\frac{\Delta G_m}{RT}\right)}{\partial \phi_2{}^2} = \left[\frac{1}{x_1(1-\phi_1)}\right] + \frac{1}{x_2\phi_1} - 2x = 0 \tag{4.129}$$

$$\chi_{sp} = (1/2)[1/(x_1\phi_1) + 1/(x_2\phi_2)] \tag{4.130}$$

위 결과로부터 χ_c 값은 구성 고분자의 분자량이 클수록 작아지게 되어 저분자 시스템에 비해 혼화성이 약화됨을 알 수 있다. 분자량의 증가는 혼합에 따른 조합 엔트로피를 감소시켜 혼화성을 저하시킨다. 그러나 구성 단량체 사이에 특수 상호 작용이 있을 경우(ΔH_m을 감소시킴)에는 혼화성이 향상된다. 결정성 고분자의 경우에는 용융열이 존재하므로 ΔH_m이 더욱 양(positive)의 값을 가짐에 유의하여야 한다.

두 구성 고분자가 모두 다분산(polydispersion)되어 있을 때에는 혼합에 따른 자유 에너지 변화가 다음과 같이 표시된다.

$$\Delta G_m/RT = \Sigma\phi_{1i}x_{1i}\ln\phi_{1i} + \Sigma\phi_{2i}x_{2i}\ln\phi_{2i} + \chi\phi_1\phi_2 \tag{4.131}$$

위에서와 같은 방법으로 다분산 시스템에 대하여도 스피노달 조건과 임계 조건을 구할 수 있다.

$$\chi_{sp} = (1/2)[(1/(\phi_1\bar{x}_{w1}) + 1/(\phi_2\bar{x}_{w2})] \tag{4.132}$$

$$\phi_{1,c} = 1/\{1 + [\bar{x}_{w1}(\bar{x}_{z2})^{1/2}/\bar{x}_{w2}(\bar{x}_{z1})^{1/2}]\} \tag{4.133}$$

여기서, $\bar{x}_w$와 $\bar{x}_z$는 각기 무게 평균 분자량, z-평균 분자량을 나타낸다.

$$\chi_c = (1/2)\{1/[\bar{x}_{w2}(\bar{x}_{z1})^{1/2}]^{1/2} + [\bar{x}_{w1}(\bar{x}_{z2})^{1/2}]^{1/2}\} \tag{4.134}$$

일반적으로 고분자-고분자 혼합물 시스템에서 혼화성에 영향을 미치는 주요한 인자로는 다음과 같은 것들이 있다.

i) 가장 중요한 인자로서 상호 작용 파라미터(χ)를 들 수 있다. 두 구성 고분자 사이에 강한 상호 작용이 없을 경우에는 물리적 파라미터(열팽창 계수나 열압력 계수 등)나 상태 방정식 파라미터들이 중요한 역할을 한다.
ii) 각 성분 고분자들의 분자량이 작을수록 혼화성이 커진다.
iii) 압력이 증가할수록 UCST 거동을 보이는 시스템에서는 덜 혼합이 되고, LCST 시스템에서는 더 잘 혼합이 된다.
iv) 전단 흐름(shear flow)을 가하면 LCST 시스템의 경우에 혼화성이 증가한다.
v) 상용화제(compatibilizer)를 첨가하면 두개의 상분리된 영역 사이의 계면 에너지가 감소하여 ΔS_m이 커지게 되어 혼화성이 향상된다.
vi) 블렌드 내에서 상호 반응(co-reaction)에 의해, 원위치 공중합체(in-situ copolymer)나 물리적으로 상호 작용하는 고분자를 생성함으로써 혼화성을 향상시킬 수 있다.
vii) 상호 침투 망상(inter-penetrating network: IPN)이나 가교 기법을 이용하여 혼화성을 향상시킬 수 있다.
viii) 공용매(co-solvent)를 사용함으로써 혼화성을 향상시킬 수 있다.

4.8 상거동을 위한 Flory-Huggins 이론의 적용

용액의 상거동(phase behavior)은 조성이나 온도, 압력 등에 의해 혼화성이 어떻게 거동하는지를 보여준다. 이를 그래프로 보여주는 것이 상평형도이다. 아래 그림 4.13에 고분자와 용매의 혼합으로부터 얻어질 수 있는 4가지 형태의 다른 몰폴로지(morphology)가 나타나 있다. 이러한 형태들은 고분자-고분자 혼합물에서도 유사하게 나타날 수 있다. 몰폴로지는 원래 다양한 의미를 내포하고 있는 용어인데, 고분자 과학에서는 분자보다 다소 큰 스케일에서의 분자들의 정렬이나 이들 집합체의 크기나 모양, 또는 시스템에서의 상분포 등을 의미하는 경우가 많다.

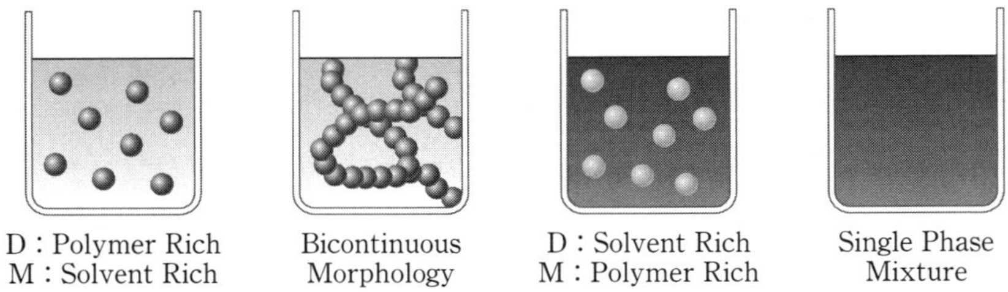

그림 4.13 ❖ 고분자와 용매의 혼합으로부터 얻어지는 몰폴로지(D: dispersion, M: matrix)

이들 얻어지는 몰폴로지의 형성 배경을 이해하기 위하여 우선적으로 혼합에 따른 시스템의 자유 에너지가 조성에 따라 변하는 일반적인 패턴이 아래 그림 4.14에 나타나 있다.

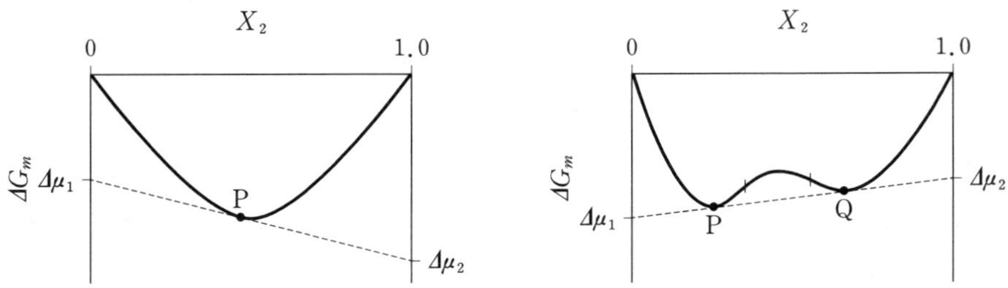

그림 4.14 ❖ 고분자 용액의 조성에 따른 일반적인 자유 에너지의 변화: (a) 모든 조성에서 단일 용액, (b) P, Q의 평형 상태 존재

위 그림 (a)는 고분자-용매 시스템이 모든 조성에서 단일 용액을 형성하는 경우이고, 그림 (b)는 고분자 용액 시스템이 특정의 조성 구간에서 두개의 상(P, Q)으로 분리되는 경우이다. 시스템이 혼합에 따라 $\Delta S_m > 0$이고 $\Delta H_m < 0$이면 $\Delta G_m < 0$이 되어, 자발적 용해 과정이 된다. 즉, 모든 조성에 있어서 상분리 없이 균일한 단일 상을 형성한다.

$$\begin{aligned}\Delta G_m &= X_1\Delta\mu_1 + X_2\Delta\mu_2 = (1 - X_2)\Delta\mu_1 + X_2\Delta\mu_2 \\ &= \Delta\mu_1 + X_2(\Delta\mu_2 - \Delta\mu_1)\end{aligned} \tag{4.135}$$

이에 따라, 점 P에서의 접선(tangent line)으로부터 혼합물의 각 성분들의 $\Delta\mu_i$ 값을 구할 수 있다. 즉, $\Delta\mu_1$은 접선의 y축의 절편에 해당하고, $(\Delta\mu_2 - \Delta\mu_1)$은 접선의 기울기에 해당한다.

이와는 달리, ΔS_m과 ΔH_m 값이 모두 양인 경우에는 서로가 부분적으로 상쇄된다. 이 경우에는 ΔH_m과 ΔS_m이 일반적으로 조성에 따라 아래 그림 4.15와 같이 변하는 특성을 가진다.

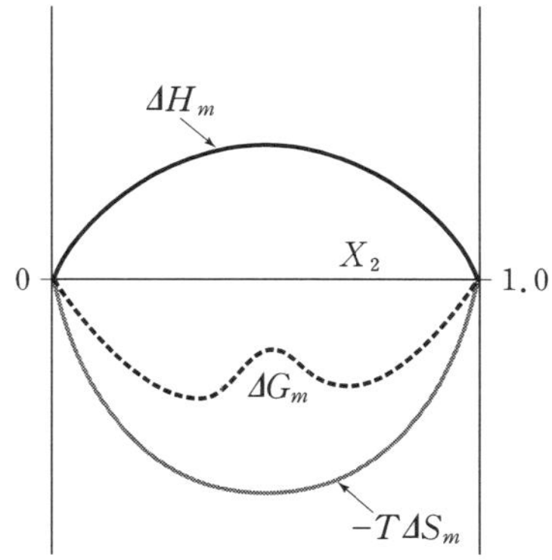

그림 4.15 ❖ 고분자 용액의 ΔH_m과 ΔS_m의 조성에 따른 일반적 변화($\Delta S_m > 0$, $\Delta H_m > 0$일 경우)

즉, X_2가 커짐에 따라 초기에는 엔트로피 효과에 의해 ΔG_m 값이 더욱 음이 되나, X_2가 점점 커지면 엔탈피 효과가 엔트로피보다 더 우세하여 다시 ΔG_m 값이 증가할 수 있다. X_2가 더 커지면 엔탈피 효과와 엔트로피 효과가 다시 나타나 곡선이 전체적으로 혹(hump) 모양을 가질 수 있다. 즉, 혹 형태는 혼화성을 위하여 유리하지 않은 ΔH_m(양의 값)과 유리한 configuration 엔트로피 효과($-T\Delta S_m$)로부터 생긴다고 볼 수 있다.

이때에는 위 그림 4.14(b)에서와 같이 곡선의 두 최저점에 대하여 공통 접선을 그릴 수 있다. 이리하여 특정 조성을 가지는 P와 Q 상에서의 접선이 y축과 만나는 절편이 각기 $\Delta\mu_1$, $\Delta\mu_2$에 해당하는 값을 가지게 된다. 따라서, 용액 P와 용액 Q는 각 성분들이 같은 화학 포텐셜 값을 가진다. 다시 말하면, 용액 시스템은 P 상과 Q 상으로 분리되며 이들은 평형 상태에 있게 된다. 위 용액 시스템은 그 조성이 혼합물의 상태를 결정한다. 위 그림 4.14(b)의 점 P와 Q 사이에서는 최저점이 위치하고 있는 두개의 용액으로 상분리됨으로써 자유 에너지를 낮출 수 있다.

위에서 발생한 혹 모양은 UCST 시스템의 경우, 온도가 증가함에 따라 엔트로피 효과가 더욱 강화되어, 아래 그림 4.16과 같이 궁극적으로는 임계 온도(T_{cr}) 이상에서는 모든 조성에서 혹 모양의 형성 없이 균일한 단일 상을 형성하는 단일 곡선으로 바뀌게 된다.

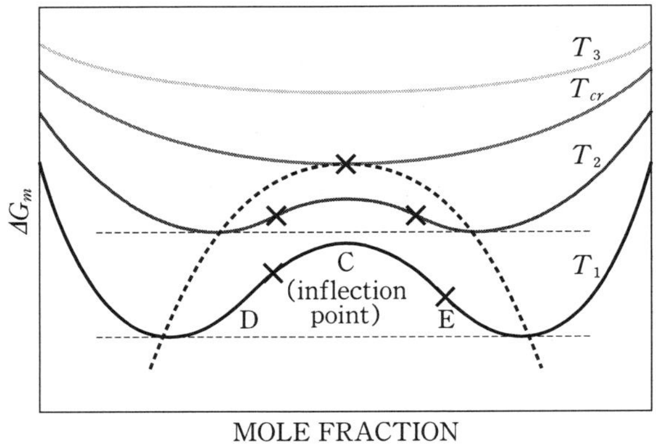

그림 4.16 ❖ UCST 시스템: 임계 온도 이상에서 단일 상 형성

LCST 시스템의 경우에는 아래 그림 4.17에서와 같이, 온도의 감소에 따라 엔탈피 효과가 더욱 강화되어 임계 온도(T_{cr}) 이하에서는 혹 모양의 형성 없이 전체 조성 범위에서 단일 상을 형성할 수 있다.

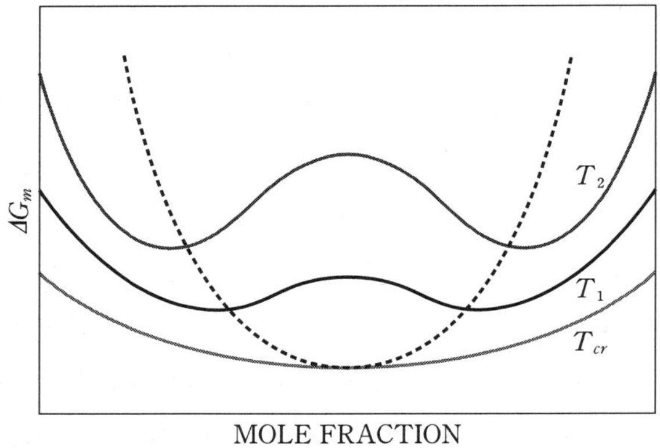

그림 4.17 ❖ LCST 시스템: 임계 온도 이하에서 단일 상 형성

위에서 보인 바와 같이, 혹 모양 형성 시의 최저 점들의 위치 궤적을 온도와 조성의 함수로 나타낸 것이 흔히 말하는 상평형도(phase diagram)로서 아래 그림 4.18과 같으며 온도-조성 도해(temperature-composition diagram)라 부르기도 한다.

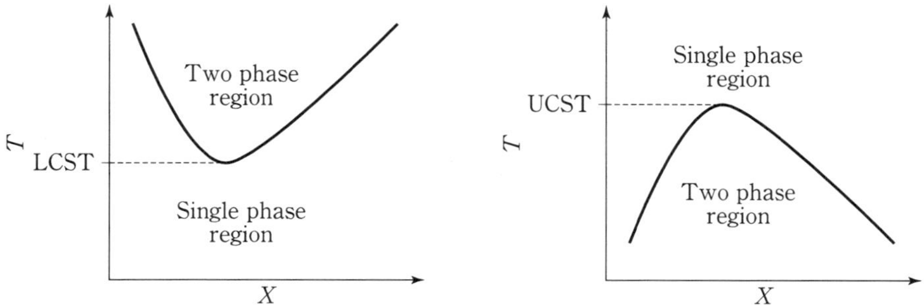

(a) (b)

그림 4.18 ❖ 상평형도(온도-조성 도해)

비극성 저분자 시스템에서는 일반적으로 ΔS_m이 우세하게 영향을 미쳐 UCST 거동을 보일 때가 많다. 이에 비해, 고분자-고분자 혼합물 시스템인 경우, 일반적으로 ΔS_m이 작아 ΔH_m이 우세한 영향을 미친다. 이에 따라, 고분자-고분자 혼합물은 많은 경우 LCST 거동을 보인다. 그러므로 고분자-고분자 혼합물의 혼화성을 향상시키기 위해서는 구성 고분자 사이에 특수한 상호 작용이 필요한 경우가 많다.

실제로 고분자 용액 시스템의 경우만 보더라도, 아래 그림 4.19에서와 같이 위에서 언급한 전형적인 상평형도 이외에, 모래 시계 형태(hour glass type), 폐고리 형태(closed loop type) 등 다양한 형태의 상평형도가 존재한다. 이를 논리적으로 설명하기 위해서 χ 파라미터의 온도나 농도 의존성을 실험 결과에 맞게 아래 식에 나타난 예에서처럼 적절한 형태로 고려하기도 한다.

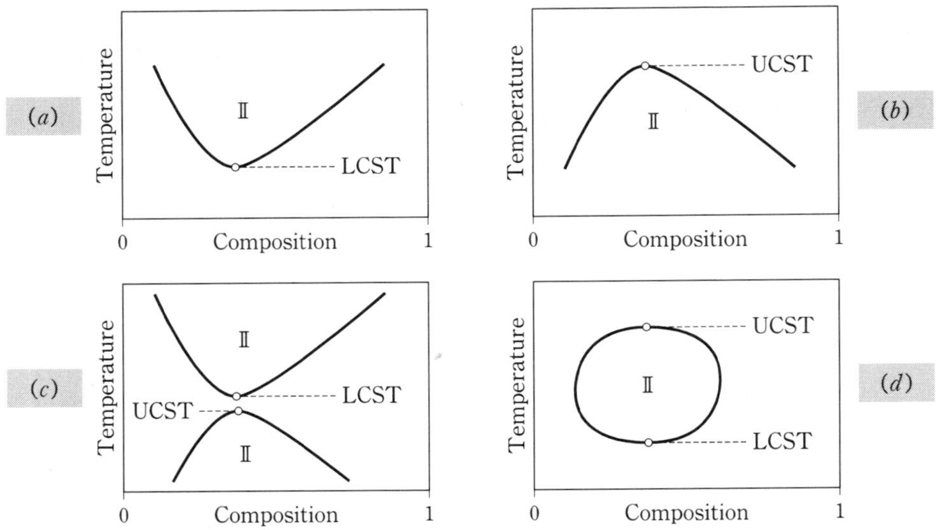

그림 4.19 ❖ 상호 작용 파라미터의 온도나 농도 의존성에 따른 고분자 용액의 다양한 형태의 상평형도(II: two-phase)

$$\chi = D(T)B(\phi_2) \tag{4.136}$$

$$D(T) = d_0 + d_1/T + d_2 \ln T + d_3 T \tag{4.137}$$

$$B(\phi_2) = 1 + \Sigma b_i \phi_2^i \tag{4.138}$$

상평형도는 별개의 상들이 평형을 형성하는 조건을 나타내는 일종의 도표로서 다양한 온도에서 평형 상태를 이루는 상들의 조성을 제도(mapping)한 것이다. 앞에서 얻어진 결과를 이용하여 이성분계 시스템에 대하여 임계 조건을 구한 결과를 아래 표 4.3에 나타내었다.

표 4.3 이성분계 시스템의 임계 조건

이성분계 시스템	$\phi_{1,c}$	χ_c
저분자 액체($x_1 = x_2 = 1$)	0.5	2
고분자-용매($x_1 = 1, x_2 = N$)	$(x_1^{1/2})/(1 + x_2^{1/2})$	$(1/2)(1 + 1/x_2^{1/2})^2$
고분자-고분자($x_1 = x_2 = N$)	0.5	$2/N$
일반(x_1, x_2)	$x_1^{1/2}/(x_1^{1/2} + x_2^{1/2})$	$(1/2)(1/x_1^{1/2} + 1/x_2^{1/2})^2$

UCST 거동은 일반적으로 묽은 고분자 용액에서 나타나는데, 묽은 고분자 용액의 일부 시스템에서는 LCST 현상이 관찰되기도 한다. 기본적으로 Flory-Huggins 이론은 고분자-고분자 혼합물에서 자주 나타나는 LCST 거동을 예측할 수가 없다. 고분자 블렌드 시스템의 경우, 수소 결합 등 특수한 상호 작용이 있거나 성분 사이의 열팽창 계수 차이가 클 때 대체로 LCST 거동을 보인다. 이는 온도가 커질수록 상호 작용이 약화되거나 분자 크기 차이가 커져 ΔS_m이 유리한 혼합 효과를 가져오지 못하기 때문이다.

Flory-Huggins 식을 이용하여 상평형을 계산함으로써 상분리에 대한 이해를 높일 수 있다. 바이노달 곡선(binodal curve)은 이성분계 혼합물의 평형 조건을 만족하는 점들의 궤적으로서 다음과 같은 조건을 충족시킨다.

$$\mu_{1A} = \mu_{1B},\ \mu_{2A} = \mu_{2B} \tag{4.139}$$

$$\Delta\mu_{1A} = \Delta\mu_{1B},\ \Delta\mu_{2A} = \Delta\mu_{2B} \tag{4.140}$$

$$\Delta\mu_1 = RT\{\ln(1-\phi_2) + [\phi_2(1-1/x) + \chi\phi_2{}^2]\} \tag{4.141}$$

$$\Delta\mu_2 = RT[\ln\phi_2 + (1-\phi_2)(1-x) + \chi x(1-\phi_2)^2] \tag{4.142}$$

$$\ln(1-\phi_{2A}) + [(1-(1/x)\phi_{2A}) + \chi(\phi_{2A})^2] = \ln(1-\phi_{2B}) + [(1-(1/x)\phi_{2B}) + \chi(\phi_{2B})^2] \tag{4.143}$$

$$\ln\phi_{2A} + (1-x)(1-\phi_{2A}) + \chi x(1-\phi_{2A})^2 = \phi_{2B} + (1-x)(1-\phi_{2B}) + \chi x(1-\phi_{2B})^2 \tag{4.144}$$

물론, 여기에서 χ는 온도와 조성의 함수이다. 아래 그림 4.20에 자유 에너지 도표와 상평형도 사이의 관계가 나타나 있다.

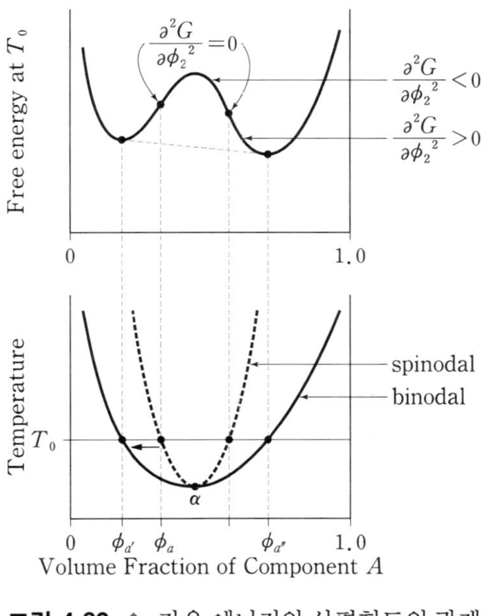

그림 4.20 ❖ 자유 에너지와 상평형도의 관계

준안정 영역은 바이노달(binodal)과 스피노달(spinodal) 사이의 영역으로서, 이 조성 범위에서는 작은 농도 요동에 대해서는 그것에 저항할 수 있지만, 농도 요동이 커지면 결국에는 두개의 상 상태로 돌아가 평형을 형성한다. 왜냐하면, 이 영역에서는 $\partial^2 G/\partial \phi_2{}^2 > 0$인 상태이므로 ϕ_2가 커짐에 따라 자유 에너지의 변화율이 점점 더 커지게 된다. 즉, 현재 상태가 안정하다는 의미이다. 그러나 농도 요동이 클 경우, 활성화 에너지를 극복하여 더욱 안정한 상태인 두개의 상 상태로 상분리가 된다.

불안정 영역에서는 $\partial^2 G/\partial \phi_2^2 < 0$인 상태가 되어 ϕ_2의 증가에 따라 자유 에너지의 변화율이 감소하므로 현재 상태가 불안정하다는 의미이다. 이 경우에도 결국에는 위의 경우에서와 마찬가지로 두개의 상 상태로 분리된다. 그러나 이때의 상분리 메커니즘이 준안정 영역의 경우와는 다르게 된다. 왜냐하면, 상분리를 위한 원동력이 다르기 때문이다.

고분자 용액 시스템이 아래 그림에서와 같이 처음에 조성 ϕ_A(점 A)를 가지고 있다가 두개의 상(점 a', a'')으로 분리가 되었다고 가정을 하면 다음과 같은 관계가 성립한다.

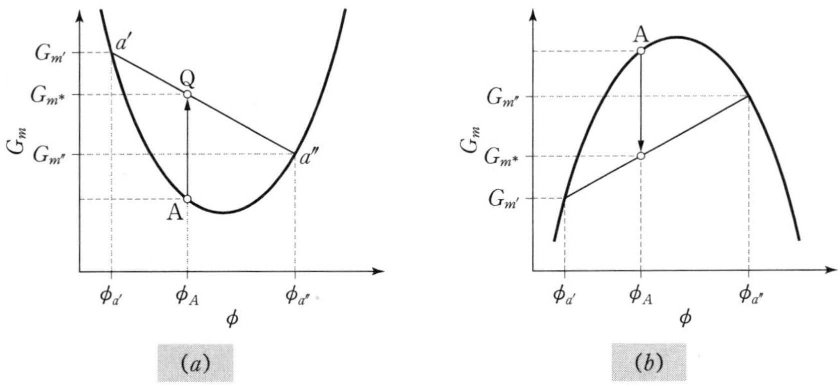

그림 4.21 ❖ 단일 용액(A)으로부터 상분리가 일어났을 때의 조성(ϕ_a', ϕ_a''): (a) convex curve: 안정한 용액 (b) concave curve: 불안정한 용액

$$n = n' + n'' \tag{4.145}$$

$$\phi_A n = \phi_a' n' + \phi_a'' n'' \tag{4.146}$$

$$n'/n = (\phi_a'' - \phi_A)/(\phi_a'' - \phi_a') \tag{4.147}$$

$$n''/n = (\phi_A - \phi_a')/(\phi_a'' - \phi_a') \tag{4.148}$$

여기서, n'과 n''은 상 a'와 상 a''에 있는 성분들의 몰 수이다. 이때 n''/n' 값은 선 세그멘트(line segment) 길이의 비율에 해당하고, $a''Q/a'Q = n'/n''$는 지렛대 법칙(lever rule)이라고 불리는데, 도형 상의 거리와 실제 몰 수가 서로 반대로 나타나서 지렛대의

균형을 이룬다는 의미이다. 또, 상분리 후의 용액의 몰당 자유 에너지(G_m^*)는 다음과 같이 나타낼 수 있다.

$$\begin{aligned} G_m^* &= (n'/n)G_{m'} + (n''/n)G_{m''} \\ &= G_{m'} + [(\phi_A - \phi_a')/(\phi_a'' - \phi_a')](G_{m''} - G_{m'}) \\ &= G_{m'} - (G_{m'} - G_{m''})(\phi_a' - \phi_A)/(\phi_a'' - \phi_a') \end{aligned} \tag{4.149}$$

위 그림(a)에서 점 Q를 중심으로 양쪽으로 특정의 ϕ 값을 가지는 연결선(tie line)을 그렸을 때 어떤 경우에도 상이 분리된 용액 시스템의 자유 에너지가 모용액 시스템(mother solution system)의 자유 에너지보다 더 높은 것을 알 수 있는데, 이로서 곡선 위에 위치한 모든 용액은 안정된 단일하고 균일한 시스템이 된다.

4.9 고분자 용액 및 혼합물의 상분리 메커니즘

앞에서 언급한 바와 같이, 고분자 용액 시스템(고분자-고분자 혼합물 포함)에서 일어나는 상분리의 상세 과정은 모용액(mother solution)의 조성에 따라 영향을 받는다. 이는 모용액의 조성에 따라 상분리 과정에서 시스템의 자유 에너지가 변하는 양상이 다르기 때문이다. 상분리가 일어나는 과정은 크게 2가지 형태가 있는데, 하나는 '핵 생성과 성장(nucleation and growth)'이고, 다른 하나는 '스피노달 분해(spinodal decomposition)'이다. 이는 준안정 영역과 불안정 영역에서의 상분리 과정에서 자유 에너지 변화의 양상이 다른 것과 관련이 된다.

준안정 영역에서는 상분리가 '핵 생성과 성장' 메커니즘에 의해 일어난다. 준안정 영역에서는 열역학적으로 안정(시스템이 가장 낮은 에너지 상태에 있음)하기는 하지만, 외부의 조그만 충격에 의해서도 쉽게 안정성이 무너지고 새로운 안정 상태를 찾아가는 특징이 있다. 모용액의 농도 요동이 있을 경우, 시스템의 자유 에너지가 변하게 되는데 이때 상분리가 일어나 새로운 안정 상태를 가지게 된다.

농도 요동이 일어나면 균일한 모용액 내에 농도가 다른 영역이 생기게 되는데, 고분자의 농도가 상대적으로 높은 영역에서는 핵 생성이 일어날 수 있다. 다만, 핵 생성이 일어나기 위한 에너지를 극복할 수 있을 정도의 농도 요동이 있어야 한다. 일단 핵 생성이 일어나면 이후의 성장 과정을 거치면서 자유 에너지가 점점 더 감소하면서 상분리가 진행된다. 고분자의 농도가 상대적으로 낮은 영역에서는 지속적으로 농도가 낮아지면서 자유 에너지 감소와 더불어 상분리가 진행되어, 최종적으로 새롭게 형성된 두 상이 평형을 형성(각기 자유 에너지 곡선 상의 최저 점에 해당)하며 안정하게 된다.

핵 생성을 위한 임계 에너지는 이를 위한 핵의 부피 항(term)과 표면적 항의 경쟁 관계에서 결정된다. 왜냐하면, 부피가 커지면 자유 에너지(ΔG_V)가 감소하는 반면에, 표면적이 증가하면 자유 에너지(ΔG_S)가 증가하기 때문이다. 이에 따라, 핵 비말 크기(nucleus droplet size)에 따라 자유 에너지(ΔG_S)는 아래 그림 4.22와 같이 변하는 양상을 보인다. 핵이 임계 크기(r_c)보다 커지는 단계에 이르게 되면 안정한 비말로 성장할 수 있다.

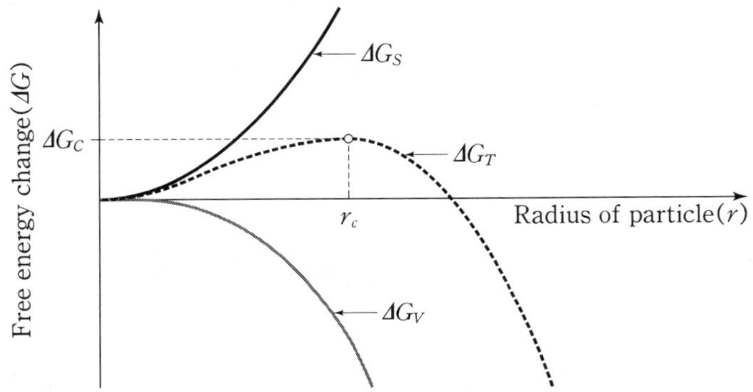

그림 4.22 ❖ 핵 비말 크기에 따른 자유 에너지 변화

일단 핵이 발생되면 핵은 정상적 확산 과정에 의하여 성장하게 된다. 즉, 높은 국소 농도 영역에서 낮은 국소 농도 영역의 내리막 확산(downhill diffusion)을 통해 핵이 성장을 한다. 모상(mother phase)의 고분자 농도가 C_o이면 아래 그림 4.23(a)에서와 같이 순간적인 요동에 의해 형성되는 상대적으로 높은 농도(C_a') 영역에서는 핵을 형성시키고 이때 핵 바로 근방에 있는 국소 영역은 고분자가 빠져나가 모상의 농도(C_o)보다 더 낮은 농도(C_a)가 된다. 핵으로부터 약간 떨어진 국소 영역에서는 C_o 농도를 유지한다. 상대적인 농도의 비교는 $C_a' > C_o > C_a$가 된다. 이리하여 모상에 있는 고분자들이 (C_o) 핵 바로 근방의 낮은 농도(C_a) 영역으로 정상적 내리막 확산을 한 후 핵 표면에 용착(deposition)된다. 핵이 안정하게 계속 성장할 수 있는지 여부는 비말 크기에 달려 있다. 성장하는 비말들의 농도가 핵 생성을 위한 최소 농도(농도의 요동이 있더라도 농도가 너무 낮으면 사슬 사이의 거리가 너무 멀어 핵의 생성이 어려우므로 핵의 생성을 위한 최소 농도가 존재함)보다 작을 때에는 핵 생성이 정지되고 성장만 지속된다.

새롭게 형성되는 제2의 상은 모상보다 높은 농도에서 개시되어 점차적으로 성장을 한 후 모상이 소진되는 단계에서 성장을 멈추게 된다. 이와 같은 영역의 성장 과정도 아래 그림 4.23(b)에 도식적으로 나타내었다.

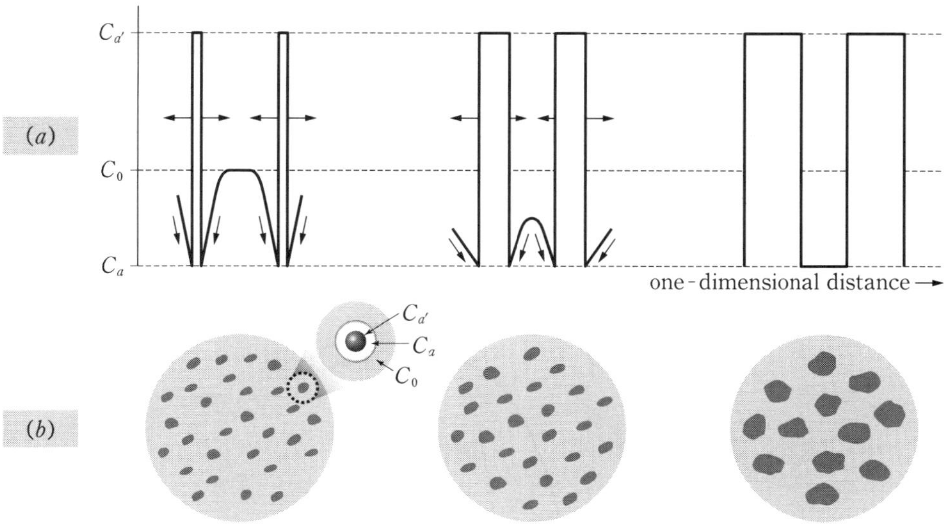

그림. 4.23 ❖ 핵 생성 및 성장 메커니즘에 의한 상분리: (a) 1차원적 농도 프로화일의 발전, (b) 2차원적 상 구조의 발전

이와는 달리, 용액이 절대적으로 불안정한 영역에 있을 때에는 스피노달 분해를 겪게 된다. 스피노달은 용액의 안정성 한계를 말하고, 스피노달 곡선(절대적 불안정성을 나타내는 경계)은 일반적으로 바이노달 곡선(시스템의 최소 에너지 평형 상태에 해당)의 안쪽에 위치한다. 시스템 내에 무한히 작은 농도 동요 또는 밀도 동요가 있을 경우, 핵 생성 없이 즉각적으로 상이 분리되는 현상을 스피노달 분해라 한다. 이는 이들 요동으로 인해 시스템의 자유 에너지가 감소하기 때문에 가능하다. 스피노드(spinode)의 원래 의미는 곡선의 두 아크(arc)가 교차되는 점이다.

아래 그림 4.24에 주어진 바와 같이 UCST 시스템에서 조성 X_0을 가진 용액의 온도를 T_1에서 T_2로 급냉하면, 조성은 아주 초기에 모든 영역에서 같고 자유 에너지는 G-X 곡선 상에서 G_o에 있을 것이다. 그러나 A와 B 성분으로 구성된 용액은 조성의 조그만 요동으로 인해 A가 많은 (A-rich) 상과 B가 많은(B-rich) 상을 형성함으로써, 시스템의 총 자유 에너지가 감소할 수 있으므로 시스템은 즉각적으로 불안정해진다. 스피노달 곡선의 안쪽(inside) 영역에서는 시스템이 새로운 상으로 성장하는데 대한 어떠한 열역학적 장애(포텐셜 에너지 장애)도 없기 때문에, 새로운 안정을 찾아가는 상분리는 오로지 역방향 확산(uphill diffusion)에 의해서만 결정된다.

단순 확산(simple diffusion)이 농도 구배를 따라 내려가는 확산(내리막 확산:

downhill diffusion)임에 비해, 역방향 확산은 농도 구배를 거슬러 올라가는 방향(농도가 낮은 곳에서 높은 곳으로 물질이 전달됨)으로 일어나는 확산으로서 다성분계 혼합 시스템에서 자주 일어난다. 역방향 확산은 짝이 되는 성분과의 상호 작용에 의해 일어나며 이때 에너지가 소모되므로 이를 능동적 전달(active transport)이라 부르기도 한다. 이때 상분리를 위하여 물질이 속도론적 장애(농도 구배)를 느끼지 않고 역방향 확산을 할 수 있는 것은 극히 미미한 조성 요동에 의해서도 성분들 사이의 상호 작용에 의해 시스템의 자유 에너지 감소가 가능하기 때문이다.

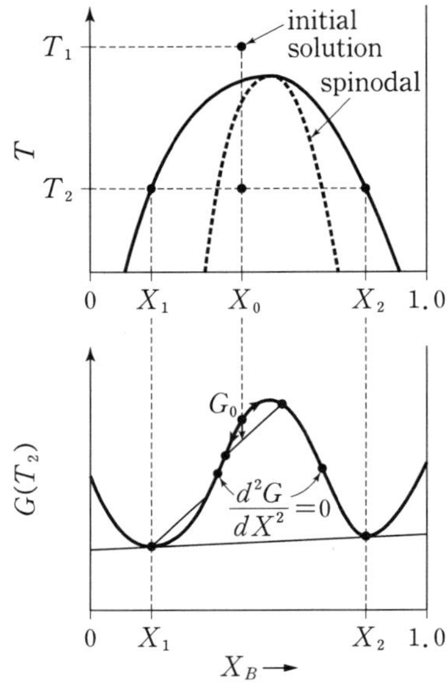

그림 4.24 ❖ UCST 시스템에서의 스피노달 분해

역방향 확산은 내리막 확산과는 반대로, 분자 물질들이 낮은 농도 영역에서 높은 농도 영역으로 전달되는 현상을 말한다. 물질의 확산은 기본적으로 화학 포텐셜(chemical potential)에 의해 지배를 받는다. 화학 포텐셜은 혼합물을 이해하기 위한 유용한 성질로서 성분 물질의 부분 몰 자유 에너지(partial molar free energy)에 해당한다. 즉, 혼합물 시스템에 성분 물질 1몰을 부가(addition)하였을 때 시스템이 일을 할 수 있는 능력이 증가하는 속도를 말한다. 즉, 확산의 경우에는 성분 물질이 한 상(phase)에서 다른 상으로 움직이는 능력을 나타낸다. 역방향 확산의 경우, 물질의 확산이 화학 포텐셜 구배(chemical potential gradient)에 의해 일어나는 결과로서 실질적으로는 농도 구배를 거슬러 일어난다. 즉, 농도가 낮은 영역에서는 성분 물질의 화학 포텐셜이 높고 농도가 높은 영역에서는 화학 포텐셜이 낮게 되는 시스템이다. 혼합물이 아닌 순수한 물질의 경우에

는 몰당 자유 에너지가 화학 포텐셜이다.

이러한 역방향 확산은 시스템이 열역학적으로 이상 상태(ideal state)에서 많이 벗어나는 경우에 일어난다. 열역학적으로 이상 상태라 함은 기체 시스템에서와 같이 입자가 매우 작고 상호 작용이 거의 없는 상태를 말한다. 열역학적으로 이상 상태에서 많이 벗어나는 경우는 물과 기름의 혼합물에서처럼 서로 싫어하는 성향이 큰 상태(반발에 의한 물리적 상호 작용이 매우 큰 상태)로서, 이 혼합물이 높은 온도에 있다가 갑자기 온도를 낮추면 물과 기름으로 상분리가 빠르게 일어나는 스피노달 분해를 하며 역방향 확산이 일어난다. 따라서, 능동적 전달은 화학 포텐셜 구배를 따라 일어나므로 자발적 과정이 된다. 즉, 물질의 역방향 확산이 자발적 상분리를 유도한다. 이때 상분리는 지속적이고 자발적이다.

다성분계 혼합 시스템의 경우, 성분 사이의 상호 작용으로 인하여 Fick의 법칙으로부터 어긋나는 경향을 가진다. 왜냐하면, Fick의 법칙은 완벽하게 균일한 시스템(열역학적으로 이상 시스템)을 기준으로 하여 얻어진 것이기 때문이다. 이상 시스템(ideal system)에서는 시스템 내의 모든 물질들이 서로 동일한 상호 작용을 가지고 있어, 물질의 유량이 오로지 물질의 개수인 농도의 구배에 의존한다. 이에 따라, Fick의 법칙은 물질의 유량이 오로지 물질의 농도 구배에 선형적으로 관련한다. 이에 비해, 다성분계 혼합 시스템에서는 성분 사이의 상호 작용으로 열역학적인 이상 상태에서 벗어날 수 있으므로, 물질의 유량은 물질의 농도 구배가 아닌 화학 포텐셜 구배에 의해 영향을 받는 것이 타당하다.

확산이 화학 포텐셜의 지배를 받을 때에는 어떤 물질의 확산 유량(diffusion flux: 확산에 의해 단위 시간, 단위 면적당 이동하는 물질의 양)은 상대 물질의 확산 유량과 강하게 연동(coupling: 상호 작용을 함)된다. 역방향 확산은 Fick 법칙에 의하면 음의 확산계수를 가지는데, 이는 확산에 거슬러 농도가 변하는 과정으로서, 이 과정은 엔트로피가 감소하는 것에 해당한다. 다시 말하면, 이는 Fick 법칙의 근거가 되는 랜덤 걷기 문제가 아니고, 확산 과정에 부가적인 힘(자유 에너지에 해당)이 작동하여 농도의 결과로 나타나는 것이다.

스피노달 곡선의 안쪽(inside)에서는 곡률(curvature: $\partial^2 G/\partial \phi^2$)이 음의 값을 가지며, 어떠한 조성 요동(조성의 갈라짐에 해당)도 G값의 감소를 가져오므로 자발적 상분리로 유도된다. 스피노달과 바이노달 사이 영역에서는 조성이 갈라짐에 따라 G값이 증가하게 되므로, 핵 생성 장애를 극복할 수 있는 활성 에너지를 필요로 한다. 궁극적으로 핵 생성 장애를 극복하면 자유 에너지가 전체적으로 낮아지는 결과가 된다. 핵 생성 장애는 큰 조성 요동에 의해 극복이 가능하다.

스피노델 안쪽(inside)에서 얻어지는 위치에 따른 조성의 주기적 변화와 조성 변화의 성장을 설명하기 위해서는 기본적으로 양의 확산 계수를 가지는 Fick 법칙을 바탕으로 한 모델로서는 어렵다. 이를 해결하기 위하여 역방향 확산(음의 확산 계수를 가짐)에 대하여 현상학적 모델에 근거한 다음 식(Cahn-Hilliard 확산 식)으로 설명하고 있다.

$$\frac{\partial c}{\partial t} = -\frac{\partial J}{\partial x} = \frac{m}{N_A}\left[\left(\frac{\partial^2 g}{\partial c^2}\right)_{c0}\left(\frac{\partial^2 c}{\partial x^2}\right) - \frac{2K\partial^4 c}{\partial x^4}\right] \quad \text{(Cahn-Hilliard 확산 식)} \quad (4.150)$$

여기서, c는 고분자 물질의 농도이고, J는 물질의 유량(flux: mole/m^{2}sec), m은 물질의 이동도(mobility), g는 원자당 자유 에너지, K는 농도의 불균일성이 전체 자유 에너지에 기여하는 특성을 나타내는 구배 에너지 계수(gradient energy coefficient)로서 다음 관계식에 의해 구해질 수 있다.

$$K = -\frac{1}{12r_0^2}\left\{\frac{\partial[(1-2c)V(c))}{\partial c}\right\} \quad \text{(K: energy/length)} \quad (4.151)$$

여기서, r_o는 원자간 거리이고 $V(c)$는 원자 사이의 상호 작용 에너지이다.

Cahn-Hilliard 모델은 원자 규모에서의 상호 작용이 물질의 농도에 영향을 미치는 모델이므로, 물질의 유량이 농도 구배에 대하여 비선형성을 가진다.

우선, 일차원 상에서 원자당 자유 에너지(g)는 국소 자유 에너지 밀도(local free energy density)로서 아래 그림 4.25와 같이 농도 요동이 있을 경우, 다음 식 4.152와 같이 나타낼 수 있다.

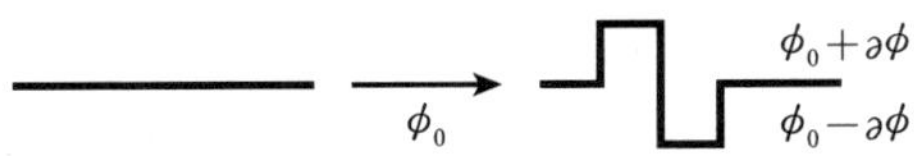

그림 4.25 ❖ 일차원 상에서의 원자의 농도 요동

$$g(c) = g(c_0) + \left(\frac{\partial g}{\partial c}\right)_{c_0}(c-c_0) + \frac{1}{2}\left(\frac{\partial^2 g}{\partial c^2}\right)_{c_0}(c-c_0)^2 + \cdots \quad (4.152)$$

여기서, c_o는 고분자의 평균 농도이다.

이를 바탕으로 총 자유 에너지(G)는 다음과 같이 된다.

$$G = A\int\left[g(c_0) + \left(\frac{\partial g}{\partial c}\right)_{c_0}(c-c_0) + \left(\frac{1}{2}\right)\left(\frac{\partial^2 g}{\partial c^2}\right)_{c_0}(c-c_0)^2 + \cdots + K\left(\frac{\partial c}{\partial x}\right)^2\right]dx \quad (4.153)$$

여기서, A는 원자면(atomic plane)의 면적이고, 마지막 항인 조성 구배 에너지 항에 해당하는 $K(\partial c/\partial x)^2$은 조성 구배($\partial c/\partial x$)에 따른 자유 에너지로서, 이웃하는 원자간 평면(inter-atomic plane)에서의 계면 에너지의 영향을 반영하며, 이는 조성에 따라 달라진다. 분자가 농도 구배를 따라 움직이면 자유 에너지의 변화가 일어나는데, 내리막 확산이면 자유 에너지의 변화가 음의 값을 가지고, 역방향 확산이면 자유 에너지의 변화가 양의 값을 가진다. $g(c)$는 고분자-고분자 혼합물이나 고분자 용액 시스템의 경우, Flory-Huggins 이론에 의한 격자 자유 에너지(lattice free energy: 바로 이웃하는 사이트와의 상호 작용과 관련된 순수 자유 에너지)로 다음과 같이 근사화될 수 있다.

$$g(c) = (kT/v_0)\left[\frac{c}{x_A}\ln c + \frac{1-c}{x_B}\ln(1-c) + \chi c(1-c)\right] \tag{4.154}$$

여기서, v_0는 단량체의 부피이고, χ는 Flory-Huggins 상호 작용 파라미터, x_A와 x_B는 각기 용매와 고분자의 중합도이다.

위 Cahn-Hilliard 확산 식에서 물질의 이동도(m) 항은 물질의 확산과 관련된다. 확산 계수에는 자체 확산 계수(self-diffusion coefficient, or tracer diffusion coefficient: D^*)와 화학적 확산 계수(chemical diffusion coefficient: D)가 있다. 자체 확산은 농도 구배 또는 화학 포텐셜 구배가 없는 상태에서의 자발적 혼합을 말하고, 화학적 확산은 농도 구배가 존재하는 상태에서의 물질의 순 이동을 말하며 다음과 같은 확산 식으로 설명이 된다.

$$D_A = D_A{}^*(1 + d\ \ln \gamma_A/d\ \ln x_A) \tag{4.155}$$

여기서, D_A는 물질 A의 화학적 확산 계수, D_A^*는 물질 A의 자체 확산 계수이고, γ_A는 물질 A의 활동도 계수(activity coefficient: 이상적 혼합물 상태에서 벗어나는 정도를 나타내는 지표)이다. 또, 상호 확산 계수(inter-diffusion coefficient, or overall diffusion coefficient, effective diffusion coefficient: D)는 아래 그림 4.26에서와 같이 접촉하고 있는 서로 다른 종류의 두 물질들의 상호 확산(두 물질 사이에 확산에 의한 교환이 일어남)을 나타내며, 각 구성 성분의 독립적인 확산의 병렬 합계로서, 다음과 같이 정의되며 조성에 따라 그 값이 달라진다.

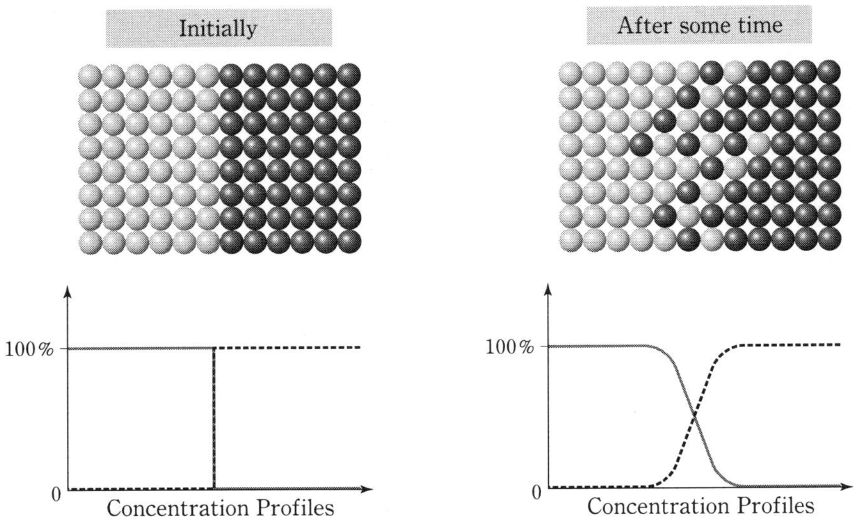

그림 4.26 ❖ 접촉하고 있는 서로 다른 두 물질들 사이의 상호 확산

$$D = x_A D_B + x_B D_A \tag{4.156}$$

$$J_A = -D dc_A/dx \tag{4.157}$$

$$J_B = -D dc_B/dx \tag{4.158}$$

물질의 유량(flux: J)을 다음과 같이 자유 에너지 차이(화학 포텐셜 차이)로 표시할 수도 있다.

$$\frac{\partial g}{\partial c} = \mu_A - \mu_B \tag{4.159}$$

$$J_A = -m\left[\frac{\partial^2 g}{\partial c^2}\right]\left(\frac{dc_A}{dx}\right) \tag{4.160}$$

여기서, m은 물질의 이동도로서 다음과 같이 정의된다.

$$m = D^*/kT \tag{4.161}$$

이에 따라, 상호 확산 계수(D)는 이동도와 다음과 같은 관계를 가진다.

$$D = m\left[\frac{\partial^2 g}{\partial c^2}\right] \tag{4.162}$$

위에서 언급한 바와 같이, 조성 구배 에너지 항을 추가로 고려(각 물질들이 불균일한 환경을 느끼게 됨)하게 되면, 확산 식(Fick의 제2 법칙에 해당: Cahn의 확산 식)은 아래와 같이 정리된다.

$$\mu_A - \mu_B = \frac{\partial g}{\partial c} - 2K\nabla^2 c \tag{4.163}$$

$$\frac{\partial c}{\partial t} = -\frac{\partial J}{\partial x} = \frac{m}{N_A}\left[\left(\frac{\partial^2 g}{\partial c^2}\right)_{c_0}\left(\frac{\partial^2 c}{\partial x^2}\right) - \frac{2K\partial^4 c}{\partial x^4}\right] \tag{4.164}$$

여기에서 각 인자들은 다음과 같이 정의된다.

$$J = -D\left(\frac{\partial c}{\partial x}\right) \tag{4.165}$$

$$D = c_B D_A + (1 - c_B)D_B = \frac{m}{N_A}\left[\left(\frac{\partial^2 g}{\partial c^2}\right)_{c0}\right] \tag{4.166}$$

$$D_A = D_A^*\left[1 + \frac{\partial \ln \gamma_A}{\partial \ln c_A}\right] = \left(D_A^* \frac{c_A c_B}{RT}\right)\left(\frac{\partial^2 g}{\partial c^2}\right)_{c_0} \tag{4.167}$$

$$m = [c_B m_A + (1 - c_B)m_B]c_B(1 - c_B) \tag{4.168}$$

$$m_A = D_A^*/kT \tag{4.169}$$

$$m_B = D_B^*/kT \tag{4.170}$$

일차원 직선 상에서 무한히 작은 주기적 조성 요동(infinitesimal periodic composition fluctuation)이 1개의 sine 파(파장: λ)로 진행한다고 가정하면 다음 식이 성립한다.

$$c(x) - c_0 = A_m \cos(2\pi x/\lambda) = A_m \cos \beta x \tag{4.171}$$

$$\beta = 2\pi/\lambda \tag{4.172}$$

여기서, A_m은 sine 파의 진폭이고, β는 파동수(wavenumber)이다. 이에 따라, 파장이 시간에 따라 변하지 않는다고 가정하면 위 확산 식의 해는 다음과 같다.

$$c(x, t) - c_0 = A_m(\beta, 0)\exp[R(\beta)t]\cos \beta x \tag{4.173}$$

여기서 관련 인자들은 다음과 같이 정의된다.

$$R(\beta) = -\left(\frac{m}{N_A}\right)\beta^2\left[\left(\frac{\partial^2 g}{\partial c^2}\right)_{c_0} + 2K\beta^2\right]$$
$$= -D[1 + (2K\beta^2/g'')]\beta^2 \tag{4.174}$$

$$g'' = \left(\frac{\partial^2 g}{\partial c^2}\right)_{c_0} \tag{4.175}$$

이때 $R(\beta)$는 농도의 증폭 인자(amplification factor)에 해당하며, 아래 그림 4.27에서와 같이 어떤 파장이 성장하고 어떤 파장이 줄어드는지를 보여준다.

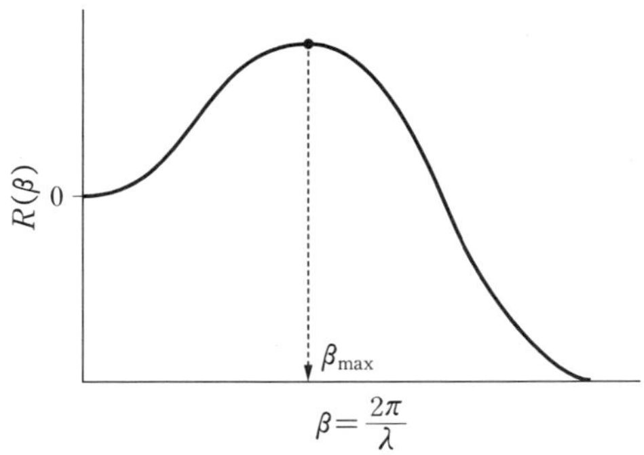

그림 4.27 ❖ 조성 변화에 있어서 파장에 따른 농도의 증폭 인자

스피노달 안쪽(inside)에서는 $(\partial^2 g/\partial c^2)c_0$ 값이 음이므로 $R(\beta)$ 값은 양이 된다. 즉, 진폭이 시간에 따라 커지게 된다. 증폭 인자가 최대치를 가지는 파동수(가장 빠르게 성장하는 파동에 해당)는 다음과 같이 구한다.

$$dR(\beta)/d(\beta) = 0 \tag{4.176}$$

$$\beta_{max} = (-g''/4K)^{1/2} \tag{4.177}$$

이때 β_{max} 값이 스피노달 분해가 일어나는 특성적 길이 스케일을 결정한다. 아래 그림 4.28에 폴리메틸 메타크릴레이트(PMMA)/사이클로헥사놀(cyclohexanol) 용액 시스템의 스피노달 상분리를 위한 2차원 평면에서 각 파동의 성장을 수치적으로 시뮬레이션한 패턴이 나타나 있다. 상분리된 패턴의 성장 과정은 스피노달 분해가 매우 빠른 속도로 일어나 실험적으로 결정하기가 쉽지 않고 보통 시뮬레이션에 의해 그 성장 과정을 유추하는 경우가 많다. 아래 그림의 시간(t)은 Cahn-Hilliard 확산 방정식을 이용하여 시뮬레이션하기 위한 환산 변수(reduced variable)이다.

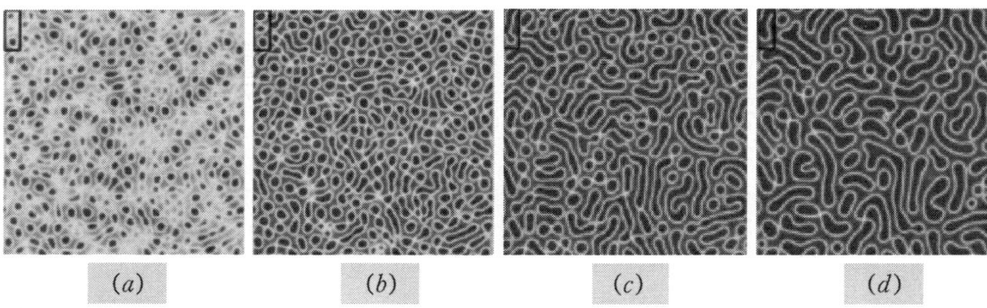

그림 4.28 ❖ 폴리메틸 메타크릴레이트/사이클로헥사놀 용액 시스템의 스피노달 분해 발전: $C_o = 0.6895$, $t = 150$(a), 180(b), 320(c), 500(d) [6]

아래 그림 4.29는 폴리스티렌(PS)/폴리비닐 메틸에테르(PVME) 고분자 블렌드 시스템의 스피노달 상분리된 패턴을 광학 현미경으로 얻은 이미지인데, 위의 고분자 용액에 대한 시뮬레이션 결과에서와 같이 상호 연결된 상 구조를 잘 보여주고 있다.

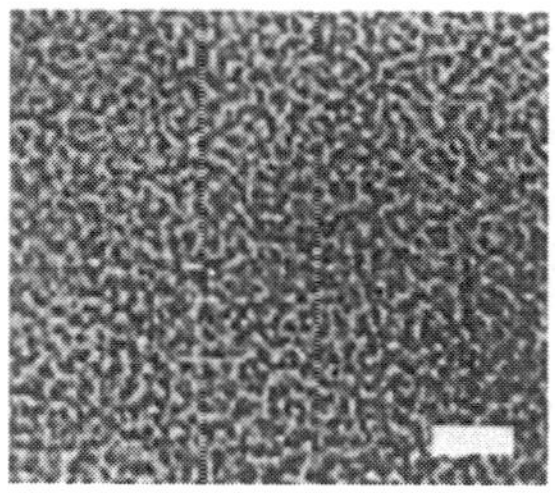

그림 4.29 ❖ 폴리스티렌/폴리비닐 메틸에테르 고분자 블렌드 시스템의 스피노달 상분리 구조[7]

위에서 파동의 성장은 아래 그림 4.30에 나타난 바와 같이, 작은 진폭을 가진 sine 파 형태의 진폭에 해당하는 조성 요동이 지속적이고 급속하게 이루어지는 것으로 설명한다. 이때 조성 요동이 만들어 내는 상 몰폴로지는 고도로 상호 연결된 것으로 시뮬레이션이 되고 실제 얻어진 패턴이 이를 뒷받침한다.

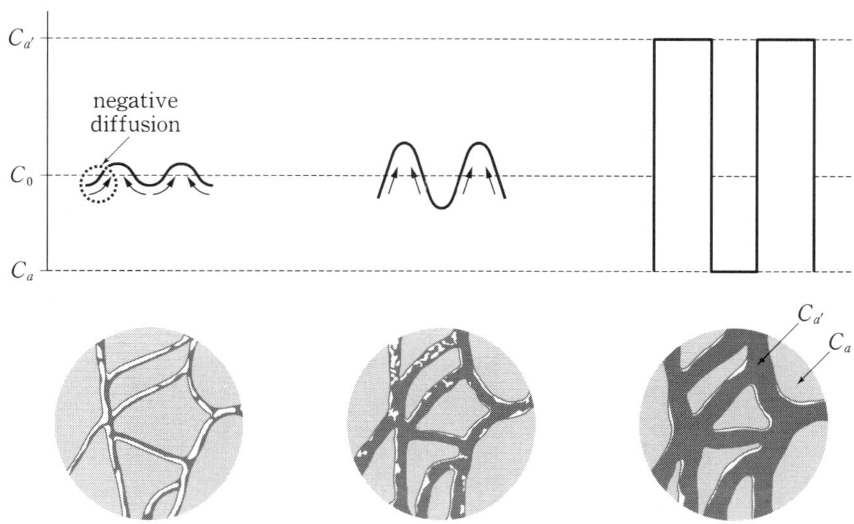

그림 4.30 ❖ 조성 요동이 만들어내는 상 몰폴로지

아래 그림 4.31에는 폴리스티렌(PS)과 브롬화 폴리스티렌(brominated polystyrene: PBrS) 고분자 블렌드의 조성에 따라 다르게 나타나는 상분리 형태를 보여주고 있다. 아래 왼쪽(a) 패턴은 해도(sea-island) 형태를 보이고, 오른쪽(b) 패턴은 2개의 상호 연결

된 연속상을 형성하고 있다. 상호 연결된 연속 패턴의 경우, 일반적으로 고분자의 인성(toughness), 신장 능력, 변형 복원 등과 같은 기계적 성질이 향상될 수 있다.

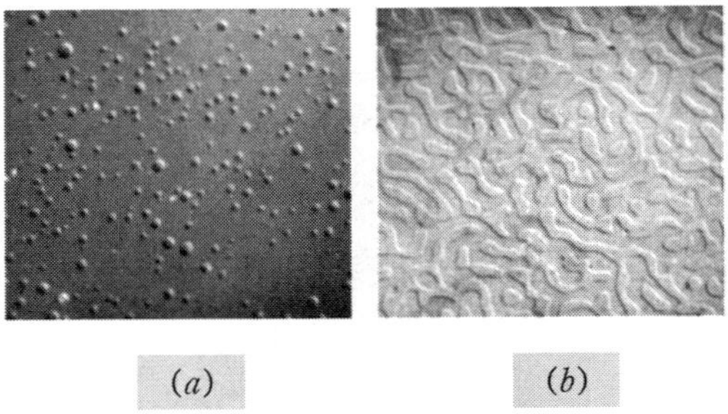

그림 4.31 ❖ 폴리스티렌/브롬화 폴리스티렌 블렌드의 조성에 따른 상분리 구조: (a) 폴리스티렌 분율(0.8), (b) 폴리스티렌 분율(0.5)[8]

불안정한 유체의 경우, 온도나 농도가 작은 진폭이며 긴 파장 요동을 겪으면서 점진적으로 파장 분포가 집중적이 되고, 종국에는 2개의 상이 상호 성장(inter-growth)하는 특징을 가진다. 이에 비해, 준안정 유체에 있어서는 온도나 농도가 큰 진폭이며 짧은 파장을 나타내는 영역에서 핵이 생성된다. 핵 생성/성장에 의한 상분리의 경우에 핵의 생성은 별개의 지점에서 발생하는데 비해, 스피노달 분해는 물질 전체를 통해 균일하게 일어난다.

상분리의 초기 단계에 스피노달 분해는 다소 일정한 크기를 가져 2차원적으로 상 분포 크기나 위치가 규칙성을 가지는 반면, 핵 생성/성장의 경우에는 작은 크기의 핵들이 확률적으로 형성되어 입자의 크기나 위치가 랜덤 분포를 가진다.

아래 그림 4.32는 50/50의 조성을 가진 폴리스티렌(PS)/브롬화 폴리스티렌(PBrs) 고분자 블렌드의 스피노달 분해시 충분한 어닐링 시간에 따른 상호 연결된 형태의 성장 변화를 나타내고 있다.

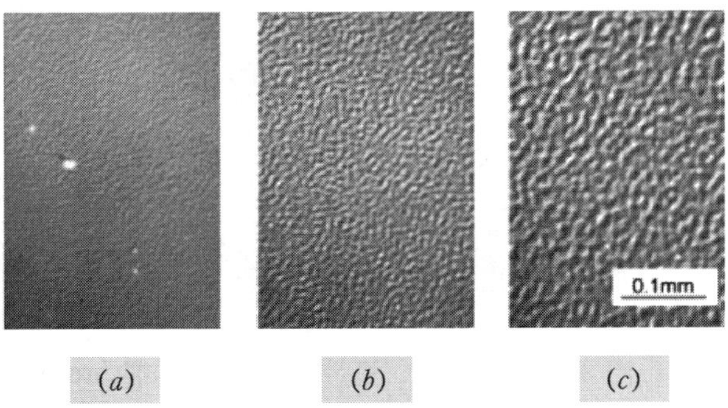

그림 4.32 ❖ 폴리스티렌/브롬화 폴리스티렌 블렌드의 스피노달 분해의 마지막 단계에서의 어닐링(200°C) 시간에 따른 상 구조의 변화: (a) 1 min, (b) 3 min, (c) 10 min[8]

4.10 응집 에너지 밀도와 용해도 파라미터

아직까지 고분자의 용해도를 판단하기 위한 Flory-Huggins 상호 에너지 파라미터(χ)를 이론적으로 정확히 예측할 수 있는 방법은 없는 상황이다. 고분자의 용해도를 예측하기 위한 하나의 접근 방법으로, Hildebrand 등이 제안한 용해도 파라미터(solubility parameter: δ) 개념을 들 수 있다. 혼합에 관련된 엔탈피는 응집 에너지 밀도(cohesive energy density: CED)와 상관 관계를 가진다. 응집 에너지 밀도는 응집된 상(condensed phase: 액체나 고체 상태)에서 기화 에너지를 물질의 몰 부피로 나눈 값으로 정의한다. 저분자의 경우에는 기화 에너지를 액체의 단위 부피로 나누어 줌으로써 쉽게 구할 수 있지만, 고분자의 경우에는 기화하기 전에 분해를 하므로 그룹 기여 방법(group contribution method) 등과 같은 간접적인 방법으로 구하게 된다. 응집 에너지 개념은 코팅 산업에서의 용매의 선정이나 고분자 사이의 상용성 예측, 기계적 성질의 예측, 열물리적 성질(비열 용량, 열전도도, 열팽창 계수, 기화열, 연소열 등)의 예측 등 고분자의 실질적 응용에 있어서 매우 중요한 역할을 한다.

고분자 용액의 격자 모델에서 성분들의 기화 과정을 위한 몰당 내부 에너지의 변화(ΔU_v)는 다음과 같이 표시할 수 있다.

$$\Delta U_{v,i} = (1/2)zN_A\varepsilon_{ii} \tag{4.178}$$

여기서, ε_{ii}는 같은 물질 사이의 상호 작용 에너지이다. 모든 고분자 세그멘트(성분 2)들이 이웃 격자 요소들과의 상호 작용에 의해 내부 에너지에 기여하는 것은 다음과 같다.

$$(1/2)N\phi_2[z\phi_2\varepsilon_{22} + z\phi_1\varepsilon_{12}] = (1/2)z\phi_2N[(1-\phi_1)\varepsilon_{22} + \phi_1\varepsilon_{12}] \tag{4.179}$$

또, 용매 분자(성분 1)들이 이웃 격자 요소들과의 상호 작용에 의해 내부 에너지에 기여하는 것은 다음과 같다.

$$(1/2)z\phi_1N[\phi_2\varepsilon_{12} + (1-\phi_2)\varepsilon_{11}] \tag{4.180}$$

순수 고분자 사이의 상호 작용에 의한 내부 에너지(U_{22}, H_{22})는 $(1/2)z\phi_2N\varepsilon_{22}$가 되며, 순수 용매 시스템에서의 상호 작용에 의한 내부 에너지(U_{11}, H_{11})는 $(1/2)z\phi_1N\varepsilon_{11}$이다. 이에 따라, 혼합에 따른 엔탈피 변화는 다음과 같이 표시된다.

$$\begin{aligned}\Delta H_m &= H_{\text{mix}} - (H_{11} + H_{22}) \\ &= (1/2)zN(2\phi_1\phi_2\varepsilon_{12} - \phi_1\phi_2\varepsilon_{11} - \phi_1\phi_2\varepsilon_{22})\end{aligned}$$

$$= zN\,\phi_1\phi_2\,\Delta\varepsilon \tag{4.181}$$

$$\Delta\varepsilon = (1/2)(\varepsilon_{11}{}^{1/2} - \varepsilon_{22}{}^{1/2})^2 \tag{4.182}$$

서로 다른 비극성 분자 사이의 상호 작용 에너지는 다음과 같이 근사화 될 수 있다.

$$\varepsilon_{12} \approx (\varepsilon_{11} \cdot \varepsilon_{22})^{1/2} \tag{4.183}$$

이에 따라, $\Delta\varepsilon = (1/2)(\varepsilon_{11}{}^{1/2} - \varepsilon_{22}{}^{1/2})^2 \geq 0$의 관계가 성립한다. ΔH_m을 혼합물의 총 부피(V)로 표시하면 다음과 같다.

$$\Delta H_m = V\phi_1\phi_2[(\Delta U_{v,1}/V_1)^{1/2} - (\Delta U_{v,2}/V_2)^{1/2}]^2$$

$$= V\phi_1\phi_2(\delta_1 - \delta_2)^2 \tag{4.184}$$

$$\delta_i = (\Delta U_{v,i}/V_i)^{1/2} \tag{4.185}$$

여기서, V_i는 성분의 몰 부피이고, δ_i는 Hildebrand의 용해도 파라미터라 부른다. Flory-Huggins 이론으로부터 용매 몰당 혼합에 따른 엔탈피 변화는 아래와 같다.

$$\Delta H_m = RT\chi\phi_2 \tag{4.186}$$

이에 따라, 위 관계식들을 결합하면 χ와 용해도 파라미터 사이의 관계는 다음과 같이 얻어진다.

$$\chi = (V_1/RT)\,(\delta_1 - \delta_2)^2 \tag{4.187}$$

위 관계식에서 χ값은 항상 양의 값이 되어야 함을 알 수 있는데, 이는 χ의 기본 개념에서 벗어나므로 Hildebrand 용해도 파라미터(δ) 개념의 한계가 발생한다. 이에 따라, δ 개념은 정규 용액(이상적 혼합이지만 ΔH_m이 0이 아님)에 제한적으로 적용될 수 있고, 분자 사이에 극성 상호 작용이나 수소 결합 상호 작용 등이 있는 경우에는 단순히 δ 개념을 적용하여 고분자의 용해도를 확실히 예측하기가 어렵다. 일반적으로 고분자의 용해도는 다음과 같은 인자들에 의해 영향을 받는다.

i) 특수 상호 작용
ii) 결정화도, 고분자의 몰폴로지
iii) 가교
iv) 온도
v) 용매 분자의 크기나 형태 등

Hildebrand의 용해도 파라미터 개념 이외에, 분자 간 상호 작용을 가지는 경우를 설명할 수 있는 것으로 Hansen의 용해도 파라미터가 있다. Hansen의 용해도 파라미터는 액체의 총 기화 에너지가 몇 개의 성분으로 구성되어 있다는 것에 기반을 두고 있다. 즉, Hansen의 용해도 파라미터는 분자 간 상호 작용으로 다음과 같이 분산력(dispersion forces), 영구 쌍극자 힘, 수소 결합에 의한 힘을 고려하고 있다. 분산력은 London 분산력, 또는 van der Waals 힘이라고도 하는데, 일시적으로 유도되는 쌍극자 사이의 비극성 상호 작용으로서 매우 작은 인력이다. 예를 들어, 포화 지방족 탄화 수소의 경우에는 분산력이 유일한 상호 작용 힘이다. 응집 에너지(E)는 분산, 극성, 수소 결합에 의한 요소(E_d, E_p, E_h)를 고려하여 다음과 같이 표시할 수 있다.

$$E(\text{응집 에너지}) = E_d + E_p + E_h \tag{4.188}$$

$$E/V(\text{응집 에너지 밀도: CED}) = (\mathrm{E}_d/V) + (\mathrm{E}_p/V) + (\mathrm{E}_h/V) \qquad (V\text{: 몰 부피}) \tag{4.189}$$

$$\delta^2 = \delta_d^{\,2} + \delta_p^{\,2} + \delta_h^{\,2} \tag{4.190}$$

위 식의 각 성분에 대한 용해도 파라미터($\delta_d, \delta_p, \delta_h$)는 Hansen의 부분 용해도 파라미터(partial solubility parameter)로서 실험이나 계산에 의해 구해진다. 유사한 부분 용해도 파라미터를 가지는 물질들은 서로 친화성이 높다. 이러한 논리는 Hildebrand 용해도 파라미터의 경우에는 비극성 상호 작용이 있는 물질의 경우에만 제한적으로 적용이 된다. 예를 들어, 에탄올(ethanol)과 니트로메탄(nitromethane)은 Hildebrand 용해도 파라미터가 각기 26.1 $\mathrm{MP_a}$과 25.1 $\mathrm{MP_a}$로 거의 같은 값을 보이지만, 에탄올이 물에 녹는데 비해 니트로메탄은 그렇지 못하다.

일반적으로 용매 분자의 성분 파라미터를 구할 때에는 분산 성분(δ_d)은 이체 동형(homomorph) 방법을 사용한다. 이체 동형은 분자의 크기나 형태는 유사하지만 다른 특성들은 반드시 공통적이지는 않는 분자들로서, 보통 특정 화합물에 대하여 포화 탄화수소 유도체를 적용한다. 즉, 크기나 구조에 있어서 가장 유사한 비극성 분자를 택해 그것의 파라미터 값을 분산 성분으로 적용한다. 용매 분자를 위한 분산 성분의 경우, 주어진 차트(chart) 등을 이용하여 구할 수 있다. 아래 그림 4.33에 대표적으로 선형 탄화 수소의 기화 에너지를 몰 부피와 환산 온도(reduced temperature: 실제 온도를 임계 온도로 나눈 값)의 함수로 나타내었다.

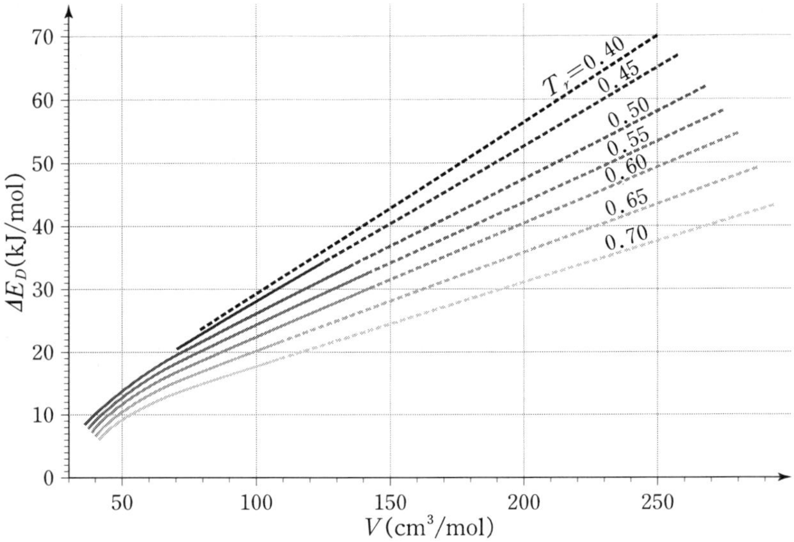

그림 4.33 ❖ 선형 탄화 수소의 환산 온도 및 몰 부피에 따른 기화 에너지

이와 같은 형태의 차트는 사이클로알칸(cycloalkane)이나 방향족 탄화 수소 화합물에 대하여도 문헌에 잘 주어져 있다.

극성 성분(δ_p)은 쌍극자 모멘트(μ)를 측정함으로써 다음 식(SI 단위)을 이용하여 구할 수 있다.

$$\delta_p = 37.4\mu/V^{1/2} \tag{4.191}$$

여기서, V는 용매의 몰 부피이다.

수소 결합 성분(δ_h)은 기화를 위한 총 에너지(E)로부터 분산 에너지와 극성 에너지를 공제한 에너지를 이용하여 구할 수 있다.

이와 달리, 부분 용해도 파라미터는 아래 표 4.4에 나타난 바와 같이 화학 그룹 기여(chemical group contribution)에 의한 계산을 통해서도 구할 수 있다. 이때 화학 그룹 기여라 함은 분자의 응집 에너지가 분자를 구성하는 그룹들의 부가적인 기여에 의해 얻어짐을 말한다.

표 4.4 부분 용해도 파라미터를 위한 화학 그룹의 기여 예(Hoftyzer-Van Krevelen)

Functional Group	F_{di}	F_{pi}	E_{hi}
$-CH_3$	420	0	0
$-CH_2-$	270	0	0
$>CH-$	80	0	0
$>C<$	−70	0	0
$=CH_2$	400	0	0
$=CH-$	200	0	0
$=C<$	70	0	0
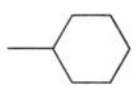	1620	0	0
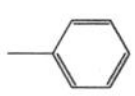	1430	110	0
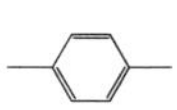 (o.m.p)	1270	110	0
$-F$	(220)	–	–
$-Cl$	450	550	400
$-Br$	(550)	–	–
$-CN$	430	1100	2500
$-OH$	210	500	20000
$-O-$	100	400	3000
$-COH$	470	800	4500
$-CO-$	290	770	2000
$-COOH$	530	420	10000
$-COO-$	390	490	7000
$HCOO-$	530	–	–
$-NH_2$	280	–	8400
$-NH-$	160	210	3100
$-N<$	20	800	5000
$-NO_2$	500	1070	1500
$-S-$	440	–	–
$=PO_4-$	740	1890	13000
ring	190	–	–

$$\delta_d = \frac{\Sigma F_{di}}{V}, \delta_p = \frac{\sqrt{\Sigma F_{pi}^2}}{V}, \delta_h = \sqrt{\frac{\Sigma E_{hi}}{V}}$$

아래 표 4.5에 대표적인 용매와 고분자들에 대한 Hansen의 부분 용해도 파라미터 값들을 나타내었다.

표 4.5 대표적인 용매와 고분자의 Hansen 부분 용해도 파라미터

용매	약어	δ_p	δ_H	$2\delta_D$
Acetone	ACT	10.40	7.00	31.00
Triethyl phosphate	TEP	11.40	9.20	33.40
Cyclopentanone	CPN	11.90	5.20	35.80
N-methyl-2-pyrrolidone	NMP	12.30	7.20	36.00
Chloroacetonitrile	CAN	13.60	2.00	34.80
Dimethyl formamide	DMF	13.70	11.30	34.80
Caprolactone(epsilon)	CAP	15.00	7.40	39.40
Dimethyl sulfoxide	DMSO	16.40	10.20	36.80
2-pyrrolidone	PYR	17.40	11.30	38.80
Ethylene glycol butyl ether	EGBE	5.10	12.30	32.00
Diethylene glycol butyl ether	dEGBE	7.00	10.60	32.00
Cyclopentanol	CPOH	7.60	15.60	36.20
Acetophenone	ATP	8.60	3.70	39.20
Diethylene glycol ethyl ether	dEGEE	9.20	12.20	32.20
Ethylene glycol ethyl ether	EGEE	9.20	14.30	32.40
Dimethyl phthalate	DMPH	10.80	4.90	33.20
Ethylene Glycol	EG	11.00	26.00	34.00
Methanol	MOH	12.30	22.30	30.20
Triethylene glycol	TEG	12.50	18.60	32.00
Hydroxyethyl acrylate	HEA	13.20	13.40	32.00
Propionitrile	PPN	14.30	5.50	30.60
Acetonitrile	ATN	18.00	6.10	30.60
Xylene	XYL	1.00	3.10	35.20
Toluene	TOL	1.40	2.00	36.00
1-decanol	DOH	2.60	10.00	35.00
1-octanol	OOH	3.30	11.90	34.00
1-butanol	BOH	5.70	15.90	32.00
n-butyl methacrylate	BMA	6.40	6.60	31.20
Methyl methacrylate	MMA	6.50	5.40	31.60
1-propanol	POH	6.80	17.40	32.00
lsooctanol	iOOH	7.30	12.90	28.80
Ethanol	EOH	8.80	19.40	31.60
Nitromethane	NM	18.80	5.10	31.60
Decane	DEC	0	0	31.4

고분자	δ_p	δ_d	δ_h
Poly(vinyl chloride), PVC	8.8	18.6	5.8
Polychloroprene, Neoprene	4.3	19.5	3.1
Polyethylene, PE	0.0	17.6	0.0
Poly(isobutylene)	2.5	16.2	4.3
Polypropylene	0.0	18.0	0.0
Nylon 66	5.1	18.2	13.7
Poly(1,4-butadiene)	2.3	17.3	2.6
Polyisoprene	1.1	16.9	0.4
Poly(ethylene terephthalate), PET	7.3	18.2	7.9
Poly(ethyl methacrylate), PEMA	7.8	17.9	3.4
Poly(methacrylic acid)	12.5	17.4	16.0
Poly(methyl methacrylate), PMMA	10.5	18.8	5.7
Poly(acrylonitrile), PAN	15.1	20.0	7.9
Polystyrene, PS	5.9	18.7	3.5
Polysulfone	8.8	18.7	6.1
Poly(vinyl alcohol), PVOH	12.5	17.5	10.0
Poly(vinyl acetate)	11.5	20.9	9.7
Poly(vinyl butyrate), PVB	4.4	18.6	13.0
Poly(vinyl butyral)	9.5	19.1	8.0
Poly(tetrafluoroethylene), PTFE	0.0	14.0	0.0

실질적으로 특정의 고분자를 위한 용매의 선정 작업을 위하여 Hansen이 용해도 구(solubility sphere) 개념을 제안하였다. 이는 기본적으로 시행 착오(trial and error) 방법으로서, 아래 그림 4.34에서와 같이 δ_d, δ_p, δ_h로 구성된 구 공간 내에 모든 양용매(good solvent)들이 존재한다는 것이다. 양용매 또는 빈용매(poor solvent)에 대한 기준은 고분자의 팽윤이나 용해 등의 정도에 따라 임의적으로 정의한다. 우선 δ_d vs δ_p, δ_d vs δ_h, δ_p vs δ_h의 이차원 플롯을 한다. 그리고 나서, 이들 3개의 원 반경이 아래 그림과 같이 하나의 반경으로 최적화될 때까지 조율한다. 이때 얻어지는 반경을 고분자의 '상호 작용 반경(interaction radius: R_0)'이라 부른다.

이는 고분자와 용매 사이에 유리한 상호 작용이 일어날 수 있는 허용 친화력의 범위라고 볼 수 있다. 용매의 용해도 파라미터가 반경 안에 위치하면 양용매가 되고, 반경 바깥에 위치하면 빈용매가 된다.

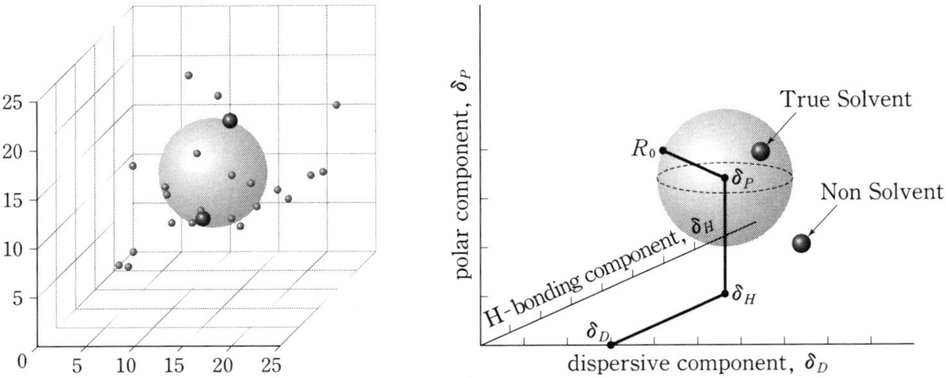

그림 4.34 ❖ 용해도 구(solubility sphere)

위의 상호 작용 반경(R_0)이 얻어진 상태에서, 특정의 용매와 고분자에 대하여 용매의 적절성을 그래픽 처리 없이 단순히 계산적으로 판단할 수 있는 기준으로, 용해도 파라미터 거리(solubility parameter distance: R_a)를 정의하는 Skaarup의 경험식이 있다. 두 분자 사이의 용해도 파라미터 거리는 두 분자 사이의 상용성을 나타내는 지표로서, R_a값이 작을수록 상용성이 커진다.

$$R_a^2 = 4(\delta_{d1} - \delta_{d2})^2 + (\delta_{p1} - \delta_{p2})^2 + (\delta_{h1} - \delta_{h2})^2 \tag{4.192}$$

여기서, δ_{d1}, δ_{p1}, δ_{h1}은 상호 작용 반경을 구하기 위한 용질 구(solute sphere: 고분자 등)의 센터에 해당하는 값으로서 용질의 부분 용해도 파라미터에 해당한다. δ_{d2}, δ_{p2}, δ_{h2}는 관심의 대상이 되는 용매의 부분 용해도 파라미터이다. Skaarup 식의 분산력 항의 계수 4는 그 식이 가급적 구의 형태로 나타나기 위하여 실험적으로 결정된 값이다. 일반적으로 구 좌표의 반경(r)은 직교 좌표와 다음과 같은 관계식을 가진다.

$$r^2 = x^2 + y^2 + z^2 \tag{4.193}$$

이에 따라, 위의 용해도 파라미터 거리(R_a)의 제곱은 용질 구의 중심으로부터의 용매의 용해도 파라미터에 이르기 까지의 3차원적 거리의 제곱과 같은 값을 나타낸다. 즉, R_a는 아래 그림 4.35에서와 같이 Hansen 공간 상에서 용질 구의 중심으로부터 해당 용매까지의 거리를 말한다. 이 값을 위에서 언급한 상호 작용 반경 값과 비교하여 용질의 용해성 여부를 판단하게 된다.

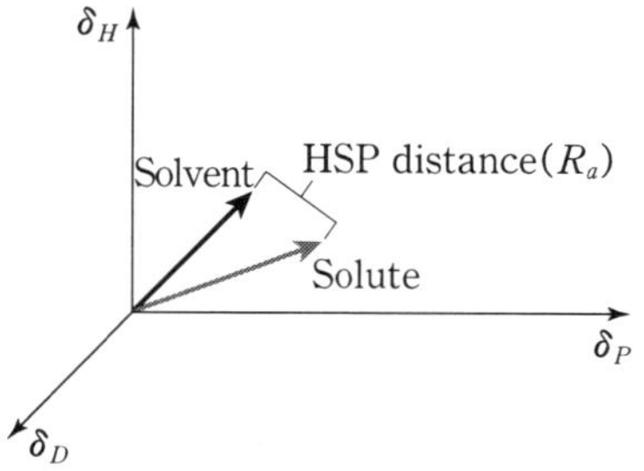

그림 4.35 ❖ Hansen 공간 상에서의 용해도 파라미터 거리(R_a)

아래 그림 4.36에서 R_a/R_o = RED(relative energy difference) > 1이면 우수한 용매가 될수 없고, RED < 1이면 매우 좋은 용해도를 가진 용매가 될 수 있다. 일반적으로 RED 값이 3이상이면 빈용매나 비용매가 된다. 이외에, RED 값은 여러 용매에 대한 탄성체의 팽윤을 비교하거나 기체 센서 등에서도 유용하게 적용된다. RED는 용해도 공간 내에서의 위치를 나타낸다.

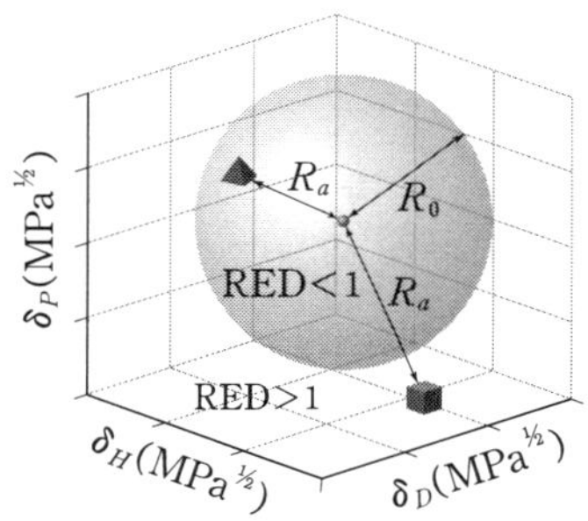

그림 4.36 ❖ RED 값을 통한 용매의 양질성 판단

3차원적으로 망상(network: 네트워크) 구조를 가지는 고분자는 아래 그림 4.37에서와 같이 용매 내에서 평형이 형성될 때까지 팽윤(swelling)을 할 수 있다. 이때 팽윤의 정도는 고분자와 용매 사이의 상호 작용 및 망상 구조에 따라 결정된다.

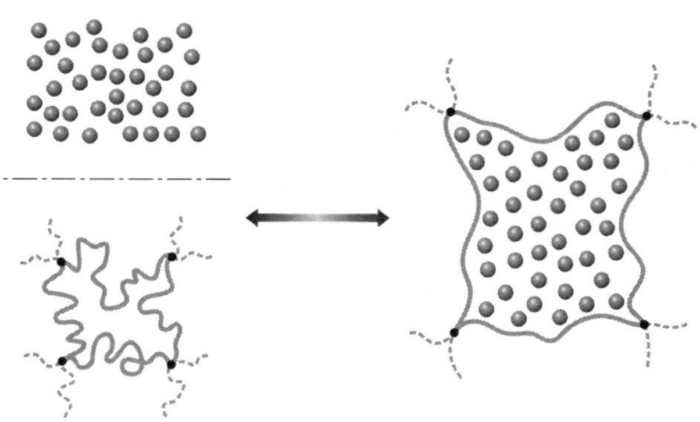

그림 4.37 ❖ 망상 구조를 가진 고분자의 팽윤

평형 팽윤은 삼투압(용매의 침투에 따른 사슬의 팽윤이 야기됨)과 탄성력(사슬의 수축을 야기시킴)이 균형를 이루는 상태에서 이루어진다. 가교된 고분자의 팽윤에 따른 시스템의 총 자유 에너지 변화(ΔG)는 다음과 같이 표시된다.

$$\Delta G = \Delta G_m - \Delta G_{el} \tag{4.194}$$

여기서, ΔG_m은 가교 고분자와 용매의 혼합에 따른 자유 에너지 변화로서 Flory-Huggins 식의 지배를 받으며 다음 식으로 근사화되어 표시할 수 있다.

$$\Delta G_m \approx kT(N_s \ln \phi_s + \chi N_s \phi_p) \tag{4.195}$$

여기서, N_s는 용매 분자의 개수, ϕ_s와 ϕ_p는 각기 팽윤된 고분자 네트워크 내에서의 용매와 고분자의 부피 분율이다. 가교 고분자의 탄성에 의한 자유 에너지 변화(ΔG_{el})는 고무의 탄성에 대한 통계 이론을 이용하여 다음 식으로 표시할 수 있다.

$$\Delta G_{el} = (VnkT/2)[\alpha_x^2 + \alpha_y^2 + \alpha_z^2 - 3 - \ln(\alpha_x \alpha_y \alpha_z)] \tag{4.196}$$

여기서, V는 가교 고분자의 부피, n은 단위 부피당 가교 소사슬(network subchain, 가교점 사이의 사슬에 해당)의 개수, α_i는 3개의 주축 방향으로의 가교 고분자 사슬의 연신비이다. 완전한 등방 가교 사슬의 경우에는 $\alpha_x = \alpha_y = \alpha_z = \alpha$ 조건이 성립하므로 위 관계식이 다음과 같이 더 간단해진다.

$$\Delta G_{el} = (VnkT/2)(3\alpha^2 - 3 - \ln\alpha^3) \tag{4.197}$$

혼합 과정을 통하여 시스템의 총 부피 변화가 거의 없다고 가정하면 가교 고분자의 변형 인자(deformation factor: α^3)는 다음과 같이 표시된다.

$$\alpha^3 = 1/\phi_p = (V_o + N_s v_s)/V_o \tag{4.198}$$

여기서, V_o는 팽윤되지 않은 가교 고분자의 부피, v_s는 용매 분자의 부피이다. 위 관계식들을 이용하여 팽윤된 고분자 내에서의 용매의 화학 포텐셜을 구한 뒤 그 관계식들을 정리하면 다음과 같으며 이를 Flory-Rehner 식이라 부른다.

$$-[\ln(1-\phi_{pe}) + \phi_{pe} + \chi\phi_{pe}^2] = (v_s n_e/V_o)[\phi_{pe}^{1/3} - (\phi_{pe}/2)] \quad \text{(Flory-Rehner 식)} \tag{4.199}$$

여기서, ϕ_{pe}는 평형 상태(팽윤과 탄성이 균형을 이룸)에서의 고분자의 부피 분율이고, n_e는 네트워크 내에 존재하는 유효 사슬의 개수로서 다음 관계를 가진다.

$$n_e = m/\overline{M}_c \tag{4.200}$$

여기서, $\overline{M}_c$는 가교 단위(cross link unit: 가교점 사이의 사슬 단위)당 평균 분자량, m은 팽윤된 고분자의 무게이다. 위 Flory-Rehner 식으로부터 ϕ_{pe}값을 구하면 가교 고분자가 흡수할 수 있는 용매의 양을 계산할 수 있다.

Hansen의 용해도 파라미터는 충분히 정규적인 이론에 의해 유도된 개념이 아니어서 비판의 여지는 있지만, 용해도, 분산, 확산 등 실제 응용 측면에서는 매우 유용한 방법이다. 전통적으로 페인트 산업이나 코팅 산업에서 용매의 선정 등을 위해 흔히 적용되고 있다. 이외에도, 고분자의 상용성(compatibility), 환경적 응력 균열(environmental stress cracking) 예측이나 표면 특성화 및 흡착성, 표면 처리, 제약 산업 등에도 활용될 수 있다. 환경적 응력 균열은 일반적으로 고분자가 액체 화학 물질과 접하고 있을 때 작은 응력에서도 크레이징(crazing) 과정을 촉진시키는데, 주로 고분자의 2차 결합을 붕괴시킴으로써 고분자의 기능 상실(failure)에 상당한 영향을 미친다.

4.11 용액 내에서의 고분자의 마찰 성질

고분자 용액의 대표적인 마찰 성질인 점도는 실제 응용적인 측면에서 매우 중요하다. 현탁 강체 구(suspended rigid sphere)의 묽은 용액의 전단 점도(shear viscosity: η)에 대한 Einstein의 점도식은 다음과 같다.

$$\eta = [1/(1-\phi_2)]\eta_0(1 + 2.5\phi_2 + 4\phi_2^2 + \cdots) \qquad \text{(Einstein 점도식)} \tag{4.201}$$

위 식에서 η_0는 용매의 점도이고, ϕ_2는 용액 내에서의 강체 구의 부피 분율이다.

점도에는 다양한 종류가 있다. 비점도(specific viscosity: η_{sp})는 다음과 같이 정의되며 분율 점도(fractional viscosity)라고도 한다.

$$\eta_{sp} \equiv (\eta - \eta_0)/\eta_0 = 2.5\phi_2 + 4\phi_2^2 + \cdots \tag{4.202}$$

구의 부피 분율을 질량 농도(c_2: g/cm^3)로 바꾸어 표시하면 다음과 같다.

$$\phi_2 = (V_e/M)c_2 \tag{4.203}$$

여기서, V_e는 용질 입자의 몰당 유효 유체역학적 부피(effective molar hydrodynamic volume: 입자에 상응하는 유체역학적 상응 부피)이다. 유효 유체역학적 부피는 고분자 코일이 용액 상태에서 힘을 받아 움직일 때에 가지게 되는 부피로서, 용매와의 상호 작용, 고분자 코일의 분자량 등에 의해 영향을 받는다.

환산 점도(reduced viscosity: η_{re})는 다음과 같이 정의되며 cm^3/g의 단위를 가진다.

$$\begin{aligned} \eta_{re} &\equiv \eta_{sp}/c_2 = a_1(V_e/M) + a_2(V_e/M)^2 c_2 + \cdots \\ &= [\eta] + k'[\eta]^2 c_2 + \cdots \qquad (k' = a_2/a_1\text{: } a_1, a_2\text{는 확장 계수임}) \end{aligned} \tag{4.204}$$

위 식에서 $[\eta]$를 고유 점도(intrinsic viscosity)라 하며 다음과 같이 정의된다.

$$[\eta] \equiv \lim_{c_2 \to 0} (\eta_{sp}/c_2) \tag{4.205}$$

위 관계식으로부터 고유 점도는 환산 점도의 한계치로서, 몰당 유효 유체역학적 부피를 분자량으로 나눈 값(V_e/M)이 됨을 알 수 있다. 즉, 이는 용액 내에서 고분자의 크기(cm^3/g)에 해당한다. 일반적으로 분자량이 클수록 고분자의 크기가 커지는 경향을 가지므로 $[\eta]$는 분자량과도 상관 관계를 가질 수 있다. 이와 더불어, 고유 점도는 고분자 사슬의 형태 및 유연성에 대한 정보도 내포하고 있다.

유연한 고분자 코일이 용매에 의해 팽윤되어 있을 경우, 상응하는 구(equivalent sphere)의 부피가 $\langle r^2 \rangle^{3/2}$에 비례하므로 $[\eta]$는 다음과 같이 표시할 수 있다.

$$[\eta] = V_e/M = \Phi \langle r^2 \rangle^{3/2}/M \qquad (\Phi\text{: 보편 상수, universal constant}) \tag{4.206}$$

$$\langle r^2 \rangle = \alpha^2 \langle r^2 \rangle_0 \tag{4.207}$$

$$[\eta] = [\Phi \langle r^2 \rangle_0^{3/2}/M^{3/2}] M^{1/2} \alpha^3 \tag{4.208}$$

그런데 $\langle r^2 \rangle_0$이 고분자 사슬의 세그멘트 수에 비례(분자량에 비례)하므로, $\langle r^2 \rangle_0/M$은 분자량과는 독립적이게 되어 $[\eta]$는 다음과 같이 표시할 수 있다.

$$[\eta] = K' M^{1/2} \alpha^3 \qquad (K' = [\Phi \langle r^2 \rangle_0^{3/2}/M^{3/2}]\text{: 상수}) \tag{4.209}$$

α 값은 θ-용매의 경우에는 사슬의 확장이 없으므로 1.0이 되고, 양용매에서는 1.0보다 크며 분자량이 커질수록 증가한다.

고분자 코일의 평형 상태에서의 크기는 일련의 유도 과정을 통하여, 삼투압(멤브레인을 통한 용매의 유입을 중지시키기 위해 용액 부분에 가하는 힘, F_{os})과 탄성적 복원력(F_{el})이 균형을 이룰 때에 얻어진다.

$$F_{os} \propto [1/2 - \chi] x^{1/2} / \overline{V}_1 \alpha^4 \qquad (x\text{: 사슬당 단량체 개수, } \overline{V}_1\text{: 용매의 부분 몰 부피}) \tag{4.210}$$

$$F_{el} \propto [\alpha - (1/\alpha)] \quad (4.211)$$

$$즉, (\alpha^5 - \alpha^3) \propto [1/2 - \chi]x^{1/2}/\overline{V}_1 \quad (4.212)$$

위 관계식으로부터 긴 고분자 사슬이 짧은 고분자 사슬보다 θ-조건에서의 크기 이상으로 더 신장됨을 알 수 있다. 양용매에서는 $\alpha > 1$이므로 $\alpha^5 > \alpha^3$이 되어 α^5이 $M^{1/2}$에 비례 (즉 α가 $M^{0.1}$에 비례)하게 된다. 이에 따라 위 관계식을 다음과 같이 표시할 수 있다.

$$[\eta] = KM^a \qquad \text{(Mark-Houwink 식: } K, a\text{는 상수)} \quad (4.213)$$

위 Mark-Houwink 식은 실험적으로도 얻어지는 관계이므로 이를 반경험식이라 부르기도 한다. 위의 Mark-Houwink 식으로부터 Mark-Houwink 지수 상한값이 0.8임을 알 수 있다. K와 a 값이 실험적으로 얻어지면 고유 점도로부터 분자량을 구할 수 있는데, K와 a를 구하기 위해서는 단일 분산 고분자 시료를 사용하여야 한다. 아래 그림 4.38로부터 폴리이소부틸렌(PIB)에 대한 서로 다른 용매 및 온도에서의 Mark-Houwink 상수(K, a)를 구할 수 있다.

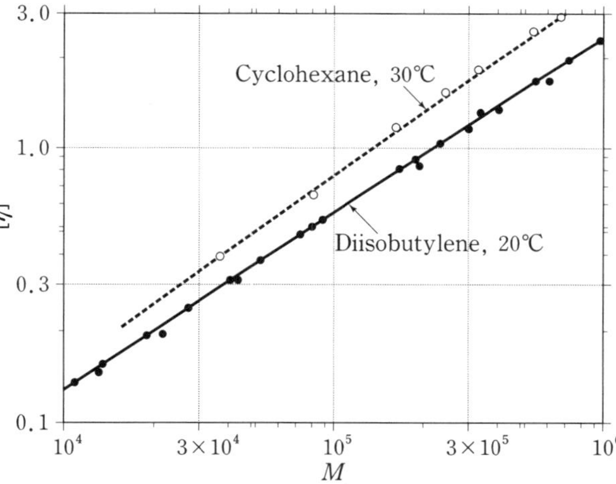

그림 4.38 ❖ 폴리이소부틸렌의 분자량과 고유 점도의 플롯으로부터 Mark-Houwink 상수(K, a)의 결정

위 방법을 이용하여 다양한 고분자에 대하여 특정의 온도에서 얻어진 Mark-Houwink 상수 값들이 아래 표 4.6에 주어져 있다.

표 4.6 대표적 고분자의 주어진 온도에서의 Mark-Houwink 상수 값

Polymer	Solvent	T(°C)	$K \times 10^5$ (dl/g)	a
Polyisobutene	Benzene	40	43	0.60
Polystyrene	Toluene	25	17	0.69
Poly(vinyl alcohol)	Water	25	20	0.76
Poly(vinyl chloride)	Chlorobenzene	30	71.2	0.59
Polyacrylonitrile	Dimethyl formamide	50	30	0.752
Poly(methyl methacrylate)	Chloroform	25	4.8	0.80
Poly(ethylene terephthalate)	m-Cresol	25	0.77	0.95
Poly(ε-caprolactam)	m-Cresol	25	320	0.62

일반적으로 전해질(electrolyte)은 기본적으로 염(salt: 양이온과 음이온으로 구성된 화합물)으로서, 물이나 용매 등에 용해되었을 때 이온으로 해리될 수 있는 물질이다. 이들 이온들은 전해질 용액(electrolyte solution: 단순히 전해질이라 부르기도 함) 내에서 전자가 아닌 이온의 형태로 전기를 흐를 수 있게 한다. 이와 유사하게, 고분자 전해질(polyelectrolyte)은 사슬의 반복 단위에 전해질 그룹(electrolyte group)을 포함하고 있는 고분자를 말한다. 이에 따라, 고분자 전해질을 다중염(polysalt)이라 부르기도 한다.

물이나 강한 극성을 보이는 용매에 고분자 전해질은 해리가 되어 아래 그림 4.39에서와 같이 큰 이온(macroion)을 형성한다.

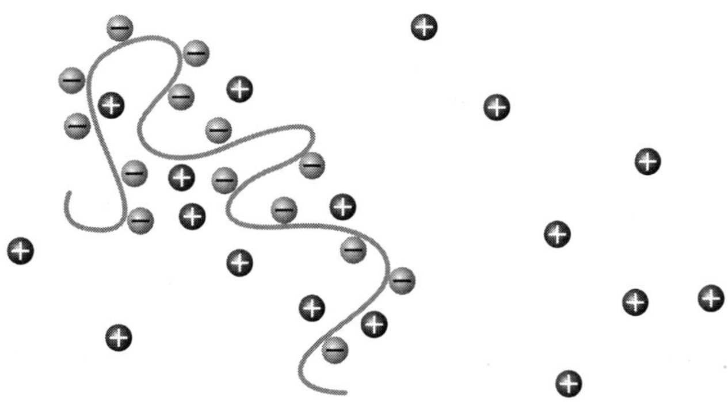

그림 4.39 ❖ 극성 용매에 의한 고분자 전해질의 해리에 따른 유연한 큰 이온의 형성

유연한 큰 이온에 있는 고정 전하들은 서로 반발 작용을 하여 고분자 코일을 팽창시킨다. 이때의 팽창은 고분자 코일의 고무 같은 탄성에 의한 수축력과 반대되는 힘으로 서로 균형을 이루어 평형 상태의 크기를 형성한다. 고분자 코일이 팽창함에 따라 단단한 막대형에 가까운 conformation을 가지게 되어, 유체역학적 부피가 증가함으로써 고

분자 전해질 용액의 점도가 증가하게 된다. 아래 그림 4.40에서 고분자 전해질(폴리메타크릴산: polymethacrylic acid)의 해리도(α) 증가에 따라 고분자 사슬의 회전 반경이 증가하고 있음을 볼 수 있다.

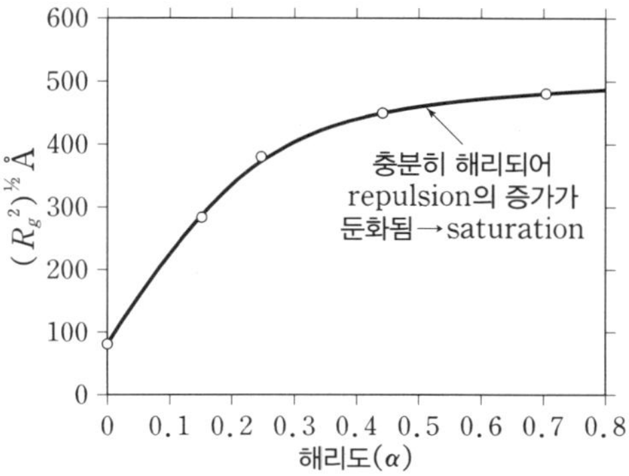

그림 4.40 ❖ 폴리메타크릴산의 해리도에 따른 사슬의 회전 반경의 변화[9]

이때 고분자 전해질 용액에 염을 첨가하게 되면 고분자 전해질에 있는 전하들이 염으로부터 해리된 이온들에 의해 가리워져(screening), 고분자 사슬이 붕괴(collapse)됨으로써 보다 일반적인 conformation으로 되돌아간다. 아래 그림 4.41에서 소량의 염(KBr)이 첨가될 경우, 고분자 전해질의 농도가 감소함에 따라 고분자 전해질 용액의 환산 점도가 급격히 감소함을 볼 수 있다.

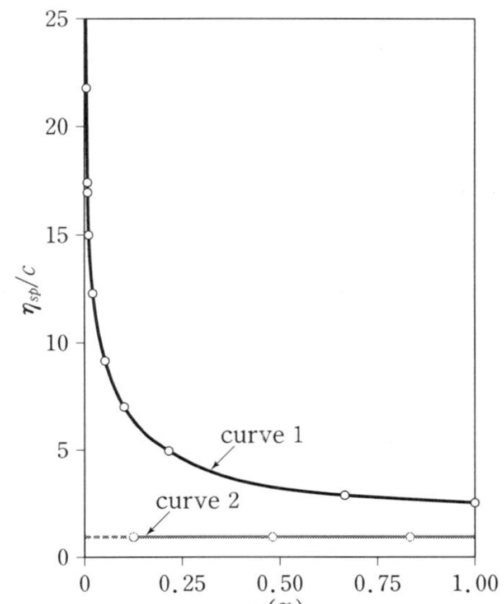

그림 4.41 ❖ 고분자 전해질(poly(n-butyl-4-vinylpyridinium)) 수용액의 염(KBr)의 첨가에 따른 환산 점도의 변화: 곡선 1(순수용액), 곡선 2(0.0335 N KBr) [10]

고분자 전해질은 수용액이나 젤(gel) 상태에서의 물질의 흐름이나 안정성을 개선하는데 매우 유용하다. 예를 들어, 의약품이나 화장품 등에서의 점도 조절제, 수처리(water treatment)에 있어서의 응집제(flocculating agent), 세라믹 슬러리에서의 분산제, 콘크리트 혼합물에서의 가소제, 심지어는 음식물 첨가제 등에 이르기까지 다양한 응용성을 가지고 있다.

'고분자 전해질'이라는 용어는 위와는 약간 다른 의미로 사용되는 경우도 있는데, 그때의 고분자 전해질은 영어로 'polymer electrolyte'라 한다. 이때의 고분자 전해질은 일반적으로 극성의 고분자 매트릭스(matrix)가 염과 복합되어 있는 시스템을 말한다(뒤에 나오는 장에서 자세히 다룸). 이때 고분자 매트릭스는 전해질 용액을 위한 용매 역할을 하게 된다. 이러한 고분자 전해질도 이온의 이동에 의해 전기를 흐르게 할 수 있어, 이차전지, 연료 전지, 슈퍼커패시터, 전기 변색 소자(electrochromic device), 스마트 윈도우, 센서 등 그 응용 범위가 넓다.

참고문헌

[1] K. Kamide, T. Dobashi, *Physical Chemisry of Polymer Solution*, Elsevier (2000)

[2] J.M.G. Cowie, V. Arrighi, *Chap 8 Polymers in Solution, Polymers: Chemistry and Physics of Modern Materials,* CRC Press, Taylor & Francis Group, LLC (2007)

[3] P.C. Hiemenz, *Chap 8 &9 Thermodynamics of Polymer Solution, Frictional Properties of Polymers in Solution, Polymer Chemistry*, Marcell Dekker, Inc (1984)

[4] P.J. Flory, *Principles of Polymer Chemistry*, Cornell University Press (1953)

[5] L.P McMaster, *Macromolecules*, 6, 760 (1973)

[6] G. Zhang, T. Yang, S. Yang, Y. Wang, *Physical Review E*, 96, 032501 (2017)

[7] J.S. Higgins, J.T. Cabral, *Macromolecules*, 53, 4137 (2020)

[8] G.R. Strobl, J.T. Bendler, R.P. Kambour, A.R. Schultz, *Macromolecules*, 19, 2683 (1986)

[9] A. Oath, P. Dorty, *Journal of Physical Chemistry*, 56, 43 (1952)

[10] R.M. Fuoss, *Discussions of The Faraday Society*, 11, 125 (1951)

CHAPTER 5

결정성 고분자

고체 고분자는 크게 보면 일반적으로 무정형(amorphous) 고분자와 결정성(crystalline) 고분자로 나눌 수 있다. 완전한 결정의 고분자(true crystalline polymer)에 있어서 그 원자나 원자 그룹들이 완전히 규칙적인 배열을 가짐에 비해, 결정성 고체 고분자는 대개의 경우에 반결정(semi-crystalline) 구조를 가진다. 이는 고체 고분자의 경우 기본적으로 긴 사슬 분자로 구성되어 있고, 화학적 불균일성(서로 다른 화학 결합들이 존재함)이 크며, 약한 2차 결합(전자의 이동이나 공유에 의해 형성되는 결합이 아닌 결합)으로 구성되어 있어 완벽히 규칙적인 구조를 가지기 어렵기 때문이다. 이에 반해, 금속이나 세라믹은 단순히 원자들로 구성되어 있을 뿐만 아니라, 보다 강한 금속 결합(metallic bond: 금속 양이온과 자유 전자 사이의 결합)이나 이온 결합으로 구성되어 있어 완전 결정성 구조를 가지기 쉽다.

결정성 고체 고분자는 일반적으로 반결정 구조를 가지므로 무정형 영역이 존재하게 되는데, 이 영역에서는 사슬들이 무질서한 conformation을 가진다. 무질서한 사슬 conformation은 사슬의 입체적 배열 순서가 불규칙할 때 자주 발생하며, 이에 따라 결정성 고체 고분자 내에 무정형 영역이 결정 영역 사이에 산재하고 있는 양상을 보인다.

결정 구조는 결정을 형성하는 최소 단위의 블록들로 구성되는데 이를 단위셀(unit cell)이라 부른다. 이들 단위셀들이 3차원적으로 확장되면 결정의 형태가 얻어진다. 결정성 고분자(실제로는 반결정 고분자가 대부분을 차지함)의 경우, 긴 사슬 분자로 이루어져 있으므로 단위셀이 전체 사슬 분자를 포함할 수 없고, 방향에 따라 화학 결합의 정도가 달라지는 특성을 가진다. 무정형 고분자의 경우에는 거의 전 영역이 무질서한 사슬 conformation (실제로는 랜덤 사슬 conformation에 가까움)을 가지므로 물질의 성질이 상당히 균일한 특성을 보인다.

결정성 고체 고분자와 무정형 고체 고분자의 물리적 성질의 차이점을 나타내는 대표적인 것으로 다음을 들 수 있으며, 그 대표적인 특성의 비교 예를 아래 표 5.1에 나타내었다.

i) 방향 의존성 성질

ii) 화학적 내성

iii) 열 저항성, 광학적 선명도(optical clarity)

iv) 기계적 성질: 강성(stiffness), 강도(strength), 인성(toughness) 등

v) 용융 상태에서의 흐름 성질

vi) 내후성(weather resistance)

vii)공정 중의 수축성

표 5.1 결정성 고분자와 무정형 고분자의 대표적 특성 비교

특징적 성질	
결정성	**무정형**
구분 가능한 뾰족한(sharp) 녹는점	넓은 온도범위에서 연화(softening)
불투명 또는 반투명	투명
높은 유기 내화학성	낮은 유기 내화학성
높은 인장 강도와 인장 탄성률	높은 연성(ductility)
높은 피로 저항	높은 인성
높은 크리프(creep) 저항	
높은 밀도	낮은 밀도
높은 성형 수축	낮은 성형 수축

특히 결정성 고분자의 경우, 기계적 성질의 온도 의존성은 무정형 고분자와 크게 대비되는데, 아래 그림 5.1에 대표적으로 그 예를 나타내었다. 현재 상업적으로 이용되고 있는 열가소성 고분자의 절반 이상이 결정성 고분자이므로, 이들의 결정 구조와 물리적 성질에 대한 이해는 매우 중요하다. 폴리카보네이트는 그 분자 구조에 방향족 고리 그룹이 많아 포함되어 있어 사슬의 배열이 어려워 결정화가 되지 못하나, 기계적 물성이 우수하고 투명성이 뛰어난 성질을 가진다.

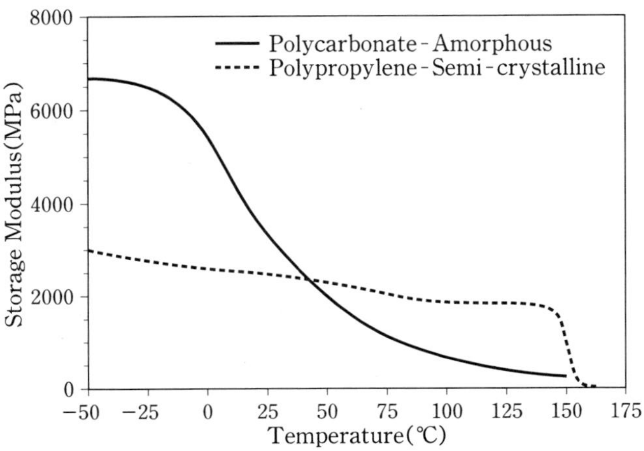

그림 5.1 ❖ 결정성 고분자(폴리프로필렌)와 무정형 고분자(폴리카보네이트)의 온도에 따른 저장 탄성률의 비교

5.1 결정화능(crystallizability)을 위한 최소 요구 사항

기본적으로 고분자 사슬들이 결정화를 이루기 위해서는 우선 사슬의 길이를 따라 규칙적인 반복 단위를 가져야 하고(화학적 규칙성), 이들이 입체화학적으로나 기하학적으로 규칙성을 가지고 곧은 사슬 conformation을 형성할 수 있어야 한다. 이때 기하학적이란 의미는 형태의 윤곽을 뜻한다. 예를 들어, 아래 그림 5.2에 주어진 화학 구조를 가진 폴리에틸렌 테레프탈레이트(polyethylene terephthalate: PET)는 화학적 규칙성과 더불어 기하학적 규칙성도 가지고 있어 결정성 구조를 형성할 수 있다. 폴리에틸렌 테레프탈레이트는 사슬의 반복 단위가 입체화학적 규칙성을 가지지는 않는다.

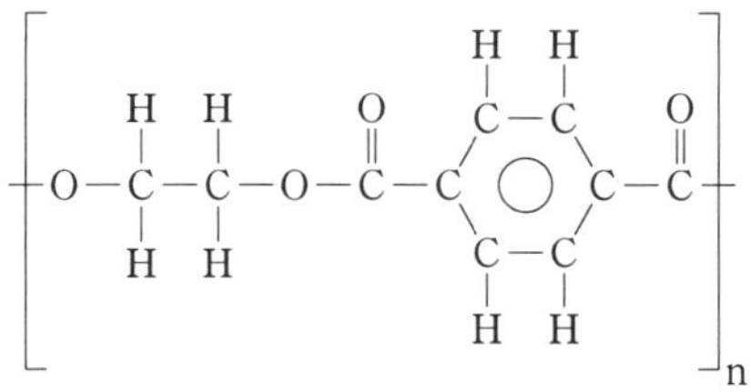

그림 5.2 ❖ 폴리에틸렌 테레프탈레이트의 화학 구조식

즉, 위 폴리에틸렌 테레프탈레이트 고분자는 비록 반복 단위가 길지만, 방향족 그룹을 중심으로 그 바로 주위 그룹들이 회전 대칭성(rotational symmetry: 중심을 축으로 어떤 정도의 회전을 하면 같은 모양을 가짐)을 가지고 있어, 일반적인 전체 모양이 기하학적 대칭성 구조를 형성하여 고분자 사슬이 배열하여 결정성 구조를 형성하려는 성질을 가진다. 이때의 분자 사슬 conformation은 벤젠 링을 평면에 둔 거의 평면상 지그재그 구조를 가진다. 물론 방향족 그룹에 붙어 있는 수소와 이웃하는 다른 사슬의 −C=O− 결합에 있는 산소 사이의 수소 결합이 사슬의 배열을 도와주는 역할도 한다. 고분자 사슬의 밀집 충전(close packing)을 위하여 사슬 골격에 있는 −C−O− 결합이 방향족 그룹 축으로부터 약간 일그러질(distortion) 수 있다. 이런 이유로 실제 PET는 일반적으로 60% 이하의 결정화도를 나타낸다.

비닐 고분자의 경우, 일반적으로 사슬이 머리-꼬리(head-to-tail) 배열을 가지면 화학적 규칙성을 가진다. 비닐 고분자 사슬에서의 공간적인 규칙성은 주로 입체화학적 규칙성에서 나타난다. 이들 입체화학적 규칙성 구조는 병진 대칭(translational symmetry)을 가지는 특성이 있다. 여기서 병진 대칭이라 함은, 아래 그림 5.3에 나타난 바와 같이 사슬의 축 방향으로 1개의 병진 반복 단위(translational repeating unit: 사슬 내에서 병진을 위한 반복 단위) 길이만큼 평행하게 병진시킬 때에 사슬들이 포개어지는 것을 말한다.

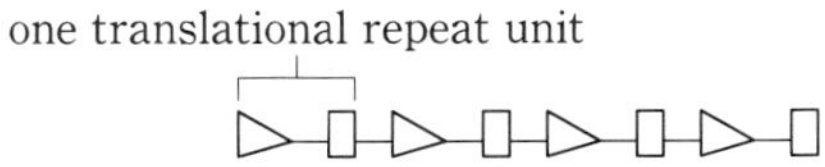

그림 5.3 ❖ 머리-꼬리 배열을 가진 비닐 고분자의 병진 대칭성

나선형 사슬 conformation을 가진 고분자도 병진 대칭성을 가질 수 있다. 아래 그림 5.4에 나선형 사슬의 대표적 예인 폴리테트라플루오르에틸렌(polytetrafluoroethylene: PTFE)의 conformation을 나타내었다.

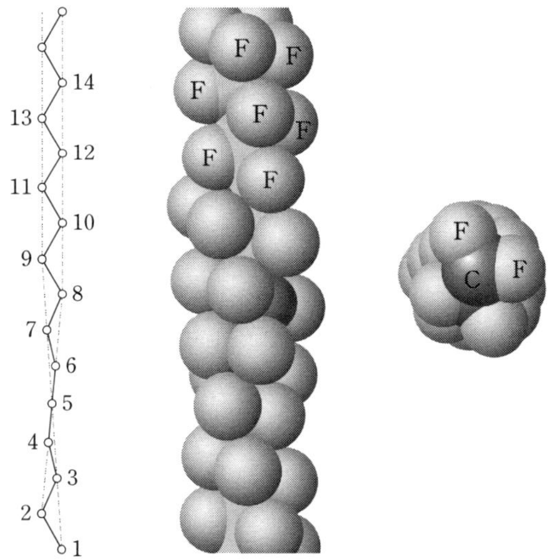

그림 5.4 ❖ 나선형 사슬을 가진 폴리테트라플루오르에틸렌 사슬의 conformation

규칙적인 나선형 사슬 conformation을 나타내기 위하여 나사축(screw axis: 나선 축, 또는 비틀림 축이라고도 함)을 n_k로 표시한다. 여기서, n은 정체 주기(identity period) 당 요소(motif)의 수를 의미하고, k는 정체 주기당 나선이 돌아가는(turn) 횟수를 나타낸다. 정체 주기는 반복되는 나선형 conformation 사이의 가장 짧은 거리이고, 요소(motif)는 물리적 반복 단위이다. 예를 들어, 위의 PTFE에 있어서 화학적 반복 단위는 $-CF_2-CF_2-$이지만 물리적 반복 단위는 $-CF_2-$이다. 위 그림 5.4에 나타난 PTFE는 13_6 나선형 conformation을 가진다. PTFE의 경우에는 비틀림(twist) 정도가 매우 약하므로 1개의 병진 반복 단위가 길어지게 된다.

폴리디엔(polydiene)은 디엔 단량체(diene monomer: 서로 이웃하여 2개의 2중 결합을 가지는 불포화 화합물)의 중합에 의해 얻어지는데, 사슬의 내부 회전을 제한하는 시스 또는 트랜스 conformation을 가지므로 고분자 사슬의 배향에 의한 결정화가 가능하다. 일반적으로 시스 형태가 더 벌키한 구조이므로 트랜스 형태가 결정 구조를 형성하기에 더 용이하다. 아래 그림 5.5에 나타난 바와 같이 1,4-폴리이소프렌(1,4-polyisoprene)의 경우, 시스 형태(천연 고무에 해당: $T_m \sim 28°C$)가 트랜스 형태(gutta percha: $T_m \sim 75°C$, 팔라퀴움이라는 열대 나무에서 나오는 천연 고무) 때보다 용융 온도가 더 낮다.

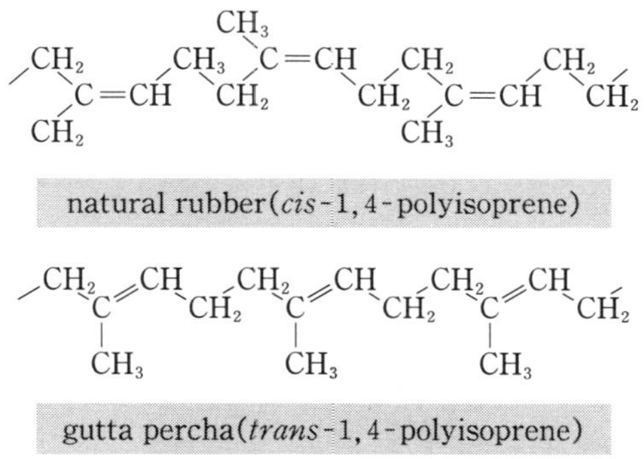

그림 5.5 ❖ 시스 및 트랜스 1,4-폴리이소프렌의 화학 구조식

고분자 사슬의 유연성도 결정화 능력에 영향을 미치는데, 그 대표적인 예로 아래 그림 5.6에 나타난 바와 같은 폴리에틸렌 테레프탈레이트(polyethylene terephthalate: PET)와 폴리부틸렌 테레프탈레이트(polybutylene terephthalate: PBT)를 들 수 있다.

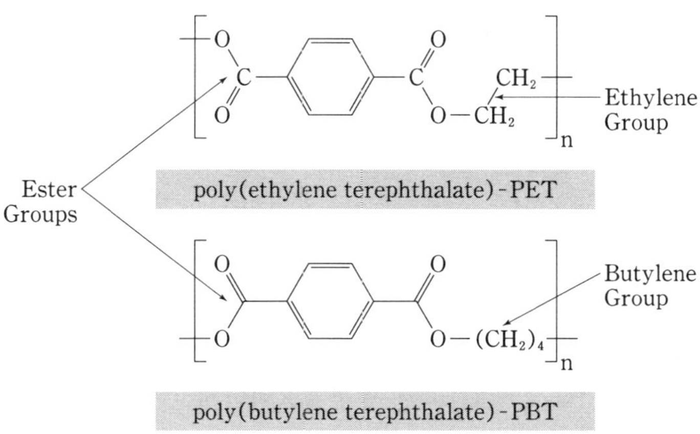

그림 5.6 ❖ 폴리에틸렌 테레프탈레이트와 폴리부틸렌 테레프탈레이트의 구조 비교

PBT가 PET에 비해 사슬 내의 방향족 사이에 더 큰 간격(spacing)을 가져 사슬의 유연성이 높으므로 일반적으로 결정화 속도가 훨씬 더 빠르다. 또, PBT는 PET에 비해 강도 및 강성이 약간 낮은 반면, 충격 저항이 약간 더 우수하고 용융점 및 유리 전이 온도가 약간 더 낮다.

5.2 고분자의 결정화도(crystallinity)

대부분의 결정성 고분자는 완전한 결정 구조를 가지지 못하고 반결정 구조를 가진다. 고분자 내의 결정 영역의 질량 또는 부피 분율을 고분자의 결정화도라 부르는데 대체로 20 ~ 80%의 값을 가진다. 결정성 고분자에 대한 이해를 돕기 위해 2상 모델(two-phase model)을 자주 적용하게 되는데, 아래 그림 5.7에 나타난 바와 같이 고분자가 오로지 완전한 결정 영역과 완전한 비결정(무정형) 영역의 2상으로만 구성되어 있다고 가정하는 것이다. 실제 고분자에서는 완전한 결정도 아니고 완전히 비결정도 아닌 그 중간의 영역(inter-phase)도 존재하고 있는 것을 무시하는 것이다.

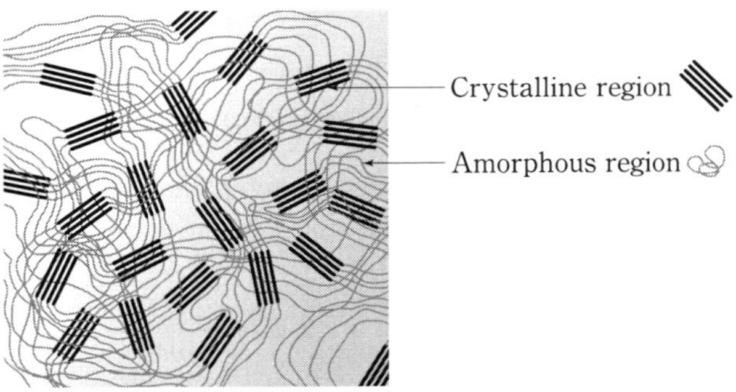

그림 5.7 ❖ 결정성 고분자의 2상 모델

고분자의 결정화도는 물질 자체가 가지는 고유 인자와 외부 환경에 의해 영향을 받는 외적 인자에 의해 결정된다. 고유 인자로는 고분자의 분자량 및 분포, 공단량체의 함량, 고분자 사슬의 결함, 사슬의 규칙성, 사슬의 강직도 등을 들 수 있다. 외적 인자에는 사슬의 신장 방법(사출, 압출, 블로잉, 방사 등), 사슬의 신장율, 결정화 온도, 열 이력(thermal history), 첨가제 등이 있다. 이에 따라, 고분자의 결정화도를 증가시키기 위해서는 다음과 같은 세부적인 요소들을 고려하여야 한다.

i) 규칙적이고 대칭적인 선형 사슬
ii) 낮은 중합도
iii) 분자 사이의 강한 힘
iv) 작고 규칙적인 펜던트 그룹(pendant groups)
v) 낮은 냉각 속도
vi) 분자의 배향성 등

또, 고분자의 결정화도는 아래와 같은 성질에 영향을 미칠 수 있다.

i) 광학적 성질(불투명성, 반사 또는 산란 등)
ii) 전기 및 자기적 성질
iii) 열적 성질(용융 온도 범위, 열전도 등)
iv) 기계적 성질(강성, 강도, 인성 등)
v) 차단 성질(barrier properties)
vi) 용해도 등

위의 성질들은 방향에 따라 달라지는 비등방성인 특징을 가진다.

고분자의 결정화도를 측정하기 위한 방법에는 다음에 나타난 바와 같은 여러가지가 있다.

5.2.1 X-선 회절(X-ray diffraction)[1]

X-선의 파장은 0.1 ~ 수 Å이어서 결정 구조에서의 원자층 간격 크기와 유사하므로 결정의 구조를 확인하거나 해석함에 매우 유리하다. X-선 회절은 고분자의 분자간 정렬과 직접적으로 연관이 있어 결정의 구조를 직접적으로 해석하는 방법이다. 아래 그림 5.8에 폴리에틸렌(PE)의 전형적인 X-선 회절 강도 패턴을 나타내었다. 회절 강도 패턴은 입사된 X-선에 의해 원자 내 전자들로부터 산란된 제2의 전자파들의 간섭에 의한 빛의 세기를 회절각(입사광과 산란광이 이루는 각: 입사각의 2배에 해당)의 함수로 나타낸 것이다. 결정 영역으로부터 얻어지는 강한 피크는 뾰족한(sharp) 모양인데 비하여, 무정형 영역으로부터 얻어지는 피크는 넓은(broad) 형태를 보인다. 넓게 매우 약한 강도로 퍼져있는 패턴은 실험 장비에 기인하는 백그라운드 산란(background scattering: 시료가 아닌 다른 원인에 의한 요구되지 않는 산란)에 의한 것이다. 백그라운드 산란에는 공기에 의한 산란, 윈도우 산란, 감지기에 의한 산란 등을 들 수 있다.

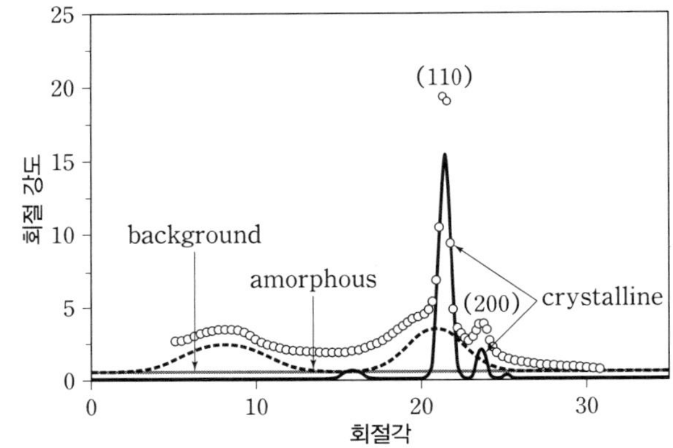

그림 5.8 ❖ 폴리에틸렌의 X-선 회절 강도 패턴(o: 실험으로부터 얻어진 data)

X-선의 회절 강도 패턴으로부터 고분자의 결정화도(X_c)를 결정 영역과 무정형 영역에 해당하는 각 피크 면적(A_{cr}, A_{am})을 이용하여 다음 관계식 5.1에 의해 간단히 구할 수 있다. 이때 결정 영역과 무정형 영역에 관련된 각 피크는 프로파일 맞춤(profile fitting) 과정을 통해 원래의 피크를 분리(resolution)하여 얻어진다. 프로파일 맞춤 과정을 위한 프로그램은 이미 잘 개발되어 있다.

$$X_c = A_{cr}/(A_{cr} + A_{am}) \tag{5.1}$$

5.2.2 시차 주사 열량법(differential scanning calorimetry: DSC)

DSC는 온도의 변화에 따른 재료의 엔탈피 변화(열용량 변화에 해당: 재료를 단위 온도 증가시키는데 필요한 열량의 변화)를 측정함으로써 얻어지는 열적 유도 전이이며, 유리 전이, 결정화, 용융 등에 대한 정보를 제공한다. 아래 그림 5.9에 폴리에틸렌 테레프탈레이트(PET)의 전형적인 DSC 열분석도(thermogram)가 나타나 있다.

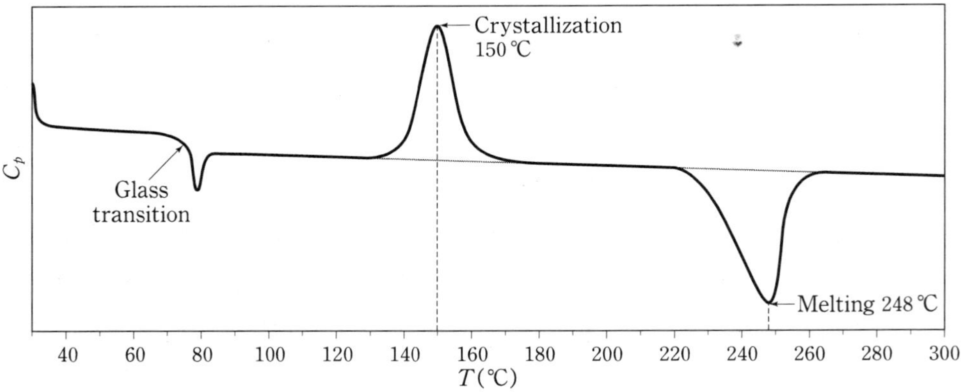

그림 5.9 ❖ 폴리에틸렌 테레프탈레이트의 전형적 열분석도

위 그림 5.9의 약 70~80°C 부근에서 나타나는 범위에서 급격한 열용량(heat capacity: C_p)의 변화 지점은 고분자의 유리 전이 영역에 해당한다. 이후 바로 나타나는 특이한 흡열 피크(바탕선 아래 쪽으로 나타나는 피크)는 유리 전이 후 사슬의 재구성(reorganization)이 시작되는 영역에 해당한다. 이는 많은 경우(특히 느린 가열일 때), 용융 상태에서 급냉된 시료를 재가열하는 과정을 통하여 DSC 측정이 이루어질 때, 일부 시료에 남아 있던 미세 결정들이 용융하여 사슬들이 재구성되는 것이다. 150°C 근처의 발열 피크(바탕선 위쪽에 나타나는 피크)는 결정화 과정에 해당하고, 250°C 근처의 흡열 피크는 용융 과정이다. 위 열분석도를 이용하여 다음과 같이 고분자의 결정화도(X_c)를 구할 수 있다.

$$X_c = \Delta H_f / \Delta H_f^0 \tag{5.2}$$

여기서, ΔH_f는 실제 시료의 용융열이고 ΔH_f^0는 시료가 완벽하게 결정 구조를 가졌을 때의 용융열이다. 피크의 면적(열용량 × 온도)은 엔탈피 변화를 나타낸다. ΔH_f^0는 완벽한 결정 구조를 가진 시료를 제조하기가 매우 어려우므로 그것의 측정이 어려워, 보통 다음과 같은 공중합체의 용융점 강하(melting point depression)에 관련된 관계식을 이용하여 계산한다.

$$(1/T_m) - (1/T_m^0) = (R/\Delta H_f^0) X_B \tag{5.3}$$

위 식에서 T_m은 시료의 용융 온도이고, T_m^0는 평형 상태에서의 용융 온도, X_B는 시료 내에서 결정화를 할 수 없는 공단량체의 몰 분율이다. 아래 그림 5.10에 주어진 바와 같이, 에틸렌-프로필렌 공중합체 시료의 에틸렌 함량(X_B)를 변화시켜가며 용융 온도를 측정한 후 외삽에 의해 T_m^0를 구할 수 있다.

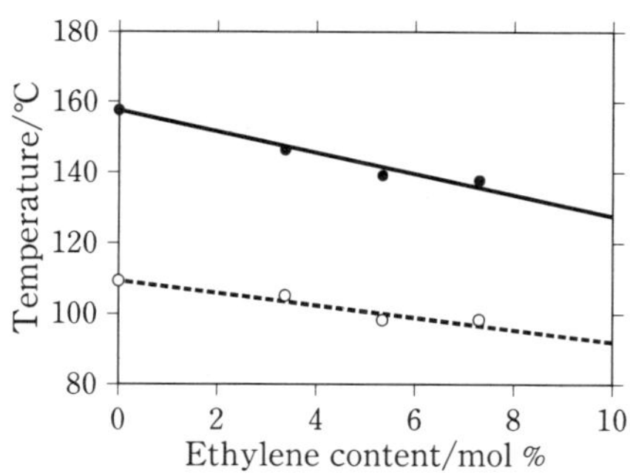

그림 5.10 ❖ 에틸렌-프로필렌 공중합체의 조성에 따른 용융 및 결정화 온도: ●((용융 온도), ○(결정화 온도)[2]

완전한 결정 고분자에 대한 용융열 값이 아래 표 5.2에 참고로 주어져 있다.

표 5.2 완전한 결정 고분자(100% crystalline)의 용융열

Acronym	Name	Repeat unit	Enthalpy (J/g)
PE	Polyethylene	$-CH_2-$	293
PP	Polypropylene	$-CH_2CH(CH_3)-$	207
PB	Polybutene-1	$-CH_2CH(C_2H_5)-$	125
POM	Polymethylenoxide	$-CH_2O-$	326
PEOX	Polyethyleneoxide	$-CH_2CH_2O-$	197
PA6	Polycaprolactam	$-NH(CH_2)_5\,CO-$	230
PA11	Polyundecanolactam	$-NH(CH_2)_{10}CO-$	244
PA12	Polylauryllactam	$-NH(CH_2)_{11}CO-$	245
PA66	Poly(hexamethylene adipamide)	$-NH(CH_2)_6NHCO(CH_2)_4CO-$	226
PA69	Poly(hexamethylene nonanediamide)	$-NH(CH_2)_6NHCO(CH_2)_7CO-$	257
PA610	Poly(hexamethylene sebacamide)	$-NH(CH_2)_6NHCO(CH_2)_8CO-$	254
PA612	Poly(hexamethylene dodecanediamide)	$-NH(CH_2)_6NHCO(CH_2)_{10}CO-$	258
PVOH	Polyvinyl alcohol	$-CH_2CH(OH)-$	161
PET	Polyethylene terephathalate	$-O(CH_2)_2O_2CC_6H_4CO-$	140
PBT	Polybutylene terephathalate	$-O(CH_2)_4O_2CC_6H_4CO-$	145
PVF	Polybutylene fluoride	$-CH_2CH(F)-$	164
PVDF	Polyvinylidene fluoride	$-CH_2CF_2-$	105
	Polytrifluoroethylene	$-CH(F)CF_2-$	66.3
PTFE	Polytetrafluoroethylene	$-CF_2-$	82.0
PVC	Polyvinyl chloride	$-CH_2CH(Cl)-$	176
PCTFE	Polychlorotrifluoroethylene	$-CF_2CF(CL)-$	43.1
PEEK	Polyetheretherketone	$-C_6H_4COC_6H_4OC_6H_4O-$	130

위의 DSC는 엔탈피의 변화를 감지하는 것이므로, 이로부터 얻어지는 결정화도에 관한 정보는 결정 구조의 크기에 직접 연관되는 것이 아닌 간접적인 방법에 의한 것이다.

5.2.3 밀도 측정법

시료 내의 결정 영역과 무정형 영역의 밀도는 서로 다른 값을 가진다. 이에 따라, 시료의 비체적(specific volume: ν_{obs}, cm^3/g)은 결정 영역의 질량 분율(α_m)을 이용하여 다음과 같이 나타낼 수 있다.

$$\nu_{obs} = \alpha_m \nu_{cr} + (1 - \alpha_m)\nu_{am} \tag{5.4}$$

여기서, ν_{cr}, ν_{am}은 각기 시료가 완전한 결정성 상태, 완전한 무정형 상태에서의 비체적이다.

$$\begin{aligned} \alpha_m &= (\nu_{am} - \nu_{obs})/(\nu_{am} - \nu_{cr}) \\ &= [(1/\rho_{am}) - (1/\rho_{obs})]/[(1/\rho_{am}) - (1/\rho_{cr})] \end{aligned} \tag{5.5}$$

완전히 무정형 구조인 영역의 밀도(ρ_{am})는 시료를 용융 상태에서 급냉 후 측정할 수 있고, 완전한 결정 구조를 가진 시료는 제조하기가 매우 어려우므로, 대개의 경우 완전한 결정 영역의 밀도(ρ_{cr})는 결정 구조로부터 이론적 계산에 의하여 얻어진다. 대표적인 고분자들의 ρ_{am} 및 ρ_{cr} 값이 아래 표 5.3에 나타나 있다.

표 5.3 대표적인 고분자의 완전한 무정형 상태에서의 밀도(ρ_{am}) 및 완전한 결정 상태에서의 밀도(ρ_{cr})

Polymer	Density(g/cm^3)		
	Crystalline ρ_{cr}	Amorphous ρ_{am}	$\rho_{cr} - \rho_{am}$
Poly(ethylene)	1.00	0.852	0.148
it-Poly(propylene)	0.937	0.854	0.083
it-Poly(sryrene)	1.111	1.054	0.057
Poly(vinyl alcohol)	1.345	1.269	0.076
Poly(ethylene terephthalate)	1.455	1.335	0.120
Bisphenol A-polycarbonate	1.30	1.20	0.10
Nylon 66(α modification)	1.220	1.069	0.151
trans-1,4-poly(butadiene)	1.020	0.926	0.094

밀도 측정법도 결정화도를 구하기 위한 간접적인 방법에 해당한다.

5.2.4 적외선 분광법(infrared spectroscopy: IR spectroscopy)

IR 분광법도 결정화도를 구하기 위한 간접적인 방법이다. 시료의 결정 영역과 무정형 영역의 사슬 conformation이 다르므로 IR 광선을 시료에 조사할 경우에 흡수대(absorption band)가 다르게 나타난다. 아래 그림 5.11에 반결정 고분자인 나일론 66의 IR 스펙트럼과 아래 표 5.4에 각 피크 밴드에 해당하는 진동 모드를 나타내었다.

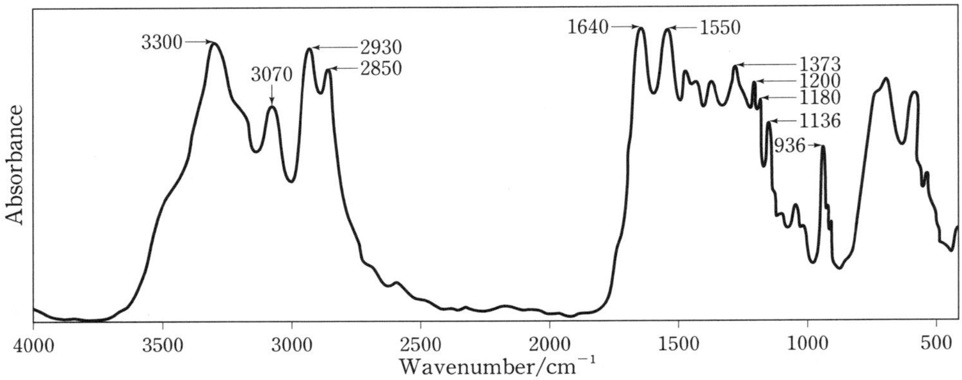

그림 5.11 ❖ nylon 66 필름(240°C에서 어닐링함)의 FTIR 스펙트럼[3]

표 5.4 nylon 66 필름의 FTIR 밴드 지정(band assignment)[3]

Band Position/cm^{-1}	Assignments
3444	N-H stretch-free
3300	N-H stretch H-bonded
3070	N-H overtone
2930	Asymmetric CH_2 stretch
2860	Symmetric CH_2 stretch
1640	C = O stretch
1550	N-H bend
1478	CH_2 scissoring
1373	CH_2 wagging
1200	CH_2 twist-wagging
1180	CH_2 wagging
1136	C-C stretching
936	CO-NH in-plane
924	CO-NH in-plane

위 스펙트럼의 결정 성분과 무정형 성분을 구분하기 위하여, 동일한 나일론 66 시료를 온도에 따른 결정화(매 경우 30분간 어닐링 함)를 유도한 후 얻어진 IR 스펙트럼이 아래 그림 5.12에 주어져 있다. 이때, 결정 영역에 관련된 IR 흡수는 결정화 온도의 증가에 따라 증가하는 반면, 무정형 영역에 관련된 IR 흡수는 결정화 온도의 증가에 따라 감소할 것이다. 이는 결정화 온도가 클수록 결정화도가 커지는 경향 때문이다.

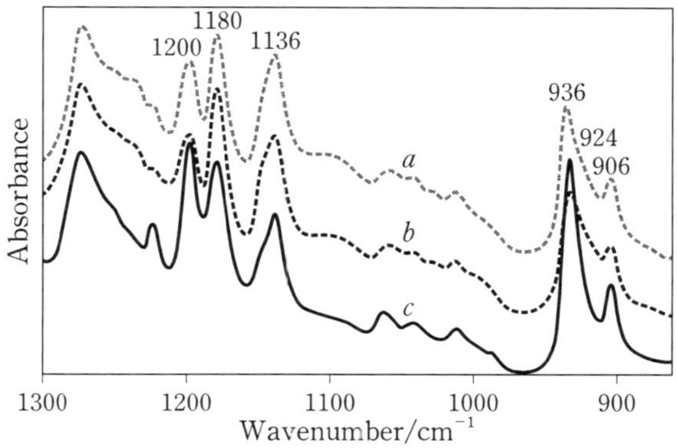

그림 5.12 ❖ nylon 66의 어닐링 온도에 따른 FTIR 스펙트럼: (a) 40°C, (b) 120°C, (c) 240°C [3]

결정 영역에 해당하는 밴드는 일반적으로 무정형 영역에 해당하는 밴드보다 뾰족하게 나타난다. 이는 무정형 영역에서는 여러 종류의 사슬 conformation이 가능하기 때문이다. 이에 따라, 위 스펙트럼에서 936 cm^{-1}(−CO−NH의 평면 내 진동 모드)와 1200 cm^{-1}(−CH_2 twist-wag 진동 모드)에서 나타나는 밴드는 결정 영역에 의한 것이고, 924 cm^{-1}(−CO−NH의 평면 내 진동 모드)와 1136 cm^{-1}(C−C 신장 진동 모드) 밴드는 무정형 영역에서 기인함을 알 수 있다.

IR 분광법에 있어서 흡수도(absorbance: A)는 다음과 같이 정의된다.

$$A \equiv \log(I_0/I) = abc \tag{5.6}$$

여기서, I_0는 입사광선의 강도, I는 투과 광선의 강도이다. 또, a는 흡수 계수(absorption coefficient, 또는 absorptivity), b는 시편의 두께, c는 시료의 농도를 뜻한다. 시료 고분자 내의 특성 그룹에 대하여 흡수도는 결정화도(X_{ir})를 이용하여 다음과 같이 표시할 수 있다.

$$A_{am} = (1 - X_{ir})A_{am}{}^0 \tag{5.7}$$

$$A_{cr} = X_{ir}A_{cr}{}^0 \tag{5.8}$$

여기서, $A_{am}{}^0$와 $A_{cr}{}^0$는 각기 완전한 결정성 시료와 완전한 무정형 시료의 흡수도이다.

$$X_{ir} = D/[D + (A_{cr}{}^0/A_{am}{}^0)] \qquad (D = A_{cr}/A_{am}) \tag{5.9}$$

위의 D값은 두께가 다른 여러 개의 시료를 사용할 경우, 시료의 두께 영향을 제거할 수 있게 한다. A_{cr}^0/A_{am}^0값은 밀도 측정 등 다른 실험 방법으로 결정화도를 구한 뒤 이를 이용하여 구할 수 있다. 주어진 고분자 시료의 종류에 대하여 한번 이 값이 얻어지면, 같은 종류의 여러 개의 시료에 대하여 단순히 D값만 측정하면 손쉽게 X_{ir}값들을 구할 수 있다. 이런 특징으로 인해, 산업체 등에서 같은 종류의 고분자 시료에 대하여 반복적으로 결정화도를 측정할 때에 매우 유리한 방법이다. 이 방법을 이용하여 얻어진 고분자들의 대표적인 결정화도 값이 아래 표 5.5에 나타나 있다.

표 5.5 대표적 고분자의 개략적 결정화도

Polymer	Crystallinity(%)
Polyethylene(LDPE)	60-80
Polyethylene(HDPE)	80-93
Polypropylene(Fibre)	55-60
Nylon 6(Fibre)	55-60
Terylene(Polyester fibre)	55-60
Cellulose(Cotton fibre)	65-70
Regenerated cellulose(Viscose rayon fibre)	35-40
Gutta Percha	50-60
Natural rubber(Crystallized)	20-30

5.3 X-선 회절 및 전자 회절에 의한 결정 구조의 분석

회절(diffraction)은 빛이 장애물(obstacle)을 만났을때 그 물체 주위에서 굽어지는(bending) 물리적 현상이다. 이때 부가적으로 빛은 간섭현상을 일으킨다. X-선(빛의 한 종류) 회절은 X-선과 결정과의 물리적 상호 작용에 의한 현상으로 근본적인 과정은 산란(scattering)이다. 빛의 산란은 입사 광선과 물질이 상호 작용하여 빛을 흡수한 후 에너지를 여러 방향으로 재방사(reemission)하는 과정이다. 결정체를 통한 X-선의 산란을 특별히 X-선 회절이라 부르는 것은 산란 과정이 상호 간섭에 의해 특정의 방향으로 이루어지기 때문이다. 이에 비해, 빛의 굴절(refraction)은 빛이 서로 다른 매질을 통과할 때에 굽어지는 현상이다.

입사된 X-선은 결정체(원자 평면 사이의 거리가 입사된 빛의 파장과 같은 자릿수의 크기를 가짐)를 이루는 원자 내의 전자들과 상호 작용을 하게 되는데, 이때 전자들은 전자파인 X-선이 전기장을 가지고 있어 진동을 하게 된다. 이에 따라, 진동하는 전자가 제2의 전자파 진원으로서 X-선은 모든 방향으로 산란을 하게 되는데, 이때 산란이 결이 같은(coherent: 두개의 파동 사이에 위상 차가 일정함) 과정을 거치면 이를 X-선 회절이라 한다. 이들 제2의 산란된 전자파들은 대부분 상쇄 간섭을 하지만 부분적으로 보강 간섭을 할 수 있다. 이들 보강 간섭이 X-선 회절 패턴을 형성한다.

아래 그림 5.13에서와 같이 결정체의 원자 평면에 각 θ로 입사된 광선은 근원적으로는 산란에 의한 회절 현상을 야기 하지만, 원자 평면이 작은 거울과 같은 역할을 할 수 있어 반사(reflection) 현상이 일어날 수 있다. X-선의 반사는 원천적으로 회절현상인데, 특별히 원자 평면의 표면에서 일어나는 현상을 말한다. 일반적으로 빛이 물질의 표면에 입사되면 반사와 회절이 서로 다른 확률을 가지고 동시에 일어난다. 반사 현상은 빛이 물질의 표면에 입사되었을 때 튕기어 나오는(bounce-off) 것이다. 이 경우, 빛의 반사 법칙에 의거 입사 광선이 그 진행에 있어서 가장 짧은 경로를 유지하기 위하여 입사각과 같은 각도(θ)로 반사를 한다. 회절각은 입사광과 회절 광선이 이루는 각으로서 2θ에 해당한다.

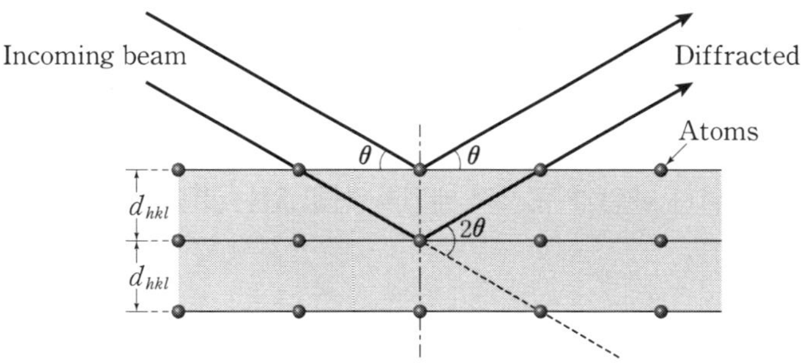

그림 5.13 ❖ 결정체의 원자 평면에 입사된 광선의 회절

위 그림에 나타난 바와 같이, 원자 평면에서 반사되는 광선 사이의 보강 간섭이 일어나는 조건은 결정 내의 원자 평면 사이의 거리가 d일 경우, 다음과 같은 Bragg 법칙에 의해 설명이 된다.

$$n\lambda = 2d \sin\theta \tag{5.10}$$

여기서, n은 정수 값을 가지며 결정 구조 내에서 다양한 입사 광선 사이에 일어나는 보강 간섭을 설명한다. n값이 클수록 보강 간섭의 세기가 약해진다.

결정체 내에서의 원자나 분자 또는 이온들의 3차원적인 정렬을 결정 격자(crystal lattice)라고 한다. 결정 격자의 가장 작은 반복 단위가 단위셀로서 전체 결정의 3차원적 패턴을 보여준다. 즉, 단위셀은 평행 육면체(parallelopipe: 6개의 면으로 구성되며 모든 면이 평행 사변형임)의 부피를 가진 최소 단위가 된다. 단위셀은 기하학적으로 다양한 형태 및 크기를 가질 수 있으므로 이를 규정하기 위하여 격자 파라미터(lattice parameter: 격자 상수라고도 함)를 사용한다. 아래 그림 5.14에서와 같이, 단위셀의 모서리에서 두 점 사이의 거리(a, b, c)를 격자 파라미터라고 정의하며, 이들 축을 결정축(crystallographic axis)이라 하고 벡터($\boldsymbol{a}, \boldsymbol{b}, \boldsymbol{c}$)로 표시한다. 이들 결정축이 이루는 각($\alpha, \beta, \gamma$)도 결정 파라미터에 포함된다.

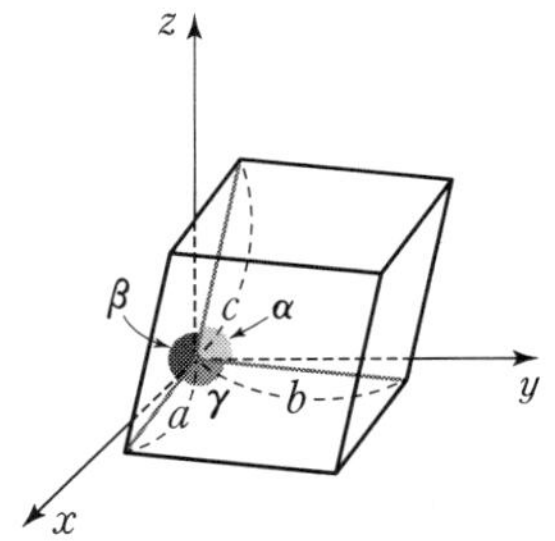

그림 5.14 ❖ 단위셀의 격자 파라미터($a, b, c, \alpha, \beta, \gamma$)

단위셀을 구성하는 원자 평면(atomic plane)들의 배향을 규정하기 위하여 아래 그림 5.15에서와 같이 Miller 지수를 이용하는데, 이는 각 원자 평면들이 결정축과 만나는 절편의 역수(reciprocal)를 취한 값으로서, 아래 그림 5.15와 같이 3개의 정수(hkl)로 나타낸다. 원자 평면은 원자 단위가 규칙적 배열을 하고 있는 평면으로서, X-선을 회절시키는 능력을 가지고 있다.

예	a	b	c
1. 절편	1/2	1	3/4
2. 역수	1/(½)	1/1	1/(¾)
3. 환산(reduction)	2	1	4/3
4. Miller 지수 (634)	6	3	4

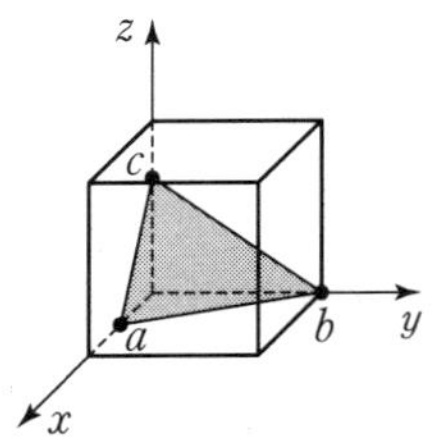

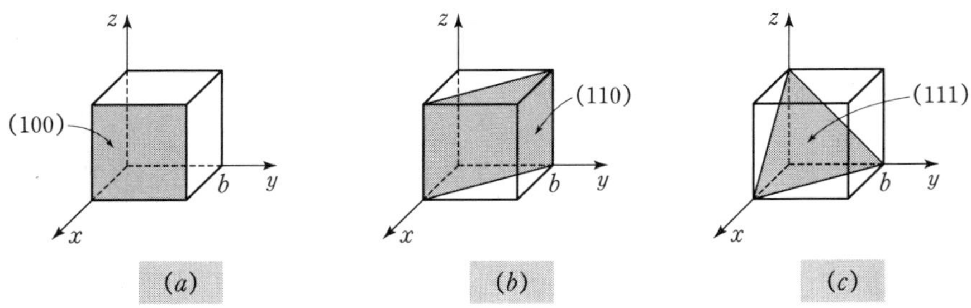

그림 5.15 ❖ 단위셀의 배향을 규정하기 위한 Miller 지수(hkl)

위 Miller 지수를 이용하여 격자 파라미터와 바로 이웃하는 원자 평면 사이의 거리(d)에 대한 관계식은 단위셀의 형태에 따라 아래 그림 5.16에 의거하여 다음과 같이 얻어진다. 주어진 결정 시스템에서, 같은 (hkl) 값에 대해서도 바로 이웃하여 평행하는 원자 평면(hkl) 사이의 거리는 단위셀의 크기에 따라 달라진다. 즉, 바로 이웃하여 평행하는 원자 평면 사이의 거리(d_{hkl})는 단위셀의 기하학적 함수가 된다.

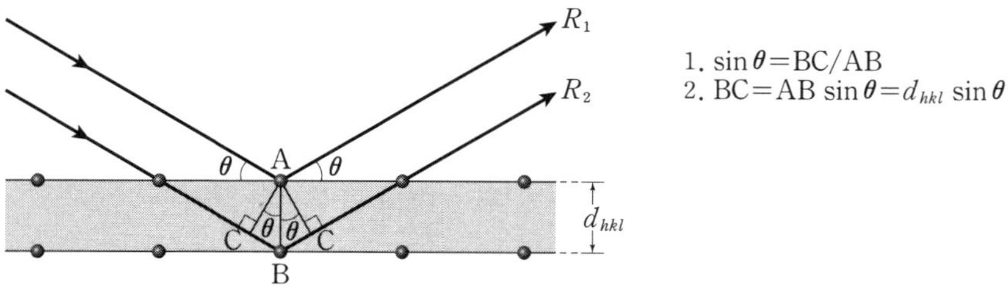

그림 5.16 ❖ 바로 이웃하여 평행하는 원자 평면 사이의 거리(d_{hkl})

입방정계(cubic system): $1/{d_{hkl}}^2 = (h^2 + k^2 + l^2)/a^2$ (5.11)

정방정계(tetragonal system): $1/{d_{hkl}}^2 = (h^2 + k^2)/a^2 + (l^2/c^2)$ (5.12)

사방정계(orthorhombic system): $1/{d_{hkl}}^2 = (h^2/a^2) + (k^2/b^2) + (l^2/c^2)$ (5.13)

단사정계(monoclinic system): $1/{d_{hkl}}^2 = 1/a^2 - h^2/\sin^2\beta + k^2/b^2 + l^2/c^2 \sin^2\beta$
$- 2hl \cos\beta/ac \sin^2\beta$ (5.14)

여기서, 단사정계 시스템의 β각은 아래 그림 5.17에 나타난 바와 같다.

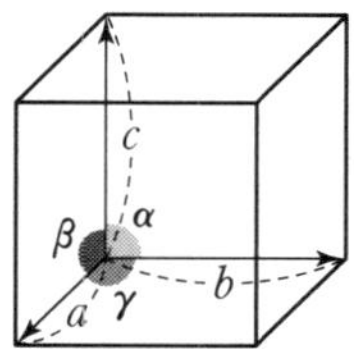

그림 5.17 ❖ 단사정계 시스템의 β각($\alpha = \gamma = 90^\circ \neq \beta$)

앞에서 주어진 Bragg 식을 다시 정리하면 다음과 같은 형태로 표시할 수 있다.

$$\sin\theta = (n\lambda/2)(1/d) \quad (5.15)$$

여기서, $\sin\theta$와 $(1/d)$를 직접 연관시키면 역격자(reciprocal lattice) 개념을 도출할 수 있다. 결정 격자는 고체 결정을 구성하는 원자나 이온, 또는 분자들의 3차원 구조적 배열을 공간 상에서 점으로 나타낸 것이다. 아래 그림 5.18에서와 같이, 실제 격자(real lattice 또는 direct lattice)의 원점에서 각 격자 평면에 수직 방향으로 ($1/d_{hkl}$) 만큼의 길이로 선을 그어 생기는 점(point)들이 역격자를 형성하게 되는데, 이들이 결정의 회절 패턴을 나타낸다(식 5.15와 그림 5.16 참조). 실제 격자의 원점에서 격자 평면까지의 거리를 나타내려면 원점에서 격자 평면에 수직 방향으로 선을 그어야 역격자에 해당하는 위치가 결정된다. 다시 말하면, 실제 격자에서의 각 평면이 역격자에서는 점으로 나타나게 되며, 역격자에서의 두점 사이의 거리는 실제 격자의 해당 원자 평면 사이의 거리의 역수가 된다. 이때 역격자의 점들이 실제 격자의 평면으로부터 유도되었기 때문에 역격자에서의 지수(index)도 Miller 지수에 상응하게 된다. 현미경이 실제 구조의 미세 이미지를 보여주듯이, X-선 회절 패턴(sin θ로 대변됨)은 바로 결정체의 역격자 그림($1/d$로 대변됨)이 된다. Miller 지수는 역격자의 기본 벡터의 선형 결합을 위한 계수 역할을 한다.

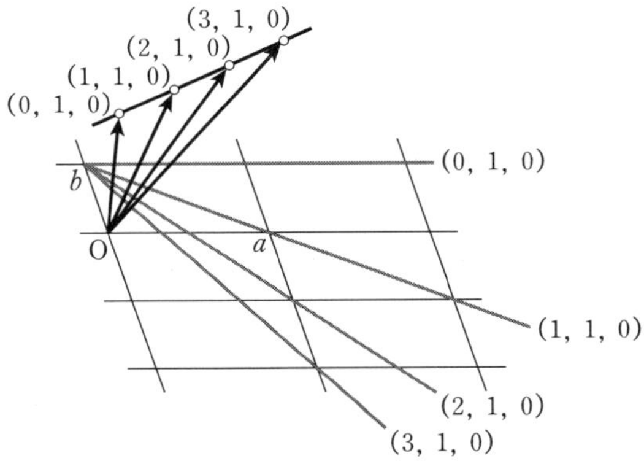

그림 5.18 ❖ 결정의 역격자 생성 방법

X-선 회절 기법 중 일반적으로 분말 회절법이 많이 사용되고 있다. 분말 회절법에서는 아주 미세한 분말 상태의 시료를 사용하므로 시료의 제조가 간편하지만, 시료 내의 미세 결정들이 랜덤하게 배향을 하고 있어 피크 분포가 넓어지는 경향을 띠게 되어 구조의 확인이 단결정 회절법(single crystal diffraction method)에 비해 복잡해질 수 있다. 분말 회절법을 통한 회절 패턴은 회절 탐지기(diffractometer)나 감광성 필름을 사용하여 기록이 될 수 있다. 아래 그림 5.19에 분말 시료를 사용하여 회절 탐지기를 통해 회절 패턴이 얻어질 수 있는 구도(scheme)를 나타내고 있는데, 회절 강도의 변화를 회절각인 2θ를 기준으로 측정한다. 이 기법은 단위셀의 크기나 격자 형태를 결정함에 매우 중요하다.

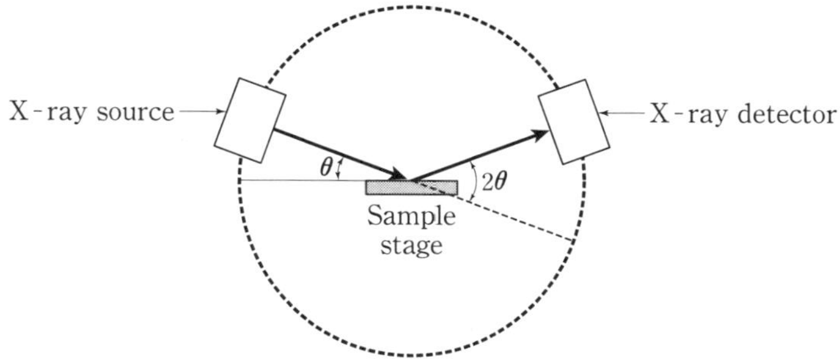

그림 5.19 ❖ 분말 시료를 사용하여 회절 탐지기를 통해 회절 패턴이 얻어지는 구도

단위셀과 약간 다른 개념으로서 기본셀(primitive cell, 또는 primitive unit cell)이 있는데, 이는 단위셀의 모서리(edge: 면 사이에서 형성되는 선)에 있는 격자점으로만 구성이 되는 셀로서, 단위셀의 가장 작은 가능한 그룹으로 단위셀의 형태를 나타낸다. 이들로는 다음과 같은 7가지 유형이 존재한다. 결정성 물질을 이와 같은 기본셀을 기초로 구분하는 방법을 결정 시스템이라 한다.

i) 입방정계(cubic system)
ii) 정방정계(tetragonal system)
iii) 육방정계(hexagonal system)
iv) 삼방정계(trigonal system)
v) 사방정계(orthorhombic system)
vi) 단사정계(monoclinic system)
vii) 삼사정계(triclinic system)

이들 결정 시스템의 기본셀에 센터링(centering: 모서리에 더하여 추가적으로 기본셀 가운데에 격자점이 존재함)을 추가로 고려한 것을 Bravis 격자라 부르는데, 이에는 아래 표 5.6에서와 같이 단순형(simple: *P*), base-ceneterd(*C*), body-centered(또는 volume centered)(*I*), face-centered(*F*) 타입을 기초로하여 형성되는 14가지가 있다.

표 5.6 Bravis 격자(14 가지)

Bravis lattice	Parameters	Simple(P)	Body centered(I)	Base centered(C)	Face centered(F)
Triclinic	$a_1 \neq a_2 \neq a_3$ $\alpha_{12} \neq \alpha_{23} \neq \alpha_{31}$				
Monoclinic	$a_1 \neq a_2 \neq a_3$ $\alpha_{23} = \alpha_{31} = 90^\circ$ $\alpha_{12} \neq 90^\circ$				
Orthorhombic	$a_1 \neq a_2 \neq a_3$ $\alpha_{12} = \alpha_{23} = \alpha_{31} = 90^\circ$	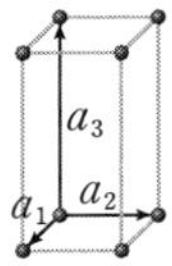			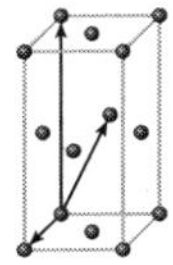
Tetragonal	$a_1 = a_2 \neq a_3$ $\alpha_{12} = \alpha_{23} = \alpha_{31} = 90^\circ$				
Trigonal (Rhombohedral)	$a_1 = a_2 = a_3$ $\alpha_{12} = \alpha_{23} = \alpha_{31} \neq 90^\circ$				
Cubic	$a_1 = a_2 = a_3$ $\alpha_{12} = \alpha_{23} = \alpha_{31} = 90^\circ$				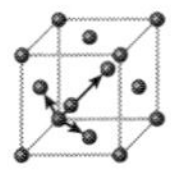
Hexagonal	$a_1 = a_2 \neq a_3$ $\alpha_{12} = 120^\circ$ $\alpha_{23} = \alpha_{31} = 90^\circ$	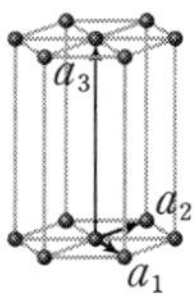			

이들 Bravis 격자들이 결정의 전체적인 대칭성을 가지고 있는 원자들의 가장 작은 그룹으로서 단위셀이 되며, 전체 격자는 단위셀의 3차원적 반복 확장에 의해 이루어진다. 이와 같은 단위셀의 다양한 형태는 이들 구조들이 안정한 형태가 될 수 있는 최소 포텐셜 에너지를 가질 수 있는 것에 기인한다.

결정에 있어서 그 구조의 대칭성은 매우 중요하다. 왜냐하면, 그 구조의 대칭성으로부터 원자들의 배열을 유추할 수 있기 때문이다. 이들 원자들의 배열은 결정의 물리 및 화학적 성질은 물론, 물질의 물리, 화학적 성질에 바로 영향을 미치므로 결정의 대칭성에 대한 검토는 유기, 또는 무기물이나 고분자 등의 결정성 물질의 분자 설계나 제품 개발에 큰 도움을 줄 수 있다.

결정의 대칭성은 결정 구조의 다양한 요소들을 하나의 통일된 형태로 만들어 준다. 이들 통일된 형태를 표시하기 위한 수단으로 동일한 대칭 성격을 가진 그룹을 정의한다. 단위셀의 전체적인 대칭성을 대표하기 위하여 공간군(space group)이 있다. 이는 분자들이 모여 배열할 때에 형성되는 결정 구조의 대칭성을 나타내는 대칭군(symmetry group)으로서, 결정이 공간을 통하여 특정 축이나 평면을 기준으로 병진, 회전, 반사, 나사(screw), 반전(inversion), 미끄러짐(glide) 등에 의해 반복적으로 이동되더라도 결정의 근본 구조를 변화시키지 않는 대칭성이다. 아래 그림 5.20에 얼음 결정(ice crystal)의 공간군을 그 예로 나타내었다.

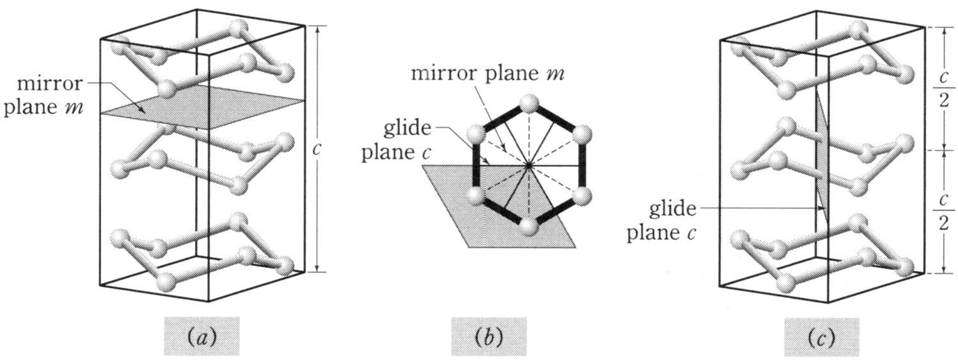

그림 5.20 ❖ 얼음 결정의 공간군(●: 산소 원자)

얼음 결정은 기본적으로 물 분자들이 수소 결합에 의해 육방정계의 구조를 가지고 있으며(주름진 산소 sheet의 거울 image가 서로 위에 놓이는 구조로 생각할 수 있음), 이들 분자들의 배열에 있어서 공간적으로 대칭성을 가지는데 거울 평면 대칭과 미끄러짐 평면 대칭이 주축을 이룬다. 여기서, 미끄러짐 평면 대칭은 아래 그림 5.21에서와 같이 반사와 병진이 결합된 대칭성(transflection)이다.

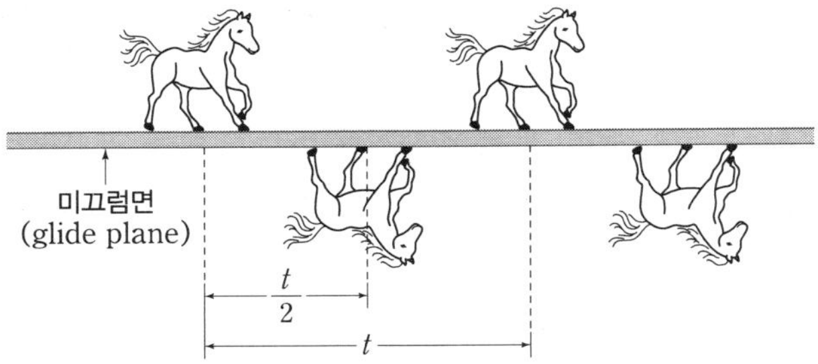

그림 5.21 ❖ 미끄러짐 대칭(반사와 병진이 결합됨)

이에 비해, 점군(point group)은 분자가 공간적으로 고정된 상태에서 가지는 분자 자체의 대칭성을 나타낸다. 예를 들어 CHClBrCHClBr(1,2-dibromo-1,2-dichloroethane) 분자의 경우, 아래 그림 5.22에서와 같이 오로지 반전 대칭성만을 가진다. 이와 달리, $H_2C = CClBr$(1-bromo-1-chloroethylene) 분자의 경우에는 아래 그림에 보인 것처럼 평면 분자이므로 분자를 2개로 절단하는 오로지 1개의 거울 평면 대칭성을 가진다. 반전 대칭성은 분자 내의 각 원자들을 반전 센터(inversion center)를 통과하는 직선을 따라 반전 센터로부터 반대 편으로 같은 거리만큼 이동하였을 때 공간 구조의 변화가 없는 대칭을 말한다.

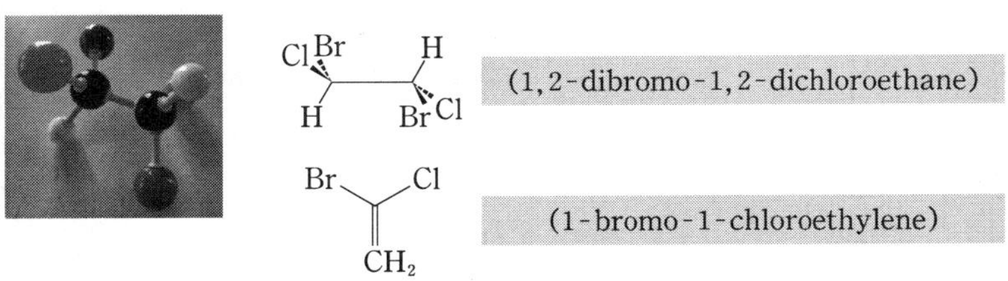

그림 5.22 ❖ 1,2-dibromo-1,2-dichloroethane (반전 대칭성), 1-bromo-1-chloroethylene (거울 평면 대칭성)

위에서 언급한 공간군은 점군의 결합으로 이루어진다. 점군의 종류는 7개의 결정 시스템의 회전, 반사, 반전에 의해 32가지가 존재하므로, 이에 나사(screw), 미끄러짐(glide)을 함께 고려하면 공간군은 230개가 존재한다.

아래 그림 5.23에 위의 탐지기 기법을 이용하여 얻어진 분말 상태의 폴리에틸렌에 대한 X-선 회절 패턴을 나타내었다.

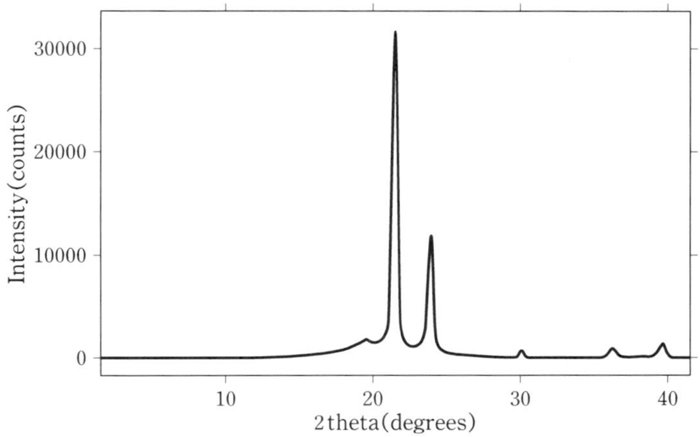

그림 5.23 ❖ 분말 상태의 폴리에틸렌의 X-선 회절 패턴: $2\theta = 10 \sim 30^{\circ}$의 넓은 밴드는 무정형 성분의 존재를 나타냄[4]

위 그림 5.23의 특정의 회절각에서 얻어진 피크들은 어떤 특정의 원자 평면(*hkl*)으로부터 얻어지는 것들이다. 이를 확인하기 위하여, 앞에서 주어진 관계식(단위셀의 형태에 따른 원자 평면들 사이의 거리와 원자 평면의 Miller 지수 및 단위셀의 크기에 대한 관계식)을 다시 살펴보면, 우선 단위셀의 구조(형태 및 크기)를 결정하는 것이 필요함을 알 수 있다. 관찰된 회절각(2θ)으로부터 우선 각 원자 평면에 대하여 평면 사이의 거리를 계산할 수 있지만, 이들이 구체적으로 어떤 원자 평면(*hkl*)에 관한 것인지는 알 수 없다. 왜냐하면, 원자 평면 사이의 거리는 단위셀의 기하학적 구조의 함수이기 때문이다. 이에 따라, 데이터 베이스에 있는 회절 피크들과 측정된 피크들의 위치 비교 및 피크 지수(index: h, k, l)를 바탕으로, 단위셀의 기하학적 구조에 대한 모델 구조(격자 상수 및 공간군이 포함된 Bravis 격자 정보)를 추정하게 된다.

또, 단위셀 내에 존재하는 원자의 수는 단위셀의 형태와 크기, 시료의 화학적 조성과 밀도로부터 계산할 수 있다. 단위셀의 부피는 셀 파라미터로부터 계산이 가능하고, 이로부터 시료의 밀도를 이용하여 단위셀의 무게를 계산함으로써 단위셀 내의 원자의 개수를 구할 수 있다. 마지막으로, 단위셀 내의 원자의 위치는 아래에 설명하는 원리에 의해 회절 피크들의 상대적 강도로부터 유추할 수 있게 된다.

피크 세기(또는 강도라고도 함)는 전체 결정을 구성하는 원자의 종류와 점유율 및 이들이 차지하는 위치에 의하여 영향을 받는다. 원자의 종류에 따라 피크의 강도가 달라지는 것은 전자의 분포가 달라져 산란에 영향을 미치기 때문이다. 특정의 (*hkl*) 평면으로부터 야기되는 회절 강도(I_{hkl})는 다음과 같이 표시할 수 있다.

$$I_{hkl} \propto |F_{hkl}|^2 \tag{5.16}$$

$$F_{hkl} = \Sigma f_j \exp[2\pi i(hx_j + ky_j + lz_j)] \tag{5.17}$$

여기서, F_{hkl}은 단위셀 내의 모든 원자들이 (hkl) 평면에서 회절 피크를 형성하기 위한 산란 결과의 합을 나타내는 구조 인자(structure factor)이고, x_j, y_j, z_j는 각 원자의 위치, f_j는 각 원자에 있는 전자들의 산란 효율로서 원자 주위의 전자 수에 해당한다.

오래 전에는 이들 작업이 매우 복잡하고 시간이 많이 소요되는 시행 착오 과정이었으나, 지금은 search-match 알고리즘 등을 이용한 컴퓨터 프로그램이 잘 개발되어, 수십 년 동안 누적되어온 데이터 베이스를 활용하여 주어진 결정 시료의 단위셀 구조를 비교적 쉽게 유추할 수 있다. 컴퓨터 프로그램 패키지가 완전 자동은 아니고 상당한 추정과 모사(simulation)가 포함되어 있다.

우선, 컴퓨터 프로그램의 피크 보정 프로 파일(peak fitting profile)을 통하여 피크의 위치 확인을 한다. 이때 피크 보정 작업은 피크의 강도, 최대 피크 세기의 절반 세기에서의 전체 너비(full width at half maximum), 회절각 등의 파라미터를 이용하여 곡선 함수(profile function)를 구하는 것이다. 이를 위해 회절 패턴에 있어서 가급적 넓은 범위의 회절각에 대한 피크 위치를 측정하는 것이 필요하다. 이후, search-match 알고리즘을 실행하여 다수의 참고 피크 패턴들을 검색하고, 이들에 대한 매칭 우수성 평가를 후보 별로 순차적으로 진행을 하여 마지막 단계 보정을 위한 최종 후보 구조를 결정한다. 이때 평가 기준은 측정된 구조 인자와 계산된 구조 인자 값 차이를 최소화하는 것이다. 최종 후보에 대한 마지막 보정 작업 단계에서는 보정 파라미터로서 원자 위치 및 점유도, 열적 인자(원자의 열적 운동에 의한 원자의 산란 효과 변화), 피크의 형태 인자, 기기 인자 등을 이용하여 최적의 보정이 이루어질때까지 위의 최종 후보 구조를 보정한다. 이와 같은 보정 방법들을 Rietveld 보정이라 한다.

미세 결정의 크기가 작을수록 랜덤 배향성이 커져 피크의 폭은 넓어지는데, 그 폭은 일반적으로 미세 결정의 크기에 반비례하고, 피크의 모양은 격자 비틀림(lattice distortion), 구조적 무질서, 또는 기기 등에 의해 영향을 받는다.

위 그림 5.23에서 보이는 분말 상태의 폴리에틸렌의 X-선 회절 패턴을 분석한 결과에 의하면, 회절각이 21.7°에서 나타나는 피크는 기본셀이 사방정계인 결정의 (110) 원자 평면에 해당하고, 24°에서 나타나는 피크는 (200) 원자 평면에 해당한다. 뿐만 아니라, 폴리에틸렌 단위셀의 공간군은 Pnma로 나타난다. 이 표기에서 P는 기본셀(primitive: 단위셀 내에 센터링 원자가 없는 경우)을 나타내고, n, m, a는 (a, b, c)의 각 축에 대한 대칭성을 나타낸다. 즉, n은 a축의 수직에 대해 대각선 방향(net direction: n)의 미끄러짐 평면이 존재하고, b축의 수직에 대해 거울 평면(mirror plane: m)이 존재하며, c축의 수직으로 축 방향의 미끄러짐 평면(axial glide plane: a)이 존재함을 의미한다. 이로부터 폴리에틸렌의 단위셀의 구조는 아래 그림 5.24와 같음을 유추할 수 있다.

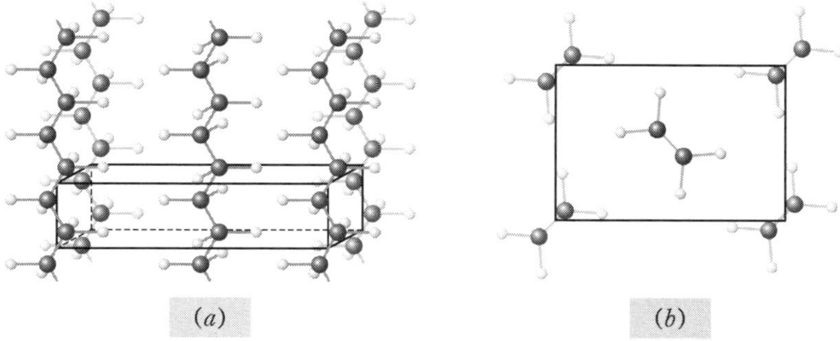

그림 5.24 ❖ 폴리에틸렌의 단위셀 구조: (a) 단위셀의 전체도(general view), (b) 단위셀을 사슬축에 평행하게 투영함

위 폴리에틸렌의 단위셀은 4개의 $-CH_2$ 그룹을 포함하고 있으며, 이들은 모두 트랜스 사슬로서 서로 평행이다. 또, 사방정계 단위셀의 지그재그(zigzag) 사슬들이 이루는 평면들은 2개의 서로 다른 배향을 보이고 있다. 위 그림 5.24(b)에서 단위셀을 c축을 따라 평면에 투영한 것으로 배향을 잘 보여주고 있다. 이에 따라, 폴리에틸렌 단위셀(사방정계)의 셀 파라미터는 다음과 같다.

$$a = 7.418\ \text{Å} \qquad b = 4.946\ \text{Å} \qquad c = 2.546\ \text{Å} \qquad \alpha = \beta = \gamma = 90^\circ$$

폴리에틸렌 사슬의 수소 원자들 사이의 상호 작용이 아래 그림 5.25에서와 같이 단위셀에서의 분자 사슬의 세팅각(setting angle)을 결정한다. 세팅각(θ)은 지그재그 사슬과 단위셀의 b축이 이루는 각으로서 사슬의 배향을 나타낼 수 있는데 폴리에틸렌의 경우 그 값이 약 41°이다. 이때 세팅각은 라멜라 결정의 표면에서의 사슬 접힘이나 결정 격자의 불완전성(imperfection), 미세 결정의 두께 등에 의해 영향을 받는다.

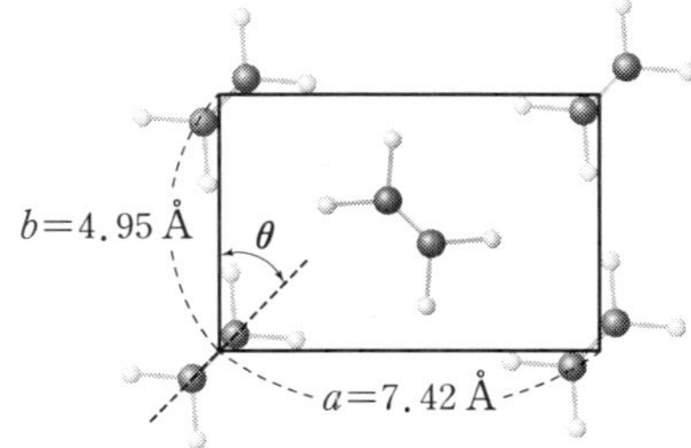

그림 5.25 ❖ 폴리에틸렌 사슬의 세팅각: 4.5 K에서 (001) 면에 투영[5]

단위셀의 구조를 결정하기 위해서는 전자 회절 패턴을 이용할 수도 있다. 일반적으로 전자 회절에 사용되는 단결정 시료들은 크기가 너무 작아(나노 스케일), 파장이 짧은 전자 빔(electron beam)을 이용하는 것이 유용할 수 있다.

전자 회절은 X-선 회절과는 기본적으로 물질 원자 내의 전자에 의한 산란 현상에 기인하는 것은 같지만, 산란의 결과는 서로 다르게 나타난다. 이는 전자 빔과 X-선의 파장이 서로 다르기 때문인데, 전자 빔의 파장이 X-선보다 훨씬 작다. 이에 따라, X-선은 원자 평면에서 전자 밀도에 의해 반사 현상(강한 산란 효과에 해당)을 겪게 되고, 전자 빔은 산란광의 간섭 효과를 발생한다. 즉, 원자 내의 전자는 산란체(scatterer) 역할을 하며, 산란된 전자 빔은 결정의 격자들이 회절 격자 역할을 함으로써 산란광이 보강 간섭을 할 수 있다. 이로 인해 아래 그림 5.26에서와 같이 단결정일 경우, 광학 필름 상에서 회절점(diffraction spot)으로 나타난다. 이때는, 특수한 형태의 카메라(Debye Scherer camera: 원통형 카메라)와 광학 필름을 이용하여 회절 패턴을 얻는다.

아래 그림 5.26에 나타난 전자 회절 스폿 패턴(spot pattern)은 분자량 1000의 짧은 길이를 가진 폴리에틸렌을 따뜻한(warm) n-헥산 용액에서 성장시켜 얻은 얇은 결정에 대한 것이다. 무정형 헤일로(amorphous halo: 무정형 구조에서 야기되는 달무리 같은 이미지)가 보이지 않는 것으로 미루어 볼 때, 아래 회절 패턴은 단결정으로부터 얻어짐을 알 수 있다.

그림 5.26 ❖ 폴리에틸렌(분자량 1000) 단결정의 전자 회절 스폿 패턴(hk0 평면)[6]

이때 가운데 있는 밝은 스폿은 단결정 내를 통과한 전자 빔의 세기에 해당하고, 이로부터 떨어져 있는 작은 스폿들은 각 원자 평면으로부터 얻어진 패턴이며, 이들 스폿과 가운데 스폿 사이의 거리(R)가 아래 식 (5.18)로 주어지며, 이는 원자 평면 사이 거리(d_{hkl})의 역수에 비례한다.

$$Rd_{hkl} = L\lambda \tag{5.18}$$

여기서, L은 시료와 스크린 사이의 거리이며, λ는 전자 빔의 파장이고, 이들 두 값을 곱한 것($L\lambda$)을 카메라 상수(camera constant)라고 한다.

전자 회절 스폿 패턴의 Miller 지수 매김은 시료에 조사되는 전자 빔의 배향(orientation: 특정 반사 평면에 해당, 예를 들면 011 평면 등)이 알려진 상태에서 출발한다. 이를 토대로 회절 스폿들의 원자 평면에 해당하는 Miller 지수는, 이들이 정수라는 전제 조건으로 조사된(irradiated) 전자 빔의 배향을 바탕으로, 단순한 벡터 부가(vector addition)에 의하여 추정을 하게 된다. 이들 작업을 위한 컴퓨터 프로그램 패키지가 잘 개발되어 있다. 물론, X-선 회절 때와 마찬가지로 컴퓨터 프로그램 패키지가 완전 자동은 아니고 상당한 추정과 모사가 포함되어 있다. 이로부터 얻어진 회절 패턴과 측정된 회절 패턴을 비교함으로써 단위셀의 최종 구조를 결정한다. 이때 얻어진 결과가 X-선 회절 결과 때와 마찬가지로 폴리에틸렌의 단위셀이 사방정계임을 보여준다.

전자 빔이 기본적으로 X-선보다 물질과 훨씬 더 강하게 상호 작용을 하므로 작은 결정 등의 시료에 더 민감한 특성을 가지는 등의 장점이 있으나, 아직 전자 빔이나 시료의 조율(manipulation), 카메라의 속도(전자 빔의 조사량 조절), 데이터의 분석 처리 과정 등이 복잡하고 관련 데이터가 충분히 누적되어 있지 않는 것 등의 문제로, 전자 회절 기법을 사용할 시에는 유의해야 할 사항이 많으나 그 기법이 꾸준히 개선되고 있다.

X-선 섬유 회절 기법은 고분자 사슬의 conformation과 정렬(order)을 조사하는데 매우 유용하다. 이를 위해 아래 그림 5.27에 나타난 바와 같이, 시료를 섬유축(fiber axis)을 중심으로 하여 회전시켜 회절 패턴을 얻는다.

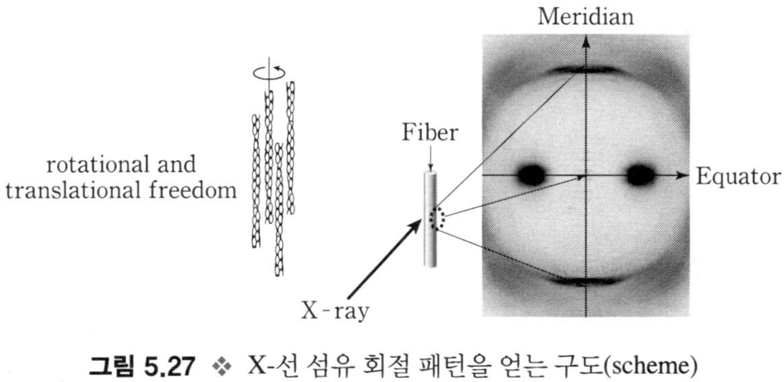

그림 5.27 ❖ X-선 섬유 회절 패턴을 얻는 구도(scheme)

이상적인 섬유 회절 패턴은 중앙 대칭적(centrosymmetric: 중심점을 가진 대칭성) 특성을 가지므로 아래 그림 5.28에서와 같이 4분면 대칭(4-quadrant symmetry)을 보여준다. 섬유축을 자오선(meridian)이라 하고 그에 수직인 방향을 적도(equator)라 부른다.

회절 패턴은 적도에 거의 평행하게 선들로 나타난다. 섬유 대칭의 경우, 단결정에서보다 훨씬 많은 평면 반사(회절)가 일어난다. 이 회절들은 적도를 따라 거의 평행하게 나타나는데 필름이 원형(circular) 상태임을 감안하면 휘어진 층간 선(layer lines)들은 직선 형태를 갖출 것이다. 자오선 상에 나타난 회절 패턴은 (00ℓ) 평면에서 회절된 것이다.

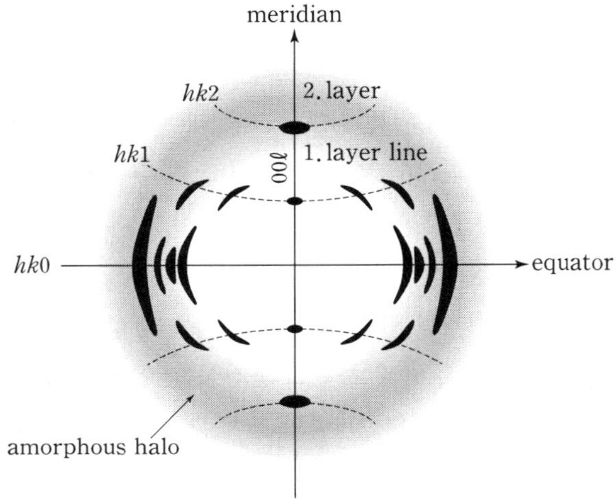

그림 5.28 ❖ X-선 섬유 회절 패턴의 자오선과 적도

X-선 섬유 회절 기법을 이용함으로써 생체 고분자인 DNA가 아래와 같은 이중 가닥(double-strand)의 나선 구조를 가짐을 밝히는데 결정적 역할을 하였다. 아래 그림 5.29에 나타난 이중 가닥 구조의 DNA(물과 염의 존재 하)에 대한 섬유 회절 패턴으로부터, DNA 분자는 약 34 Å의 거리 간격(p: pitch에 해당)으로 정기적으로 휘어지고(twist) 있음을 알 수 있다.

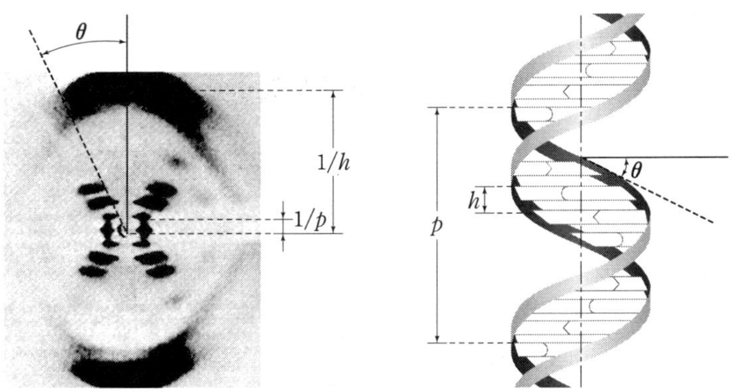

그림 5.29 ❖ DNA의 X-선 섬유 회절 패턴[7, 8]: θ(tilt of helix), h(distance between bases)

고분자 섬유의 대표적인 예로서 이소탁틱 폴리프로필렌 섬유를 들 수 있는데, 이의 X-선 섬유 회절 패턴을 아래 그림 5.30에 나타내었다.

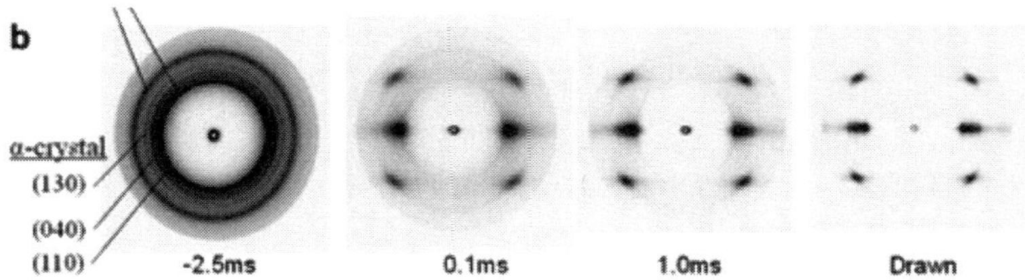

그림 5.30 ❖ 이소탁틱 폴리프로필렌 섬유의 시간에 따른(구조 발전 과정에 해당) X-선 회절 패턴[9]

이소탁틱 폴리프로필렌은 일반적으로 α-단사정계(monoclinic) 형태가 가장 안정한 구조를 가지는 결정성 고분자이다. 위의 섬유 회절 패턴은 이소탁틱 폴리프로필렌의 연신 과정의 구조 발전 과정을 실제 상황에서 분석(in-situ analysis)한 것이다. 위에 나타난 경과 시간은 섬유의 네킹(necking) 전후를 기준으로 한 연신 시간이다. 즉, −2.5 ms(milisecond)는 네킹 전의 연신되지 않은 상태를 나타낸다. 네킹 바로 직후의 회절 패턴이 자오선이 아닌 적도에 집중되어 있는 것은, 고분자 사슬들이 연신 방향을 따라 배향하고 있다는 뜻이다. 연신되지 않은 상태에서 2개의 회절 링이 보이는 것은 배향되지 않은 결정의 존재에 의한 것이다.

액정 고분자(liquid crystalline polymers)는 액체 상태의 결정(액정이라고도 함: liquid crystal)과 같은 성질을 가진 고분자이다. 액정은 액체 상태처럼 흐르는 성질도 가지고 있지만, 결정과 같이 배향하는 성질을 가지고 있어 액정이라 부른다. 이들의 배향성으로 인해 특정의 조건(온도나 용매 등)에서 분자의 정렬 상태에 따라 여러가지 액정상(liquid crystal phase)을 이룬다. 특정의 온도 조건에서 얻어지는 액정을 열방향성(thermotropic) 액정이라 하고, 특정의 용액 상태에서 얻어지는 액정을 유방향성(lyotropic) 액정이라 부른다.

네마틱(nematic)상은 아래 그림 5.31(b)에서와 같이 분자들이 결정과 같은 위치 정렬성(positional order)은 없으나, 분자의 장축을 따라 일차원적으로 스스로 정렬하는 성향을 가지는데 병진 정렬(translational order: 긴거리 정렬이라고도 하며, 위치가 공간적으로 규칙적 배열로 반복됨)은 없다. 이에 비해, 스멕틱(smectic)상은 분자의 장축을 따라 층을 형성하며 상당한 정도의 병진 정렬을 형성한다. 스멕틱 A(smectic A)상은 네마틱 상 때와 마찬가지로 분자들의 장축은 평균적으로 볼 때 거의 같은 방향으로 배향을 가지고 있으나, 분자들이 층으로 느슨하게 모여 있으며 층의 배향은 층의 수직(layer normal)에 대하여 수직으로 되어 있다. 이에 비해, 스멕틱 C상은 층 평면 내에서 분자들이 살짝 기울어짐으로써 스멕틱 A상이 수정된 듯한 상태를 이룬다. 이들이 분자 배향성을 가짐에 따라 아래 그림 5.31(c), (d)에서와 같이 X-선 회절 현상을 보인다.

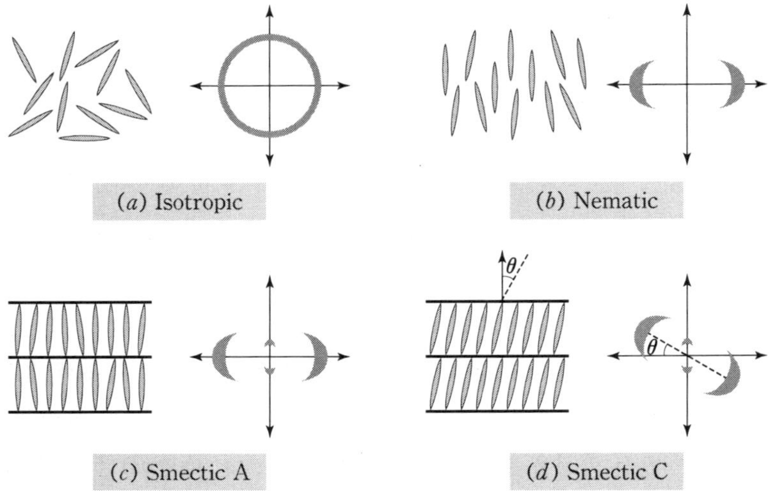

그림 5.31 ❖ 액정 분자의 X-선 회절 패턴

저분자 액정의 예로는 다음과 같은 물질을 들 수 있다. 아래 그림 5.32에 나타난 바와 같은 화학구조식을 가진 MBBA(4-methoxybenzylidene-4′-butylamine)은 20°C에서 네마틱 상을 나타내고, CBOOA(4-cyanobenzylidene-4′-n-octyloxyaniline)는 83°C 이하에서 스멕틱 상을 보일 수 있다.

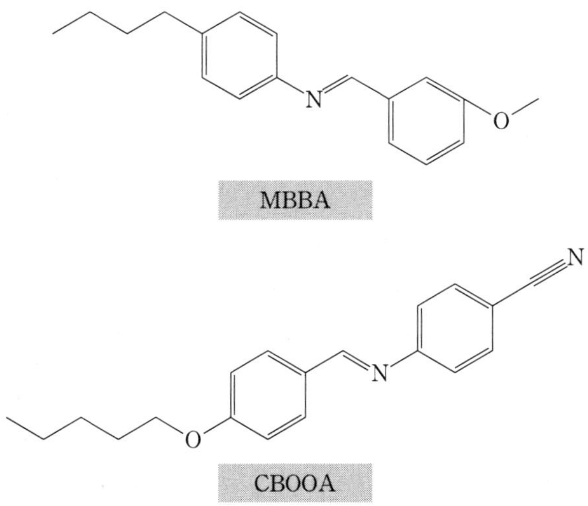

그림 5.32 ❖ 저분자 액정의 예(MBBA, CBOOA)

액정 물질은 보통 극성 그룹을 가진 막대형에 가까운 분자 구조를 가지는 경향이 있으며, 장축이 비교적 단단하고 강한 쌍극자이며 쉽게 편극화될 수 있는 치환체를 가지기도 한다. 이에 따라, 액정은 액체와 같은 흐름성을 가지고 있으나, 고체에서처럼 배향 정렬성도 가지는 성질을 가져 고체와 액체의 중간적 성질을 가지는 것으로 이해하여 이를 메조젠 상태(mesogenic state)라 부르기도 한다. 'Meso'의 그리스 어원은 중간이라는 뜻을 가진다. 즉, 메조젠은 정렬성을 가진 액체를 의미한다.

액정은 흐름성을 가지므로 온도나 전기장 및 자기장 등과 같은 외부 자극에 민감하다. 또, 액정의 광학적 성질은 빛이 액정 물질의 층을 통과하는 방향에 의해 영향을 받는다. 외부에서 가해진 전기장이 액정 층에 있는 분자들의 배향을 변화시켜 광학적 효과가 나타나는데, 이것이 액정 디스플레이(liquid crystal display)의 기초가 된다.

콜레스테릭(cholesteric) 액정상은 나선형 상태의 액정으로서, 아래 그림 5.33과 같이 분자가 뒤틀리고(twist) 카이랄 배열을 가지고 있어 카이랄 네마틱 액정이라 부르기도 한다.

그림 5.33 ❖ 콜레스테릭 액정상(카이랄 네마틱 액정)

저분자의 콜레스테릭 액정에는 아래 그림 5.34와 같은 화학 구조를 가진 cholesteryl benzoate 등이 있다.

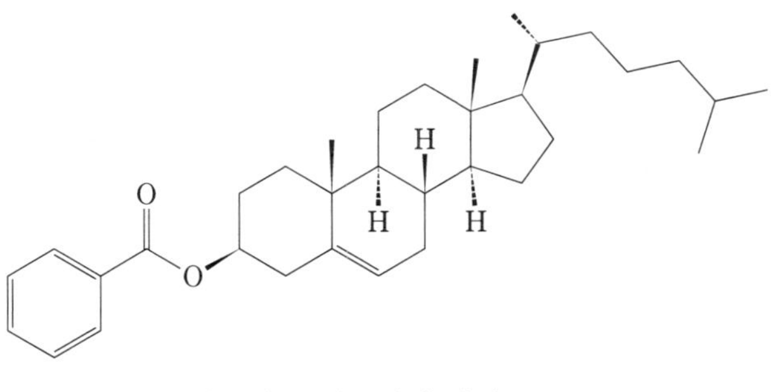

그림 5.34 ❖ 저분자 콜레스테릭 액정(cholesteryl benzoate)

DNA는 높은 농도에서 물과 염의 존재하에 콜레스테릭이며 유방향성(lyotropic) 액정상을 가질 수 있는 고분자이다. 이는 DNA가 아래 그림 5.35에서 보이는 것처럼 기본적으로 가늘고 긴 형태의 비등방성 분자 구조를 가지고 있어, 분자들끼리 서로 저절로 평행하게 배열하려는 성향을 가지고 있기 때문이다. 이때, DNA 고분자의 카이랄성이 사슬의 뒤틀림(twist: right handed)을 유발하고, 사슬 사이의 상호 작용에 의해 이중 나선 구조를 형성한다. 이중 나선 구조는 두 사슬들이 서로 주위에 싸여있는 형태이다. 오른손 뒤틀림(right-handed twist)은 아래 그림 5.35에서와 같이 두 사슬 사이의 상응하는 염기에 의한 수소 결합으로 인하여 일어난다. 즉, DNA 분자의 장축들이 서로 약간씩 뒤틀림을 가지는 가상의 평면(pseudoplane)에 존재함으로써 콜레스테릭상을 이루게 된다.

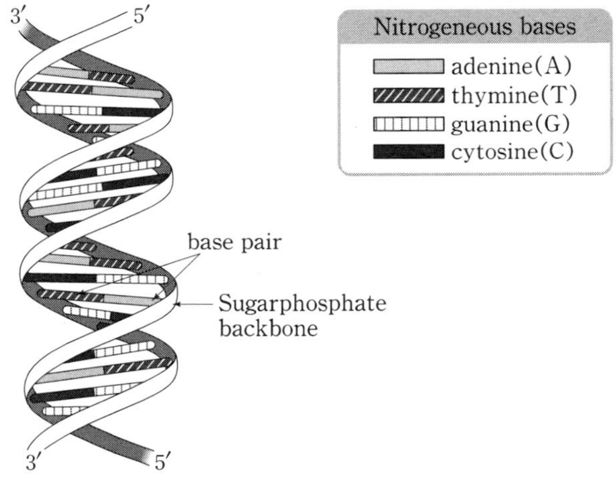

그림 5.35 ❖ 콜레스테릭상의 DNA 고분자

DNA는 용액 상태에서 생체 내에서와 유사한 농도를 가질 때에는 액정상을 보이지만, 액체가 증발하면 DNA는 사슬 가닥의 정보에 따라 다양한 형태의 결정화를 이룰 수도 있다. 일반적으로 콜레스테릭 액정상은 생명 시스템의 기능을 위하여 매우 중요한 역할을 하는 물질의 구조이다.

5.4 대표적 결정성 고분자의 결정 구조

결정성 고분자의 결정 구조는 결정 영역에서 사슬의 conformation과 사슬들이 서로 어떻게 적층되었는지에 의해 결정된다. 몇 가지 대표적인 결정성 고분자들의 결정 구조의 특징들은 다음과 같다.

5.4.1 폴리에틸렌(PE)

앞에서 설명한 바와 같이, 폴리에틸렌의 단위셀은 사방정계 구조를 가지며 그 셀 파라미터(a, b, c)는 다음 그림 5.36에 나타난 바와 같다.

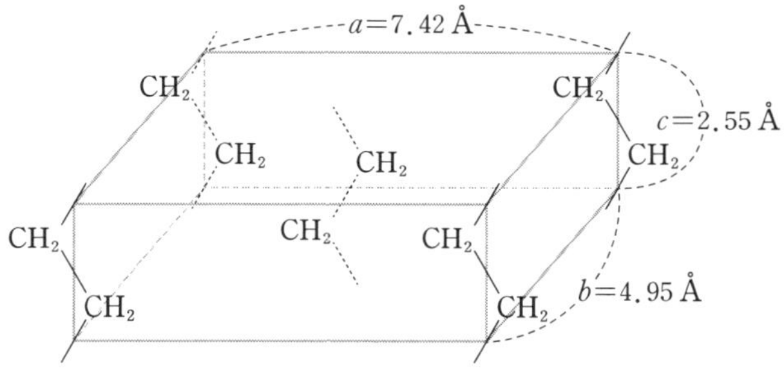

그림 5.36 ❖ 폴리에틸렌의 사방정계 단위셀

i) 사방정계(orthorhombic) 단위셀
ii) Conformation: 사슬 전체가 트랜스, 평면 지그재그
iii) 밀도: ~1.0 g/cm^3
iv) 단위셀당 2개의 사슬 존재

5.4.2 폴리테트라플루오르에틸렌(PTFE)

PTFE는 폴리에틸렌의 화학 구조에서 수소 원자를 수소보다 약간 크기가 큰 불소(fluorine) 원자로 치환한 구조이기 때문에, 트랜스-트랜스 conformation의 내부 에너지가 증가되어, 아래 그림 5.37에서와 같이 비틀린 지그재그(twisted zig-zag) 사슬 구조를 가지게 된다.

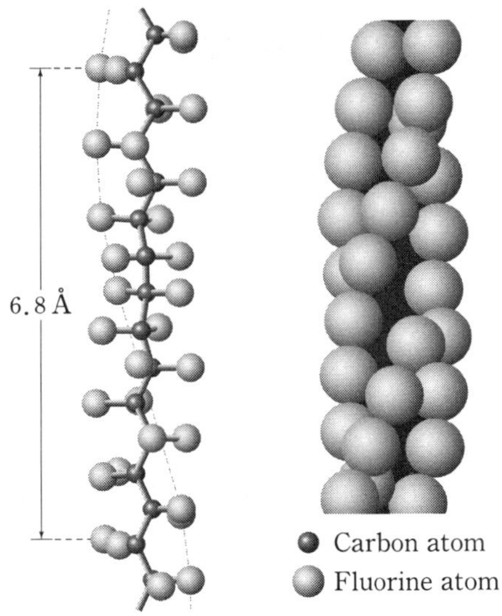

그림 5.37 ❖ 폴리테트라플루오르에틸렌의 비틀린 지그재그 사슬 구조

i) 삼사정계(triclinic) 단위셀
ii) Conformation(13/6 나선): 1 주기당 요소(motif)가 13개이며, 6번의 방향 전환(turn)마다 같은 conformation이 반복됨

PTFE는 매우 매끈한 표면 형상(surface profile)을 가지는데, 이는 사슬의 모양이 실린더와 유사한 형태를 가지기 때문이다. 이로 인해 PTFE는 낮은 마찰 성질을 보인다.

5.4.3 폴리옥시메틸렌(polyoxymethylene: POM)

POM은 아래 그림 5.38에 주어진 바와 같이, 고쉬 conformation 때에 수소결합이 가능하여 트랜스 conformation 보다 더 낮은 포텐셜 에너지를 가진다.

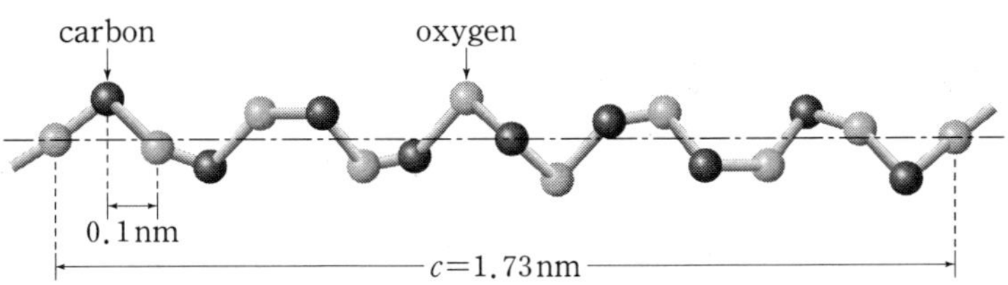

그림 5.38 ❖ 폴리옥시메틸렌 사슬의 고쉬 conformation

i) 삼방정계(trigonal) 단위셀

ii) 9/5 나선

5.4.4 이소탁틱 폴리프로필렌(isotactic polypropylene: iPP)

iPP는 일반적으로 Ziegler-Natta 촉매를 사용하여 얻어지는 입체 규칙적인 고분자이다. iPP를 용융하여 급속히 냉각한 후 140°C에서 등온 결정화를 유도할 때 얻어지는 고분자 결정은 일반적으로 아래 그림 5.39와 같은 나선형 사슬 conformation을 가질 수 있다.

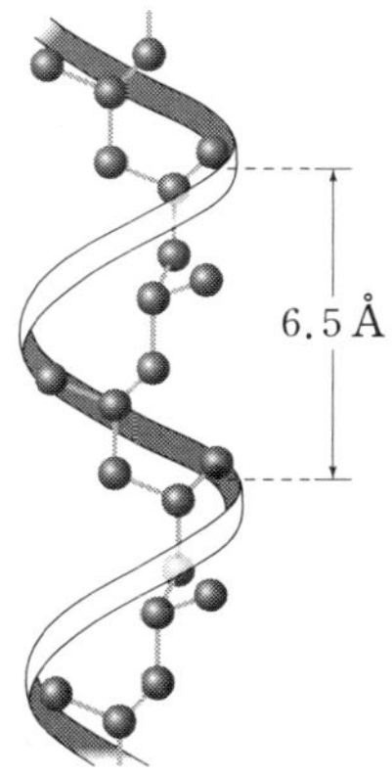

그림 5.39 ❖ 이소탁틱 폴리프로필렌 사슬의 오른손 나선형 conformation

iPP는 카이랄 센터를 가지므로 아래 그림 5.40에서와 같이 오른손 나선과 왼손 나선을 가질 수 있고, 사슬축에 대하여 $-C-CH_3$ 결합은 위(up) 또는 아래(down)의 방향성을 가질 수 있다. 이들 손잡이(handedness)에 따라 사슬의 충진 효과가 달라질 수 있다.

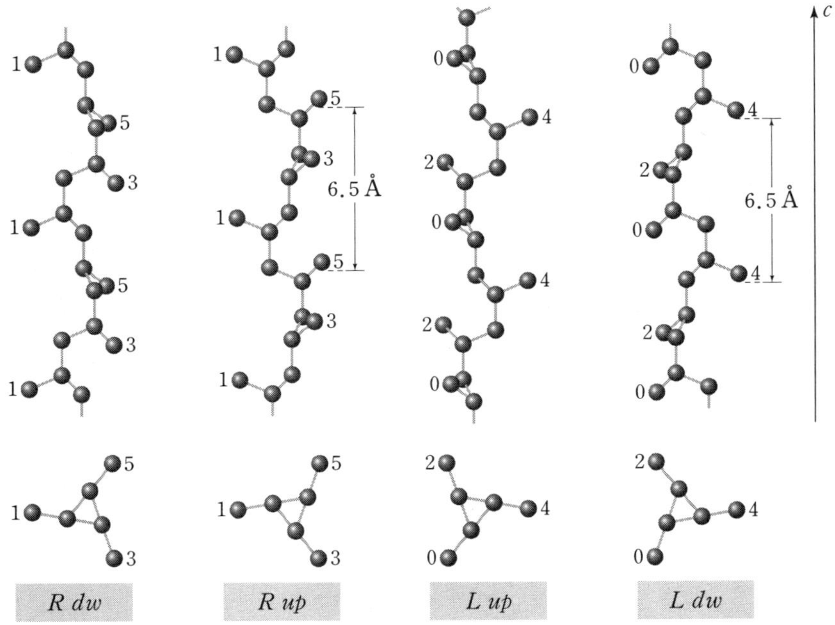

그림 5.40 ❖ 이소탁틱 폴리프로필렌 사슬의 오른손 나선 및 왼손 나선, $-C-CH_3$ 결합의 위 또는 아래 방향성

이소탁틱 비닐 고분자는 대개의 경우 3_1 나선형 구조를 가진다. 이때, 나선은 결정 상태에서 고쉬 conformation(g)과 트랜스 conformation(t)이 교대로 나타난다. 이소탁틱 폴리프로필렌은 3_1 나선 구조를 가지는 반면, 신디오탁틱 폴리프로필렌은 4_1 나선형 conformation을 가진다. 신디오탁틱 폴리프로필렌의 경우에는 ··*ggttggtt*·· 형태로 교대되는 conformation으로 이루어진다.

iPP는 여러 개의 결정상(α, β, γ 상)을 가질 수 있는 다형태(polymorphic) 고분자이다. 표준 공정 조건에서 얻어지는 결정상은 가장 일반적이고 안정한 α-상이다. β-상은 결정화 과정에서 희토류계 핵 생성제의 첨가 등에 의해 얻어지고, γ-상은 메탈로센 촉매(metallocene catalyst)를 사용하여 적은 양의 1-올레핀과 공중합 시킴으로써 얻어질 수 있다. 이들 다른 결정상을 가진 iPP들은 모두 3단 나선형 conformation(3-fold helical conformation: 3-fold 회전 대칭성을 가짐)을 가지고 있으나, 아래 그림 5.41에서와 같이 충진 모드가 서로 다른 것으로 제시되고 있다.

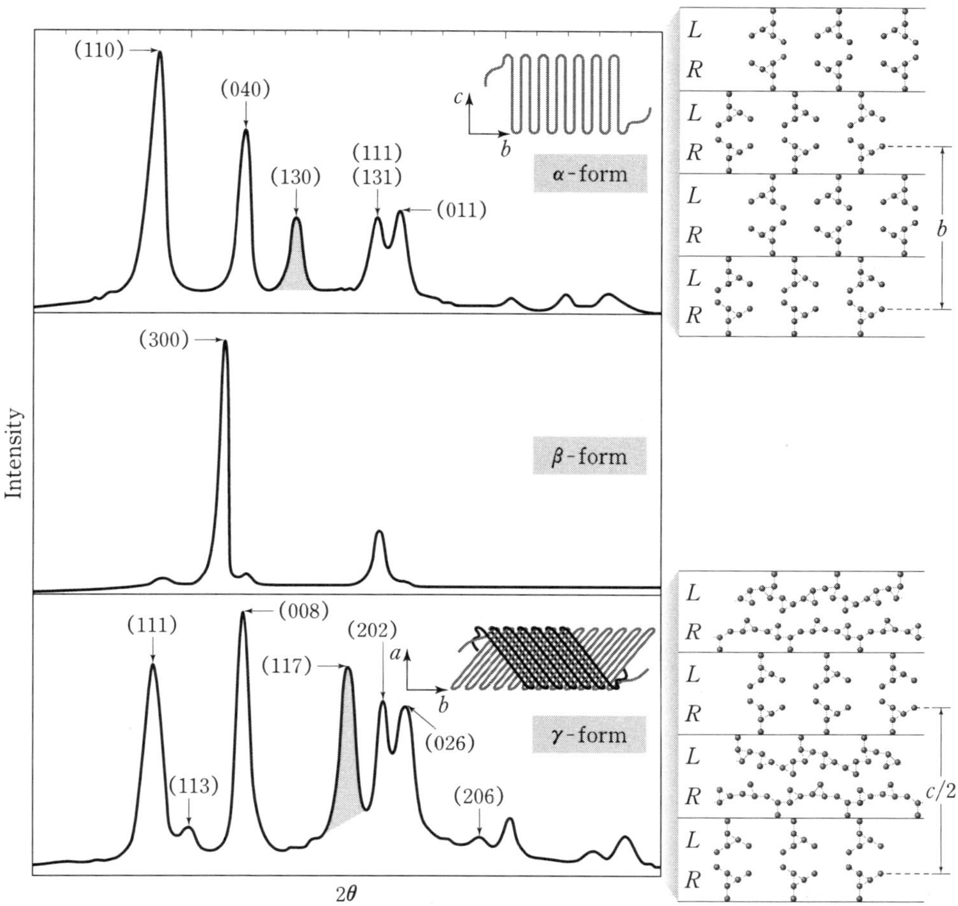

그림 5.41 ❖ 이소탁틱 폴리프로피렌의 α, β, γ 결정상[10]

α-상은 단사정계 결정 구조($a = 6.66$ Å, $b = 20.78$ Å, $c = 6.495$ Å, $\alpha = \gamma = 90°$, $\beta = 99.6°$)를 가진다. β-상은 삼방정계 셀($a = b = 11.0$ Å, $c = 6.5$ Å)을 가지며 부진한 사슬 충진을 나타낸다. γ-상은 아래 그림 5.42에서와 같이 주 단위셀이 사방정계 단위셀($a = 8.54$ Å, $b = 9.93$ Å, $c = 42.41$ Å)을 형성하고, 소단위셀(sub unit cell)은 삼사정계 구조를 가지며, 비평행 사슬 conformation들이 이중층(bilayer) 형태로 충진되는 모델이 제시되었다.

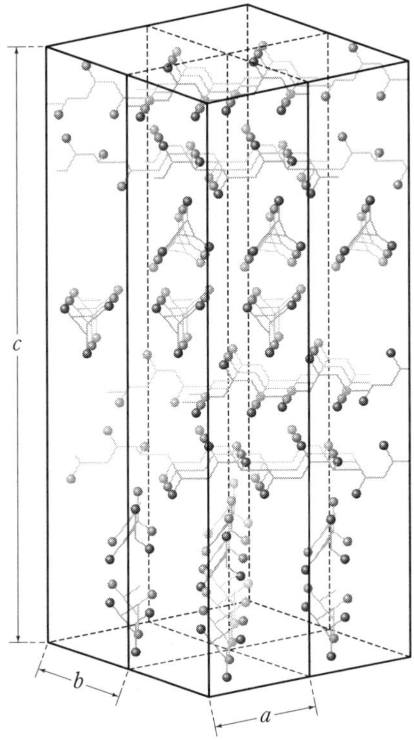

그림 5.42 ❖ 이소탁틱 폴리프로필렌의 γ-상의 사방정계 단위셀 및 삼사정계 소단위셀[11]

5.4.5 폴리에틸렌 테레프탈레이트(polyethylene terephthalate: PET)

PET는 가공과 열 이력에 따라 반결정 또는 무정형 고분자로 존재할 수 있다. PET는 사슬의 화학 구조나 기하학적 구조가 규칙성을 가져 기본적으로 결정성 구조를 형성할 수 있는 능력을 가지고 있다. 반결정 PET의 결정 영역은 반복 단위의 트랜스 글리콜(trans glycol) conformation에 기인하고, 무정형 영역은 주로 고쉬 글리콜(gauche glycol) conformation과 연관된다. 글리콜은 지방족 디올(aliphatic diol)을 뜻한다. 반결정 PET 고분자는 열적 결정화나 응력 또는 변형의 유도에 의한 결정화 방법으로 얻어진다. 무정형 PET 고분자는 용융 상태에서 빠른 냉각이나 용융 압착 필름 상태에서 유리 전이온도(T_g) 이상으로 열 어닐링(재료의 미세구조를 변화시키기 위한 열처리 과정) 함으로써 얻어지며, PET 병(bottle)에서 보는 바와 같이 광학적 투명도가 높다. 아래 그림 5.43에 PET의 배향 사슬 및 결정 구조가 나타나 있다.

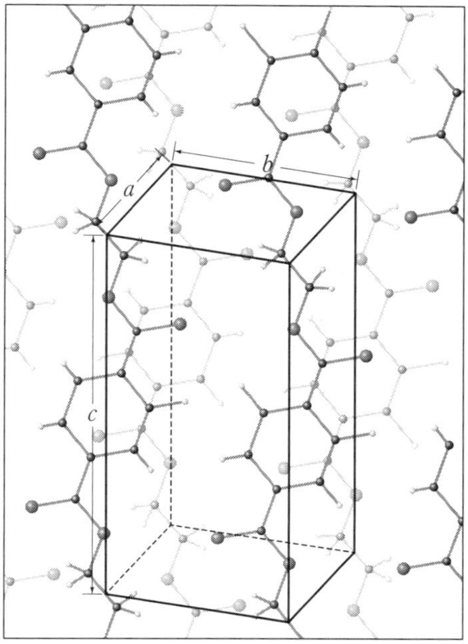

그림 5.43 ❖ 폴리에틸렌테레프탈레이트의 사슬 배향 및 결정 구조

배향된 PET 사슬 사이에 적층이 정렬된 상태로 이루어지며, 한 사슬의 극성을 가진 에스테르 그룹과 이웃하는 사슬의 방향족 고리 사이의 상호 작용(수소 결합)이 결정을 더욱 강하게 만든다. PET 연신 섬유의 경우, 단위셀은 삼사정계(a = 4.56 Å, b = 5.94 Å, c = 10.75 Å, α = 98.5°, β = 118°, γ = 112°, 밀도 = 1.455 g/cm^3) 구조를 가진다. 대부분의 PET 연신 섬유에 있어서 c-축은 섬유축에 평행하지 않는다. 반결정 PET의 결정화도는 일반적으로 50% 내외이며, T_g는 70 ~ 80°C, T_m은 270°C 정도이다.

5.4.6 나일론 6(nylon 6)

나일론 6는 이웃하는 사슬의 아미드 그룹(amide group) 사이의 상호 작용(수소 결합)으로 인해 늘어난 사슬 conformation이 형성된다. 이때 이웃하는 사슬의 아미드 그룹(−NH−C=O−) 사이의 상호 작용 형태에 따라 아래 그림 5.44에서와 같이 나일론 6의 α-형태와 γ-형태가 존재한다.

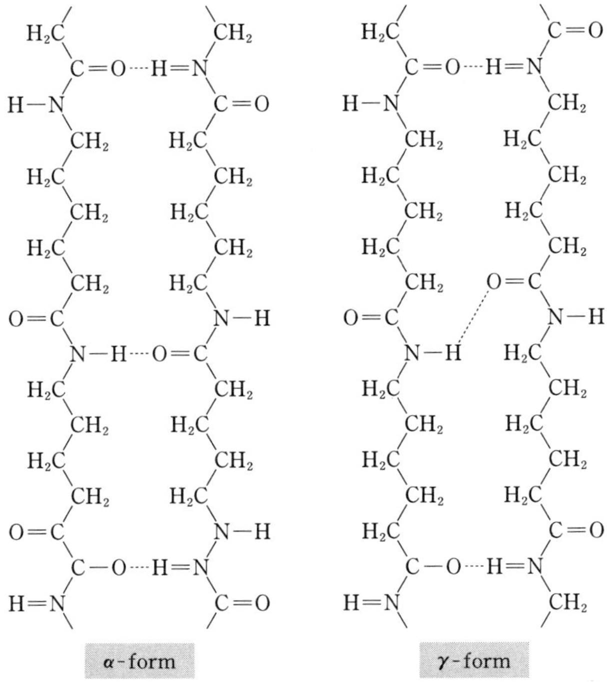

그림 5.44 ❖ 나일론 6 사슬의 α-및 γ-conformation

α-형태의 나일론 6 결정은 아래 그림 5.45에서와 같이 수소 결합된 사슬들이 평면 시트(planar sheet)를 형성하며(같은 시트 내에서 수소 결합 형성), 이들 시트들이 서로 적층되어 있다.

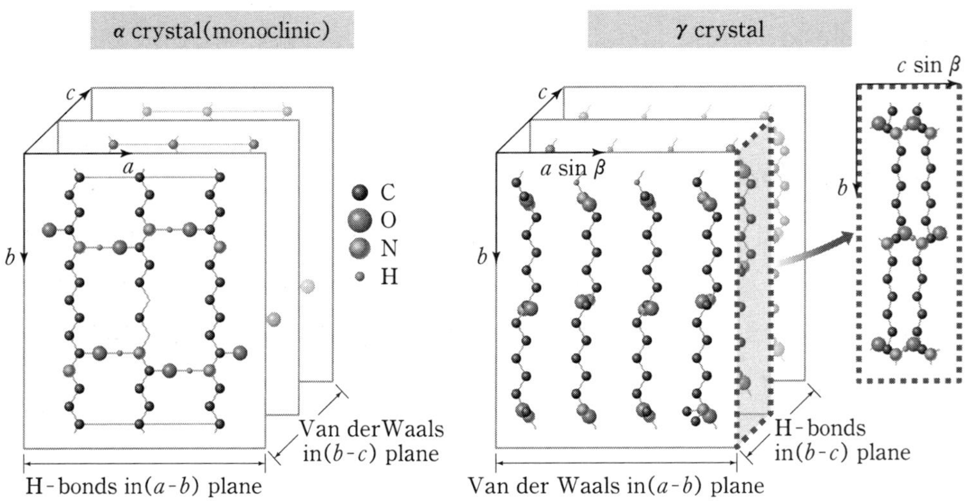

그림 5.45 ❖ α-및 γ-conformation을 가진 나일론 6 사슬의 수소 결합 형태

α-형태의 나일론 6 결정이 상온에서 가장 흔히 나타나는 결정 형태인데, 용융 상태에서 느린 냉각에 의해 얻어진다. 이때 얻어지는 결정 구조는 단사정계($a = 9.4$ Å, $b = 17.7$ Å, $c = 8.1$ Å, $\beta = 65°$) 구조이며, 이웃하는 사슬들 사이에 수소 결합이 형성되고, 이웃하는 사슬(완전히 늘어난 사슬)들은 같은 시트 내에서 역 평행 방향(anti-parallel direction: 같은 시트 내에서 이웃하는 사슬들이 서로 위 아래를 뒤집어 놓은 상태)으로 횡단(traverse)하고 있다. 상온에서 α-상의 회절 피크(회절각이 2θ에 해당)는 다음과 같은 위치에서 나타난다.

$$2\theta = 20°, 23.7°$$

이는 각기 (200) 평면과 (002)/(202) 평면으로부터의 회절로서, 수소 결합된 사슬 사이의 거리에 해당한다. α-상인 나일론 6의 밀도는 약 1.235 g/cm^{3}이다.

γ-상의 나일론 6 결정은 같은 시트 내에서는 사슬들이 서로 평행하므로 수소 결합이 어려워, 위 그림 5.45에서와 같이 서로 다른 시트 사이에 수소 결합이 형성되는 경우이다. 즉, 메틸렌 세그멘트의 지그재그 conformation으로서는 같은 시트 내 평행한 사슬 사이의 수소 결합은 어렵다. 이에 따라, 사슬 사이의 수소 결합 형성을 위하여 사슬이 아미드 그룹을 중심으로 뒤틀림(twist)이 있게 되고, 이로 인해 사슬 평면들은 주름이 잡히는(pleated) 시트 형태를 이룬다. γ-상은 용융물을 빠른 속도로 냉각함으로써 얻어질 수 있다. 이때 얻어지는 결정은 육방정계 구조($a = 0.472$ nm, $c = 1.688$ nm, $\gamma = 120°$)를 가지며, 회절 피크는 2θ가 (020) 평면으로부터 10.7°에서, (001) 평면으로부터는 21.4°에서 나타난다. 이때의 밀도는 약 1.175 g/cm^{3}이다. γ-상은 용융 후 재결정(160°C 어닐링) 등에 의해 α-상으로 변환될 수 있다.

β-상은 명확한 상은 아니지만 α-상이 약간 수정된 주름이 잡히는 상(무질서나 적층 하자가 일부 존재)으로서 준안정적 상이다. 이외에, 나일론 6 섬유가 응력을 받을 경우 α-상과 γ-상의 중간 형태로서 δ상이 존재하기도 한다. 이와 같이 나일론 6가 다양한 형태의 결정 구조를 나타내는 것은 사슬간 아미드 그룹 사이의 수소 결합이 다양한 형태로 존재할 수 있기 때문이다.

5.4.7 나일론 66(nylon 66)

나일론 66는 나일론 6와 달리, 아래 그림 5.46에서와 같이 사슬들이 서로 평행하게 같은 방향으로 배열되어 있을 때 수소 결합이 가장 효율적이다. 나일론 6와 나일론 66의 결정 형태의 차이는 아미드 연결 사이의 $-CH_2$ 그룹의 개수의 차이에 기인한다.

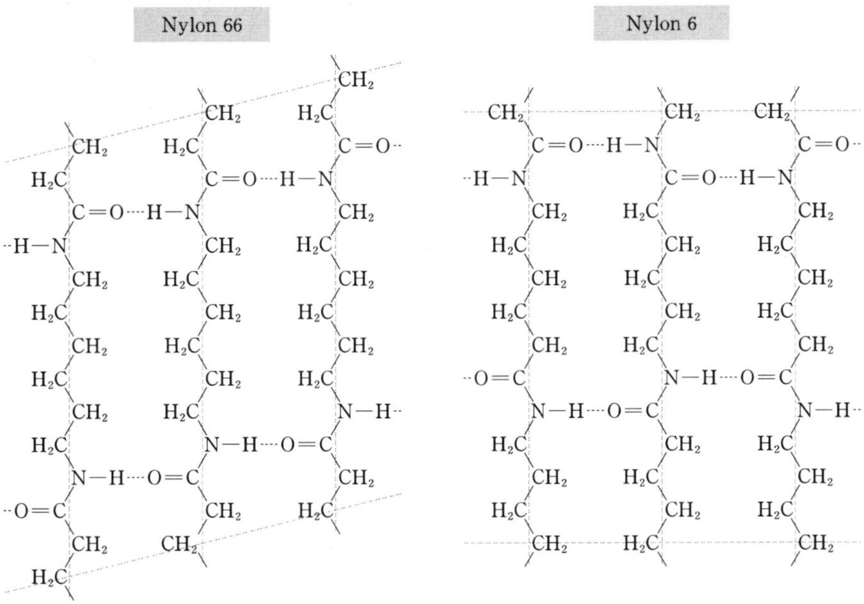

그림 5.46 ❖ 나일론 66와 나일론 6 사슬의 수소 결합 형태 차이

나일론 6의 사슬들이 시트 내에서 위-아래(up and down) 형식으로 교대로 배열되어 있는 반면, 나일론 66는 시트 내에서 중심 대칭으로서(centro-symmetric), 중심점을 중심으로 방사 부분(radiating part)들이 대칭적 배열을 가지는 구조이다. 나일론 66의 α-형태는 아래 그림 5.47과 같이 이웃하는 시트들이 중심 대칭 구조를 가지나, β-형태는 사슬들이 비틀려 있어 주름이 잡히는 시트 형태를 보인다. 이들은 모두 수소 결합을 이루는 시트를 형성하며 적층되어 3차원 구조를 이룬다.

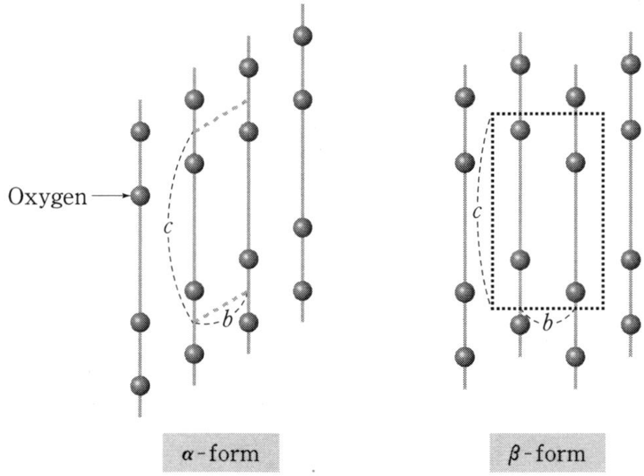

그림 5.47 ❖ 나일론 66 사슬의 대칭성(dashed lines: unit cell)

나일론 66의 α-형태는 아래 그림 5.48에 나타난 바와 같이, 단위셀이 삼방정계(a = 4.9 Å, b = 5.4 Å, c = 17.2 Å, α = 48.5°, β = 77°, γ = 63.5°) 구조를 가지며 β-형태보다 더 안정하다. 이때 시트 사이의 거리는 3.6 Å이고, 시트 내의 사슬 사이의 거리는 4.2 Å이다. β-상도 삼방정계 단위셀 구조를 가지나 정확한 형태를 규정하기 어려울 때가 많다.

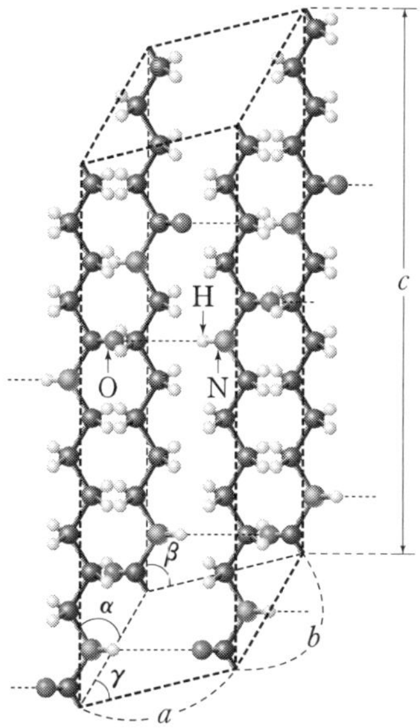

그림 5.48 ❖ α-conformation을 가진 나일론 66 사슬의 단위셀 구조(삼방정계)

5.5 결정성 고분자의 몰폴로지

'몰폴로지(morphology)'라는 용어는 몇 가지 의미로 혼용되고 있다. 우선, 재료 과학 부문에서는 일반적으로 '형태학'이라는 의미로 사용될 때가 있는데, 이 경우에는 재료의 구성 성분들의 크기나 형태 또는 이들 사이의 관계 등을 다루는 연구 분야를 말한다. 다른 한편으로는, 재료의 구성 성분들의 크기나 모양 자체를 뜻하기도 한다.

고분자의 몰폴로지는 고분자 사슬들의 물리적 조직(physical organization)과 관련이 있는 것으로, 일반적으로는 단위셀보다 더 큰 스케일에서의 반결정 고분자의 구조(주로 결정 영역의 크기나 형태)를 다룬다. 이외에, 미세 결정의 면(face)에 대한 사슬축(병진 반복 단위의 처음과 끝을 연결하는 곧은 선)의 방향이나, 또는 미세 결정들이 상호 어떻게 배치되어 있고 비결정 영역과 어떻게 배치되어 있는지 등에 관한 문제도 몰폴로지의 범위로 다루기도 한다. 이러한 고분자의 형태학적 특성은 고분자의 벌크 성질(bulk properties)을 직접적으로 결정하는 중요한 인자가 된다.

5.5.1 묽은 고분자 용액으로부터 얻어지는 단결정

고립된(isolated) 고분자 단결정은 과냉각된(super-cooled: 액체를 고체 형성 없이 어는점 이하로 냉각하여 액체 상태를 유지함) 묽은 고분자 용액으로부터 얻어질 수 있다. 예를 들어, 선형 폴리에틸렌을 138°C의 *p*-자일렌(*p*-xylene) 용매에 매우 소량 용해(0.015%)시킨 후, 약 70°C의 온도로 과냉각시켜 48시간 결정화를 유도하면 단결정이 형성된다. 액체를 급냉하면 분자들이 정렬할 수 있는 충분한 시간이 없어 액체 상태를 유지하므로 과냉각 액체가 얻어질 수 있으나, 이는 매우 불안정하여 쉽게 고체화될 수 있다. 이때 얻어지는 폴리에틸렌 미세 결정은 아래 그림 5.49(a)의 전자 현미경 사진에서 보이는 바와 같이, 라멜라(lamellae: 얇고 편평한 판상) 형태로서 두께가 ~10 nm 스케일이고 길이는 ~10 μm 스케일이다.

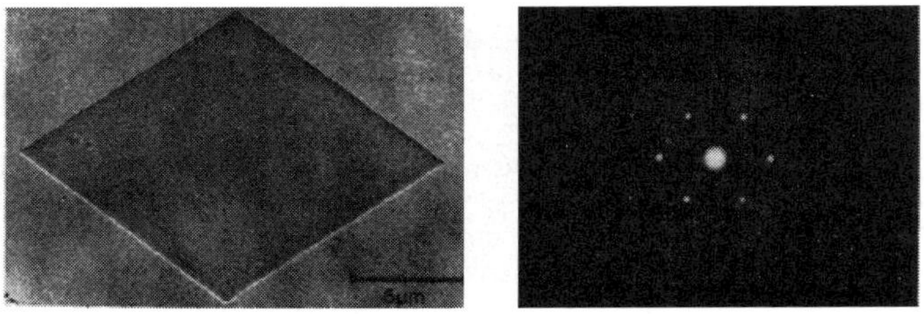

(*a*) (*b*)

그림 5.49 ❖ 묽은 고분자 용액으로부터 얻어지는 폴리에틸렌 단결정의 전자 현미경 사진(a) 및 전자 회절 패턴(b) [12]

위에서 얻어진 폴리에틸렌 단결정에 전자 빔(파장: ~0.05 Å)을 결정 표면에 수직으로 조사하였을 때 얻어진 회절 이미지가 위 그림 5.49(b)에 나타나 있다. 이들 회절 패턴은 개별 반점(discrete spot)들의 규칙적인 배열로 나타나는데, 사방정계 라멜라 결정의 [001] 평면에 기인한 것으로서 무정형 영역은 없고, 결정 내에서 고분자 사슬들이 잘 배향되고 사슬축(*c*-축)은 라멜라 결정 표면에 거의 수직으로 되어 있음을 보여준다. 위에서 보여준 전자 현미경 사진에서 라멜라의 두께가 ~10 nm이고 고분자 사슬의 길이가 ~1000 nm 스케일임을 감안하면, 라멜라 결정 내에서 고분자 사슬은 라멜라의 위 표면과 아래 표면 사이에서 왔다 갔다(back and forth) 하면서 접어짐(folding)을 알 수 있다.

접힌 사슬 세그멘트들이 이미 존재하고 있는 측면 층 표면에 계속 부가됨으로써 결정이 성장한다. 이들 사슬 접힘을 아래 그림 5.50에 도식적으로 나타내었다.

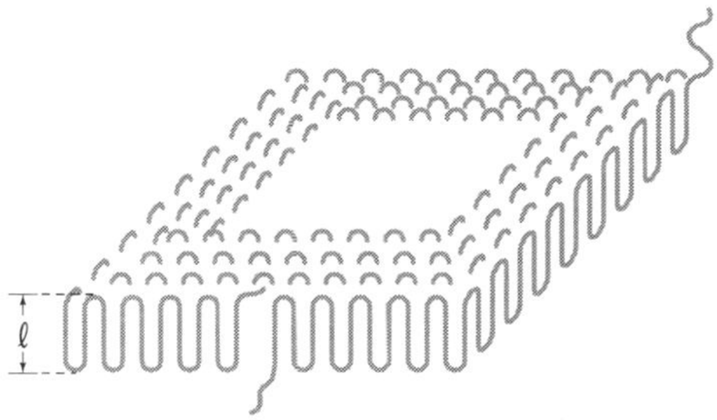

그림 5.50 ❖ 라멜라 결정 내에서의 고분자의 사슬 접힘

만약 폴리에틸렌 사슬이 충분히 늘어나지 못하면, 접힌 사슬 분자들이 효과적으로 충진되지 못하여 편평한 결정을 형성하기가 어려워, 아래 도식적 그림 5.51에 나타난 바와 같이 속이 쑥 들어간 피라미드(hollow pyramid) 구조의 결정을 형성하기도 한다. 속이 쑥 들어간 피라미드는 사슬이 충분히 늘어나지 못할 경우, 접힘 시에 입체 장애가 존재하여 사슬 방향을 따라 (110) 성장면(growth face)을 기준으로 접힌 사슬의 단계적 병진(stepwise translation)이 일어날 때에 형성될 수 있다.

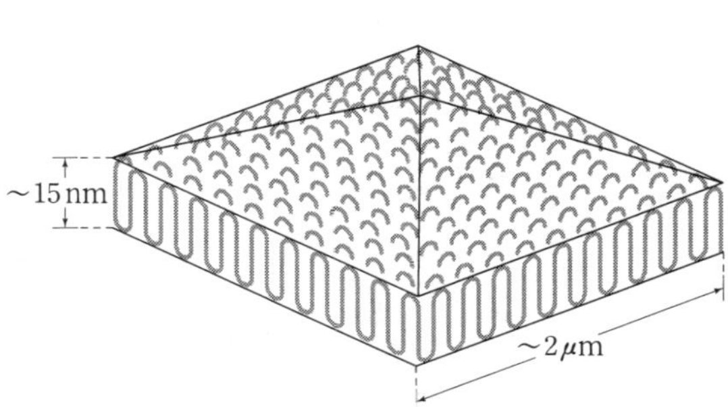

그림 5.51 ❖ 폴리에틸렌의 속이 쑥 들어간 피라미드 구조의 결정

5.5.2 고분자 용융체로부터 얻어지는 구정(spherulites)

고분자의 용융 상태에서 결정화가 일어날 경우에는 핵 생성 센터가 다양하게 존재하므로 다결정 상태가 된다. 다결정 영역은 일반적으로 구(sphere)에 가까운 모양을 가지는 미세 결정으로 이루어지는데, 이들 미세 결정을 구정(spherulite)이라 부르며 그 크기

는 1 ~ 100 μm 정도이다. 구정 시료에 대해 아래 그림 5.52와 같이 교차 편광기(crossed polarizer)를 사용하는 실험을 하게 되면 전형적인 Maltese 교차 패턴(Maltese cross pattern: Malta 섬의 이름에서 유래하며 4개의 V 글자로 구성된 십자 기호)이 얻어진다.

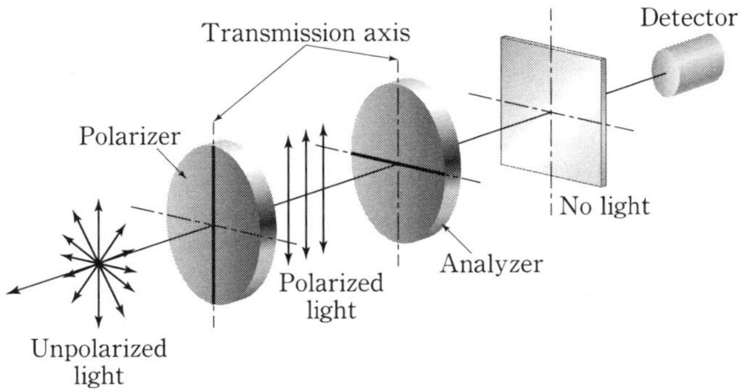

그림 5.52 ❖ 교차 편광기(crossed polarizer)

위 실험에서, 첫번째 편광기와 두번째 편광기(analyzer, 분석기라고도 함)는 그 격자(grating) 방향이 서로 수직으로 되게 하고, 그 사이에 주어진 결정 시료(구정, spherulite)를 회전을 시키면 아래 그림 5.53의 이소탁틱 폴리프로필렌 결정에서와 같이, 90° 주기로 4개의 소멸 패턴(extinction pattern: Maltese 교차 패턴)이 얻어진다.

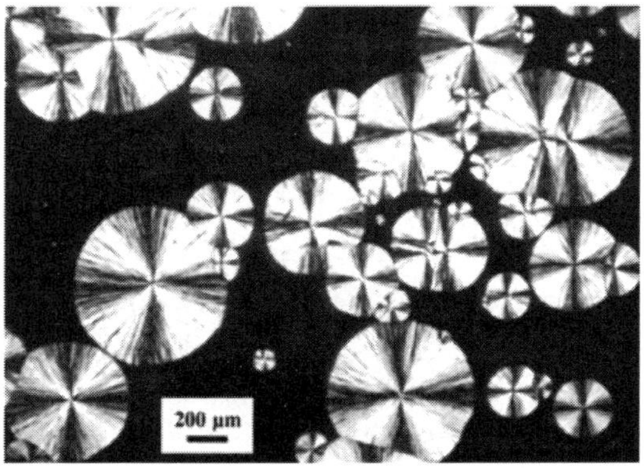

그림 5.53 ❖ 이소탁틱 폴리프로필렌의 용융체로부터 얻어진 구정 및 Maltese 교차 패턴[13]

위 현상은 구정이 복굴절을 가진 물질이기 때문에 나타난다. 복굴절을 가진 물질은 빛을 받을 때에 2개의 광선으로 분리되어 복굴절을 보인다. 이는 굴절률이 빛의 진행 방향에 따라 달라지기 때문이다. 구정은 아래 도식적 그림 5.54와 같은 세부 구조를 가지고 있어 방사(radial) 방향과 접선(tangential) 방향의 굴절률이 서로 다르다.

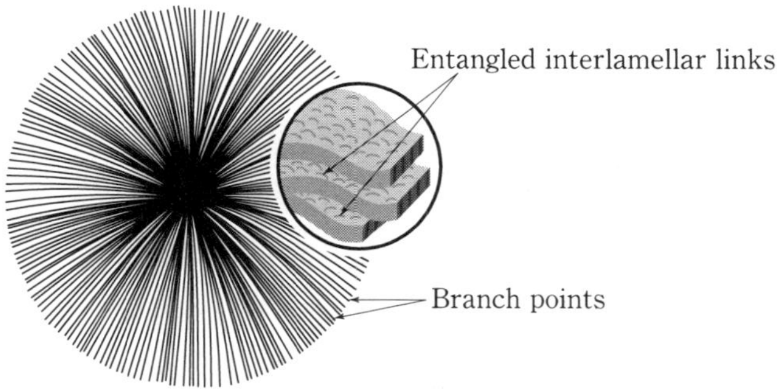

그림 5.54 ❖ 구정의 세부 구조에 따른 방사 방향과 접선 방향

구정 내의 분자 사슬들은 핵 생성 센터(구정의 중심에 해당)로부터 출발하여 라멜라 구조를 가진 소섬유(fibril) 형태로 방사 방향으로 성장하여 미세 결정을 이룬다. 소섬유는 갈라지고 분산되어 가지를 형성하거나 라멜라 사이에 연결(tie)이 되기도 하여 무정형 영역을 이루기도 한다. 구정의 잔해(debris)를 전자 현미경으로 관찰하면 구정이 라멜라 구조의 소섬유 형태로 구성되어 있음을 확인할 수 있다. 일반적으로 고분자 용융체 내의 서로 다른 지점에서 핵 생성에 의한 결정화가 구 형태로 성장을 한다.

위의 전형적인 Maltese 교차 소멸 패턴은 결정의 배향에 기인한 것이다. 사슬 분자는 라멜라 구조를 가지면서 접선 방향으로 배열되어 있다. 이때 결정축은 방사 방향이 b축이고 접선 방향이 a와 c축이 된다. 즉, 구정의 방사 방향과 접선 방향이 서로 수직을 이루므로 시료를 90° 회전할 때마다 소멸 패턴이 형성된다. 사슬의 배열은 사슬의 얽힘에 의해 방해를 받게 되어 사슬은 접힘을 하면서 측면 방향으로 배열을 하게 된다. 접힌 사슬 세그멘트들이 이미 존재하고 있는 측면 층 표면에 계속 부가됨으로써 결정 성장이 방사 방향으로 진행된다. 온도 구배가 크면 결정화를 위한 원동력이 크므로 그 방향으로 결정이 성장하기 유리하다. 시스템의 온도가 등방적이고 시간에 따라 변하지 않으면 라멜라는 방사 방향으로 성장한다.

5.5.3 침상 돌기(dendrites)

전체적인 결정화 속도(overall crystallization rate)가 방향에 따라 다르면 아래 그림 5.55와 같은 다분지형 나무(multi-branching tree) 형태의 침상 돌기가 생성된다. 전체적인 결정화 속도는 결정화도가 증가하는 속도로서 주로 1차 핵 생성 속도(primary nucleation rate: 용융상으로부터 3차원적 고체상이 생성되는 속도)와 2차 핵 생성 속도(secondary nucleation rate: 새로운 층이 성장하는 속도)에 의해 영향을 받는다. 1차 핵 생성과 2차 핵 생성은 서로 독립적인 과정이다.

그림 5.55 ❖ 폴리에틸렌 결정의 다분지형 나무 형태의 침상 돌기(폴리에틸렌의 0.1% o-xylene 용액으로부터 형성된 침상 돌기)

5.5.4 에피택시(epitaxy)

어떤 결정이 다른 결정의 표면(기저가 됨)에 용착(deposition)되어 새로운 결정층을 이루는 현상을 '에피택시'라고 한다. 아래 그림 5.56에 대표적으로 젖산 고분자의 묽은 용액의 흐름을 유도하여 생성된 에피택시층을 포함하는 결정의 구조를 나타내었는데, 이때 전체 구조를 '꼬치(shish-kebab)' (양꼬치 같이 생긴 터키 요리 형태) 구조라 부르기도 한다.

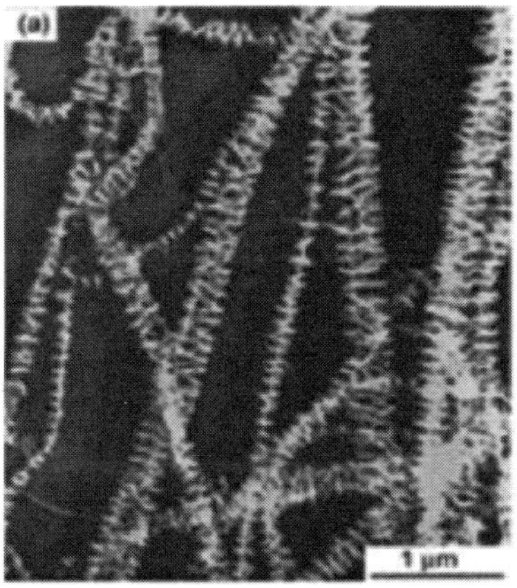

그림 5.56 ❖ 젖산 고분자의 에피택시 구조

묽은 용액 상태에서 강하게 교반을 할 때 아래 그림 5.57에서와 같이 고분자 사슬들이 흐름 방향을 따라 배향되는데, 이때 만들어진 소섬유(fibril)들이 스스로 정렬되어 핵 생성 다발(nucleation bundle)을 형성하게 된다. 이들 핵 생성 다발 사이에서는 전단 구배(shear gradient)가 크게 감소되어(전단 구배가 작으면 사슬이 정렬되는 능력이 약해짐) 용액에 남아 있는 고분자 사슬들이 핵 생성 다발 표면에서 접힌 사슬 라멜라 형태로 결정화됨으로써 꼬치 구조를 형성하는 모델이 제시되어 있다.

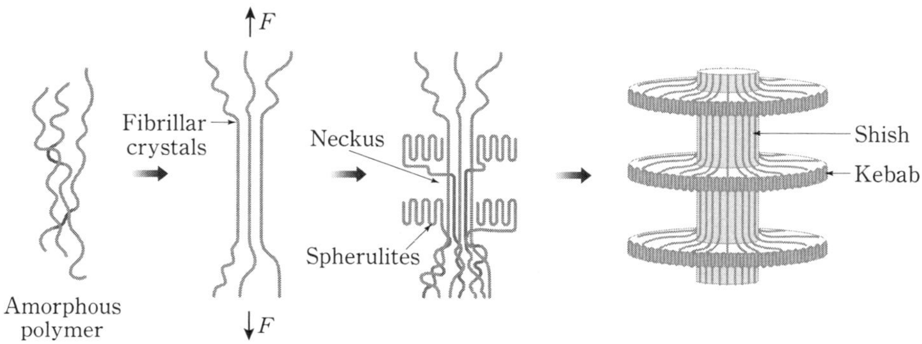

그림 5.57 ❖ 에피택시 구조의 결정 형성 과정을 위한 모델[14]

반결정 고분자의 변형 메커니즘 설명을 위한 분자 모델로서, 아래 그림 5.58에서 주어진 바와 같은 2상 모델(two-phase model)이 자주 이용된다. 이 모델에서는 반결정 고분자가 순전히 결정 영역과, 정렬이 없는 라멜라 간 유사 무정형 영역(disordered quasi-amorphous inter-lamellar region)만으로 구성되어 있는 것으로 가정한다. 정렬이 없는 라멜라간 유사 무정형 영역이란 긴 거리 정렬은 없고, 결정 구조로부터 야기된 단거리 정렬만 존재하는 영역을 의미한다. 라멜라간 영역에는 한 개의 자유 말단을 가진 꼬리(tail), 라멜라 내에서 시작하고 끝이 나는 루프(loop), 두 라멜라를 연결하는 가교, 어떤 라멜라에도 속하지 않는 유동 분자(floating molecules) 등이 포함된다.

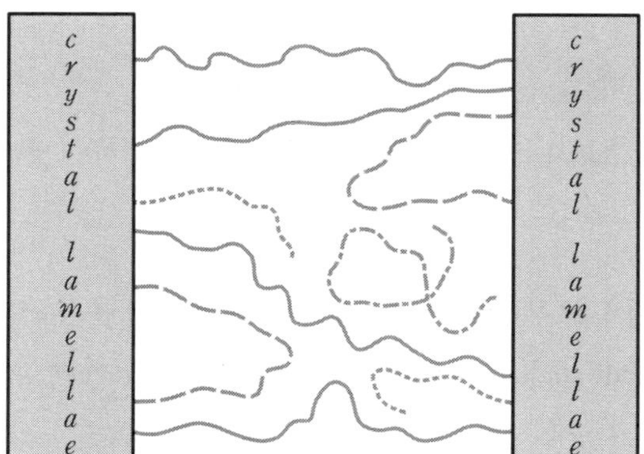

그림 5.58 ❖ 반결정 고분자의 2상 모델에서의 라멜라간 유사 무정형 영역

라멜라간 영역이 반결정 고분자의 기계적 부하(load)에 어떤 반응을 보이는지에 대하여는 아직 이해가 많이 부족한 상황이다.

5.6 무정형 고분자의 몰폴로지

일반적으로 무정형 고체 고분자나 무정형 상태(용융 상태, 또는 용액 상태)에 있는 고분자들은 긴 거리 사슬 정렬이 없이 구조의 규칙성이 매우 약하여 몰폴로지를 규정하기가 쉽지 않다. 그럼에도 불구하고, 고무 상태에서의 응력-변형(stress-strain) 거동이나 유리질 상태(glassy state)에서의 연성(ductility), 크레이징(crazing: 잔금), 항복 거동, 반결정 고분자에서의 라멜라간 영역의 기계적 거동에 미치는 영향 등을 명확히 이해하기 위해서는, 무정형 고분자(amorphous polymer)의 사슬 조직(몰폴로지)에 대한 이해가 더욱 깊이 요구되고 있다.

무정형 고분자의 몰폴로지를 설명하기 위한 모델로서 아래 그림 5.59(a)에 주어진 바와 같이 흔히 거론되는 '랜덤 코일' 모델이 있다. 이 모델에서는 어떠한 종류의 사슬 정렬도 존재하지 않고 단일 상(single-phase)을 가정하고 있다. 이에 따라 이 모델은 통계적 특성을 가진다.

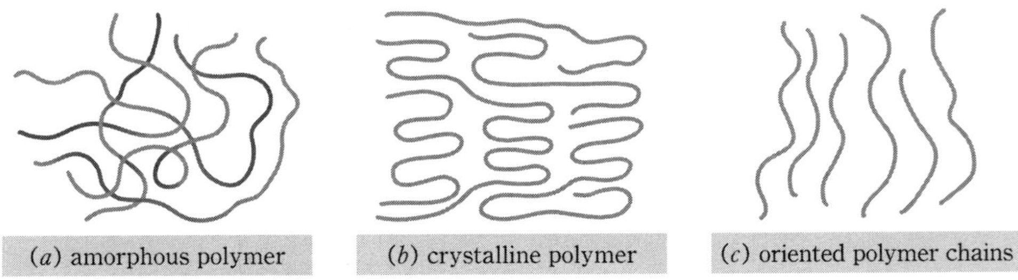

그림 5.59 ❖ 무정형 고분자의 몰폴로지 모델(결정성 고분자 사슬 및 배향된 고분자 사슬과의 비교)

아래 표 5.7에 전형적인 무정형 상태에 있는 고분자들의 분자 크기(R_g)를 실험적으로 소각 중성자 산란(small-angle neutron scattering: SANS), 광산란 등으로 측정한 값이 나타나 있다.

표 5.7 무정형 상태에 있는 벌크 고분자의 분자 차원의 치수(molecular dimension)

		$(R_g^2/\overline{M}_w)^{1/2}\ \dfrac{\text{Å}\cdot\text{mol}^{1/2}}{g^{1/2}}$		
Polymer	State of Bulk	SANS Bulk	Light-Scattering (θ–Solvent)	SAXS
Polystyrene	Glass	0.275	0.275	0.27
Polyethylene	Melt	0.46	0.45	—
Poly(methyl methacrylate)	Glass	0.31	0.30	—
Poly(ethylene oxide)	Melt	0.343	—	—
Poly(vinyl chloride)	Glass	0.30	0.37	—
Polycarbonate	Glass	0.457	—	—

광산란은 매우 묽은 용액(완전한 무정형 상태에 가까움)에서 고분자의 크기를 측정하게 되는데, 이로부터 얻어진 값이 SANS 실험(중수소화 고분자와 보통의(ordinary) 고분자의 혼합물을 시료로 사용)을 통하여 무정형 고체 상태로부터 얻어진 것과 거의 같은 값을 보여주고 있는 것으로 미루어 보아, 무정형 고분자의 몰폴로지가 랜덤 코일(단량체 단위들이 랜덤하게 배향되는 사슬)에 가깝다고 유추할 수 있다. 그러나 편극 소거된 광산란(depolarized light scattering), X-선 회절 또는 전자 회절, 변형 복굴절(strain birefringence), 암 시야 회절 콘트라스트(dark field diffraction contrast)나 상 콘트라스트(phase contrast), 밀도 측정 등과 같은 보다 세밀한 실험 결과에 의하면 무정형 고분자 내에도 국부적 정렬인 단거리 정렬이 존재한다는 연구 결과들이 보고되고 있다. 국부적 정렬의 개념을 무시하고 완전히 랜덤 코일(이상적 사슬에 해당) 개념을 기준으로 한 기초 모델로서 이미 앞에서 여러 가지 모델들을 소개하였는데, FJC, FRC, HRC, WLC, RIS 모델들이 이에 속한다.

5.7 고분자의 결정화 거동

5.7.1 중합 반응 진행 중의 결정화

고분자 물질의 물리적 상태가 변화됨에 따라 결정화가 유도되는 것이 일반적이긴 하지만, 특별한 경우에는 단량체로부터 고분자가 얻어지는 화학적인 변화 과정 중에 결정화가 일어날 수도 있다. 이때의 메커니즘은 아래 그림 5.60(a)에서와 같이, 중합 반응과 결정화가 동시에 일어나거나 중합이 일어난 후 바로 결정화가 이어지는 것이다. 예를 들어 폴리설퍼 나이트라이드(polysulfur nitride: PSN)나 폴리파라자일렌(poly(p-xylene))의 경우, 고상 중합(solid state polymerization)이 일어날 때에 중합 반응과 결정화가 동시에 이루어진다. 즉, 중합과 결정화가 일어나는 사이트가 동일하며 그 사이트에서 단지 화학 반응만 일어난다. 이때 단량체가 가지고 있는 원래의 결정 구조가 고분자에서도 유지가 된다. 이에 비해, 중합이 일어난 후 연이어 결정화가 일어날 때에는 중합과 결정화의 사이트가 독립적이 된다. 그림 5.60(b)에 폴리설퍼 나이트라이드의 결정 시료를 보여주고 있다.

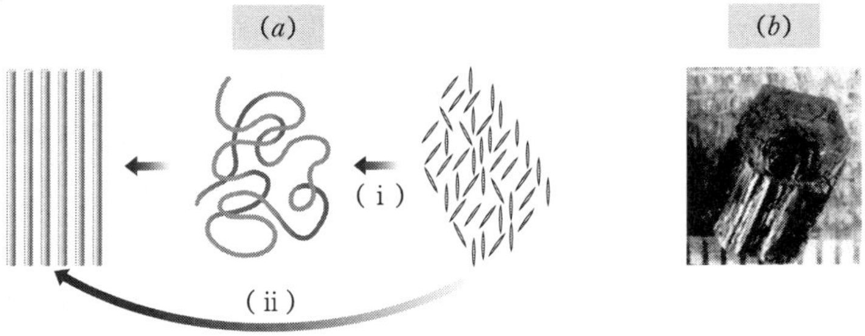

그림 5.60 ❖ (a) 고분자의 중합 반응 중의 결정화, (b) 중합과 결정화가 동시에 일어나는 경우의 고분자 예(폴리설퍼 나이트라이드)[15]

이들 고분자는 사슬의 강직도가 크거나 공액(conjugation) 특성을 가진 경우가 많다. PSN 결정은 고리 이량체(cyclic dimer)인 디설퍼나이트라이드(disulfur dinitride, 결정상), $(SN)_2$로부터 아래 그림 5.61에서와 같이 고리 개환 중합(ring-opening polymerization)에 의해 합성되는 무기 고분자(inorganic polymer)이다. 고리 이량체는 S_4N_4 가스의 은(A_g) 촉매 반응으로부터 얻어진다. PSN 결정은 상온에서는 금속 수준의 전기 전도도를 보이고, 아주 저온(0.3 K 이하)에서는 초전도(superconductivity: 전기적 저항이 없어짐)를 나타내는 유일한 초전도 고분자 물질이다.

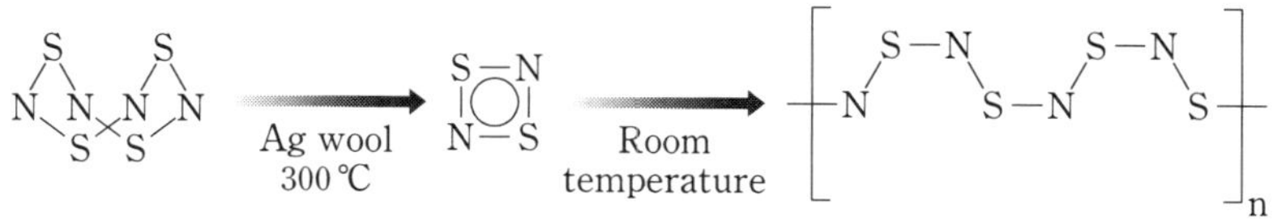

그림 5.61 ❖ 폴리설퍼 나이트라이드의 생성 반응

폴리파라자일렌 결정은 아래 그림 5.62에서와 같이, 전구체(precursor: 화학 반응을 통하여 다른 화합물을 얻기 위한 화합물)인 파라사이클로판(para-cyclophane)이 코팅 과정 중에 기상 열분해(vapor-phase pyrolysis)함에 따라, 그 분해 생성물(*p*-자일렌 단량체)들이 부품의 표면에서 화학 증착(chemical vapor deposition)을 통하여 중합을 하며 동시에 결정화가 일어난다. 폴리파라자일렌은 높은 용융점, 내열성 및 고온에서의 내용매성, 차단 성질(barrier properties) 등이 뛰어나 전자기기나 의료기기 등의 보호막을 위해 주로 이용되고 있다.

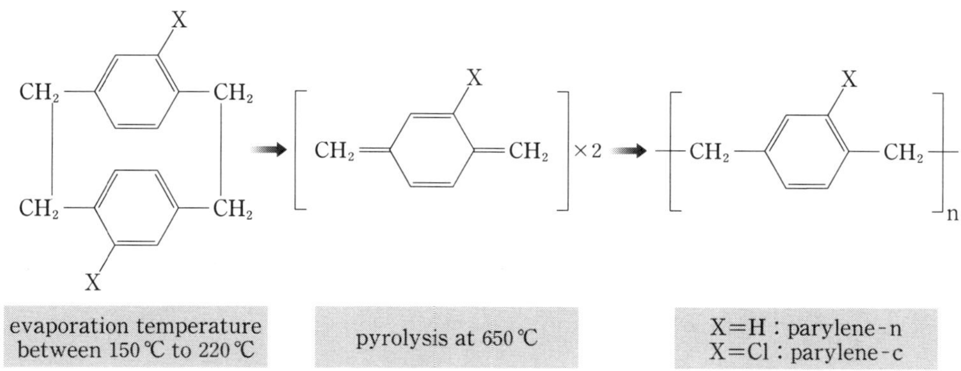

그림 5.62 ❖ 폴리파라자일렌의 생성 반응

5.7.2 사슬 배향에 의해 유도되는 결정화

긴 고분자 사슬이 섬유(fibril) 형태의 결정을 형성하기 위해서는 연신 과정이 필요하다. 이때 사슬이 일그러지며(distortion) conformation 엔트로피가 감소한다. 엔트로피의 감소는 자유 에너지의 증가(시스템의 안정성 감소)를 가져오지만 결정화를 위해서는 감수해야 하는 요소이다. 그러나 사슬 정렬에 따른 결정화로 인하여 엔탈피가 감소하므로 이를 극복하여 시스템의 안정성을 확보할 수가 있게 된다. 천연 고무나 폴리이소부틸렌(PIB) 등은 연신에 의해 배향 유도성 결정화가 가능하다.

연신에 의해 얻어지는 결정화 과정에서는, 앞의 에피택시층을 포함하는 결정화 부분에서 이미 설명한 바와 같이, 먼저 연신된 상태의 사슬 분자(또는 세그멘트)가 정렬하여 결정을 위한 핵으로 작용함으로써 기질(substrate)을 형성하고(shishi라 부름: 그리스어로 칼이라는 의미를 가짐), 그 표면 위에 덧층(overlayer)이 용착되어 성장된 디스크 형태(kebab이라 부름: 그리스어로 접시라는 의미를 가짐)의 결정이 형성된다. 이와 같이 결정성 기질 위에 덧층이 형성된 것을 에피택시층이라 부른다. 케밥(kebab)층은 주로 코일 상태의 사슬 분자(또는 세그멘트)로부터 확산에 의해 이루어진다. 기질이 일단 형성되면 기질 사이의 공간에서 유체의 속도 구배가 형성됨으로써 케밥층의 형성이 유도될 수 있다. 라멜라 케밥 사이의 거리는 쉬쉬(shish)를 따라 대개 200 ~ 1000 Å 정도이다. 이때 얻어지는 꼬치 구조 형태는 연신에 의해 초고성능의 강도와 탄성률을 가진 섬유를 제조하는 산업적 측면에서 매우 중요한 역할을 함에도 불구하고, 그 생성 배경에 대한 이해가 아직 완전하지는 못하다.

5.7.3 정지 조건(quiescent condition)에서의 결정화

정지 조건이라 함은 전단력(shearing force)이 작용하지 않는 조건으로, 묽은 용액이나 용융 상태에서 결정화가 일어나는 경우에 해당한다. 묽은 용액의 경우, 냉각, 용매의 휘발, 비용매의 첨가 등에 의해 결정화가 가능하다. 묽은 용액의 냉각에 의해 1957년에 폴리에틸렌 단결정의 확인이 최초로 이루어졌다. 대부분의 상업적 결정화는 용융 상태에서 이루어지며, 많은 고분자의 경우에 기본적 구조 형태가 라멜라 결정상(crystal habit: 결정의 가시적 외관)을 보인다.

5.8 고분자 결정화의 분자 수준 메커니즘

5.8.1 고전적 핵 생성 이론(classical nucleation theory)

고전적 핵 생성 이론은 열역학을 바탕으로 하여 저분자 결정 등을 위한 핵 생성, 결정의 성장 및 안정성을 합리적으로 설명하기 위한 일반적 틀(framework)이다. 핵의 생성이라 함은 모상(parent phase)으로부터 새로운 상의 형성이 시작되는 것을 의미한다. 핵의 생성에는 1차 핵 생성(primary nucleation)과 2차 핵 생성(secondary nucleation)이 존재할 수 있는데, 1차 핵 생성은 시스템 내에 최종적으로 얻고자 하는 결정과 같은 화합물로 구성된 결정이 존재하지 않는 상태에서 핵 생성이 진행되는 경우이고, 2차 핵 생성 과정은 얻고자 하는 결정과 같은 구조의 완전히 성장한 결정이 존재하는 상태에서 새로운 핵이 생성되는 경우이다.

1차 핵 생성에는 핵이 생성을 시작하는 원래 사이트(site)의 성격에 따라, 아래 그림 5.63에서와 같이 균일 핵 생성과 불균일 핵 생성이 있다. 균일 핵 생성은 이미 존재하고 있는 핵이 전혀 없는 상태에서 오로지 과냉각에 의해서만 핵 생성이 일어나는 경우이다. 이에 반해, 불균일 핵 생성은 핵 생성제(nucleating agent) 등과 같은 외부 입자가 제2의 상으로 도입될 경우이다. 이때 불균일 핵 생성을 겉보기(apparent) 2차 핵 생성이라고도 한다.

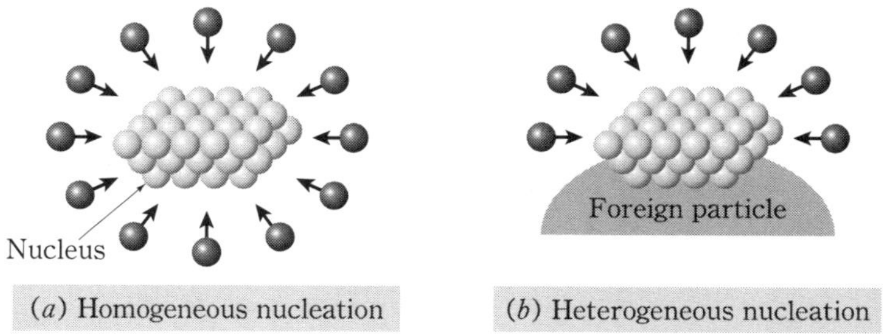

그림 5.63 ❖ 1차 핵 생성: 균일 핵 생성(a)과 불균일 핵 생성(b)

2차 핵 생성에서는 이미 존재하고 있는 종자 결정(seed crystal: 최종적으로 얻어질 결정과 같은 구조를 가짐)의 표면에 용액 내 분자가 부가적 층을 형성하게 되는데, 이는 분자의 확산, 경쟁적인 흡착/탈착 등에 의해 영향을 받는다. 2차 핵 생성은 기본적으로 불균일 핵 생성의 성격을 가진다. 2차 핵 생성을 야기시키는 원인으로서 핵 사이의 충돌이나 유체의 전단(shear), 결정과 교반기의 충돌, 결정과 반응기 벽과의 충돌 등 다양한 원인이 존재할 수 있어, 2차 핵 생성을 충돌 핵 생성(collision nucleation), 또는 접촉 핵 생성(contact nucleation)이라 부르기도 한다. 이들 핵 생성의 특성을 도식적으로 요약해서 나타내면 아래 그림 5.64와 같다.

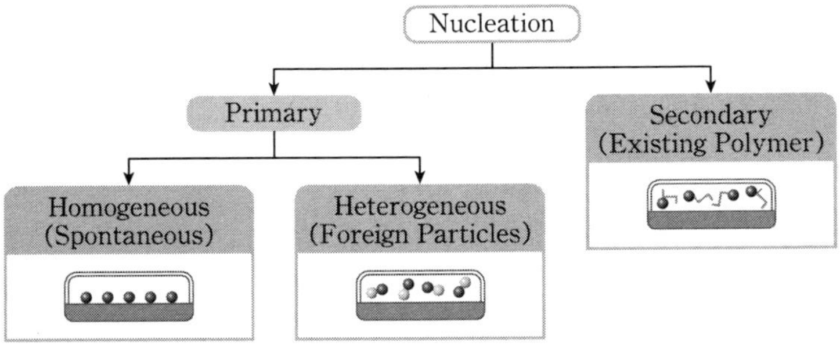

그림 5.64 ❖ 1차 핵 생성 및 2차 핵 생성의 관계(●: nucleation point)

1차 핵 생성이나 2차 핵 생성에 있어서 안정한 핵이 형성되기 위해서는, 아래 그림 5.65에서와 같이 핵의 크기가 증가하여 결정화가 되기 위한 자유 에너지 장애를 극복하여야 한다. 1차 핵 생성 경우에 비해 2차 핵 생성 경우에는 단위 부피당 적은 양의 새로운 표면이 생성되므로 활성화 에너지 장애의 크기가 작다. 임계 핵(critical nucleus: 핵이 안정화될 수 있는 최소 크기, r^*)의 크기는 총 자유 에너지 곡선의 정점에 상응하며, 이는 자유 에너지 장애(free energy barrier)의 크기에 의해 결정된다.

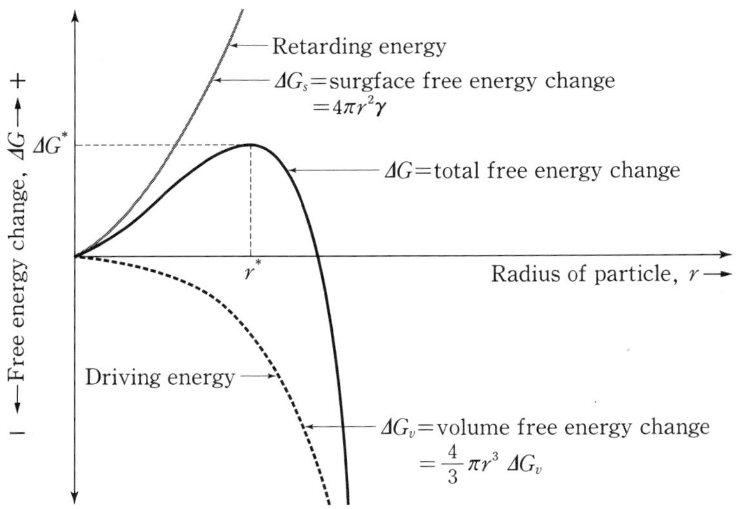

그림 5.65 ❖ 안정한 핵 생성을 위한 자유 에너지 장애 극복(ΔG_v: 단위 부피당 자유 에너지 변화)

고분자의 결정화 이론들은 주로 위에서 언급한 고전적 핵 생성 이론에 사슬 접힘 원리를 접목하여 다루고 있다. 고분자 결정화를 위한 분자 수준에서의 메커니즘을 규명하기 위해서는, 다음과 같이 실험적으로 나타나는 중요한 특징들을 잘 설명할 수 있는 이론이 확립되어야 한다.

i) 일반적으로 묽은 용액이나 용융 상태의 고분자 결정화에서는 얇은 라멜라 형태가 존재한다.
ii) 라멜라 두께는 일반적으로 $1/(T_m - T_c)$ 또는 $1/(T_s - T_c)$에 비례한다. 여기서, T_m은 용융체의 온도, T_s는 용액의 온도, T_c는 결정을 유도하는 상태의 온도이다. $\Delta T = (T_m - T_c)$ 또는 $(T_s - T_c)$는 결정화를 위한 원동력으로서 과냉각이라고도 한다.
iii) 결정화 과정 중에 사슬 접힘이 일어난다(묽은 용액의 경우에 더 우세하게 나타남).
iv) 결정의 성장 속도가 결정화 온도 및 고분자의 분자량에 의해 크게 영향을 받는다.

1차 핵 생성이든 2차 핵 생성이든 모두 안정한 형태를 이룰 때까지 핵이 임계 크기로 성장하여야 한다. 안정한 핵이 형성되면 2차 핵 생성의 모드와 같은 방법으로 사슬의 물질 전달에 의해 고분자 결정의 성장이 이루어진다. 고분자의 결정화에 있어서 일반적으로 1차 핵 생성이 주를 이루며, 또한 불균일 핵 생성이 균일 핵 생성보다 훨씬 더 자주 우호적으로 일어난다. 이는 불균일 핵 생성의 경우 단위 부피당 결정의 표면적을 줄여 그 생성을 위한 에너지를 감소시킬 수 있기 때문이다.

1차 핵 생성 과정에서는 균일 핵 생성의 경우, 아래 그림 5.66에서와 같이 몇 개의 고분자 사슬들이 나란히 충진되어 실린더 모양의 결정 배아(crystalline embryo)를 형성한다. 이 과정에서 표면이 커져 자유 에너지가 증가하지만 결정 내에 분자들이 합병됨으로써 부피의 증가와 더불어 자유 에너지가 감소하게 된다. 결정화 온도에서 충분한 열적 요동이 자유 에너지 장애를 극복할 수 있게 한다. 일단 핵이 임계 크기보다 커지게 되면 결정의 크기의 증가에 따라 자유 에너지가 점차 감소하므로 결정은 자연적으로 성장하게 된다.

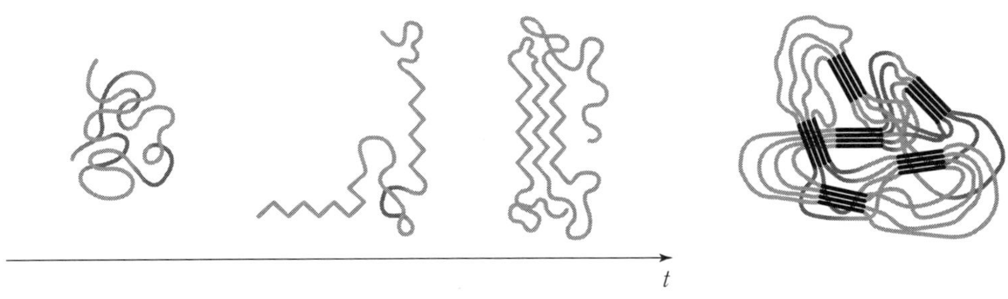

그림 5.66 ❖ 1차 핵 생성 과정에서의 결정 배아 형성(균일 핵 생성)

불균일 핵 생성의 경우에는 아래 그림 5.67에서와 같이, 외부 고체(nucleating agent: 핵 생성제)의 존재가 표면을 제공함으로써 시스템 내에 여러 개의 단일점 핵 생성 사이트(single-point nucleation site)를 형성하여 고분자 사슬의 정렬을 유도함으로써 결정화 속도를 증진시킬 수 있다.

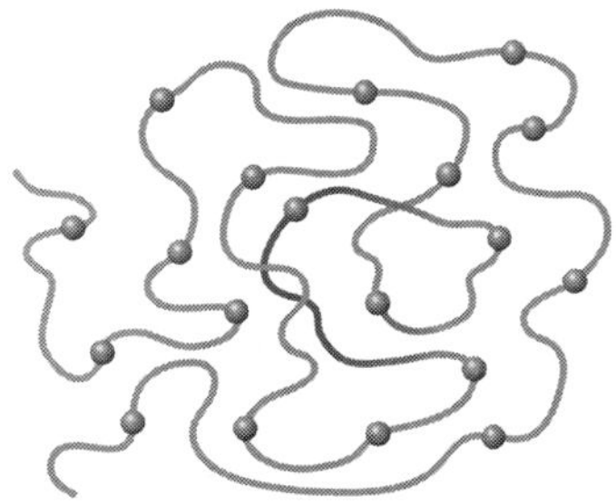

그림 5.67 ❖ 불균일 핵 생성을 위한 단일점 핵 생성 사이트

5.8.2 라멜라 결정 형성을 위한 열역학적 개념의 적용(Gibbs-Thomson 식)

일반적으로 열역학적인 접근은 현상학적인 이론으로, 단순하지만 매우 강력한 도구로 사용될 수 있어 고분자의 결정화 거동에 있어서도 이를 먼저 고려해 보는 것이 유익하다. 순수하게 라멜라 형태를 가진 결정은 주로 묽은 고분자 용액으로부터 얻어진다. 아래 그림 5.68에 주어진 바와 같이, 이미 같은 종류의 유연한 고분자로 구성되어 있는 기존의 결정 측면(lateral surface)에서 2차 핵 생성 과정의 모드에 의해 결정이 전파하는 경우를 고려해 보기로 한다.

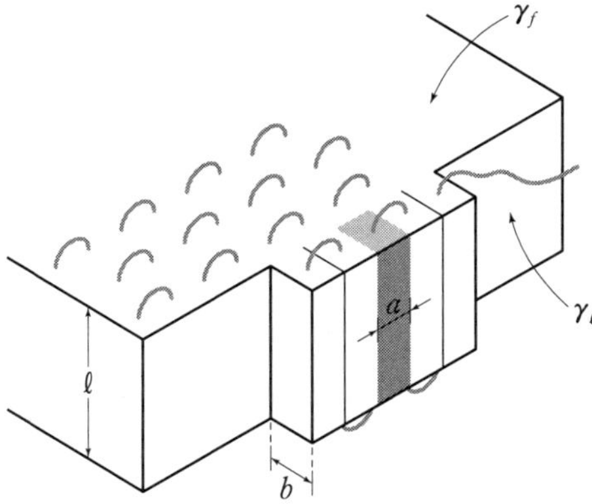

그림 5.68 ❖ 기존의 결정 측면에서 2차 핵 생성을 위한 결정의 전파

2차 핵 생성 과정 모드에서는 앞에서 언급한 바와 같이, 이미 존재하고 있는 결정 측면에 분자 가닥(molecular strand)을 내려 놓은(lay down) 후, 사슬 접힘 과정을 통하여 순차적으로 사슬 세그멘트들을 부가하여 결정의 측면 성장이 일어난다. 결정의 측면에 길이 ℓ(라멜라의 두께에 해당)을 가진 n개의 분자 가닥을 내려 놓으면 표면 자유 에너지가 다음과 같이 증가한다.

$$\Delta G_n\,(\text{surface}) = 2b\ell\gamma_\ell + 2nab\gamma_f \tag{5.19}$$

여기서, γ_ℓ은 측면 표면 에너지(lateral surface energy)이고, γ_f는 접힌 표면 에너지(fold surface energy)이다.

결정 내에 분자 가닥이 합병됨에 따른 자유 에너지의 감소는 다음과 같다.

$$\Delta G_n(\text{crystal}) = -nab\ell\Delta G_v \tag{5.20}$$

여기서, ΔG_v는 단위 부피당의 결정화에 따른 자유 에너지의 변화이다.

이에 따라 자유 에너지의 전체 변화는 다음과 같다.

$$\Delta G_n(\text{crystal}) = 2b\ell\gamma_\ell + 2nab\gamma_f - nab\ell\Delta G_v \tag{5.21}$$

평형 용융 온도(T_m^0)는 용융과 결정화가 같은 확률로 가능한 온도로서, 늘어진 사슬 결정(extended chain crystal)이 무한 길이로 쌓일 수 있는 가상적 온도이며, 이때에는 표면 효과가 거의 무시되므로 $\Delta G_v = 0$이 된다.

$$\Delta G_v = \Delta H_v - T_m^0\Delta S_v = 0 \tag{5.22}$$

$$\Delta S_v = \Delta H_v/T_m^0 \tag{5.23}$$

여기서, ΔH_v 및 ΔS_v는 단위 부피당의 평형 용융에 따른 엔탈피와 엔트로피의 변화를 나타낸다.

결정화 온도(T_c)가 T_m^0 보다 낮을 경우에는 라멜라 결정 내에서 사슬이 잘 정렬되어 있으므로, ΔS_v가 온도에 의해 큰 영향을 받지 않게 되어 ΔG_v는 다음과 같이 근사식으로 표시할 수 있다.

$$\Delta G_v \approx \Delta H_v - T_c\Delta H_v/T_m^0 = \Delta H_v\Delta \mathrm{T}/T_m^0 \tag{5.24}$$

$$\Delta T = T_m^0 - T_c \tag{5.25}$$

여기서, ΔT는 과냉각에 해당하고 결정화를 위한 원동력이 된다.

n값이 주어져 있을 경우, ΔG_n은 ℓ값이 가장 작을 때에 최대값이 되며 ℓ값이 증가함

에 따라 감소하게 되는데, ΔG_n값이 0이 될 때에 2차 핵 생성이 안정화되기 위한 사슬 가닥의 임계 길이(ℓ_0)가 된다. n값이 충분히 크게 되면 ΔG_n은 다음과 같이 표시할 수 있다.

$$\Delta G_n \approx 2nab\gamma_f - nab\ell\Delta G_v \tag{5.26}$$

$$\ell_0 = 2\gamma_f T_m^0 / \Delta H_v \Delta \mathrm{T} \tag{5.27}$$

임계 길이 이후의 결정의 크기는 ℓ_0에 거의 비례(비례 상수: β)하여 커지는 것으로 실험적으로 나타난다. 이는 사슬 재배열이 매우 낮은 속도로 일어나기 때문일 것으로 추정된다.

$$\ell = \ell_0 \beta \tag{5.28}$$

이로부터 결정의 크기(ℓ)는 ΔT에 반비례하는 특성을 가진 것으로 예측된다.

일반적으로 용융 과정은 결정화 과정의 반대 과정으로 볼 수 있다. 라멜라 결정이 용융되는 과정에서의 자유 에너지의 전체 변화(ΔG)는 라멜라 결정의 측면 크기가 x, y이고 두께가 ℓ일 경우에 다음과 같이 나타낼 수 있다.

$$\Delta G = xy\Delta G_v - n2\ell(x+y)\gamma_\ell - 2xy\gamma_f \tag{5.29}$$

용융 과정에서의 ΔG_v는 결정화 과정에서의 그것과 거의 같은 형태로 표시할 수 있다.

$$\Delta G_v \approx \Delta H_v - T_m \Delta H_v / T_m^0 = \Delta H_v \Delta T / T_m^0 \tag{5.30}$$

이때의 ΔT는 $(T_m^0 - T_m)$에 해당한다. 라멜라 결정의 용융 온도에서의 ΔG값은 0이 되며, 결정의 위와 아래에서의 표면적이 측면에서의 표면적보다 훨씬 더 크므로, 위 식을 정리하면 라멜라 결정의 용융 온도는 다음과 같다.

$$T_m = T_m^0 \, [(1 - (2\gamma_f / \ell \Delta H_v)] \qquad \text{(Gibbs-Thomson 식)} \tag{5.31}$$

즉, Gibbs-Thomson 식은 ΔH_v를 별도 실험(열량 측정: calorimetry)으로부터 얻을 경우, 라멜라 두께에 따른 용융 온도의 측정을 통하여 T_m^0와 γ_f에 관한 정보를 제공해 줄 수 있다.

위에서 나타난 ℓ과 ℓ_0 사이의 관계식을 이용하여 Gibbs-Thomson 식을 다음과 같이 약간 변형시킬 수 있다.

$$T_m = (1/\beta) T_c + [1 - (1/\beta)] T_m^0 \qquad \text{(Hoffman-Weeks 식)} \tag{5.32}$$

이 관계식을 이용하여 주어진 고분자의 결정화에 있어서 T_m과 T_c를 플롯함으로써

T_m^0와 β 값을 구할 수 있게 된다.

일반적으로 고분자의 T_m과 T_c 사이에는 아래 그림 5.69에서의 poly(2,2-dimethyl-1,3-propylene 2,5-furan dicarboxylate)(PDMPF)의 경우에서와 같이 선형 관계가 형성된다.

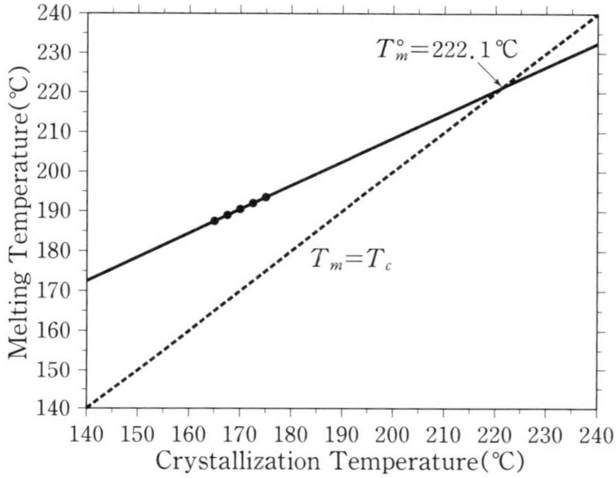

그림 5.69 ❖ PDMPF의 T_m과 T_c 사이의 관계[16]

실험 결과를 나타내는 선의 외삽이 $T_m = T_c$ 선과 만나는 점이 T_m^0에 해당하는데, 이는 무한히 두꺼운 결정(또는 무한히 긴 결정)의 용융 온도로서 평형 상태에서 얻어지는 결정을 위한 가상적인 값이다. 실제의 경우, 속도론적 장애(kinetic barrier: 활성화 에너지의 존재)로 인해 라멜라 결정의 두께는 무한하지 않으며 T_m은 T_m^0보다 항상 작은 값을 가진다.

5.8.3 라멜라 결정 형성을 위한 미시 속도론(microscopic kinetics)

대부분의 고분자 결정들에 있어서, 접힘 구조를 가진 사슬들이 열역학적으로 준안정 상태(metastable state)에 있음에 따라, 고분자의 결정화를 설명하기 위한 방법으로 앞에서 설명한 열역학적인 방법보다 결정의 미시 속도론적 측면에서 다루는 방법이 더 많이 고려되고 있다. 일반적으로 속도론적 접근은 두 부분을 중요하게 다루는데, 아래 그림 5.70에서와 같이 그 하나는 원동력(driving force: 무정형 영역과 결정 영역의 자유 에너지 차이로서 핵 생성에 해당)이고, 다른 하나는 어떤 종류(some kind)의 자유 에너지 장애(사슬의 확산에 의한 결정의 전파에 대한 장애)이다. 이 2개의 인자가 서로 경쟁하여 최적의 결정 성장 속도를 결정하고 이에 따라 라멜라의 두께가 결정된다. 일반적으로 결정화 온도가 낮으면(T_g에 가까워질수록) 사슬의 배열이 용이하므로 핵 생성이 유리하고, 결정화 온도가 높아지면(T_m에 가까워질수록) 사슬의 확산이 쉬워져 결정의 성장에 유리하다. 전체 결정화 속도(overall crystallization rate: 고분자 결정을 형성하는 속도로서 최종 결정화도의 절반에 이르는데 소요되는 시간의 역수로 대변)는 이들 두 인자의 상대적 중요도에 따라 결정되며, 일반적으로 고분자의 T_g와 T_m 사이의 결정화 온도에서 최대치를 가진다.

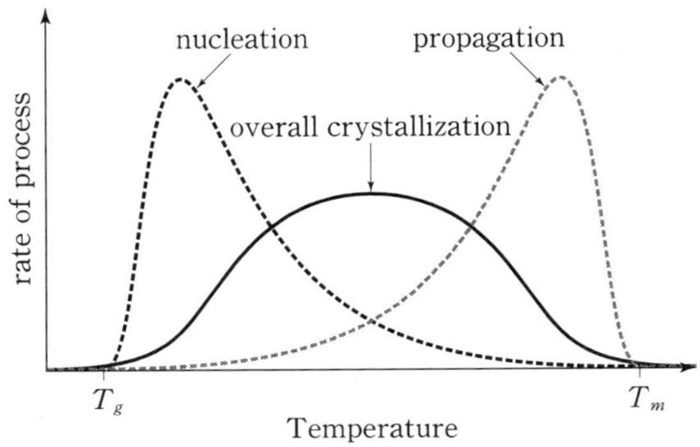

그림 5.70 ❖ 전체 결정화 속도를 결정하는 인자

그런데 실질적으로 고분자의 결정화는 사슬의 확산, 흡착, 탈착, 사슬의 얽힘, 압출 과정의 결함 등 다양한 요인에 의해 영향을 받는 매우 복잡한 과정이므로 상당한 가정을 통해서만 미시 속도론적 해석이 가능하다. 고분자 라멜라 결정의 미시 속도론적 접근에 있어서 가장 잘 알려진 이론이 Hoffman-Lauritzen(HL)이론이다. 이 이론의 기본적인 과정은 유연한 사슬을 가진 고분자의 묽은 용액 시스템에서의 불균일 핵 생성에 대한 새로운 핵의 생성과 그 핵의 성장이다. 즉, HL 모델에서는 핵의 생성 속도(기질의 표면에 사슬이 침착되는 속도: 기질 표면의 단위 길이, 단위 시간당 침착되는 개수)와 사슬의 확산 속도(결정 표면에 사슬이 붙고 떨어지는 속도의 차이)가 주요 인자가 된다. HL 모델에서는 아래 그림 5.71과 같은 라멜라의 기하학적 구조를 토대로 다음의 여러 가지 가정을 기본 전제로 하고 있다. 이 그림에서 g는 측면 방향으로의 핵의 전파 속도이고 G는 라멜라 결정의 성장 속도이다. 핵의 측면 방향의 전파(g)는 사슬이 결정 구조에서 어긋나는 지점(dislocation)에 도달하거나 다른 핵과 충돌할 때까지 지속된다.

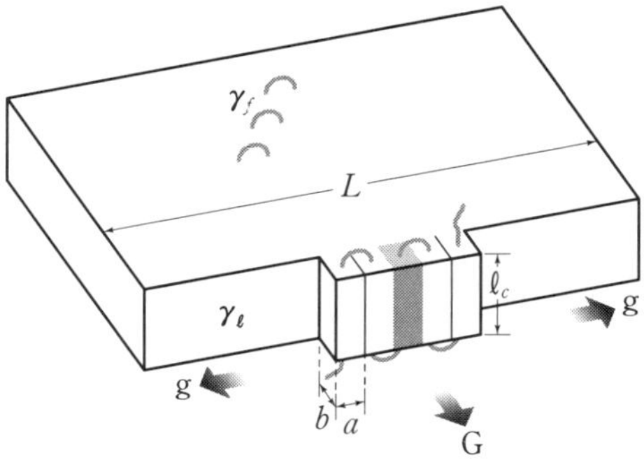

그림 5.71 ❖ HL 이론을 설명하기 위한 도식적 묘사: L(라멜라 결정의 지속 길이), ℓ_c(라멜라의 접힘 길이), γ(표면 에너지)

i) 임계 핵(critical nucleus: 안정한 새로운 상이 형성되기 시작할 때의 핵)은 랜덤 요동에 의해 야기되는 1개의 줄기(stem)이다. 다른 줄기들은 결정면(crystal front)에 침착하여 결정의 성장을 완성시킨다.
ii) 핵이 처음으로 결정 표면에 침착된 후, 핵을 형성한 고분자 사슬의 남은 부분이 결정면에 순차적으로 같은 접힘 길이로서 흡착이 된다. 즉, 사슬이 규칙적인 접힘을 가진다.
iii) 일단 핵이 생성되면 하나의 사슬이 측면 성장을 위해 소모된 후 다른 사슬이 측면 성장을 위하여 도입된다.
iv) 매끈한 표면에서 핵의 성장이 이루어진다. 즉, 이미 존재하는 표면이 원자 스케일로 매끈하여 매 단계의 침착이 새로운 표면을 생성한다.

이러한 가정을 전제로 할 경우, HL 모델의 기본 과정은 단지 핵의 생성과 이의 측면 성장이라는 2개의 단계를 거친다. 이에 따라, HL 모델에 근거한 이론을 'HL 2차 핵 생성 이론'이라고도 부른다. 이들 가정을 바탕으로 매우 길고 복잡한 계산 과정을 거쳐 얻어진 HL 이론의 결과로부터 라멜라 결정의 성장 속도(G: cm/sec, 실험적으로 측정이 가능한 속도)는 다음식으로 나타난다.

$$G(T) = G_0 \exp[(-U^*/R(T_c - T_0)]\exp(-K_g/T_c f \Delta T) \quad (5.33)$$

여기서, G_0는 전지수 인자(pre-exponential factor), U^*는 고분자 세그멘트의 전달(transport: 확산 등)과 관련이 되는 활성화 에너지, $T_0 = T_g - 30$ K로서 점성 액체의 흐름이 종료되는 온도(사슬의 확산이 중지되는 온도에 해당), $K_g = (4b\gamma_\ell \gamma_f T_{m0}/k\Delta H_f^0)$는 핵 생성을 위한 속도 인자(또는 핵 생성 상수라고도 함), $\Delta T = T_{mo} - T_c$로서 과냉각에 해당하고, $f = 2T_c/(T_{mo} + T_c)$로서 용융열(ΔH_f^0)의 결정화 온도 의존성을 보정하기 위한 인자, T_c는 결정화 온도, T_{m0}는 평형 상태에서의 결정의 용융 온도이고, k, R은 각기 Boltzmann 상수, 기체 상수이다. K_g 값은 주로 결정화 온도(과냉각 정도에 해당)의 함수인데, 고분자의 분자량, 화학적 조성 등에 의해서도 영향을 받는다. 즉, K_g는 핵의 생성 속도와 사슬의 확산 속도(g와 관련됨)의 상대적 차이에 크게 영향을 받는다.

아래 그림 5.72에 폴리옥시메틸렌(polyoxymethlene: POM)/은(Ag) 나노 복합체들의 (나노 입자의 함량을 0 ~ 2 무게% 범위에서 변화) 등온 용융 결정화에 대한 과정을, HL 이론에 근거하여 구정의 성장 속도(G)와 사슬 세그멘트의 확산을 위한 활성화 에너지(U^*)의 합에 관련된 항과 결정화 온도(T_c) 등에 관한 항에 대하여 플롯한 결과로 나타내고 있다. 사슬 세그멘트의 확산을 위한 활성화 에너지(U^*)는 다음 식으로 주어진다.

$$U^* = C_1T_c/(C_2 + T_c - T_g) \qquad (C_1 = 4120\ \text{cal/mole},\ C_2 = 51.6\ \text{K}) \tag{5.34}$$

위 HL 식에 로그를 취함으로써 그 식이 아래와 같이 선형화될 수 있다.

$$\ln G + U^*/[R(T_c - T_o)] = \ln G_o - K_g/[T_c f \Delta T] \tag{5.35}$$

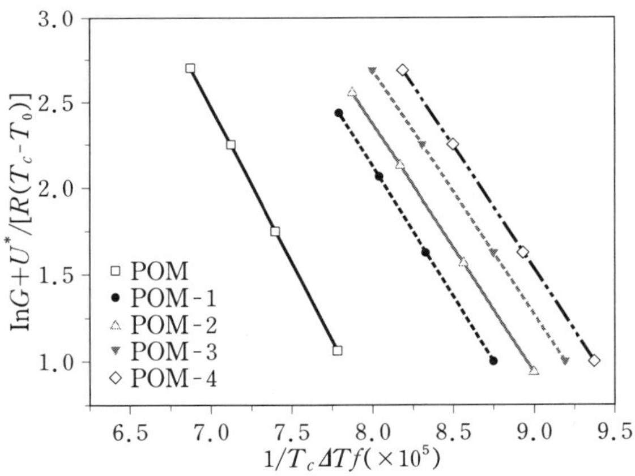

그림 5.72 ❖ 폴리옥시메틸렌/나노 은(nano-silver) 복합체의 구정의 성장 속도와 그에 관련된 항의 플롯(HL 모델 플롯) [17]

위 플롯의 기울기와 절편으로부터 K_g와 G_0 값을 구할 수 있다. 아래 표 5.8에 은 나노 입자의 함량에 따른 K_g 값을 나타내었다.

표 5.8 폴리옥시메틸렌/은 나노 복합체의 나노 입자 함량에 따른 K_g 값[17]

Samples	POM	POM-1	POM-2	POM-3	POM-4
$K_g(\times 10^5\ K^2)$	2.48±0.02	2.23±0.03	2.15±0.05	2.11±0.06	2.27±0.04

우선, K_g 값들이 은 나노 함량에 따라 상당히 유사한 값을 보이고 있는 것으로 보아 이들 등온 결정화 시스템의 핵 생성 및 그 전파의 모드가 거의 비슷함을 짐작할 수 있다. 또, 은 나노 입자의 첨가에 따라 K_g 값이 감소하는 경향을 볼 수 있는데, 이는 나노 입자의 첨가에 따라 새로운 결정면을 생성하기 위한 에너지가 감소하기 때문이며, 이로 인해 결정화 속도가 촉진된다. 나노 입자의 함량이 2 wt%(POM-4)로 증가하게 되면 다시 K_g 값이 증가하는 경향을 보이는 것은 이들 입자가 서로 응집되어 핵 생성 센터의 수를 줄이기 때문이다.

위의 HL 이론은 유연한 고분자 사슬의 묽은 용액 시스템으로부터의 결정화 과정을 바탕으로 하고 있는데 비하여, 고분자 용융체로부터 결정화가 이루어질 경우 사슬의 얽힘 현상으로 인해 사슬의 확산 과정 및 사슬의 접힘 등이 큰 영향을 받으며 분자량의 영향도 있다. 이에 따라, 고분자 용융체의 결정화에 있어서 구정이나 라멜라 결정의 다층 집합물(axialites: 긴거리 정렬성이 낮고 비등방적인 라멜라 집합체) 등의 성장을 설명하기 위하여, 원래의 HL 이론을 기준(base)으로 하여 보다 더 진화된 모델들을 개발하려는 노력이 활발히 이루어지고 있다. 현재 상업적으로 활용되고 있는 고분자의 절반 이상이 반결정 고분자들임에도 불구하고, 이들의 용융 결정화에 의한 결정 형성 과정에 대한 기초 이론이 완전하게 정립되지 못하고 있어 많은 연구가 필요한 상황이다.

고분자의 분자량도 결정화 속도에 영향을 미치는데, 주어진 결정화 온도에서 결정의 성장 속도는 사슬의 세그멘트 이동에 영향을 받으므로 고분자의 분자량에 반비례하는 특성을 보인다. 분자량이 커질수록 평형 용융 온도(무한히 느린 냉각 때에 얻어지는 결정의 용융 온도)가 증가하므로 결정화를 위한 원동력은 커진다.

HL 이론은 상당히 강직한 고분자 사슬 시스템의 결정화 거동에 바로 적용되기는 어렵고, 단지 그 결정화 거동을 분석하기 위한 좋은 출발점이 될 수 있다. 또한, 진한 고분자 용액에서의 결정화 거동에 있어서도 순수 라멜라가 일부 얻어지기는 하지만, 상당히 구정에 가까운 몰폴로지를 보이고 있어 사슬의 얽힘 현상을 포함하여 그 결정화 거동에 대한 근본적 연구도 필요하다.

5.8.4 고분자의 벌크 결정화 속도

고분자의 벌크 결정화 속도(bulk crystallization rate)는 앞에서 설명한 HL이론에 의한 고분자의 전체 결정화 속도(overall crystallization rate)와는 다른 개념이다. 즉, HL 이론의 전체 결정화 속도는 고분자 결정체 내의 무정형 부분에 대한 정보는 전혀 가지고 있지 않다. 이에 비해, 고분자의 벌크 결정화 속도는 고분자의 결정화 속도를 결정성 고분자 전체의 거시적 관점에서 묘사하고자 하는 모델로서 Avrami 분석법이라고도 하는데, 미시적 관점과는 달리 현상학적으로 다루는 모델이다. 즉, Avrami 분석법은 하나의 상에서 다른 상으로 변환되는 속도론이다. 비교적 쉽게 접근할 수 있는 기법이긴 하지만, 모델 설정을 위한 가정이나 한계점 등을 특히 유의하여야 한다. 이 모델은 아래 그림 5.73에서와 같이, 시간에 따른 벌크 결정의 성장이 마치 연못에 빗방울이 떨어져 물결(wave front)이 퍼져나가고 이들 물결들이 서로 충돌하는 현상처럼 일어난다고 가정한다.

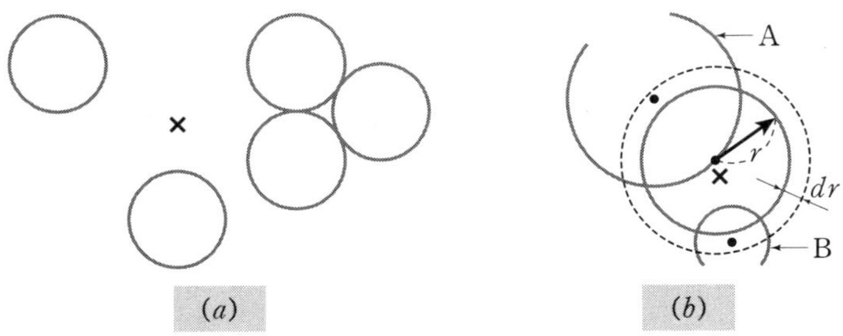

그림 5.73 ❖ 디스크 모양의 결정 성장: (a) 불균일 핵 생성, (b) 균일 핵 생성

위 그림 5.73(a)는 이미 존재하고 있는 외부 물체(디스크 형태: 두께가 일정)가 1차 핵 생성(불균일한 핵 생성) 역할을 할 때의 디스크들의 상면도(top view)이다. 이들 디스크가 방사(radial) 방향으로 성장하여 결정을 이루는데 모든 결정들은 같은 속도로 성장한다. 오른쪽 그림(b)은 사슬의 conformation이 랜덤하게 요동함에 따른 1차 핵 생성이 간헐적으로 일어난 후(균일한 핵 생성), 이들이 성장하여 벌크 결정을 이루는 경우인데, *A*, *B* 두 결정이 같은 거리(r)에서 생성되었음에도 불구하고, *A* 결정이 x 지점에 일정 시간 후에 도달하는 반면에, *B*결정은 같은 시간이 지남에도 x 지점에 도달하지 못하고 있음을 보여준다. 이는 x로부터 같은 거리에서 생성되긴 하였으나 핵 생성이 시작된 시기가 서로 다르기 때문이다.

1) 불균일한 핵 생성

핵 생성이 시스템의 성분이 아닌 불순물 표면에서 일어나므로 이를 불균일(heterogeneous) 핵 생성이라 부른다. 불균일한 핵 생성에서는 모든 핵이 동시에 생성되며, 이를 동시 핵 생성(simultaneous nucleation)이라 부르기도 한다. 시간 간격 t 동안에 x 지점에 모여드는 평균 파면(wave front)의 수(F)는, 방사 성장 속도(radial growth rate, $\dot{r}$: cm/sec)가 일정하고 평면상의 단위 면적당 핵의 개수가 N일 때에 다음과 같이 표시된다. 이때 시간 t 동안에 성장하는 디스크와 주위의 고분자 용융체 사이의 접촉은 결정화를 유도하기에 충분하다고 가정한다. 즉, 이들이 접촉하기 위하여 사슬의 확산을 별도로 고려하지 않는 경우이다.

$$F = \pi(\dot{r}t)^2N \tag{5.36}$$

위 그림의 x 지점을 중심으로 다양한 거리에 있는 핵들이 x 지점을 향해 달려오는 상황에서 x 지점을 통과하는 파면의 수를 여러 차례 측정하는 경우를 고려해 본다. 핵들이 시스템 내에서 랜덤하게 위치하고 있으므로, 측정되는 파면의 수는 어떤 최대치를 가지는 다음 식 5.37과 같은 형태의 분포(Poisson distribution: 각 사건들이 독립적으로 일어나고 두 사건이 정확히 동시에 일어나지 않는 등의 조건에서의 확률 분포)를 띄게 된다. 즉, 평균 F개의 파면이 x 지점을 통과할 확률 $P(F)$은 아래와 같다.

$$P(F) = e^{-F}F^F/F! \tag{5.37}$$

어떤 지점에서 디스크가 전혀 지나가지 않을 확률, $P(0)$는 다음과 같다.

$$P(0) = e^{-F} \tag{5.38}$$

즉, 결정화가 이루어진 분율이 θ일 때 아직 무정형 영역을 형성하고 있는 분율은 다음과 같다.

$$1-\theta = P(0) = e^{-F} \tag{5.39}$$

$$\theta = 1-e^{-F} \tag{5.40}$$

$$F = [\ln(1/(1-\theta)] \tag{5.41}$$

위의 식들을 결합하면 다음과 같다.

$$[\ln(1/(1-\theta)] = \pi(\dot{r}t)^2N \tag{5.42}$$

$$\theta = 1-\exp(-\pi\dot{r}^2Nt^2) \tag{5.43}$$

2) 균일한 핵 생성

시스템의 같은 성분으로부터 핵 생성이 유도되므로 이를 균일한(homogeneous) 핵 생성이라 부른다. 균일한 핵 생성은 랜덤 또는 자발적 핵 생성(random or spontaneous nucleation), 간헐적 핵 생성(sporadic nucleation)이라고도 한다. 위에서와 마찬가지로 결정이 디스크 형태로 성장한다고 가정할 경우, 반경의 미분 두께(differential radial thickness, dr)에 대하여 단위 시간, 단위 면적당 핵 생성이 일어나는 빈도가 $\dot{N}$인 경우 파면 개수의 증분(increment, dF)은 다음과 같다.

$$dF = (\dot{N}2\pi r dr)(t - r/\dot{r}) \tag{5.44}$$

위 식에서, 시간 t는 파면이 r 지점을 거쳐 dr에 도달하는 측정 시점이고, $r/\dot{r}$는 파면이 r 지점까지 도달하는데 소요되는 시간이다. 관찰하는 시간인 t에서 x 지점을 지나는 파면의 평균 개수($\bar{F}$)는 다음과 같다.

$$\begin{aligned}\bar{F} &= 2\pi\dot{N}\int_o^{\dot{r}t} r(t - r/\dot{r})dr \\ &= (1/3)\pi\dot{N}\dot{r}^2t^3\end{aligned} \tag{5.45}$$

이에 따라 결정 영역의 분율(θ)은 다음과 같이 된다.

$$\theta = 1 - e^{-\bar{F}} = 1 - \exp[(-1/3)\pi\dot{N}\dot{r}^2t^3] \tag{5.46}$$

지금까지의 경우는 일정한 두께를 가진 디스크 형태의 결정이 방사상으로 2차원적으로 성장하는 경우를 고려하였다. 이를 불균일 핵 생성에 기초하여 (단위 부피당 N개의 핵 생성 위치가 존재) 3차원적인 구정 형태로 성장하는 경우로 확장하여 고려하면 x 지점을 통과하는 파면의 평균 개수($\bar{F}$) 및 결정 분율(θ)은 다음과 같다.

$$\bar{F} = (4/3)\pi(\dot{r}t)^3N \tag{5.47}$$

$$\theta = 1 - \exp[(-4/3)\pi(\dot{r}t)^3Nt^3] \tag{5.48}$$

앞에서 설명한 논리를 바탕으로, 균일한 핵 생성을 기초로 하여 성장하는 구(sphere)를 위한 x 지점을 통과하는 파면의 평균 개수($\bar{F}$) 및 결정 분율(θ)은 다음과 같이 된다.

$$\bar{F} = (1/3)\pi\dot{r}^3\dot{N}t^4 \tag{5.49}$$

$$\theta = 1 - \exp[-(1/3)\pi\dot{r}^3\dot{N}t^4] \tag{5.50}$$

위의 두 가지 핵 생성 형태에 따른 결정 분율에 대한 결과를 종합하여 표시하면 다음 식 5.51과 같으며 이를 Avrami 식이라고 부른다.

$$\theta = 1 - \exp(-Kt^n) \qquad \text{(Avrami 식)} \tag{5.51}$$

여기서, K는 벌크 결정화 상수이고 n은 Avrami 지수이다. K는 성장하는 고분자 결정의 실체의 형태나 핵 생성의 양, 종류 등에 의해 영향을 받는다. n값은 핵 생성의 종류나 성장하는 결정의 기하학적 구조에 영향을 받으나, 핵 생성 양과는 상관이 없으며 결정화 메커니즘과의 관련성을 보여준다.

위에서 보여준 핵 생성 과정은 성장하는 디스크와 주위의 고분자 용융체 사이의 접촉(표면 에너지와 관련됨)이 결정화 과정을 위한 속도 결정 단계(rate-determining step)라는 것을 암시하고 있지만, 이와 다른 가능성으로 무정형 고분자 사슬의 성장 사이트로의 확산이 속도 결정 단계가 되는 경우를 고려할 수 있다. 이때에는, 고분자 사슬이 무정형 고분자로부터 확산해 나오는데 걸리는 시간이 반경 r을 가진 결정에 대하여 Stokes-Einstein 식에 의해 다음 관계식이 성립한다.

$$r = (2Dt)^{1/2} \tag{5.52}$$

이에 따라, 고분자 사슬의 확산이 결정의 성장 속도를 지배할 때에는 앞의 Avrami 식에서 다루었던 $\dot{r}$을 다음과 같이 확산 계수(D)로서 대체하여야 한다.

$$r = \dot{r}t \tag{5.53}$$

$$\dot{r} = (2D/t)^{1/2} \tag{5.54}$$

아래 표 5.9에 결정의 기하학적 구조 및 결정화 메커니즘에 따른 Avrami 지수 값들이 나타나 있다.

표 5.9 결정의 기하학적 구조 및 결정화 메커니즘에 따른 Avrami 지수

Avrami exponent	Crystal geometry	Nucleation mode	Rate determination
0.5	Rod	Simultaneous	Diffusion
1	Rod	Simultaneous	Contact
1	Disk	Simultaneous	Diffusion
1.5	Sphere	Simultaneous	Diffusion
1.5	Rod	Sporadic	Diffusion
2	Disk	Simultaneous	Contact
2	Disk	Sporadic	Diffusion
2	Rod	Sporadic	Contact
2.5	Sphere	Sporadic	Diffusion
3	Sphere	Simultaneous	Contact
3	Disk	Sporadic	Contact
4	Sphere	Sporadic	Contact

벌크 결정화 속도를 실험적으로 조사하기 위하여 먼저 시간에 따른 결정 영역의 분율을 측정함이 필요한데, 비체적(specific volume) 측정법이 매우 편리하다. 궁극적으로 결정 분율은 시간의 함수이므로 다음 식으로 표시할 수 있다.

$$\theta = (V_t - V_0)/(V_\infty - V_0) \tag{5.55}$$

여기서, V_t는 시간 t에서의 시료의 비체적, V_o는 시간 $t = 0$에서의 시료의 비체적(완전한 무정형)이고, V_∞는 시간 $t = \infty$에서의 시료의 비체적(완전한 결정)이다. 무정형 분율은 다음과 같이 표시된다.

$$1 - \theta = (V_\infty - V_t)/(V_\infty - V_o) \tag{5.56}$$

아래 그림 5.74에 폴리에틸렌의 용융 결정화 속도에 대한 실험 결과가 주어져 있다. 무정형 함량의 시간에 따른 감소가 S자 형태의 곡선을 보이는데 이는 Avrami 식에 따른 플롯과 유사하다. 또, 과냉각이 클수록 결정화 속도가 커짐을 알 수 있는데, 이는 과냉각이 클수록 핵 생성의 확률이 커지기 때문이다. 과냉각이 아주 커질수록 결정화 속도가 최대치를 보인 후 감소하고 있는것은 사슬의 이동성이 감소하여 핵 생성 효과를 상쇄시키기 때문이다. 아래 그림에서는 로그 시간 스케일(logarithmic time scale)에 따라 시료의 비체적이 변하는 양상을 보여주는데, 곡선들을 평행 축을 따라 이동하면 상당히 넓은 변환 영역에서 중첩됨을 알 수 있다. 이는 고분자의 기계적 성질을 위한 시간-온도 중첩 원리와 유사한 측면이 있다.

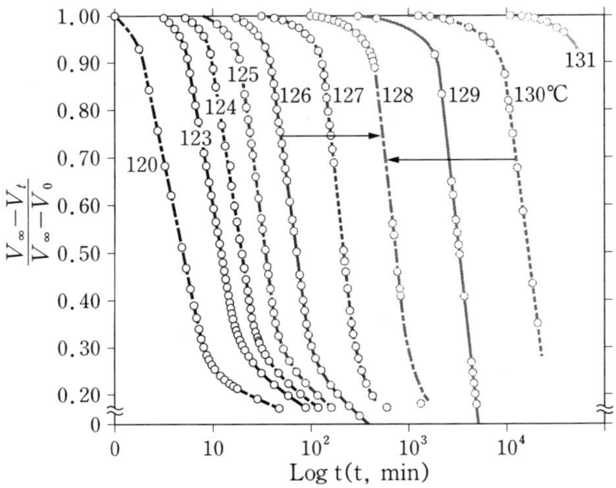

그림 5.74 ❖ 주어진 온도에서 결정화 시간에 따른 무정형 폴리에틸렌의 분율[18]

Avrami 식의 실험 결과를 조사해 보기 위하여 앞에서 주어진 Avrami 식의 로그를 취하면 다음과 같다.

$$\mathrm{Ln}\{\ln[1/(1-\theta)]\} = n \ln \mathrm{t} + \text{상수} \tag{5.57}$$

$\mathrm{Ln}\{\ln[1/(1-\theta)]\}$와 ln t를 플롯하였을 때 기울기가 Avrami 지수에 해당한다. 아래 그림 5.75에 폴리에틸렌 테레프탈레이트(PET)를 3개의 서로 다른 결정화 온도에서 용융 결정화를 유도하였을 때의 실험 결과를 나타내었다. PET의 용융 온도는 약 267°C이다. 236°C와 240°C에서 결정화를 유도할 경우의 기울기 값이 약 4로 나타나는데 이는 Avrami 식이 예측하는 균일한 핵 생성에 따른 구정 성장의 경우에 해당한다. 이와 달리, 110°C에서 결정화를 유도할 경우(과냉각이 매우 큼)의 기울기 값은 약 2가 되는데, 앞의 결정화 메커니즘과는 완전히 다르며, 분명하지는 않지만 특별한 결정화 메커니즘이 작동하는 것으로 추정된다. 일반적으로 Avrami 식이 실험 결과와 상당히 부합하는 경향을 보이지만, 많은 경우에 그 해석이 매우 복잡할 수 있음에 유의하여야 한다.

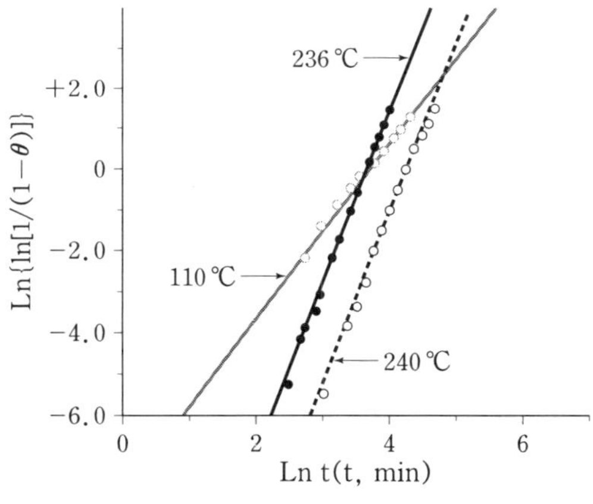

그림 5.75 ❖ 폴리에틸렌 테레프탈레이트의 결정화 온도에 따른 Ln{ln[1/(1-θ)]}와 Ln t 플롯[19]

앞서 언급한 바와 같이 Avrami 분석법을 이용할 때에는 그것이 가지고 있는 다음과 같은 가정들을 유의하여야 한다.

i) 시료의 부피가 결정화 과정 중에 변하지 않는 것을 전제로 하고 있다.
ii) 결정이 성장하는 동안 형태의 변화가 없다.
iii) 방사상 성장 속도가 일정하다.
iv) 유도 시간(induction time)을 고려하지 않는다.

v) 시료가 완전한 결정화도를 가진다.
vi) 핵이 랜덤 분포를 가진다.
vii) 성장하는 결정 구조의 방사상 밀도가 일정하다.
viii) 순수한 1차 핵 생성만 존재한다.
ix) 성장하는 파면들이 전혀 겹쳐지지 않는다.

이외에, 실험적으로 얻어진 n값을 바탕으로 특정한 결정의 기하학적 구조를 지정할 때에는 별도의 독립적인 세밀한 근거가 필요하다.

5.8.5 고분자 결정의 용융 현상

용융(melting or fusion)은 물질이 고체 상태로부터 액체 상태로 상이 전이되는 물리적 과정이다. 용융 과정은 일반적으로 일정한 온도에서 고체와 액체 상이 평형을 이루는 상태로서 열역학적으로 1차 상전이이다. 상전이의 차수(order)는 자유 에너지의 도함수(derivative)가 상 경계에서 불연속적으로 야기되는 최소의 차수를 말한다. 예를 들어, 용융 과정에서 고체 상이 액체 상으로 전환될 때 비체적(specific volume: cm^3/g)의 변화는 불연속적이 된다. 비체적은 자유 에너지의 1차 도함수이다.

고분자는 다른 재료들과 달리 용융 거동에 있어서 다음과 같은 특성을 보인다.

i) 용융이 일정 온도 영역에 걸쳐 일어난다.
ii) 시료의 이력(specimen history), 특히 결정화 온도에 의해 큰 영향을 받는다.
iii) 시료가 가열되는 속도에 의해서도 영향을 받는다.

용융 과정에서는 표면이 감소하므로 표면 자유 에너지가 감소한다. 그러나 용융 중에 부피가 감소함에 따라 자유 에너지가 증가하게 되어 서로 상쇄되는 특성을 가진다. 이에 따라, 용융 과정의 전체 자유 에너지 변화(ΔG)는 다음과 같이 표시된다.

$$\Delta G = xy\ell\Delta G_v - 2\ell(x+y)\gamma_\ell - 2xy\gamma_f \tag{5.58}$$

용융점에서는 $\Delta G = 0$이 되므로, 앞에서 나타난 ΔG_v와 T_m^0의 관계식을 이용하면 이미 앞에서 얻어진 Gibbs-Thomson 식이 다시 얻어진다.

$$T_m = T_m^0 - (2\gamma_f T_m^0/\ell\Delta H_v)$$

위 관계식의 이용에 있어서 라멜라 결정의 두께(ℓ)는 소각 X선 산란(small angle X-ray scattering: SAXS)이나 투과 전자 현미경(TEM)등의 실험을 통하여 구할 수 있다.

결정 고분자의 용융 거동에 영향을 미치는 인자로서 고온 어닐링 과정(물질을 높은 온도에 일정한 시간 동안 노출한 후 느린 속도로 냉각함)이 있다. 결정 고분자를 용융점 바로 아래 온도까지 가열하여 어닐링할 경우에는 라멜라 결정의 두께가 증가한다. 이때 어닐링에 의해 얻어지는 용융 온도는 가열 속도에 의해 영향을 받는데, 가열 속도가 클수록 어닐링 효과가 감소한다. 사슬의 말단과 가지들도 용융 온도를 저하시키는 불순물적 요인이 된다.

순수한(pure) 고분자 결정의 반복 단위 몰당 용융(융해)에 따른 자유 에너지의 변화(ΔG_u)는 다음과 같다.

$$\Delta G_u = \mu_u^0 - \mu_u^c = \Delta H_u - T_m \Delta S_u \quad (5.59)$$

여기서, μ_u^0는 순수 고분자 결정의 용융 상태에서의 화학 포텐셜이고, μ_u^c는 순수 고분자의 결정 상태에서의 화학 포텐셜이다.

고체 상태의 결정이 용융을 통하여 액체 상태로 변하는 과정에서는 결정 상태를 거의 유지하고 있으므로, ΔH_u와 ΔS_u는 온도에 의해 큰 영향을 받지 않는다. 또, 평형 용융 온도에서는 $\Delta G_u = 0$가 되므로 $\Delta S_u = \Delta H_u/T_m^0$의 관계가 성립한다.

그러므로 위 관계식은 다음과 같이 정리할 수 있다.

$$\mu_u^0 - \mu_u^c = \Delta H_u - T\Delta S_u = \Delta H_u[(1 - (T_m/T_m^0)] \quad (5.60)$$

다성분계 시스템이 평형 상태에 있을 경우에는, 고분자 용액 시스템의 결과를 참고하여 위 관계식이 결정상의 활동도(activity: a, 이상 용액과 실제 용액의 차이를 농도의 함수로 나타낸 것)를 이용하여 다음과 같이 표시된다.

$$\mu_u^0 - \mu_u^c = -RT_m \ln a \quad (5.61)$$

위의 두 관계식을 결합하면 다음 식이 얻어진다.

$$1/T_m - 1/T_m^0 = -R \ln a/\Delta H_u \quad (5.62)$$

다성분계 시스템(불순물 분율: X_B)이 이상적인 거동을 보인다고 가정하면, 성분 B(사슬 말단)인 불순물의 몰 분율이 매우 적은 함량일 경우, 다음과 같은 근사식이 성립한다.

$$\ln a = \ln X_A = \ln(1 - X_B) \tag{5.63}$$

$$-\ln X_A = -\ln(1 - X_B) \approx X_B \tag{5.64}$$

이를 이용하면 위 관계식은 다음과 같이 정리된다.

$$1/T_m - 1/T_m^0 = -R \ln X_A/\Delta H_u \approx RX_B/\Delta H_u \tag{5.65}$$

사슬 말단(사슬의 양쪽 끝에 존재함)의 몰 분율이 $2/x_n$이므로 위 식은 사슬의 평균 중합도($\bar{x}_n$)을 이용하여 다음과 같이 표시할 수 있다.

$$1/T_m - 1/T_m^0 = 2R/(\bar{x}_n \Delta H_u) \tag{5.66}$$

위 식으로부터 평균 분자량이 무한대로 커짐에 따라 T_m이 T_m^0에 근접함을 알 수 있으며, 이 식이 분자량의 변화에 따른 용융 온도를 예측할 수 있게 한다. 또한, 이 식으로부터 용융 온도에 대한 사슬의 가지 수(y: number of branches)의 영향을 알 수도 있다. 이를 위해 위 식의 $2/\bar{x}_n$ 항을 $y/\bar{x}_n$ 항으로 바꾸어주면 된다.

마찬가지로 적은 양의 공단량체(X_B)를 함유한 공중합체의 경우에도 위의 관계식 5.65가 적용될 수 있다.

용융 온도는 다음과 같은 고분자의 화학 구조적 특성에 의해서도 영향을 받는다.

i) 고분자의 주사슬의 강직도
ii) 극성 그룹의 존재 여부
iii) 곁그룹의 형태나 크기

아래 표 5.10에 결정성 고분자의 반복 단위나 곁그룹의 형태에 따른 용융 온도의 변화를 나타내었다.

위에서 지적한 용융 온도에 영향을 미치는 인자들은 결정성 고분자의 유리 전이 온도(T_g)에도 영향을 미친다. 결정성 고분자의 T_g와 T_m 사이에는 개략적으로 다음과 같은 관계를 보인다.

i) 대칭 사슬(PE, PTFE 등): $T_g \approx (1/2)T_m$
ii) 비대칭 사슬: $T_g \approx (2/3)T_m$

대칭 사슬의 경우, 내부 회전에 대한 에너지 장벽이 작으므로 T_m에 대한 T_g의 상대적 저하도가 커질 수 있다.

고분자 혼합물이 x_1 세그멘트를 가진 n_1개의 사슬(결정화 할 수 없는 성분)과 x_2 세그

표 5.10 대표적 결정성 고분자의 반복 단위 및 곁가지 그룹에 따른 개략적 용융 온도

Repeat unit	Side group(X)	T_m/K
$-CH_2-CH_2-$		410-419
$-CH_2-CH_2-O-$		340
$-CH_2-CH_2-CO-O-$		395
$-CH_2-$$-CH_2-$		670
$-CH_2-CH_2-CO-NH-$		603
$-CH_2-CH_2-CH_2-CO-NH-$		533
$-CH_2-CH_2-CH_2-CH_2-CO-NH-$		531
$-CH_2-CHX-$	$-CH_3$	460
	$-CH_2-CH_3$	398
	$-CH_2-CH_2-CH_3$	351
	$-CH_2-CH(CH_3)_2$	508
	$-$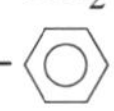	513

멘트를 가진 n_2개의 사슬(결정화 할 수 있는 성분)로 구성되어 있을 경우, 혼합에 따른 용융 상태(액체 상태)에서의 화학 포텐셜의 변화는 Flory-Huggins 이론을 이용하여 다음과 같이 표시할 수 있다.

$$\Delta\mu_2/RT = (\mu_2 - \mu_2^0)/RT$$
$$= \ln\phi_2 + (1 - x_2/x_1)(1-\phi_2) + \chi x_2(1-\phi_2)^2 \quad (5.67)$$

위 관계식을 $(n_1x_1 + n_2x_2)$로 나누어 주면, 혼합물 내에서의 결정 고분자 성분(2)을 위한 전체 반복 단위 몰당의 용융에 따른 화학 포텐셜 변화($\Delta\mu_u^\ell$)는 다음과 같이 표시된다.

$$\Delta\mu_u^\ell = RT(v_2/v_1)\{(\ln\phi_2/x_2) + [(1/x_2) - (1/x_1)(1-\phi_2)] + \chi(1-\phi_2)^2\} \quad (5.68)$$

위 관계식에서, v_2는 결정상에서의 반복 단위의 몰 부피이고, v_1은 결정화 할 수 없는 성분의 반복 단위의 몰 부피이다. 화학 포텐셜은 물질의 열역학에 있어서 가장 중심이 되는 개념으로서, 주어진 온도와 압력에서 모든 열역학적 성질들이 이로부터 얻어질 수 있다. 위 결정 성분의 화학 포텐셜은 결정 성분의 새로운 물리적 상태로의 변환, 공간적인 이동, 안정성 등을 평가함에 매우 중요한 역할을 한다.

참고문헌

[1] L.E. Alexander, *X-ray Diffraction Methods in Polymer Science*, John Wiley & Sons, Inc (1969)

[2] J.W. Housmans, G.W.M. Peters, H.E.H. Meijer, *Journal of Thermodynamic Analysis and Calorimetry*, 98, 693 (2009)

[3] N. Vathansan, *Journal of Chemical Education*, 89, 387 (2012)

[4] R. Caminiti, L. Pandolfi, P. Ballirano, *Journal of Macromolecular Science Physics B*, 39, 481 (2000)

[5] A. Kawaguchi, M. Ohara, K. Kobayashi, *Journal of Macromolecular Science Physics B*, 16, 193 (1979)

[6] D.L. Dorset, B. Moss, *Polymer*, 24, 291 (1983)

[7] J.D. Watson, F.H.C Crick, *Nature*, 171, 737 (1953)

[8] M.H.F. Wilkins, A.R. Stokes, H.R. Wilson, *Nature*, 171, 738 (1953)

[9] Y.A. Kang, K.H. Kim, S. Ikehata, Y. Ohkoshi, Y. Gotoh, M. Nagura, H. Urakawa, *Polymer*, 52, 2044 (2011)

[10] L. Raka, G.B. Gaceva, *Contributions, Section of Mathematical and Technical Sciences, MANU*, 69-87 (2008)

[11] J. Kressler, *Polymer Science and Technology Series (POLS, Vol 2)*, 267-272 (1999)

[12] B. Lotz, T. Miyoshi, S.Z.D. Cheng, *Macromolecules*, 50, 5995 (2017)

[13] G.H. Michler, F.J. Balta-Calleja, *Mechanical Properties of Polymers Based on Nanostructure and Morphology*, Taylor & Francis Group (2005)

[14] R. Dargazani, V.N. Khiem, E.A. Poshtan, M. Itskov, *Physical Review* E89, 022604 (2014)

[15] J. Stejny, J. Dlugosz, A. Keller, *Journal of Material Science*, 14, 1291 (1979)

[16] V. Tsanaktsis, Z. Terzopoulou, S. Exarhopoulos, D.N. Bikiaris, D.S. Achilias, D.G. Papageorigiou, G.Z. Papageorigiouo, *Polymer Chemistry*, 6, 8284 (2015)

[17] Y. Zeng, Y. Liu, X. Zhang, L. Wang, H. Huang, Y. Liu, G. Qi, M. Min, Y. Li, *Crystals*, 10, 594 (2020)

[18] D.E. Doremus, R.H. Roberts, D. Turnbull, *Growth and Perfection of Crystals Proceedings of an International Conference on Crystal Growth*: August 27-29 (1958)

[19] L.B. Morgan, *Philosphical Transactions of the Royal Society of London*, 247A, 13 (1954)

CHAPTER 6

고분자의 유리질 및 고무 상태

앞 장에서 설명한 바와 같이 일반적으로 고체 상태의 고분자는 반결정 또는 무정형 구조를 가질 수 있다. 이들은 서로 장. 단점을 가지고 있는데 무정형 고분자의 경우, 일반적으로 반결정 고분자에 비해 투명성이 우수하고 충격 저항성이 높으며, 성형 공정에 있어서 치수 안정성(dimensional stability)이 높고 뒤틀림(warp) 현상이 적으며, 실제 사용 시 잘 휘어질 수 있는(flexible) 등의 장점이 있어 다양한 용도를 가지고 있다.

고체 고분자는 기본적으로 여러가지 물리적 상태로 존재한다. 즉, 완전한 무정형 유리질(amorphous glassy) 상태, 완전히 고무 같은(rubber-like) 상태, 부분적으로 결정 상태이며 또한 고무 같은 상태, 부분적으로 결정 상태이며 또한 유리질 상태 등이 이에 해당한다. 여기서 유리질 상태라 함은 무정형이며 고체인 상태를 말한다. 고분자의 기계적, 전기적 성질 등은 고분자의 물리적 상태에 의해 크게 영향을 받는다. 특히, 유리질 상태의 고분자는 그 용도가 매우 광범위함에도 불구하고, 그 물리적 거동에 관한 이해는 오랜 기간에 걸친 연구가 진행되어 왔으나 아직도 충분하지 않은 상황이다. 이는 유리질 상태의 고분자의 사슬 conformation 및 이들의 집합 상태가 매우 무질서하고 복잡하며, 온도에 따른 성질의 변화가 복잡하고 비평형 상태의 성격을 가지기 때문이다. 특히, 특정 온도를 기준으로 하여 물리적 성질의 변화가 매우 크게 일어나므로 고분자의 유리 전이(유리-고무 전이라고도 함)에 대한 이해는 더욱 중요하게 된다.

6.1 고분자의 유리-고무 전이

유리-고무 전이(glass-rubber transition)는 고분자의 물리적 상태를 규정짓는 가장 중요한 인자 중의 하나이다. 충분히 낮은 온도에서 무정형 고분자는 고체인 유리질 상태가 되며 단단하고 부서지기 쉬운(brittle) 특성을 보인다. 부서지기 쉬운 성질은 고분자가 충분히 변형을 하지 못하고 깨지는 현상이다. 온도가 올라가면 고분자는 연성(soft)으로 변하기 시작하고 특정 온도 영역에서는 고무 같은(rubbery) 상태로 변하게 되는데, 이때의 전이 온도를 유리-고무 전이 온도 또는 그냥 유리 전이 온도(glass transition temperature: T_g)라 부른다. 이때 변화는 급격하지 않으므로 열역학적으로 완전히 정의하기가 어려운 측면이 있다. 그럼에도 불구하고, 유리-고무 전이에 대한 설명들이 다음과 같이 다양하게 이루어지고 있다.

i) 사슬의 conformation 재배열에 따른 분자 이완 시간 스케일과 실험에 관련된 시간 스케일(예를 들어 시료의 가열이나 냉각 속도 등) 사이에 경쟁이 일어나고 있다.
ii) 실험 관련 시간 스케일이 커짐(예: 시료의 가열 속도가 낮은 경우에 해당)에 따라 T_g 값이 감소한다.
iii) 측정하는 방법이나 시료의 냉각(또는 가열) 속도 등에 따라 서로 다른 T_g 값을 보이는 경우가 많다.

실제로 T_g는 고분자의 응용을 결정하는 가장 중요한 인자 중의 하나이다. 이는 유리 전이 온도가 재료의 사용 온도, 신축성, 접착성, 강도 등에 밀접한 관계를 가지기 때문이다. 유리-고무 전이 영역에서는 다음과 같은 대표적 성질들이 급격하게 변화된다.

i) 탄성률(modulus): 강직도를 나타냄
ii) 비체적: 물질의 단위 무게당 부피(cm^3/g)
iii) 경도(hardness): 표면의 탄성적 변형에 대한 저항
iv) 파단 신율(elongation-to-break: %, 물질이 파괴되기 전까지 늘어나는 길이의 비율로서 물질의 연성을 나타내는 지표에 해당)

아래 그림 6.1에 온도에 따른 고분자의 일반적인 물리적 상태 변화를 나타내었다. 반결정 고분자의 경우에도 유사 무정형 영역이 존재한다.

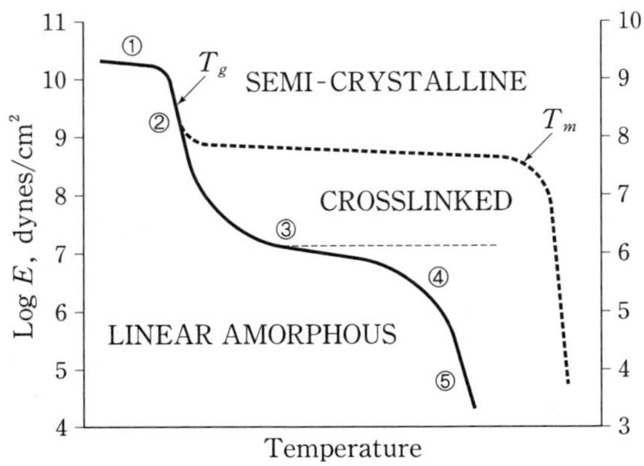

그림 6.1 ❖ 고분자의 온도에 따른 탄성률의 변화

1) 유리질 영역(glassy region)

대부분의 경우 Young 탄성률이 ~3×10^9 Pa 정도이다. 1 Pa(pascal)은 10 dyne/cm^2이다. 이 영역에서는 폴리스티렌 컵이나 PMMA 시트(sheet) 등에서 보는 것처럼 딱딱하고 부스러지기 쉽다. 화학 결합의 신장이나 결합각의 변형, 국부적 세그멘트 운동 등도 제약을 받는 영역이다.

2) 유리 전이(glass transition) 영역

이 영역에서는 20° ~ 30℃의 온도 범위에 걸쳐 Young 탄성률이 유리질 영역에 비해 약 1/1000 수준으로 감소한다(~10^6 Pa). 유리 전이 온도의 특성은 다음과 같이 정리될 수 있다.

i) 대개의 경우, 해당 물리적 성질 값이 최대로 꺾어지는(turndown) 온도로 정한다.
ii) 긴 영역의 분자 운동(운동이 일어날 수 있는 세그멘트의 길이가 커짐을 의미함)이 개시되는 온도이다. 이는 일부의 연결된 반복 단위들이 공동으로 이루는 분자 운동(cooperative molecular motion)으로서, 일반적으로 수십 개의 주사슬 내 원자들이 관여하며 상당한 정도의 화학 결합 회전이 수반된다.
iii) 고분자의 구조 및 다른 인자들(시료의 열 이력, 가열이나 냉각 속도 등)에 의해서도 영향을 받는다. 유리질 상이 평형 상태가 아니므로 T_g는 유일 무이한(unique) 값이 아니다.
iv) 실험적으로 나타나는 값은 실험에 관련된 시간 스케일에 의해 영향을 받는다.

이에 비해, 몇 개(1 ~ 4)의 주사슬 원자가 포함되거나 곁그룹의 이완 등과 같은 2차 이완은 T_g보다 낮은 온도에서 일어난다. 무정형 상태에 있을 때, 또는 보다 더 국부적 이완일수록 더 낮은 온도에서 일어난다.

유리 전이는 2차 상전이이다. 앞에서 이미 설명한 바와 같이, 자유 에너지에 대한 어떤 열역학적 변수의 1차 도함수가 온도의 변화에 따라 불연속성을 보일 때에 이를 1차 상전이라 하고, 1차 도함수는 연속성을 보이지만 2차 도함수 때에 불연속성을 보이면 2차 상전이라 부른다.

시스템의 팽창에 관련된 일과 가역적 열의 흡수만을 고려하면, 시스템의 자유 에너지는 다음과 같은 미분 형태로 나타낼 수 있다.

$$dG = -SdT + VdP \tag{6.1}$$

여기서, S는 몰당 엔트로피이고 V는 몰당 부피이다.

$$(\partial G/\partial T)_p = -S \qquad (\partial G/\partial p)_T = V \tag{6.2}$$

이에 따라, 고분자의 용융 전이는 부피의 불연속적인 변화를 수반하므로 1차 상전이이다. 고분자의 용융에서는 전이가 완료될 때까지 열이 공급되어도 온도의 변화는 일어나지 않으므로 용융 온도에서 부피의 변화가 급격히 일어난다.

이에 반해, 고분자의 유리 전이는 아래 식과 같이 정의되는 열용량(heat capacity: C_p)의 불연속적 전이를 나타내므로 2차 상전이에 해당한다.

$$(\partial^2 G/\partial T^2)_p = -(\partial S/\partial T)_p = C_p/T \tag{6.3}$$

그러나 고분자의 유리 전이가 이상적인 2차 상전이라면 열용량이 유리 전이 온도에서 급격한 변화를 보여야 하는데, 실제 경우에는 불연속성이 점진적으로 나타나고 있고 유리 전이 온도가 시료의 가열 속도 등에 의해 영향을 받고 있어, 유리 전이는 진정한 의미의 열역학적 상전이라기 보다는 오히려 겉보기 2차 상전이라고 볼 수 있다.

위에서 언급한 상전이의 차수(order)는 상전이를 전후한 물질의 정렬 지수(order parameter: 정렬된 상태를 나타내는 지표)와 연관이 있는 경우가 많다. 이는 물질이 가지는 잠열(latent heat: 상 변화 중에 흡수되거나 방출되는 에너지)이 물질의 정렬성과 상관관계가 있기 때문이다. 상전이 과정은 가역 과정이므로 엔트로피는 잠열(ΔH)과 직접적인 관계($\Delta S = \Delta H/T$)를 가질 수 있다. 즉, 상전이 과정을 통해 엔트로피의 변화가 클수록 잠열이 크다. 얼음이 생성되는 과정은 1차 상전이로서 액체인 물이 고체인 얼음으로 변할 때에 급격한 부피 변화와 더불어 물질이 정렬되는 성향을 크게 가진다. 이에 비해, 2차 상전이인 유리 전이 과정에서는 온도가 감소함에 따라 물질의 정렬도가 지속적으로 증가하는 경향을 보인다.

3) 고무상 평탄 영역(rubbery plateau region)

가교 고분자가 아닌 선형 고분자 상태에서도 고무상 평탄 영역을 가지는데, 이는 사슬의 얽힘에 기인하며 분자량이 클수록 평탄 영역이 더 넓어지는 경향을 가진다. 이 영역에서의 Young 탄성률은 ~2×10^6 Pa 정도의 값을 가진다. 선형 고분자의 경우에는 사슬 얽힘이 온도의 증가에 따라 느슨해지는 영향으로 Young 탄성률이 온도의 증가에 따라 서서히 감소하는 경향을 보이는데 반하여, 가교 고분자는 변형이 고정된 상태에서 온도의 증가에 따라 가교점(crosslink site) 사이의 사슬들의 엔트로피가 증가하게 됨으로써 화학 결합의 내부 회전 등이 일어나, 아래 그림 6.2에서와 같이 동그랗게 말리는(curl up) 성향을 갖게 된다. 가교된 시료의 연신 변형이 고정된 상태에서 온도가 증가될 경우 시료가 수축됨으로써 Young 탄성률이 온도의 증가에 따라 서서히 증가하는 추세를 보인다.

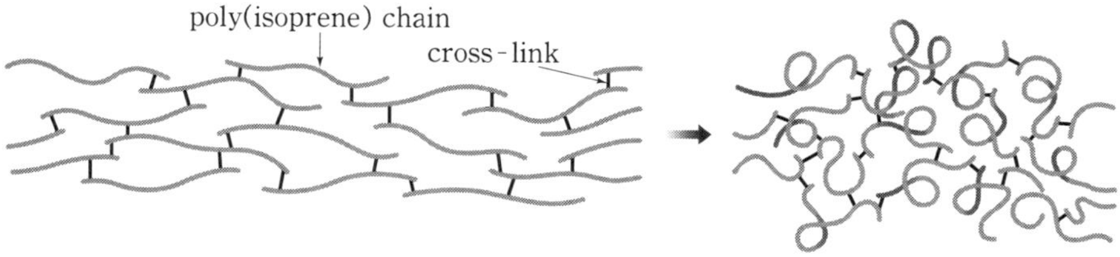

그림 6.2 ❖ 가교된 고분자의 변형이 고정된 상태에서 온도의 증가에 따른 사슬 구조의 변화

선형 고분자 사슬의 얽힘이 안정되어 고무상 평탄 영역을 이루기 위해서는 임계 분자량(critical molecular weight)보다 커야 한다. 대표적으로 보고되고 있는 고분자의 임계 분자량은 다음과 같다.

폴리카보네이트(polycarbonate: 4,800), 시스-폴리이소프렌(cis-polyisoprene: 10,000), 폴리비닐 아세테이트(polyvinyl acetate: 24,500), 폴리메틸 메타크릴레이트(PMMA: 27,500), 폴리스티렌(PS: 31,200), 선형 폴리에틸렌(고밀도 폴리에틸렌에 해당, 4,000)

4) 고무상 흐름 영역(rubbery flow region)

고무상 흐름 영역은 선형 고분자에서만 일어난다. 온도의 증가에 따라 고무상 흐름 영역을 지나게 되면 Young 탄성률이 급격히 감소한다. 이 영역에서는 고무의 탄성과 흐름성이 동시에 일어난다. 실험적 시간 스케일을 짧게 하면(예를 들어 가열 속도를 크게 함) 사슬이 이완하기 위한 시간이 충분치 못하여 고무의 탄성이 지배하게 되고, 길게 하면(예: 가열 속도를 느리게 함) 사슬의 얽힘이 이완하기 쉬워 고무의 흐름 거동이 지배적이 된다. 즉, 실험적 시간 스케일은 사슬의 얽힘을 해체하는 시간과 관련이 된다. 가교 고분자의 경우에는 흐름성을 가지지 못하고 분해 온도에 이르면 사슬이 분해 된다.

5) 액체 흐름 영역(liquid flow region)

액체 흐름 영역도 선형 고분자에서만 일어난다. 이 영역에서는 어떠한 실험적 시간 스케일에 대하여도 고분자가 흐르는 성질을 가진다. 이때 흐름은 얽힌 사슬을 통과하여 고분자 사슬들이 개개의 고분자 형태로 빠른 사행 운동(reptation: 사슬 얽힘 튜브 속을 사슬이 빠져나감)을 함으로써 일어난다. 전단율(shear rate: 유체를 포함하는 두 평면 사이의 유체의 속도 구배와 관련됨)이 아주 낮아지는 한계에 도달하면 선형 고분자의 흐름 거동은 Newton 거동을 보인다.

일반적으로 무정형 고분자 내에서 일어나는 분자 운동으로서 다음과 같은 것들이 있다.

i) 전체 분자로서의 고분자의 병진 운동이 고분자의 흐름을 유도한다.
ii) 고분자 세그멘트들의 협동적 꿈틀거림 운동(cooperative wriggling motion: 지렁이의 움직임과 유사함)과 점프(jumping: 사슬 사이의 확산 운동 등) 운동 등이 사슬의 굽어짐(bending)과 풀림(uncoiling)을 발생하여 고분자의 탄성을 야기시킨다.
iii) 주사슬을 따라 여러 개 원자들의 그룹이나 곁그룹들이 야기하는 협동적 꿈틀거림 운동(사슬 내 화학 결합의 회전이나 conformation 전이 등 포함됨)
iv) 평형 위치를 중심으로 한 원자들의 진동 운동

시료의 온도를 점진적으로 증가할 경우, 유리 전이 온도(T_g)에서는 위의 운동 중 세 번째와 네번째 운동을 위한 충분한 에너지가 공급될 수 있다. T_g보다 꽤 낮은 온도 영역 ($< \sim 0.8T_g$)은 충분히 탄성을 가진 유리질 영역이고, T_g와 T_m(무정형 고분자의 경우에는 점성 흐름이 생기는 온도에 해당) 사이에서는 고무와 같은(점탄성을 가짐) 거동을 보이며, T_m(무정형 고분자의 경우에는 점성 흐름이 생기는 온도) 이상에서는 용융 상태로서 점성 흐름을 가진다. 무정형 고분자의 경우, 결정성 고분자에서와 같은 뚜렷한 용융 전이는 보이지 않고, 유리 전이가 일어난 후 온도의 증가에 따라 일정 온도 범위에 걸쳐 고분자의 연화(softening)가 일어나다가 종국에는 결정성 고분자의 용융 상태와 같은 점성 흐름이 나타난다. 일반적으로 무정형 고분자에서 점성 흐름이 나타나는 온도는 T_g의 약 1.2배가 되는 온도에 해당한다.

6.2 유리 전이 이론

6.2.1 자유 부피 이론

유리 전이는 무정형 고분자에서 일어나는 현상이다. 유리 전이 현상이 고분자의 물리적 거동에 매우 큰 영향을 미치는 인자 중의 하나이므로 이에 대한 이론적 이해는 매우 중요하다. 온도에 따른 고분자의 비체적 변화를 플롯하면 아래 그림 6.3에서와 같이 유리 전이에 해당하는 기울기의 변화가 나타난다.

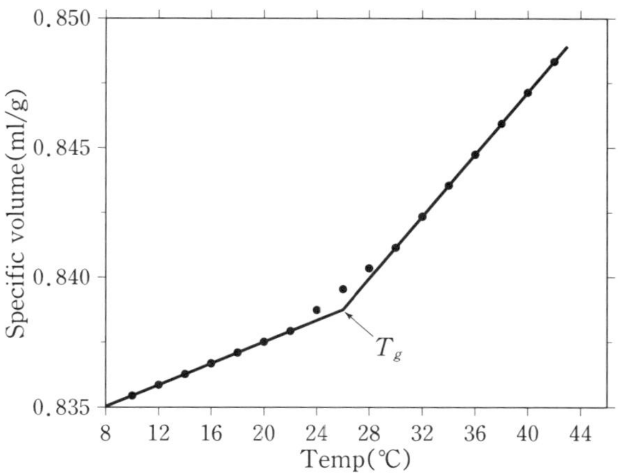

그림 6.3 ❖ 폴리비닐 아세테이트의 온도에 따른 비체적의 변화[1]

일반적으로 시료의 비체적은 물질이 가지는 고유의 성질로서, 분자들이 가지는 점유 부피(분자 내 원자들이 가지는 부피와 기하학적 원인으로 다른 분자가 접근하기 어려운 원자 주위의 부피 포함)와 자유 부피(시료에서 점유 부피를 제외한 빈 공간 부피)로 이루어지므로, 고분자의 유리 전이는 자유 부피와 상관 관계가 있음을 가늠하게 한다. 또, 자유 부피는 분자 사이의 빈 공간에 해당하므로 액체나 고체 상태에서 분자의 운동을 비교적 간단하고 효과적으로 설명할 수 있다. 고분자의 경우, 자유 부피가 사슬의 운동성과 고분자 내에서의 분자들의 흡수나 확산, 고분자의 기계적 변형, 열팽창, 유전 성질(dielectric properties) 등 여러 가지 물리적 거동을 설명하는데 유용하다.

자유 부피는 분자 스케일이므로 직접적으로 측정하기가 거의 불가능하다. 이에 따라, 고분자의 자유 부피도 모델에 근거하여 결정하는 것이 일반적이다. 엄밀한 의미에서 고분자의 자유 부피는 2가지 형태로 존재한다고 볼 수 있다. 그 하나는 고분자 사슬의 고체 유사 상태(solid-like)에서의 진동 운동에 의해 야기되고, 다른 하나는 고분자 사슬의 대류 운동(convective motion: 사슬 세그멘트의 움직임)에 의한 것이다. 사슬의 진동 운동에 의해 원자들의 크기가 팽창함(실제로는 전자들의 분포가 넓어짐)으로써 야기되는 자유 부피를 진동 자유 부피(vibrational free volume: $v_{f,\text{vib}}$)라고 하며, 사슬의 대류 운동에 의해 야기되는 자유 부피를 잉여 자유 부피(excess free volume: $v_{f,\text{excess}}$)라 부른다. 총 자유 부피는 이 둘을 합친 것이다. 이에 따라, 고분자 시료의 전체 부피(v)는 다음과 같이 표시할 수 있다.

$$v = v_{\text{hc}} + v_{f,\text{vib}} + v_{f,\text{excess}} \tag{6.4}$$

여기서, v_{hc}는 0 K에서 사슬 내의 원자들이 차지하는 하드 코어 부피(hard core volume: 0 K에서의 충진된 부피)이다. 하드 코어 부피와 진동 자유 부피를 합친 것이 사슬의 점유 부피가 된다. 즉, 점유 부피와 하드 코어 부피의 차이가 진동 자유 부피에 해당한다. 또, 시료의 부피와 점유 부피의 차이가 잉여 자유 부피가 된다. 많은 자유 부피 관련 모델의 경우, 아래 그림 6.4에서와 같이 잉여 자유 부피만을 자유 부피로 고려하고 있으나, 제시되는 자유 부피 모델에 따라 각기 자유 부피의 정의가 다소 다를 수 있으므로 제시된 이론들을 비교할 때에는 유의하여야 한다.

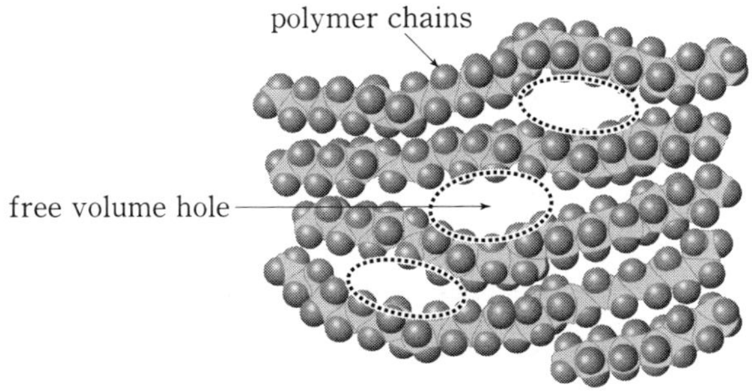

그림 6.4 ❖ 고분자 사슬에서의 자유 부피(그래픽 묘사)

고분자의 유리 전이도 사슬 세그멘트의 운동과 관련되므로 자유 부피 개념을 도입하여 유리 전이를 설명하는 것이 가능하다. 이와 관련하여 여러 이론적 모델들이 제시되고 있는데, 그 중 간단한 예가 Simha-Boyer 모델(SB model)이다. SB 관계식은 아래 그림 6.5에 도식적으로 나타난 바와 같이 몇 가지 사항을 가정하여 유도되었다.

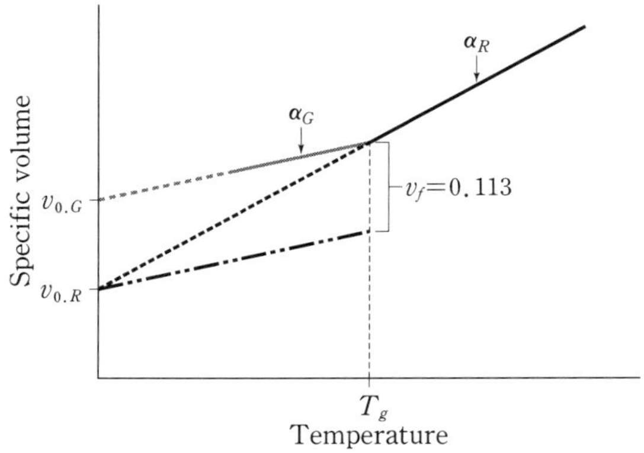

그림 6.5 ❖ Simha-Boyer 모델에 따른 관계식의 도식적 플롯

i) 자유 부피는 잉여 자유 부피를 기준으로 한다.

ii) T_g 이하에서는 등자유부피(iso-free volume) 상태, 즉 자유 부피가 같은 상태를 유지한다.

iii) T_g에서도 T_g 이하에서와 같은 자유 부피를 가지는 등자유부피 상태이다.

iv) 고무 상태의 비체적을 T_g보다 높은 온도에서 $T = 0$ K까지 선형적으로 외삽하였을 경우, 0 K에서의 비체적이 시료의 하드 코어 부피(진동이 없는 상태에 해당)가 된다. 평형 상태를 유지하기 위하여 냉각 속도를 무한히 작게 하면 0 K에서 하드 코어 부피가 얻어질 수 있다. 점유 부피는 유리질 상태에서의 열팽창 계수를 가지고 온도에 선형적으로 비례한다.

위 그림 6.5로부터 T_g 이하에서의 시료의 비자유 부피(specific free volume: 시료의 단위 무게당 자유 부피, v_f)는 다음과 같이 표시할 수 있다.

$$v_f = v - (v_{0,R} + \alpha_G T) \tag{6.5}$$

여기서, v는 시료의 비체적이고, $v_{0,R}$은 0 K(진동이 없는 상태)에서의 사슬의 점유 부피, 즉 하드 코어 부피로서 가상적인 부피이다. α_G는 유리질 상태에서의 물질의 열팽창 계수(온도의 증가에 따른 부피의 증가 분율에 상응함)이고, $\alpha_G T$는 진동 자유 부피에 해당한다.

또, T_g 이상에서의 시료의 비체적은 다음과 같이 표시할 수 있다.

$$v = v_{0,R} + \alpha_R T \tag{6.6}$$

여기서, α_R은 고무 상태에서의 열팽창 계수이다.

T_g에서는 위 관계식이 모두 성립하므로 이들을 결합하면 T_g에서의 자유 부피에 대한 비체적(v_{fg})이 다음과 같이 표시된다.

$$v_{fg} = (\alpha_R - \alpha_G)T_g \tag{6.7}$$

위 개념을 적용하면 $T > T_g$에서 무정형 고분자의 자유 부피 비체적은 다음과 같이 표시할 수 있다.

$$v_f = v_{fg} + v_g(\alpha_R - \alpha_G)(T - T_g)] \tag{6.8}$$

$$f(T) = v_f/v_g = f_g + (\alpha_R - \alpha_G)(T - T_g) \tag{6.9}$$

여기서, v_g는 T_g에서의 시료의 비체적이고, $f(T)$는 T_g보다 더 높은 온도에서 v_f/v_g

로 정의되는 자유 부피 분율(자유 부피를 나타내는 무차원 파라미터)이다. 즉, T_g에서의 자유 부피 분율과 고무 상태와 유리질 상태에서의 열팽창 계수 차이를 알면, T_g 이상의 특정 온도에 해당하는 시료의 자유 부피 분율을 예측할 수 있게 된다. T_g에서는 비교적 큰 스케일에서의 분자 운동이 개시되므로 이를 위한 임계 등자유부피 분율(critical iso-free-volume fraction: 세그멘트의 씰룩거림 운동 개시를 위한 최소한의 자유 부피 분율로서 T_g 이하에서는 같은 값을 가진다고 전제함)이 적용된다고 가정하여, 여러 고분자 재료에 대하여 SB 모델을 바탕으로 할 경우의 T_g에서의 자유 부피의 비체적 ($v_{fg} = (\alpha_R - \alpha_G)T_g$, 자유 부피 분율에 해당)이 아래 표 6.1에 나타나 있는데, 상당히 유사한 값들을 보이며 그 평균값은 약 0.113 정도이다. 이는 고분자의 유리 전이가 상당히 고정된 자유 부피 분율에서 일어나고 있을 가능성을 의미한다. SB 모델은 고분자의 이론적 자유 부피 예측 모델 중에서 자유 부피 분율이 가장 높은 값을 보여주는 모델이다. 참고로, 단순한 유기 화합물이 용융되면 약 10% 정도의 부피 증가가 나타난다.

표 6.1 대표적 고분자의 SB 모델을 바탕으로 한 T_g에서의 자유 부피 분율[2]

Polymer	T_g, K	α_R	$\alpha_R T_g$	$(\alpha_R - \alpha_G)$	$(\alpha_R - \alpha_G) \cdot T_g$
Polyethylene	143	13.5	0.192	6.8-8.0	0.097-0.113
Polydimethyl siloxane	150	12	0.180	9.3	0.140
		8.12	0.122	5.4	0.081
Polytetrafluoroethylene	160	8.3	0.133	7.0	0.112
Polybutadiene	188	7.8	0.147	5.8	0.109
Polyisobutylene	199.4	6.18	0.123	4.70	0.094
Hevea rubber	201	6.16	0.124	4.1	0.082
Polyurethane	213	8.02	0.171	6.04	0.129
Polyvinylidene chloride	256	5.7	0.146	4.5	0.115
Polymethyl acrylate	282	5.6	0.158	2.9	0.082
Polyvinyl acetate	302	5.98	0.18	3.9	0.118
Poly 4-methyl pentene-1	302	7.61	0.23	3.78	0.114
Polyvinyl chloride	355	5.2	0.185	3.1	0.110
Polystyrene	373	5.5	0.205	3.0	0.112
Polymethyl methacrylate	378	5.0	0.189	3.05	0.115

6.2.2 Williams-Landel-Ferry 식(WLF 식)

일반적으로 무정형 고분자나 액상 유리(liquid-forming glass)의 경우, 정상 전단 점도(steady shear viscosity: η)는 온도의 변화에 따라 다음과 같은 관계를 가짐이 경험적으로 많이 확인되어 왔다. 이는 일반적인 반응 속도 법칙인 Arrhenius 관계식의 약간 변형된 형태이다. 정상 전단 점도는 아주 낮은 전단 속도를 가했을 때의 한계에 해당하는 점도이다.

$$\eta = A \exp\,[B/(T - T_o)] \tag{6.10}$$

여기서, A와 B는 상수이고, T_o는 T_g보다 훨씬 더 낮은 온도로서 물질의 이완 현상이 무한히 느린 상태(즉, 점도가 무한히 커지는 상태)에 해당하는 특성 온도이다. 이들 물질의 점탄성 실험, 예를 들면 동적 진동(dynamic oscillation) 등으로부터 이동 인자(shift factor, a_T: 온도에 따른 점탄성 데이터를 수평 방향으로 적절한 양만큼 이동시켰을 때 하나의 곡선으로 겹쳐 나타나게 하는 인자)는 온도에 따라 다음과 같은 관계식을 가짐도 실험적으로 확인되었다.

$$a_T = \eta T_s \rho_s / \eta_s T \rho \tag{6.11}$$

여기서, T_s, ρ_s, η_s는 임의의 기준 상태에서의 온도, 밀도 및 점도를 나타낸다. 이 식에서 온도와 밀도의 곱의 값이 온도에 따라 크게 변하지 않으므로 a_T는 다음과 같이 근사적으로 표시할 수 있다.

$$a_T \approx \eta/\eta_S \tag{6.12}$$

위의 점도와 이동 인자에 관한 두 관계식을 결합하면 이동 인자는 다음과 같은 형태의 경험식으로 표시할 수도 있는데 이를 WLF 식이라 부른다.

$$\log a_T = -C_1(T - T_s)/[(C_2 + (T - T_s)] \tag{6.13}$$

여기서, C_1 및 C_2는 실험적으로 결정되는 상수이다. 무정형 고분자와 유리질 상태의 고체를 형성할 수 있는 액체에 대하여 위 관계식에서 기준 온도를 T_g로 하였을 경우, $T_g < T < T_g + 100$℃의 온도 범위에 걸쳐, C_1', C_2'($T_s = T_g$로 하였을 때 C_1, C_2 대신에 새로 정의되는 상수) 값이 다음과 같이 거의 일정한 값을 가짐이 실험적으로 확인되었다. 즉, 이들 물질에 대하여 위의 관계식에 의거, $(T - T_g)/\log a_T$를 $(T - T_g)$에 대해 플롯을 하면 거의 직선이 얻어지며, 이로부터, C_1'과 C_2'값(WLF 식을 위한 보편 상수)이 얻어질

수 있다.

$$C_1' \sim 17.44, \quad C_2' \sim 51.6\ \mathrm{K}$$

위의 WLF 식이 경험적으로 얻어진 식이긴 하지만, 자유 부피 개념을 이용하여 보다 논리적으로도 그 식을 유도할 수 있다. 일반적으로 점도도 자유 부피와 상관 관계를 가질 수 있는데, 분자가 빈 곳(vacancy)에 비해 클 때에는 분자가 빈 곳으로 움직이며 들어가야 하므로 점도가 커진다. Doolittle이 점도가 자유 부피 분율의 역수에 비례한다고 가정함으로써 저분자량 액체 화합물에 대하여 다음과 같은 경험식을 얻을 수 있었다.

$$\eta = A\exp(Bv_0/v_f) \quad (\text{Doolittle 식}) \tag{6.14}$$

여기서, A, B는 실험적으로 결정되는 상수이고, v_0는 절대 온도 0 K까지 외삽하였을 때 얻어지는 비점유 부피(specific occupied volume)이다. 위 관계식은 자유 부피 분율 $(f = v_f/v_0)$을 이용하여 다음과 같이 다시 나타낼 수 있다.

$$\eta = A\exp\{B[1/f - 1]\} \tag{6.15}$$

서로 다른 값의 2개의 점도 비율은 다음과 같이 표시할 수 있다.

$$\begin{aligned}\eta_1/\eta_2 &= \exp\{B[(1/f_1) - 1] - [(1/f_2) - 1]\}\\ &= \exp\{B[(1/f_1) - (1/f_2)]\}\end{aligned} \tag{6.16}$$

$$\ln(\eta_1/\eta_2) = B[(1/f_1) - (1/f_2)] \tag{6.17}$$

위의 상태 2가 T_g에 상응하고 상태 1이 T_g 이상의 경우라고 가정하면 다음 관계식이 성립한다.

$$f = f_g + \alpha_f(T - T_g) \tag{6.18}$$

여기서, $\alpha_f(= \alpha_R - \alpha_G)$는 자유 부피 자체의 열팽창 계수이다.

$$\begin{aligned}\ln[(\eta(T > T_g)/\eta(T_g)] &= B\left\{\frac{1}{[f_g + \alpha_f(T - T_g)]} - \left(\frac{1}{f_g}\right)\right\}\\ &= -[(B/f_g)(T - T_g)]/[(f_g/\alpha_f) + (T - T_g)]\end{aligned} \tag{6.19}$$

동일한 모세관 내에서 서로 다른 두 액체의 전달 시간(delivery time: t)은 아래 식과 같이 주어진다.

$$\eta_1/\eta_2 = (\rho_1 t_1)/(\rho_2 t_2) \tag{6.20}$$

이때 액체의 전달 시간은 분자의 움직임과 관련되므로 그 비율은 사슬의 특성적 세그멘트 이완 시간의 비율과 연관된다. 고분자 사슬의 이완 시간은 어떤 형태로든 사슬이 흐트러진 후 평형 상태로 돌아오는데 걸리는 시간을 말한다. 위의 두 관계식을 결합하면 다음 식이 얻어진다.

$$\ln[t(T > T_g)/t(T_g)] = -[(B/f_g)(T - T_g)]/[(f_g/\alpha_f) + (T - T_g)] - \ln[\rho(T > T_g)/\rho(T_g)]$$
$$\approx -(B/f_g)(T - T_g)/[(f_g/\alpha_f) + (T - T_g)] \qquad (6.21)$$

위의 근사 관계식이 성립하는 것은 일반적으로 온도에 따른 밀도의 변화가 온도에 따른 점도의 변화보다 훨씬 작기 때문이다.

위 관계식은 다시 다음과 같이 표시할 수 있는데 그 형태가 WLF 식과 같아진다.

$$\ln t - \ln t_g = -C_1'(T - T_g)/[(C_2' + (T - T_g)] \qquad (6.22)$$
$$C_1' = B/f_g, \quad C_2' = f_g/\alpha_f \qquad (6.23)$$

위 관계식을 이동 인자($a_T \equiv \log t - \log t_g$: 수평 축을 따라 이동되는 정도를 나타냄)를 이용하여 다시 정리하면 앞의 WLF 식 6.13과 같은 형태의 식이 얻어진다. 이에 따라 WLF 식을 반경험식이라 부르기도 한다.

$$\log a_T = \log[\eta(T)/\eta(T_g)] = \log[\tau_T/\tau_{Tg}]$$
$$= -C_1'(T - T_g)/[(C_2' + (T - T_g)] \qquad (6.24)$$

위의 관계식에서 τ는 이완시간을 나타내며, $C_2' = f_g/\alpha_f = 51.6$으로부터 T_g에서의 자유 부피 분율을 계산할 수 있다.

실험을 행한 여러 시료들에 대하여 α_f 값은 다음과 같이 거의 일정하게 나타나고 있다.

$$\alpha_f = \alpha_R - \alpha_G = 4.8 \times 10^{-4}/°C$$

이에 따라 $f_g = 0.025$의 결과가 얻어진다.

즉, WLF 식에 의하면 T_g에서의 무정형 고분자의 자유 부피 분율(약 2.5%) 및 자유 부피의 열팽창률이 시료에 관계없이 거의 일정한 값으로 나타나고 있다.

아래 표 6.2에 여러 무정형 고분자에 대하여 실제로 측정된 T_g, 측정된 WLF 상수, 측정된 자유 부피의 열팽창률 등을 토대로 계산된 f_g 값들(T_g에서의 자유 부피 분율)이 나타나 있는데, 고분자의 종류에 따라 어느 정도의 차이는 있으나 그 평균값이 약 0.025 정도임을 알 수 있다.

표 6.2 대표적 고분자의 WLF 식을 바탕으로 한 자유 부피 분율[3]

Polymer	T_g(K)	B/f_g	f_g/α_f(K)	f_g
Containing polar groups				
Polymethyl methacrylate	388	76.9	76.5	0.013
Polystyrene	373	31.3	50.8	0.032
Polyethyl methacrylate	335	40.0	67.6	0.025
Poly(*n*-butyl methacrylate)	300	38.5	100	0.026
Polymethyl acrylate	276	41.7	45.3	0.024
Poly(*n*-hexyl methacrylate)	268	40.0	132	0.025
Poly(*n*-octyl methacrylate)	253	37.0	108	0.027
Polyurethane rubber	238	35.7	32.9	0.028
Hydrocarbons				
Poly(1-hexene)	218	50.0	20.6	0.020
Butyl rubber	205	38.5	108	0.026
Polyisobutylene	205	38.5	104	0.026
Poly(1, 4-butadiene)	172	25.6	60.9	0.039
Polydimethyl siloxane	150	14.1	68.9	0.071

이는 앞의 SB모델에서 예측하였던 T_g에서의 무정형 고분자의 평균 자유 부피 분율 값(0.113)과 상당히 큰 차이를 보이는데, 각 모델의 특성 차이 때문일 것으로 보인다.

WLF 식의 상수 값은 유사한 구조를 가지는 일련의 무정형 고분자에 대해서는 보편적인 상수가 될 수 있으나, 고분자의 구조가 달라지거나 측정 시료의 냉각 속도 등에 의해서도 그 상수 값들이 달라질 수 있으므로 유의하여야 한다.

최근에 액체나 고분자의 자유 부피를 결정하기 위한 새로운 기법들이 제시되고 있는데, 그 중의 하나가 양전자 소멸 수명 분광법(positron annihilation life time spectroscopy: PALS)이다. 이 방법은 원자 규모까지 탐지가 가능하고 분자의 미세 구조에 민감하며, 비파괴적 측정 기법이라는 장점을 가지고 있다. 양전자(e^+)는 전자(e^-)와 질량은 같으나 양의 전하를 띠는 입자로서 ^{22}Na와 같은 방사성 물질로부터 방출될 수 있다. 양전자가 물질 내 동공(cavity)을 만나게 되면, 아래 그림 6.6에서와 같이 주위 물질 내 결합되어 있는 전자 가운데 하나인 스핀 방향이 같은 전자와 결합하여 ortho-positronium(o-Ps)을 형성하게 되는데, 이는 준안정적이어서 빠른 시간(~140 ns) 내에 소멸하게 된다.

그림 6.6 ❖ 양전자 소멸 수명의 도식적 묘사

이때 양전자는 동공의 크기에 따라 다른 평균 수명을 가지게 된다. 이 수명(τ)은 양전자와 전자의 파동 함수의 중첩에 의해 결정이 되므로, 물질의 동공당 평균 부피(구 모양을 가정: v_h)의 크기와 다음 식과 같은 관계를 가진다.

$$\tau = 0.5\{1-(r_h/r_{h0})+(1/2\pi)\sin(2\pi r_h/r_{h0})\}^{-1} \tag{6.25}$$

$$v_h = 4\pi r_h^3/3 \tag{6.26}$$

여기서, r_h는 동공에 해당하는 구의 반경이고, r_{h0}는 동공의 벽을 구성하는 전자층의 두께(0.166 nm)이다.

또, 자유 부피 분율(f_v)은 다음과 같은 반경험식에 의해 계산할 수 있다.

$$f_v = Av_hI_3 \tag{6.27}$$

여기서, I_3는 o-Ps에 해당하는 수명 스펙트럼(lifetime spectra: 시간에 따라 감소하는 스펙트럼) 성분의 세기이고, A는 o-Ps 세기와 전체 동공의 개수를 관계지어주는 상수로서 폴리비닐 아세테이트(polyvinyl acetate)의 경우 그 값이 약 0.003이다. 아래 그림 6.7에 PALS 방법에 의하여 결정된 폴리비닐 아세테이트의 각 온도에서 노화(aging)에 따른 자유 부피 분율의 변화를 나타내었다.

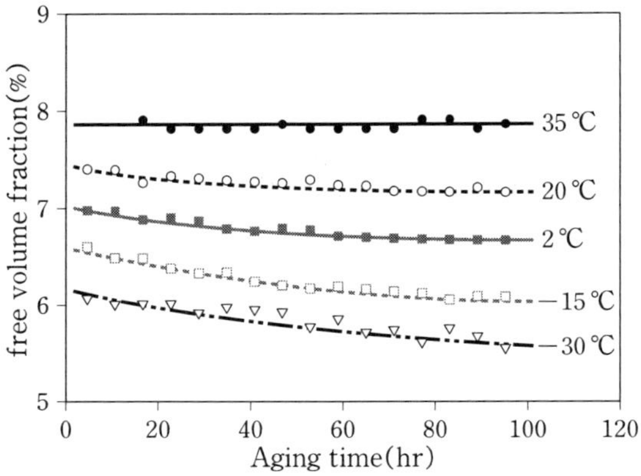

그림 6.7 ❖ 양전자 소멸 수명 분광법에 의한 폴리비닐 아세테이트의 노화 시간에 따른 자유 부피 분율[4]

폴리비닐 아세테이트의 T_g가 약 38℃임을 감안하면, 폴리비닐 아세테이트의 T_g에서의 자유 부피 분율은 약 8%에 가까움을 볼 수 있다.

위와 같이 자유 부피 개념이 비교적 간단하여 이를 유리 전이 온도와 연결시키는 노력이 많이 경주되어 왔음에도 불구하고, 아직 모델에 따라 서로 일치하지 않는 결과를 보여주는 측면이 있는 것이 사실이다. 이는 자유 부피에 대한 정의, T_g의 측정 방법 및 결정, 자유 부피를 특성화하기 위해 실험적으로 측정하는 성질(비체적, 열용량 등), 모델의 설정을 위한 가정 등 여러 요인에 기인할 것으로 보인다. 그럼에도 불구하고, 온도에 따른 자유 부피 분율이 특정 경계를 이루는 지점에서 큰 변화를 보여, 이것이 고분자 사슬 세그멘트의 운동과 관련이 있을 것으로 해석하고 있다. 자유 부피 개념이 유리 전이 현상을 떠나 고분자의 다른 많은 거동이나 성질들을 이해하는데 큰 도움을 주고 있는 것이 사실이므로 자유 부피 관련 이론의 중요성은 간과할 수가 없다.

6.2.3 속도 이론(kinetic theory)

원천적으로 유리 전이 온도는 시료의 가열 속도(또는 냉각 속도)나 열 이력 등에 의해 영향을 받으며, 유리 전이가 어느 정도의 온도 범위에 걸쳐 진행되고 있는 것 등으로 보아, 열역학적인 변수(시스템의 초기와 최종 상태에 의해서만 영향을 받는 변수)라기 보다는 속도론적 변수임을 말해 준다. 속도론적 관점에서는 T_g를 무정형 고분자 사슬의 세그멘트 운동을 위한 이완 시간이 측정하는 실험의 시간 스케일과 같은 차수(order)라고 정의한다. 즉, 측정하는 속도가 느리면(낮은 가열 속도 등) T_g 값이 작아지게 된다. 이에 따라, 유리 전이에서의 유리질 상태는 분자 운동이 극히 느린 액체로 고려된다. 유리질 상태에서는 결정 구조가 아니라 무정형 구조를 가지게 되어 유동하는 성질을 가지므로, 유리질 상태를 과냉각 액체(supercooled liquid: 액체가 고체화되지 않고 온도를 낮출 수 있음)라 부르기도 한다.

아래 그림 6.8에 폴리비닐 아세테이트(polyvinyl acetate, $T_g = 40$℃)에 대하여 어떤 T_g 이상의 주어진 온도에서 특정 온도(T_g 이하의 온도)로 급냉 후 시간에 따른 부피 감소, $(V - V_\infty)/V_\infty$ 결과를 나타내고 있다. 이때, V는 시간 t에서의 시료의 부피이고, V_∞는 시간이 무한대일 때의 시료 부피이다.

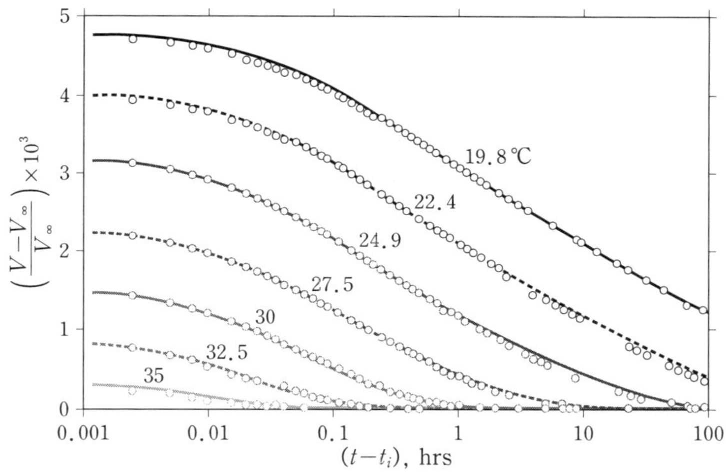

그림 6.8 ❖ 폴리비닐 아세테이트의 T_g 이상의 온도에서 급냉 시 시간에 따른 부피 감소[5]

위 그림 6.8에서 각각의 곡선은 급냉 시작 때의 온도가 다르므로 냉각 속도가 서로 다른 경우가 된다. 모든 온도에서 각 곡선은 시간에 따라 지수적으로 감소함을 볼 수 있다. 냉각 속도에는 이완 시간의 이동(shift)에 대한 정보를 포함하고 있다. 이에 따라, 정규화된 부피 감소($\delta = (V - V_\infty)/V_\infty$) 속도는 다음과 같이 표시할 수 있다.

$$d\delta/dt = -\delta/\tau(\delta) \tag{6.28}$$

여기서, τ는 시료의 특성적 이완 시간이다. 예를 들어, 실험의 시간 프레임(어떤 일이 일어나는 시간 주기)이 약 10배 정도로 감소되는 경우(냉각 속도가 커짐)의 T_g 값의 변화를 WLF 식을 사용하여 예측할 수 있다.

$$a_T = \tau(T)/\tau(T_g) = 1/10 \tag{6.29}$$

여기서, T_g는 비교 기준이 되는 상태에서의 유리 전이 온도이고, T는 냉각 속도를 크게 하였을 경우의 새로운 T_g를 의미한다.

$$\log a_T = \log[\tau(T)/\tau(T_g)] = -[17.44(T - T_g)]/(51.6 + T - T_g) = \log(1/10) = -1.0 \tag{6.30}$$

$$\lim[\log a_T/(T - T_g)] = \lim\left[\frac{-17.44(T - T_g)/(51.6 + T - T_g)}{(T - T_g)}\right] \tag{6.31}$$

여기서, $(T - T_g)$ 값은 51.6에 비해 충분히 작으므로 위 식은 다음과 같이 근사화 될 수 있다.

$$\lim[\log a_T/(T - T_g)] \approx \lim\left[\frac{-17.44(T - T_g)/51.6}{(T - T_g)}\right] = -0.338 \tag{6.32}$$

즉, $-1.0 = -0.338(T - T_g)$

따라서, $T - T_g = 3\text{ K}$(3℃ 차이와 같음)

즉, 시간 스케일의 이동(냉각 속도가 10배 커짐)에 따라 T_g 값이 약 3℃ 만큼 증가할 수 있을 것으로 예측케 한다. T_g 아래에서는 고분자 사슬들의 협동적 운동이 정지되므로 빠른 냉각 속도는 T_g를 증가시킨다. 아래 그림 6.9에 냉각 속도에 따른 T_g의 변화를 도식적으로 나타내었다. 앞서 언급한 바와 같이 냉각 속도가 자릿수(order of magnitude)만큼 커질 때마다 T_g가 약 3℃의 증가를 가져올 수 있을 것으로 예측한다.

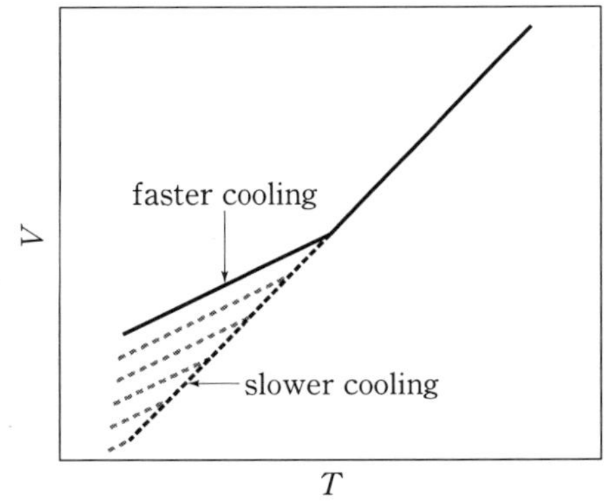

그림 6.9 ❖ 냉각 속도에 따른 고분자의 T_g의 변화에 대한 도식적 묘사

아래 그림 6.10에 폴리스티렌의 냉각 속도에 따른 T_g의 변화를 나타내었다. T_1은 유리 전이 영역의 하한 값이고 T_2는 상한 값이다. 냉각 속도가 한 자릿수만큼 커지면 약 4 ~ 5℃ 정도의 T_g 증가를 보여주고 있다.

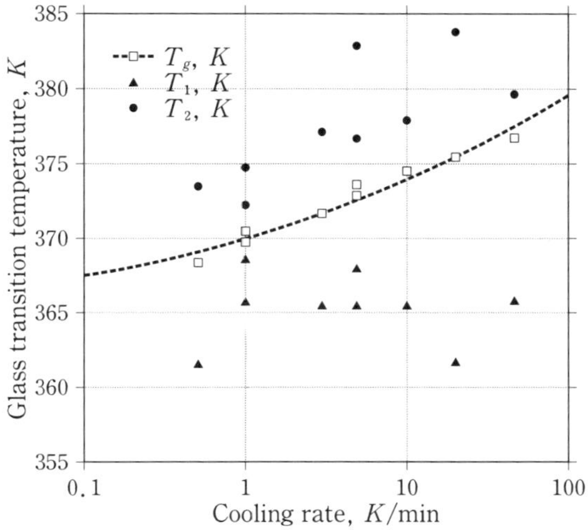

그림 6.10 ❖ 폴리스티렌의 냉각 속도에 따른 T_g의 변화[6]

6.2.4 열역학적 이론

앞에서 언급한 바와 같이, 유리 전이는 기본적으로 속도론적 성격을 가지고 있으나 열역학적인 측면의 성질도 가지고 있다. 왜냐하면, 유리 전이를 통하여 물질의 열역학적 성질들(비열, 열용량, 열팽창 계수 등)이 급격한 변화를 보이기 때문이다. 유리 전이 온도가 물질의 성질 및 거동에 큰 영향을 미치기 때문에 이의 특성에 대한 근본적인 이해는 매우 중요하다. 이들 근본적인 특성에 대한 이해는 현상학적 이해도 중요하지만 열역학 등 탄탄한 기본 원리를 통한 이해가 큰 도움이 될 수 있다. 이러한 측면에서 열역학적인 접근의 시도가 많이 이루어져 왔다.

아래 그림 6.11에 실험적으로 관찰되는 유리 전이 온도를 중심으로 그 이상과 그 이하 온도에서의 물질의 열역학적 성질들의 일반적인 온도 의존성을 도식적으로 나타내었다. 아래 그림의 오른쪽 부분은 자유 에너지와 물질의 안정성 관계를 나타낸 것이다.

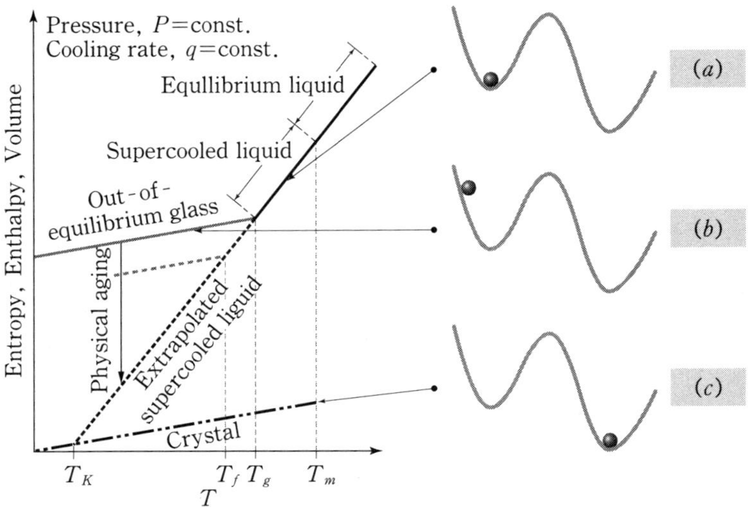

그림 6.11 ❖ 유리질 상태를 형성하는 시스템의 열역학적 성질의 도식적 묘사: T_m(용융 온도), T_f(T_g 이하의 온도에서 에이징 후, 구조가 평형 상태에 있을 것으로 예상되는 온도), T_K (Kauzmann 온도): (a) 불안정한 과냉 액체, (b) 평형 상태에 벗어난 유리(glass), (c) 안정한 결정

일반적으로 평형 상태에 있는 액체가 냉각이 시작되면, 용융 온도를 지나면서 과냉 액체 상태(supercooled liquid state: 용융 온도 이하에서도 액체 상태를 유지하며 액체와 유리의 중간 상태에 해당)를 거쳐, 온도를 실험적으로 관찰되는 유리 전이 온도(통상적으로 속도론적 유리 전이 온도라 부름) 이하로 더 낮추면, 유리질 상태(무정형 고체 상태)로 변화될 수 있다. 실험적으로 관찰되는 유리 전이 온도 아래에서는 과냉 액체가 유리(glass)로 변환되는 과정을 거친다. 이때 유리는 결정과 같은 조직적인 구조가 아니고 액체 보다는 잘 조직된 구조이다. 과냉 액체 상태는 열역학적으로 준안정 상태(작은 동요에는 안정한 상태 유지)이고, 유리질 상태는 비평형 상태이다. 과냉 액체 상태를 유지하기 위해서는 결정화가 되는 충분한 속도론적 자극이 없어야 한다.

이론적으로는, 진정한 열역학적 유리 전이(액체 상태에서 유리질 상태로 전이)를 관찰하기 위해서 액체 상태에서 무한적으로 느린 냉각 속도가 요구된다. 냉각 속도가 무한히 느리면 열역학적 평형(과냉 액체 상태와 유리질 상태의 평형)이 이루어지므로 과냉 액체 상태가 유지될 수 있다. 즉, T_g 이하의 온도에서도 고체와 같은 유리질 성질을 가지지만 분자의 운동성은 유지할 수 있는 과냉 액체와 같은 상태를 유지할 수 있다. 위 그림 6.11에서 T_g 이하에서 과냉 액체선(supercooled liquid line)을 연장한 점선이 이에 해당한다. 이 점선이 결정의 엔트로피에 해당하는 점선과 교차하는 지점에서의 온도가 과냉 유리 상태에서 conformation 엔트로피가 거의 0에 가까운(단 한개의 미세 상태만 존재) 최저 온도로서 유리 전이 온도의 하한(lower limit) 온도이고, 이를 Kautzmann 온도(T_K)라고 하며 열역학적으로 이상적 유리 전이 온도에 해당한다. 이 온도는 실험적 시간 스케일이 무한적으로 길어진 가상적인 상태에서 얻어질 수 있는 T_g의 한계 값이다. 과냉 액체의 열용량(heat capacity)을 T_g 이하에 대하여 외삽하면 과냉 액체와 고체 상의 엔트로피 차이를 계산할 수 있는데, 이로부터 Kautzmann 온도의 존재가 인지되었다.

그런데, 더 온도가 내려가 과냉 액체인 유리(glass)의 엔트로피가 안정한 결정의 엔트로피보다 낮게 되면 엔트로피가 음의 값을 갖게 되는데, 이는 열역학 제3법칙(완벽한 결정의 0 K에서의 엔트로피가 0이 됨)에서 벗어나게 된다. 이를 Kautzmann의 역설(paradox)이라고 한다. 이에 따라, 이상적 유리 전이 온도의 실체에 대한 논쟁이 아직도 이어지고 있다. 이상적 유리 전이는 유리(glass)를 형성할 수 있는 액체(glass-forming liquid)의 유리 전이를 이해하는데 근본적인 요소로서, 실험적으로 측정되는 유리 전이 관련 현상을 열역학적으로 설명하기 위한 기초 단계이므로 매우 중요한 쟁점이다. 이는 마치 이상 기체나 이상 용액의 거동을 통해 실제 시스템의 거동을 이해하려는 노력과 비슷하다. 즉, 이상적 유리 전이를 통한 이론적 바탕을 토대로 실험적으로 측정되는 유리 전이의 근본 특성을 이해하려는 노력이다.

실험적으로 관찰되는 유리 전이 온도의 이론적 배경에 대한 해석이 다양하게 이루어지고 있음에도 불구하고, 완전하게 정리된 결론을 얻지 못하고 있음은 원천적으로 유리 전이 현상이 속도론적 측면과 열역학적 측면을 동시에 포함하고 있기 때문일 것으로 보는 견해가 많다. 이에 따라, 이들 두가지 측면을 분리해서 설명하기 위한 실험적 기법이나, 열역학적 측면에 있어서도 비평형 열역학(non-equilibrium thermodynamics: 열역학적 상태 변수들이 시간의 함수가 됨) 개념의 도입 등이 필요할 것으로 보인다.

이와는 별도로, 많은 고분자에 있어서 유리 전이 이외에도 몇 가지 다른 열적 전이 현상도 보인다. 아래 표 6.3에 폴리스티렌의 열적 전이 현상의 예를 나타내었다.

표 6.3 폴리스티렌의 열적 전이의 예

온도	전이	폴리스티렌 메커니즘	일반적 메커니즘
433 K (160°C)	T_{ll}	액체1에서 액체2로의 전이	고무 탄성과 고무 흐름상의 경계
373 K (100°C)	T_g	사행 운동을 위한 먼거리 사슬 움직임 개시	몇 개의 Kuhn 세그멘트의 협동적 운동, 사행 운동의 시작
325 K (50°C)	β	페닐 그룹의 뒤틀림 진동 (torsional vibrations)	단일 Kuhn 세그멘트 운동
130 K	γ	4개의 탄소 골격 단위에 의한 운동	소각 뒤틀림 진동(small-angle torsional vibrations), 2-3개 단량체의 협동적 운동
38-48 K	δ	페닐 그룹의 신장 또는 굽힘 진동	소각 진동, 단일 단량체 운동

6.3 시간-온도 중첩

시간-온도 중첩(time-temperature superposition)은 시간-온도 등가(equivalence)라고도 한다. 즉, 특성적 변형 속도의 변화가 온도의 변화와 동등하다는 의미이다. 고분자가 제품 형태로 사용될 때에는 그에 걸맞는 정확한 기능을 수행하기 위하여 크리프(creep)나 응력 이완 등과 같은 물리적 현상이 수반될 수밖에 없다. 이때에 고분자 재료가 가지는 독특한 성질인 점탄성이 나타난다. 응력 이완은 고분자 재료가 일정한 변형을 가진 상태에서 응력이 어떻게 이완되는지에 대한 것이고, 크리프는 일정한 기계적 응력 하에서 재료가 서서히 또는 영구적으로 변형되는 정도를 나타낸다. 응력 이완의 구체적 예로 신발이나 부츠 등을 들 수 있는데, 일정한 변형에서 사람이 걸어 움직일 때마다 부하(load)가 가해지면 이를 수용하기 위하여 바로 이완이 일어난다. 크리프의 예로서는 교량이나 건물 등에서 점탄성을 가진 목재들이 장기간 응력을 받게 되어 조금씩 변형이 일어나는 것이다. 이로 인해 고분자 제품의 기능과 재료를 잘 맞추기 위하여 고분자 재료의 설계가 중요하게 된다.

선형 무정형 고분자의 경우와 같이 선형 점탄성을 가지는 물질의 기계적 성질의 온도 의존성을 결정하기 위하여, 온도와 실험과 관련된 시간 스케일과의 관계를 이용하는 것이 실험을 보다 효율적으로 하기 위하여 매우 편리한 근사적 방법일 수 있다.

아래 그림 6.12에 선형 점탄성 물질인 폴리메틸 메타크릴레이트(PMMA)에 대하여, 고정된 초기 변형 상태에서 시간에 따라 응력 이완 탄성률(stress relaxation modulus, $E_R(T) = \sigma(t)/e$)이 어떻게 변화하는지를 온도의 함수로 나타내고 있다. 응력 이완은 일정한 변형 상태에서 시간에 따른 응력의 감소 현상이다. 물체에 외부의 부하가 가해져 변형이 일어나면 물체 내 분자들의 상대적인 위치가 변하게 되는데, 이들 변화가 외부의 부하와 균형을 이루기 위하여 물체 내에 형성되는 반작용의 힘을 응력이라 한다. 외부의 부하에 의해 물체의 변형이 일어나면, 물체 내 분자들의 상대적 위치 이동에 따라 평형 상태에서 벗어나며 에너지가 높아진다. 이러한 상태에서 변형이 일정할 경우, 시간이 지남에 따라 에너지가 낮은 평형 상태로 돌아가는 것을 응력 이완이라고 한다. 일정한 변형 상태에서 온도가 높으면 변형을 유지하기 위한 외부의 부하가 작아지므로 응력도 감소한다. 이에 따라, 아래 그림 6.12에서와 같이 응력 이완 탄성률도 온도가 커질수록 감소한다. 보통 기계적 이완 시간 스케일은 수초(several seconds)에서 100 시간 정도 범위에서 고려된다. 온도가 높을수록 이완이 쉽게 일어나 이완 시간이 짧아진다.

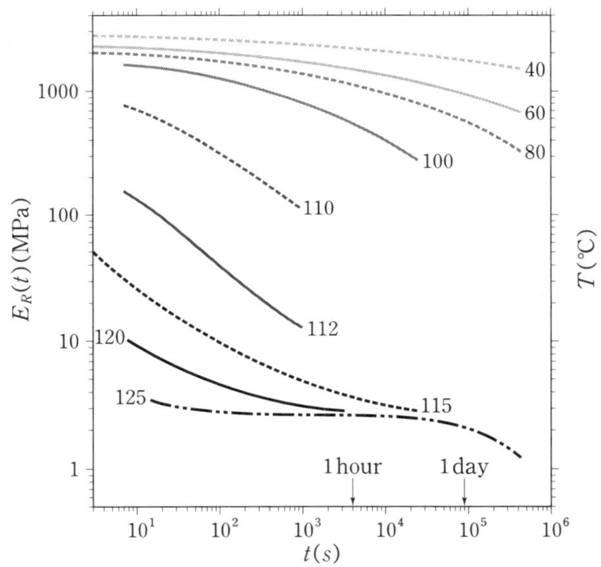

그림 6.12 ❖ 폴리메틸 메타크릴레이트의 고정된 초기 변형 상태에서 시간에 따른 응력 이완 탄성률의 변화[7]

서로 다른 온도에서 측정된 탄성률 데이터들은 어떤 기준 온도로 이동하면 겹쳐져 1개의 표준 곡선(master curve)으로 나타난다. 이를 '시간-온도 중첩'이라 한다. 즉, 아래 그림 6.13에서와 같이 어떤 온도 T_1에서의 E_{R1} 값과 이동 인자(shift factor, a_T)를 알면 다른 온도 T_2 에서의 E_{R2} 값을 계산할 수 있게 된다. 이때 이동 인자는 온도 이동 인자로서, 서로 다른 온도에서 얻어진 응력 이완 곡선 사이에서의 수평 이동을 정량화하는 인자이다. 아래 그림 6.13에 가교 되지 않은 폴리이소부틸렌(PIB)의 점탄성 표준 곡선(25°C 기준)의 생성 과정이 나타나 있다. 각 온도에서 서로 다른 이동 인자 값을 이용하여 응력 이완을 위한 표준 곡선을 생성한다.

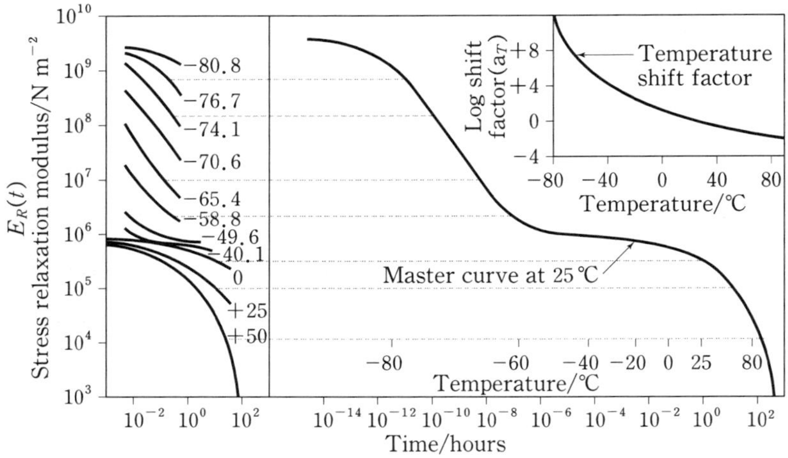

그림 6.13 ❖ 서로 다른 온도에서의 탄성률 데이터로부터 기준 온도로의 이동에 의한 표준 곡선의 생성(폴리이소부틸렌)

가장 낮은 온도에서는 고분자가 유리질이어서 $E_R(T)$ 값이 매우 높다. 온도의 증가에 따라 유리 전이가 일어나면 탄성률이 급격히 감소하여 고무 상태가 된다. 탄성 중합체(elastomer) 거동은 소위 말하는 '고무상 고원(rubbery plateau)' 영역에서 현저하게 나타나는데, 아래 그림 6.14에 나타난 바와 같이 고무상 고원 영역의 범위(t_e)는 고분자의 분자량에 따라 변한다. 사슬의 얽힘을 위한 임계 분자량(M_b)과 관련하여 고무상 고원 영역의 범위는 다음과 같은 경험식으로 나타낼 수 있다.

$$t_e = 2.4 \log(M/M_b) \tag{6.33}$$

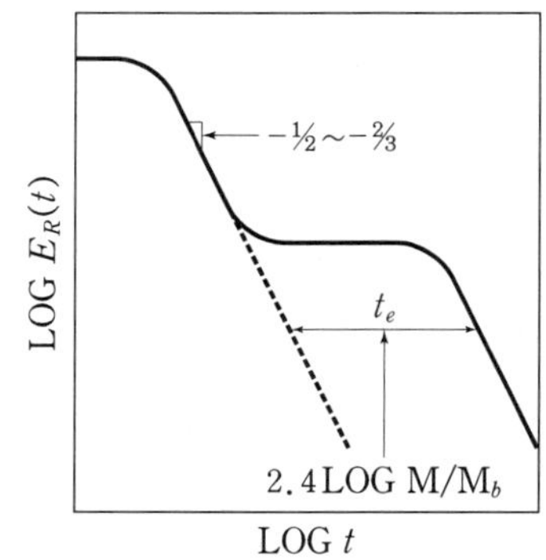

그림 6.14 ❖ 고무상 고원 영역의 범위

위의 PIB의 경우에서와 마찬가지로 선형 무정형 고분자의 경우, 대체로 순간 탄성률 곡선(instantaneous modulus curve: 점성 성분의 작동이 없는 상태인 초기의 탄성적 반응에 해당)들이 온도가 변하더라도 시간에 따라 그 형태가 변하지 않고, 아래 식 6.34에 정의되는 이동 인자(a_T)에 의해 왼쪽 또는 오른쪽으로 이동함으로써 각 곡선들이 표준 곡선을 보임이 경험적으로 확인되고 있다.

$$\log a_T = \log t - \log t_0 = \log(t/t_0) \tag{6.34}$$

여기서, t_0는 기준 상태에 해당하는 시간이다.

온도 T_1에서의 고분자 재료의 탄성률 거동이 알려져 있으면, 온도 T_2에서의 이완 탄성률(relaxation modulus)은 다음과 같이 표시된다.

$$[E_R(t)]_{T_2} = [E_R(t)/a_T]_{T_1} \tag{6.35}$$

여기서, a_T는 WLF 식에 의해 다음과 같은 관계를 가지고 있다.

$$\log a_T = \log(\tau/\tau_g) = -C_1'(T - T_g)/(C_2' + T - T_g)$$

위에서 소개한 시간-온도 중첩 원리는 다음과 같은 경우에만 적용이 가능할 수 있는 한계점이 있음을 유의하여야 한다.

i) 고분자 재료가 균일하고 등방성을 가지며 무정형이어야 한다.
ii) 기계적 변형에 있어서 선형 점탄성(응력 이완이 변형에 비례함)을 보여야 한다.
iii) 유효한 온도 범위는 T_g에서 (T_g + 100°C) 정도의 범위이다.
iv) 광범위한 동적 기계적 시험(dynamic mechanical testing)을 통해 a_T, C_1', C_2' 등이 결정될 수 있어야 한다.

위 시간-온도 중첩 개념을 이용한 유리 전이의 자유 부피 관련성 측면에 대한 이해는 이미 앞에서 다룬 바 있다. 또, 이 원리를 이용하여 다른 온도에서의 점도나 기계적 성질(Young 탄성률, 전단 탄성률, 컴플라이언스 등) 예측이나 물리적 노화(physical aging: T_g 이하에서의 시간에 따른 부피 감소) 현상을 예측하는데도 도움이 된다. 이외에도, 고분자 유체(고분자 용융체 또는 고분자 용액)의 레올로지(rheology)나 점도의 온도 의존성에 대한 정보를 얻을 수 있고, 특정 온도에서 긴 시간에 걸쳐 일어나는 고분자의 기계적 거동을 장시간 측정해야 하는 비효율성을 피할 수 있는 장점도 있다.

6.4 유리 전이에 영향을 미치는 인자들

6.4.1 분자량

시스템 내에 있는 고분자 사슬의 말단이 사슬 내에 있는 단위들보다 공간적인 자유도가 높음에 따라 자유 부피 생성에 주도적으로 기여하므로 사슬 말단의 수가 거의 자유 부피를 결정한다고 볼 수 있다. 이에 따라, 고분자 사슬이 짧을수록 고분자 시스템의 자유 부피가 커진다. Flory와 Fox는 유리 전이 온도 이하에서 실제 시료의 자유 부피가 온도와 분자량에 무관하다고 가정하되, 유리질이 가상적 평형 상태(과냉각 유리가 결정에 가까운 상태)를 이루는 0 K에서의 자유 부피가 분자량이 무한대인 고분자의 유리 전이 온도에 상응한다고 가정함으로써, 유리 전이 온도에서는 선형 무정형 고분자의 유리 전이 온도와 수평균 분자량($\overline{M}_n$) 사이의 경험적 관계식이 아래와 같다고 제시하였다.

$$T_g = T_{g,\infty} - K/\overline{M}_n \qquad \text{(Flory-Fox 식)} \qquad (6.36)$$

여기서, $T_{g,\infty}$는 분자량이 이론적으로 거의 무한대에 가까운 경우에 해당하는 가장 높은 가상적 유리 전이 온도이고, K는 실험적으로 결정되는 파라미터이다. 아래 그림 6.15에 아탁틱 폴리스티렌(atactic PS)에 대한 수평균 분자량의 변화에 따른 T_g의 변화를 나타내었다. 이때 얻어지는 관계식은 다음과 같다.

$$T_g(°\text{C}) = 98 - 1.8 \times 10^5/\overline{M}_n \qquad (6.37)$$

위 Flory-Fox 식에서 유추할 수 있듯이, 분자량에 따른 T_g의 변화는 아래 그림에 나타난 바와 같이 분자량이 작은 고분자 시스템의 경우에 훨씬 더 현저하게 나타난다.

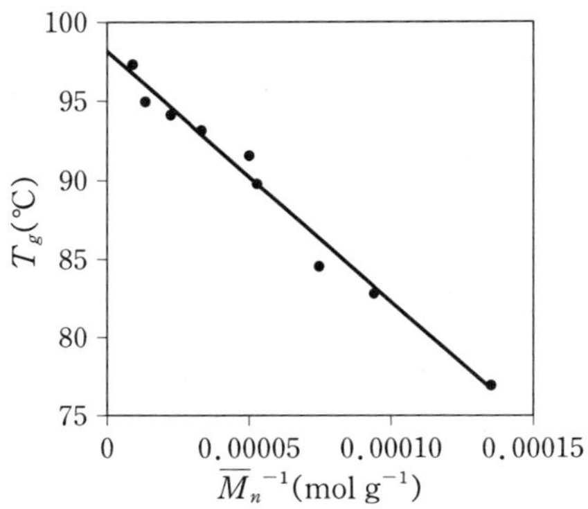

그림 6.15 ❖ 아탁틱 폴리스티렌의 분자량(수평균)에 따른 T_g의 변화[8]

유리 전이 온도의 분자량 의존성은 사슬 얽힘 시스템의 경우가 막대형 사슬 시스템보다 크게 나타난다. 막대형 사슬 시스템의 경우 사슬 말단에 따른 자유 부피 생성이 적기 때문이다.

위의 경험적 Flory-Fox 식은 보다 논리적인 개념으로 유도할 수도 있다. 선형 고분자 시스템의 단위 부피당 사슬의 수는 $\rho N_A/\overline{M}_n$이므로 단위 부피당 사슬 말단의 수는 $2\rho N_A/\overline{M}_n$가 된다. 여기서, ρ는 고분자의 밀도이다. 이에 따라, 사슬 말단에 의한 전체 자유 부피 분율(f_c)은 다음과 같이 표시할 수 있다.

$$f_c = 2\rho N_A \theta/\overline{M}_n \tag{6.38}$$

여기서, θ는 한개의 사슬 말단이 자유 부피 생성에 기여하는 정도이다. 이때, f_c는 고분자 시스템이 T_g와 $T_{g\infty}$ 사이에서 자유 부피가 증가하는 것과 같은 성격으로 간주할 수 있다.

$$f_c = \alpha_f(T_{g\infty} - T_g) \tag{6.39}$$

위의 두 관계식을 결합하면 다음과 같이 앞의 Flory-Fox 식의 형태가 얻어진다.

$$\begin{aligned} T_g &= T_{g\infty} - (2\rho N_A \theta/\alpha_f \overline{M}_n) \\ &= T_{g\infty} - K/\overline{M}_n \qquad (K = 2\rho N_A \theta/\alpha_f) \end{aligned} \tag{6.40}$$

고분자에 적은 양의 가지가 존재하면 아래 주어진 관계식에서와 같이 시스템의 T_g를 더 낮출 수 있다.

$$T_g = T_{g\infty} - (\rho y N_A \theta/\alpha_f \overline{M}_n) \tag{6.41}$$

여기서, y는 고분자의 가지를 포함한 사슬 말단의 전체 수이다. 즉, 가지의 수가 늘어나면 일반적으로 T_g는 감소한다. 그러나 고분자의 가지 수가 상당히 커지게 되면 곁그룹들이 주사슬의 운동성을 저하시켜 오히려 T_g를 증가시키는 효과를 가져올 수 있다.

6.4.2 조성(composition)

랜덤 공중합체나 완전한 혼합이 가능한 고분자 혼합물, 가소화(plasticization)된 고분자 시스템 등에서의 T_g는 그 조성에 영향을 받을 것이다. 이들 고분자 시스템의 T_g도 시스템의 물리적 성질 및 거동에 큰 영향을 미치므로, 이들 시스템을 설계할 때에 시스템의 T_g를 미리 예측하여 설계에 반영하는 것은 매우 중요하다. 왜냐하면, 설계 단계에서 미리 설계 대상 물질을 합성하여 그들의 T_g나 성질들을 측정하기 어렵기 때문이다. 이들 고분자 시스템의 T_g를 예측하기 위한 여러 모델들이 제시되었는데, Gordon-Taylor(GT) 모델, Fox 모델, Couchman-Karasz(CK) 모델 등이 대표적이다. 이들 접근은 고분자 시스템의 성분별 열물리적(thermophysical) 성질의 합이 혼합물의 T_g와 관련이 있다고 전제함으로써 관계식을 얻게된다.

GT 모델에서는 이상 공중합체(랜덤 공중합체에 해당)의 유리 전이 온도를 위하여 다음과 같은 일반 수학적 형태의 관계식(성분별 가중치에 따른 단순한 합산 규칙)을 제시하였다.

$$T_g = (w_1T_{g1} + kw_2T_{g2})/(w_1 + kw_2) \qquad \text{(Gordon-Taylor 식)} \qquad (6.42)$$

여기서, w_1, w_2는 공중합체 내에서의 각 성분(1, 2)의 무게 분율이고, k는 모델의 특성과 관련된 상수이다. 이 모델에서는 공중합체 내의 성분들이 이상적 혼합을 함으로써 공중합체를 위한 성분별 부피의 단순 합산 규칙이 유효하고, 부피가 온도에 따라 선형적으로 증가한다고 가정하여 공중합체의 모델 파라미터(k)를 다음과 같이 구할 수 있다.

공중합체의 비체적(V)은 다음과 같이 고무 또는 유리질 상태에서의 성분별 비체적(V_{Ri}, V_{Gi})을 이용하여 공중합체의 유리 전이 온도인 T_g의 위, 아래 온도 영역에서 다음과 같이 표시된다.

$$V = (1 - w_2)\,V_{R1} + w_2V_{R2} \qquad T > T_g \qquad (6.43)$$

$$V = (1 - w_2)\,V_{G1} + w_2V_{G2} \qquad T < T_g \qquad (6.44)$$

공중합체의 T_g에서는 이 두 식이 같아진다.

$$(1 - w_2)\,V_{R1} + w_2V_{R2} = (1 - w_2)V_{G1} + w_2V_{G2} \qquad (6.45)$$

공중합체의 고무 또는 유리질 상태에서의 성분별 비체적은 성분별 열팽창 계수(α_{Ri}, α_{Gi})를 이용하여 다음과 같이 표시된다.

$$V_{Ri} = V_{Tgi} + \alpha_{Ri}(T - T_{gi})V_i \qquad (6.46)$$

$$V_{Gi} = V_{Tgi} + \alpha_{Gi}(T - T_{gi})V_i \qquad (6.47)$$

여기서, T_{gi}는 공중합체 내에서의 각 성분의 T_g이고 V_i는 각 성분의 비체적이다.

위 식들을 재정리하면 최종적으로 다음 관계식이 얻어진다.

$$T_g = [w_1T_{g1} + (V_1/V_2)(\Delta\alpha_2/\Delta\alpha_1)w_2T_{g2}]/[(w_1 + (V_1/V_2)(\Delta\alpha_2/\Delta\alpha_1)w_2)]$$

$$= (w_1 T_{g1} + k w_2 T_{g2})/(w_1 + k w_2) \tag{6.48}$$

여기서, k는 다음과 같이 표시된다.

$$k = (V_1/V_2)(\Delta\alpha_2/\Delta\alpha_1) \tag{6.49}$$

상수인 k는 공중합체 내의 각 성분들이 유리 전이를 통해 겪게되는 열팽창 계수의 변화($\Delta\alpha_i = \alpha_{Ri} - \alpha_{Gi}$) 및 각 성분 사이의 비체적 비율($V_1/V_2$)과 관련되는 고분자 시스템 파라미터로서 실험적으로 결정된다. k값은 보통 차수(order)가 1인 값을 가지며 고분자 시스템 내의 성분들 사이의 비대칭성을 나타낸다.

Fox 모델에서는 앞에서 다루었던 단일 중합체(homopolymer) 시스템에 대한 Flory-Fox 모델을 근거로, 혼화성(miscibility)이 높은 혼합물의 유리 전이 온도에 대하여 다음과 같은 경험식을 제안하였다.

$$(1/T_g) = (w_1/T_{g1}) + (w_2/T_{g2}) \qquad \text{(Fox 식: Kelvin 온도로 표시함)} \tag{6.50}$$

위 관계식들은 이상적 부피 혼합을 전제로 하고 있으므로, 이들이 충분히 유효하기 위해서는 랜덤 공중합체나 고분자 혼합물 내 성분들의 화학 구조가 유사하고, 분자들 사이의 상호 작용이 매우 약하거나 특별한 상호 작용이 없어야 한다.

Fox 식의 경우, 온도의 역수로 관계식이 얻어짐은 유리 전이와 관련하여 국부적 사슬의 운동 등과 관련된 활성화 에너지 개념이 포함되어 있음을 의미할 수도 있다. Fox 식은 거의 모든 다른 모델들과 달리, 실험적으로 결정해야 할 파라미터가 없어 편리하게 T_g의 예측을 위해 자주 이용된다. Fox 식은 Gordon-Taylor 식으로부터도 얻어질 수 있다. Gordon-Taylor 식에서 두 성분의 비체적이 유사하고, 앞의 자유 부피 이론을 위한 SB 모델에서 적용하였던 조건인 $T_{gi}\Delta\alpha_i$ 값이 일정한 조건을 적용하면, $k \simeq T_{g1}/T_{g2}$가 되어 이로부터 Fox 식이 얻어진다. 실제로 이때 적용한 조건은 상당히 많은 경우에 유효하다. 즉, Fox 식은 Gordon-Taylor 모델의 특수 경우에 해당한다.

아래 그림 6.16에 폴리우레탄(polyurethane)의 유리 전이 온도 예측에 대하여 위의 두 모델을 비교해 본 결과가 나타나 있다. 이러한 예측은 폴리우레탄의 재료 설계 시에 매우 유용하다. 폴리우레탄은 단단한 세그멘트(hard segment)와 부드러운 세그멘트(soft segment)의 블록으로 구성되어 있어, 각 블록 성분의 물리적 성질(T_{g1}, T_{g2})이 폴리우레탄의 T_g에 영향을 미친다. Fox 모델의 경우에 T_g가 단순하게 블록 성분의 무게 평균된 T_g 값들보다 항상 작게 나타나고, GT 모델의 경우에는 T_g에 대한 k값의 의존성이 크게 나타남을 알 수 있다. 많은 폴리우레탄 시스템에 있어서 $T_{g1} = 273$ K, $T_{g2} = 373$ K로 고려한다.

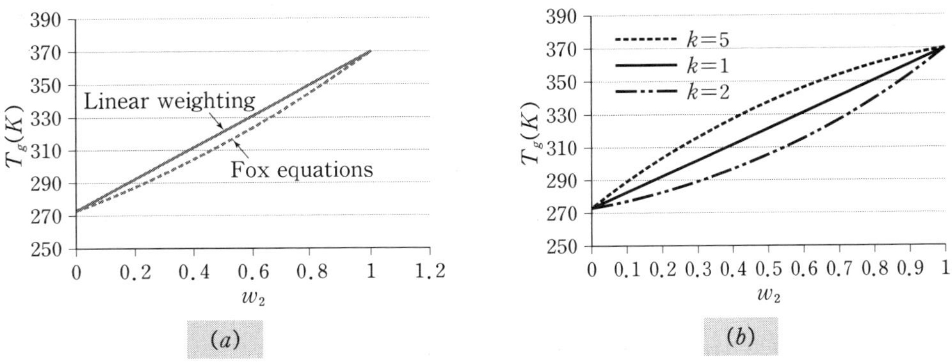

그림 6.16 ❖ 단단한 세그멘트와 부드러운 세그멘트로 구성된 폴리우레탄의 T_g 예측 그래픽: (a) Fox 모델, (b) GT 모델[9]

위 모델들은 모두 물질의 기본적인 열물리학적 성질의 합산 규칙에 근거하고 있음이 공통적이다. 위 모델들에 바탕한 관계식을 조성에 따른 T_g로 플롯하면 위 그림 6.16에 나타난 바와 같이 조성에 따른 단순 합산 규칙에 의한 직선보다 위 또는 아래에 나타나는 경향을 보인다.

위의 두 모델은 자유 부피 개념을 바탕으로 하고 있어 관계식 내에 혼합에 관련한 명시적인 항이 없다. 랜덤 공중합체나 고분자 혼합물의 T_g를 예측하기 위하여 위의 자유 부피 개념 외에 conformation 엔트로피 개념을 적용하는 접근 방법도 시도되었다. 일반적으로 액체의 유리화에 있어서 엔트로피 변화가 엔탈피 변화보다 훨씬 중요한 기여를 한다. 이에 따라, 유리 전이를 열역학적 2차 전이(몰당 엔트로피의 변화가 온도에 따라 연속적 곡선으로 나타남)로 가정하여 혼합에 따른 엔트로피 변화(ΔS_m)를 각 성분의 T_g 함수로 나타내고, 이로부터 다음과 같은 결과를 얻었다. ΔS_m이 두 성분을 혼합함에 따른 모든 잉여 엔트로피(excess entropy: 이상적 거동으로부터 벗어나는 엔트로피 부분)와 관련되는데, 이들 중 주로 conformation 엔트로피가 지배한다고 가정한다. 시스템의 온도가 올라가면 열 에너지가 증가하고, 이에 따라 에너지를 분배할 방법의 수가 늘어나므로 엔트로피가 증가하게 되어 엔트로피는 다음 식 6.51과 같이 표시할 수 있다. 엔트로피는 시스템을 무질서하게 하는 원동력이므로 열 에너지가 일을 할 수 없게 하는 척도이다.

$$dS = \Delta Q/T \tag{6.51}$$

여기서, ΔQ는 시스템과 외부 환경 사이에서의 열전달이다.

이에 따라, 혼합에 따른 엔트로피 변화는 다음과 같이 열용량(C_p)으로 나타낼 수 있다.

$$\Delta S_m = w_1 \int (C_{p1}/T)dT + w_2 \int (C_{p2}/T)dT \tag{6.52}$$

액체가 유리화 되는 과정의 열역학적 기준은 conformation 엔트로피가 거의 사라지는 것이므로, 유리 전이 온도에서 두 성분의 혼합에 따른 엔트로피 변화는 0이 된다.

$$\Delta S_m = 0 \tag{6.53}$$

이에 더하여, ΔC_p가 온도에 무관하다고 가정하면 위 식으로부터 다음 결과가 얻어진다.

$$\ln T_g = (w_1 \Delta C_{p1} \ln T_{g1} + w_2 \Delta C_{p2} \ln T_{g2})/(w_1 \Delta C_{p1} + w_2 \Delta C_{p2}) \quad \text{(Couchman-Karasz 식)} \tag{6.54}$$

여기서, ΔC_{pi}는 각 성분의 유리 및 고무 상태에서의 비열의 차이이다.

위의 관계식들은 상당한 경우에 실제 혼합물 시스템의 실험 데이터를 정확히 반영할 수 없으므로, 혼합물의 T_g를 실질적으로 결정하기 위한 용도이기보다는 혼합물의 거동을 예측하기 위한 유용한 근사법으로 활용될 수 있다. 이러한 한계성에도 불구하고, 유리 전이 온도가 고분자의 물리적 성질이나 거동에 중요한 영향을 미치므로, 유리 전이 온도의 근본 특성에 대한 이해는 필수적이어서 이에 대한 연구는 지속되고 있다. 이와 관련하여 최근에는 유리 전이 온도를 예측하기 위하여 화학 프로그램 언어(chemical program language) 등에 의한 컴퓨터 프로그램을 활용하는 연구도 진행되고 있다. 화학 프로그램 언어는 고분자의 구조에 각 반복 단위 별로 기호 노드(node)를 부과함으로써 기존의 수많은 종류의 고분자에 대한 유리 전이 온도 데이터로부터 어떤 숨어있는 패턴을 얻어, 새로운 고분자의 유리 전이 온도를 예측하는 방법이다.

위와 같이 혼화성이 높은 경우와는 달리, 블록 공중합체나 혼합이 되지 않는 블렌드(immiscible blend)에서는 상분리가 일어나 각 상에 해당하는 T_g가 별도로 나타난다.

6.4.3 기타 인자들

1) 분자들 사이에 작용하는 힘

분자들 사이에 작용하는 힘이 자유 부피를 감소시켜 T_g를 증가시키는 효과를 가진다. 아탁틱 폴리프로필렌($T_g \approx -20$℃)과 아탁틱 폴리염화비닐(PVC: $T_g \approx 80$℃)을 비교해 보면, 아탁틱 폴리염화비닐의 경우에 염소 그룹의 존재로 인해 분자간 작용하는 힘이 크게 작용하여 T_g가 훨씬 더 높다.

2) 곁그룹 치환체(side chain substituents)

곁그룹이 강직(stiff)하거나 벌키(bulky)할 경우에는 사슬의 내부 회전이 제약을 받게 되어 T_g가 증가한다. 예를 들어, 아탁틱 폴리프로필렌($T_g \approx -20$℃)에 비해 아탁틱 폴리스티렌($T_g \approx 100$℃)의 경우, 벌키하고 강직한 페닐(phenyl) 곁그룹의 존재로 T_g가 훨씬 더 높아진다. 곁그룹의 길이도 T_g에 영향을 미친다. 비극성의 탄화 수소 기반의 고분자의 예를 아래 표 6.4에 나타내었다. 일반적으로 곁그룹의 길이가 길어지면 T_g가 감소하는 경향을 보이는데, 이는 곁그룹의 길이가 길어질수록 고분자 주사슬의 정렬을 방해하기 때문이다. 그러나 탄소수가 5개인 곁가지를 가진 poly(1-heptene)의 경우에는 오히려 그 경향이 반대로 나타난다. 이때에는 곁그룹 사이의 상호 작용이 존재하여 주사슬의 내부 회전을 방해하기 때문이다.

표 6.4 비극성 탄화 수소 고분자의 곁그룹의 길이에 따른 T_g의 변화

Pendant Side-Group	T_g(℃)
CH_3-	5
CH_3CH_2-	−24
$CH_3CH_2CH_2-$	−40
$CH_3CH_2CH_2CH_2-$	−50
$CH_3CH_2CH_2CH_2CH_2-$	−31

곁가지의 길이 이외에 그 형태도 아래 표 6.5에 나타난 바와 같이 T_g에 영향을 미친다. n-알킬 동소체 때보다 이소부틸(isobutyl)이나 3차 부틸(tertiary butyl) 그룹의 곁가지의 경우에 더 높은 T_g를 보인다. 이들 벌키한 곁그룹 사이의 상호 작용이 주사슬의 내부 회전을 방해한다.

표 6.5 비극성 탄화 수소 고분자의 벌키한 곁그룹이 T_g에 미치는 영향

Pendant Side-Group	T_g(℃)
$CH_3CH_2CH_2CH_2CH_2-$	−31
$(CH_{3)2}CHCH_2CH_2-$	−14
$(CH_{3)3}CCH_2-$	59

아래 표 6.6에 대표적 비닐 고분자의 곁그룹에 따른 T_g의 변화도 나타내었다.

표 6.6 대표적 비닐 고분자의 곁그룹에 따른 T_g의 변화

Polymer	Substituent Group(R)	T_g(˚C)	
Polyethylene	H	−125	
Polypropylene(atactic)	CH_3	−20	
Poly(vinyl chloride)	Cl	89	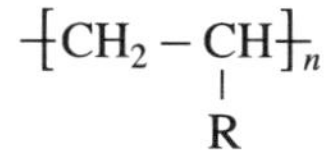
polyacrylonitrile	C ≡ N	100	
polystyrene		100	
poly(α-vinyl naphthalene)	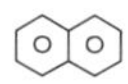	135	
poly(methyl methacrylate)	CH_3	105	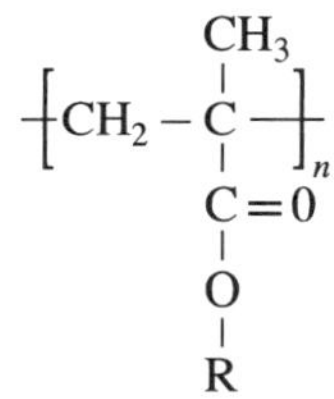
poly(ethyl methacrylate)	CH_2 CH_3	65	
poly(propyl methacrylate)	CH_2 CH_2 CH_3	35	

3) 사슬 골격에 있는 치환체

고분자 사슬의 골격에 유연한 단위에 해당하는 티오(−S−), 에테르(R−O−R), 실록산(−Si−O) 단위 등이 있을 때에는 T_g가 감소한다. 이와 반면에, 링(ring) 구조와 같은 벌키한 단위가 있을 때에는 T_g가 증가한다.

4) 가교 구조나 가지 구조

같은 분자량을 가진 고분자의 경우, 일반적으로 가지가 있으면 가지의 존재로 인해 사슬 말단의 수가 늘어나므로 T_g가 감소하는 경향을 보인다. 가교 구조가 존재하면 사슬의 움직임이 제약을 받게 되어 T_g가 증가한다.

5) 결정성

고분자 구조가 일부 결정을 가지면, 이들이 충진제나 물리적 가교(고분자 사슬 사이에 수소 결합, 이온 상호 작용, van der Waals 상호 작용 등과 같은 비교적 약한 상호 작용에 의한 결합이 생성됨)의 역할을 할 수 있어 사슬의 움직임이 제약을 받게 됨으로써 T_g가 증가하는 경향을 보이는데, 고분자의 균일성이 감소하여 유리 전이가 넓은 범위의 온도

에 걸쳐 나타난다.

6) 입체 규칙성 및 기하학적 이성질체(trans/cis)

많은 고분자의 경우, 이소탁틱 구조가 아탁틱 구조에 비해 내부 회전이 더 용이하여 T_g가 낮은 경향을 보인다. 폴리메틸 메타크릴레이트(PMMA)의 입체 규칙성에 따른 T_g의 차이는 다음과 같다.

이소탁틱-PMMA (~45℃), 아탁틱-PMMA(~105℃), 신디오탁틱-PMMA(~115℃)

신디오탁틱 PMMA와 이소탁틱 PMMA 모두, 공간적으로 사슬 구조의 규칙성을 가지고 있어 결정화가 일어날 수 있다. 그러나 이들의 결정 내에서의 단위셀의 형태는 서로 다르며, 이에 따라 용융 온도(신디오탁틱: ~200℃, 이소탁틱: ~144℃)도 다르다. 신디오탁틱 PMMA는 사슬들의 공간적 반복 단위가 규칙적이고 곁그룹 사이의 반발력이 작아 사슬이 선형으로 배열되는 성향이 우수하여 배향이 잘 이루어지는 결정을 형성하고, 무정형 영역에서의 자유 부피가 작아 T_g가 상대적으로 높아진다. 이에 비해, 이소탁틱 PMMA의 경우에는 곁그룹 사이의 상당한 반발력으로 인해 나선형 상태의 사슬들이 결정을 이루지만, 이들이 무정형을 이루는 영역에서는 곁그룹 사이의 반발력으로 자유 공간의 부피가 커져 T_g가 더 낮아진다. 아탁틱 PMMA의 경우에는 일반적으로 신디오탁틱 영역이 약 65% 정도를 차지하고 있어, 유리 전이 온도가 신디오탁틱 PMMA 때와 상당히 유사한 값을 보인다.

아래 표 6.7에 대표적인 입체 규칙성 고분자의 규칙성(tacticity)에 따른 유리 전이 온도를 나타내었다. 폴리메틸 메타크릴레이트(PMMA) 경우에 특히, 신디오탁틱과 이소탁틱 입체 구조 사이에 유리 전이 온도의 차이가 크게 나타나고 있음을 볼 수 있다. 이는 사슬 골격에 교대로 나타나는 비대칭적 양쪽 곁그룹(double-sided pendant group: $-CH_3$, $-COOCH_3$ 그룹)의 존재로 인해, 부가적인 입체적 반발 작용으로 사슬의 내부 회전이 더 어려워져 사슬의 강직도가 오로지 한쪽에만 곁그룹이 있는 경우에 비해 더 커지기 때문이다.

표 6.7 고분자의 입체 규칙성에 따른 T_g(K)의 변화

Polymer	T_g(atactic)	T_g(isotactic)	T_g(syndiotactic)
Poly(methyl acrylate)	281	272	299
Poly(ethyl acrylate)	249	253	263
Poly(methyl methacrylate)	378	319	433
Poly(n-butyl methacrylate)	293	249	361
Poly(isopropyl acrylate)	267	264	285
Poly(methyl α-chloroacrylate)	416	353	452
Poly(isopropyl α-chloroacrylate)	363	321	392

또, 트랜스(trans)/시스(cis) 구조에 따라 T_g의 차이도 다음과 같이 크게 나타날 수 있다.

시스-1,4-폴리부타디엔(−120℃), 트랜스-1,4-폴리부타디엔(−48℃)

선형 트랜스 사슬의 경우에 충진이 더 잘 이루어져 자유 부피를 감소시킴으로써 T_g가 더 높다.

7) 가소제(plasticizer)

저분자량 화합물인 가소제가 첨가되면 사슬의 유연성을 향상시켜 고분자 사슬 사이의 상호 작용하는 힘을 감소함으로써 T_g가 저하된다. 가소제는 반결정 고분자에 첨가되어 T_g를 낮춤으로써 재료의 취성(brittleness)을 개선시키는데 자주 이용된다.

8) 시험 속도 /주파수

시료의 가열 속도나 냉각 속도를 올리거나 시험 주파수 속도를 높게 하면, 시료의 구조적 이완(온도 점프에 반응하여 구조가 새로운 평형으로 접근하는 현상)이 느려지므로 T_g가 증가한다. 이에 따라, T_g 값을 보고할 때에는 이들 측정 속도를 함께 명기하여야 한다.

9) 시료의 크기

시료의 크기가 실험 데이터의 측정 속도에 영향을 미치므로 T_g 값이 영향을 받을 수 있다. 참고로 아래 표 6.8에 대표적인 상용 고분자들의 T_g 값을 나타내었다. 이들 보고된 값들은 절대적 수치가 아니라 각 고분자에 대한 대표적인 T_g 값이고, 실제 T_g 값은 위의 여러 가지 인자에 따라 변할 수 있음에 유의하여야 한다.

표 6.8 대표적 상용 고분자들의 유리 전이온도

Meterial	T_g(°C)
Tire rubber	−70
Polyvinylidene fluoride(PVDF)	−35
Polypropylene(PP atactic)	−20
Polyvinyl fluoride(PVF)	−20
Polypropylene(PP isotactic)	0
Poly-3-hydroxybutyrate(PHB)	15
Poly(vinyl acetate)(PVAc)	30
Polychlorotrifluoroethylene(PCTFE)	45
Polyamide(PA)	47-60
Polylactic acid(PLA)	60-65
Polyethylene terephthalate(PET)	70
Poly(vinyl chloride)(PVC)	80
Poly(vinyl alcohol)(PVA)	85
Polystyrene(PS)	95
Poly(methyl methacrylate)(PMMA atactic)	105
Acrylonitrile butadiene styrene(ABS)	105
Polytetrafluoroethylene(PTFE)	115
Poly(carbonate)(PC)	145
Polysulfone	185
Polynorbornene	215

6.5 고분자의 고무 및 용융 상태

고무라는 단어는 가끔 '탄성체(elastomer)'라는 용어로도 사용되는데 다음과 같은 의미들을 내포하고 있다.

i) 약하게 가교(일반적으로 반복 단위 100개당 몇 개 정도가 가교됨)되어 있는 고분자를 의미한다. 이들은 연신하면 약 3 ~ 10배 정도 늘어날 수 있으나, 바로 원 위치로 회복할 수 있는 탄성적 성질을 가진다.

ii) 천연 고무는 열대 지방의 고무 나무에서 얻어지는 라텍스(latex: 우유 모양의 흰색 액체)로서 고분자 구조를 가지고 있다. 이들은 대개 유황과 혼합하여 가황(vulcanization) 공정을 거쳐 고무 형태의 최종 제품이 된다. 고무가 됨으로써 인성

(toughness), 열이나 추위에 대한 저항성, 탄성 등의 물성이 향상된다.

iii) 위의 천연 고무와 달리, SBR(styrene-butadiene rubber) 고무에서와 같이 합성법에 의해서도 합성 고무가 얻어질 수 있다. 이때도 물론 가교 공정이 도입된다. 이 합성 고무는 세계 제2차 대전 중에 군수용으로 신속하게 개발되어, 전후 민수용으로 크게 확대되어 민간 산업의 발전에 크게 기여하였다.

iv) SBS(styrene-butadiene-styrene)처럼 가교되지 않은 상태의 열가소성 고분자도 고무와 같은 탄성을 가질 수 있다. SBS는 아래 그림 6.17에 나타난 바와 같이 블록 공중합체(폴리스티렌 블록과 폴리부타디엔 블록으로 구성됨)로서, 고온에서 일반 열가소성 플라스틱처럼 용융되어 흐를 수 있으면서도 실제 사용 온도에서는 탄성을 가질 수 있으므로 열가소성 탄성체(thermoplastic elastomer: TPE)라 부른다. 일반적으로 SBS 공중합체에서 폴리스티렌 블록이 폴리부타디엔 블록보다 함량이 적다(~30 wt%).

그림 6.17 ❖ SBS 블록 공중합체 사슬

이들 두 성분(폴리스티렌, 폴리부타디엔)들은 서로 친화성이 약해 각기 스스로 조립(self-assembly: 물질 내의 각 개체 단위가 결집하여 화학적으로 구분이 되는 영역을 형성함)이 되어 미세 상분리를 일으킨다. 폴리스티렌 블록들은 아래 그림 6.18에서와 같이 SBS 고분자의 한쪽 스티렌 블록이 다른 SBS 고분자의 스티렌 블록과 끈처럼 묶임(tie)으로써, 폴리스티렌 블록의 함량이 폴리부타디엔 블록보다 상대적으로 상당히 작을 경우에는 폴리스티렌 블록은 구(sphere) 모양의 단단한 미세 영역(영역의 크기가 ~10 nm 정도)을 형성하고, 주 성분인 폴리부타디엔 미세 영역은 연하여(soft) 매트릭스(matrix)를 형성하며 탄성체 역할을 하게 된다. 이때 폴리스티렌 블록끼리의 사슬간 상호 얽힘을 물리적 가교라 부른다. 이에 따라, 신장이 일어날 때에도 물질의 형태를 유지할 수 있게 한다. 즉, SBS는 단단한 성질과 탄성을 가진 고무(hard rubber)가 된다. 그러나 열가소성 탄성체는 전통적인 고무와 달리, 탄성체로 이용하기 위해서는 한정된 온도 범위에서 사용하여야 한다.

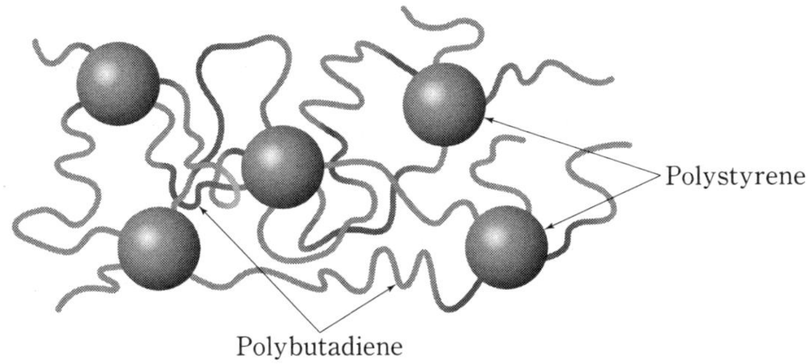

그림 6.18 ❖ SBS 공중합체의 미세 영역(단단한 폴리스티렌 영역과 탄성의 폴리부타디엔 영역)

아래 그림 6.19에 스티렌의 함량이 25 wt%인 SBS 블록 공중합체의 미세 상분리 몰폴로지에 대한 전자 현미경 사진이 나타나 있는데, 폴리스티렌 블록이 상당히 구형에 가까운 형태(3차원적으로는 실린더 형태에 가까움)로 나타나고 있음을 알 수 있다. 스티렌의 함량이 더욱 적어지면 폴리스티렌 블록이 뚜렷한 구 형태로 폴리부타디엔 매트릭스에 3차원적으로 분산되어 있는 양상을 보인다.

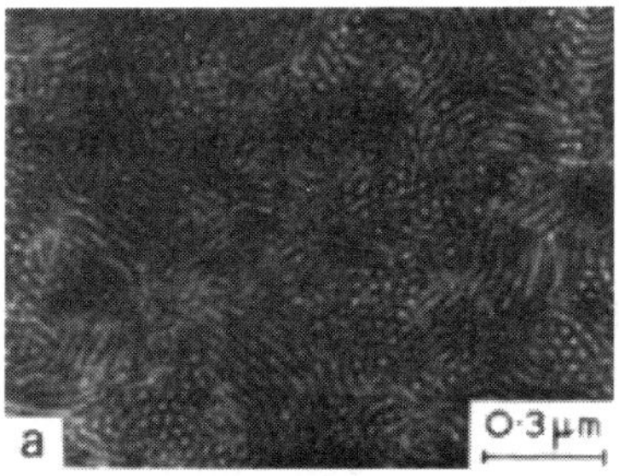

그림 6.19 ❖ 스티렌 함량이 25 wt%인 SBS 블록 공중합체의 미세 상분리 몰폴로지[10]

SBS 공중합체의 스티렌과 부타디엔의 함량이 거의 같으면 SBS의 몰폴로지는 규칙적으로 간격을 가지는 라멜라 형태로 얻어진다. 이와 같이 스티렌의 함량에 따른 SBS 공중합체의 몰폴로지를 도식적으로 나타내면 아래 그림 6.20과 같다.

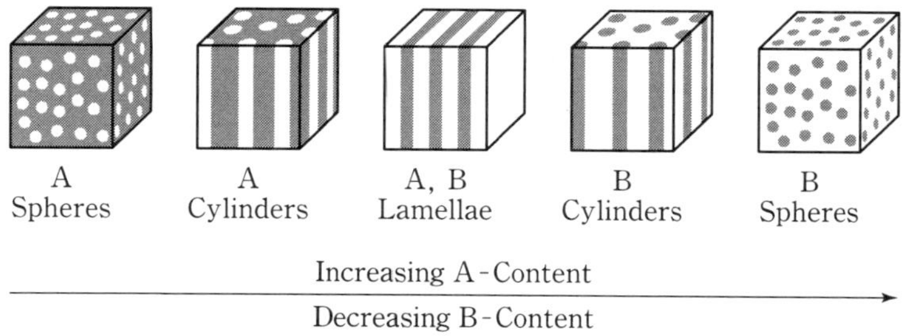

그림 6.20 ❖ SBS 블록 공중합체의 스티렌 함량에 따른 몰폴로지의 도식적 변화[10]

이미 앞에서 설명했던 바와 같이, 선형 고분자들도 사슬 얽힘으로 인하여 실제 고무는 아니지만 고무와 유사한(rubber-like) 성질을 나타낸다.

6.5.1 고무의 탄성

고무는 금속이나 세라믹 등과 같은 고체 물질의 탄성 거동과는 매우 다른 양상을 보인다. 즉, 이들 고체 물질과는 달리, 고무는 유연한 고분자 사슬이 약하게 가교되어 있는 구조이므로 상온에서도 고체 물질보다 훨씬 큰 규모의 탄성적 변형을 나타내며, 외부 부하를 제거하면 완전히 회복된다. 만약 약하게 가교 되어 있는 고분자에 이미 가해진 부하를 풀어주게 되면 사슬의 configuration 엔트로피는 최대가 된다. 이는 가해진 부하에 의해 늘어난 사슬들이 다시 코일화 되기 때문이다.

고무는 변형과 관련하여 다음과 같은 몇 가지 특이한 물리적 양상을 보인다.

i) 변형이 일정한 상태에서 고무가 느끼는 응력은 온도의 증가에 따라 커진다.
ii) 빠른 속도로 고무를 연신하면 고무가 따뜻해진다(warm).

이들 양상을 이해하기 위하여 열역학적인 접근이 가능하다. 우선 열역학 제1법칙에서 내부 에너지(U)와 열량(Q), 시스템이 외부에 한 일(W) 사이에는 다음 관계식이 존재한다.

$$dU = dQ - dW \tag{6.55}$$

시편(고무 밴드)의 길이가 외부에서 가해진 인장력(f)에 의해 아주 작은 양만큼 늘어나면, 부피-압력 일(PV work)을 무시할 수 있는 조건에서 고무 시스템이 외부에 한 일(dW)은 다음 식 6.56과 같다. 고무 밴드는 변형을 하되, 변형 전후의 부피 변화는 거의 없는 것으로 실험적으로 관찰이 되어 부피-압력 일은 무시될 수 있다.

$$dW = -fd\ell \tag{6.56}$$

열역학 제2법칙은 가역 과정에 대하여, 시스템 내로 전달되는 열량(Q)과 시스템의 엔트로피 사이에 다음 관계식을 말해 준다.

$$dQ = TdS \tag{6.57}$$

시스템의 Helmholtz 자유 에너지(A)는 다음 식 6.58과 같다. Gibbs 자유 에너지가 시스템이 일정한 압력과 온도에서 외부에 대하여 할 수 있는 최대의 일을 의미하는데 비해, Helmholtz 자유 에너지는 시스템이 일정한 부피와 온도에서 외부에 대하여 할 수 있는 최대의 일을 뜻한다.

$$\begin{aligned} dA &= dU - TdS \\ &= dU - TdS - SdT \\ &= dQ - dW - TdS - SdT \\ &= fd\ell - SdT \end{aligned} \tag{6.58}$$

여기에서 온도가 일정하면 $fd\ell = dA$의 관계가 성립한다.

$$\begin{aligned} f &= (\partial A/\partial \ell) \\ &= (\partial U/\partial \ell)_T - T(\partial S/\partial \ell)_T \end{aligned} \tag{6.59}$$

$$\begin{aligned} dA &= dU - TdS - SdT \\ &= fd\ell - SdT \end{aligned} \tag{6.60}$$

$$(\partial A/\partial \ell)_T = f \tag{6.61}$$

$$(\partial A/\partial T)_\ell = -S \tag{6.62}$$

엔트로피와 힘의 관계식을 얻기 위하여 편미분의 표준 관계식을 이용하면 다음과 같다.

$$(\partial/\partial \ell)(\partial A/\partial T)_\ell = (\partial/\partial T)(\partial A/\partial \ell)_T \tag{6.63}$$

$$(\partial S/\partial \ell)_T = -(\partial f/\partial T)_\ell \tag{6.64}$$

$$f = (\partial U/\partial \ell)_T + T(\partial f/\partial T)_\ell \tag{6.65}$$

위 관계식 6.65에서 첫번째 항은 인장력(f)에 대한 내부 에너지 기여로서 에너지 탄성(energy elasticity)이라 한다. 내부 에너지는 원래 내부 운동 에너지(internal kinetic energy)와 화학 포텐셜 에너지(화학 결합 에너지에 해당)로 구성되는데, 내부 운동 에너지는 화학 결합을 중심으로 한 내부 회전, 결합각이나 결합 길이 등의 평형 상태로부터의 변형에 의해 야기되는 운동 에너지이다. 두번째 항은 인장력에 대한 엔트로피의 기여로서, 고무 밴드의 인장에 의해 사슬 세그멘트들의 코일이 풀어져 사슬들이 연신 방향으로 움직이는 성향을 가지게 되어 엔트로피가 감소함에 기인하는 것으로 엔트로피 탄성(entropy elasticity)이라 한다.

위 관계식 6.65를 보면 만약 일정한 온도에서 시료의 늘어난 길이에 따른 시스템의 configuration 에너지(내부 에너지에 해당, U)의 변화가 무시될 수 있으면, 이 식은 단순히 시료가 느끼는 응력과 온도 사이의 관계를 설명해 줄 수 있게 된다. 고무 밴드가 늘어날 때에는 아래 그림 6.21에서와 같이 그 길이의 변화가 거의 사슬의 conformation의 변화에 의한 것이고, 실제 화학 결합 자체의 길이는 거의 변하지 않는다. 즉, 내부 에너지의 변화는 거의 내부 운동 에너지 변화에 해당한다. 이에 따라, 온도가 일정하면 고무의 내부 에너지는 거의 변화하지 않는 것으로 근사화할 수 있다.

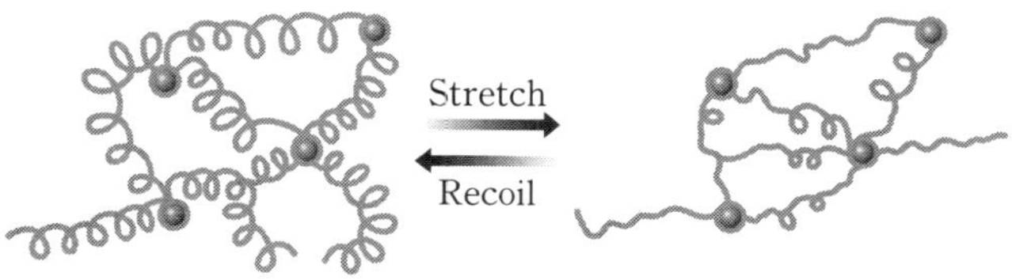

그림 6.21 ❖ 고무 밴드의 신장에 따른 사슬의 conformation 변화

아래 그림 6.22에 일정한 연신 상태(350%)에서 온도에 따른 가황된 천연고무 밴드의 응력 변화 결과가 나타나 있는데 그 특성은 다음과 같다.

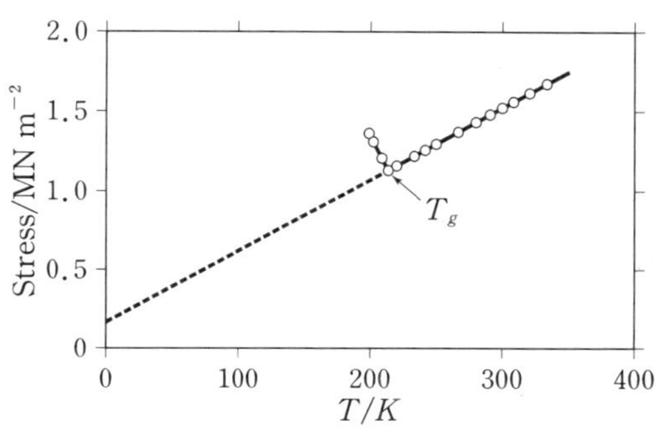

그림 6.22 ❖ 가황된 천연 고무 밴드(350% 신장 고정됨)의 온도에 따른 응력 변화[11]

i) T_g보다 높은 온도에서는 응력이 온도에 따라 증가하고 있다.

ii) T_g 이상의 온도에서 온도를 낮추어 갈 경우에는 약 220 K까지는 응력이 감소하다가 T_g 이하에서부터 다시 증가한다. 이때의 변화가 바로 유리 전이에 해당한다.

iii) 곡선의 기울기가 $(-\partial S/\partial \ell)_T$에 해당하는데 선형 변화를 보인다. 이는 $(-\partial S/\partial \ell)_T$ 값이 온도에는 거의 무관함을 의미한다. 또, 응력 축의 절편 값이 $(\partial U/\partial \ell)_T$에 해당하는데 그 값이 거의 0에 가까운 바, 이는 고무 밴드의 연신 중에 내부 에너지의 변화가 매우 작다는 것을 의미한다. 즉, 앞에서 언급하였듯이 일정한 온도에서 시료에 연신 부하(extensional load)를 가할 경우, 고무 밴드의 연신에 따른 내부 에너지의 변화는 무시할 수 있는 수준이다. 이로부터 고무 밴드의 연신 변형은 고무 시스템의 configuration 엔트로피에 의해 지배됨을 알 수 있다. 이에 따라, 고무를 엔트로피 스프링(entropy spring)이라 부르기도 한다. 이와 반대로, 금속의 경우에는 연신 변형이 주로 에너지에 의해 지배된다.

고무 밴드의 빠른 연신에 따른 시료(가황된 천연 고무)의 온도 변화를 아래 그림 6.23에 나타내었다.

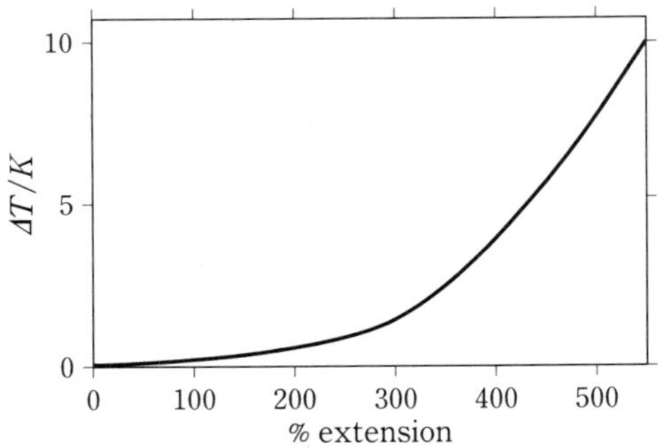

그림 6.23 ❖ 가황된 천연 고무 밴드의 빠른 연신에 따른 온도 변화[11]

고무 밴드가 빠른 속도로 연신될 때에는 더 따뜻해지고 있음을 보여준다. 시료를 빠른 속도로 연신하는 실험을 하는 것은 높은 변형 속도에서 단열 과정으로 진행될 수 있기 때문이다. 단열 과정은 등엔트로피 과정(시스템의 엔트로피가 일정하게 유지됨)을 위한 조건 ($dQ = TdS = 0$)을 만족시킬 수 있다.

$$(\partial T/\partial \ell)_S = -(\partial T/\partial S)_\ell(\partial S/\partial \ell)_T \tag{6.66}$$

$$(\partial T/\partial S)_\ell = (\partial T/\partial H)_\ell(\partial H/\partial S)_\ell \tag{6.67}$$

$$(\partial T/\partial H)_\ell = 1/C_\ell \tag{6.68}$$

여기서, C_ℓ은 고무 밴드가 일정한 길이에 있을 때의 열용량이다.

$$(\partial H/\partial S)_\ell = T \tag{6.69}$$

$$(\partial T/\partial \ell)_S = -(T/C_\ell)(\partial S/\partial \ell)_T \tag{6.70}$$

$$(\partial T/\partial \ell)_S = (T/C_\ell)(\partial f/\partial T)_\ell > 0 \tag{6.71}$$

즉, 등엔트로피 과정에 있어서 고무 밴드가 연신되면 인장력에 의한 내부 에너지의 증가로 온도가 증가하는데, 이는 시스템이 단열 상태에서 내부 에너지가 열로 방출하기 때문이다. 이때 연신된 고무 밴드를 풀어주면 고무의 온도는 다시 내려간다. 이 경우와는 반대로, 고무 밴드를 가열하면 시스템의 엔트로피가 증가하게 되어 사슬들이 보다 무질서하고 얽힘 현상이 생김으로써 고무 밴드가 수축이 되고 온도를 낮추면 밴드가 늘어난다.

6.5.2 분자 차원의 통계역학적 접근

위의 열역학적인 접근은 주로 경험적 관찰 사실에 기반을 두고 있다. 이에 비해, 통계 열역학적인 접근은 분자 규모 단위의 거동을 평균화하는 것으로 열역학적인 접근보다는 훨씬 복잡하다. 고무가 연신될 때에 엔트로피 변화는 매우 큰 반면에, 분자 운동이 매우 제한되어 내부 에너지가 포텐셜 에너지 형태로 저장되지 못하고 열로 발산되는 현상을 보인다. 이에, 고무의 변형에 있어서 사슬의 내부 에너지의 기여 없이 오로지 엔트로피에 의해서만 지배되는 고무를 '이상 고무(ideal rubber)'라 한다. 이는 이상 기체나 이상 용액의 경우에서 상호 작용의 에너지가 없는 경우에 비견될 수 있다.

이상 고무에 대하여 통계역학적 접근을 하기 위해서는 다음과 같은 기본적인 가정이 요구된다. 아래 그림 6.24에 가황된 고무의 구조를 도식적으로 나타내었다.

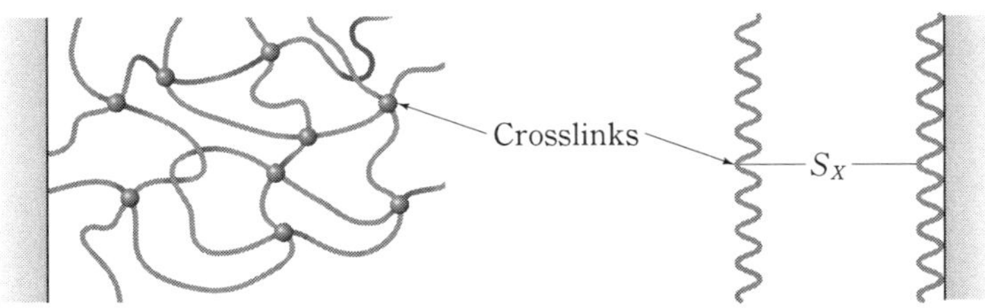

그림 6.24 ❖ 가황된 고무의 도식적 가교 구조

i) 고무 망상 구조(rubber network)의 사슬 세그멘트들은 독립적으로 변형되고, 거시적 스케일 관점에서는 전체 시료와 같은 양식으로 변형한다. 다시 말하면, 시료 전체의 변형 양상이 미시적 스케일로 균일하게 병진한다. 이러한 형태의 변형을 '아핀 변형(affine deformation)'이라 한다. 망상 구조의 각 사슬은 몇 개의 골격 단위로 구성된 분자의 뒤틀림(kink) 구조를 가진 사슬로 고려한다.
ii) 가교점(crosslink point) 사이의 사슬 세그멘트들은 Gauss 통계로 설명한다.
iii) 가교점 사이의 소사슬(sub-chain)이 N mole 존재한다.
iv) 서로 다른 모든 conformation 상태들은 같은 에너지를 가진다.
v) 응력을 받지 않은 상태에서의 고무 망상 구조는 등방성이다.
vi) 변형이 진행되는 동안 시료의 부피는 변하지 않고 일정하다.

이를 바탕으로 점(x, y, z)에서 단위 부피당 소사슬 말단이 존재할 확률(P)은 다음과 같다.

$$P(x, y, z) = (\beta/\pi^{1/2})^3 \exp(-\beta^2/r^2) \qquad (\beta = (3/(2n\ell^2))^{1/2}) \tag{6.72}$$

여기서, n은 소사슬 내 세그멘트의 개수이고, ℓ은 세그멘트의 길이, r은 점(x, y, z)에 있는 소사슬 말단과 다른 소사슬 말단과의 거리이다. 단위 소사슬의 엔트로피(S)는 다음 관계식을 따른다.

$$S = k \ln \Omega \qquad (\Omega\text{: 소사슬이 수용할 수 있는 conformation의 개수}) \tag{6.73}$$

Ω는 위의 확률 P에 비례하므로 다음 식이 성립할 수 있다.

$$S = c - k\beta^2 r^2 \qquad (c\text{: 상수}) \tag{6.74}$$

응력-변형률 곡선은 부하를 가하는 기하학적 구조(예; 단축 또는 2축으로 부하를 가함)에 따라 달라진다. 시료에 아래 그림 6.25와 같이, 단순 단축 인장(simple uniaxial tension) 또는 단축 압축(uniaxial compression)이 가해질 경우에는 소사슬의 말단 거리 벡터인 $\boldsymbol{r}(x, y, z)$의 좌표를 연신비(λ)를 이용하여 다음 식 6.75와 같이 표시할 수 있다. 소사슬의 변위(displacement)는 가교점(x, y, z)으로부터 (x', y', z')로 일어난다.

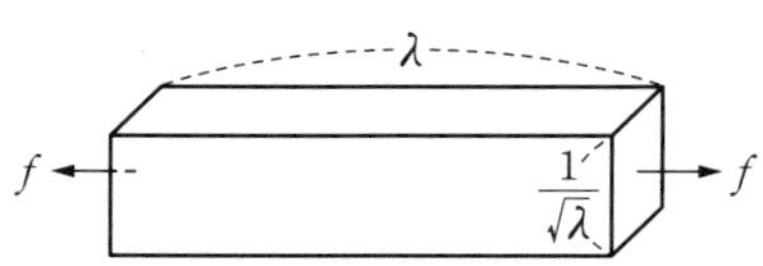

그림 6.25 ❖ 시료의 단순 단축 인장

$$x' = \lambda_1 x \qquad y' = \lambda_2 y \qquad z' = \lambda_3 z \tag{6.75}$$

이로부터 소사슬 말단의 변위가 일어날 때의 각 소사슬의 엔트로피 변화는 다음과 같다.

$$S = c - k\beta^2(x^2 + y^2 + z^2) \tag{6.76}$$

$$S' = c - k\beta^2(\lambda_1^2 x^2 + \lambda_2^2 y^2 + \lambda_3^2 z^2) \tag{6.77}$$

$$\begin{aligned}\Delta S &= S' - S \\ &= -k\beta^2[(\lambda_1^2 - 1)x^2 + (\lambda_2^2 - 1)y^2 + (\lambda_3^2 - 1)z^2)]\end{aligned} \tag{6.78}$$

고무 망상 구조는 다양한 변위 벡터를 가진 N개의 소사슬(단위 부피당 소사슬의 개수)로 구성되어 있다고 가정한다. 이때의 소사슬은 망상 구조의 가교점(junction point) 사이의 사슬로서 자유 연결 사슬(freely jointed chain)로 고려한다. N은 단위 부피당 소사슬의 개수를 나타내는데, 실제 시스템에서는 실질적 사슬 말단이나 루프(loop)들도 존재할 수 있지만 이들이 고무의 강도에 거의 기여하지 않으므로 이들의 존재를 무시한다.

작은 부피 요소($dxdydz$)에 원래부터 사슬 말단이 점(x, y, z)에 존재하던 소사슬의 개수(N)는 Gauss 분포 함수에 따라 다음과 같이 표시된다.

$$dN = N(\beta/\pi^{1/2})^3 \exp[-\beta^2(x^2 + y^2 + z^2)]dxdydz \qquad (\beta = (3/(2n\ell^2)) \tag{6.79}$$

이에 따라, 시료에 부하를 가하기 전후의 시료의 단위 부피당 이러한 소사슬들의 총 엔트로피 변화는 다음과 같다.

$$\begin{aligned}\Delta S_N &= \int \Delta S_i dN \\ &= \iiint [-Nk\beta^5/\pi^{3/2}][(\lambda_1^2 - 1)x^2 + (\lambda_2^2 - 1)y^2 + \\ &\qquad (\lambda_3^2 - 1)z^2] \exp[-\beta^2(x^2 + y^2 + z^2)]dxdydz \\ &= (-1/2)Nk(\lambda_1^2 + \lambda_2^2 + \lambda_3^2 - 3)\end{aligned} \tag{6.80}$$

이에 따라, 단위 부피당 변형 에너지(w)는 다음과 같이 된다.

$$\begin{aligned}w &= (\text{자유 에너지 변화}) = -T\Delta S_N \\ &= (1/2)NkT(\lambda_1^2 + \lambda_2^2 + \lambda_3^2 - 3) = (1/2)G(\lambda_1^2 + \lambda_2^2 + \lambda_3^2 - 3)\end{aligned} \tag{6.81}$$

여기서, $G = NkT$로서 단위 부피당의 변형 에너지와 연신비를 관계지어주는 파라미터이며, 고무의 전단 탄성률(shear modulus of rubber)이라 부르기도 한다. 이로부터 고무의 전단 탄성률은 온도의 증가에 따라 증가함을 알 수 있다. 전단 변형은 물체가 단순히 길어지거나 짧아지는 것이 아니고 물체의 형태가 변하는 것이다.

고무의 응력은 고무의 밀도(ρ) 또는 탄성률(G), 소사슬의 수평균 분자량($\overline{M}_c$) 등과도 관계를 가진다. 모든 망상 소사슬들이 두개의 가교점에 고정되어 있으면 고무의 밀도(ρ)는 다음과 같다.

$$\rho = N\overline{M}_c/N_A \tag{6.82}$$

여기서, $\overline{M}_c$는 가교점 사이의 수평균 분자량이고 N_A는 Avogadro 수이다.

$$N = \rho N_A/\overline{M}_c = \rho R/\overline{M}_c k \tag{6.83}$$

$$w = (\rho RT/2\overline{M}_c)(\lambda_1^2 + \lambda_2^2 + \lambda_3^2 - 3) = (1/2)G(\lambda_1^2 + \lambda_2^2 + \lambda_3^2 - 3) \tag{6.84}$$

여기서, $G = \rho RT/\overline{M}_c$이다. (6.85)

단순한 단축 변형의 경우, $\lambda_2 = \lambda_3$이고 탄성체의 변형 시 부피 변화가 없다고 가정할 수 있으므로 $\lambda_1\lambda_2\lambda_3 = 1$ 조건이 성립한다. 이에 따라, $\lambda_1 = \lambda$로 표시하면 $\lambda_2 = \lambda_3 = 1/\lambda^{1/2}$로 나타낼 수 있어, 단위 부피당 변형 에너지(w)는 다음과 같이 표시할 수 있다.

$$w = (1/2)G(\lambda^2 + 2/\lambda - 3) \tag{6.86}$$

시료의 초기 단면적이 A_0이고 길이가 L_0이면 단축 인장력(f)에 의해 δL 길이만큼 늘어날 때 시료의 변형 에너지(δW)는 다음과 같다.

$$\delta W = f\delta L \tag{6.87}$$

이에 따라, 시료의 단위 부피당 변형 에너지는 다음과 같이 표시할 수 있다.

$$\delta w = \delta W/A_0L_0 = (f/A_0)(\delta L/L_0) \tag{6.88}$$

여기서, f/A_0는 공칭 응력(nominal stress)이고, $\delta L/L_0 \approx \delta\lambda$로 근사화할 수 있다.

이 관계식들을 결합하면 응력(σ, 공칭 전단 응력에 해당)은 다음과 같이 표시된다.

$$\sigma = dw/d\lambda = G(\lambda - 1/\lambda^2) \tag{6.89}$$

위와 유사한 방법으로 단축 신장($\lambda_2 = \lambda_3, \lambda_1\lambda_2\lambda_3 = 1$)에 대하여 고무의 인장 탄성률(Young 탄성률, E)에 관한 식도 구할 수 있다. 위의 변형 에너지 관계식으로부터 인장력(f)을 계산할 수 있다.

$$f = \partial wG/\partial(L_x\lambda) = (NkT/L_x)(\lambda - \lambda^{-2}) \tag{6.90}$$

$$\sigma_{xx}(\text{normal stress: 수직 응력}) = f/(L_yL_z\lambda^{-1}) = NkT(\lambda^2 - \lambda^{-1}) \tag{6.91}$$

여기서, 수직 응력은 주어진 면에 힘을 수직으로 작용할 때 형성되는 응력으로서, σ_{xx}는 x-축 방향의 면에 x-축 방향으로 응력이 작용하는 것이다. 또, L_yL_z는 $\lambda_2\lambda_3$에 관계하므로 $\lambda_2\lambda_3 = 1/\lambda$ 관계식이 성립한다. 위 관계식으로부터 고무 탄성체의 응력-변형 관계는 Hooke 관계가 아님을 알 수 있다.

이에 따라, 인장 탄성률(E)은 다음과 같다.

$$E = \partial\sigma_{xx}/\partial\lambda = 3NkT \quad (\text{인장 탄성률이 } \lambda = 1\text{인 원점에서의 기울기에 해당}) \tag{6.92}$$

즉, 인장 탄성률은 전단 탄성률(G)과 다음과 같은 관계를 가진다.

$$E = 3G \tag{6.93}$$

실제 고무의 경우에는 이상 고무로부터 다음과 같이 어느 정도 벗어난 거동을 보일 수 있다.

i) 연신에 따라 어느 정도 내부 에너지의 변화가 있다.
ii) 연신에 따라 결정화가 유도될 수 있다. 이들 결정은 새로운 가교점으로 작용하여 인장 강도가 증가할 수 있다.
iii) 연신에 따른 확장에 한계가 있어(일반적으로 $\lambda < 2.5$), 사슬이 상당히 확장되면 Gauss 통계 처리가 유효하지 않게 된다.
iv) 아래 그림에 나타난 바와 같이, 가교 결합, 예를 들면 매달려 있는 사슬(dangling chains), 루프(loops), 갇힌 사슬 얽힘(trapped entanglements) 등이 존재할 수 있다.

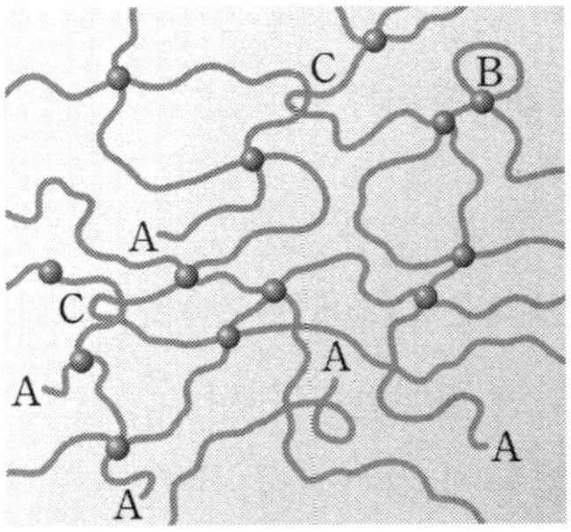

그림 6.26 ❖ 고무의 가교 결합 구조(A: dangling chains, B: loop, C: trapped entanglements)

아래 그림 6.27에, 이상 고무의 단축 인장, 압축 부하(compressive load)에 대한 응력의 이론적 예측치와 실제 시료(가황된 천연 고무: 8% 유황 포함)의 단축 인장 및 압축 부하에 따른 응력의 측정 결과를 비교하였다.

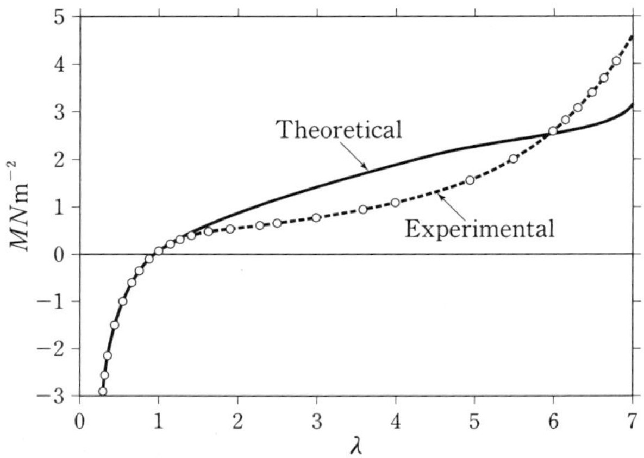

그림 6.27 ❖ 가황된 천연 고무의 단축 인장 및 압축에 따른 응력의 측정치와 이론적 예측치의 비교[12]

단축 인장($\lambda > 1$) 및 압축($\lambda < 1$) 데이터들이 모두 원점으로부터 출발하여 거의 하나의 곡선에 연속적으로 놓이고 있음을 볼 수 있다. 그러나 단축 압축 데이터의 경우 훨씬 더 넓은 범위에 걸쳐 이론적 예측치와 잘 일치하고 있다.

6.5.3 고분자 용융체의 점도

고분자 용융체의 점도(η)는 일정한 온도에서 고분자 사슬들이 서로 상대적으로 움직일 수 있는 속도의 지표이다. 이는 보통, 사슬의 유연성 및 사슬의 얽힘 등에 의하여 큰 영향을 받는데 다음과 같은 특성을 가진다.

i) 길이가 긴 고분자의 흐름을 위해서는 고분자 사슬 세그멘트들 사이의 협동(coordination: 세그멘트들이 동시에 움직이기 위함)이 필요하므로, 고분자 용융체의 점도는 분자량에 의한 영향을 받는다.
ii) 고분자들 사이에 사슬 얽힘에 의한 복잡한 상호 작용이 있을 때에는 고분자 용융체의 점도(η)에 대한 분자량의 영향이 더욱 두드러져, 다음과 같은 지수 관계식으로 설명이 된다.

$$\eta = cM^{3.4} \qquad (c\text{: 비례 상수}) \tag{6.94}$$

iii) 위 관계식 6.94는 임계 분자량(사슬의 얽힘이 본격적으로 일어나기 시작하는 분자량) 이상에서만 성립한다.

iv) 고분자 용융체의 점도는 다음 관계식에 나타난 바와 같이 온도에 의해 Arrhenius 표현에 의한 영향을 받는다.

$$\eta = \eta_o \exp[(E_A/R)(1/T - 1/T_o)] \tag{6.95}$$

여기서, E_A는 고분자 용융체의 흐름을 위한 활성화 에너지이고, η_o 및 T_o는 기준 상태에서의 점도 및 온도이다.

6.6 고분자의 점탄성 거동

일반적으로 무정형 고분자는 점탄성을 보인다. 이들의 고체 상태인 고분자에 큰 변형을 가한 후의 회복 현상을 통해 탄성을 엿볼 수 있고, 크리프 현상(항복점 이하의 높은 응력 상태에서 오랜 시간에 걸쳐 변형이 일어남)을 통해 점성을 가늠할 수 있다. 기본적으로 고분자는 긴 사슬 분자로 구성되기 때문에 점성과 탄성을 동시에 가지는 점탄성을 보일 수 있다. 즉, 고분자 사슬은 기본적으로 서로 얽힘 현상을 통해 탄성을 가질 수 있고, 또한 사슬이 서로에 대하여 미끄러지는 움직임을 가질 수 있어 점성도 가질 수 있다. 이와 같이 점성과 탄성을 뚜렷하게 가지는 물질은 고분자 재료가 거의 유일하다. 고분자의 유리 전이 현상도 점탄성에 기인한다. 일반적으로 고분자의 점탄성 거동은 다음과 같은 특징을 보이는데, 고분자의 기계적 성질(가해진 외부의 기계적 힘에 대한 물질의 반응: 응력-변형 관계 등)에 결정적 영향을 미친다.

i) 고분자가 변형을 하는 동안 사슬들의 움직임에 의한 재배치가 일어나 점탄성을 보이게 된다. 이로 인해 고분자는 에너지를 흡수하거나, 휘어질 수 있고, 크랙(crack) 없이 다시 원상 회복될 수도 있다. 이에 비해, 철이나 알루미늄 등 일반 금속의 경우에는 상온에서의 작은 변형 상태에서는 선형 탄성에서 크게 벗어나지 않는다. 물론, 이 경우에도 매우 높은 온도에서는 상당한 점탄성을 나타낸다.

ii) 반결정 고분자도 매우 높은 온도에서는 점탄성을 보인다.

iii) 고분자의 점탄성 거동은 온도, 시간, 변형 속도 등에 의해 영향을 받는다.

6.6.1 점탄성 물질의 기계적 모델

일반적으로 점탄성 물질들은 응력-변형 곡선이 이력 현상(hysteresis)을 보이고, 작은 변형에서 응력 이완이나 크리프(creep) 현상 등의 기계적 거동을 보인다. 이들 거동을 이해하기 위하여 다음과 같은 가상적 모델인 기계적 모델이 사용된다. 전기 시스템의 거동을 나타내기 위하여 전기적 등가 회로(electrical equivalent circuit: 저항기, 커패시터, 임피던스 등 요소 사용)를 사용하듯이, 고분자의 기계적 거동을 묘사하기 위하여 이와 유사한 방법을 사용하는 모델을 기계적 등가 모델(mechanical equivalent model), 또는 단순히 기계적 모델이라 부른다. 이들 등가 모델로부터 시스템의 성질을 설명하기 위한 수학적 모델이 얻어진다.

일반적으로 기계적 모델들은 그 요소로서 탄성을 나타내는 스프링과 점성을 나타내는 대시 포트(dashpot: damper라고도 불리는데 점성 마찰에 의해 운동에 저항을 가하는 기계적 도구)가 직렬(Maxwell 모델), 병렬(Kelvin-Voigt 모델)로 연결되거나, 또는 이들의 결합으로 연결되어 있다.

1) Maxwell 모델

Maxwell 모델의 경우, 아래 그림 6.28에서와 같이 그 요소들인 스프링과 대시 포트가 직렬로 연결되어 있으며 응력 이완 현상을 설명하는데 도움이 된다. 이 모델에서는 아래 그림에 나타난 바와 같이, 응력(σ)은 각 요소에 대하여 동일하게 작용하고, 변형(e)은 각 요소를 합산한 것이다. 이 모델은 짧은 시간 규모에서는 탄성을 나타내고 긴 시간 규모에서는 점성이 큰 액체 흐름을 나타내는 특성을 보이므로, 점탄성 물질의 특성을 설명하기 위한 가장 간단한 형태의 수학적 모델이다.

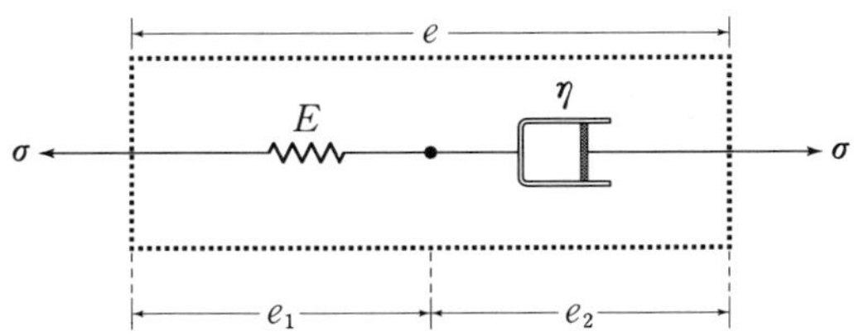

그림 6.28 ❖ Maxwell 모델의 기계적 요소 및 연결

$$e = e_1(\text{스프링의 변형}) + e_2(\text{대시 포트의 변형}) \tag{6.96}$$

각 요소들이 직렬로 연결되어 있으므로 $\sigma_1 = \sigma_2 = \sigma$의 관계가 성립한다.

$$d\sigma/dt = E(de_1/dt) \tag{6.97}$$

여기서, 인장 탄성률(E)은 선형 변형에 대한 반응으로서, 예를 들어 철사의 끝을 잡아 당기거나 원주(column)의 아래에 추(weight)를 걸어놓은 상황 등에 해당한다.

$$\sigma = \eta(de_2/dt) \tag{6.98}$$

$$de/dt = de_1/dt + de_2/dt \tag{6.99}$$

$$de/dt = (1/E)(d\sigma/dt) + \sigma/\eta \tag{6.100}$$

변형이 일정한 경우에는 $e = e_0$가 되어 $de/dt = 0$이 된다.

$$0 = (1/E)d\sigma/dt + \sigma/\eta \tag{6.101}$$

이에 따라, 인장 응력 이완은 다음과 같은 관계식을 가진다.

$$\sigma(t) = \sigma_0 \exp(-Et/\eta) = \sigma_0 \exp(-t/\tau_0) \tag{6.102}$$

여기서, τ_0는 이완 시간으로서 다음과 같이 정의되는데, 응력이 초기 값의 $1/e =$ 36.8% 수준으로 감소하는데 소요되는 시간이다.

$$\tau_0 = \eta/E \tag{6.103}$$

즉, 물질의 점도가 크고 탄성률이 작을 때에 이완 시간은 커지게 된다.

응력 이완 실험을 위하여 초기에 갑작스러운 변형을 가할 때에, 대시 포트는 딱딱한 요소처럼 거동을 하고 스프링이 전적으로 가해진 변형을 감당한다. 이후부터 대시 포트가 작동하기 시작하여 아래 그림에서와 같이 시간에 따라 응력이 점차 감소하게 된다.

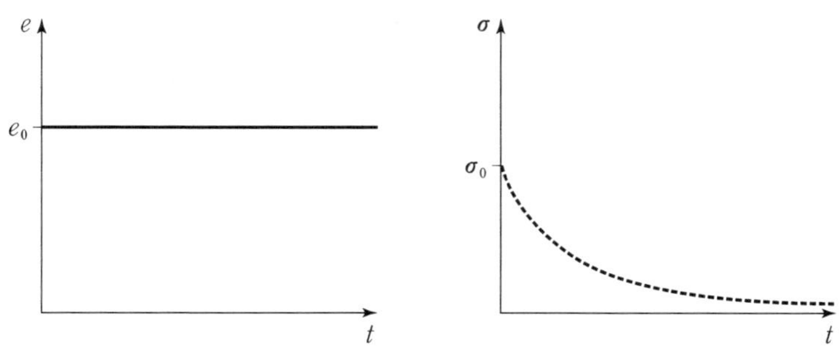

그림 6.29 ❖ Maxwell 모델의 응력 이완 거동 예측

인장 응력 이완 시간은 물질의 점도에 의해 큰 영향을 받으므로 발산되는 열에너지(전단력에 의해 유체의 이웃하는 층간에 작용하는 일이 열로 변환됨)로 인해 고무의 수명을 결정하는 데에도 중요한 역할을 한다. 위 Maxwell 모델은 전단 응력 이완(shear stress relaxation)의 경우에도 그대로 적용될 수 있다. 전단 탄성률(shear modulus)은 예를 들어 물질을 가위로 자를 경우에 해당한다.

위 Maxwell 모델을 크리프 거동의 조건(초기 응력이 그대로 유지되는 상태에서 변형이 달라짐)에 적용하면 다음과 같은 결과가 얻어진다.

$$\sigma = \sigma_1 = \sigma_2 \tag{6.104}$$

$$e = e_1 + e_2 \tag{6.105}$$

$$de/dt = de_1/dt + de_2/dt = (1/E)d\sigma/dt + (\sigma/\eta) \tag{6.106}$$

$$de = (1/E)d\sigma + (\sigma/\eta)dt \tag{6.107}$$

$$\int de = \int d\sigma/E + \int(\sigma/\eta)dt \tag{6.108}$$

$$\begin{aligned} e(t) &= [(1/E) + (t/\eta)]\sigma_0 \\ &= (\sigma_0/E)(1 + t/\tau) \qquad (\tau = \eta/E) \end{aligned} \tag{6.109}$$

위 결과에 따라 크리프 거동의 시간에 따른 변형을 플롯하면 아래 그림과 같다.

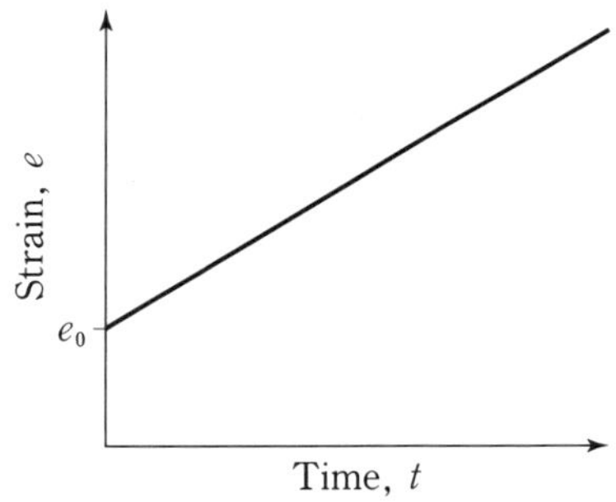

그림 6.30 ❖ Maxwell 모델의 크리프 거동 예측

즉, Maxwell 모델에서 일정한 응력하에서의 변형은 시간에 따라 제한이 없는 변형을 하게 되는데, 이는 현실적으로 전혀 부합되지 않으므로 크리프 현상을 설명하기에는 적합하지 않다. 이와 같은 결과는, 크리프 과정에서 응력이 일정하게 유지됨에 있어서 스프링은 시간의 함수가 아니고 대시 포트만 시간의 함수가 되는데, Maxwell 모델에서 응력이 일정하게 유지되기 위해서는 대시 포트의 변형 성분이 시간에 따라 무제한 선형적으로 비례하여 증가하기 때문이다.

2) Kelvin-Voigt 모델(Voigt 모델이라고도 함)

Kelvin-Voigt 모델은 아래 그림 6.31에서와 같이 점탄성을 위한 두 요소가 병렬로 연결되어 있으며 고분자의 크리프 현상을 이해하는데 도움이 된다. 이 모델은 두 요소가 같은 변형을 가지므로 등변형 모델(iso-strain model)이라 부르기도 한다.

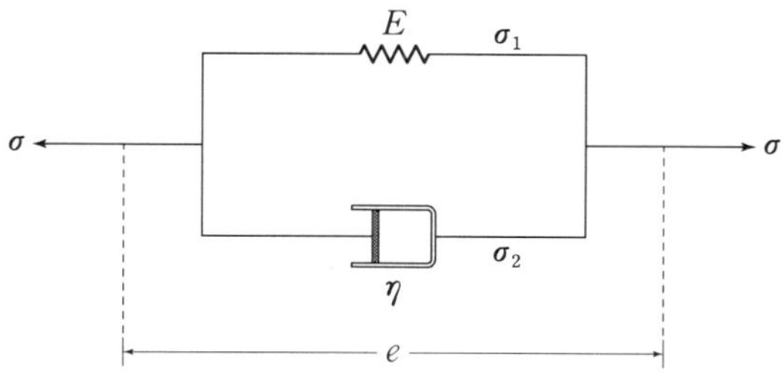

그림 6.31 ❖ Kelvin-Voigt 모델의 기계적 요소 및 연결

$$e = e_1 = e_2 \qquad \sigma = \sigma_1 + \sigma_2 \tag{6.110}$$

$$\sigma_1 = Ee \qquad \sigma_2 = \eta(de/dt) \tag{6.111}$$

$$\sigma = Ee + \eta(de/dt) \tag{6.112}$$

$$de/dt = \sigma/\eta - (Ee/\eta) \tag{6.113}$$

크리프가 진행되는 동안 응력은 일정하게 유지되므로 $\sigma = \sigma_0$이다.

$$de/dt + Ee/\eta = \sigma_0/\eta \tag{6.114}$$

이에 따라, 시간에 따른 변형은 다음과 같은 식으로 표시된다.

$$e(t) = (\sigma_0/E)[1 - \exp(-Et/\eta)] = (\sigma_0/E)[1 - \exp(-t/\tau)] \qquad (\tau = \eta/E) \tag{6.115}$$

위 관계식에 따라 크리프 거동을 위한 변형-시간을 플롯하면 아래 그림 6.32와 같다.

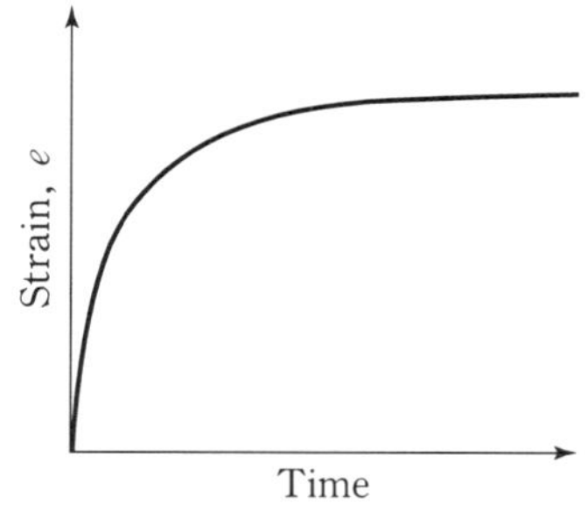

그림 6.32 ❖ Kelvin-Voigt 모델의 크리프 거동 예측

즉, Kelvin-Voigt 모델을 적용할 경우에는 크리프 과정에서 변형이 시간에 따라 σ_0/E 값을 향하여 점근적으로 증가한다. 이는 일반적으로 관찰되는 결과와 상당히 유사한 경향을 보인다.

이에 비해, Kelvin-Voigt 모델을 응력 이완 과정에 적용하면 다음과 같은 결과를 보인다. Kelvin-Voigt 모델의 응력을 위한 기본식으로부터 응력 이완의 관계식이 얻어진다.

$$\sigma(t) = Ee + \eta(de/dt) \tag{6.116}$$

$$e = e_0 \tag{6.117}$$

$$\sigma(t) = Ee = Ee_0 \tag{6.118}$$

즉, Kelvin-Voigt 모델을 적용하면 응력은 시간에 따라 변하지 않고 일정한 값을 보인다. 이는 실질적인 현상과 전혀 맞지 않는다.

위의 결과들을 종합하면, 고분자의 응력 이완 과정의 개략적 설명을 위해서는 Maxwell 모델이 적합하고, 크리프 과정을 개략적으로 설명하기 위해서는 Kelvin-Voigt 모델이 적합함을 알 수 있다.

6.6.2 표준 선형 고체(standard linear solid: SLS) 모델

위의 두 기계적 모델들은 각기 단독으로서는 점탄성 물질의 응력 이완 현상과 크리프 현상을 동시에 설명을 하지 못한다. 이에, 이들 두 모델의 특성을 결합하여 점탄성 물질의 응력 이완 현상과 크리프 현상을 설명하고자 하는 것이 SLS 모델이다. SLS 모델은 아래 그림 6.33과 같이 두 시스템을 병렬로 연결한 것이다. 그 첫번째 시스템은 스프링으로만 연결되어 있고, 두번째 시스템은 스프링과 대시 포트가 직렬로 연결되어 있다.

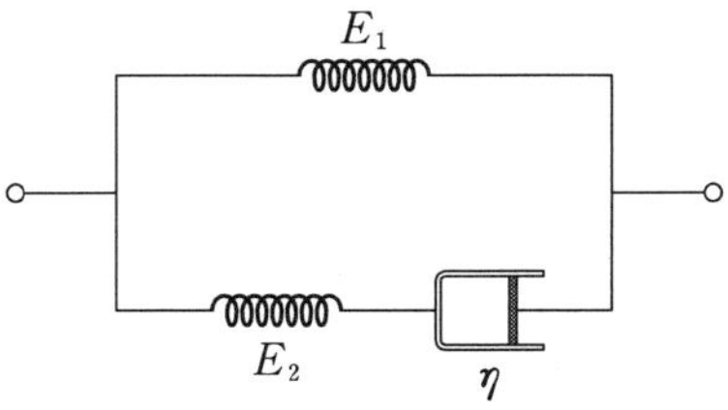

그림 6.33 ❖ 표준 선형 고체 모델의 기계적 요소 및 연결

전체 시스템에 대한 수학적 모델링은 다음과 같이 이루어진다.

$$\sigma_{tot} = \sigma_m + \sigma_{s1} \quad (6.119)$$

$$e_{tot} = e_m = e_{s1} \quad (6.120)$$

$$\sigma_m = \sigma_D = \sigma_{s2} \quad (6.121)$$

$$e_m = e_D + e_{s2} \quad (6.122)$$

여기서, 아래 첨자 m, D, s_1, s_2는 각기 Maxwell, 대시 포트, 스프링1, 스프링2를 의미한다.

위의 관계식과 이들의 시간에 대한 유도(time-derivative), 스프링과 대시 포트에 대한 응력-변형 관계식을 이용하면 다음과 같은 관계식이 얻어진다.

$$de(t)/dt = (E_2/\eta)[(\eta/E_2)(d\sigma(t)/dt) + \sigma(t) - E_1 e(t)]/(E_1 + E_2) \quad (6.123)$$

이 식은 다음과 같이 재정리될 수 있다.

$$\sigma(t) + (\eta/E_2)d\sigma(t)/dt = E_1 e(t) + [\eta(E_1 + E_2)/E_2]de(t)/dt \quad (6.124)$$

이에 따라, 응력 이완은 다음과 같은 식에 의해 지배를 받는다.

$$\sigma(t) = (E_1 + E_2)\exp(-t/\tau))/e_0 \quad (6.125)$$

여기서, e_0는 응력 이완 시험을 하는 동안 일정하게 유지되는 변형, 이완 시간(τ)은 다음과 같이 표시된다.

$$\tau = \eta/E_2 \quad (6.126)$$

마찬가지 방법으로 크리프는 다음 식에 의한 지배를 받는다.

$$e(t) = (\sigma_0/E_1)\left(1 - \frac{E_2}{E_1 + E_2} \cdot \exp^{(-t/\tau)}\right) \quad (6.127)$$

여기서, σ_0는 크리프 시험 동안 일정하게 유지되는 응력이고, 이때 이완 시간(τ)은 다음 식 6.128과 같다. 크리프는 물질이 일정한 응력을 받을 때에 일어나는 시간에 따른 영구적인 변형이다. 예를 들어, 가스켓(gasket)이 일정한 응력을 받으면 두께가 얇아지는데 이를 크리프 이완이라고 한다. 크리프 이완의 수준이 높으면 봉인(seal)을 유지함에 문제가 발생한다.

$$\tau = \eta(E_1 + E_2)/E_1 E_2 \quad (6.128)$$

SLS 모델은 고전적 모델로서 점탄성 물질의 응력 이완이나 크리프 현상과 관련된 변형 곡선의 일반적 형태를 잘 예측할 수 있어 자주 이용되고 있으나, 수치적으로 정확하게 예측할 수는 없다. 위에서 언급한 세 모델에 따른 응력 이완과 크리프 이완을 비교하면 다음 그림 6.34와 같으며, SLS 모델이 다른 두 모델에 비해 응력과 크리프의 이완 과정을 모두 비교적 잘 설명하고 있음을 알 수 있다.

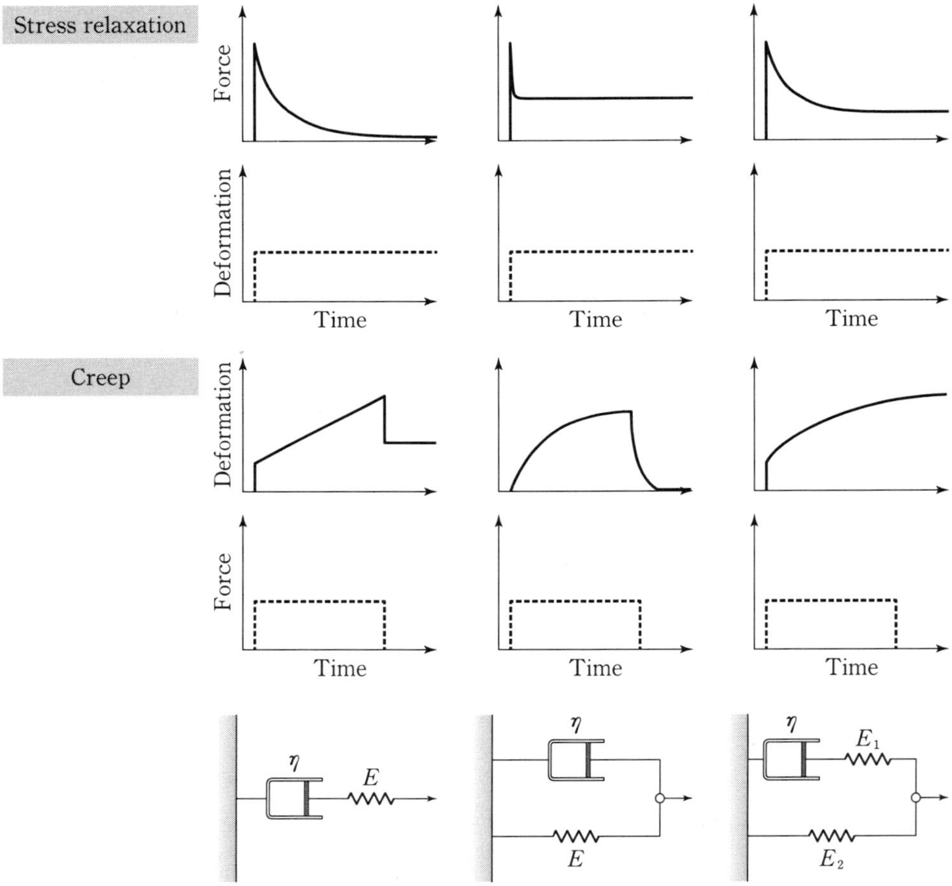

그림 6.34 ❖ 기계적 모델들의 응력 이완 및 크리프 거동 예측 비교

위의 Maxwell 모델과 Kelvin-Voigt 모델은 2개의 선형 요소로 구성되어 있는 반면, SLS 모델은 3개의 요소로 구성되어 있다. 점탄성 물질은 탄성 요소와 점성 요소의 상대적 중요도에 따라 다양한 이완 모드를 가질 수 있으므로, 구성 요소의 수가 많을수록 실제의 이완 현상을 설명하는데 가까워질 수 있다. 이에 따라, 요소가 4개인 모델들도 제안되고 있는데 Burgers 모델 등이 그것이다. 그럼에도 불구하고, 위와 같이 단순한 현상

학적 모델들은 기계적 이완 현상을 위한 일반적인 형태의 곡선을 제공하는데는 도움이 될 수 있으나, 수치적으로 그것을 정확히 예측하기는 어렵다. 위 모델들에 대한 응력 이완이나 크리프 이완을 분석함에 있어서, 부하를 가하는 속도가 무한대(단계 함수에 해당)라는 가정을 전제로 하고 있다. 그런데, 실제 상황에서는 부하 속도가 제한적이어서 이를 보완하기 위한 노력도 진행되고 있다.

6.6.3 점탄성 물질의 동적 탄성률(dynamic modulus)

동적 탄성률이라 함은 시료가 진동 상태에 있을 때의 응력과 변형의 비율을 뜻한다. 이에 비해, 앞에서 다루었던 Young 탄성률은 시료에 정적 부하(시간에 따라 변하지 않는 부하)를 가한 정적 탄성률에 해당한다.

그런데, 실제 상황에서는 다음과 같이 적절히 높은 주기(ω: angular frequency)로 시간에 따라 변하는 부하(시간에 따라 변하는 변형이나 응력 등)를 고분자 재료에 가하는 경우가 자주 발생한다.

$$\sigma = \sigma_0 \sin \omega t \tag{6.129}$$

$$e = e_0 \sin \omega t \tag{6.130}$$

고분자와 같은 점탄성 물질에 시간에 따라 주기적으로 변하는 변형을 가하면, 아래 그림 6.35에서와 같이 응력은 변형보다 위상이 지연(δ: 위상 차이, 하나의 파동과 다른 파동과의 상대적 위치에 해당)되는 현상을 보인다. 이는 시스템 내의 스프링은 즉각 늘어나서 응력과 변형 사이의 위상 차이를 유발하지 않지만, 대시 포트는 시스템의 변형을 지연시키게 되어 위상 차이를 유발하기 때문이다. 순수한 점성 물질의 경우, 다음 관계식에 의해(응력은 변형 속도에 비례) 응력과 변형 사이에 변형이 sine 형태로 주어질 경우에 응력은 cosine 형태로 바뀌어 위상이 90° 만큼 지연이 된다.

$$\sigma = \eta(de/dt) \tag{6.131}$$

이에 비해, 물질이 점탄성을 가지면 순수한 탄성과 순수한 점성 사이의 중간 성질을 가지므로, 아래 그림 6.35에서와 같이 응력과 변형 사이의 위상 차이가 0°와 90° 사이의 값(δ)을 보인다. 즉, δ는 시료에 남아 있는 탄성의 정도를 나타내는 척도가 된다.

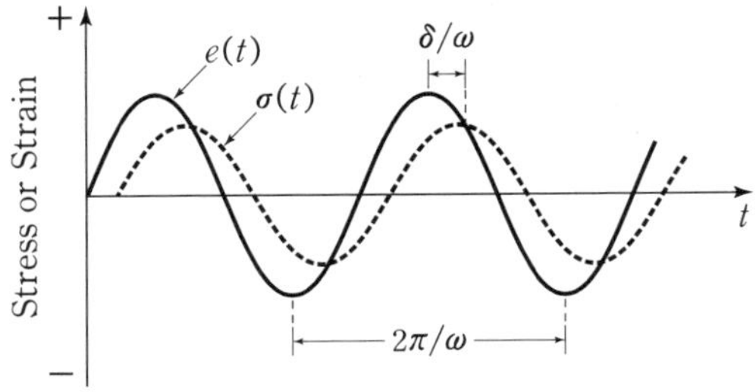

그림 6.35 ❖ 점탄성 물질의 응력과 변형 사이의 위상 차이

$$\sigma(t) = \sigma_0 \sin(\omega t + \delta) \tag{6.132}$$

$$\sigma(t) = \sigma_0 \sin \omega t \cos \delta + \sigma_0 \cos \omega t \sin \delta \tag{6.133}$$

이로부터 2개의 동적 탄성률(E_1, E_2)을 다음과 같이 정의할 수 있다.

$$\sigma(t) = e_0 E_1 \sin \omega t + e_0 E_2 \cos \omega t \tag{6.134}$$

$$E_1 = (\sigma_0/e_0) \cos \delta \quad \text{(저장 탄성률, storage modulus)} \tag{6.135}$$

$$E_2 = (\sigma_0/e_0) \sin \delta \quad \text{(손실 탄성률, loss modulus)} \tag{6.136}$$

이때의 저장 탄성률은 앞에서 다룬 인장 탄성률(Young 탄성률: 짧은 변형 동안의 응력에 대한 변형이 변화하는 기울기에 해당)과 저장 에너지라는 관점에서는 개념적으로 비슷하나, 실제로 전혀 다른 종류의 탄성률이고 그 값도 다르다.

위 관계식으로부터 위상 차이(δ)는 다음과 같은 관계를 가진다.

$$\tan \delta = E_2/E_1 \tag{6.137}$$

여기서, $\tan \delta$는 손실 탄젠트(loss tangent) 또는 손실 인자(loss factor)라고도 부르는데, 주기적 변형 동안에 야기되는 물질의 점성과 탄성의 상대적 효과를 나타내는 비율로서 매우 유용한 파라미터이다. 즉, 주기적 변형 동안의 손실된 에너지와 저장된 에너지의 상대적 비율을 나타내는 척도이기도 하다. $\tan \delta$ 값이 클수록 점성 효과가 커진다. 위상차인 δ 및 σ_0, e_0를 실험적으로 측정함으로써 저장 탄성률과 손실 탄성률을 계산할 수 있게 된다. 대표적인 측정 방법으로 동적 기계적 분석(DMA: dynamic mechanical analysis) 방법이 있다.

저장 탄성률은 가해진 변형($e = e_0 \sin \omega t$)과 같은 위상을 가지므로 가해진 변형 에너지를 물질 내에 저장하는 것과 관련되고, 손실 탄성률(E_2)은 점성력으로 인해 위상의 차이(90° 차이)가 유발된 것과 관련되므로 에너지가 물질로부터 빠져나오는 것(마찰에 의해 에너지가 외부로 흩어져 버림)에 해당한다.

고분자와 같은 점탄성 물질은 가해진 변형($e = e_0 \sin \omega t$)에 대하여 위상에 있어서 탄성과 점성의 중간적인 반응을 보이므로 응력은 다음과 같이 표시된다.

$$\begin{aligned}\sigma(t) &= \sigma_0 \sin(\omega t + \delta) = \sigma_0(\sin \omega t \cos \delta + \cos \omega t \sin \delta] \\ &= \sigma_0' \sin \omega t + \sigma_0'' \cos \omega t \end{aligned} \tag{6.138}$$

여기서, $\sigma_0' = \sigma_0 \cos \delta$이고 $\sigma_0'' = \sigma_0 \sin \delta$이다.

응력 함수는 목적에 따라 다음과 같이 복소수로 표시할 수도 있다.

$$\sigma(t) = \sigma_0' \sin \omega t + i\sigma_0'' \cos \omega t \tag{6.139}$$

단위 부피의 단위 사이클당 고분자 시스템에 가해진 기계적 일(W)은 다음과 같다.

$$\begin{aligned} W &= \int_o^{2\pi/\omega} \sigma(t)(de/dt)dt \\ &= \int \sigma_0' \sin \omega t(\omega e_0 \cos \omega t)dt + \int \sigma_0'' \cos \omega t(\omega e_0 \cos \omega t)dt \\ &= 0 - \pi \sigma_0'' e_0 \end{aligned} \tag{6.140}$$

위 식에서 응력과 변형의 같은 위상 성분은 순수 일(net work)이 전혀 없고, 다른 위상 성분만 에너지가 마찰 열로서 발산되고 있음을 알 수 있다. 즉, 같은 위상과 관련된 변형 에너지(인장 과정 중에 얻어지는 탄성과 관련된 포텐셜 에너지)는 부하를 제거하는 동안에 손실이 없이 복구되어 가역적 과정이다.

점탄성 실험을 하는 동안 물질에 기계적 에너지가 공급된다. 점탄성 물질의 경우에는 공급된 기계적 에너지의 일부는 저장이 되고 나머지는 발산된다. 가해진 변형의 첫 번째 4분 사이클(quarter cycle) 동안은 탄성에 의한 변형 에너지(strain energy)가 저장된다. 두번째 4분 사이클에서는 변위가 다시 원 원치로 회복되어 순 저장 에너지는 없어진다. 세번째, 네번째 4분 사이클의 저장 에너지도 상쇄되어 없어진다. 즉, 첫번째 4분 사이클에 대한 저장 에너지가 전체 사이클에 대한 평균 저장 에너지가 된다. 이에 따라 탄성에 의한 전체 변형 에너지를 완전한 사이클(full cycle)에 대하여 적분하는 것은 의미가 없고, 4분 사이클에 대하여 적분을 하면 최대 변형 에너지로서 전체 사이클을 위한 단위 부피당 탄성에 의한 평균 변형 에너지(W_{st}: stored energy)를 구할 수 있다.

$$\begin{aligned} W_{st} &= \int_o^{\pi/2\omega} \sigma_0' \sin \omega t(\omega e_0 \cos \omega t)dt \\ &= (-1/2)\sigma_0' e_0 = (-1/2)\,\sigma_0 e_0 \cos \delta \end{aligned} \tag{6.141}$$

이에 따라 앞에서 얻어진 저장 탄성률 관계식으로부터 다음 식이 얻어진다.

$$E_1 = (\sigma_0/e_0)\cos\delta = -2\,W_{st}/e_0^2 \tag{6.142}$$

같은 방법으로 단위 부피의 사이클당 발산되는 총 에너지(W_{dis}) 및 손실 탄성률(E_2)도 구할 수 있다. 손실 에너지는 점성 성분으로부터 야기되므로 시간에 따라 전체 사이클에 대하여 지속적으로 일어난다. 이에 따라, 단위 부피당 전체 사이클에 대하여 총 손실 에너지(W_{dis}: dissipated energy)를 구할 수 있다.

$$W_{dis} = \pi\sigma_0''e_0 = \pi\sigma_0 e_0 \sin\delta \tag{6.143}$$

$$E_2 = \sigma_0/e_0 \sin\delta = W_{dis}/\pi e_0^2 \tag{6.144}$$

즉, 저장 탄성률 및 손실 탄성률로부터 단위 부피당, 단위 사이클당 평균 저장 에너지와 총 손실 에너지를 계산할 수 있다. 단위 부피의 단위 사이클당 발산되는 에너지 손실을 타이어의 전체에 대하여 합하면 타이어의 롤링(rolling)에 따른 동력 손실이 된다.

6.6.4 동적 탄성률(E_1, E_2)의 주파수 의존성

위의 E_1, E_2, $\tan\delta$ 값들은 모두 주어진 온도에서 시험 주파수(부하 주파수에 해당)에 의해서도 영향을 받는다. 즉, 고분자 사슬에 저장되는 에너지 및 발산되는 에너지도 시험 주파수에 의해 영향을 받는다. 이는 시험 주파수가 시간 스케일과 관련되기 때문이다. 시험 주파수가 클수록 물질이 변형을 위해 느끼는 시간 스케일이 짧아지게 된다. 이에 따라, 시험 주파수에 따라 물질의 탄성과 점성에 미치는 영향이 달라진다.

앞에서 다루었던 바와 같이 점탄성 물질의 거동은 자주 편하게 기계적 모델을 사용하여 설명을 하고 있는데, 이들이 실제 물질의 기계적 변형 거동을 정확하게 설명하지는 못하지만 점탄성 거동을 이해하고 더 복잡한 고려를 위한 바탕을 제공해 줄 수 있다. 이에 따라 우선적으로 Maxwell 모델을 사용하여 점탄성의 주파수 의존성을 확인해 볼 수 있다.

$$e = e_0 \exp(i\omega t) \tag{6.145}$$

$$\sigma = \sigma_0 \exp[i(\omega t + \delta)] \tag{6.146}$$

Maxwell 모델로부터 응력 이완에 대하여 얻어진 관계식에 의하면 다음 식이 성립한다.

$$E_0\tau_0(de/dt) = \tau_0(d\sigma/dt) + \sigma \tag{6.147}$$

또, 응력-변형 관계식을 지수 함수를 이용하여 다음과 같이 구할 수 있다.

$$de/dt = e_0(i\omega)\exp(i\omega t) \tag{6.148}$$

$$d\sigma/dt = \sigma_0(i\omega)\exp[i(\omega t + \delta)] \tag{6.149}$$

$$\begin{aligned} E\tau_0(e_0 i\omega)\exp(i\omega t) &= \tau_0\sigma_0 i\omega \exp[i(\omega t + \delta)] + \sigma_0 \exp[i(\omega t + \delta)] \\ &= \sigma_0 \exp[i(\omega t + \delta)(\tau_0 i\omega + 1)] \end{aligned} \tag{6.150}$$

$$E\tau_0(e_0 i\omega)/(\tau_0 i\omega + 1) = \sigma_0 \exp[i(\omega t + \delta)]/\exp(i\omega t) = \sigma/e \tag{6.151}$$

$$E\tau_0(e_0 i\omega)/(\tau_0 i\omega + 1) = E_1 + iE_2 \tag{6.152}$$

$$E_1 = E_0\tau_0^2\omega^2/(\tau_0^2\omega^2 + 1) \tag{6.153}$$

$$E_2 = E_0\tau_0\omega/(\tau_0^2\omega^2 + 1) \tag{6.154}$$

$$\tan\delta = (E_2/E_1) = 1/\tau_0\omega \tag{6.155}$$

Maxwell 모델에 근거한 위 관계식에 의하여, E_1, E_2 및 $\tan\delta$가 부하 주파수(loading frequency)에 따라 변하는 양상을 아래 그림 6.36에 나타내었는데 그 특징은 다음과 같다.

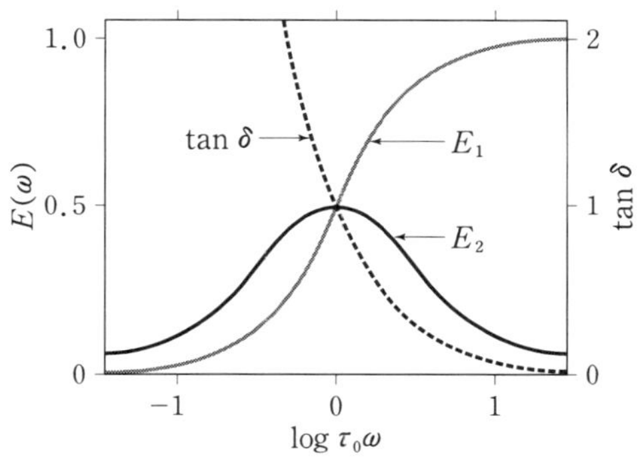

그림 6.36 ❖ Maxwell 모델에 의한 부하 주파수에 따른 E_1, E_2 및 $\tan\delta$의 변화

i) 흔히 E_2와 $\tan\delta$ 피크를 고분자의 특별한 분자 운동과 연관하여 설명한다. 왜냐하면, 분자의 운동이 점성과 관련이 있기 때문이다. E_2의 최대값이 되는 지점이 점성 효과가 최대에 이르는 지점으로서 제동 효과(damping effect: 에너지가 발산됨으로써 고분자 사슬의 움직임을 최소화)가 가장 크다. 특히, 유리 전이 지점에서 제동 효과가 가장 크다. 이에 따라 E_2 값이 최대가 되는 지점이 유리 전이 지점이 된다.

ii) 위 그림 6.36에 의하면 $\tan\delta$ 값이 주파수의 증가에 따라 계속 감소하는 추세를 보이는데, 이는 실제 실험 결과와는 다르다. E_1, E_2는 모두 시험 주파수의 영향을 받게 되는데, 그 상대적 영향은 기계적 모델에 따른 요소들의 결합 방법에 따라 달라진다. 이에 따라, E_1과 E_2의 상대적 비율에 해당하는 $\tan\delta$도 기계적 모델의 종류에 따라 달라진다.

Maxwell 모델의 경우, 낮은 주파수에서는 E_1에 비해 E_2가 주파수의 영향을 너무 크게 받는다. 왜냐하면, Maxwell 모델에서는 점성 부분이 실제 상황보다 훨씬 더 큰 손실 에너지를 유발하기 때문이다. 즉, Maxwell 모델에서는 낮은 주파수 영역에서 대시 포트 요소가 E_2값을 실제 상황보다 너무 크게 예측을 하게 하여 tan δ값을 크게 예측하게 한다. 실제 고분자의 상황에서는 사슬들의 얽힘 현상으로 인해 시험 주파수가 낮더라도 사슬의 움직임이 제한되어 대시 포트 요소에 의한 것보다 손실 에너지가 제한을 받아 E_2값이 낮아진다.

물론, 높은 주파수 영역에서는 탄성 부분이 큰 역할을 하여 E_1값이 크게 되고 이에 따라 tan δ값은 작아진다. 결과적으로 Maxwell 모델을 따를 경우, tan δ가 주파수의 증가에 따라 지속적으로 감소하는 경향을 보인다. 이는 순전히 단순한 가상적 모델의 결과로 나타나는 한계이다.

실제 고분자의 실험 결과에 의하면 tan δ도 E_2와 마찬가지로 당연히 최대점을 지나는 곡선으로 나타난다. 이에 따라, 고분자의 점탄성을 보다 정확히 설명하기 위해서는 Maxwell 모델 등에 의한 단순한 관계식보다, 기계적 모델을 위한 요소들이 훨씬 더 복잡하게 결합된 정교한 모델에 의한 관계식이 필요하다.

iii) 고분자의 T_g를 포함한 2차 전이를 위한 정확한 주파수는 고분자의 구조뿐만 아니라 실험 온도에 의해서도 영향을 받는다. 이에 따라, 실험 주파수를 고정한 상태에서 온도를 바꾸어가며 실험을 하는 것이 전이 현상을 확인하는데 훨씬 유리하다.

6.7 고분자의 이완 현상 분석 방법

고분자의 물리적 현상에서 이완이라는 용어는 일반적으로 고분자 시스템이 동요된 상태에서 평형 상태로 돌아가는 과정을 말한다. 각 이완 과정은 이완 시간(고분자 사슬들이 외부로부터 힘을 받아 평형으로부터 벗어난 후 평형 상태로 다시 돌아오는 속도와 관련되는 특성 시간)을 이용하여 특성화 할 수 있다. 또한, 이완 시간은 특별히 전이 근처에서의 분자 운동에 대한 하나의 척도를 의미하기도 한다. Maxwell 모델의 경우, 응력 이완을 대표하는 이완 시간(초기 응력의 $1/e$ 수준으로 응력이 감소하는데 소요되는 시간)보다 훨씬 짧은 시간에는 근본적으로 스프링처럼 거동을 하고, 이완 시간보다 훨씬 긴 시간에서는 대시 포트처럼 거동을 하게 된다. 이에 비해, Kelvin-Voigt 모델에서는 스프링과 대시 포트가 병렬로 연결되어 있어, 점탄성적인 흐름(viscoelastic flow)이 스프링에 의해 제한을 받게 되어 응력 이완 현상이 일어나지 않는다.

이상적 탄성체(예: 이상적 스프링, 즉 에너지 발산이 전혀 없는 스프링에 해당)일 경우, 변형 후 즉각적으로 평형 상태로 회복되므로 이완 과정이 없다. 점탄성 물질인 고분자의 응력 이완은 사슬 구조의 재배치나 사슬의 점탄성적 흐름에 의해 이루어진다. 아래 그림 6.37에 고분자의 이완 거동을 conformation의 변화 개념을 바탕으로 개략적으로 나타내었다.

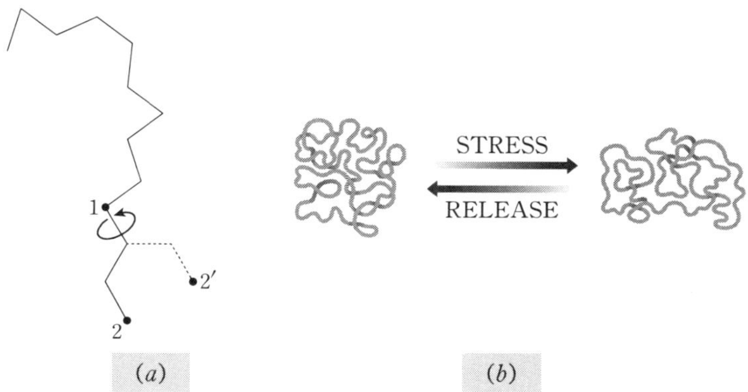

그림 6.37 ❖ 고분자 사슬의 conformation 변화: (a) 기본적인 결합의 플립(flip)에 의한 conformation 변화, (b) 전체 사슬의 conformation 변화

위의 그림(a)는 사슬의 이완 과정에서 가장 짧은 이완 모드에 해당하는 것으로, 화학 결합의 내부 회전 등에 의한 conformation 변화를 통해 이완 과정을 나타낸다. 그림(b)는 여러 개의 결합들이 내부 회전 등에 의해 랜덤한 conformation(평형 상태에 해당)을 형성하고 있는 상태에서 응력을 받게 되면, conformation이 변화되었다가 다시 랜덤 상태로 돌아가는 이완을 나타낸다. 응력 이완은 긴 시간에 걸쳐 응력의 저하를 나타내므로, 응력 저하에 따른 구조적 하자(failure)를 유발시킬 수 있어 부하를 받는 용도에 있어서 매우 중요하다.

일반적으로 선형 고분자의 응력 이완 시간(τ_i)은 아래 식 6.156에서와 같이 넓은 분포를 가지며 수십년의 시간에 걸쳐 있을 수도 있다. 이들 기계적 이완 과정은 고분자의 분자 운동과 밀접하게 관련된다.

$$\sigma(t) = \Sigma\sigma_{0i}\exp(-t/\tau_i) \tag{6.156}$$

여기서, σ_0는 초기 상태의 응력이다. 고분자의 이완을 조사하는 데에는 응력의 이완을 조사하는 동적 기계적 분석(DMA), 전하 운반체의 운동과 관련된 유전 이완 분광법(DRS: dielectric relaxation spectroscopy), 원자핵의 스핀 이완을 조사하는 핵자기 이완

(nuclear magnetic relaxation) 방법 등이 있다.

6.7.1 DMA(동적 기계적 분석)

DMA 방법에서는 고분자 시료에 진동하는 기계적 힘을 가함으로써 나타나는 변형에 의해 탄성률, 제동(damping), 전이 온도 등의 점탄성 정보를 제공한다. 가용 주파수의 범위는 $10^{-3} \sim 10^{3}$Hz이다. 이때 변형은 가해진 부하의 진동 주파수나 온도의 함수로 측정할 수 있다. 저장 탄성률(E_1)은 주기적 부하를 가한 상태에서 물질 내에 저장되는 에너지를 나타내고, 제동은 주기적 부하를 가한 상태에서 발산되는 에너지를 대변한다. 아래 그림 6.38에 물질의 온도에 따른 저장 탄성률의 일반적인 변화를 나타내었는데 각 전이에 해당하는 온도를 알 수 있다. 이들 전이는 분자 규모의 특정 운동과 관련되므로 이들에 해당하는 이완 시간으로부터 분자 운동에 관련된 정보를 유추할 수 있다. 이완 시간은 분자 규모에서 고분자의 세그멘트가 외부의 부하에 대하여 열적 운동에 의하여 반응하는 시간의 차수(order of magnitude)를 나타낸다.

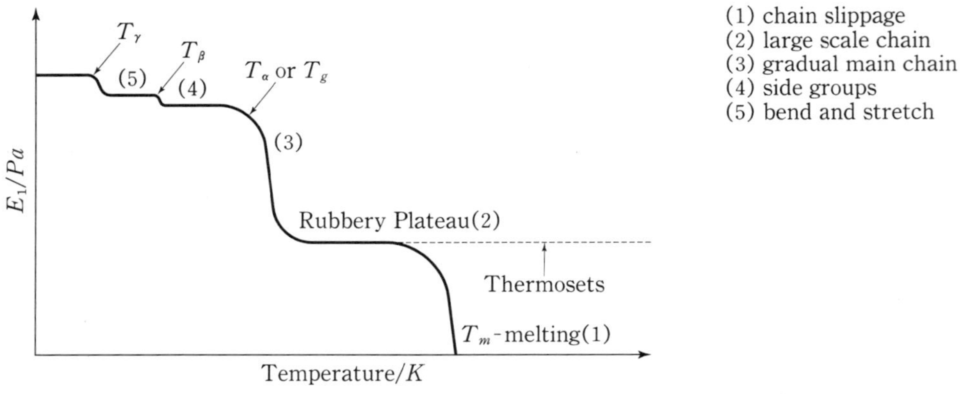

그림 6.38 ❖ 고분자의 온도에 따른 저장 탄성률의 일반적인 변화

변형이 일정한 상태에서 응력이 시간에 따라 변하는 응력 이완과 관련하여, 일정한 온도에서의 응력 이완 곡선으로부터 이완 탄성률($E(t)$)을 측정함으로서 분자의 운동(이완 시간)에 관한 정보를 얻을 수 있다. 아래 그림 6.39에 일반적인 응력 이완 시험 과정에 따른 응력 변화 곡선을 나타내었다.

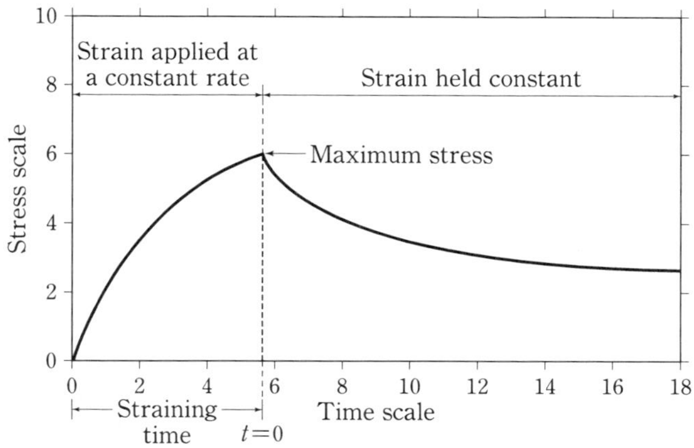

그림 6.39 ❖ 응력 이완 곡선이 얻어지는 일반적인 과정

6.7.2 DRS(유전 이완 분광법)

DMA 방법에서 외부에서 기계적 힘을 가하는 것과 달리, DRS 방법은 외부에서 진동하는 전기적 힘을 시료에 가했을 때 나타나는 반응으로서, 물질 내 쌍극자나 전하의 이동에 의해 야기된다. 이로부터 유전 저장(dielectric storage, ε'), 유전 손실(dielectric loss, ε''), 전이 온도 등에 대한 정보를 얻을 수 있다. 유전 저장은 편극에 의해 일어나고, 유전 손실은 쌍극자나 전하가 편극 유발시 이동함으로써 발생하는 에너지 손실로써 열로 전환되는 에너지이다. 이들 파라미터는 진동수의 함수가 되는데, 많은 경우 $10^2 \sim 10^{12}$ Hz 주파수 범위에서 다룬다. 분자의 진동이나 전자 전이는 10^{12} Hz 이상의 주파수에서 반응을 보인다. 실제 경우에 있어서는 주어진 진동수에서 온도의 변화에 따른 이들 파라미터를 구할 때가 많다.

아래 그림 6.40에 유전체 내의 편극(polarization)을 위한 이완 요소(이온, 쌍극자, 격자 진동, 전자 등)들에 따라 이들 파라미터들(유전 저장, 유전 손실)의 값들이 달라질 수 있음을 보여주고 있다. 이 경우에도 DMA 때와 마찬가지로 각 전이에 해당하는 분자 규모의 운동과 관련된 이완 시간을 구할 수 있다. 이 방법은 DMA 때보다 훨씬 넓은 범위의 주파수($10^{-6} \sim 10^{12}$ Hz)를 조사(probe)할 수 있어 유용하게 적용이 될 수 있다. 유전체의 보다 자세한 성질에 대해서는 뒷 장에서 다루기로 한다.

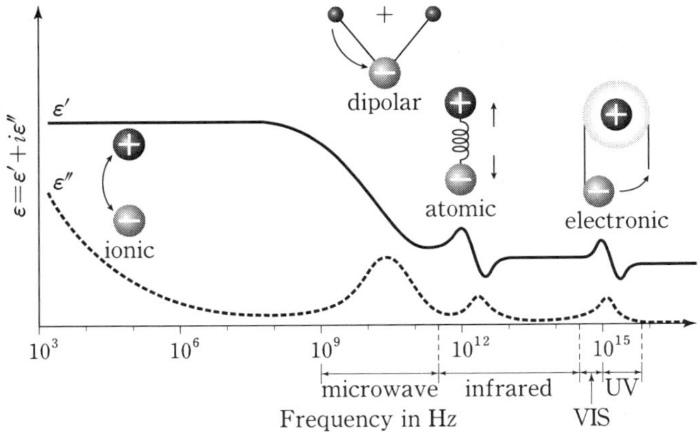

그림 6.40 ❖ 유전체 내의 편극을 위한 주파수에 따른 이완 요소

유전 이완 분석에 있어서, 아래 그림 6.41과 같이 유전체의 유전 손실(ε'': 유전체 내에서 열 에너지 형태로 발산됨)을 부하 주파수의 함수로 플롯하였을 때 유전 손실이 최대가 될 때의 주파수가 유전 이완 시간(dielectric relaxation time)에 상응한다.

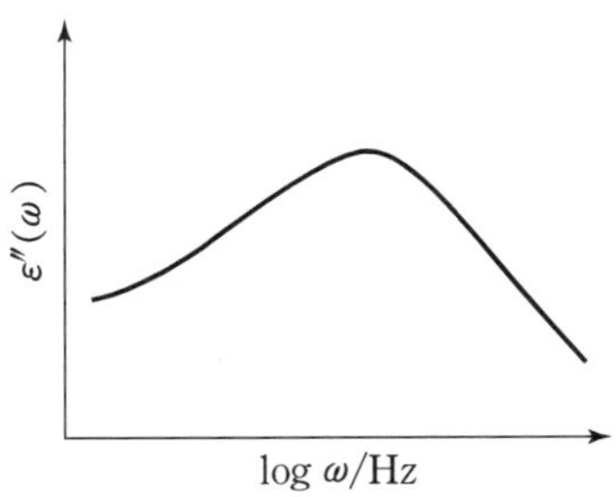

그림 6.41 ❖ 유전 손실이 최대가 되었을 때의 주파수(유전 이완 시간에 해당)

6.7.3 핵자기 이완(T_1, T_2)

핵자기 이완(nuclear magnetic relaxation) 기법은 시료에 손상을 주지 않고 넓은 범위의 분자 운동 시간 규모를 원자 단위의 차원에서 조사할 수 있는 장점이 있다. 핵자기 이완은 여기된 자기 상태가 평형 상태로 돌아가는 과정이다. 자기 이완 과정을 특성짓기 위하여 기계적 이완이나 유전체 이완 때와 마찬가지로 이완 시간이 정의된다. 자기 이완 과정에는 다음과 같은 두가지가 있다. 수소 원자핵의 경우에는 원자핵 사이의 상호작용(coupling)이 너무 복잡하므로, 핵자기 이완 시간(T_1, T_2)을 측정하기 위하여 일반적으로 탄소 원자핵(^{13}C)을 대상으로 한다.

1) 스핀-격자(spin-lattice) 이완

스핀-격자 이완 과정은, 외부의 라디오 주파수를 가진 펄스(RF pulse: 약간 다른 라디오 주파수를 가진 많은 진동들을 결합한 것임)로부터 에너지를 얻어 여기가 된 원자핵 스핀의 에너지가 공간을 통하여 주위(격자라고도 부름)로 전달됨으로써 평형 상태로 회복되는 과정이다. 이때의 이완 시간을 스핀-격자 이완 시간(T_1) 또는 종적 이완 시간(longitudinal relaxation time)이라 부른다. 종적 이완은 외부에서 가해 준 자기장과 같은 방향(z-direction)으로 야기되는 자기 모멘트의 이완이다. 즉, 자기 모멘트의 z-성분이 이완하는 과정이다. RF 펄스는 단지 횡평면(transverse plane: 외부에서 가해 준 자기장과 수직인 평면)에서 Larmor 주파수로 짧은 시간(a few ms) 동안 가해주는 자기장(B_1)으로서, 스핀들의 배향을 변화시켜 외부에서 가해 준 주 자기장으로부터 벗어나게 한다. 이때 배향의 정도는 RF 펄스의 세기나 가해 준 시간에 의해 결정된다.

T_1은 고분자의 곁가지나 주사슬 내에서의 내부 회전 운동 등에 대한 배경 정보를 제공한다. 즉, T_1은 실제의 사슬 운동과 관련이 있는 특성 시간이다. 일반적으로 T_1은 비교적 긴 시간(0.1초 ~ 10초)으로 나타나는데, 이는 NMR 전이에 관련된 에너지를 열에너지로 변환하기가 어렵기 때문이다. NMR 전이는 가해 준 전자파의 에너지가 너무 낮아 기본적으로 비방사형 전이(nonradiative transition)이다. 즉, NMR의 경우, 원자핵이 방사선을 흡수하여 재방사(reemission)를 하지 않고 단순히 스핀(각 운동량의 다른 형태)의 뒤집기(flip)에 에너지를 사용한다. 스핀의 뒤집기는 원자핵의 스핀 배향이 바뀌는 것을 말한다. 실제의 저분자 운동이나 고분자의 사슬 운동은 T_1보다 훨씬 짧은 시간 규모에서 일어난다. T_1값을 측정하기 위해 아래 그림 6.42에 나타난 바와 같은 스핀의 역전 회복(inversion recovery) 방법을 사용한다.

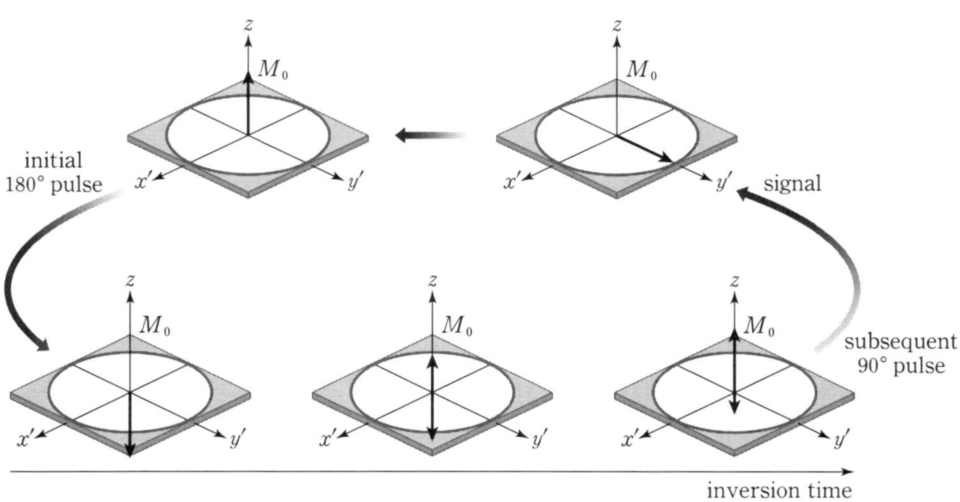

그림 6.42 ❖ T_1 값을 측정하기 위한 원자핵 스핀의 역전 회복 방법

우선, 위 그림에서와 같이 시료에 외부 자기장을 가한 상태($+z$ 방향)에서 180° 펄스(스핀의 방향을 180° 전환시킴)를 짧은 시간(~ms) 동안 가함으로써, 순 원자핵 스핀(net nuclear spin: 위 스핀(up spin)과 아래 스핀(down spin)들의 전체 합)이 역전($-z$ 방향)되도록 한다. 이후, 순 스핀 벡터는 평형 상태로 이완을 하기 시작한다. 일정한 시간(inversion time: 역전 시간으로서 지연 시간이라고도 함)을 기다리면 순 스핀 벡터의 크기가 감소하게 되는데, 이때 90° RF 펄스를 가하여 y축에서 그 크기를 탐지한다. 이런 과정을 지연 시간(time delay: t)에 따라 반복하면 순 스핀 벡터 크기의 지연 시간에 따른 변화를 아래 그림 6.43과 같이 얻을 수 있으며 그 관계식은 다음과 같다.

$$M_z(t) = M_{z,eq}(1 - 2e^{-t/T_1}) \tag{6.157}$$

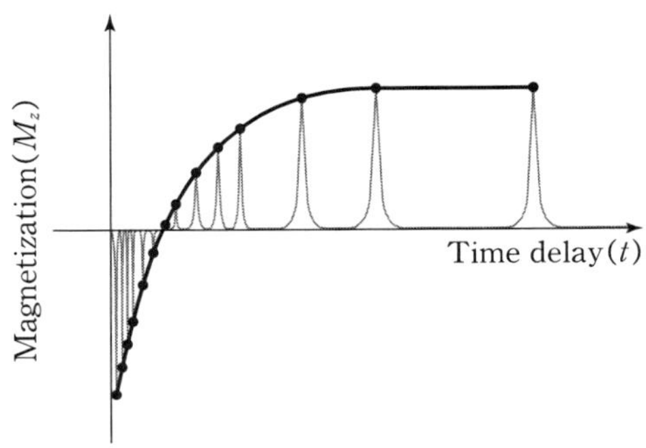

그림 6.43 ❖ 역전 시간(지연 시간)에 따른 순 스핀 벡터(자기 모멘트)의 변화

위 식에서, $M_z(t)$는 z 방향으로의 스핀(즉, 자기 모멘트)의 크기이며, $M_{z,eq}$은 평형 상태에서의 자기 모멘트이다. 즉, T_1 값은 스핀들이 비평형 상태에서 z-축을 따라 평형 상태로 이완하는 과정을 나타내는 시간 상수(time constant)이다.

2) 스핀-스핀(spin-spin) 이완

스핀-스핀 이완은 횡적 이완(transverse relaxation)이라고도 부르는데, RF 펄스를 받을 때에 이웃하는 원자핵 스핀 사이의 상호 작용(화학 결합된 전자를 통하여 이루어짐)에 의해 야기된다. 이를 통해 NMR 피크의 분리(splitting) 현상이 일어난다. 횡적 이완은 자기 모멘트의 횡성분(transverse component)이 x-y 평면(횡평면) 상에서 일어나는 이완이다. 즉, z-축을 중심으로 하는 스핀들의 회전(세차 운동)이 x-y 평면상에서 탈 위상(dephasing)을 하는 것이다. 이에 따라, 세차 속도가 서로 다른 스핀들이 x-y 평면상에서 존재하게 된다. 이웃하는 스핀과 스핀 사이의 에너지 교환은 화학 결합을 형성하는 전자(bonding electron)를 통해서 이루어지고, 주위의 격자와는 에너지를 교환하지 않는다. 즉, z축에 대한 에너지 기여가 없고, x-y 평면상에서만 이완에 따른 자기 모멘트의 감소가 일어난다. 그런데, 외부에서 가하는 정적 자기장의 불균일성도 횡적 이완에 기여한다. 즉, 스핀-스핀 이완은 전체 스핀들의 상호 작용에 의한 횡적 자기 모멘트가 평형 값인 0으로 감소하는 과정이다.

이완에 따른 횡적 자기 모멘트의 시간에 따른 감소는 스핀-스핀 이완 시간(T_2)에 의해 특징지어진다. 전형적인 T_2 값은 100 ~ 300 ms로 T_1값보다 항상 작거나 같다. T_1 이완 과정과 마찬가지로, T_2 이완 과정도 지수적으로 변하는 함수이다. T_2 이완 과정이 T_1 이완 과정과 완전히 독립된 과정이지만 동시에 일어난다. T_2를 측정하기 위해 도입되는 펄스 순서(pulse sequence)는 아래 그림 6.44와 같다. 180°_x 펄스는 외부 자기장의 불균일성을 보정하기 위하여 스핀들을 다시 모아주는(refocusing) 펄스이다. 이때 물론 스핀들도 다시 모아진다. 이를 스핀 에코(spin echo)라 한다. 스핀 에코가 얻어지는 지점에서 자기 모멘트 데이터를 얻는다.

$$90^\circ_x - \tau - 180^\circ_x - \tau \text{ (1st echo)} - \tau - 180^\circ_x - \tau \text{ (2nd echo)} - \cdots$$

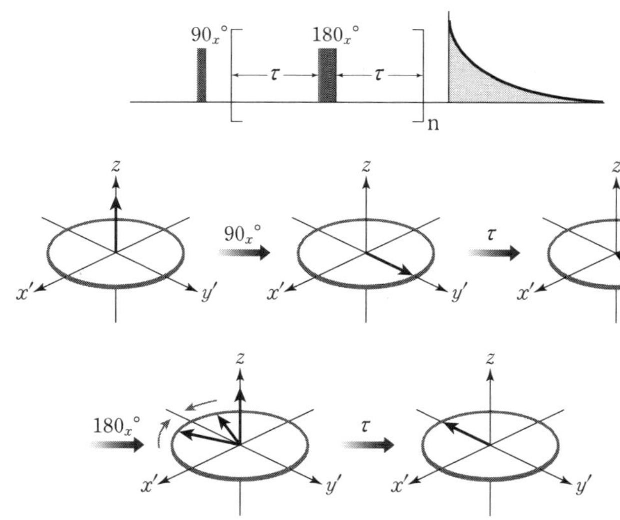

그림 6.44 ❖ T_2를 측정하기 위한 펄스 순서 및 그에 따른 스핀의 이동

우선, 외부 자기장(z 방향)에 놓여 있는 시료에 RF 90°_x 펄스를 가하면, z-축의 순수 자기 모멘트(net magnetic moment)가 y축에 놓여지게 된다. 이때 펄스를 끊고 일정한 시간(τ)을 기다리면, 스핀 사이의 위상의 일치(coherence)가 사라지기 시작하면서 어떤 스핀들은 더 빨리 세차 운동을 하고 다른 스핀들은 상대적으로 느린 세차 운동을 하면서 위

상의 차이가 점점 더 커진다. 이는 각 스핀 주위의 작은 자기장 사이의 상호 작용에 의하여 세차 속도가 달라지기 때문이다. 다시 180°_x 펄스를 가한 후 일정한 시간(τ)을 기다리면, 스핀들이 다시 모아지고 외부 자기장의 불균일성이 해소된다. 이때 얻어진 스핀 에코로부터 자기 모멘트 데이터를 얻는다. T_2를 결정하기 위하여 기다리는 시간(delay time: τ)을 바꾸어가면서 스핀 에코에서 자기 모멘트를 측정한다. 시간에 따른 자기 모멘트(M_{xy})의 감소는 아래 그림 6.45와 같이 얻어지며, 다음 6.158과 같은 지수 관계식으로 나타낼 수 있다. T_2 값은 스핀과 스핀 사이의 동일 위상성의 쇠퇴와 관련되는 특성적 시간 상수이다.

$$M_{xy} = M_{xy0}\exp(-t/T_2) \tag{6.158}$$

여기서, M_{xy0}는 RF 90°_x 펄스를 가한 직후의 스핀의 자기 모멘트이다.

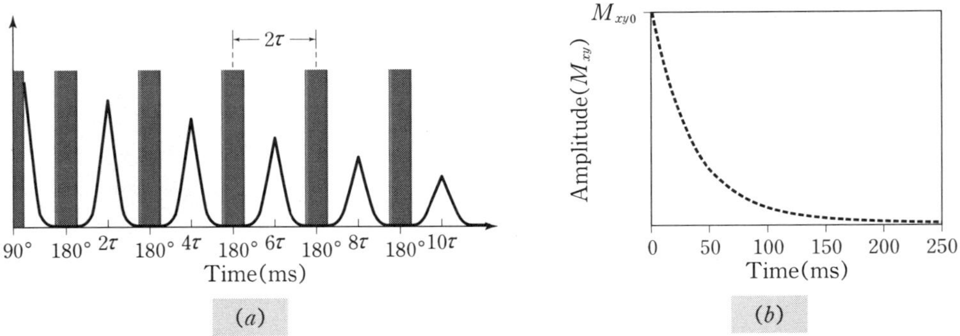

그림 6.45 ❖ 스핀 에코 과정을 통하여 기다리는 시간에 따른 스핀의 자기 모멘트의 변화: (a) 스핀 에코 펄스 순서, (b) 스핀 에코의 지수적 붕괴 곡선

6.7.4 운동 상관 시간(motion–correlation time: τ_c)

NMR에서의 운동 상관 시간은 회전 상관 시간(rotational correlation time: τ_c)으로서, 분자가 텀블링(tumbling: 회전에 의한 확산)하는 속도를 뜻하는 것으로 실제 분자의 운동성을 나타낸다. 회전 확산(rotational diffusion)은 물체의 배향이 변함에 의해서 야기되는 회전 운동이다. 회전 상관 시간은 분자가 1 radian(57°) 만큼 회전하는데 소요되는 시간으로서, 분자의 재배향(분자의 Brown 운동에 의한 회전 확산) 특성을 대변하는 특성적 시간 상수이다. 이에 비해, 앞에서 언급한 T_1이나 T_2는 실질적인 분자의 운동성을 나타내는 것이 아니고, 실제 운동성을 나타내는 운동 상관 시간과 어떤 연관을 가진다. 이는 핵자기 이완에 관련된 에너지가 외부로 방출되지를 못하고, 오로지 이완에만 적용되

어 이완에 많은 시간이 소요되기 때문이다. 스핀 수가 1/2인 원자핵에 대한 핵자기 이완 시간과 운동 상관 시간 사이의 관계는 Bloembergen-Purcell-Pound(BPP) 이론에 의거 아래 그림 6.46과 같이 나타난다.

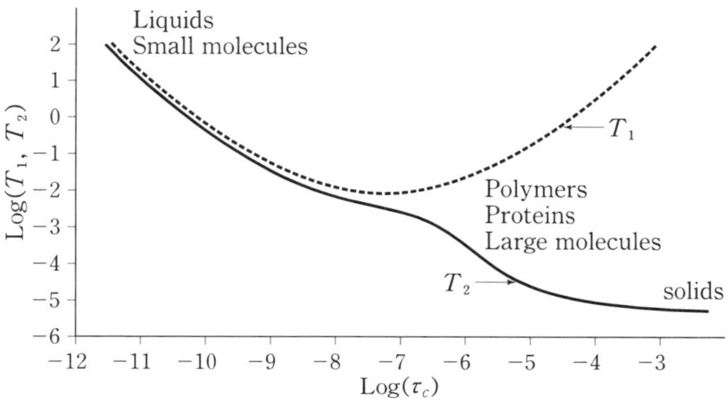

그림 6.46 ❖ 운동 상관 시간에 따른 T_1, T_2 거동[13]

스핀-격자 이완의 경우 Larmor 주파수(ω_0)에서 T_1 값이 최소가 되고, Larmor 주파수 위, 아래에서는 T_1 값이 증가하는 패턴을 보인다. Larmor 주파수는 T_1 값이 최소를 나타내는 지점에서의 주파수에 해당한다. 이는 Larmor 주파수인 공명 조건에서 평형 상태로의 이완이 가장 빨리 일어나기 때문이다. 분자의 운동성이 클수록 하나의 관찰 상태에서 다른 관찰 상태로 변하는 시간이 짧아지므로(상호 관련성이 유지되는 시간이 짧아짐) 상관 시간이 짧아진다. T_1 값이 클수록 에너지 전달 속도가 낮아지므로, 이완 과정이 느려져 스핀이 가지는 자기 모멘트의 평형 상태로의 회복이 느려지는 것을 의미한다. 이들 스핀-격자 이완 과정은 스핀-스핀 사이의 상호 작용(자기 쌍극자 상호 작용)에 의한 스핀들의 빠른 재배향 등으로 국소 자기장이 요동(fluctuation)을 함으로써 영향을 받는다. 위의 그림 6.46에서 T_2는 회전 상관 시간이 커짐에 따라 작아지는 경향을 보인다. 일반적으로 T_2는 스핀-격자 이완의 영향을 받지만, 고체나 고분자, 결합된 물 분자 등에서와 같이 분자의 운동이 매우 느릴 때에는, 스핀-스핀 이완이 스핀-격자 이완의 동반 없이 빠르게 진행되므로 회전 상관 시간이 클수록 T_2 값이 작아지는 경향(이완 속도가 커짐)을 보인다. $1/T_2$ 값이 이완 속도를 나타낸다.

일반적으로 유기 용매 내에서 분자의 운동(τ_c: 운동 상관 시간)은 분자량(M)과 다음과 같은 관계를 보인다.

$$\tau_c \sim 10^{-12} M \tag{6.159}$$

일반적으로 고분자의 경우에는 τ_c가 매우 큰 값을 보이고, 저분자인 경우에는 매우 작은 값을 보인다. 스핀-격자 이완 속도($1/T_1$)는 상호 작용하는 핵 사이의 거리에도 영향을 받게 되는데, 거리가 가까울수록 에너지 전달이 용이하여 $(1/r_{CH})^6$에 비례한다.

위의 핵자기 이완에서의 이완 시간과 운동 상관 시간 사이의 관계식은 다음과 같이 표시된다.

$$1/T_1 = K[\tau_c/(1+\omega_0^2\tau_c^2) + 4\tau_c/(1+4\omega_0^2\tau_c^2)] \tag{6.160}$$

$$1/T_2 = (K/2)[3\tau_c + 5\tau_c/(1+\omega_0^2\tau_c^2) + 2\tau_c/(1+4\omega_0^2\tau_c^2)] \tag{6.161}$$

$$K = (3\mu_0^2/160\pi^2)(\hbar^2\gamma^4/r^6) \tag{6.162}$$

여기서, ω_0는 Larmor 주파수, μ_0는 진공 상태에서의 유자율(magnetic permeability: $4\pi \times 10^{-7}$ Henry/m), γ는 원자핵의 자기 회전 비율(gyromagnetic ratio), r은 스핀 사이의 거리이다.

6.7.5 폴리에스터의 세그멘트 운동과 스핀-격자 이완 시간(T_1)

아래 그림 6.47 및 6.48에 diacid와 diol 단위로 구성된 폴리에스터의 세그멘트 화학 구조식 및 ^{13}C NMR 스펙트럼이 각기 주어져 있다. Diacid는 테레프탈산(terephthalic acid: T)과 아젤라인산(azelaic acid: A)을 포함하며, diol은 에틸렌 글리콜(ethylene glycol: E)과 부탄디올(butanediol: B)을 포함한다. 각 세그멘트를 나타내는 탄소 원자핵에 대한 화학 이동값이 아래 스펙트럼에 주어져 있다.

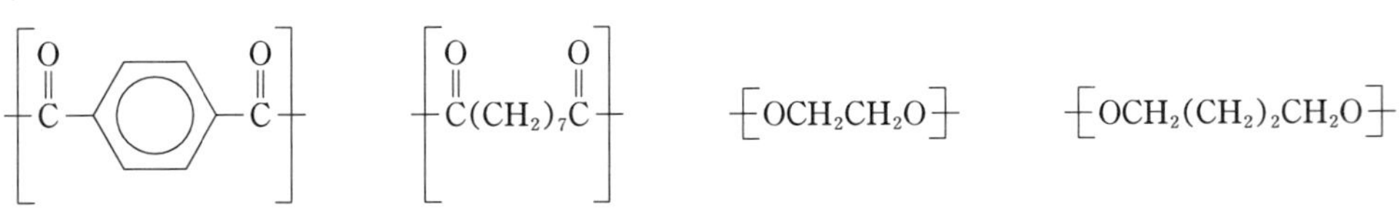

T A E B

그림 6.47 ❖ Diacid와 diol로 구성된 폴리에스터 세그멘트의 화학 구조식

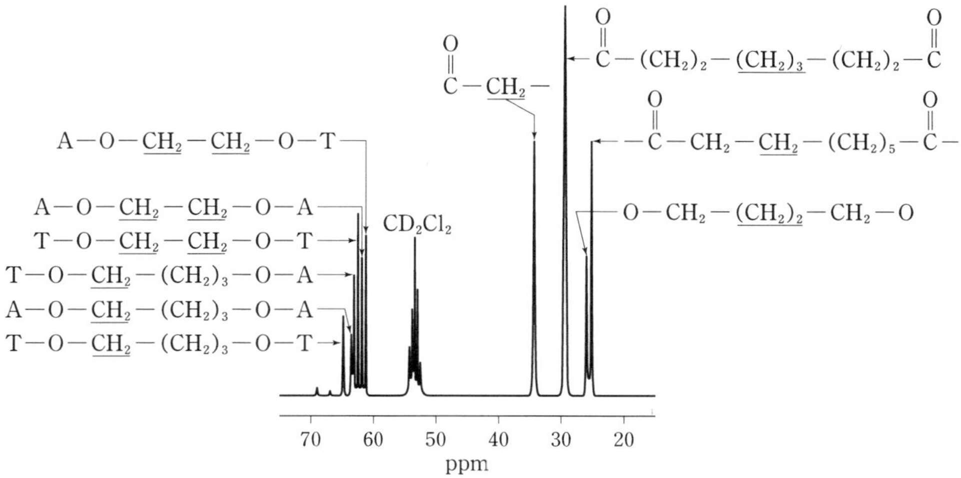

그림 6.48 ❖ (테레프탈산/아젤라인산 = 50/50 몰%, 에틸렌 글리콜/부탄디올 = 70/30 몰%)로 구성된 폴리에스터의 ^{13}C NMR 스펙트럼: 중수소화 methylene dichloride(CD_2Cl_2)의 화학 이동(53.8 ppm)[14]

위 스펙트럼의 각 분리된 피크들에 대하여 diol의 조성은 고정되고, diacid의 조성이 다른 여러 폴리에스터의 각 피크를 나타내는 세그멘트에 해당하는 탄소 원자핵에 대하여 측정한 스핀-격자 이완 시간을 아래 표 6.9에 나타내었다.

위의 T_1 측정 결과로부터 얻어진 개략적 특징은 다음과 같다.

i) T_1 측정은 고분자의 용액 상태에서 이루어진다. 고분자 용액 상태에서는 세그멘트가 액체처럼(liquid-like) 빠른 국부적 운동을 하게 된다. 이에 따라, T_1 값이 감소할수록 회전 상관 시간이 커지게 되어 세그멘트의 운동성이 감소한다. 아래 표에 나타난 결과에 의하면, 테레프탈산(T) 단위의 함량이 증가할수록 모든 세그멘트들에 해당하는 탄소 원자핵의 T_1 값이 감소하는 경향을 보인다. 즉, 테레프탈산(T)의 함량이 증가할수록 관련된 세그멘트들의 운동성이 감소한다. 이는 테레프탈산(T) 단위의 사슬 유연성이 아젤라인산(A) 단위 때보다 낮은 것에서 기인한다.

ii) 아래 표의 각 컬럼(column)에 있어서, diol에 붙어 있는 테레프탈산(T) 단위 수가 클수록 에틸렌 글리콜(E)의 탄소 원자핵의 T_1 값이 감소하는 경향을 보인다. 즉, 세그멘트의 운동성이 감소한다.

iii) 부탄디올(B)의 산소에 붙어 있는 탄소 원자핵도, 그것이 테레프탈산(T)에 붙어 있을 때가 아젤라인산(A)에 붙어 있을 때보다 더 작은 T_1 값을 보인다.

표 6.9 에틸렌 글리콜/부탄디올 = 70/30 몰%로 고정한 상태에서 diacid의 아제라인산 분율에 따른 폴리에스터의 ^{13}C 스핀-격자 이완 시간(T_1)[14]

	mol % A							
sequence	20	30	40	50	60	70	80	100
$T-OCH_2(CH_2)_3O-$	0.35	0.36	0.43	0.44	0.46	0.51	0.56	
$-OCH_2(CH_2)_2CH_2O-$	0.42	0.47	0.56	0.59	0.63	1.00	1.02	1.09
$A-OCH_2(CH_2)_3O-$	0.57	0.63	0.65	0.75	0.88	0.89	0.91	0.97
$T-OCH_2CH_2O-T$	0.22	0.22	0.25	0.25	0.23	0.31	0.39	
$T-OCH_2CH_2O-A$	0.36	0.35	0.39	0.39	0.38	0.45	0.51	
$A-OCH_2CH_2O-A$	0.54	0.66	0.72	0.70	0.73	0.72	0.79	0.78
$-C(O)CH_2(CH_2)_6C(O)-$	0.96	0.92	0.98	1.02	1.08	1.20	1.19	1.17
$-C(O)CH_2CH_2(CH_2)_5C(O)-$	0.98	0.96	1.00	1.04	1.07	1.20	1.17	1.18
$-C(O)(CH_2)_2(CH_2)_3(CH_2)_2C(O)-$	0.94	0.97	1.00	1.02	1.03	1.11	1.15	1.20

6.8 고분자의 고무 같은(rubber–like) 상태 및 유리질 상태에서의 이완 현상

고분자에 있어서의 이완 현상은 사슬의 세그멘트 운동의 결과로서 나타난다. 고분자는 고무와 같은 탄성으로부터 유리질 고체 상태에 이르기까지 넓은 범위에 걸쳐 사슬의 이완 현상을 보인다. 분자 수준의 사슬 세그멘트 운동은 온도 등에 의해 특정의 영역에서 현저한 변화를 보이는데, 이는 고분자 특유의 중요한 현상이다. 분자 규모에서의 운동의 종류나 정도가 고분자의 물리적 성질에 매우 큰 영향을 미치므로, 고분자의 이완 현상에 대한 이해는 매우 중요한 의미를 가진다. 일반적으로 이완 현상을 통한 분자 규모의 운동을 해석하기 위한 실험적 방법으로 동적 상태의 기계적 방법(DMA), 동적 상태의 전기적 방법(dynamic electrical analysis: DEA), 정상 상태나 과도기적(steady state or transient) 상태의 NMR 방법 등이 있다.

고분자의 T_g 아래인 유리질 상태에서는 분자 운동성이 매우 제한을 받으며 여러가지 하위 유리(sub-glass) 이완 현상이 일어날 수도 있는데, 이를 부차적 이완(secondary relaxation)이라 부른다. 이때 이완 현상은 온도가 낮아지는 순서로 β, γ 등으로 명명을 한다. T_g는 이들 보다 더 높은 온도에서 이완이 일어나므로 α-이완이라 부른다.

부차적인 이완 현상이 나타나는 원인으로서는 주사슬의 운동(크랭크 축 운동 등), 곁사슬의 운동, 곁사슬 내에서의 부분 운동 등이 있는데, 이들도 고분자의 물리적 성질에 중요한 영향을 미친다. 주사슬의 크랭크 축 운동은 공직선을 이루는 화학 결합(colinear chemical bonds) 사이에 있는 여러 개의 단량체들이 나타내는 회전 운동이다.

고체 고분자 내에서 이들 운동의 주파수는 $10^{-3} \sim 10^{14}$ Hz 범위에 있다. 고분자 사슬의 진동 운동의 주파수 범위는 대개 $10^{12} \sim 10^{14}$ Hz이다. 일반적으로 NMR은 $10^{-2} \sim 10^{12}$ Hz 범위의 분자 규모의 운동을 조사할 수 있는데, 2차원 화학교환(2-D chemical exchange) 측정 방법은 $10^{-2} \sim 3 \times 10^5$ Hz 범위에서, 선 모양(line-shape) 측정은 $10^4 \sim 3 \times 10^6$ Hz, 스핀-격자 이완 시간 측정법은 $10^7 \sim 10^{12}$ Hz 범위의 분자 규모의 운동을 조사한다.

대개의 경우, 메틸 그룹의 회전 점프(rotational jump: 회전을 위한 급격한 변화로서 개별 에너지 상태의 점프가 일어남)는 10^9/sec의 주파수 이상이며, 페닐렌 링(phenylene ring)의 뒤집기(flip)를 위한 주파수는 10^6/sec 이상이다. 이들 점프에 의한 이완은 특정의 주파수에서만 일어난다. 해당 주파수의 세기(점프를 야기시키는 분자의 수)는 이완 시간에 따라 변한다.

선형 고분자가 기계적인 응력을 받거나 전기장을 받으면 동요가 일어나는데, 구조가 평형 상태에 이를 때까지 이완을 한다. 이 과정에서 사슬의 conformation이 재구성되거나 배향 상태가 변하게 된다. 이로 인해 고분자의 기계적, 전기적 성질들이 영향을 받는다. 고분자 사슬의 구조가 이완되는 과정에서 오로지 1개의 메커니즘만 존재한다면 이완은 지수 거동을 보인다. 실제 고분자의 경우, 비록 유사하기는 하지만 보통 몇 개의 이완 메커니즘이 존재한다. DMA의 경우 일반적으로 $10^{-2} \sim 10^{2}$ Hz 범위, 그리고 DEA는 $10^{-6} \sim 10^{12}$ Hz 범위의 주파수에서 이완 시간을 측정한다.

일반적으로 유리질 상태의 고분자의 점탄성 거동은 고무 같은 상태(rubber-like)의 경우에 비해 더 복잡한 양상인 비선형적 거동을 보인다. 즉, 응력이 시간과 더불어 변형에 의해서도 영향을 받는다. 이는 고체 상태에서는 고분자의 구조가 보다 밀집된 안정한 상태로 지속적으로 재구성되기 때문이다.

6.8.1 고분자의 고무 같은(rubber-like) 상태에서의 기계적 이완

고분자의 고무 같은 상태에서는 기계적 이완 시간이 온도에 영향을 받으나 변형 값에는 그리 크게 영향을 받지 않아, 응력과 변형의 관계가 시간의 함수로만 나타나는 선형 점탄성 거동으로 모델화 할 수 있다. 즉, 선형 점탄성 물질의 응력과 변형의 비율은 응력이나 변형의 함수가 아니고 오로지 시간의 함수가 된다. 선형 점탄성 물질을 위한 단순한 기계적 모델로서 앞에서 다루었던 Maxwell 모델, Kelvin-Voigt 모델, 표준 선형 고체 모델(SLS) 등이 포함된다. 이들 모델은 단순히 선형 요소인 스프링과 대시 포트를 여러가지 형태로 조합을 한 것이다. 왜냐하면, 점탄성을 가진 고분자의 경우 다양한 형태의 이완 현상을 가질 수 있는데, 이들은 모두 점성과 탄성의 다양한 결합으로 이루어지기 때문이다.

다른 한편으로, 고분자의 점탄성과 관련된 기계적 이완 현상을 분자 규모 차원에서 해석하기 위한 대표적인 것으로 Rouse 모델이 있다. Rouse 모델에서는 흐름을 가질 수 있는 상태에서의 고분자를 기준으로 다루고 있다. 흐름을 가지는 고분자의 상태에는 용융 고분자, 고분자 용액, 유리 전이 근처에서의 고분자의 고무 같은(rubber-like) 상태 등이 포함될 수 있는데, 이를 바탕으로 얻어진 이론적 결과들을 유리질 상태의 고분자의 이완 현상 해석에도 적절히 응용하고 있다. Rouse 모델은 아래 그림 6.49에서와 같이 고분자 사슬의 탄성을 대변하는 스프링과 사슬 흐름의 마찰에 의한 점성을 대변하는 구슬(bead)로 구성되어 있다.

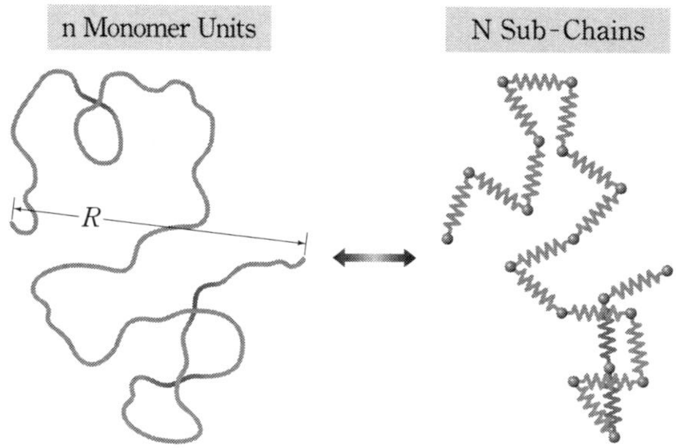

그림 6.49 ❖ Rouse 모델의 사슬을 위한 기계적 구성 요소(스프링, 구슬)

위 그림의 고분자 사슬은 이상 사슬 내에서의 소사슬(subchain)의 크기에 따라 다양한 이완 모드를 가질 수 있다. 이에 따라, 스프링은 여러 개의 단량체를 포함할 수 있다. 또, 각 구슬은 마찰 계수를 가진다. 이를 바탕으로, Rouse 모델은 단량체의 마찰 계수(ξ), 사슬의 연결성(스프링을 위한 Kuhn 단량체의 길이(b) 및 스프링 상수(kT/b^2)), 사슬을 구성하는 Kuhn 단량체의 개수(N)를 파라미터로 하는데, 이를 바탕으로 하여 얻어진 응력 이완 탄성률, $G(t)$는 다음과 같은 지수 법칙의 형태로 표시된다. Rouse 이론의 상세 내용은 뒤 8장에 잘 나타나 있다.

$$G(t) \approx (kT/b^3)\phi(t/\tau_0)^{-1/2} \qquad (\tau_0 < t < \tau_R)$$

$$= G_0(t/\tau_0)^{-1/2} \tag{6.163}$$

$$\tau_0 \approx \xi b^2/kT \tag{6.164}$$

$$\phi = Nb^3/R_g^3 \tag{6.165}$$

여기서, τ_0는 Kuhn 단량체의 이완 시간, τ_R은 전체 사슬에 대한 이완 시간이고, ϕ는 고분자 사슬의 부피 분율, G_0는 Kuhn 단량체에 해당하는 이완 탄성률로서 Kuhn 탄성률이라고도 한다. 위 관계식은 시간 스케일이 Kuhn 단량체 길이 보다는 길지만, 사슬의 길이처럼 아주 길지도 않은 영역에서 비교적 유효하다. 왜냐하면, Kuhn 단량체 길이 규모의 경우에는 배제 부피 효과가 크며 화학 결합의 강직도가 영향을 미치고, 길이가 많이 길어지면 주위 사슬들에 의한 영향을 많이 받기 때문이다. 이와 같은 지수 법칙은 다양한 이완 특성을 가지는 재료의 이완을 묘사하는데 적당하다.

아래 그림 6.50에 고무 같은 상태를 가지는 1,4-폴리이소프렌(1,4-polyisoprene)의 응력-이완 결과를 나타내었다.

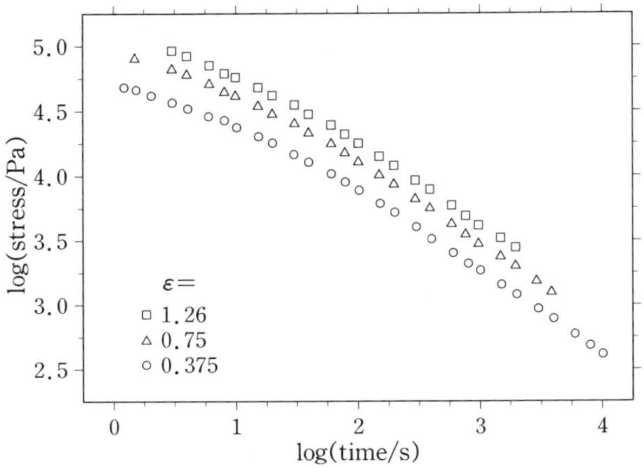

그림 6.50 ❖ 1,4-폴리이소프렌의 변형에 따른 응력 이완[15]

1,4-폴리이소프렌의 경우, 변형(ε, 경우에 따라서는 e로 나타내기도 함)이 응력 이완에 미치는 영향이 그리 크지 않게 나타나고 있다. 응력과 이완 시간에 대한 로그-로그 플롯의 기울기는 약 −0.5 정도로 나타나고 있다. 이는 위의 Rouse 모델에서 제시하는 수치와 일치한다. Rouse 모델은 널리 사용되는 모델이긴 하지만, 긴 고분자 사슬의 이완 모드를 정확하게 설명하기는 어려운 반면, 유사한 시료의 사슬 이완 과정을 비교하는 데에는 유용하게 적용될 수 있다. 그러나 비교적 짧은 사슬의 경우에는 효과적으로 이완 현상을 설명할 수 있다.

6.8.2 고분자의 유리질 상태에서의 비선형적 응력 이완

유리질 고분자는 궁극적으로 오랜 시간이 지나면 어닐링 효과에 의해 사슬들이 충진되는 경향을 보인다. 이에 따라, 유리질 고분자의 기계적 거동은 열 이력에 의해서도 영향을 받는다. 즉, 유리질 상태에서의 고분자의 응력 이완 시간은 온도와 변형 및 열 이력에 의해 상당한 영향을 받는다. 이에 따라, 고무 같은 상태에서의 점탄성 거동이 선형 거동을 보임에 비해, 유리질 고분자에서는 비선형적인 점탄성 거동을 보이게 된다.

1) 변형이 응력 이완에 미치는 영향

아래 그림 6.51에 유리질 고분자인 폴리카보네이트(polycarbonate)의 변형에 따른 탄성률 이완(modulus relaxation)을 나타내었다.

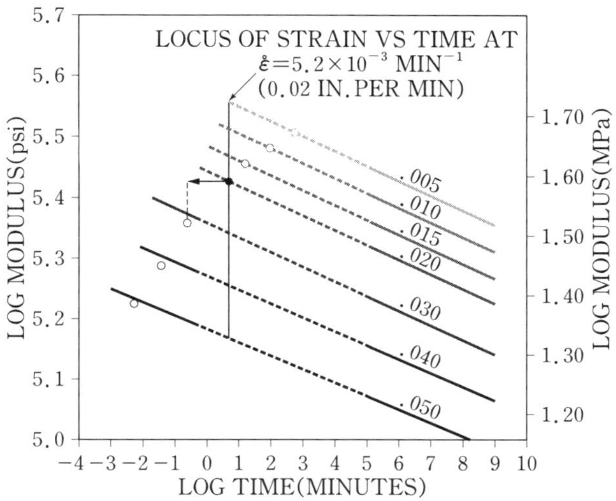

그림 6.51 ❖ 폴리카보네이트의 변형에 따른 응력 이완[16]

위 응력 이완 데이터가 보여주는 특징은 다음과 같다.

i) 변형 속도는 0.02 in/min이고 거의 1년의 시간에 걸쳐 얻어진 결과이다.

ii) 변형이 이완 탄성률에 미치는 영향이 현저하게 나타나고 있다. 변형에 따른 로그 탄성률 곡선의 이동(shift)은 로그 시간 축을 따라 이루어질 수도 있고, 아래 방향으로 탄성률의 감소를 통해서도 가능하다. 변형이 0%에서 5%로 변함에 따라 이완 스펙트럼은 수십 년 이동(shift)될 수도 있다.

iii) 로그 탄성률에 대한 로그 시간의 플롯이 거의 직선을 나타내고 있어 다음 식 6.166 및 6.167로 표시할 수 있다. 일반적으로 유리질 고분자의 이완 현상은 경험식에 많이 의존하고 있다. 시료의 변형의 크기에 따라 이들 로그-로그 플롯의 기울기(m)는 달라진다. 고무 같은 상태에 있을 경우와 비교하여 유리질 고분자의 경우 m값이 작으며 이완이 느릴수록 그 값이 감소하는 경향을 보인다. 여기서, t_0는 기준이 되는 시간이다.

$$E(t,\varepsilon) = E(t_0,\varepsilon)(t/t_0)^{-m} \tag{6.166}$$

$$\log E(t,\varepsilon) = \log(E(t_0,\varepsilon)) - \mathrm{m}\log(t/t_0) \tag{6.167}$$

2) 열 이력이 응력 이완에 미치는 영향

아래 그림 6.52에 유리질 고분자인 폴리스티렌(polystyrene)에 대하여 2개의 서로 다른 열처리(annealing) 온도에서 얻어진 응력 이완을 보여주고 있다.

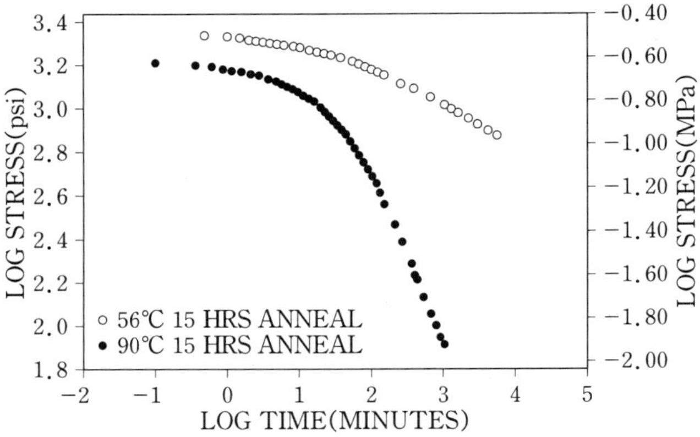

그림 6.52 ❖ 폴리스티렌(0.5% 변형)의 서로 다른 두 온도에서의 응력 이완[16]

폴리스티렌의 유리 전이 온도 근처인 90℃에서 열처리 했을 경우와, 유리 전이 온도보다 한참 아래인 56℃에서 열처리 하였을 때의 초기 이완 이후의 응력-이완 곡선의 로그-로그 플롯의 기울기가 완전히 다르게 나타난다. 90℃에서 어닐링 하였을 때에는 비교적 짧은 열처리 시간 동안에도 이완하는 시간의 큰 이동이 관찰되며, 열처리 시간이 길어짐에 따라 이완하는 시간이 열처리 시간에 비례하고 있다. 90℃의 열처리에서 초기 짧은 시간 동안 이완이 일어날 때 완만한 기울기를 보인 이후의 로그-로그 플롯의 기울기는 약 −0.5이며, 이는 Rouse 모델에서 제시하는 수치와 일치한다. 이는 고분자의 유리 전이 온도 근처에서는 고무 같은 상태에 준하기 때문이다. Rouse 모델은 고무 같은 상태의 점탄성을 뒷받침한다. 한편, 56℃에서 열처리 하였을 경우에는 초기 이완 이후의 응력-이완 시간에 대한 로그-로그 플롯의 기울기는 약 −0.2이다. 이때에는 응력 이완 속도가 줄어든다. 초기 짧은 시간 동안의 완만한 이완은 일반적으로 관찰되는 사항으로서 초기에 점성이 높은 성분들에 의해 이완이 지연되는 것에 기인한다

아래 그림 6.53에서는 폴리스티렌 시료를 90℃에서 열처리 시간을 바꾸면서 얻어진 응력 이완 곡선들을 보여주고 있다. 열처리 시간을 10배 정도 늘리면 이완 곡선이 시간 축을 따라 약 10배 정도 이동되고 있음을 볼 수 있다. 150 시간 정도 열처리를 하면 더 이상의 이완 곡선의 이동이 없는 것으로 확인되어 유리질 상태가 거의 평형 상태에 이른 것으로 추정해볼 수 있다.

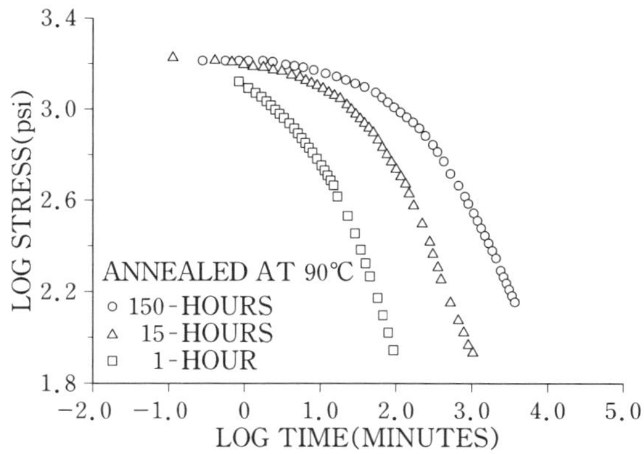

그림 6.53 ❖ 폴리스티렌(0.5% 변형)을 90°C에서 열처리 시간을 바꾸었을 때의 응력 이완[16]

위에서 언급한 요소 이외에, 초기 부하의 양, 부하 속도, 등온 또는 비등온 조건 등도 고분자의 응력 이완에 영향을 미칠 수 있다.

결정성 고분자(실제로는 대부분 반결정 고분자)의 경우에도 변형이 수% 이하로 유지되면 거시적인 기계적 거동은 유리질 고분자 때와 매우 유사하다. 이때 이완 스펙트럼은 변형 값에 크게 영향을 받는다. 결정 영역에 존재하는 세그멘트의 이완 과정에 해당하는 전이가 나타나는데, 이것이 결정 영역에서의 항복(yield) 현상과 관련이 된다. 결정성 고분자도 열처리하면 더욱 강직하게 되는데 이로 인해 이완 시간이 더 길어지고 항복 응력이 커진다. 결정성 고분자의 거시적 거동은 모든 미세 구조들의 평균으로 생성되는 결과이다.

결정성 고분자와 유리질 고분자의 차이는 변형이 클 때에 뚜렷하게 나타난다. 항복(탄성 영역 직후의 최대 강도)이나 크레이징(crazing: 균열 팁이 형성되기 전의 국부적 항복으로서 인장 응력에 수직인 방향으로 배향)이 일어나기 시작하는 영역에서는 결정성 고분자들은 다양한 미세 결정의 존재로 인해 복잡한 형태로 배향하기 시작한다. 높은 분자량의 결정성 고분자는 매우 강한 섬유를 얻기 위하여 잡아 당기기(drawing)를 하는데, 이는 결정성 고분자가 사슬의 배향에 의한 사슬 사이의 강한 힘의 작용을 가지고 있어 파열(breaking) 되기 전에 큰 변형을 견딜 수 있기 때문에 가능하다. 이와 같은 고분자 사슬의 배향에 관한 내용은 다음 장(chapter)에서 상세히 다루기로 한다.

참고문헌

[1] P. Meares, *Transactions of Faraday Society*, 53,31 (1957)

[2] R. Simha, R.F. Boyer, *Journal of Chemical Physics*, 37, 1003 (1962)

[3] J.D. Ferry, *Viscoelastic Properties of Polymers*, John Wiley & Sons, New York (1980)

[4] Y. Kobayashi, W. Zheng, E.F. Meyer, J.D. McGervey, A.M. Jamieson, R. Simha, *Macromolecules*, 22, 2302 (1989)

[5] A.J. Kovacs, *Fortschr. Hochpolym- Forsch*, 3, 394 (1963)

[6] M. Giordano, M. Russo, P. Capoluongo, A. Cusano, L. Nicolais, *Journal of Non-Crystalline Solids*, 351, 515 (2005)

[7] R.S. Lakes, *Review of Scientificc Instruments*, 75, 707 (2004)

[8] F. Rietsch, D. Daveloose, D. Froelich, *Polymer*, 17, 859 (1976)

[9] "The Polyurethane Glass Transition Temperature", Polymer Sources, Inc

[10] S.L. Aggarwal, *Polymer*, 17, 938 (1976)

[11] L.R.G. Treloar, *The Physics of Rubber Elasticity*, 3rd Ed, Clarendon Press, Oxford (1975)

[12] L.R.G. Treloar, *Transaction Faraday Society*, 40, 59 (1944)

[13] D. Besghini, M. Mauri, R. Siminutti, *Applied Sciences*, 9, 1801 (2019)

[14] P.M. Henrichs, J.M. Hewitt, G.A. Russel, M.A. Sandhu, H.R. Grashof, *Macromolecules*, 14, 1770 (1981)

[15] C.M. Loland, *Viscoelastic Behavior of Rubbery Materials*, Oxford University Press (2012)

[16] S. Matsuoka, H.E. Bair, S.S. Bearder, H.E. Kern, J.T. Ryan, *Polymer Engineering and Science*, 18, 1073 (1978)

CHAPTER 7

고분자 사슬의 배향

고분자 사슬이 가지는 배향(orientation) 성질은 고분자 재료에서만 존재하는 독특한 현상이다. 선형 고분자 사슬의 1차원적 본질은 비등방성을 가질 수 있게 한다. 이에 따라, 고분자 사슬의 근본 성질은 방향성에 의해 큰 영향을 받는다. 사슬축을 따라 강한 공유 결합이 존재하고 횡단 방향으로는 약한 2차 결합이 작용하여 비등방성을 야기시킨다. 이로 인해 고분자는 비등방 성질을 나타낼 수 있다. 이들 고분자의 비등방 성질은 전자기기(electronics)나 광학적 응용 등에 있어서 특히 중요한 역할을 한다. 고분자 사슬의 배향이 결정화도를 의미하는 것은 아니고, 결정성 고분자는 물론 무정형 고분자라 하더라도 배향될 수 있는 성질을 가지고 있다.

사출 성형(injection molding)의 경우를 예로 들면, 고분자 사슬의 배향은 원천적으로 존재하는 현상이다. 사슬의 배향은 아래 그림 7.1에서와 같이 고분자 용융체의 채움 단계(filling stage)에서 일어나게 되는데, 그 동력은 금형(mold)을 가로질러 층과 층 사이의 차등적 채움 속도(differential filling rate)에 기인한다. 층에 따른 채움 속도의 차이는 층에 따른 전단 효과의 정도를 다르게 하여 사슬 배향의 차이를 유발한다. 채움 속도의 차이는 아래 그림에서와 같이 금형의 벽 근처에서 가장 크고, 금형의 가운데 부분에 가까워질수록 작아진다. 즉, 금형의 벽 근처에서 사슬의 배향이 크고 금형의 가운데 부분에 이를수록 사슬들의 늘어남이 줄어들어 얽힘 상태를 유지하며 배향이 적어진다.

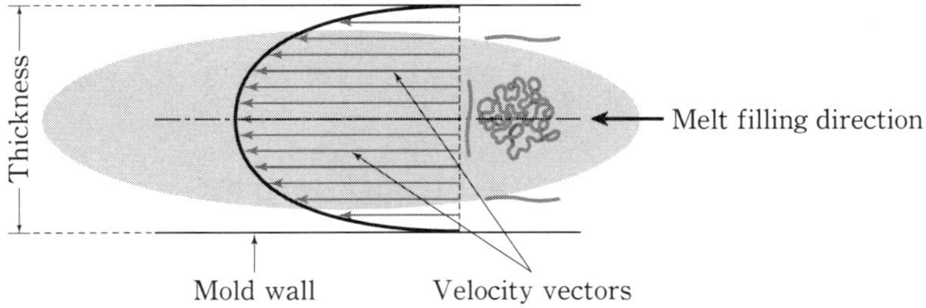

그림 7.1 ❖ 금형 내에서의 고분자 용융체의 채움 속도 분포

아래 그림 7.2에 금형 내부에서 형성된 사슬의 배향을 도식적으로 나타내었다.

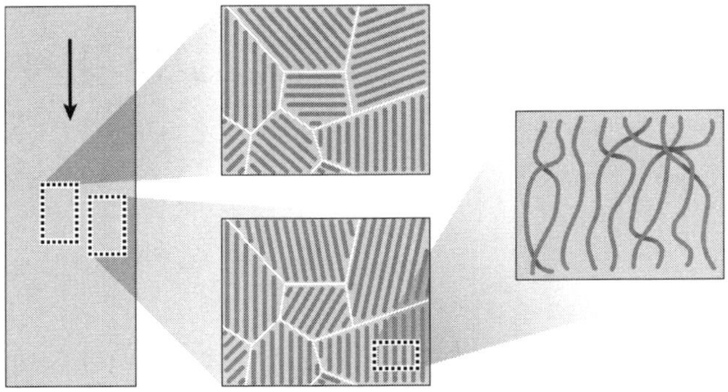

그림 7.2 ❖ 금형 내에서의 사출 성형 시료 단면의 영역별 사슬 배향(화살표는 용융체의 흐름 방향을 나타냄)

사출 성형된 시료의 단면을 보면 영역에 따라 서로 다른 배향을 보인다. 시료의 가운데 영역에서는 배향이 되지 않은 반면, 시료가 금형의 벽에 가까운 영역(시료의 표면에 해당)에서는 고분자 용융체의 흐름을 따라 배향이 잘 이루어져 있음을 나타내고 있다. 일반적으로 용융 고분자에 외부에서 기계적, 전기적, 또는 자기적 힘을 가하면, 고분자들은 가해 준 힘의 방향으로 배열하는 성향을 가진다. 배향된 용융 고분자는 매우 빠른 속도로 고체화를 시키면 사슬의 배향을 영구적으로 이룰 수 있다. 용융 고분자를 느린 속도로 냉각하면 고분자들이 랜덤 배향을 위하여 이완될 수 있다. 고분자 사슬의 배향은 고분자의 자유 부피 분율 및 사슬의 운동성을 줄이고 결정화를 유도할 수도 있어, 궁극적으로 고분자의 밀도 및 강도를 증가시킨다. 이에 따라, 고분자의 물리적 성질들은 사슬의 배향에 따라 영향을 크게 받는다. 예를 들어, 사슬 배향된 폴리에틸렌 테레프탈레이트(PET)의 경우, 배향에 의해 산소 투과성이 약 1/10 수준으로 감소될 수 있다. 뿐만 아니라, 고분자 필름의 경우, 사슬 배향에 의해 인장 강도나 찢김 저항성(tear resistance) 등이 사슬 배향 방향으로 매우 크게 향상된다. 이외에도, 고분자의 열전도도, 전기 전도도나 광학적 성질, 유전 성질(dielectric properties) 등도 사슬 배향에 의해 큰 영향을 받는다. 이에 따라 고분자의 사슬 배향과 물리적 성질의 상관 관계에 대한 이해가 반드시 필요하다[1].

액정 고분자는 용융 고분자와 달리 외부에서 힘을 가하지 않더라도 액상에서도 배열 구조를 가질 수 있는데 국부적 배향을 가진다.

7.1 고분자 사슬 배향의 정의

고분자 사슬의 배향을 특성화 하기 위하여 가장 많이 적용되는 개념이 Hermans의 배향 함수(orientation function: f)이다. 아래 그림 7.3에 사슬 세그멘트의 위치를 설명하기 위한 좌표 시스템이 주어져 있다.

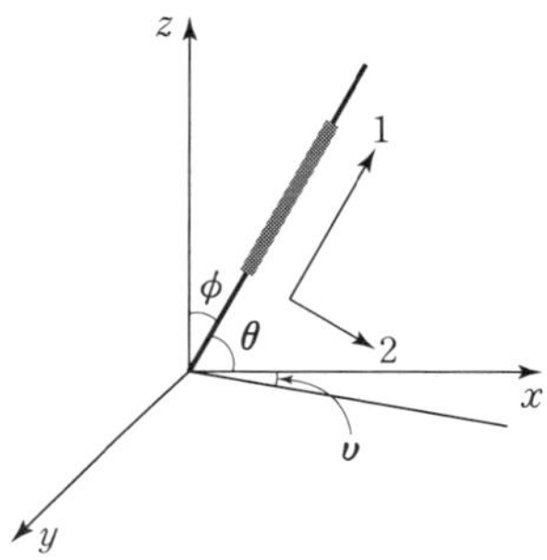

그림 7.3 ❖ 사슬 배향의 특성화를 위한 좌표

사슬 세그멘트의 배향을 결정하기 위하여 조사되는 빛의 전기적 벡터($\boldsymbol{E}$)의 z-축 성분은 E_z이고, z-축과 세그멘트 축이 이루는 각은 ϕ, 세그멘트 벡터가 x-축과 이루는 각이 θ, 세그멘트의 2개의 주축(principle axis)을 따라 가지는 편극 계수(polarizability: 유도 쌍극자 모멘트와 전기장 세기의 비례 상수)는 α_1, α_2, 그리고 세그멘트를 x-y 평면에 투영하였을 때 x축과 이루는 각을 ν라고 가정한다. 여기서, 편극(polarization)은 전기적 편극을 말하며 외부 전기장에 의해 원자핵 주위의 전자구름이 일그러져 쌍극자 모멘트가 유도되는 현상을 말한다. 즉, 유도 쌍극자 모멘트(induced dipole moment, p)가 생성된다. 시료의 단위 부피당의 유도 쌍극자 모멘트를 단순히 편극(P)이라 부르기도 한다.

사슬 세그멘트 종축을 따라 생성되는 종편극(longitudinal polarization, 편극 계수는 α_1)이 z-축에 기여하는 유도 쌍극자 모멘트(p_1)는 다음과 같다.

$$p_1 = \alpha_1 E_z \cos\phi \cdot \cos\phi = \alpha_1 E_z \cos^2\phi \tag{7.1}$$

같은 방법으로 사슬 세그멘트의 횡편극(transverse polarization: α_2)으로부터 z-축에 기여하는 유도 쌍극자 모멘트(p_2)는 다음과 같다.

$$p_2 = \alpha_2 E_z \sin\phi \sin\phi = \alpha_2 E_z \sin^2\phi \tag{7.2}$$

이에 따라, z-축을 따라 형성되는 총 편극(total polarization, P_{zz}: 아래 첨자는 유도쌍극자 모멘트의 방향 성분 및 가해진 전기장의 방향 성분을 나타냄)은 다음과 같다.

$$P_{zz} = E_z(\alpha_1 \cos^2 \phi + \alpha_2 \sin^2 \phi) \tag{7.3}$$

z-방향으로의 편극 계수는 다음과 같다.

$$\alpha_{zz} = P_{zz}/E_z = (\alpha_1 \cos^2 \phi + \alpha_2 \sin^2 \phi) \tag{7.4}$$

마찬가지 방법으로 α_{xx}도 구할 수 있다.

$$\begin{aligned} \alpha_{xx} &= \alpha_1 \cos^2\theta + \alpha_2 \sin^2\theta \\ &= \alpha_2 + (\alpha_1 - \alpha_2) \sin^2 \phi \cos^2 \nu \end{aligned} \tag{7.5}$$

여기서 다음과 같은 Lorentz-Lorenz 식(굴절률과 편극 계수의 관계식)을 적용한다.

$$(n_{ij}{}^2 - 1)/(n_{ij}{}^2 + 2) = (4\pi/3)\alpha_{ij} \tag{7.6}$$

이때 n_{ij}는 입사된 빛의 전기장이 i-방향일 경우, 시료를 통과할 때의 j-방향의 빛의 속도 성분을 고려한 것이다.

$$(n_{zz}{}^2 - 1)/(n_{zz}{}^2 + 2) = (4\pi/3)\,(\alpha_1 \cos^2 \phi + \alpha_2 \sin^2 \phi) \tag{7.7}$$

$$(n_{xx}{}^2 - 1)/(n_{xx}{}^2 + 2) = (4\pi/3)\,[\alpha_2 + (\alpha_1 - \alpha_2) \sin^2 \phi \cos^2 \nu] \tag{7.8}$$

여기서 고분자 사슬의 배향을 나타내는 파라미터 중의 하나인 복굴절(birefringence, Δn: 어떤 2개의 선택된 방향에서의 굴절률 차이) 개념을 도입한다.

$$\Delta n = n_{zz} - n_{xx} \tag{7.9}$$

두 방향에 대한 평균 굴절률, $\langle n \rangle$은 다음과 같다.

$$\langle n \rangle = (1/2)(n_{xx} + n_{zz}) \tag{7.10}$$

$\Delta n \ll \langle n \rangle$라고 가정하고 위 두 관계식을 결합하면 다음과 같이 된다.

$$n_{xx} = \langle n \rangle - (\Delta n/2) \tag{7.11}$$

$$n_{zz} = \langle n \rangle + (\Delta n/2) \tag{7.12}$$

$$\begin{aligned} (n_{zz}{}^2 - 1)/(n_{zz}{}^2 + 2) - (n_{xx}{}^2 - 1)/(n_{xx}{}^2 + 2) &= (6\langle n \rangle \Delta n)/[(n_{zz}{}^2 + 2)(n_{xx}{}^2 + 2)] \\ &\approx 6\langle n \rangle \Delta n/(\langle n \rangle^2 + 2)^2 \end{aligned} \tag{7.13}$$

$$\Delta n = [(\langle n \rangle^2 + 2)^2/6\langle n \rangle]\,(4\pi/3)(\alpha_1 - \alpha_2)(1 - \sin^2 \phi - \cos^2 \nu \sin^2 \phi) \tag{7.14}$$

위 관계식은 단일 세그멘트에 관련된 결과이다. 실제로는 엄청나게 많은 수의 세그멘트를 고려해야 하는데, 이때 세그멘트들의 배향이 단축이라 가정하면 세그멘트들은 모든 ν 각에 대하여 같은 가능성을 가지므로 다음 식이 성립할 수 있다.

$$\langle \cos^2 \nu \rangle = (1/2\pi)\int_o^{2\pi} \cos^2 \nu d\nu = 1/2 \tag{7.15}$$

위의 두 관계식을 결합하면 다음과 같다.

$$\Delta n = [(\langle n \rangle^2 + 2)^2/6\langle n \rangle](4\pi/3)(\alpha_1 - \alpha_2)(1 - 3 < \sin^2 \phi > /2) \tag{7.16}$$

여기서 Hermans의 배향 함수(f)를 다음과 같이 정의한다.

$$\begin{aligned} f &\equiv \Delta n/\Delta n_0 \\ &= 1 - (3/2)\langle \sin^2 \phi \rangle \\ &= [3\langle \cos^2 \phi \rangle - 1]/2 \end{aligned} \tag{7.17}$$

여기서, $\langle \cos^2 \phi \rangle$는 모든 사슬 배향에 대한 $\cos^2 \phi$의 평균값이고, Δn_0는 $\phi = 0$로서 사슬 세그멘트의 배향이 완벽히 이루어지는 상태인데 복굴절이 최대가 되는 경우에 해당하며 다음과 같은 관계식을 가진다.

$$\Delta n_0 = [(\langle n \rangle^2 + 2)^2/6\langle n \rangle](4\pi/3)(\alpha_1 - \alpha_2) \tag{7.18}$$

위의 관계식들을 결합하면 다음 관계식도 얻어질 수 있다.

$$\Delta n = f\,\Delta n_0 \tag{7.19}$$

위의 Hermans 배향 함수는 단순히 어떤 기준 축에 대한 고분자 사슬축의 단축 배향의 정도를 나타내는 수학적 정의이다. 이에 따르면, 아래 그림 7.4에서와 같이 사슬 세그멘트들이 디렉터(director: 배향을 유도시키는 기준 방향, 앞의 경우에는 z-축 방향에 해당)와 평행하게 완전한 배향을 이루면 $f = 1$이 된다. 디렉터가 사슬 세그멘트 축에 수직일 경우에는 $f = -1/2$이 되고, 사슬 세그멘트들이 랜덤 배향을 가질 경우에는 $f = 0$이 된다.

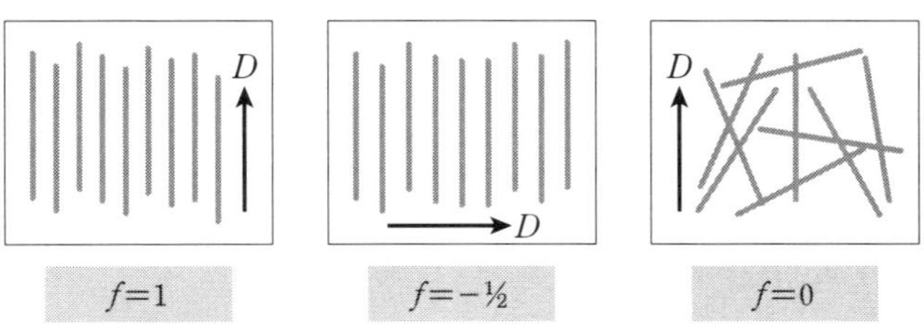

그림 7.4 ❖ 사슬 배향과 Hermans 배향 함수의 관계

여기까지는 사슬의 단축 연신에 의한 세그멘트의 배향이 ϕ 각에 대하여 랜덤하게 분포하고 있을 경우를 고려하여 Hermans 배향 함수를 정의하였는데, 사슬의 배향 분포를 보다 일반적인 경우로 확대하여 생각하면, 단축 연신에 있어서 원점으로부터 거리 r에 있는 표면(아래 그림 7.5에 나타난 바와 같이 럭비공 모양의 표면)을 통해 사슬 세그멘트의 배향 확률 분포(orientation probability distribution)를 설명할 수 있다. 이때의 확률 분포는 ϕ(z-축과 사슬 세그멘트 축이 이루는 각)에 따라 사슬 세그멘트의 배향 확률이 어떻게 변화하는지를 나타내는 함수로 표시할 수 있다.

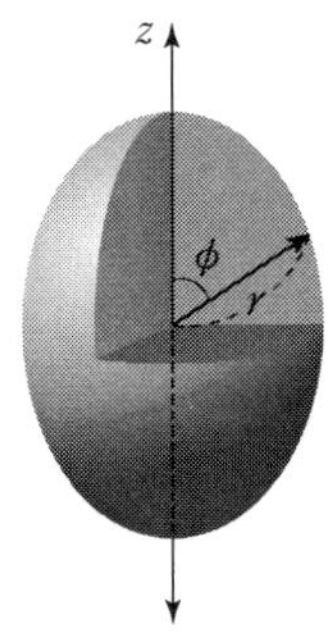

그림 7.5 ❖ 사슬 세그멘트의 배향 확률 분포를 위한 럭비공 표면

위 그림은 3차원적으로 원점으로부터 럭비공 형태의 표면까지의 거리(r)가 사슬 세그멘트 축의 배향 분포를 지도로 나타나게 하는 것이다. 타원체(ellipsoid)의 경우, 구(sphere)보다 대칭성이 낮아 단축 연신에 있어서의 일반적 사슬 배향 분포를 다루기에는 구의 경우보다 더 유리하다. 이와 같은 형태의 배향 분포 함수, $f(\phi)$는 아래 식과 같이 일련의 구면 조화 함수(a series of spherical harmonics: Fourier series에 상응)들을 이용하여 Legendre 다항식 형태로 묘사할 수 있다. Fourier series는 주기 함수를 삼각 함수의 합으로 확장한 것이다. 구면 조화 함수는 구의 표면에서 정의되는 주기 함수로서, 근본 주파수(fundamental frequency: 가장 낮은 주파수에 해당) 및 이의 정수 배에 해당하는 주파수를 가진 파동(sine 또는 cosine)들의 합에 해당하며 구의 좌표로 표시된다. 즉, 모든 공명 주파수가 고려된 것이다. 각 주파수에 해당하는 파동을 조화파(harmonics)라 부른다. 위 그림의 경우, 짝수 형태의 다항식이 나타나는데, 이는 단축 배향 시스템의 거울 대칭성 때문이다.

$$f(\phi) = \Sigma\{(n+1)/2\} \langle f_n \rangle f_n(\phi) \tag{7.20}$$

$$f_2(\phi) = (1/2)(3\cos^2\phi - 1) \quad \text{(2차 조화파, second harmonic)} \tag{7.21}$$

$$f_4(\phi) = (1/8)(35\cos^4\phi - 30\cos^2\phi + 3) \quad \text{(4차 조화파)} \tag{7.22}$$

$$f_6(\phi) = (1/6)(231\cos^6\phi - 15\cos^4\phi + 105\cos^2\phi - 5) \quad \text{(6차 조화파)} \tag{7.23}$$

......

위의 다항식에서 보통 6차 이상의 구면 조화파는 분포 함수에 기여하는 정도가 거의 무시된다. 여기서, 각 ϕ에서의 배향 분포 함수인 $f(\phi)$는 그 성분들인 구면 조화 함수, $f_n(\phi)$로 구성되며, ϕ각에 존재하는 사슬 세그멘트의 수는 고려하지 않은 것이다. 예를 들면, $f_2(\phi)$는 구면 조화 함수의 차수 파라미터(order parameter)가 2이고, 2개의 축 차이로부터 유도되는 Hermans 배향 함수에 불과하다. $f_n(\phi)$는 구면 조화 함수의 흐트러진(distortion) 정도를 나타낸다. $\langle f_n \rangle$은 구면 조화 함수의 각 성분에 대한 진폭으로서 사슬의 모든 배향에 대하여 평균한 값이다.

사슬 세그멘트의 단축 배향에 대한 완전한 묘사는 복굴절의 한 차례 측정에 의해서 얻어질 수 없으며, 실제로는 각 성분 조화파에 대하여 X-선 회절 실험의 경우, 다음과 같이 모든 ϕ 각도에서의 회절 강도(diffraction intensity), $I(\phi)$로부터 진폭을 고려하여야 한다.

$$\langle f_n \rangle = \int_o^\pi I(\phi) f_n(\phi) \sin\phi\, d\phi \Big/ \int_o^\pi I(\phi) \sin\phi\, d\phi \tag{7.24}$$

이에 비해, 2축 배향의 경우에는 사슬 배향의 함수는 2개의 각(ϕ, ν)의 함수가 된다. 2축 배향의 경우에는 단축 배향 때와 달리, 직교 좌표에서의 사슬축의 배향에 더하여 시료 좌표(sample coordinate)에 대한 사슬축의 배향을 동시에 고려하여야 한다. 이에 따라, ϕ 각 이외에 ν 각에 따른 배향도 함께 고려하여야 한다. 이를 바탕으로 얻어진 2축 배향과 관련된 복굴절은 다음과 같이 표시된다.

$$n_3 - n_1 = \Delta n_0 (f - g/2) \tag{7.25}$$

$$n_3 - n_2 = \Delta n_0 (f + g/2) \tag{7.26}$$

$$n_1 - n_2 = \Delta n_0 g \tag{7.27}$$

여기서, $f = (1/2)(3\langle\cos^2\phi\rangle - 1)$이고 $g = \langle\sin^2\phi \cdot \cos 2\nu\rangle$이다.

7.2 단축 사슬 배향의 평가 방법

z-축 방향으로 단축 배향을 유도할 경우에는 아래 그림 7.6에서와 같이, x-z 평면 또는 y-z 평면에서만 배향이 존재하며 x-y 평면에서는 등방성을 가진다. 2축 배향의 경우에

는 사슬의 배향이 x-y 평면상에서도 비등방성이 존재한다.

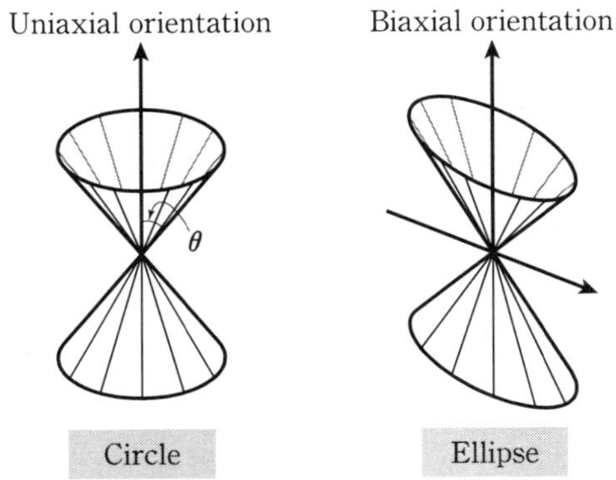

그림 7.6 ❖ 단축 배향과 2축 배향에서의 사슬 배향 관련 평면

7.2.1 복굴절(birefringence: Δ*n*)

일반적으로 복굴절은 서로 다른 두 방향 사이의 굴절률 차이를 말한다. 복굴절은 다음과 같은 다양한 원인으로 발생이 된다.

$$\Delta n = \Delta n_f + \Delta n_d + \Delta n_c + \Delta n_a \tag{7.28}$$

여기서, Δn_f는 형태 복굴절(form birefringence)로서 다성분계 시스템에서 다른 상 사이에서 일어나는 복굴절이고, Δn_d는 변형 복굴절(deformation birefringence)인데 배향을 위한 변형 과정 중에 발생한다. 이때 결합(bond)도 응력을 받아 추가적으로 복굴절이 일어나나 그 정도는 크지 않다. Δn_c, Δn_a는 각기 결정 성분 및 무정형 성분으로부터 야기되는 배향에 의해 유도되는 복굴절이다.

아래 그림 7.7에 고분자 사슬의 배향을 측정하기 위한 광학 시스템이 주어져 있다.

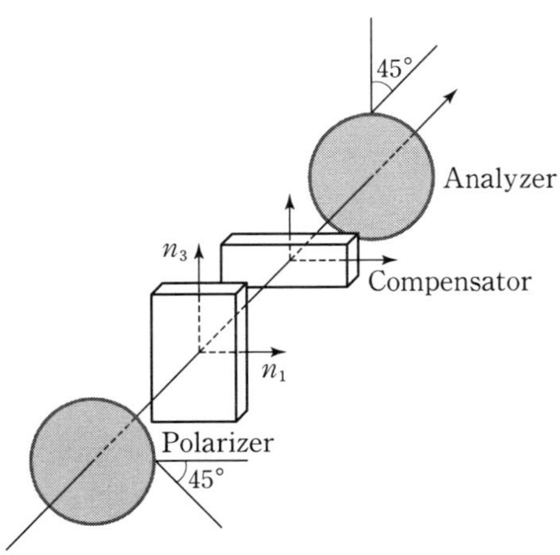

그림 7.7 ❖ 사슬의 배향을 측정하기 위한 광학 시스템

입사된 빛(E)은 편광기(polarizer: 그리드(grid) 형태를 가짐)를 거치면서 편광(빛의 진동 방향이 단일함)이 된다. 이들 편광이 시료를 거치면 시료의 연신 방향과 평행인 성분($E_{\parallel}$)과 수직($E_{\perp}$)인 성분으로 나누어질 수 있다. 시료가 편광기의 진동 방향과 45°일 때에 가장 강한 빛의 간섭이 일어난다. 보정기(compensator)는 시료에 의해 야기된 빛의 두 성분 사이의 위상 차이를 확인해 주는 부분이다. 분석기(analyzer)는 편광기와 진동 방향이 서로 90°의 차이를 가지고 있는데, 최종적으로 빛을 감지하는 그리드(grid)이다. n_1(시료의 연신 방향에 해당)이 편광기의 진동 방향과 평행을 이루면 분석기에서 관찰되는 빛의 강도는 가장 약해진다.

Babinet 보정기는 아래 그림 7.8에서와 같이 광축(optical axis: OA)이 서로 교차(서로 직각이 됨)가 되는 복굴절 물질인 2개의 석영 쐐기(quartz wedge)로 구성되는데, 하나는 고정되어 있고 다른 하나는 움직일 수 있다. 이로 인해 빛의 진로 길이의 변화가 생기고 각 쐐기는 반대 부호의 광학적 지연(optical retardation)을 보인다. 광축은 그 축을 따라 빛이 복굴절을 일으키지 않고 통과하는 방향이고, 광학적 지연은 두개의 편광 방향에 대한 위상 변이(phase shift)의 차이를 말한다.

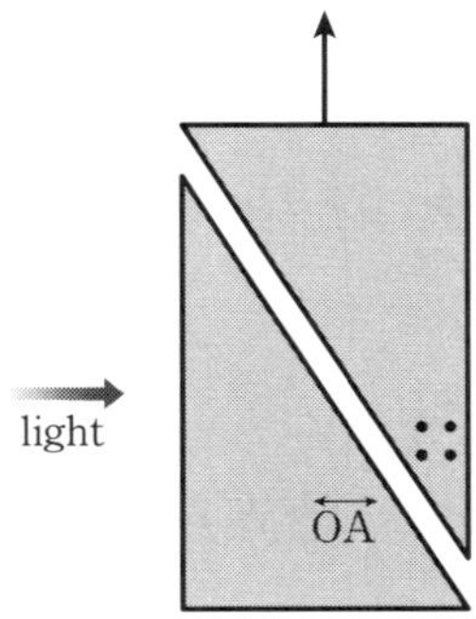

그림 7.8 ❖ 광학적 지연의 보상을 위한 Babinet 보정기

보정기는 위 쪽의 쐐기를 수직 방향으로 이동하여 수직과 수평 방향으로 편광된 빛의 성분들의 위상 변이에 따른 광학적 지연을 유도함으로써, 시료에 의해 야기된 광학적 지연을 보상해 주는 역할을 한다. 쐐기의 이동으로 시료의 연신축을 따라 관찰하였을 때, 편광된 빛의 성분 사이에 위상 차이가 없어지면 감지 필름에 검은색 밴드(band)가 보이게 된다. 시료의 두께가 d일 경우에 광학적 지연(R_{31})은 다음 식 7.29와 같이 정의될 수 있다. 이는 위 그림에 나타난 시료의 서로 직교하는 두 축(시료의 연신 방향인 1축과 그에 수직인 3축) 사이에 발생하는 빛의 위상 차이가 몇 개의 파장(λ)에 해당하는지를 나타내는 무차원 값에 해당한다.

$$R_{31} = (d/\lambda)\Delta n \tag{7.29}$$

$$\Delta n = n_3 - n_1 \tag{7.30}$$

위 식에 나타난 R_{31} 값을 측정(검은 밴드가 나타나는 시점을 확인함으로써 가능)함으로써 평면 복굴절(in-plane birefringence: Δn) 값을 계산할 수 있게 된다.

$$\Delta n = R_{31}\lambda/d \tag{7.31}$$

결정화도가 x인 반결정 고분자의 경우, 사슬의 전체적인 평균 배향(f_{av})은 다음과 같이 결정 영역과 무정형 영역에서의 배향의 무게 평균으로 계산한다.

$$f_{av} = xf_c + (1-x)f_a \tag{7.32}$$

f_c는 X-선 회절 방법으로 구하고 f_{av}는 복굴절 방법으로 구하며, 이들로부터 f_a 값을 계산할 수 있다.

$$f_c = \Delta n_c/\Delta n_c^0 \tag{7.33}$$

$$f_a = \Delta n_a/\Delta n_a^0 \tag{7.34}$$

여기서, Δn_c^0, Δn_a^0는 결정 영역과 무정형 영역이 완벽히 배향되었을 때의 내부 복굴절(internal birefringence: 고유 복굴절이라고도 함)이다.

$$\begin{aligned}\Delta n &= x\Delta n_c + (1-x)\Delta n_a \\ &= x\Delta n_c^0 f_c + (1-x)\Delta n_a^0 f_a\end{aligned} \tag{7.35}$$

$$(\Delta n/xf_c) = \Delta n_c^0 + \Delta n_a^0[(1-x)/x](f_a/f_c) \tag{7.36}$$

이 관계식을 이용하여 Δn_c^0, Δn_a^0를 구할 수도 있다.

7.2.2 광각 X-선 회절(wide-angle X-ray diffraction)

아래 그림 7.9에 배향이 되지 않은 결정성 고분자와 배향이 된 결정성 고분자의 도식적인 X-선 회절 패턴을 나타내었다.

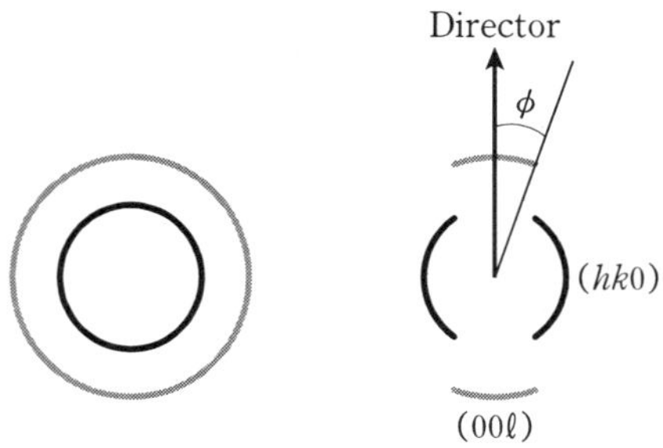

그림 7.9 ❖ 배향이 되지 않은 결정성 고분자와 배향이 된 결정성 고분자의 도식적 X-선 회절 패턴

배향이 되지 않은 결정성 고분자의 경우, 결정면(crystal plane)들이 가질 수 있는 모든 배향들이 동일하게 가능하므로 X-선 회절 패턴이 완벽한 원(circle) 형태로 나타난다. 이에 비해, 배향이 된 결정성 고분자의 경우에는 원형의 간섭선(interference line)들이 원호(arc)나 낫(sickle) 형태로 보인다. X-선 회절에서 z-축 방향으로 배향된 고분자는 (00ℓ)과 $(hk0)$ 평면에서 회절을 보이는데, 이들은 아래 그림 7.10에 나타난 바와 같은 방위각(azimuthal angle: 기준인 사슬축 방향과 연신 방향이 이루는 각, ϕ)에 의해 크게 영향을 받는다.

물질에서의 X-선 산란은 근원적으로 모든 방향에서 가능하므로 사슬의 배향은 배향구(orientation sphere)의 전체 표면에 대하여 $\cos^2\phi_{hk\ell}$의 평균값으로 나타낼 수 있는데 ($f = 3\langle\cos^2\phi\rangle - 1$의 관계식에 의함), 이는 다음 관계식에 의해 계산할 수 있다.

$$\langle\cos^2\phi_{hk\ell}\rangle = \int I_{hk\ell}(\phi)\cos^2\phi\sin\phi d\phi / \int I_{hk\ell}(\phi)\sin\phi d\phi \tag{7.37}$$

여기서, $\phi_{hk\ell}$은 기준 방향(사슬 방향, z 방향)과 $(hk\ell)$ 평면의 수직선이 이루는 각이고, $I_{hk\ell}(\phi)$은 방위각이 ϕ일 경우 $hk\ell$ 평면에서 산란되는 빛의 강도이다.

기준 방향에 대한 사방정계(orthorhombic) 단위셀($\alpha = \beta = \gamma$, $a \neq b \neq c$)의 (100), (010), (001) 평면의 배향은 서로 직교하므로 다음과 같은 관계를 가진다.

$$\langle\cos^2\phi_{100}\rangle = 0,\ \langle\cos^2\phi_{010}\rangle = 0,\ \langle\cos^2\phi_{001}\rangle = 1 \tag{7.38}$$

$$\langle\cos^2\phi_{100}\rangle + \langle\cos^2\phi_{010}\rangle + \langle\cos^2\phi_{001}\rangle = 1 \tag{7.39}$$

사방정계 단위셀이 단축 배향을 하면, 위의 관계식을 고려할 때 다음 관계식이 성립한다.

$$\langle \cos^2 \phi_{h00} \rangle = \langle \cos^2 \phi_{0k0} \rangle = \langle \cos^2 \phi_{hk0} \rangle \tag{7.40}$$

$$2\langle \cos^2 \phi_{hk0} \rangle + \langle \cos^2 \phi_{00\ell} \rangle = 1 \tag{7.41}$$

$$2f_{hk0} + f_{00\ell} = 0 \tag{7.42}$$

서로 직교하지 않는 결정 시스템에 있어서는 기준 축과 결정의 축 방향이 아래 그림과 같이 서로 달라지게 된다.

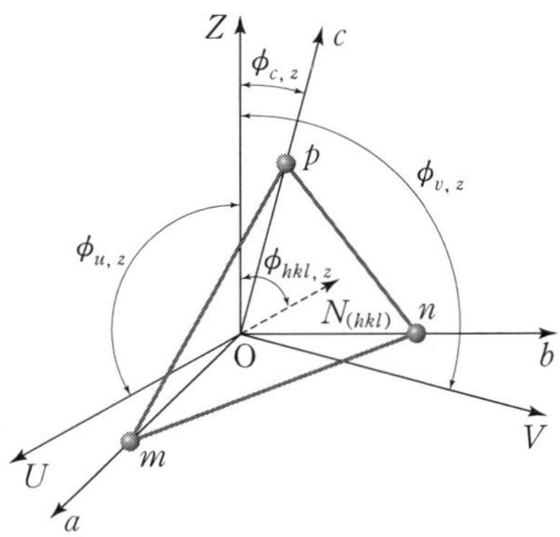

그림 7.10 ❖ 사슬의 배향을 묘사하기 위한 기준 좌표

위 그림에서 z는 기준 방향이고, a, b, c는 결정의 축을 나타내고(직교 좌표가 아닐 수도 있음), N은 회절 평면(mnp 평면)에 수직인 단위 벡터, U, V, c는 직교 좌표(Cartesian coordinate)를 나타낸다.

$$\mathbf{Z} = (\cos \phi_{u,z})\mathbf{i} + (\cos \phi_{v,z})\mathbf{j} + (\cos \phi_{c,z})\mathbf{k} \tag{7.43}$$

$$\mathbf{N} = e\mathbf{i} + f\mathbf{j} + g\mathbf{k} \tag{7.44}$$

$$\mathbf{N} \cdot \mathbf{Z} = \cos \phi_{hkl,z} = \mathrm{e}\cos \phi_{u,z} + \mathrm{f}\cos \phi_{v,z} + \mathrm{g}\cos \phi_{c,z} \tag{7.45}$$

$$\langle \cos^2 \phi_{hk\ell} \rangle = e^2 \langle \cos^2 \phi_{u,z} \rangle + f^2 \langle \cos^2 \phi_{v,z} \rangle + \mathrm{g}^2 \langle \cos^2 \phi_{c,z} \rangle + 2ef\langle \cos \phi_{u,z} \cos \phi_{v,z} \rangle + 2fg\langle \cos \phi_{v,z} \cos \phi_{c,z} \rangle + 2eg\langle \cos \phi_{c,z} \cos \phi_{u,z} \rangle \tag{7.46}$$

위 식에서, e, f, g는 U, V, c 축에 대한 $\mathbf{N}$의 방향 cosine(좌표 축과 벡터가 이루는 각의 cosine)으로서 결정 구조에 대한 정보로부터 계산될 수 있다. 위 관계식은 e, f, g를 포함하여 6개의 미지 변수를 가지고 있다. 직교 좌표 축들은 상호 수직의 관계를 가지고 있으므로 다음 관계식이 성립한다.

$$\langle \cos^2 \phi_{u,z} \rangle + \langle \cos^2 \phi_{v,z} \rangle + \langle \cos^2 \phi_{c,z} \rangle = 1 \tag{7.47}$$

이소탁틱 폴리프로필렌은 단사정계(monoclinic) 결정 구조($a = 6.65$ Å, $b = 20.96$ Å, $c = 6.50$ Å, $\alpha = \gamma = 90°$, $\beta = 99.3°$)를 가지고 있어 다음과 같은 조건들이 성립한다.

i) $(hk0)$ 평면에 대하여 $g = 0$이고 $e^2 + f^2 = 1$이 된다

ii) $b \perp ac$(평면 b가 ac 평면에 대하여 수직)이므로

$$\langle \cos\phi_{u,z} \cos\phi_{v,z} \rangle = \langle \cos(90° - \phi)\cos(90° + \phi) \rangle = 0 \tag{7.48}$$

$$\begin{aligned}\langle \cos^2\phi_{hk0,z} \rangle &= e^2 \langle \cos^2\phi_{u,z} \rangle + f^2 \langle \cos^2\phi_{v,z} \rangle \\ &= e^2 \langle \cos^2\phi_{u,z} \rangle + (1 - e^2) \langle \cos^2\phi_{v,z} \rangle \end{aligned} \tag{7.49}$$

$\langle \cos^2\phi_{c,z} \rangle$를 구하기 위하여 (040)과 (110) 평면을 선택하여 고려해 본다.

$$\langle \cos^2\phi_{1,z} \rangle = e_1^2 \langle \cos^2\phi_{u,z} \rangle + (1 - e_1^2) \langle \cos^2\phi_{v,z} \rangle \tag{7.50}$$

$$\langle \cos^2\phi_{2,z} \rangle = e_2^2 \langle \cos^2\phi_{u,z} \rangle + (1 - e_2^2) \langle \cos^2\phi_{v,z} \rangle \tag{7.51}$$

바로 위 두 관계식과 위의 직교성 관계식을 함께 풀면 다음과 같이 사슬의 축과 기준 방향이 이루는 각, $\langle \cos^2\phi_{c,z} \rangle$가 얻어진다.

$$\langle \cos^2\phi_{c,z} \rangle = 1 + (2e_2^2 - 1) \langle \cos^2\phi_{1,z} \rangle - (2e_1^2 - 1) \langle \cos^2\phi_{2,z} \rangle / (e_1^2 - e_2^2) \tag{7.52}$$

여기서 $e_2 = 0$, $f_2 = 1$, $g_2 = 0$, $e_1 = \sin 72.50° = 0.9537$, $f_1 = \cos 72.50° = 0.3007$, $g_1 = 0$이다.

이에 따라, 사슬의 배향은 최종적으로 다음과 같이 표시된다.

$$\langle \cos^2\phi_{c,z} \rangle = 1 - 1.099 \langle \cos^2\phi_{110,z} \rangle - 0.901 \langle \cos^2\phi_{040,z} \rangle \tag{7.53}$$

이를 실험적으로 이용하기 위하여 위에서 주어진 $\langle \cos^2\phi_{hk\ell} \rangle$과 회절 강도 $I_{hk\ell}$의 관계식을 활용한다. 이때 $I(\phi)$는 다음과 같이 얻을 수 있다.

$$I(\phi) = \int_{\beta=0°}^{360°} I(\phi, \beta) d\beta \tag{7.54}$$

즉, $I(\phi) = \sum_{\beta=0°}^{360°} I(\phi, \beta)$의 관계를 가진다. 이때 β를 나타내는 좌표는 아래 그림 7.11과 같다.

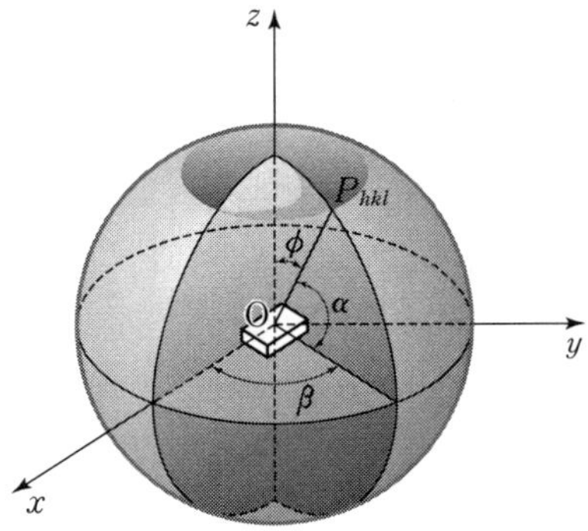

그림 7.11 ❖ 회절 강도를 구하기 위한 각(α, β)의 정의

또, 아래 그림 7.12에 배향이 된 이소탁틱 폴리프로필렌 필름의 (040) 반사에 대한 여러 α각에 있어서의 β 값의 변화에 따른 회절 강도가 나타나 있다.

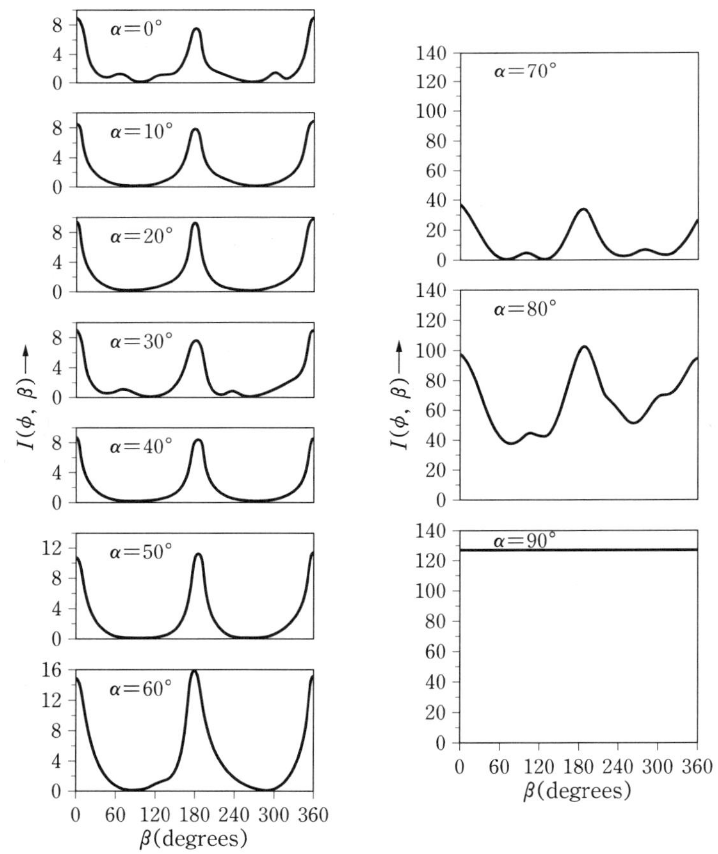

그림 7.12 ❖ 이소탁틱 폴리프로필렌 필름의 (040) 반사에 대한 α, β 각에 따른 회절 강도[2]

$\beta = 90°$에서 반사 빛의 강도가 거의 0에 가깝고, $\beta = 0°, 180°$에서 강도가 가장 높게 나타난다. 여러 α각에서 측정된 회절된 빛의 강도가 아래 표 7.1에 나타나 있다. 이들 데이터를 이용하여 최종적으로 계산된 배향 값은 다음과 같다.

표 7.1 이소탁틱 폴리프로필렌 필름의 각 α에서 측정된 회절 강도[2]

$\|\alpha\|$ (degrees)	ϕ (degrees)	$I(\phi)$	$I(\phi)\sin\phi$	$I(\phi)\sin\phi\cos^2\phi$
90	0		0	0
85	5	3658.0	318.8	316.4
80	10	2331.0	404.7	392.5
70	20	390.0	133.4	117.8
60	30	137.6	68.8	51.6
50	40	77.0	49.5	29.1
40	50	62.7	48.0	19.8
30	60	66.5	57.6	14.4
20	70	72.5	68.1	8.0
10	80	68.0	67.0	2.0
0	90	53.5	53.5	0

$$\langle \cos^2 \phi_{040,z} \rangle = \Sigma I(\phi)\sin\phi\cos^2\phi / \Sigma I(\phi)\sin\phi = 3570/5020 = 0.711$$

$$\langle \cos^2 \phi_{110,z} \rangle = 0.245$$

$$\langle \cos^2 \phi_{c,z} \rangle = 0.090$$

$$\langle \phi_{c,z} \rangle = 72.5°$$

7.2.3 적외선(infrared: IR) 분광법

적외선 분광법을 이용해도 분자 내 특정 원자 그룹들의 평균 배향에 대한 정보를 얻을 수 있다. 적외선의 전기장 벡터가 진동을 하므로 원자의 위치도 진동을 하게 된다. 즉, 원자핵이 움직임을 가진다. 이에 따라 원자 그룹의 쌍극자 모멘트가 변한다. 물질의 흡광도(light absorbance: A)는 물질이 빛을 흡수하는 양과 관련된 지표로서 다음과 같이 정의된다.

$$A = \log(I_0/I) \tag{7.55}$$

여기서, I_0는 입사 때의 빛의 세기이고, I는 빛이 시료를 통과한 후 감지되는 빛의 세기이다. 각각의 진동 모드에 따른 원자의 적외선 흡수는, 적외선의 전기장 벡터의 진동 방향이 이를 흡수하는 원자 그룹의 진동 방향과 일치하는 성분이 있을 때에 가능하다. 이에 따라, 물질의 흡광도는 적외선의 전기장 벡터($\boldsymbol{E}$) 및 물질의 전이 쌍극자 모멘트(transition moment vector: $\boldsymbol{M}$)와 다음 식 7.56과 같이 관련된다. 전이 쌍극자 모멘트는 적외선 분광법의 경우, 원자의 진동에 따라 서로 다른 상태로 전이되는 과정과 관련되는 것으로서 물질의 광흡수 밴드의 세기를 결정하는 핵심 인자이다. 쌍극자 모멘트는 정적인 상태에서의 분자 내 전하 분포의 합($\mu = \Sigma q_i r_i$)이라고 볼 수 있다. 이들 전하 분포가 진동하는 전자파(적외선)를 만나면, 아래 그림 7.13에서와 같이 상호 작용에 의해 전하들의 진동(주로 원자핵의 진동이 지배적임)을 야기하여 분자의 상태가 바뀌게 되는데, 이때 쌍극자 모멘트의 변화와 관련된 것이 전이 쌍극자 모멘트가 된다.

$$A = k(\boldsymbol{E} \cdot \boldsymbol{M})^2 = k(E \cdot M \cos \gamma)^2 = \alpha bc \tag{7.56}$$

여기서, α는 흡광 계수(light absorption coefficient), k는 시료의 두께(b)와 농도(c) 등에 따른 비례 상수이고, γ는 $\boldsymbol{E}$와 $\boldsymbol{M}$이 이루는 각이다.

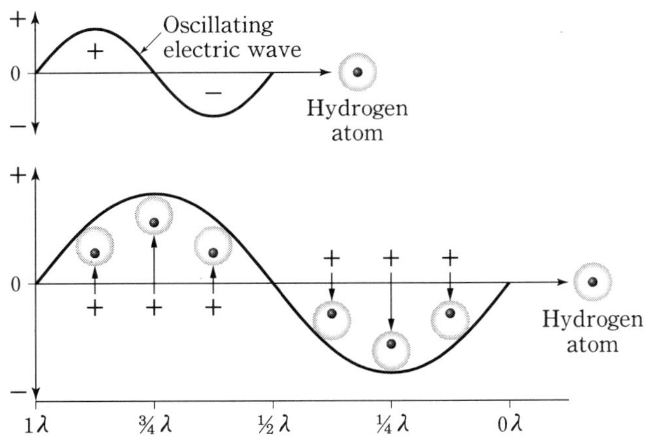

그림 7.13 ❖ 진동하는 전자파(적외선)와 물질 내 전하와의 상호 작용

비등방성 물질이 편광을 받을 경우에는 입사 방향에 따라 물질의 흡광 계수(α)가 달라진다. 흡광 계수는 빛이 물질을 통과할 때에 통과 길이에 따라 빛의 흡수가 줄어드는 정도를 나타내는 지표로서, 물질의 종류에 따라 달라지며 다음과 같이 정의되는데, 물질의 흡광도를 결정하는 인자이다.

$$I(x) = I_0 e^{-\alpha x} \tag{7.57}$$

여기서, I_0는 입사광의 세기이고, $I(x)$는 시료를 통과하는 지점 x에서의 빛의 세기이다.

이를 통해 배향을 대표하는 또 하나의 파라미터인 '이색비(dichroic ratio: R)'를 다음과 같이 정의할 수 있다.

$$R \equiv A_{\text{II}}/A_{\perp} \tag{7.58}$$

여기서, A_{II}는 기준 방향과 평행한 편광에 대한 시료의 흡광도이고, $A_{\perp}$는 기준 방향에 수직인 편광에 대한 시료의 흡광도이다.

배향된 고분자가 선형 편광을 받으면 흡광도는 전이 쌍극자 모멘트 벡터와 전기장 벡터의 스칼라 값을 곱한 값의 제곱에 비례하므로 다음 식이 성립한다.

$$A = (\boldsymbol{M} \cdot \boldsymbol{E})^2 \cos\gamma \tag{7.59}$$

여기서, $\boldsymbol{M}$은 전이 쌍극자 모멘트이고, γ는 아래 그림 7.14에서와 같이 전이 쌍극자 모멘트와 전기장 벡터($\boldsymbol{E}$)가 이루는 각이다.

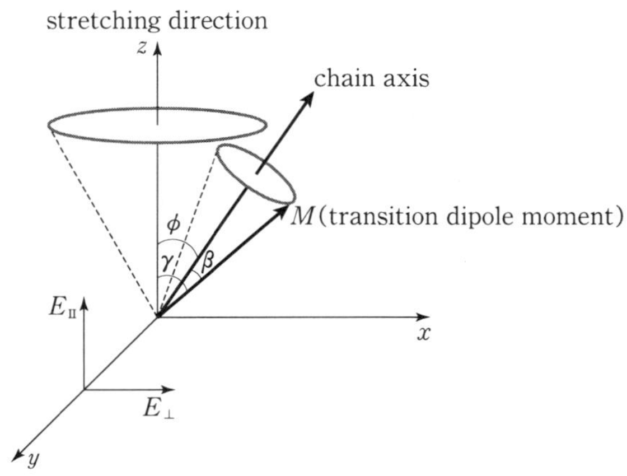

그림 7.14 ❖ 전이 쌍극자 모멘트를 설명하기 위한 좌표

그런데, 실제로 관찰되는 흡광도는 n개의 모든 사슬로부터 기여하므로 다음과 같이 표시할 수 있다.

$$A = \int (\boldsymbol{M} \cdot \boldsymbol{E})^2 \, dn \tag{7.60}$$

단축 배향에 대하여 연신 방향과 수평일 경우와 수직일 경우의 흡광도는 다음과 같다.

$$A_{\text{II}} \propto M^2E^2\langle\cos^2\gamma\rangle \tag{7.61}$$

$$A_{\perp} \propto M^2E^2(1/2)\langle\sin^2\gamma\rangle \tag{7.62}$$

위에서, $A_{\perp}$의 경우 (1/2) 인자가 들어가는 것은 연신축을 중심으로하여 대칭성을 가지기 때문이다.

위의 두 관계식으로부터 다음 식이 얻어진다.

$$\langle\cos^2\gamma\rangle = A_{\text{II}}/(A_{\text{II}} + 2A_{\perp}) \tag{7.63}$$

연신 방향에 대한 쌍극자 전이 모멘트 벡터의 배향이 2차 Legendre 다항(polynomial: $P_2(\cos\gamma)$)에 해당하므로 위의 관계식을 이용하여 다음과 같이 이색비($R = A_{\text{II}}/A_{\perp}$)로 표시될 수 있다.

$$P_2(\cos\gamma) = (1/2)(3\cos^2\gamma - 1) = (R-1)/(R+2) \tag{7.64}$$

그런데, 위의 좌표 그림에서 나타난 바와 같이, 쌍극자 전이 모멘트가 사슬축과 β각을 이루고 있으므로 다음 관계식이 성립한다.

$$P_2(\cos\gamma) = \langle P_2(\cos\beta)\rangle\langle P_2(\cos\phi)\rangle \tag{7.65}$$

이에 따라, Hermans 배향 함수(f)는 다음과 같다.

$$f = \langle P_2(\cos\phi)\rangle = [2/(3\cos^2\beta - 1)][(R-1)/(R+2)] \tag{7.66}$$

Hermans 배향 함수를 결정하기 위해서는 β각의 결정이 필요한데, 이는 이론적으로 계산하거나, 또는 다른 방법으로 Hermans 배향 함수를 결정할 수 있으면 가능하다. 이와 달리, 잘 정의된 흡수 밴드의 배향 함수를 알수 있으면 다른 흡수 밴드들의 β 값을 결정할 수 있다.

아래 그림 7.16에 아탁틱 폴리스티렌이 트랜스 conformation을 가지고 있을 때의 사슬 세그멘트를 나타내었다. 사슬축은 연신 방향과 ϕ각을 이루고 있다. 방향족 고리 평면에 수직인 전이 쌍극자 모멘트는 사슬축과 β각을 이루는데, 이는 링의 평면 외 굽힘 진동 모드(out-of-plane bending vibration mode)에 해당하며, 아래 그림 7.15에서와 같이 그 흡수 밴드가 906 cm^{-1}에서 나타난다. 또, 1028 cm^{-1}에서 나타나는 흡수 밴드는 링의 CH 그룹의 평면 내 굽힘 모드(in-plane bending mode)에 해당하고, 2850 cm^{-1}에서 나타나는 흡수 밴드는 사슬축에 수직인 전이 쌍극자 모멘트 벡터를 가진 CH_2 그룹의 대칭적 신장 모드(symmetric stretching mode)에 해당한다. 이들 두 흡수 밴드는 conformation에 민감하지 않으므로 사슬의 전체적 배향 특성을 나타내 줄 수 있다.

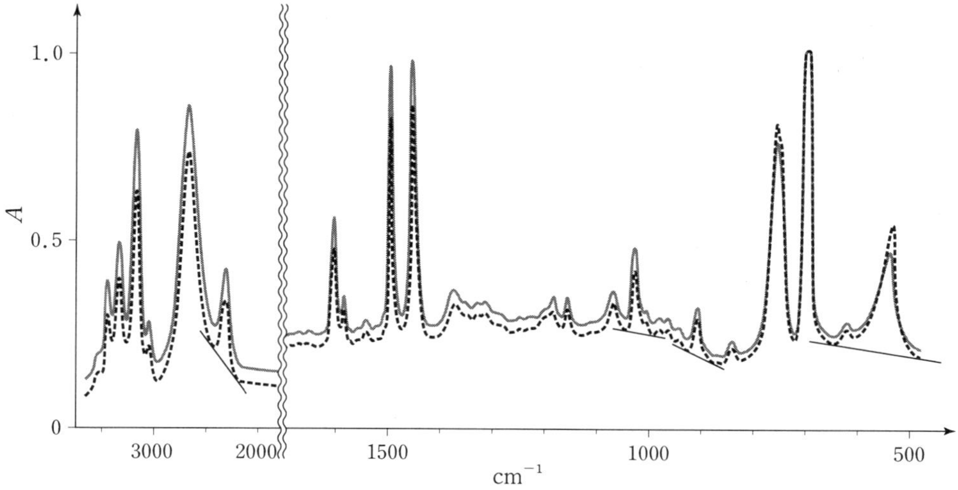

그림 7.15 ❖ 연신(100°C, $\lambda = 5.7$)에 의해 배향된 아탁틱 폴리스티렌의 IR 스펙트럼: 점선(적외선의 전기장 벡터가 연신 방향과 평행), 실선(적외선의 전기장 벡터가 연신 방향에 수직)[3]

아래 그림 7.16에 위 스펙트럼으로부터 계산된 Hermans 배향 함수 및 $(R-1)/(R+2)$ 값을 플롯한 결과가 나타나 있다.

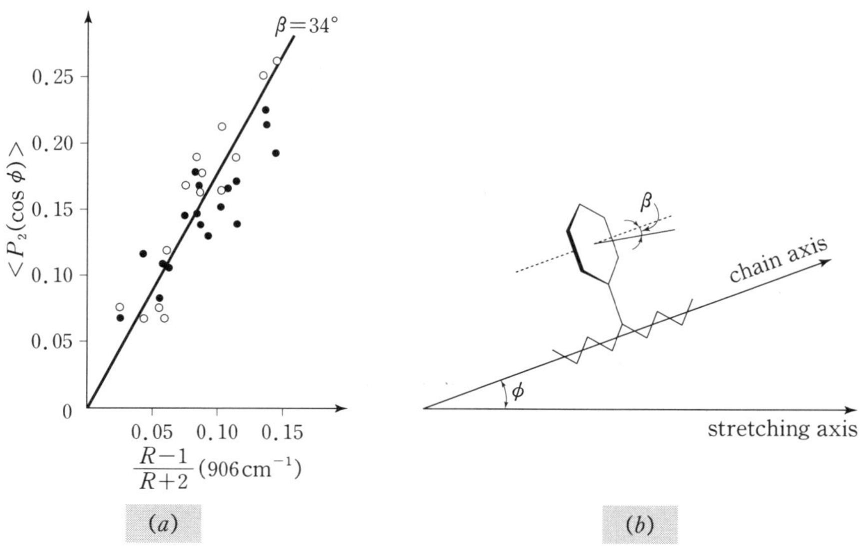

그림 7.16 ❖ (a) 아탁틱 폴리스티렌의 906 cm^{-1} 밴드의 전이 벡터와 사슬축이 이루는 각(β)의 결정: 1028 cm^{-1} (●), 2850 cm^{-1}(○), (b) β 각의 정의[3]

위의 데이터는 아탁틱 폴리스티렌 필름을 단축 연신할 때의 연신율을 변화시킴(변형에 의해 R값이 달라짐)에 따른 Hermans 배향 함수 및 이색비의 변화로부터 얻어진 것이다. 위의 x-축에 보인 이색비는 고리 평면(ring plane)의 배향에 해당하는 흡수 밴드(906 cm^{-1})로부터 얻고, y-축에 보인 Hermans 배향 함수, $\langle P_2(\cos\phi)\rangle$는 사슬의 축에 해당하는 흡수 밴드(1028 cm^{-1} 및 2850 cm^{-1})의 이색비를 측정함으로써 계산되었다. 이들 플롯을 통한 기울기 값으로부터 위 관계식에 의거 β값이 34°임을 알 수 있다.

아래 그림 7.17에 폴리에틸렌의 3종류인 HDPE, LLDPE, LDPE의 응력-변형 곡선 및 인장 변형에 따른 배향 함수의 변화를 나타내었다. 이때 배향 함수는 주사슬의 비대칭 신장 진동 모드에 해당하는 흡수 밴드(파장: 1728 nm)를 기준으로 하여 얻은 것이다.

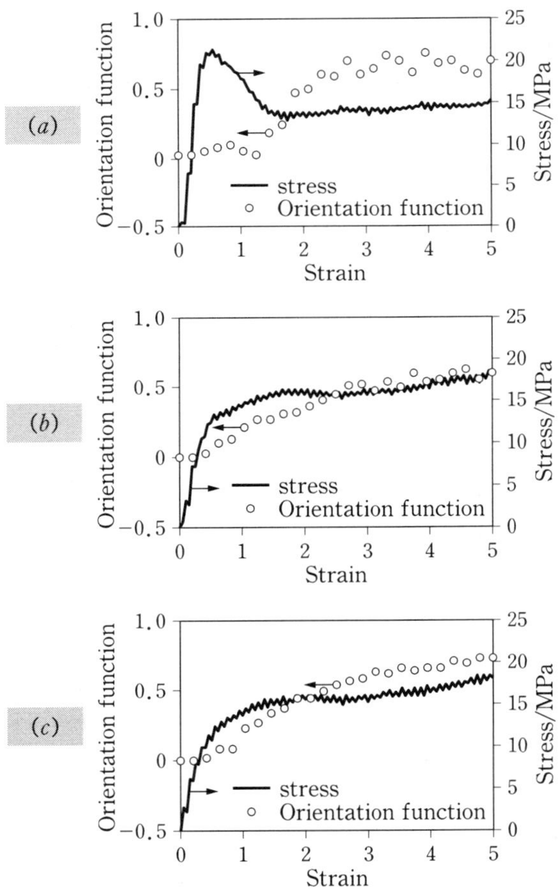

그림 7.17 ❖ 폴리에틸렌의 변형에 따른 배향 함수: (a) HDPE, (b) LLDPE, (c) LDPE [4]

HDPE의 경우, 통상적인 첫번째 항복점이 보이는데, 이는 일시적인 소성 변형의 시작점이다. 이 항복점에 이어 두번째 항복점이 나타나고, 그 이후 영구적인 소성 변형이 개시된다. 두번째 항복점 전까지는 사슬의 배향 함수가 거의 0에 가깝고, 네킹 이후의 배향 함수는 점근적으로 0.7에 가까운 값을 보인다. 이에 비해 LLDPE나 LDPE의 경우, HDPE와 유사하게 첫번째 항복점까지는 배향 함수가 거의 0이나 그 이후 점근적으로 각기 0.6, 0.7이 된다. LLDPE와 LDPE의 경우에 HDPE 때보다 더 일찍 배향 함수가 증가하기 시작하는 것은, 이들의 결정화도가 상대적으로 낮아 연신축을 따라 사슬의 재배향을 위한 공간적 여유가 더 많은 것과 관련성이 있다.

고분자 사슬의 배향을 완전하게 규정하기 위해서는 Hermans의 배향 함수와 같은 2차원적 고려가 아니라 3차원적 흡광도 측정이 필요하다. 아래 그림 7.18에 이를 위한 시료의 좌표가 주어져 있다.

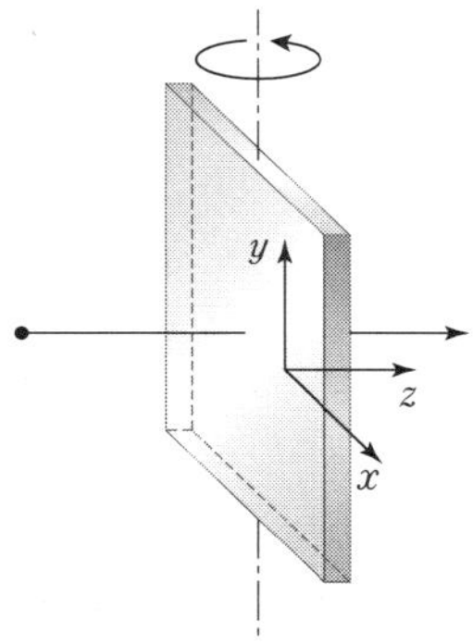

그림 7.18 ❖ 사슬의 3차원적 배향을 규정하기 위한 시료의 좌표

x-및 y-방향으로의 흡수 성분(A_x, A_y)은 비교적 간단하게 측정이 이루어질 수 있으나, 빛의 진행 방향인 z-방향의 흡수 성분(A_z)을 위한 측정은 매우 어렵다. 이에 따라, z-방향(시료의 두께 방향)의 흡수 성분(A_z)은 시료를 어떤 각 α만큼 기울여(xy 평면을 회전시킴) 흡광도(A_α)를 측정함으로써 구할 수 있다.

일반적으로 시료의 IR 흡광도는 사슬의 configuration, conformation 및 사슬의 배향에 의해 영향을 받는다. 즉, 흡수 밴드에 해당하는 전이 모멘트와 외부에서 가해지는 전기장(IR)의 방향에 의해 영향을 받는다. 이때 시료를 기울이게 되면(α), 외부 전기장에 대하여 전이 모멘트가 이루는 각이 변하고 적외선이 통과하는 시료의 두께가 변하는 효과를 가져온다. 이들을 고려하여 A_z를 위한 다음과 같은 관계식이 성립한다.

$$A_z = \{[A_\alpha(1 - \sin^2 \alpha/n_z^2)^{1/2} - A_y]/(\sin^2 \alpha/n_z^2)\} + A_y \tag{7.67}$$

여기서, n_z는 xz평면에서의 굴절률로서 A_t^{90}(xy 평면을 90° 회전하여 얻어지는 흡광도)을 이용하여 다음 식에 의해 구해질 수 있다.

$$n_z = [\sin^2\alpha/(1-(A_x/A_t^{90})^2)]^{1/2} \tag{7.68}$$

폴리이미드(polyimide) 필름을 형성하기 위한 기질(substrate) 표면에서 아미드 산(amic acid: 4,4′-oxydiphenylene pyromellitiamic acid)의 중합 및 그에 이어지는 열적 이미드화 반응을 통하여 폴리이미드(polyimide: PMDA-ODA) 필름이 생성될 수 있다. PMDA-ODA는 poly(pyromellitic dianhydride-co-4,4′-oxydianiline)이다. 이때 형성되는 폴리이미드 사슬 분자의 배향도 폴리이미드 필름의 최종 성질에 상당한 영향을 끼친다. 이에 따라, 폴리이미드 사슬의 배향을 고려해 볼 경우, 이색비 때와 마찬가지 방법으로 다음과 같이 삼색비(trichroic ratio)를 정의할 수 있다.

$$R_{zx} = R_{zy} = A_z/A_y \tag{7.69}$$

$$R_{xy} = A_x/A_y = 1 \tag{7.70}$$

$$A_z = \langle c(E\cdot M\sin\theta)^2\rangle \tag{7.71}$$

$$A_y = \langle \mathrm{c}(E\cdot M\cos\theta)^2\rangle \tag{7.72}$$

$$R_{zy} = A_z/A_y = \langle\sin^2\theta\rangle/\langle\cos^2\theta\rangle = (1-\langle\cos^2\theta\rangle)/\langle\cos^2\theta\rangle \tag{7.73}$$

$$\langle\cos^2\theta\rangle = 1/(1+R_{zy}) \tag{7.74}$$

여기서, θ는 아래 그림 7.19에서와 같이 기질(substrate)과 PMDA-ODA 이미드 사슬의 전이 쌍극자 모멘트(이미드 링의 C-N 그룹에 해당)가 이루는 각(yz 평면에서의 평면 내 배향에 해당함)이다.

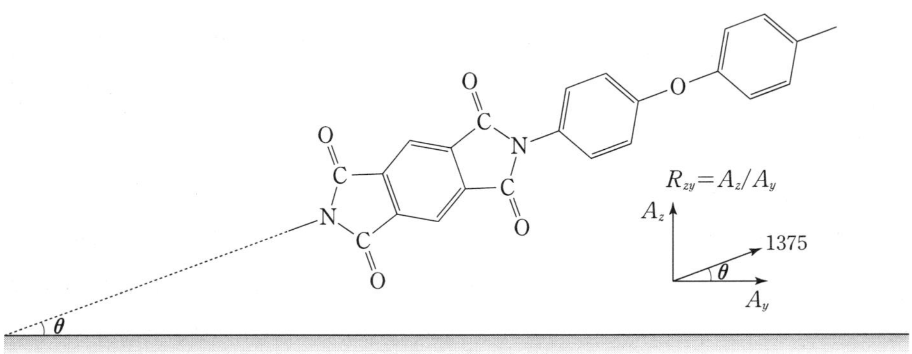

그림 7.19 ❖ PMDA-ODA 사슬의 전이 쌍극자 모멘트(1375 cm^{-1} 밴드에 해당: 이미드 링의 C-N 그룹)가 기질과 이루는 각[5]

아래 표 7.2에 이미드 링(imide ring)의 C-N 그룹의 신장 모드(1375 cm^{-1})의 이미드화 온도에 따른 삼색비(R_{zy})의 변화 및 그에 따른 $\langle \cos^2 \theta \rangle$ 값을 보여주고 있다. 이미드 링의 C-N 그룹의 신장 모드는 C-N 그룹의 전이 모멘트에 해당하므로 이미드 사슬축의 배향과 평행하게 되어 $\langle \cos^2 \theta \rangle$는 기질에 대한 이미드 사슬축의 평면 내 평균 배향(average in-plane orientation)을 의미한다.

표 7.2 이미드 사슬축의 평면 내 평균 배향[5]

Temp	R_{zy}	$\langle \cos^2 \theta \rangle$
180°C	0.180	0.847
200°C	0.187	0.842
250°C	0.194	0.838
300°C	0.287	0.777
350°C	0.541	0.649

이미드화 온도가 낮을수록 θ값이 감소하고 있어 사슬의 평면 내 배향이 증가함을 알 수 있다. 일반적으로는 이미드화 온도가 높을수록 이미드화 정도(degree of imidization)가 크게 되어 사슬의 강직성이 증가하여 사슬이 기질에 배열되려는 경향을 보일 것으로 예상할 수 있다. 그러나 실제로는 사슬의 강직도보다는 사슬의 고정화 속도(immobilization rate)가 배향에 더 중요한 영향을 미쳐, 이미드화 온도가 낮을 경우에 더욱 배향이 커지고 있음을 알 수 있다. 즉, 사슬의 강직도가 클수록 사슬의 유연성이 떨어져 사슬의 긴거리 운동성이 제약을 받게 되어 사슬의 고정화 속도가 낮아지기 때문이다. 사슬의 고정화 속도는 사슬이 기질 위에 포착(entrapment)되려는 속도이다.

액정 고분자는 분자들이 같은 배향을 보이는 성향을 가지나, 위치적 정렬(positional order)이 거의 없는 액정 상태의 고분자이다. 위치적 정렬은 분자나 분자 내 그룹들이 평균적으로 병진 대칭성(translational symmetry)을 가지는 정도이다. 이에 비해, 배향 정렬(orientational order)은 분자들이 다음 그림 7.20에서와 같이 디렉터(director: 모든 분자들의 장축의 평균 방향)를 따라 정렬되는 정도를 나타낸다. 액정은 디렉터를 따라 어느 정도 정렬하는 경향을 보인다.

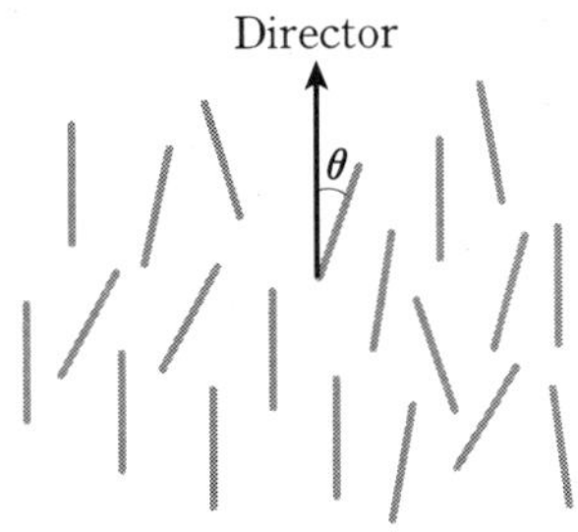

그림 7.20 ❖ 액정의 배향 정렬

액정 화합물에서 배향을 유도하는 근본적 단위인 소단위(subunit)를 메조젠(mesogen)이라 한다. 액정 고분자에서는 메조젠들이 액정 영역을 형성하기 위하여 자기 조직(self organization)을 한다. 예를 들어, 곁사슬 액정 고분자(side-chain liquid crystalline polymer)는 고분자 골격 구조에 곁사슬로서 통상의 저분자 액정이 연결되어 메조젠의 역할을 할 수 있는 고분자를 말한다.

아래 그림 7.21과 같은 곁사슬 스멕틱(side-chain smectic) 구조를 가지는 폴리비닐 에테르(polyvinyl ether) 액정 고분자를 두개의 폴리이미드 필름 사이에서 중합에 의해 얻을 경우, 곁사슬에 있는 말단 시안기(terminal cyano group)의 신장 밴드(stretching band: 2230 cm^{-1})가 메조젠의 방향에 해당한다. 이 그룹의 이색비로부터 메조젠은 $f = 0.7 \sim 0.8$ 정도의 값을 가짐을 알 수 있다. 또, 곁사슬에 있는 유연한 스페이스 그룹(flexible space group: 알킬 사슬에 해당)에 있는 C-H 그룹의 신장 밴드로부터 C-H 그룹은 $f = 0.3 \sim 0.4$ 정도의 값을 가짐을 보인다.

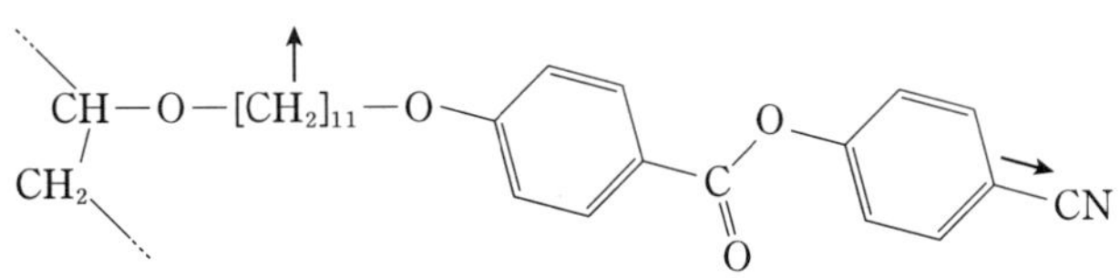

그림 7.21 ❖ 곁사슬 스멕틱 구조를 가지는 폴리비닐 에테르 액정 고분자의 화학 구조식

7.3 고분자 사슬 배향의 형성 방법

고분자 사슬의 배향을 형성시킬 수 있는 방법은 고체 상태 공정과 액체 상태 공정으로 나눌 수 있다.

7.3.1 고체 상태 공정

고체 상태의 공정에 의해 상당한 정도로 사슬의 배향이 이루어질 수 있는 고분자는 반결정 고분자(무정형 영역과 결정 영역이 존재함)이다. 무정형 영역에서는 T_g 이상이 되면 변형이 가능하다. 반결정 고분자의 결정 영역에서는 다음과 같은 단계를 거쳐 변형이 일어난다.

i) 무정형 연결 사슬(amorphous tie chain)이 늘어나게 된다.
ii) 라멜라 사슬의 접힘(fold)들이 인장 방향으로 기울어지게 된다.
iii) 결정 블록 세그멘트(crystalline block segment)들이 분리된다.
iv) 결정의 세그멘트와 연결 사슬(tie chain)들이 인장 방향으로 배향을 한다.

이들 반결정 고분자의 변형을 위한 고체 상태 공정에는 아래 그림 7.22에서와 같이 냉연신(cold drawing: 인장에 의한 변형이 일어남)과 압출(extrusion: 전단에 의해 변형이 일어남), 롤링(rolling) 등이 있다. 냉연신이라는 용어는 재료를 예열하지 않고 거의 실온 근처에서도 연신 공정이 이루어질 수 있음에서 출발하였다. 냉연신과 압출 공정의 차이는 냉연신의 경우 다이(die: 고분자의 흐름에 특정 단면 형태를 제공하기 위한 채널)를 통하여 물질을 견인함(pulling)으로써 원하는 형태를 얻는 것이고, 압출은 이와 같은 목적을 위하여 다이를 통하여 물질을 밀어 넣는 방법이다. 이들 연신을 통하여 고분자 사슬의 배향이 이루어진다.

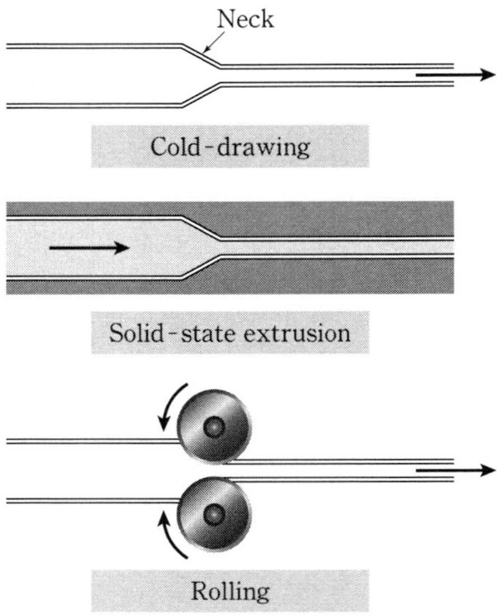

그림 7.22 ❖ 반결정 고분자의 연신을 위한 고체 공정(냉연신, 압출, 롤링)

냉연신에 의해 시료에 항복점을 능가하는 인장 응력이 가해져, 시료의 목이 형성된 이후에 계속 확장되어 시료의 단면적이 점차 감소되는 소성 변형(변형이 일어난 후 원래 상태로 돌아갈 수 없는 변형)이 일어남에 따라 탄성률 및 인장 강도가 향상된다. 그러나 이때 지나친 소성 변형이 일어나지 않도록 유의하여야 한다. 이에 따라, 냉연신 공정을 소성 연신 공정이라 부르기도 한다. 기본적으로 무정형 고분자나 반결정 고분자 모두 냉연신 공정이 가능하다. 무정형 고분자의 경우에 잘 정의된 목 영역(well-defined neck region)의 형성은 유리 전이 온도 이하의 온도에서 가능함에 비해, 반결정 고분자의 경우에는 융점 이하의 모든 온도에서 가능하다. 잘 정의된 목의 형성이라 함은 일정한 유체 응력(flow stress)하에서 목의 경계가 전파되는 상태를 말한다. 일정한 유체 응력은 소성 변형이 가능한 범위 내에서 일정한 변형률(constant strain rate)로 변형하기 위하여 물질에 작용하여야 하는 응력이다.

냉연신 공정의 경우, 치수 안정성(dimensional stability) 및 표면 상태가 우수한 장점도 있다. 무정형 고분자의 경우, 일반적으로 상온에서의 냉연신에 의해 수십% 정도의 연신이 이루어짐에 비해, 반결정 고분자의 경우에는 수백%의 연신도 가능하다. 이에 따라, 고분자의 냉연신은 주로 폴리에틸렌, 폴리프로필렌, 폴리에틸렌 테레프탈레이트, 나일론 등과 같은 반결정 고분자를 이용한 고분자 섬유의 제조에 널리 활용되고 있다.

고체 상태의 압출은 용융 과정 없이 압출이 일어나는 것인데 보통 융점 아래에서 진행된다. 일반적으로 무정형 고분자의 경우에 고체 상태의 압출은 유리 전이 온도 바로 위(just above) 온도에서 이루어지고, 반결정 고분자의 경우에는 융점 바로 아래(just below) 온도에서 진행된다. 고체 상태의 압출 공정을 통해 큰 단면적이나 다양한 형태로 제조할 수 있다. 고체 상태의 압출의 경우에는 높은 연신비를 얻는 것이 결정화의 α-이완 과정이 개시되는 온도 이상에서만 가능하다. 결정화의 α-이완 과정은 고온(T_m보다는 낮음)에서의 결정 이완 과정으로서 결정 내에서의 사슬 미끄러짐(chain slippage)을 동반한다. 이때 높은 배향의 몰폴로지를 가지는 상태로 소성 변형을 할 수 있다.

반결정 고분자는 일반적으로 3개의 사슬 이완 과정을 보이는데, 가장 높은 온도에서 관찰되는 것이 α-이완이고, 다음 높은 온도에서 관찰되는 β-이완은 유리 전이이며, γ-이완은 하위 유리 전이(sub-glass transition) 과정의 국부적 이완이다. 일반적으로 매달린 그룹(pendant group)이 작거나 없는 경우, 또는 반복 단위가 짧거나 상호 작용하는 힘이 약한 고분자들이 α-이완 과정을 갖기가 용이하다. 예를 들어, 폴리에틸렌의 경우에는 α-이완 과정을 가질 수 있으나, 나일론 6는 가질 수 없다. 이에 따라, nylon 6는 고체 상태 압출이 작은 연신비에서만 가능하다.

반결정 고분자의 냉연신이나 고체 상태 압출에서는 다음 그림 7.23에 나타난 바와 같이 연신 초기에 구정(spherulite) 구조의 변형이 일어나고, 연신이 증가함에 따라 연신 방향으로 구정들이 늘어나게 되다가 높은 연신율에서는 구정의 미세 구조가 깨어져 섬유와 같은 형태가 얻어진다.

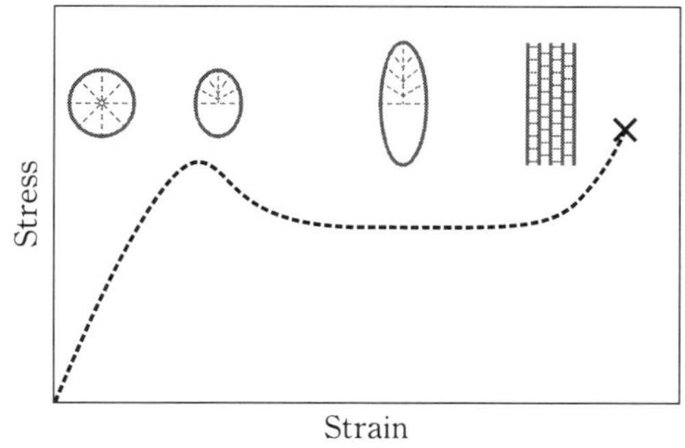

그림 7.23 ❖ 반결정 고분자의 냉연신 공정 중의 구정 몰폴로지 변화

연신 초기의 결정 영역의 구조 변형은 아래 그림 7.24에서와 같이 소성 변형을 위해 결정의 미끄러짐(crystal slip: 원자의 한 면이 다른 면으로부터 미끄러짐)이나, 쌍정 변형(crystal twinning: 결정 격자의 회전에 의해 쌍둥이 결정면을 가로질러 사슬의 배향

축이 변화됨) 등에 의해 야기된다. 쌍둥이 결정(쌍정)은 결정 2개가 면, 축을 사이에 두고 대칭 형태로 붙어있는 결정이다. 부가적으로 무정형 영역은 고무 같은 상태에 있으므로 결정들이 서로 전단(shear)에 의해 변형이 일어나게 된다. 중간 단계의 결정 변형이 일어나기까지는 결정이 흐트러지기는(distorted) 하지만 구조의 근본적 변화는 없다. 연신의 후반 단계에서는 구정 형태가 없어지면서 원래 결정의 미세 구조가 파괴되어 새로운 섬유상 구조가 형성된다.

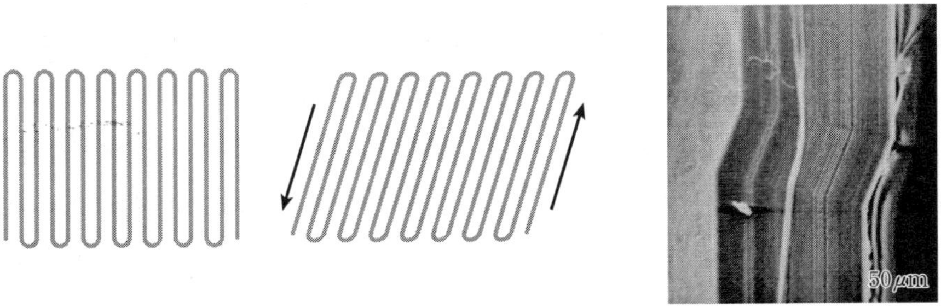

(a) (b)

그림 7.24 ❖ 연신 초기의 결정 영역의 소성 변형: (a) 결정의 미끄러짐, (b) Polydiacetylene 단결정의 쌍정 변형[6]

7.3.2 액체 상태 공정

액체 상태 공정에는 고분자의 용융 방사(melt-spinning)와 용액 방사(solution spinning)가 있다. 이들 방사 공정은 고체 상태의 공정에서와 달리, 섬유를 얻기 위한 공정이다. 용융 방사에서는 고분자 용융체가 다중 오리피스 다이(multi-orifice die)인 방적 돌기(spinneret)를 통과하여 차가운 공기 속으로 압출됨으로써 고분자의 고형화가 이루어진다. 용액 방사 과정에서는 용해된 고분자가 방적 돌기를 거친 후 비용매 내에서 섬유가 고형화 될 수 있다. 유동성이 있는 상태에서 배향을 가진 액체들은 빠른 속도로 냉각시키거나, 유체 정압(hydrostatic pressure: 주로 중력을 통하여 유체에 의해 작용하는 압력)을 가함으로써 고형화 된 상태에서 배향을 유지할 수 있다. 이들 액체 공정에서는 배향된 액체 상태가 이완을 최소화하여 고형화하는 것이 매우 중요하다. 폴리에틸렌을 용융 연신할 경우 100 GPa 정도의 강도를 얻을 수 있고, 케블라(Kevlar)를 진한 황산 용액에서 방사하면 200 GPa 정도의 강도를 얻는다.

사출 성형의 경우, 금형의 표면 근처에서 보통 수준의 배향을 얻을 수 있다. 이외에 전기장이나 자기장을 가하여 물질의 배향을 얻을 수도 있다. 이때에는 매우 높은 장의 세기(field strength)가 필요하다. 전기 방사(electrospinning)의 경우, 방적 돌기에 가해진 높은 전압이 액체 비말(liquid droplet)의 표면에 전하를 발생시켜, 이들의 정전기적 반발이 액체 비말의 표면 장력을 이겨 비말이 액체 제트(liquid jet)로 분사될 때 섬유상으로 연신이 된다. 전기 방사에 의할 경우, 직경이 마이크론, 또는 나노미터 수준이 되는 섬유를 얻을 수 있다.

특히 나노 섬유의 경우, 높은 표면적 및 다공성 등으로 인하여 센서, 에너지 저장 시스템, 정화 시스템, 조직 공학(tissue engineering)을 포함하는 생의학 시스템, 약물 전달 시스템, 촉매 시스템 등 첨단성 용도에 그 응용이 광범위하게 확대되고 있다. 그럼에도 불구하고, 전기 방사 공정은 양산 시스템화 하기에는 아직 한계가 있고, 같은 고분자 재료를 사용한 직물용 섬유에 비해 인장 강도나 인장 탄성률 등이 부족하다. 이는 전기 방사에 의해 얻어지는 나노 섬유의 경우, 사슬의 연신이나 배향이 아직 충분하지 않기 때문이다.

7.4 사슬 배향을 가진 고분자의 기계적 성질

결정성 고분자의 탄성에 있어서 가장 뚜렷한 양상은 매우 큰 비등방성이다. 고분자 단결정의 경우, 사슬의 축과 평행한 방향으로의 인장 탄성률(Young 탄성률)은 아래 표 7.3에 나타난 바와 같이 금속이 가지는 값(강철의 경우 210 GPa: 2.10×10^{11} N/m^2)에 가까울 정도이다. 이에 비해, 사슬의 축에 수직인 방향으로의 고분자 단결정의 인장 탄성률은 약 1 GPa 정도로 낮아 결정성 고분자의 비등방성을 잘 나타내 주고 있다.

표 7.3 단결정 고분자의 비등방적 Young 탄성률(탄성체 및 유리질 고분자와의 비교)

Types of polymer	Young's modulus/N m^{-2}
Elastomer	$\sim 10^6$
Glassy polymer	$\sim 10^9$
Polymer crystal($\perp$ to c)	$\sim 10^9$
($\parallel$ to c)	$\sim 10^{11}$

고분자 결정의 결합(bond)에 있어서의 높은 비등방성(사슬의 축 방향으로는 공유 결합이고 사슬축의 횡단 방향으로는 상대적으로 매우 약한 2차 결합)으로 인해 결정의 구조와 결합의 힘 상수(force constant)를 알면 고분자 결정의 이론적인 인장 탄성률을 계

산할 수도 있다. 그러나 사슬의 내부 상호 작용이나 사슬 사이의 상호 작용을 고려하여 계산하면 그 과정이 매우 복잡해진다. 그럼에도 불구하고, 다음과 같은 모델을 적용하여 고분자 결정의 사슬축 방향의 인장 탄성률을 예측해 볼 수 있다. 즉, 사슬의 골격이 평면 지그재그 형태로 사슬축 방향으로 아래 그림 7.25와 같이 변형을 받으며 배향을 하고 있는 모델이다.

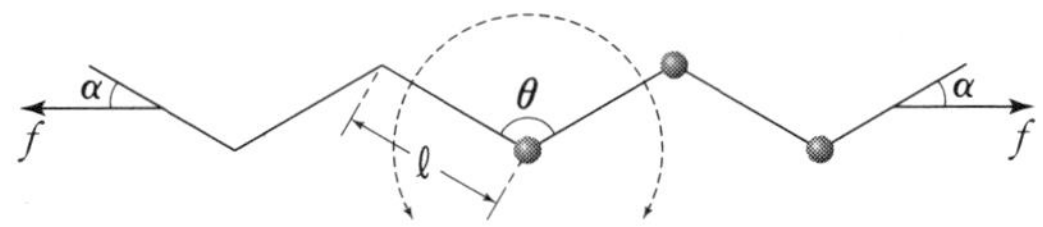

그림 7.25 ❖ 고분자 결정의 사슬축 방향으로의 인장 탄성률을 예측하기 위한 모델

위 모델에서 길이가 ℓ인 n개의 막대(rod)가 휨(bending)은 전혀 되지 않고 길이 축을 따라 늘어나고 있으며, 각 막대는 비틀림 스프링(torsional spring: 비틀림 힘에 의해 작동하는 스프링으로서 회전 에너지를 저장하거나 방출함)에 의해 연결되어 있다. 이때 막대 간(inter), 막대 내(intra) 상호 작용은 고려하지 않는다. 사슬이 변형됨에 따른 사슬 크기의 미세 변화는 다음 식으로 표시할 수 있다. 비틀림 스프링은 단순히 신장이나 압축을 하는 인장 스프링(tension spring)과는 달리, 토크를 발생하여 회전 에너지를 저장하거나 방출하는 스프링이다. 예를 들어, 쥐틀(mouse trap)이나 옷핀 등에 이용되는 경우이다.

$$L = n(\ell \cos \alpha) \tag{7.75}$$

$$\delta L = n\delta(\ell \cos \alpha) \tag{7.76}$$

$$f \cos \alpha = k_\ell \, \delta\ell \tag{7.77}$$

$$\delta\ell = f \cos \alpha / k_\ell \tag{7.78}$$

여기서, k_ℓ은 화학 결합 신장을 위한 스프링의 힘 상수이다.

결합각 주위에 작동하는 토크(torque, τ)는 다음과 같다.

$$\tau = f(\ell \sin \alpha)/2 = k_\theta \, \delta\theta \tag{7.79}$$

$$\delta\theta = (f\ell \sin \alpha)/2k_\theta \tag{7.80}$$

이때 k_θ는 결합의 각 변형(angular deformation)을 위한 힘 상수이다.

$$\alpha = 90^\circ - (\theta/2) \tag{7.81}$$

$$\delta\alpha = -\delta\theta/2 = -(f\ell \sin \alpha)/4k_\theta \tag{7.82}$$

위 관계식들을 결합하면 다음 관계식이 얻어진다.

$$\delta L/f = n[(\cos^2 \alpha/k_\ell) + (\ell^2 \sin^2 \alpha/4k_\theta)] \quad (7.83)$$

각 사슬들의 단면적이 A이면 인장 탄성률(E)은 다음과 같다.

$$\begin{aligned} E &= (f/A)/(\delta L/L) \\ &= (\ell \cos\alpha/A)[\cos^2 \alpha/k_\ell + \ell^2 \sin^2 \alpha/4k_\theta]^{-1} \\ &= (\ell \sin(\theta/2)/A)[\sin^2(\theta/2)/k_\ell + \ell^2 \cos^2(\theta/2)/4k_\theta]^{-1} \end{aligned} \quad (7.84)$$

위 식에 주어진 A, ℓ, θ는 고분자의 결정 구조로부터 결정되며, k_ℓ과 k_θ는 적외선(IR), 라만(Raman) 분광법 등을 통하여 결정할 수 있다. 위 관계식들은 원자가 힘의 장(valence force field: VFF)을 이용하여 얻어진 것인데, 이로부터 계산된 폴리에틸렌의 E값은 약 180 GN/m^2(180 GPa)이고 실제 실험 값에 비해 다소 낮은 값을 보인다. 원자가 힘의 장은 분자 내 원자들 사이에 작용하는 힘을 예측하기 위해 사용되는 계산 방법으로서, 구체적으로는 힘을 나타내는 함수의 형태와 그것을 구성하는 파라미터 세트(parameter set: k_ℓ, k_θ 등)를 나타낸다. 아래 표 7.4에 다른 고분자 결정에 대한 결과도 함께 주어져 있다. 위 방법(VFF) 이외에, 인장 탄성률 값을 예측하는 다른 방법(UBFF: Urey-Bradly force field)도 제안되었다. UBFF는 VFF에서 고려한 원자가 결합(valence bond: 화학 결합에 해당)의 신장을 위한 힘의 상수(k_ℓ)와 원자가 각(valence angle: bond angle에 해당)의 변형을 위한 상수(k_θ) 이외에 비결합(non-bonded) 원자들 사의의 힘(Lennard-Jones 함수로 나타냄)도 함께 고려하고 있다.

표 7.4 대표적 고분자 결정의 사슬축 방향으로의 인장 탄성률의 측정치와 이론적 계산치[7]

Polymer	Calculated		Measured	
	E/GN m^{-2}	method	E/GN m^{-2}	method
Polyethylene	182	VFF	240	X-ray
	340	UBFF	358	Raman
Polypropylene(isotactic)	49	UBFF	42	X-ray
Polyoxymethylene	150	UBFF	54	X-ray
Polytetrafluoroethylene	160	UBFF	156	X-ray
			222	Neutron
Substituted polydiacetylenes	49	VFF	45	Mechanical

이소탁틱 폴리프로필렌과 폴리옥시메틸렌(polyoxymethylene)은 나선형 conformation의 결정을 이루므로, 전체 트랜스(all-trans) conformation을 가지는 폴리에틸렌에 비해 약 20% 정도의 강직도만 보여주고 있다. 높은 배향을 유도한 반결정 고분자의 경우에는 실제 탄성률 값이 이론적으로 계산된 값의 약 50% 미만으로 나타나는 것이 일반적이다. 결정 고분자의 경우, 일반적으로 횡단 탄성률(transverse elastic modulus)은 약한 2차 결합이나 수소 결합 등에 의해 결정되므로, 축 방향 탄성률에 비해 약 1% 미만의 작은 값을 보인다. 예를 들어 폴리에틸렌 결정의 경우, 사슬축 방향의 인장 탄성률(E_c)이 약 300 GPa임에 비해, 다른 축 방향의 인장 탄성률(E_a, E_b)은 약 3 GPa 정도에 불과하다.

참고문헌

[1] U. W. Gedde, M. Headenqvist, “Chap 9, Chain Orientation”, *Fundamental Polymer Science*, Springer, Nature Switzerland AG (2019)

[2] Z.W. Wilchinsky, *Journal of Applied Physics*, 31, 1969 (1960)

[3] B, Jasse, J. Koenig, *Journal of Polymer Science*, 17, 799 (1979)

[4] M. Mizushima, T. Kawamura, K. Takahashi, K. Nitta, *e-Polymers*, 068 (2012)

[5] H.T. Kim, S.K. Kim, J.K. Park, *Polymer Journal*, 31, 154 (1999)

[6] R.J. Young, D. Bloor, D.N. Batchelder, C.L. Hubble, *Journal of Material Science*, 13, 62 (1978)

[7] R.J. Young, P.A. Lovell, *Introduction to Polymers*, 2nd Ed, Chapman & Hall (1991)

CHAPTER 8

고분자의 기계 및 동역학적 성질

8.1 기계적 성질

고분자의 기계적 성질은 거시적 관점의 성질로서, 재료의 화학적 정체성 변화를 수반하지 않으므로 엄밀히 말하면 물리적 성질의 범주에 속한다. 기계적 성질은 물체에 힘이 가해져 변형이 일어날 때 보이는 물리적 성질이다. 고분자의 기계적 성질은 일반 다른 재료와 마찬가지로 실질적 응용에 있어서 그 수명이나 유용성의 범위 등을 결정하는 중요한 인자 중의 하나가 되므로, 이에 대한 이해는 필수적으로 요구된다[1]. 예를 들어, 물질을 어느 특정의 목적으로 사용하고자 할 경우, 그 물질이 기계적 결함(failure)없이 어느 정도의 부하(외부에서 가해주는 힘)에 견딜 수 있는지를 알아야 하는 것이 가장 급선무이다. 이러한 기계적 성질에는 강도(strength), 강성(stiffness), 인성(toughness) 등이 대표적이다.

강도는 간단히 말하면 시료를 파괴하는데 요구되는 힘으로서, 인장 강도(tensile strength), 휨 강도(flexural strength), 비틀림 강도(torsional strength), 충격 강도(impact strength), 압축 강도(compressive strength) 등의 여러 종류가 있다. 아래 그림 8.1에 나타난 인장 강도는 고분자를 신장할 때에 나타나는 고분자의 파괴에 해당하는 응력이고, 항복 강도는 탄성 영역이 끝나는 지점에서의 응력을 말한다. 이때 응력이라 함은 외부의 힘(부하)을 받아 변형을 일으킨 물체 내부에 발생하는 저항력으로 단위 면적당 힘이다. 즉, 응력은 외부의 힘을 받았을 때 물체가 변형되지 않고 정지 상태를 유지하기 위한 저항력으로서 부하와 자주 혼용되고 있다. 인장 강도는 일반적으로 항복 강도보다 높게 나타난다. 인장 강도는 엔지니어링 분야에서 특히 중요하다.

예를 들어, 각종 산업에 이용되는 볼트(bolt)나 넛트(nut) 등의 경우, 파괴되지 않고 무거운 물체들을 오랫동안 안정하게 고정시키는 역할을 하므로 인장 강도가 중요한 기계적 성질 중의 하나가 된다. 또, 자동차 범퍼의 경우, 저속 주행 사고시 자동차의 안전 시스템 및 승객을 보호하는 역할을 하기 위해 범퍼 구조를 지탱하기 위한 충분한 인장 강도와 충격 에너지를 흡수할 수 있는 성질이 동시에 필요하다. 그 대표적인 예로, 이소탁틱 폴리프로필렌과 열가소성 올레핀 탄성체(thermoplastic olefin elastomer)인 에틸렌-프로필렌 고무(ethylene-propylene rubber: EPR)의 블렌드(blend)를 들 수 있다. 이 블렌드는 매트릭스 상(matrix phase)이 인장 강도가 높은 이소탁틱 폴리프로필렌이고, EPR이 구형의 분산 상을 이루어 충격을 흡수하는 역할을 한다. 현대 사회에서 사용되는 일반 자동차 범퍼용 재질은 인장 강도가 충분히 높고, 금속보다 훨씬 가볍고, 성형성이 좋은 고분자 재료를 사용하는 경우가 대부분이다.

재료의 인장 시 기계적 부하를 가한 초기에는 일정하게 변형(strain)을 하는 탄성 거동을 보이다가, 어떤 수준 이상의 부하에서는 아래 그림 8.1에서와 같이 고분자가 항복(yield)을 하고, 그 이후에는 파괴(fracture)되거나 또는 부하를 제거하면 영구적인 변형 상태로 남게 된다. 이때 탄성 거동이 끝나고 소성 거동이 시작되는 지점을 항복점(yield point)이라 한다. 항복 강도는 제품을 설계하거나 제조할 때에 매우 중요한 역할을 하는데, 이는 항복 강도가 제품이 영구적 변형 없이 견딜 수 있는 최대 부하이기 때문이다. 일반적으로 재료가 연성(ductile)이면 항복 강도가 더 중요한 역할을 하고, 재료가 취성(brittle)이면 인장 강도가 더 중요한 역할을 한다.

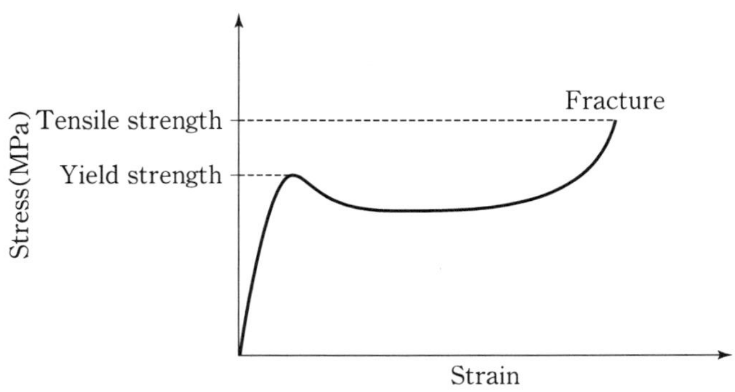

그림 8.1 ❖ 고분자의 항복 강도 및 인장 강도

항복 거동이라 함은 재료의 탄성 영역을 벗어나 항복 강도에 해당하는 최대 부하가 시료의 영구적 변형으로 나타나는 과정인데, 이때의 영구적 변형을 소성 변형이라 한다. 원래 '플라스틱(plastic)'이라는 용어는 형태를 만들기 쉽다는 의미도 내포하고 있는데, 이를 가소성(plasticity)이 좋다고 표현하기도 한다. 즉, 어떤 물질이 에너지를 흡수하여 형태를 바꾸고 그 형태가 안정하게 유지되는 성질을 가소성이라 한다. 열가소성 고

분자도 이런 의미를 내포하고 있다.

항복 거동은 시료에 목(neck)이 형성되어 전파되는 '네킹(necking)'이라는 과정을 거치는데, 그 과정이 상온 근처에서 이루어지므로 이를 '냉연신(cold drawing)'이라 부르기도 한다. 네킹은 소성 변형의 형태로서, 인장 변형이 진행됨에 따라 시료의 단면적이 감소되며 전이면(transition front)이 일정한 속도로 진행되는 과정이다. 이는 인장 변형을 거치면서 단면적의 감소에 따른 진응력(true stress: 인장 부하를 순간 면적으로 나눈 값)이 변형 경화(strain hardening)보다 더 큰 작용을 함으로써 가능하다. 고분자에 있어서 변형 경화는 큰 변형 과정을 통하여 물질이 강해지는 성질을 보이는 것인데, 이는 고분자 사슬의 재배향이나 결정의 형성 등에 기인한다.

네킹은 주로 연성 고분자에서 일어나는데, 항복이 개시된 직후부터 일어나기 시작하여 고분자의 길이를 따라 전파한다. 변형 진행 중의 네킹 과정을 아래 그림 8.2에 도식적으로 나타내었다. 아래 그림 (a)는 안정한 네킹의 경우이고, 그림 (b)는 불안정한 네킹으로 시료의 파괴가 쉽게 나타나는 경우이다.

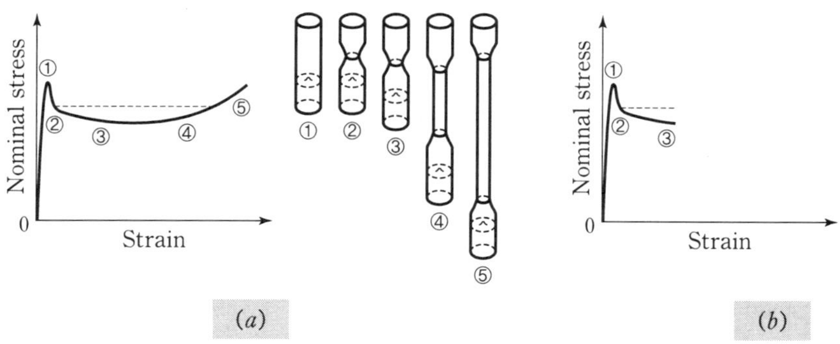

그림 8.2 ❖ 고분자의 안정한 네킹(a) 및 불안정한 네킹(b)

탄성 변형 동안에는 시료의 단면적이 일정하게 감소하지만, 항복점을 지난 이후에는 어느 특정 지점에서 목이 형성되기 시작한 후 목의 전파와 더불어 단면적이 점차 감소하다가, 전체 시료에 목이 형성되면 변형 경화가 심하게 일어나 응력이 증가하다가 결국에는 파괴(fracture: 재료가 부분 단위로 쪼개어져 새로운 단면이 형성되는 현상)에 이른다. 이때 시료 전체에 걸쳐 네킹이 안정하게 일어날 수 있을 경우, 이를 안정한 소성 변형이라 한다. 이에 반해, 시료의 네킹이 시작된 후 쉽게 파괴가 일어나는 경우를 불안정한 소성 변형이라 한다.

재료가 소성 변형 등에 의해 그 기능이 상실되지 않고 높은 부하를 견디기 위해서는 일단 항복 강도가 높아야 한다. 일반적으로 재료에 손상이 생기면 일차적으로 고장(failure: 기능이 상실됨)이 생기고 이것이 파괴로 발전된다. 고장은 대부분 기계적 피로(fatigue: 지탱할 수 없는 부하를 주기적으로 받는 상태)에 의해 발생하는데, 이때 크랙(crack) 등이 나타난다. 크랙이 전파되면 재료의 파괴로 이어진다.

소성 변형이 재료의 고장을 일으키는 요인이 됨에도 불구하고, 안정된 소성 변형 과정을 산업적으로 응용하는 예는 금속의 경우에 특히 많다. 금속 재료에서 많이 다루는 주조 공정(cast process)이 많은 에너지를 필요로 함에 비해, 소성 변형 과정은 저온에서 진행되므로 에너지 소모가 훨씬 적고 기계적 강도를 향상시킬 수 있는 장점이 있어 롤링(rolling)이나 연신(drawing), 압출 공정 등에 이용되고 있다. 고분자 재료의 경우에도 냉연신에 의한 소성 변형 과정을 고분자 스트립(polymer strip)이나 고분자 섬유 등의 기계적 강도 향상에 응용할 수 있다. 이는 냉연신을 통하여 고분자 사슬의 정렬 및 배향이 가능하기 때문이다. 사슬의 정렬은 사슬들이 직선 또는 적절한 위치로 배치되어 있는 상태를 말하고, 사슬의 배향은 사슬의 축이 특정 방향을 나타내는 것으로서 비등방성을 설명하는데 도움이 된다. 사슬이 부분적으로 정렬함으로써 고분자 결정을 형성한다.

고분자가 안정한 네킹을 형성할 수 있는지, 즉 고분자가 안정한 냉연신 과정을 거칠 수 있는지를 결정하기 위한 간단한 방법으로 'Considère Construction'이 있다. Considère Construction에서는 공칭 변형(nominal strain)에 대한 진응력(true stress)을 플롯한다. 공칭 변형이라 함은 변형에 따른 길이의 변화를 원래 길이로 나눈 값을 말하고, 진응력은 인장 부하를 변형 이후의 실제 단면적으로 나눈 값이다. 공칭 변형은 아래에서와 같이 연신 비율(λ)로 나타낼 수도 있다. 마찬가지 방법으로, 공칭 응력(nominal stress, 또는 engineering stress)은 인장 부하를 변형 이전의 초기 단면적으로 나눈 값이다. 부하는 스칼라 양으로서, 엄밀한 의미에서 힘이 양(quantity)과 방향을 갖는 벡터인 것과 약간 대비된다. 이에 따라 진응력(σ_t) 및 공칭 응력(σ_n)은 부하(L)와 단면적을 통하여 다음과 같이 표시된다.

$$\sigma_t = L/A \tag{8.1}$$

$$\sigma_n = L/A_0 \tag{8.2}$$

여기서, A는 인장 후의 시료의 단면적이고, A_0는 원래의 시료 단면적이다.

단축 인장을 하고 있는 시료를 고려할 경우, 변형이 일어나더라도 시료의 부피 변화는 거의 없다고 가정할 수 있으므로 다음 관계식이 성립할 수 있다.

$$A\ell = A_0\ell_0 \tag{8.3}$$

여기서, ℓ과 ℓ_0는 각기 시료의 순간적인 길이와 원래의 길이이다.

또, 공칭 변형(e) 및 공칭 응력(σ_n)은 다음과 같이 표시할 수 있다.

$$e = (\ell - \ell_0)/\ell_0 = \lambda - 1 \tag{8.4}$$

$$\lambda(\text{연신 비율}) = \ell/\ell_0 \tag{8.5}$$

위 식들을 결합하면 다음 관계식이 얻어진다.

$$\sigma_n = \sigma_t/\lambda \tag{8.6}$$

이로부터 한정된 인장 변형에 대해 진응력이 공칭 응력보다 항상 큰 값을 가짐을 알 수 있다. 목의 형성이 개시되는 지점(항복이 개시되는 지점에 해당)에서 공칭 응력이 증가를 멈추고 감소하므로 다음 조건이 성립한다.

$$d\sigma_n/d\lambda = 0 = (1/\lambda)(d\sigma_t/d\lambda) - (\sigma_t/\lambda^2) \tag{8.7}$$

$$d\sigma_t/d\lambda = \sigma_t/\lambda \tag{8.8}$$

이 관계식은 목(neck)이 형성되기 위한 조건이 된다. 이 조건은 아래 그림 8.3에 나타난 Considère Construction에서와 같이 $\lambda = 0$로부터의 곡선의 탄젠트가 곡선과 만나는 지점을 뜻한다.

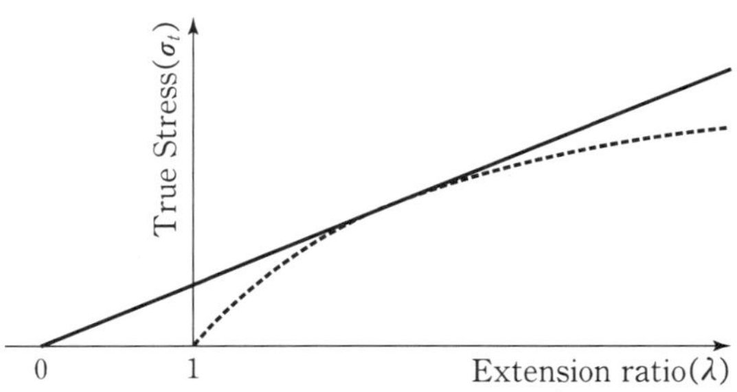

그림 8.3 ❖ Considère Construction(목의 형성이 개시되기 위한 조건)

위 그림은 하나의 탄젠트만 가능한데, 일단 목이 형성된 이후에 파괴가 일어날 때까지 진응력이 계속 증가하고 있는 것이 목이 형성된 영역에서 시료가 계속 가늘어지고 있음을 말해 주고 있는 바, 이는 불안정한 냉연신의 경우에 해당한다. 즉, 네킹은 일어나지만 시료의 붕괴(failure)로 이어진다.

이에 비해, 아래 그림 8.4에서는 두번째 탄젠트가 곡선에 그려질 수 있다. 두번째 탄젠트는 곡선 상의 최소점에 해당한다. 첫번째 및 두번째 탄젠트가 곡선과 만나는 지점 사이에서는 진응력이 감소하고 있어 냉연신이 안정하게 진행됨을 보여준다. 두번째 탄젠트가 곡선과 만나는 지점이 목의 한계 변형이 된다.

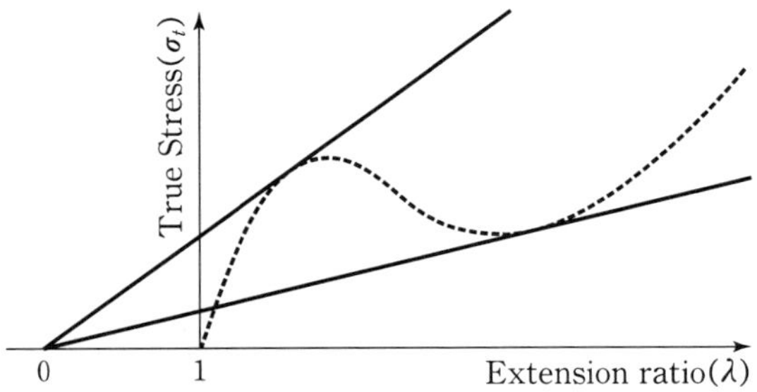

그림 8.4 ❖ Considère Construction (냉연신이 안정하게 진행되기 위한 조건)

이와 같이 안정한 네킹이 형성될 수 있는 원인은, 목 근처의 바깥 쪽 부분은 변형이 적게 일어나 더 연질성을 가져, 비록 단면적이 크지만 계속 변형이 가능하여 진응력이 국부적으로 낮아지기 때문인 것으로 이해되고 있다. 변형 경화는 주로 사슬의 배향에 의한 것으로 고려되고 있다.

강성(stiffness)은 물질의 강직도(rigidity)를 위한 척도로서 보통 인장 탄성 계수(E)로 나타내는데, 이는 아래 그림 8.5(응력-변형 곡선)의 직선 부위에 해당하는 탄성 영역에서의 기울기에 해당하는 것으로 인장 응력을 인장 변형으로 나눈 값이다. 인장 탄성 계수는 Young 계수(Young's modulus)라 부르기도 한다. 인장 탄성 계수는 재료가 얼마나 쉽게 늘어나 변형이 되는지를 설명하는 척도로서, 아주 적은 양의 굴절(deflection)만 허용되는 제품에서 중요하다. 예를 들어, 교량 또는 자전거 재료의 변형 시기나 치과 의사들에게 임플란트 구조물이 언제 변형될 지를 알려줄 수 있는 중요한 인자가 된다. 또, 엔지니어링 분야에서는 주어진 부하에서 특정 양의 응력을 견딜 수 있는 재료의 두께를 계산하는데 인장 탄성 계수가 이용되기도 한다. 또, 강성은 탄성 에너지를 저장하는 재료에 있어서도 중요한데, 예를 들어 스프링이나 번지 로프(bungee rope), 장대 높이 뛰기봉 등이 있다.

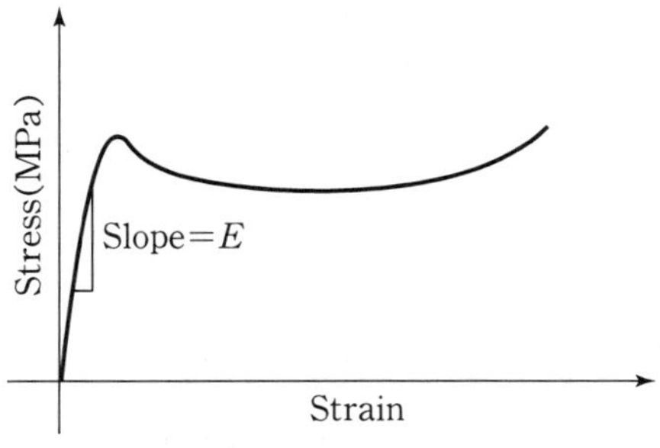

그림 8.5 ❖ 고분자의 인장 탄성 계수(Young 계수)

일반적으로 인성은 재료의 파괴를 지연시키기 위해 재료가 에너지를 흡수할 수 있는 능력을 말한다. 재료의 파괴는 원자 결합이나 분자 결합의 끊어짐이 그 원인이다. 아래 그림 8.6에 나타난 바와 같이, 주어진 응력-변형 곡선(낮은 변형 속도에서 얻어지는 곡선) 아래의 면적이 인성을 나타낸다. 이때의 인성은 시료가 크랙이 없는 완전한 상태임을 전제로 하며, 면적은 힘과 거리의 곱이므로 에너지(파괴에 이르기까지 시료가 흡수하는 단위 부피당 에너지)에 해당한다. 즉, 인성은 강도(strength)와 가소성의 결합으로서, 재료의 치명적인 손상인 파괴를 피하는 파라미터이므로 재료의 설계에 있어서 중요한 역할을 한다. 다른 한편으로, 엔지니어링 분야 등에서 재료의 기계적 성질 향상을 위하여 인성은 소성 변형이 일어날 수 있는 능력을 나타내는 지표가 될 수도 있다.

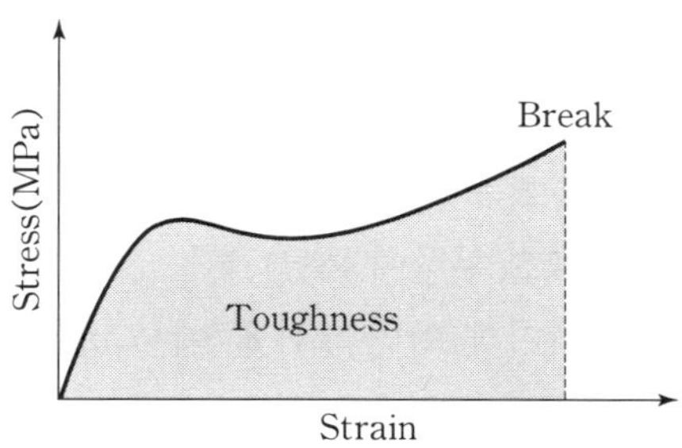

그림 8.6 ❖ 고분자의 인성(toughness)

인성을 나타내는 지표의 하나로 파괴 인성(fracture toughness)이 있다. 위의 일반적 인성 개념에 비해, 파괴 인성은 이미 균열(pre-crack)을 가지고 있는 취성 재료가 파괴(재료가 쪼개어짐)되기 전까지 피로 균열(fatigue crack: 주기적인 스트레스나 변형을 받음으로써 국부적인 소성 변형이 점진적으로 진행되어 크랙이 형성되는 과정)의 발생을 견딜 수 있는 능력이다. 실제로 대부분의 재료는 부하를 받기 전에 이미 어느 정도의 결함(defects or flaws)을 가지고 있어, 파괴 인성은 재료의 실질적 응용에 있어서 강도(항복 강도 및 인장 강도 등)와 더불어 매우 중요한 요소이다. 파괴는 크랙의 전파와 관련된다. 파괴 인성은 파괴를 견딜 수 있는 능력으로서, 재료가 응력을 받을 때 결함(flaw: 균열 등을 발생시키는 요소)의 전파를 막을 수 있는 척도이다.

파괴 인성에는 취성 파괴 인성(brittle fracture toughness)과 소성 파괴 인성(ductile fracture toughness)이 있다. 취성 파괴 인성은 특정 부하에 도달했을 때 갑자기 크랙이 파괴로 이어질 수 있어 매우 바람직하지 않은 모드이므로 재료의 설계나 선정에 있어 매우 중요하다. 이에 비해, 소성 파괴 인성은 크랙의 팁(tip)에서 소성 변형이 일어날 수 있어, 크랙의 성장이 비교적 안정하고 예측 가능한 모드이다. 취성 파괴 인성은 크랙의 팁이 기본적으로 선형적 탄성에 의해 변형이 일어난다고 이해되고 있다. 즉, 취성 파괴 인성은 선형 탄성 파괴 역학(linear elastic fracture mechanics) 이론에 의해 설명이 된다.

취성 파괴 인성은 특별히 규정된 조건(ASTM E1820 등)에 따라 시편을 제조하여 시험을 한다. 시편은 V자 모양의 홈(notch)을 가지도록 하고, 단축 방향의 주기적 부하를 가하여 크랙의 성장을 모니터링한다. 이들 결과로부터 파괴 인성 파라미터(fracture toughness parameter)인 K_c를 구할 수 있는데 다음과 같은 관계식을 가진다. K_c는 임계 응력 세기 인자(critical stress intensity factor)로서 단순히 파괴 인성이라 부르기도 한다. 응력이 크랙의 팁에 집중되므로 응력 세기 인자라는 용어를 사용한다. 임계 응력은 크랙의 팁 성장이 불안정해지기 시작하는 지점에서의 응력을 말한다.

$$K_c = (E\xi_c)^{1/2} \tag{8.9}$$

여기서, E는 Young 계수이고, ξ는 크랙 경계(crack border)의 단위 길이당 크랙의 확장력(crack extension force: 가해진 부하에 해당), ξ_c는 불안정한 크랙의 확장이 일어나는 지점에서의 임계 크랙 확장력이다. 아래 그림 8.7에서, a_o는 초기의 타원형 크랙의 반 길이(half-length)이고, 응력이 임계점에서의 응력(σ_c)과 같을 때의 크랙 확장력을 나타내는 직선이 실제 크랙 확장 곡선과 만나는 지점이 ξ_c값을 나타낸다. 이때 ξ_c 이상에서는 크랙 전파를 위해 크랙 확장력이 지속적으로 증가하는 경향을 보이지 않으므로 크랙 전파가 불안정해진다.

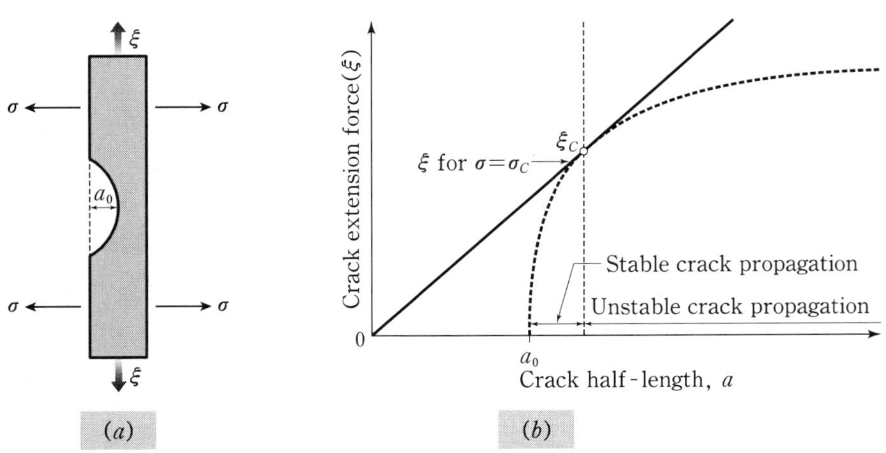

그림 8.7 ❖ (a) 크랙의 반 길이, (b) 크랙의 반 길이에 따른 크랙 확장력의 변화(임계 크랙 확장력의 결정)

앞에서 다루었던 고분자의 소성 변형은 항복 거동이 전단 항복(shear yielding)에 기초하고 있다. 전단 항복 과정은 전단 변형이 기초가 되며 고분자 파괴의 근간이 되는 메커니즘과 관련된다. 전단 변형은 전단력에 의해 재료의 형태 변화는 있지만, 부피 변화가 거의 없고 변형이 시료 전체를 통해 균일하게 일어나는 과정이다. 이때 전단력이라 함은 물체 내의 평면 변형을 일으키는 힘으로서 평면의 미끄러짐에 의해 전단 변형을 일으키는 요인으로서, 간단한 예로 종이를 가위로 짜를 때에 작용하는 힘과 같다. 열가소성 고분자의 경우, 유리질 상태에서 국부적 소성 변형이 일어날 수도 있는데 이를 크레이징(crazing: 잔금이 생기는 현상)이라 한다. 크레이징이 생기면 부피가 상당히 증가한다. 아래 그림 8.8에 크레이징이 형성된 폴리카보네이트(polycarbonate) 시료의 변형을 나타내었다.

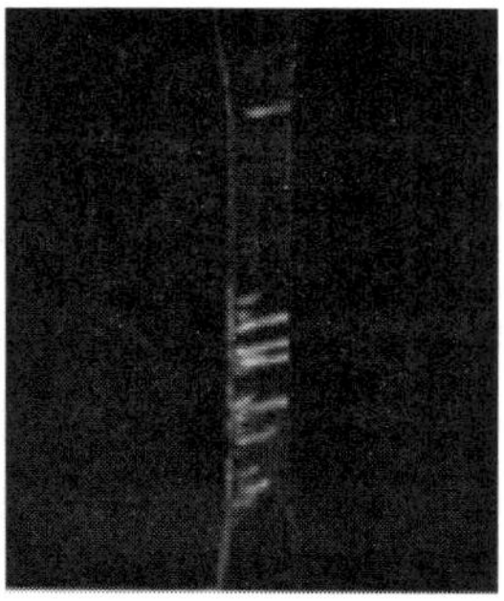

그림 8.8 ❖ 크레이징이 형성된 폴리카보네이트 시료의 변형[2]

이때 크레이즈는 고분자의 동공 영역(cavity region)으로서 크랙이 아니며, 보통 시료의 표면에서 형성이 시작되어 인장이 일어나는 방향에 대하여 수직으로 배향을 한다. 크레이즈는 실제로 크랙은 아니지만 고분자의 결함을 유도하는 핵 작용을 하며 궁극적으로는 재료의 치명적인 결함으로 진행될 수 있다. 크레이즈는 매우 작아 보통 1,000 Å 정도의 두께를 가지며, 측면 크기는 수 마이크론 정도이다. 크레이징은 손가락 기름(finger grease) 등의 크레이징제(crazing agent)에 의해 촉진될 수 있다. 다른 기계적 성질에서와 마찬가지로, 크레이즈의 생성은 사용 온도, 부하 속도 등에 의해 큰 영향을 받는다.

특정 고분자의 응력-변형 곡선의 형태는 온도와 시험 속도에 따라 변한다. 아래 그림 8.9에 폴리메틸 메타크릴레이트(PMMA)의 온도에 따른 응력-변형 거동을 나타내었다.

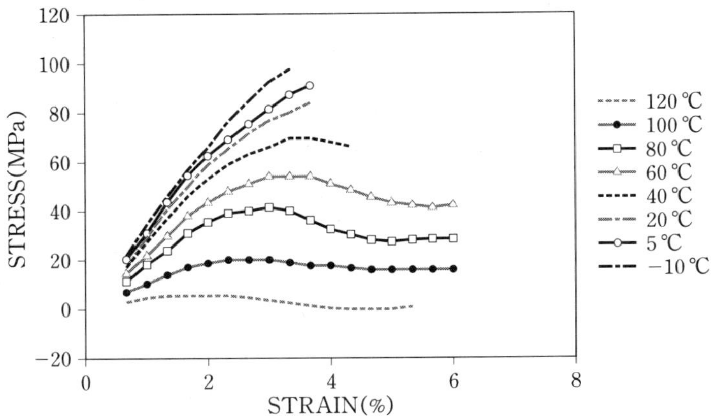

그림 8.9 ❖ 폴리메틸 메타크릴레이트의 온도에 따른 응력-변형 거동[3]

위 그림에서 탄성 계수는 온도에 증가에 따라 감소하고 있음을 볼 수 있다. 반면에, 연성(ductility)은 온도의 감소에 따라 감소하여 약 60°C 이하에서는 고분자가 연신을 하지 않고 깨지기 쉬운 고분자의 패턴을 보인다. 온도의 저하에 따라 물질은 취성으로 변할 때까지 연성이 지속적으로 낮아지는데, 이러한 과정을 연성-취성 전이(ductile-to brittle transition)라 하며 연성에서 취성이 도달할 때의 온도를 연성-취성 전이 온도라 부른다. 즉, 온도의 감소에 따라 항복 응력이 취성 응력(brittle stress: 탄성적 변형이 거의 없고 소성 변형도 크지 않은 상태에서 파괴가 일어나는 응력)보다 빨리 증가하므로, 취성 파괴를 위한 응력보다 항복 응력이 더 커지게 되는 전이가 생기는데 이때의 온도가 바로 연성-취성 전이 온도이다.

연성-취성 전이 온도는 고분자의 구조, 고분자 표면에서의 흠(flaw)이나 노치(notch: V자나 U자형으로 움푹 팬 자리), 크랙 등의 존재 및 시험 속도 등에 의해 영향을 받는다. 이 전이 온도는 일반적으로 가교나 결정화도의 증가에 따라 증가하고, 고분자 표면의 흠 존재(응력 집중점의 역할을 함으로써 취성이 촉진됨)에 의해 증가하는 경향을 보인다. 연성-취성 전이 온도는 자동차나 항공기 등과 같이 안전이 중요시되는 플라스틱의 충격 강도를 측정할 때에 매우 중요한 파라미터가 된다.

취성 물질의 파괴(brittle fracture)는 소성 변형이 거의 없으며, 기존에 있던 흠들로부터 야기되는 크랙의 개시에 의한 것으로 이해되고 있다. 크랙 팁 근처의 국부적 응력이 시료 전체에 가해지는 응력보다 크므로 응력 집중 현상이 나타나, 이 지점에서 크랙이 전파되기 시작하여 완전한 파괴로 이어진다.

많은 물질의 경우, 주기적인 정적 부하가 가해질 때에 어느 특정의 응력 이상에서 재료의 결함(failure)이 일어나는 현상을 피로(fatigue)라고 한다. 피로에 의해 생성되는 크랙이 전파되면 파괴에 이른다. 일반적으로 응력-변형 관계는 아래 그림 8.10에서와 같이 고분자 물질의 종류에 따라서 다르게 나타난다.

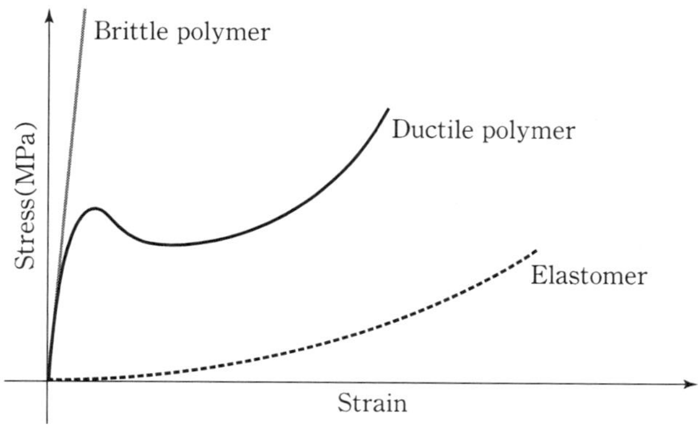

그림 8.10 ❖ 고분자 물질의 종류에 따른 응력-변형 관계

유리질 고분자(glassy polymer: 무정형 고체 고분자로서 T_g 이하의 상태)는 상당한 취성을 가져, 비교적 낮은 변형에서 결함(failure)을 보이는 경향을 나타내며 소성 변형이 거의 없다. 반결정 고분자는 T_g와 T_m 사이에서 보다 연질성이어서 파괴를 보이기 전에 냉연신을 겪는다. 탄성체(elastomer: elastic polymer의 줄임 말에 해당)는 높은 변형에 이르기까지도 탄성적으로 연신되지만, 시료에 사전 크랙이 있으면 낮은 변형에서도 찢김 현상(tear)이 진행된다. 이때의 탄성 거동은 Hooke의 법칙을 따르지는 않는다. 찢김은 물질이 찢어져 재료의 결함이 생길 때까지 크랙이 진행되는 현상으로서, 찢김 강도(tear strength)는 이를 위해 필요한 힘이다.

대표적 고분자들의 기계적 성질들을 아래 표 8.1에 나타내었다.

표 8.1 대표적 고분자의 기계적 성질들

Material	Specific Gravity	Tensile Modulus [GPa(ksi)]	Tensile Strength [MPa(ksi)]	Yield Strength [MPa(ksi)]	Elongation at Break(%)
Polyethylene(low density)	0.917-0.932	0.17-0.28 (25-41)	8.3-31.4 (1.2-4.55)	9.0-14.5 (1.3-2.1)	100-650
Polyethylene(high density)	0.952-0.965	1.06-1.09 (155-158)	22.1-31.0 (3.2-4.5)	26.2-33.1 (3.8-4.8)	10-1200
Poly(vinyl chloride)	1.30-1.58	2.4-4.1 (350-600)	40.7-51.7 (5.9-7.5)	40.7-44.8 (5.9-6.5)	40-80
Polytetrafluoroethylene	2.14-2.20	0.40-0.55 (58-80)	20.7-34.5 (3.0-5.0)	—	200-400
Polypropylene	0.90-0.91	1.14-1.55 (165-225)	31.0-37.2 (4.5-5.4)	31.0-37.2 (4.5-5.4)	100-600
Polystyrene	1.04-1.05	2.28-3.28 (330-475)	35.9-51.7 (5.2-7.5)	—	1.2-2.5
Poly(methyl methacrylate)	1.17-1.20	2.24-3.24 (325-470)	48.3-72.4 (7.0-10.5)	53.8-73.1 (7.8-10.6)	2.0-5.5
Phenol-formaldehyde	1.24-1.32	2.76-4.83 (400-700)	34.5-62.1 (5.0-9.0)	—	1.5-2.0
Nylon 66	1.13-1.15	1.58-3.80 (230-550)	75.9-94.5 (11.0-13.7)	44.8-82.8 (6.5-12)	15-300
Polyester(PET)	1.29-1.40	2.8-4.1 (400-600)	48.3-72.4 (7.0-10.5)	59.3 (8.6)	30-300
Polycarbonate	1.20	2.38 (345)	62.8-72.4 (9.1-10.5)	62.1 (9.0)	110-150

고분자의 기계적 성질에 영향을 미치는 분자 수준의 요인으로서 화학적 조성, 분자량, 결정화도, 사슬의 가교 및 가지화, 사슬의 배향성, 가소제 등의 다양한 것들이 존재한다. 이외에, 고분자의 가공 방법이나 사용 온도에 따라서도 영향을 받는다. 이러한 다양한 요인으로 인해 고분자의 기계적 성질과 미세 구조와의 상관 관계에 대한 근본적 이해가 금속이나 세라믹에 비해 많이 부족한 현실이다. 많은 경우, 고분자의 기계적 성질은 현상학적 결과를 토대로 모델을 설정하여 그 특성을 이해하고 있어, 보다 근본적 특성 이해를 위해 많은 연구가 필요한 상황이다.

앞에서 다루었던 고분자의 응력 이완 현상은 고분자의 다양한 이완 현상 중의 하나로서 고분자의 기계적 특성 중의 하나이다. 이완 현상은 앞에서 이미 언급한 바와 같이, 기본적으로 물질의 미세 구조의 운동을 통하여 일어나기 때문에 물질의 물리적 성질에 관련된 기본 원리의 이해를 도와주는 매우 유용한 분석적 기법이다. 고분자의 응력 이완 현상도 고분자의 기계적 성질에 대한 기본적 이해를 높여 준다.

8.2 유체 상태에 있는 고분자의 동역학적 성질

유체 상태에 있는 고분자 사슬의 동역학은 사슬의 움직임과 그 움직임을 야기시키는 힘에 대한 고찰을 다루는 물리적 연구 분야이다. 이는 고분자의 기계 및 열적 거동 등에 영향을 미친다. 유체 상태의 고분자 사슬의 동역학은 사슬 세그멘트의 확산과 사슬의 이완 모드를 위한 법칙에 의해 특성적으로 묘사될 수 있다. 유체 상태의 고분자로 고분자 용액 또는 용융 고분자 등이 있다.

용액 또는 용융 상태에서 변형이 가능하고 랜덤 코일 형태를 가지는 고분자 사슬의 운동은 몇 가지 기본 모델에 의해 설명되고 있다. 그 하나는 Rouse 모델이고 다른 하나는 Zimm 모델이다. 이 모델들은 모두 아래 그림 8.11에서와 같이 구슬-스프링(bead-spring) 모델에 근거하고 있다. 나머지 다른 하나는 고분자 용융체의 얽힌 사슬 동역학을 위한 튜브 모델(tube model)이다.

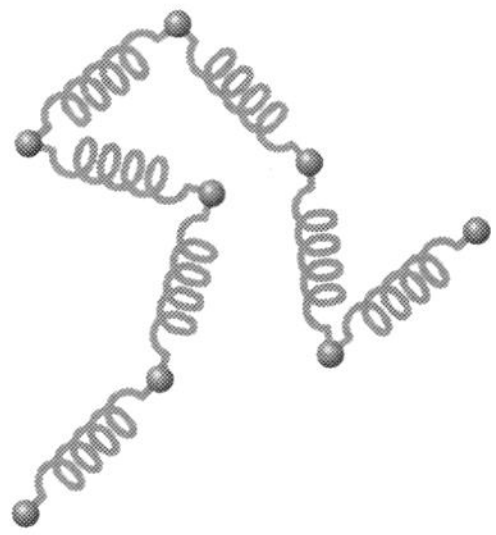

그림 8.11 ❖ 용액 또는 용융 상태에서 랜덤 코일 형태를 가지는 고분자의 사슬 운동을 위한 구슬-스프링 모델

위 구슬-스프링 모델에서 구슬은 질량이 없는 조화 스프링(harmonic spring: 진동하는 물체의 위치가 평형 상태의 위치로부터 시간에 따라 sine이나 cosine 파 형태로 변함)에 의하여 연결되어 있는데, 각 구슬은 몇 개의 반복 단위를 포함하는 소사슬을 의미하고, 스프링은 단지 사슬의 탄성 및 변형을 대변하며 랜덤한 배향을 가진다. 구슬은 가우스 사슬(Gaussian chain)을 위한 단위로서 주위 매체의 흐름에 대한 저항을 제공한다. 즉, 구슬-스프링 모델은 고분자 사슬의 수력학적 성질을 묘사하는 모델이다. 수력학(hydrodynamics)이라 함은 유체에 작용하는 힘과 관련된 과학의 한 분야를 말하며 유체 동역학(fluid dynamics)이라 부르기도 한다.

8.2.1 Rouse 모델

Rouse 모델의 특징을 요약하면 다음과 같다.

i) 아래 그림 8.12에서와 같이 구슬 사이의 수력학적인 상호 작용이 없는 것을 전제로 하고, 단지 스프링을 통한 구슬 사이의 엔트로피에 의한 탄성적 상호 작용만 존재하는 이상 사슬(ideal chain)이다. 각 사슬 세그멘트는 독립적인 운동을 하며 고분자 사슬들은 서로 자유롭게 통과할 수 있다. 여기서 수력학적 상호 작용이라 함은 유체 내에서 하나의 구슬의 움직임이 다른 구슬의 움직임에 의해 영향을 받는다는 의미를 가진다. 이는 하나의 구슬 움직임에 의한 속도장(velocity field)이 유체를 통하여 다른 구슬의 움직임에 영향을 주기 때문이다. 즉, Rouse 모델에서는 수력학적인 상호 작용이 없으므로 고분자 사슬이 용매의 흐름장(flow field)에 영향을 미치지 않는다. 이에 따라, 아래 그림 8.12에서와 같이 용매가 사슬에 갇히지 않고 자유로이 사슬 내를 출입할 수 있으므로 Rouse 모델을 자유 배수 모델(free-draining model)이라 부르기도 한다.

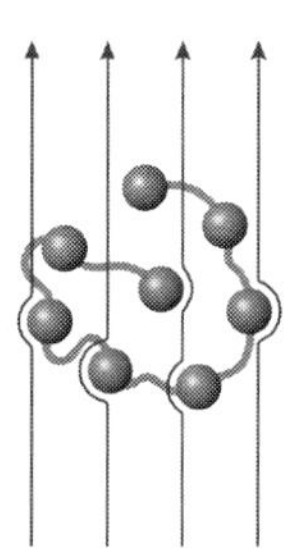

그림 8.12 ❖ Rouse 모델(자유 배수 모델)

ii) 사슬 세그멘트의 마찰 성질, 화학 결합의 길이, 사슬 세그멘트의 개수가 주요 파라미터이다.

iii) 사슬 세그멘트(구슬)의 운동과 관련된 힘에는 용매에 의한 마찰력, 스프링의 도입에 따른 탄성력 및 Brown 운동에 의한 랜덤 노이즈 힘(random noise force)이 있다. 랜덤 노이즈 힘은 Brown 운동에 의해 구슬이 부유하고 있는(suspended) 다른 구슬에 미치는 힘(충돌에 의한 힘)을 말한다. 이에 따른 세그멘트의 운동 방정식은 다음과 같다[4].

$$m\frac{d^2}{dt^2}\boldsymbol{r}_i = -\gamma\frac{d}{dt}\boldsymbol{r}_i + \kappa\left[(\boldsymbol{r}_{i+1}-\boldsymbol{r}_i)+(\boldsymbol{r}_{i-1}-\boldsymbol{r}_i)\right] + B\xi_i \qquad (8.10)$$

여기서, 각 구슬의 좌표는 r 벡터로 표시되고, γ는 마찰 계수, κ는 스프링 상수, ξ_i는 세그멘트의 랜덤 노이즈 힘, B는 Brown 힘의 세기(유체 분자가 세그멘트에 미치는 충격에 의한 노이즈의 여기)를 나타낸다. 일반적으로 구슬의 질량이 매우 작고($m \approx 0$) 그 움직임이 매우 느리므로 위 식은 다음과 같이 단순화될 수 있다.

$$\gamma\frac{d}{dt}\boldsymbol{r}_i = \kappa\left[(\boldsymbol{r}_{i+1}-\boldsymbol{r}_i)+(\boldsymbol{r}_{i-1}-\boldsymbol{r}_i)\right] + B\xi_i \qquad (8.11)$$

이 시스템의 운동 방정식은 정규 좌표(normal coordinate)를 이용하여 그 해(solution)를 구할 수 있다. 이때 정규 좌표는 사슬을 이루고 있는 모든 세그멘트들의 연동된 운동을 묘사하기 위하여 세그멘트들이 순간적으로 위치하는 Cartesian 좌표(직교 좌표)를 선형적으로 결합한 것이다. 이때의 좌표를 Rouse 좌표라고도 한다. 정규 모드(normal mode)는 정규 좌표에 의해 묘사되는 모든 세그멘트들의 연동된 운동을 뜻하는 것으로서, 다양한 형태의 연동 운동에 따른 정규 좌표가 존재하게 되는데 이를 Rouse 모드라고 한다. 각 Rouse 모드(p^{th} mode)는 아래 식 8.13과 같이 표시할 수 있다. 이때 정규(normal)라는 용어를 사용하는 것은 각 세그멘트들이 독립적인 운동을 하며, 각각의 진동 함수(예: 진동수가 서로 다른 sine 함수)를 곱하여 특정 구간($0 \sim 2\pi$ 라디안)에서 적분하면 아래 식 8.12에서와 같이 그 값이 0으로 나타나기 때문이다. 즉, 진동 함수들이 서로 직교성(orthogonality)을 가지기 때문이다.

$$\int_o^{2\pi} \sin x \sin 2x \, dx = 0 \qquad (8.12)$$

위의 Rouse 모델 방정식은 N개의 정규 모드로 분해함으로써 그 해를 구할 수 있다. 각 모드(p)에 해당하는 정규 좌표, $X_p(t)$는 고유의 진동수로 진동을 하며 다음과 같이 일련의 cosine 함수(각 세그멘트, i에 해당하는 cosine 함수)들의 합으로 표시할 수 있다.

$$X_p(t) = (2/N)\Sigma r_i(t)\cos[(p\pi/N)(i - 1/2)] \tag{8.13}$$

이를 이용하여 정규 좌표의 자기 상관 함수(autocorrelation function)를 나타내면 아래 식 8.14와 같다. 자기 상관 함수는 같은 변수에 대하여 두개의 연속되는 시간 간격 사이에 존재하는 상관 관계의 정도를 나타낸다. 이때 상관 관계의 이완을 나타내는 지표가 이완 시간(τ_p)으로서 아래 식에 의해 정의된다.

$$\langle X_p(t)X_p(0)\rangle / \langle X_p(0)X_p(0)\rangle = \exp(-t/\tau_p) \tag{8.14}$$

이때 상관 관계는 각 모드(p)에 따라 달라진다. 아래 그림 8.13(a)에 주어진 나노 입자 크기에 대하여 고분자/나노 입자 복합체의 Rouse 모드의 자기 상관 함수 이완을 나타내었다. 상관 관계는 각 모드(p)에 따라 달라짐을 볼 수 있다. 또, 아래 그림 8.13(b)에, 주어진 고분자의 분자량에서 자기 상관 함수의 이완에 대한 나노 입자 크기의 영향도 나타내었는데, 나노 입자의 존재가 사슬의 모드 구조(mode structure)에 큰 영향을 미치지 않음을 알 수 있다. 이러한 방법으로 Rouse 모드 분석을 통하여 고분자 나노 복합체에서 고분자의 분자량이나 나노 입자의 크기, 함량 등이 사슬의 이완에 미치는 영향을 이해할 수 있다.

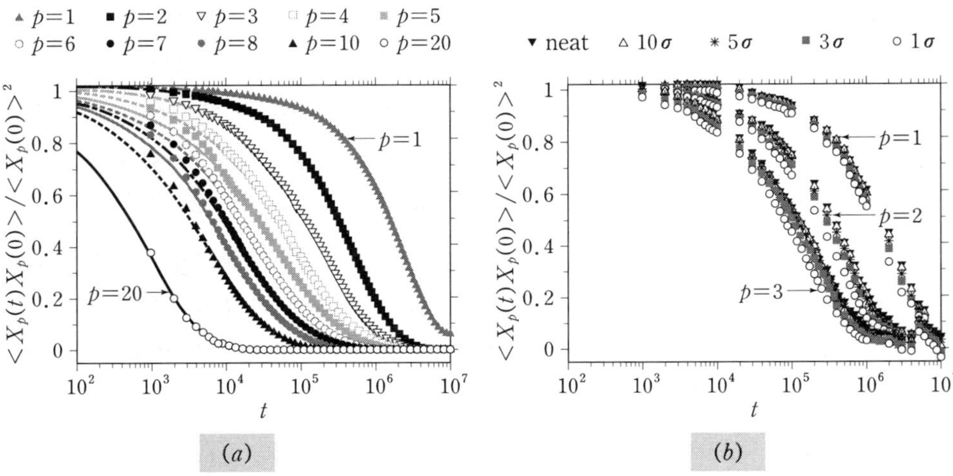

그림 8.13 ❖ 고분자 복합체(나노 입자 부피 분율, 0.1)에서 나노 입자에 의한 Rouse 모드 이완: (a) $N = 400$의 고분자 용융체, 나노 입자의 크기가 10 σ일 때의 Rouse 모드별 이완, (b) $N = 400$, $p = 1, 2, 3$일 때의 자기 상관 함수 이완에 대한 나노 입자 크기의 영향, σ(단량체의 직경)[5,6]

위에 주어진 세그멘트에 대한 운동 방정식으로부터 n번째 구슬(사슬)의 평균 제곱 변위(mean squared displacement, MSD: 사슬의 궤적 r_i와 관련됨)는 다음 식과 같이 얻어진다.

$$\langle (x_n(t) - x_n(0))^2 \rangle = \frac{6kT}{N\gamma} t + \frac{4Na^2}{\pi^2} \sum_{p=1}^{N} \frac{1}{p2} \cos^2\left(\frac{\pi pn}{N}\right)\left(1 - e^{\left(\frac{p^2}{\tau_p}\right)t}\right) \quad (8.15)$$

$$\tau_p = a^2N^2\gamma/3\pi^2p^2kT \quad (8.16)$$

$$\tau_1 = \tau_R = a^2N^2\gamma/3\pi^2kT \quad (8.17)$$

p: 모드 수(mode number)로서 N/p에 해당하는 소사슬의 이완을 묘사함.

여기서, a는 스프링 길이, γ는 구슬의 마찰 계수, N은 사슬 세그멘트의 개수이다. τ_p는 각 운동 모드의 이완 시간이고, τ_1은 사슬의 최장 이완 시간($p = 1$에 해당, 사슬 전체의 운동 모드)이며 이를 특히 Rouse 시간(τ_R)이라 부르기도 한다. 위 식 8.15의 첫번째 항은 사슬 전체의 확산에 상응하고, 두번째 항은 사슬 conformation의 변화에 의한 기여이다. 평균 제곱 변위(MSD)는 입자(구슬-스프링 모델의 구슬에 해당)의 경우, 그 움직이는 속도를 특징지으며 측정 가능한 양(quantity)인 확산 계수(D)와 다음과 같은 관계를 가진다.

$$D = \text{MSD}/6t \quad (8.18)$$

사슬의 이완 현상이라는 관점에서 가장 관심의 대상이 되는 것은 아래 그림 8.14에서와 같이 사슬 운동의 각 모드에 해당하는 이완 시간(τ_p)이다. 고분자 사슬은 큰 길이로 인하여 근본적으로 무한히 많은 수의 이완 모드가 존재하므로 매우 넓은 범위의 이완 시간 분포를 가질 수 있는데, 최장 이완 시간은 이들 중 가장 긴 이완 시간을 가지는 모드로서 사슬 전체에 해당하는 이완 시간이다. 모드에 따른 이완 시간(τ_p)은 다음과 같이 표시된다. 최장 이완 시간은 $p = 1$에 해당한다.

$$\tau_p = \tau_R/p^2 \quad (8.19)$$

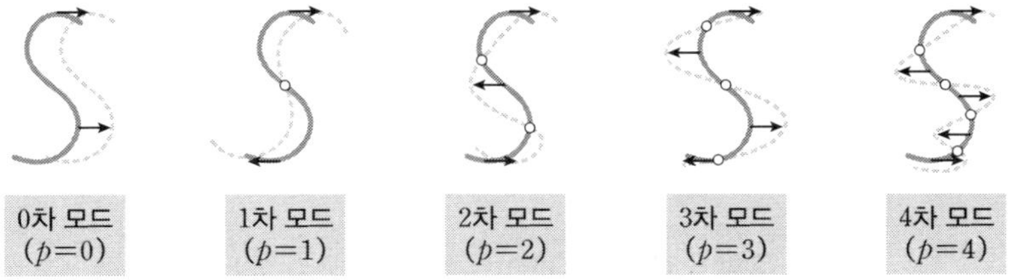

그림 8.14 ❖ 랜덤 코일의 운동을 위한 0차에서 4차까지의 정규 모드

여기서, 0차 모드($p = 0$)는 사슬 전체의 병진 운동에 해당하고, 높은 차수의 모드는 더 많은 수의 마디(node)에 해당하는 복잡한 이완 모드가 존재함을 의미한다.

iv) 사슬의 확산 계수(D)는 Einstein 관계식을 이용하여 다음과 같이 계산된다.

$$D \cong R^2/\tau_R \tag{8.20}$$

즉, Rouse 시간(τ_R)은 사슬이 그 자체 크기의 차수(order)에 해당하는 길이를 확산하는데 소요되는 시간이다. R은 사슬의 회전 반경이나 말단 거리 등에 해당한다.

v) Rouse 모델은 짧은 고분자 사슬의 얽히지 않은 용융 상태에서 잘 적용이 될 수 있다. 긴 사슬의 경우에는 주위 사슬에 의해 형성되는 제약에 의해 사슬의 동역학이 크게 영향을 받기 때문이다. 용융 고분자 시스템에서는 한 사슬의 마찰 운동이 물질 내의 모든 다른 사슬들이 정지된 상태에서 일어난다고 개략적으로 가정할 수 있다.

vi) 7개의 반복 단위를 가지는 펩티드 사슬(peptide chain)의 경우, Rouse 이완 시간이 130 ps-15 ns 정도가 된다.

8.2.2 Zimm 모델(Rouse-Zimm 모델이라 부르기도 함)

묽은 고분자 용액 시스템에서와 같이 얽히지 않은 사슬의 마찰 운동을 설명하기 위한 모델(Zimm 모델)로서 아래 그림 8.15에서와 같이, 서로 다른 사슬 사이의 상호 작용은 무시하고 단지 사슬 내에서의 구슬 사이의 수력학적 상호 작용만 고려한다. 이 모델에서는 용매의 흐름 속도가 구슬의 밀도가 높은 영역에서 감소되므로, Zimm 모델을 비배수 모델(non-draining model)이라 부르기도 한다. Zimm 모델은 Rouse 모델의 확장이라 볼 수 있다.

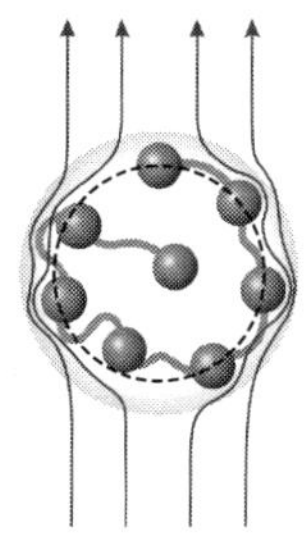

그림 8.15 ❖ Zimm 모델 (비배수 모델)

고분자의 묽은 용액에서는 용매가 사슬 내로 스며들게 되는데, 이로 인해 사슬 내의 단량체들 사이에서, 또는 단량체와 용매 사이에서 수력학적 상호 작용이 강하게 일어난다. 용매가 스며든 상태에서 용매를 포함한 고분자는 고체 입자인 것처럼 주위의 용매를 통하여 움직이게(drag) 된다. 이를 바탕으로 얻어진 Zimm 모델의 운동 방정식은 다음과 같다[4].

$$\gamma \frac{\partial}{\partial t} \boldsymbol{r}(n,t) = \int_0^N dm \hat{H}(\boldsymbol{r}(n,t) - \boldsymbol{r}(m,t)) \left[\frac{3kT}{a^2} \frac{\partial^2}{\partial m^2} \boldsymbol{r}(m,t) + B\xi(m,t) \right] \tag{8.21}$$

여기서, m은 Rouse 모델 때의 개별 세그멘트 경우와 달리 N 세그멘트에 이를 때까지의 연속적 좌표를 나타내고, $\hat{\boldsymbol{H}}$는 구슬 사이의 수력학적 상호 작용을 설명하기 위한 Oseen 텐서(tensor)이다. Oseen 텐서는 세그멘트와 세그멘트 사이의 상호 작용을 위한 것이다. Oseen 텐서는 Oseen 행렬(matrix)이라고도 부른다.

$$\hat{\boldsymbol{H}}_{ij} = \left[\frac{1}{8\pi\eta_s |\boldsymbol{r}_{ij}|} \right] [\mathrm{I} + \hat{\boldsymbol{r}}_{ij} \hat{\boldsymbol{r}}_{ij}] \qquad (\boldsymbol{r}_{ij} = \boldsymbol{R}_i - \boldsymbol{R}_j) \tag{8.22}$$

여기서 η_s는 용매의 점도, $\hat{\boldsymbol{r}}_{ij} = \frac{\boldsymbol{r}_{ij}}{|\boldsymbol{r}_{ij}|}$이고 I는 3×3 단위 행렬(identity matrix)이며, $\boldsymbol{R_i}$는 세그멘트의 위치 벡터, $\boldsymbol{r}_{ij}$는 세그멘트 사이의 거리 벡터이다.

위 Oseen 텐서(운동성 텐서라고도 함)를 바탕으로, Rouse 모드 때와 같은 운동 방정식을 기준으로 정규 좌표 방법을 이용하여 얻어진 고분자 사슬의 최장 이완 시간(τ_z)은 다음과 같은 식으로 표시된다.

$$\tau_z = 0.85[(\eta - \eta_s)/cRT]M \tag{8.23}$$

여기서, η는 용액의 점도, c는 고분자의 농도이며, M은 고분자의 분자량이다. 모드에 따른 이완 시간(τ_p)은 다음과 같이 표시된다.

$$\tau_p = \tau_z / p^{1.5} \tag{8.24}$$

앞에서 설명한 바와 같이, Rouse 모델과 Zimm 모델은 각기 자유 배수와 비배수라는 한계 상황을 가정하고 있어 실제 상황에서는 이론과 실험 결과 사이에 어긋나는 경우가 상당히 존재한다. 이에 따라, 이들 두 모델을 기초로 하여 최적화하려는 노력이 지속적으로 진행되고 있다.

8.2.3 Tube 모델

긴 사슬을 가진 매우 진한 농도의 고분자 용액과 용융 고분자에서는 고분자 사슬의 운동이 이웃하는 사슬의 존재로 인해 매우 제약을 받는데, 용융 고분자의 경우가 더욱 특별하다. Doi와 Edwards는 농축 고분자 용액과 용융 고분자 내에서 고분자 사슬의 열적 운동을 묘사하기 위하여, 아래 그림 8.16에서와 같이 어떤 특정한 사슬이 실질적으로 유효한 튜브(effective tube)에 갇히게 된다고 제안하였다. 이때 유효한 튜브의 의미는 고분자의 운동을 묘사하기에 적절한 튜브라는 것이다. 가상의 유효한 튜브는 특정의 고분자 사슬과 이를 둘러싼 뒤엉키는(entwining) 고분자들의 집합에 의해 형성된다. 이때 튜브의 중심선은 튜브 내에 있는 고분자들의 집합체 내에서 특정 사슬의 전체 경로(overall path)로 정의되며 Doi-Edwards 이론의 핵심적인 개념이다.

튜브 내에서 각 고분자들은 이동하고 있지만 가상의 튜브는 고분자들이 튜브를 지나가는 전체 시간 동안 정지되어 있으며, 갇혀 있는 사슬들의 움직임은 이웃하는 사슬들로부터 독립적인 것으로 가정한다. 또, 특정 고분자 사슬은 튜브 내에 완전히 갇힌 채 이동을 한다고 가정한다. 이때 특정 고분자 사슬이 아래 그림 8.16에서와 같이 튜브의 중심선을 따라 튜브를 통과하는데 소요되는 시간을 이완 시간 또는 얽힘을 푸는 시간(disentanglement time)이라 한다. 이때의 중심선을 사슬의 원시적 경로(primitive path)라 하고, 특정 고분자 사슬을 원시 사슬(primitive chain)이라 부르기도 한다. 이 모델의 보다 구체적인 특징은 다음과 같다.

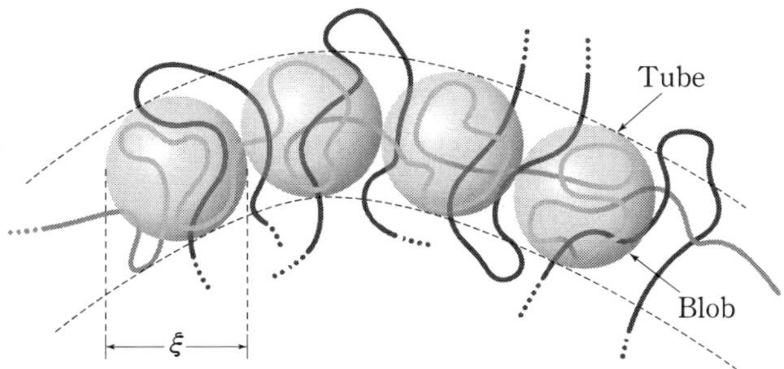

그림 8.16 ❖ 농축 고분자 용액과 용융 고분자의 사슬 운동을 묘사하기 위한 튜브 모델

i) 고분자 사슬은 다른 사슬들에 의해 차단(blocking) 되므로 튜브의 벽을 통하여 이동할 수 없다. 고분자 사슬은 측면 운동 없이 튜브 통로를 따라 이웃하는 사슬들의 이동과는 무관하게 독립적으로 뱀과 같은 방식으로 미끄러지듯 움직인다. 이런 새로운 형태의 운동을 '사행(reptation)'이라 부른다. 사슬들은 다른 사슬들의

존재에 의해 수력학적인 상호 작용이 실질적으로 없는 이상 사슬이 되어, 튜브 내에서의 사슬 운동은 Rouse 운동에 의해 잘 설명될 수 있다.

ii) 작은 스케일의 움직임으로, 튜브 내에서 짧은 시간 스케일로 사슬의 씰룩씰룩 움직임(wiggle)이 여전히 일어난다. 하지만, 고분자 사슬의 흐름은 사행의 느린 과정에 의해서만 일어난다.

iii) 사행 과정의 시간 스케일은 대략 사슬이 튜브를 따라 튜브 축의 길이와 같은 거리만큼 이동하는데 소요되는 시간이다. 이에 따라, 평균 이완 시간(τ)은 사슬 내의 단량체 단위의 개수(N)의 세제곱에 비례하는 것으로 볼 수 있다. 고려되는 시간이 이완 시간(τ)보다 작을 때에는 물질은 탄성적으로 거동을 보이고, 이완 시간(τ)을 지난 경우에만 사슬의 흐름이 일어난다.

iv) 튜브 모델의 근본 메커니즘은 사행에 의한 말단 거리 벡터의 재배향이라고 볼 수 있다.

원시적 경로는 고분자 랜덤 코일의 말단 그룹 사이의 최단 거리를 묘사하며, 위 그림 8.16에서와 같이 블롭(blob: 주위의 다른 사슬들과 중첩이 되지 않는 사슬의 부분 단위)의 두께가 ξ인 원시 사슬의 궤적을 나타낸다. 계산적 편의를 위하여 실제 사슬을 N개의 통계적 세그멘트(statistical segment: 길이가 a)를 가진 Kuhn 사슬로 가정한다. 이에 따라, 원시적 경로의 궤적 길이(L)는 다음과 같이 된다.

$$L \sim N\xi/N_e \sim Na/N_e^{1/2} \tag{8.25}$$

여기서, N_e는 블롭에 존재하는 세그멘트의 개수이고, ξ는 부속 사슬(subchain: 블롭에 해당)의 평균 말단 거리에 해당한다. 즉, $\xi \sim aN_e^{1/2}$의 관계를 가진다.

사슬의 이완 시간(τ: 얽힘이 풀리는데 걸리는 시간)은 원시 사슬이 원래의 튜브를 확산해 빠져 나오는데 소요되는 시간이다. 사슬의 랜덤 운동을 가정하면 평균 제곱 변위(mean squared displacement: L^2)는 다음과 같다.

$$L^2 \sim D\tau \tag{8.26}$$

여기서, D는 확산 계수로서 Einstein 식에 의해 튜브를 기어나오는 사슬의 마찰 계수(μ_t)와 다음 관계식을 가진다.

$$D = kT/\mu_t \tag{8.27}$$

이때 사슬의 마찰 계수(μ_t)는 사슬의 각 연결 단위의 마찰 계수(μ)보다 N배 더 높다.

$$\mu_t = N\mu \tag{8.28}$$

이에 따라, 사슬의 이완 시간은 다음과 같이 된다.

$$\tau \sim L^2/D = L^2\mu_t/kT \sim L^2N\mu/kT \sim a^2N^3\mu/kN_eT \sim N^3\mu \tag{8.29}$$

즉, 사슬의 이완 시간은 N^3에 비례함(분자량의 세제곱에 해당: M^3)을 알 수 있다.

참고문헌

[1] R.J. Young, P.A. Lovell, Chapter 5, "Mechanical Properties", *Introcution to Polymers* 2nd Ed, Chapman & Hall (1991)

[2] R.P. Kambour, *Journal of Polymer Science*: Macromolecular Reviews, 7, 1(1973)

[3] C.W. Kiew, W.J. Lin, T.J. Teo, J.L. Tan, W. Lin, G. Yang, *IEEE/ASME International Conference on Advanced Intelligent Mechatronics*, 314, July 14-17 (2009)

[4] J.T. Padding, *Theory of Polymer Dynamics*: Advanced Courses in Macroscopic Physical Chemistry, University of Cambridge (2005)

[5] J.T. Kalathi, S.K. Kumar, M. Rubinstein, G.S. Grest, *Rouse Mode Analysis of Chain Relaxation in Polymer Nanocomposites*, Office of Scientific and Technical Information(OSTI) (2015)

[6] J.T. Kalathi, S.K. Kumar, M. Rubinstein, G.S. Grest, *Macromolecules*, 47, 6925 (2014)

CHAPTER 9

고분자의 전기 및 광학적 특성

현대 사회의 떠오르는 신흥 기술들은 많은 경우, 전자 산업이나 광학 산업 등과 관련된 것으로서 특별한 전기 및 광학적 성질을 요구하는 분야이다. 이들 분야에서의 고분자의 응용이 크게 증가하고 있음에도 불구하고, 전기 및 광학적 특성을 가진 고분자는 덜 알려져 있으며, 이들 특성에 대한 이해도 많이 부족한 상황이다. 광학적 특성을 가진 고분자의 경우, 전자 산업, 의료 산업, 항공, 국방 산업에 이르기까지, 데이터의 획득, 저장, 처리, 전송, 디스플레이 등에 있어 중요한 역할을 수행할 수 있다. 전기적 특성을 가진 고분자의 경우에도, 스마트폰, 반도체 패키징 등을 포함한 전자, 통신 산업이나 배터리, 태양 전지 등의 에너지 산업, 조직 공학(tissue engineering) 등에 있어 핵심적인 기능을 담당한다. 이에 따라 이들에 대한 이해가 어느 때보다 더 깊이 요구되는 상황이다[1, 2].

9.1 전기장의 정의

전기장(electric field)은 전하로 구성되어 있는 시스템(모든 물질에 해당)의 성질을 조사하는데 매우 중요한 역할을 한다. 전기장(electric field: $\boldsymbol{E}$)은 전하(q)가 인력이나 반발력 등의 힘을 느끼게 하는 전하 주위의 공간을 말한다. 이는 질량을 가진 물체 주위의 공간에서 다른 물체가 인력을 느끼는 중력장과 유사한 개념이다. 전하는 물질의 성질로서 물질이 전기장에 놓여 있을 때에 힘을 느끼게 하는 역할을 하며 양전하와 음전하가 있다. 양전하는 양자(proton)에 의해 운반이 되고, 음전하는 전자에 의하여 운반된다. 즉, 전하의 존재로 인해 주위 공간의 성질이 바뀌는데 이때의 공간을 전기장이라 한다. 시험할 전하(test charge)를 전기장에 두면 전기적인 힘을 받게 된다. 이때 전기장의 세기(E)는 단위 양전하가 느끼는 힘의 세기(F)로 정의하는데 크기(magnitude)와 방향성을 가지며 그 크기는 다음 식에 의해 계산된다.

$$E = F/q \text{ (volt/m)} \tag{9.1}$$

전기장을 시각적으로 설명하기 위한 모델로서, 아래 그림 9.1에 주어진 바와 같이 전기력선(electrical line of force: 전기장을 시각화 하기 위한 가상적인 선)을 가정한다. 전기력선은 시험용 점 양전하(point positive charge)를 자유롭게 전기장에 두었을 때 그것이 이동하리라는 경로에 해당한다. 점전하(point charge)는 면적이나 부피를 가지지 않고 단일점(single point)에 존재하며, 전하를 가진 물체 사이의 인력이나 반발력은 점전하를 잇는 선을 따라 작용한다. 관습에 의해 물질의 양전하에서는 전기력선들이 방사선 형태로 흘러나오고, 음전하에서는 전기력선들이 방사선 형태로 안쪽으로 향한다. 전기장의 세기가 클수록 전기력선의 개수가 많아진다.

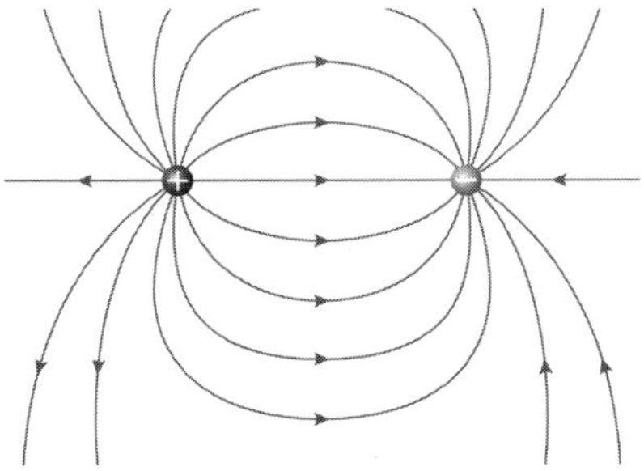

그림 9.1 ❖ 전기장의 시각적 설명을 위한 전기력선 모델

전기장에는 정전기장(static electric field)과 교류 전기장(alternating electric field)이 있다. 정전기장은 전기장의 세기와 방향이 시간에 따라 변하지 않음에 비해, 교류 전기장은 전기장의 세기와 방향이 주기적으로 주파수를 가지고 변한다. 정전기장은 주파수가 0인 교류 전기장이라 볼 수 있다. 이에 따라 물질의 전기적 성질은 가해지는 외부 전기장의 특성에 따라 달라지게 된다.

9.2 유전체 재료와 전기 변위장

절연체(insulator)는 자유 전자를 포함하고 있지 않아 전기장 내에서 전기를 전혀 흘리지 못하는 물질을 말한다. 유전체(dielectric)는 약간의 자유 전자가 있어 절연체에 속하기는 하지만, 전기장 내에서 편극(polarization)에 의해 쌍극자 모멘트를 발생하여 물질 내부에 전기장을 형성할 수 있는 물질이다. 이에 비해, 절연체는 전기장 내에서 편극이 전혀 유도되지 않는다. 유전체는 편극 현상에 의해 한쪽 전극에는 양전하를, 그리고 다른 쪽 전극에는 음전하를 저장하는 능력을 가지지만, 절연체는 단지 전하의 흐름을 방해할 뿐 전하를 저장하는 능력을 가지지 못한다. 모든 절연체는 유전체로 작동할 수 없지만, 유전체는 절연체로 작동할 수 있다. 대부분의 고분자는 절연체 또는 유전체가 될 수 있다. 편극은 가해진 외부 전기장에 의해 분자 내 결합된 전자(bound electrons)들이 이동을 하여 전자구름의 중심과 원자핵의 중심 사이에 변위(displacement)가 일어나는 현상이다.

세라믹이나 유리, 플라스틱, 각종 금속의 산화물 등이 유전체를 형성할 수 있다. 전통적으로는 세라믹이 이온 결합에 의한 결정성 구조를 가짐에 따라 편극 유도가 용이하여 유전체 재료로 많이 사용되어 왔다. 오늘날에는 고분자 재료도 편극을 가질 수 있고, 가격, 가벼움, 성형성(processability) 등의 장점으로 인해 유전체 재료로 많이 활용되고 있다.

전기 편극(electric polarization)은 전기장 내에서 전자구름이 이동함(shift)으로써 분자가 쌍극자 모멘트를 발생하는 현상이다. 이때 외부 전기장으로 인한 유전체의 반응(response)을 설명하기 위하여 벡터장(vector field: 공간의 각 점에 크기와 방향을 가지는 벡터가 지정됨) 개념을 도입하는데, 이것이 전기 변위장(electric displacement field)이다. 즉, 전기 변위장은 유전체에 대한 외부 전기장 효과와 편극이 된 전하에 의한 전기장 효과를 결합한 장(field)이다. 이에 따라, 전기 변위장은 유전체에서 중요한 역할을 하게 되며 그 특성을 요약하면 다음과 같다.

i) 전기 변위장은 전기장과는 다르다. 즉, 전기장은 특정 위치에서의 단위 전하(단위 전기력선)에 미치는 힘으로서 단위 전하에 미치는 전기적 세기를 말한다. 이에 비해, 전기 변위장은 단위 시간, 단위 면적당 유전체를 통과하는 전기력선의 전체 숫자를 나타내며, 이를 전기력 선속 밀도(electric flux density)라 부르기도 한다.
ii) 전기 변위장의 단위는 coulomb/m^{2}로 나타난다.
iii) 전기 변위장은 가해진 전기장의 세기에 비례한다.
iv) 전기 변위장은 극판(electrode plate)에 축적되는 전하를 극판의 면적으로 나누어 줌으로써 계산할 수 있다.

이들 사항을 고려하여 전기 변위장($\boldsymbol{D}$)은 전기장($\boldsymbol{E}$)과 관련하여 다음과 같이 정의한다.

$$\boldsymbol{D} = \varepsilon_0 \boldsymbol{E} + \boldsymbol{P} \tag{9.2}$$

여기서, ε_0는 진공 유전율(vacuum permittivity: $8.854 \times 10^{-12}\ F/\mathrm{m}$, F = coulomb/volt: Farad)로서 외부에서 가해진 전기장이 진공을 스며들 수 있는 능력을 나타내고, P는 유전체의 편극 밀도(polarization density)이다. 편극 밀도는 물질이 가지는 단위 부피당의 쌍극자 모멘트(영구 또는 유도 쌍극자 모멘트)이다. 위 식 9.2를 단순히 기술적으로만 살펴보면, 편극 밀도만 변위장(displacement field)에 해당하고 첫번째 항(first term)은 변위장과는 관련이 없다. 편극장(polarization field)은 유전체 내에서의 전하의 변위를 다룬다.

진공 상태에서는 변위가 일어날 전하가 존재하지 않는다. 그럼에도 불구하고, 진공 상태에서도 전기장은 에너지를 가지고 있으므로 유전율이 0이 되지 않게 되어(ε_0 값을 가짐) $\boldsymbol{D}$값도 0이 되지 않는다. 이는 진공 상태에서도 전기력선이 존재하기 때문이다. 즉, 전기 변위장은 전적으로 변위장은 아니다. 기술적으로(technically) 보면, 전기 변위장은 변위장과 비변위장(non-displacement field)의 결합으로 이루어져 있다. 다시 말하면, 전기 변위장은 외부 전기장에 의한 유전체의 반응을 조사하기 위한 정의에 해당한다.

전기 변위장은 커패시터(capacitor) 등을 통해 설명할 수 있다. 평행 극판 커패시터(parallel plate capacitor)는 두개의 서로 평행한 극판 사이에 전기적인 연결이 없는 상태에서 각 극판들은 외부 도선으로 연결되어 있다. 아래 그림 9.2에서와 같이 균일한 전기장을 가지는 극판 사이에 유전체(전기장 내에서 편극을 유발하는 물질)를 도입하면, 유전체 내에서 음전하들은 양극판 쪽으로 이동하고, 양전하들은 음극판 쪽으로 이동하면서 전하의 분포가 생긴다. 아래 그림 9.2에서 유전체 제일 윗부분과 제일 아랫 부분을 제외한 영역에서는 순수 전하(net charge)가 존재하지 않고, 오로지 제일 윗 부분과 제일 아래 부분의 표면 분자들만이 편극을 이루어 전기 변위장을 발생한다. 전기 변위장은 한 극판의 단위 면적당 축적되는 전하량($\mathrm{C/m^2}$)으로 나타난다.

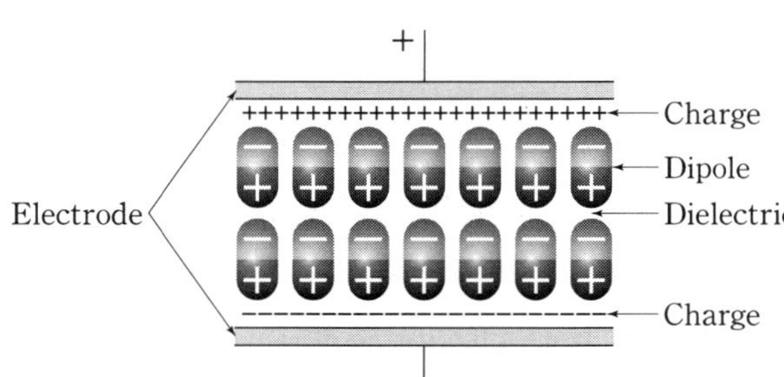

그림 9.2 ❖ 커패시터의 전기 변위장 형성

위의 식 9.2에서 P와 $\varepsilon_0 E$의 비율을 전기 감수율(electric susceptibility: χ_e)로 정의함으로써 유전체에 따른 편극의 정도를 구분할 수 있다. 전기 감수율은 가해 준 전기장에 의해 유전체가 편극을 발생하는 정도에 대한 정량적 척도이다.

$$\chi_e \equiv P/\varepsilon_0 E \tag{9.3}$$

$$P = \varepsilon_0 \chi_e E \tag{9.4}$$

$$D(\text{coulomb/m}^2) = \varepsilon_0 E + P = \varepsilon_0(1+\chi_e)E = \varepsilon E \tag{9.5}$$

여기서, $\varepsilon/\varepsilon_0$의 값을 상대 유전 상수($\varepsilon_r$)로 정의한다.

유전 상수는 전기 감수율과 다음과 같은 관계를 가진다.

$$\varepsilon_r = \varepsilon/\varepsilon_0 = 1+\chi_e \tag{9.6}$$

여기서, ε은 유전체의 유전율(permittivity), 또는 절대 유전율(absolute permittivity)이라 하고, ε_r은 유전체의 상대 유전율로서 일반적으로 상대 유전 상수(relative dielectric constant) 또는 단순히 유전 상수라 부른다. 유전 상수는 유전체의 편극 능력을 나타낸다. 이에 따라, 전기 변위장은 외부 전기장이 유전체의 전하 구성에 어떤 영향을 미치는지를 나타내는 지표가 될 수 있다. 위의 관계식은 유전체가 등방성을 가질 때 유효하며, 이와 같이 가해진 전기장에 대하여 전기 변위장이 선형적인 관계를 가진 유전체를 선형 유전체(linear dielectric)라 부르기도 한다. 선형 유전체의 경우에 유전율은 스칼라 양을 가진다. 이에 비해, 비등방성을 가지는 유전체의 경우에는 유전율(ε)이 방향성을 가지므로 다음과 같은 행렬(matrix) 형태로 나타낼 수 있다.

$$\begin{pmatrix} \varepsilon_{xx} & \varepsilon_{xy} & \varepsilon_{xz} \\ \varepsilon_{yx} & \varepsilon_{yy} & \varepsilon_{yz} \\ \varepsilon_{zx} & \varepsilon_{zy} & \varepsilon_{zz} \end{pmatrix} \tag{9.7}$$

커패시터의 용량(C: capacitance, 유전체가 전하를 저장할 수 있는 능력, coulomb/volt)은 다음과 같이 정의된다.

$$C \equiv Q/V \tag{9.8}$$

여기서, Q는 저장된 전하의 양이고, V는 유전체에 의해 형성되는 전기 변위장(D)에 의한 전압(voltage)이다. 전기 변위장(단위 면적당 전하, 면적은 A로 표시됨)은 다음과 같이 표시할 수 있다.

$$D = Q/A = \varepsilon E \tag{9.9}$$

$$E = Q/\varepsilon A \tag{9.10}$$

$$V = Ed = Qd/\varepsilon A \tag{9.11}$$

$$C = Q/V = \varepsilon A/d = \varepsilon_0 \varepsilon_r A/d \tag{9.12}$$

여기서, d는 양쪽 극판 사이의 거리이고, A는 극판의 면적으로서 커패시터의 용량을 측정하면 유전 상수(ε_r)를 결정할 수 있다. 아래 표 9.1에 여러 유전체들의 유전 상수가 나타나 있다.

표 9.1 대표적 유전체들의 유전 상수

유전체	유전 상수 (ε_r)	유전체	유전 상수(ε_r)
TiO_2	100	Fluorinated polyimide	2.5-2.9
H_2O	78	Methylsilsesquioxane	2.6-2.8
PVDF	9.8	Polyarylene ether	2.8-2.9
TiO_2	6.0	Polyethylene	2.3-2.7
SiO_2	3.9-4.5	Polystyrene	2.5-2.9
Fluorosilicate glass	3.2-4.0	Teflon AF(amorphous fluoropolymer)	2.1
Polyimide	2.8-3.2	Air	1.02

일반적으로 분자 내에 방향족 고리나 황(sulfur), 요드(iodine), 브롬(bromine) 그룹들이 존재하면, 이들이 음전기적 성질을 가질 수 있어 편극이 높게 나타나 유전 상수가 커진다. 전자 산업에 있어서 높거나 낮은 유전 상수를 가지는 유전체는 필수적이다. 낮은 유전 상수는 포장(packaging), 캡슐화(encapsulation) 등과 같은 절연체에서 기본적으로 요구된다. 높은 유전 상수는 전자 장치의 트랜지스터나 커패시터 등에서와 같이 전기 에너지를 공급하거나 저장하기 위해 필요하다.

물질의 유전 상수는 물질을 구성하는 분자들의 편극률(polarizability: 전자 편극, 이온 편극, 배향 편극, 계면 편극 포함) 이외에 온도나, 수분 함량, 측정하는 기기의 주파수 등에 의해서도 영향을 받는다. 이에 따라, 유전 상수를 결정할 때에는 이러한 인자들을 고정시킨 상태에서 측정되어야 한다.

고분자 유전체의 경우에는 유전 상수가 사슬의 정렬 및 배향, 무정형과 결정 영역의 상대적 비율, 입체 구조, 분자량 분포 등에 의해서도 추가적으로 영향을 받는다. 고분자의 극성(polarity)도 유전체의 성질에 상당한 영향을 미치는데, 극성 고분자의 경우에 유전 상수가 주파수의 영향을 받는다. 즉, 교류 전기장에서 극성 고분자의 쌍극자가 배향하기 위해서는 약간의 시간이 걸리는데, 매우 낮은 주파수에서는 쌍극자가 배향하기 위한 시간이 충분하지만, 매우 높은 주파수에서는 쌍극자가 배향할 시간이 충분하지 못하므로 유전 상수가 영향을 받게 된다. 예를 들어 극성 고분자인 나일론 66의 경우, 유전 상수가 60 Hz에서는 4.0인데, 1 MHz에서는 3.6의 값을 보인다. 이에 비해 비극성 고분자의 경우, 전자 편극이 거의 순간적으로 일어나므로 유전 상수가 교류 전기장 주파수의 영향을 받지 않는다.

고분자의 편극과 극성에 의한 전기적 힘이 응집 에너지(cohesive energy: 물질을 그 구성 단위인 분자로 쪼개는데 필요한 에너지로서 분자 사이의 상호 작용 에너지에 해당함)를 결정하므로, 유전 상수(ε_r)와 응집 에너지(용해도 파라미터인 δ로 표시할 수 있음) 사이에는 상관 관계가 아래 그림 9.3에서와 같이 개략적으로 선형 관계($\delta \approx 6.8\varepsilon_r$)로 얻어진다.

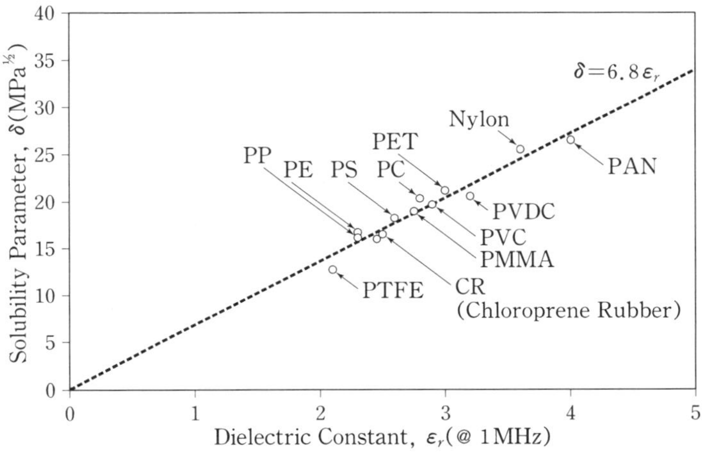

그림 9.3 ❖ 고분자의 용해도 파라미터와 유전 상수의 관계

유전체 내의 전자들은 실제로는 정지되어 있지 않고 원자핵에 결합된(bound) 궤도에서 진동을 하지만, 전자들의 이동(shift)이 평형 상태로부터 매우 미미하여 이를 정전하(static charge)라 부른다.

9.3 분자의 편극

유전체가 전기장에 놓일 경우, 분자의 전기 편극을 통하여 유도 쌍극자 모멘트가 발생할 수 있는데, 분자의 전기 편극에는 그림 9.4에서와 같이 4가지 유형이 있다.

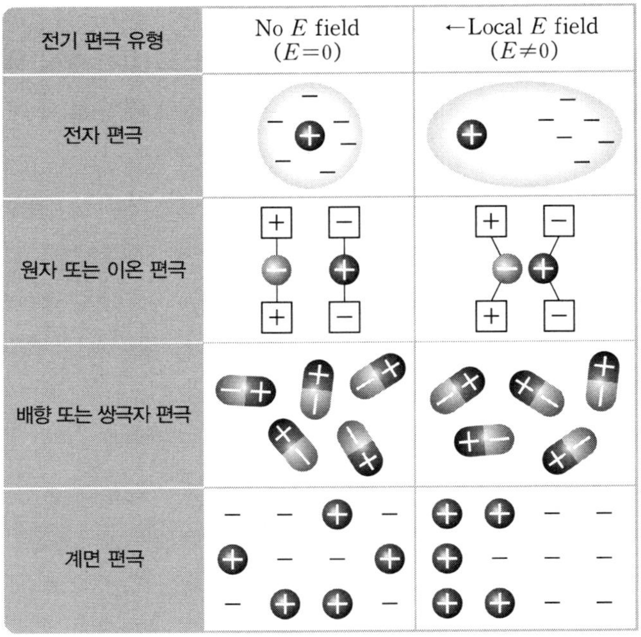

그림 9.4 ❖ 분자의 전기 편극의 유형

i) 전자 편극(electronic polarization)
ii) 이온 편극(ionic polarization): 원자 편극이라 부르기도 함
iii) 배향 편극(orientational polarization)
iv) 계면 편극(interfacial polarization)

전자 편극은 전기장의 영향으로 원자핵에 대한 전자의 상대적 이동(전기장의 방향과 반대 방향으로 이동)이 야기되어, 원자핵인 양전하의 중심으로부터 전자인 음전하의 중심이 약간 분리되는 현상이다. 전하의 중심은 무게 중심과 유사한 개념으로서, 분자 내에서 양자와 전자들의 평균적 위치를 나타낸다. 양전하와 음전하의 중심이 서로 분리가 되어 마치 전기 쌍극자처럼 거동하게 된다. 실제로는 원자의 움직임은 거의 무시되고, 평형일 때의 평균 위치로부터 전자가 매우 작은 거리(원자 직경의 부분적 거리)만큼 이동할 수가 있다. 이와 같이 전자의 이동만 주로 일어나기 때문에 이를 전자 편극이라 부른다.

이온 편극은 이온 결정 내에서 전기장이 가해질 때에 양이온과 음이온이 상대적으로 반대 방향으로 멀어져 일어나는 부가적인 편극이다. 즉, 분자 내에서 원자핵의 평균 위치가 변함에 의해 야기된다. 이에 따라, 이온 편극을 원자 편극이라 부르기도 한다. 핵이 전자들보다 훨씬 더 무거워 움직임이 매우 둔하므로, 전자 편극의 경우에서와 같은 높은 광주파수(optical frequency: 가시 주파수라 부르기도함)에서 원자 편극이 일어날 수가 없다. 원자 편극은 주로 라디오 전파(radio wave) 주파수에서 일어나고, 적외선(IR) 주파수 이상에서는 관찰되지 않는다. 참고로 전자파들의 상대적 주파수 크기는 다음과 같다. 감마선 > X-선 > 자외선(UV) > 가시광선(visible light) > 적외선(IR) > 마이크로파(microwave) 〉 라디오파(radio wave)의 순서이다.

원자 편극의 양은 일반적으로 매우 작아 전자 편극의 약 1/10 수준에 불과하다. 전자 편극이 훨씬 더 중요한 역할을 하고, 원자 편극은 무시할 수는 없지만 미약한(minor) 역할을 한다. 이에 따라, 비극성 분자의 경우에는 전자 편극이 분자의 편극(molecular polarization)을 대변한다고 볼 수 있다.

아래 그림 9.5에서와 같이, 분자가 이미 영구 쌍극자 모멘트를 가지고 있는 극성 물질의 경우에는 비극성 분자 때와는 달리, 전기장을 가하더라도 물질 내의 각 쌍극자(분자에 해당)에 있어서, 각 극(pole: 분자의 양쪽 끝에 2개의 다른 전하를 띤 영역)들 사이의 상호 작용에 의한 힘으로 그 상대적 위치가 거의 변하지 않으므로, 분자 자체의 쌍극자 모멘트는 가해진 전기장에 의해 작은 정도로만 유도된다. 다만 전기장을 가하게 되면 분자의 본질은 변하지 않는 상태(즉, 극의 상대적 위치가 변하지 않는 상태)에서 토크를 받게 되어 전기장에 평행하게 분자들이 배열하기 위하여 분자 축을 중심으로 아주 미약하게 회전을 하게 됨으로써 편극을 유도하게 되는데, 이를 '배향 편극(orientation polarization)' 또는 '쌍극자 배향(dipolar orientation)'이라 부른다. 쌍극자 배향 속도는 분자와 분자 사이의 상호 작용에 의해 크게 영향을 받는다. 물론, 유도 쌍극자의 경우에도 전기장에 평행한 방향으로 쌍극자가 배향된다.

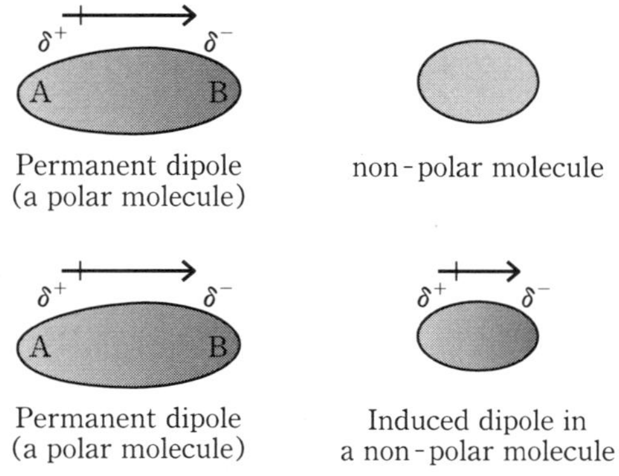

그림 9.5 ❖ 영구 쌍극자 모멘트를 가진 극성 분자와 유도 쌍극자 모멘트를 가질 수 있는 비극성 분자

계면 편극은 불균일계 시스템의 서로 다른 물질 사이의 계면에서 야기되는 편극이다. 외부에서 가해진 전기장 하에서 물질 내의 결합되어 있지 않은(unbound) 전하들이 계면을 통하여 이동하여 더 큰 쌍극자 모멘트를 생성한다. 예를 들면, 반결정 고분자의 전기 전도를 돕기 위해 계면을 이용하는 경우이다. 이때, 결정 영역과 무정형 영역이 존재하여 전기장을 가할 때 계면을 통하여 전하의 이동이 가능하기 때문이다.

전자 편극률(electronic polarizability: α_e)은 전기장을 가했을 때 전자들의 변위에 따라 원자 구조의 대칭성에 변형이 있을 경우에 나타나는 것으로, 아래 식 9.13에 나타난 바와 같이 외부에서 가해진 전기장(E)에 의해 얻어지는 분자의 유도 쌍극자 모멘트(p)의 비율로 정의된다.

$$p = \alpha_e E \tag{9.13}$$

전기 쌍극자 모멘트는 시스템 내에서 양전하와 음전하가 분리되어 있는 정도를 말하며, 전하량과 분리된 거리의 곱으로 나타낸다. 일반적으로 비극성 분자에 있어서는 유도 쌍극자 모멘트가 주로 전자 편극에 의해 유발되는데 그 특성은 다음과 같다.

i) 전자의 개수가 많을수록 원자핵 전하가 전하 분포를 조절하기가 어려워 전자 편극률이 커진다.
ii) 전자들이 원자핵 전하로부터 멀리 떨어져 있을수록 전자 편극률은 커진다.
iii) 주기율 표의 열(row)을 따라 오른쪽에서 왼쪽으로 갈수록 전자 편극률이 증가하고, 행(column)을 따라 아래로 내려갈수록 전자 편극률이 증가한다.
iv) 분자의 크기가 클수록 일반적으로 전자 편극률이 증가한다.
v) 알칸(alkane) 화합물이 알켄(alkene)이나 아렌(arene) 화합물보다 전자 편극률이 훨씬 더 크다.
vi) 전자 편극률은 개략적으로 원자나 분자의 부피에 비례한다.

고분자에 있어서는 그룹들이 선호 배향(preferred orientation: 기계적 변형이나 고체 상태 중합 등에 의함)을 가지므로 $\boldsymbol{p}$와 $\boldsymbol{E}$는 서로 선형 관계는 아니고, 다음과 같이 행렬(matrix)로 표현되는 텐서(tensor) 형태의 전자 편극률[α_e]을 통해 관계를 가진다.

$$\boldsymbol{p} = [\alpha_e]\boldsymbol{E} \tag{9.14}$$

전자 편극률(α_e)의 단위는 SI 단위(International Unit System)로 Coulomb.m^2/V이다. 즉, $\alpha_e = [p/E] = [C \cdot m/(V/m)] = [C \cdot m^2/V]$가 된다. 전자 편극률은 자주 편극 부피(polarizability volume, α'_e: cm^3, 또는 Å^3)로 나타내기도 하는데 아래 식 9.22와 같은 관

계를 가진다.

쿨롱 힘(F_c)은 두 정전하 사이에 작용하는 힘으로 SI 단위를 사용하여 다음 관계식으로 나타나는 실험적 법칙이다.

$$F_c = kq_1q_2/r^2 \tag{9.15}$$

$$k = 1/4\pi\varepsilon_0 \qquad \text{(쿨롱 상수)} \tag{9.16}$$

이를 cgs 단위(centimeter-gram-second unit)로 표시하면 다음과 같다.

$$F_c = kq_1q_2/r^2 \qquad (k = 1) \tag{9.17}$$

전자 편극률을 cgs 단위로 표시하면 다음과 같다.

$$\alpha_e' \equiv [p/E] \tag{9.18}$$

$$E \equiv [F/q] = [(\text{esu})^2/\text{cm}^2]/(\text{esu}) = \text{esu/cm}^2 \tag{9.19}$$

여기서, esu(electrostatic unit)는 정전기 단위(1 coulomb $= 3 \times 10^9$ esu)이다.

$$\alpha_e' \equiv [p/E] = (\text{esu.cm})/(\text{esu/cm}^2) = \text{cm}^3 \tag{9.20}$$

즉, 전자 편극률은 편극 부피로 표시할 수 있게 된다.

$$\alpha_e = 4\pi\varepsilon_0.10^{-6}\alpha_e'(\text{cm}^3) \tag{9.21}$$

$$\alpha_e(\text{C}\cdot\text{m}^2/\text{V}) = 1.11265 \times 10^{-16} \times \alpha_e'(\text{cm}^3) \tag{9.22}$$

편극 부피는 원자 또는 분자의 전하 흐트러짐(charge distortion)이 일어나는 부피에 해당하는 것으로서, 편극에 의한 전하 분포를 나타내는 하나의 지표라 볼 수 있다. 일반적으로 전자 편극률은 전자가 차지하고 있는 부피가 클수록 커진다. 왜냐하면, 원자가 클수록 보다 더 느슨하게 결합된 전자를 가지고 있기 때문이다. 물질의 미시적 성질인 편극률이나 편극 부피는 보통 양자역학적 계산에 의하여 얻어진다. 대표적인 화합물 분자의 편극 부피는 다음과 같다.

> 황산(sulfuric acid: 6.2 Å^3), 물(water: 1.19 Å^3), 암모니아(ammonia: 2.31 Å^3), 아세트알데히드(acetaldehyde: 4.6 Å^3), 아세톤(acetone: 6.4 Å^3), 포름알데히드(formaldehyde: 2.49 Å^3), 페놀(phenol: 11.19 Å^3)

이외에, 전자 편극률을 원자 단위(atomic unit)로 나타낼 수도 있다. 원자 단위는 전자의 거동을 위하여 편리하게 사용되는 단위로서, 길이, 무게, 속도, 전기장, 쌍극자 모멘트 등에 다양하게 이용되는데, 예를 들면 길이는 Bohr 반경(a_0: 수소 원자에서의 원자핵과 전자 사이의 거리, 5.29×10^{-11}m)이 1 원자 단위가 되고, 속도는 첫번째 Bohr 궤도에서의 전자의 속도가 1 원자 단위가 되는데 그 값이 2.187×10^6 m/s이다. 전자 편극률($\alpha_e = p/E$)은 Bohr 반경의 세제곱 값(a_0^3)이 1 원자 단위가 된다. 대표적인 원소 및 화합물의 원자 단위로 나타낸 전자 편극률 값은 다음과 같다.

H (4.5), Li (164), C (11.3), N (7.4), O (5.3), F (3.74), S (19.4), Cl (14.6)

물(1.45), 메탄올(methanol: 3.29), 프로판(propane: 6.29), *n*-부탄(*n*-butane: 8.20), *n*-도데칸(*n*-dodecane: 22.8)

전자 편극률은 원자 반경, 전자 밀도, 분자의 크기, 분자의 배향 등에 의해 큰 영향을 받는다. 전자의 수가 많아짐에 따라 원자핵의 전하에 의한 전자의 분포 조절이 어려워져 전자 편극률은 커지게 된다.

이에 비해 고분자의 전자 편극률은 훨씬 큰 값을 보이는데, 이는 고분자의 경우 자유전하들이 사슬을 따라 긴 거리를 움직일 수 있는 기회가 있기 때문이다. 고분자는 양자역학적 계산을 위한 컴퓨터 작업에 많은 비용과 시간이 소요되므로, 보통 모델 화합물인 올리고머의 편극률을 구함으로써 얻어진다. 다음에 비극성 고분자인 폴리에틸렌, 폴리테트라플루오르에틸렌, 폴리스티렌의 올리고머에 대한 편극률 계산 결과를 원자 단위로 나타내었다.

폴리에틸렌 올리고머: $C_{12}H_{26}$ (146.51)
폴리테트라플루오르에틸렌 올리고머: $C_{12}H_2F_{24}$ (161.12)
폴리스티렌 올리고머: $C_{48}H_{50}$ (533.14)

유전체가 극성을 가진 분자를 포함하고 있는 경우에는 위의 전자 편극 이외에 배향편극이 주도적으로 발생한다. 극성 유전체의 경우, 전자가 원자핵에 잘 결합되어 있어 전자의 편극은 비극성 유전체에 비하여 작지만, 극성을 가진 분자가 외부 전기장에 의해 아래 그림 9.6에서와 같이, 그들의 고유 쌍극자 모멘트를 부분적으로 재배향하여 배향 편극이 전체 편극(total polarization)에서 중요한 역할을 한다.

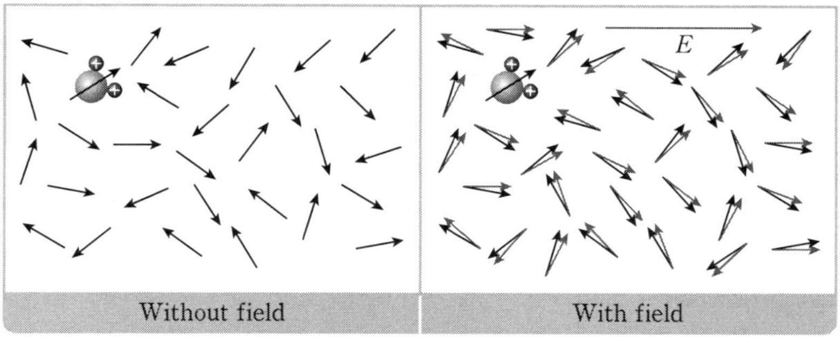

그림 9.6 ❖ 극성을 가진 분자의 재배향에 따른 배향 편극

극성을 가진 분자는 전기장의 존재 없이도 이미 양전하와 음전하의 중심이 서로 떨어져 있어 영구적인 전기 쌍극을 가지고 있으므로, 외부 전기장에 놓이면 토크를 받아 부분적으로 외부 전기장에 평행하게 배열하는 성향을 가진다. 배향 편극은 주로 액체 상태에서 일어나지만, 고분자의 경우에도 원자 구조가 재배향을 할 수 있어 배향 편극이 일어날 수 있다. 액체 상태의 극성 유전체인 경우, 고유 쌍극자(영구 쌍극자에 해당)의 방향이 랜덤한 상태를 유지하다가 외부 전기장이 가해지면 쌍극자들이 전기장의 방향으로 배열하려는 성향을 가지나, 다른 쌍극자들과의 충돌로 인해 반작용을 받게 되어 실제 전기장 방향으로의 평균적 배열은 부분적으로 일어난다. 물 분자의 경우, 전자 편극률에 비해 배향 편극률(α_{ori})이 약 20배 정도 더 큰 값을 보인다. 이온 결합의 경우에도 전자의 편극률은 낮다. 배향 편극률(α_{ori})은 다음과 같은 관계식을 이용하여 구할 수 있다.

$$\alpha_{ori} = \mu^2/3kT \qquad \text{(Debye-Langevin 식)} \qquad (9.23)$$

여기서, μ는 영구 쌍극자의 쌍극자 모멘트이다.

극성이라는 용어의 의미는 '편극(polarizability)'과는 다른 뜻을 가진다. 즉, 극성은 분자 내에서의 영구적인 전하의 비대칭적 분포를 의미한다. 높은 대칭성을 가지거나 아세틸렌(acetylene) 등과 같은 선형 분자들은 영구적인 전기 쌍극자 모멘트를 가지지 못한다. 물이나 메탄올의 경우에는 각기 1.855D(1 Debye = 3.336×10^{-30} Coulomb · m), 1.70D의 영구적인 전기 쌍극자 모멘트를 가진다.

극성 고분자의 경우에는 영구적 전기 쌍극자가 극성 그룹을 포함하는 단량체의 배열에 관련되는데, 사슬 conformation에 대하여 통계적인 평균을 한 것이 그 값이 된다. 아래 표 9.2에 일부 극성 비닐 고분자에 대한 용액 내에서의 영구적 전기 쌍극자 모멘트 값이 주어져 있다.

표 9.2 극성 비닐 고분자의 영구 쌍극자 모멘트

고분자		영구 쌍극자 모멘트(D)	용매	온도(°C)
Polystyrene				
	isotactic	0.435	Toluene	38.4
	atactic	0.36	Toluene	38.4
Polymethyl methacrylate				
	isotactic	1.43	Benzene	30
	atactic	1.35	Benzene	30
	syndiotactic	1.27	Benzene	30
Polyvinyl isobutyl ether				
	isotactic	1.16	Benzene	25
	atactic	1.07	Benzene	25
Polyvinyl chloride				
	atactic	1.31	Tetrahydrofuran	20
	rich in syndiotactic	1.39	Tetrahydrofuran	20

위 데이터로부터 고분자 사슬의 입체 규칙성이 영구 쌍극자 모멘트와 상관성을 가지며, 위의 모든 경우에 이소탁틱 고분자가 아탁틱 고분자보다 더 큰 영구 쌍극자 모멘트를 가지고 있음을 볼 수 있다. 일반적으로 극성 분자의 영구 쌍극자 모멘트(μ)는 용매(비극성 용매) 및 용액의 상대 유전율과 굴절률을 측정함으로써 결정될 수 있는데, 다음과 같은 Debye-Guggenheim 관계식에 의해 지배를 받는다.

$$\mu^2 = \frac{27kT}{N_A}\varepsilon_0 \frac{1}{(\varepsilon_1+2)(n_1^2+2)}(b_\varepsilon - b_{n^2}) \tag{9.24}$$

위 식에서, ε_1과 n_1은 용매의 유전 상수 및 굴절률이고, b_ε과 b_{n^2}는 용액의 ε과 n^2을 용질의 농도 함수로 표시하여 플롯하였을 때 얻어지는 각 기울기에 해당한다.

9.4 Clausius-Mosotti 식

Clausius-Mosotti 식은 거시적 전기장(macroscopic electric field: 거시적 물체와 관련된 전기장)에서의 유전 상수와 미시적 전기장(microscopic electric field: 물질의 원자나 분자 규모와 관련된 전기장)에서의 편극률 사이의 관계를 설명해 준다. 편극률은 원자 또

는 분자의 성질인데 비하여, 유전 상수는 원자들이 집합되어 있는 양상에 따라 달라지는 거시적 성질을 가진다. 원자의 존재에 따른 전기장의 원천으로는 두가지가 있다. 첫째는 외부에서 가해 준 전기장에 따른 것이고, 다른 하나는 원자 자체가 가지는 쿨롱 힘에 의한 내부 전기장이다.

거시적인 관점에서 바라보면 외부에서 전기장을 가할 때 원자의 유도 쌍극자 모멘트(p)는 아래 그림 9.7에서와 같이 원자가 위치하고 있는 지점에서 느끼는 국부적 전기장(E_{loc})과 비례 상수(원자 규모의 편극률: α')를 통하여 관계($p = \alpha' E_{loc}$)를 가진다.

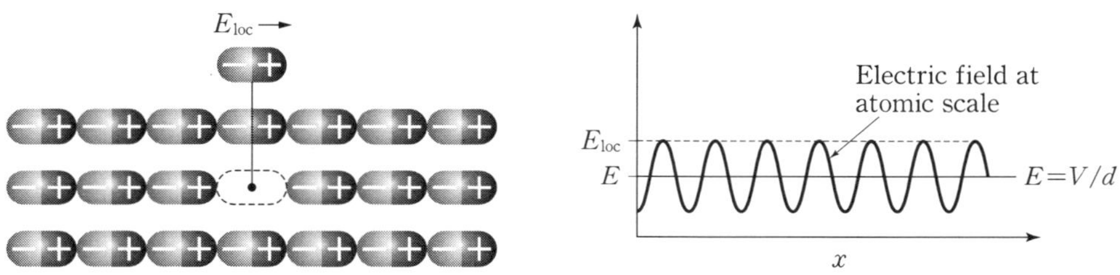

그림 9.7 ❖ 원자가 위치한 지점에서 느끼는 국부적 전기장

이때 외부로부터 가해지는 전기장에 의해 원자가 느끼는 국부적 전기장은 외부 전기장으로서, 가장 인접한 환경(주위 쌍극자의 분극)에 의해 영향을 받으므로 평균적인 거시적 전기장에서 많이 벗어난다.

또, 원자 자체의 원자핵(+)이 느끼는 쿨롱 전기장(E_{atom})은 내부 전기장(internal electric field)으로서 다음과 같이 구한다. 아래 그림 9.8에서 R은 구형을 가진 원자의 반경이고, θ는 전기장을 가했을 때 야기되는 전자(전하: e)의 작은 이동(x)에 의해 형성되는 각이다.

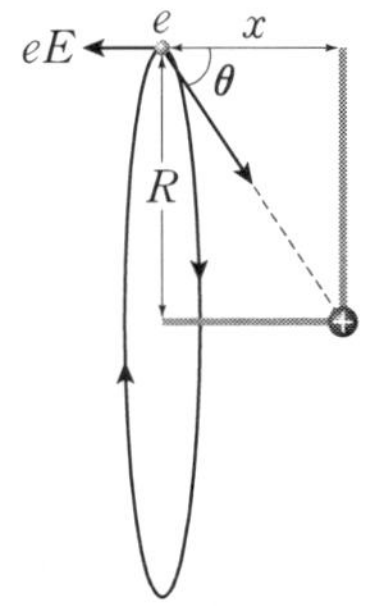

그림 9.8 ❖ 원자 내 전자의 변위

원자핵으로부터 이동된 전자까지의 거리는 거의 R이라고 근사적으로 고려하면, 원자 내에서 유도되는 쌍극자 모멘트(p)는 다음과 같다.

$$p = e \cdot x \approx e \cdot R \cos\theta \tag{9.25}$$

위의 원자핵이 느끼는 쿨롱 전기장(원자핵과 전자 사이에 작용하는 전기장)은 원자의 유도 쌍극자 모멘트와 상관 관계를 가진다. 쿨롱 전기장은 반경 R의 구 부피(sphere volume) 내에서의 전하 분포를 위한 평균적인 내부 전기장(E_{atom})에 해당한다. 쌍극자에 의해 야기되는 내부 전기장(쿨롱 전기장)은 쌍극자 모멘트와 비례하므로 다음과 같은 관계식 9.26을 가진다. 이 관계식에서 음의 부호를 가지는 것은, 쌍극자 모멘트의 방향이 음전하에서 양전하를 향하게 정의되므로 외부에서 가해 준 전기장의 방향과 반대되기 때문이다.

$$E_{\text{atom}} = -(1/4\pi\varepsilon_0 R^3)p \tag{9.26}$$

여기서, $(1/4\pi\varepsilon_o)$은 쿨롱 상수이다. 평형 상태에서 전자에 작용하는 외부 전기장은, 이때 전기장의 방향으로 위치한 양전하와 전자 사이의 쿨롱 장(coulombic field)에 의해 균형을 이루므로 다음 관계식이 얻어진다.

$$\alpha' = p/E_{\text{loc}} = p/E_{\text{atm}} = 4\pi\varepsilon_0 R^3 \qquad (\alpha'\text{: 원자의 편극률}) \tag{9.27}$$

이에 따라, 원자가 존재함에 따른 전체 전기장(E)은 다음과 같다.

$$E = E_{\text{local}} + E_{\text{atom}} = E_{\text{local}} - (e \cdot \cos\theta/4\pi\varepsilon_0 R^2) \tag{9.28}$$

위 관계식을 결합하면 원자의 존재에 따른 전체 전기장은 다음과 같다.

$$\begin{aligned} E &= E_{\text{local}} + E_{\text{atom}} = E_{\text{local}} - (e \cdot \cos\theta/4\pi\varepsilon_0 R^2) \\ &= [(1 - (\alpha'/4\pi\varepsilon_0 R^3)]E_{\text{local}} \end{aligned} \tag{9.29}$$

원자를 이루는 구(sphere)의 반경이 R이면 단위 부피당 원자의 수(N')는 다음과 같다.

$$N' = 3/(4\pi R^3) \tag{9.30}$$

이에 따라, 전체 전기장(E)은 다음과 같이 된다.

$$E = (1 - \alpha' N'/3\varepsilon_0)E_{\text{local}} \tag{9.31}$$

편극 밀도(polarization density, P: 물질의 단위 부피당 편극으로서 편극 벡터 또는 단순히 편극이라고도 함)는 다음과 같다. 편극 밀도는 물질의 거시적 성질로서 영구 또는 유도 쌍극자 모멘트 밀도를 나타내는 벡터 장(vector field)에 해당한다.

$$P = Np = N\alpha E_{\text{local}} \tag{9.32}$$

이때 α는 위의 원자 경우에서와 달리 분자의 편극률이 되고, N은 물질의 단위 부피당 분자 수가 된다. 편극 밀도는 전기 감수율(electric susceptibility, χ_e)로 나타낼 수도 있는데, χ_e는 다음과 같이 전기장과 편극 밀도 사이의 비례 상수로 정의된다. 전기 감수율은 유전 감수율(dielectric susceptibility)이라 부르기도 한다.

$$P = \varepsilon_0 \chi_e E \tag{9.33}$$

전기 감수율은 편극률과 매우 유사한 물리적 의미를 가지고 있으나, 사용하는 단위가 다르며 거시적 성질이다. 편극률이 편극을 유발할 수 있는 능력을 나타내는 반면, 전기 감수율은 차원(dimension)이 없는 값으로서, 가해진 전기장에 의해 편극이 일어난 정도를 나타낸다. 참고로, 120°C에서의 수증기의 전기 감수율 값은 4×10^{-3} 정도이다.

위 관계식에 따라,

$$\varepsilon_0 \chi_e E = N\alpha E_{\text{local}} \tag{9.34}$$

$$\varepsilon_0 \chi_e (1 - \alpha N/3\varepsilon_0) E_{\text{local}} = N\alpha E_{\text{local}} \tag{9.35}$$

$$\chi_e = (N\alpha/\varepsilon_0)/(1 - \alpha N/3\varepsilon_0) \tag{9.36}$$

유전 상수는 전기 감수율을 사용하여 표시할 수도 있다.

$$\begin{aligned} D &= \varepsilon_0 E + P \\ &= \varepsilon_0 E + \varepsilon_0 \chi_e E = \varepsilon_0 (1 + \chi_e) E \\ &= \varepsilon E \end{aligned} \tag{9.37}$$

이에 따라, $\varepsilon_r = \varepsilon/\varepsilon_0 = 1 + \chi_e$의 관계가 얻어진다.

위의 관계식들로부터 $\varepsilon_r - 1 = (N\alpha/\varepsilon_0)/(1 - \alpha N/3\varepsilon_0)$이므로, 분자 편극률($\alpha$)에 관한 다음과 같은 Clausius-Mosotti 식이 얻어진다.

$$\alpha = (3\varepsilon_0/N)[(\varepsilon_r - 1)/(\varepsilon_r + 2)] \qquad \text{(Clausius-Mosotti 식)} \tag{9.38}$$

Clausius-Mosotti 식은 벌크한 거시적 성질인 유전 상수($\varepsilon_r = \varepsilon/\varepsilon_0$)와 수 밀도($N$: number density, 물질의 단위 부피당 분자 개수)를 알면, 물질의 분자 편극률을 구하는데 매우 유용하게 사용될 수 있다. 즉, 유전 상수의 분자적 근원을 이해하는데 도움이 된다.

유전 상수는 벌크한 성질이므로 실험적으로 쉽게 측정할 수 있다.

위 관계식에서 수 밀도가 분자량(M)과 질량 밀도(mass density: ρ, 단순히 밀도라고도 함)와 상관 관계를 가지므로, 분자 편극률(α)은 다음과 같이 물질의 분자량과 밀도로도 표시할 수 있다.

$$\alpha = (3/4\pi N_A)(M/\rho)[(\varepsilon_r - 1)/(\varepsilon_r + 2)] \tag{9.39}$$

여기서, N_A는 Avogadro 수이다.

Clausius-Mosotti 식은 유전체의 미시적 성질과 거시적 성질을 연결시켜주는 매우 유용한 관계식이긴 하지만, 유전체가 균일하며 등방성일 때에 적용될 수 있으므로 비극성 분자 또는 극성이 비교적 약한 분자로 구성된 재료일 때 유효하다. 비극성 분자의 경우 상호간의 작용이 거의 무시될 수 있으나, 상호 작용이 큰 용액이나 고체의 경우에는 다양한 단거리 상호 작용 등이 존재할 수 있어, 분자 편극률이 물질의 유전 상수에 복잡한 형태로 영향을 주게 되어 Clausius-Mosotti 식이 적용되기 어렵다. 또한, 이 식은 편극률과 관련하여 오로지 유도 쌍극자를 전제로 하고 있으므로 상당한 영구 쌍극자 모멘트를 가진 물질의 경우에는 적용이 어렵다.

9.5 유전체의 이완(dielectric relaxation) 원리

앞에서 이미 언급한 바와 같이, 일반적으로 이완이라는 현상은 동요된 시스템(perturbed system)이 평형 상태로 되돌아가는 것을 의미한다. 이때 이완 현상은 이완 시간에 의해 유형화(categorize)된다. 유전체 이완은 평형 상태에 있는 유전체(이때 쌍극자들이 랜덤 배향을 가지고 있음)에 외부 전기장을 가했을 때, 유전체 내부에 편극이 지속적으로 축적되어 궁극적으로 유전체가 새로운 평형 상태(외부에서 가한 전기적 힘과 쌍극자가 다시 원 위치로 돌아가려는 힘이 균형을 이룸)로 이완되는 과정이다. 이때 유전체 시스템은 낮은 자유 에너지 상태로 붕괴(decay)된다. 이는 외부 전기장의 에너지가 유전체에 일부 흡수되어 열에너지로 발산되기 때문이다. 극성을 가진 유전체에 직류 전압의 외부 전기장을 가했을 때, 시간에 따른 편극 밀도(P)의 축적은 아래 그림 9.9에서와 같이 보편 법칙(universal law)을 따르며 그 관계식은 다음과 같다.

$$P(t) = P_e(1 - e^{-t/\tau}) \tag{9.40}$$

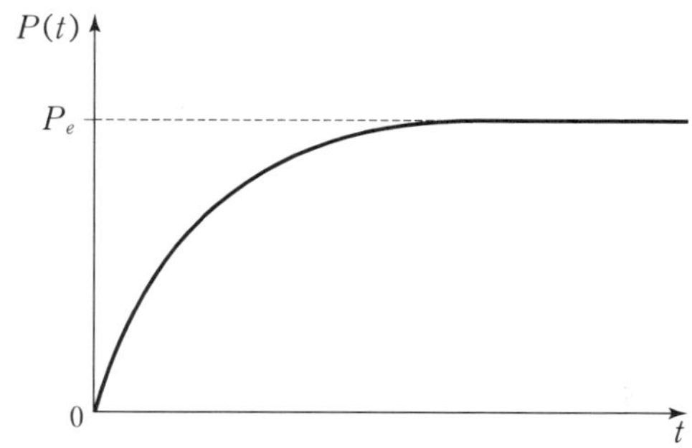

그림 9.9 ❖ 직류 전압을 가했을 때 유전체의 시간에 따른 편극 밀도의 축적

여기서, τ는 새로운 평형 상태로 돌아가는 이완 시간으로 정의되는데, 주어진 이완 과정을 규정하는 파라미터로서 이완 속도를 나타내는 지표가 된다. 이완 시간은 온도의 함수가 되나 시간과의 관계는 독립적이다. P_e는 평형에 도달하였을 때의 편극 밀도이다.

외부 전기장이 쌍극자에 가해졌을 때에 편극이 축적되어 새로운 평형을 이루기까지 약간의 시간이 소요되는 것은 열 교란(thermal agitation)에 의한 쌍극자 사이의 충돌이 그들로 하여금 전기장의 방향을 따라 확산에 의해 배향되는 것을 지속적으로 방해하기 때문이다. 이러한 시간 지연을 이완 시간으로 표시하는데 대체로 편극이 평형 상태의 편극(P_e)의 약 2/3 정도 수준이 되기까지 소요되는 시간에 해당한다.

만약에 주어진 전기장에 의해 유전체가 편극의 축적으로 새로운 평형을 이룬 상태에서 전기장을 끊어 버리면, 쌍극자들은 아래 그림 9.10에서와 같이 원래의 랜덤 배향 상태(편극이 전혀 없는 상태)로 돌아가려는 성향을 가지면서 축적된 편극이 붕괴된다.

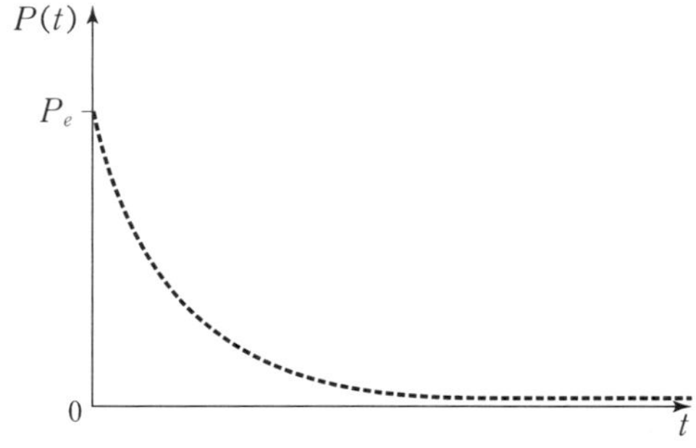

그림 9.10 ❖ 외부 전기장에 의해 축적된 편극의 시간에 따른 붕괴

이때에도 편극 축적 때와 똑같은 이완 시간을 가지면서 또 새로운 평형 상태(쌍극자들이 랜덤 배향 상태에 있음)로 이완되는데, 이때의 시간에 따른 편극 붕괴, $P(t)$는 다음 식으로 표시할 수 있다.

$$P(t) = P_e e^{-t/\tau} \tag{9.41}$$

유전체의 이완 현상을 가장 쉽게 관찰할 수 있는 방법은, 위에서 설명한 바와 같이 물질에 전기장을 가한 후 쌍극자의 평형 분포가 형성될 때까지 충분한 시간 동안 기다린 후 전기장을 갑자기 끊고 나서, 쌍극자 모멘트 또는 편극이 시간에 따라 어떻게 변하는지를 확인하는 것이다.

유전체에 가해진 전기장을 끊은 후의 편극 붕괴 때에, 쌍극자들은 시간이 지남에 따라 궁극적으로는 랜덤화되어 그들의 쌍극자 모멘트나 편극이 0으로 될 것이다. 그러나 이러한 현상이 편극 축적 때와 마찬가지로 순식간에 일어나는 것은 아니다. 쌍극자는 전기장이 끊어지는 순간에 특정의 배향을 가지고 있고, 시간이 지남에 따라 편극 축적 때와 마찬가지로 활성화된 다른 쌍극자들과의 상호 작용(충돌)에 의해 배향을 바꿀 것이다.

시스템 내의 각 쌍극자들의 이완 모드(relaxation mode)는 서로 다를 수 있다. 이들 각 이완 모드에 대하여 특성 시간(characteristic time)을 정의하게 되는데, 개략적으로 이는 쌍극자 충돌 사이에 소요되는 시간의 자릿수(order)에 해당한다. 전체 시스템의 이완을 위한 특성 시간은 평균적인 값이 존재하는데 이를 이완 시간(τ)으로 정의하는 것이다.

일반적으로 유전 이완은 다음과 같은 특성을 가진다.

i) 유전 이완은 전체적으로 볼 때, 외부 전기장을 가했을 때 전기 쌍극자와 전하들의 움직임에 의해 일어나는 결과로서 쌍극자의 이완(영구 쌍극자와 유도 쌍극자 모두 포함)과 이온의 이완이 포함되는데, 일반적으로 10^2~10^{10} Hz의 진동 주파수 범위에서 얻어진다. 이때의 이완은 보통 10^{12} Hz 이상의 주파수에서 일어나는 전자 전이나 분자 진동에 비해 상당히 낮은 주파수에서 일어난다. 영구 쌍극자는 외부에서 가해 준 전기장 없이도 쌍극자가 존재하며, 외부에서 전기장을 가하더라도 쌍극자가 깨지지(break) 않는다. 영구 쌍극자는 분자 내의 두 원자들이 상당히 다른 전기 음성도를 가지는 경우에 형성된다.
ii) 쌍극자 이완은 외부에서 가해 준 전기장을 따라 배열하는 영구 쌍극자나 또는 유도 쌍극자로부터 야기된다. 이완 시간은 쌍극자의 구조나 상호 작용, 온도나 압력 등에 의해 크게 영향을 받는다.
iii) 각 이완 과정은 이완 시간(τ)에 의해 특성화 된다. 이론적으로는 이완 과정을 간단한 지수 법칙을 이용하여 시간의 함수, $\exp(-t/\tau)$로 설명할 수 있다.

고분자 사슬의 쌍극자 이완과 관련된 운동으로서 주사슬의 협동적(cooperative, or correlated) conformation 변화에 의한 분자 세그멘트의 요동(여러 개의 반복 단위들의 집합적인 운동에 해당)이 있다. 이를 1차 이완(primary relaxation) 또는 α-이완이라고도 한다. 이외에, 2차 유전 이완을 보이는 분자 운동으로 다음과 같은 것들이 존재한다.

i) 주사슬의 반복 단위와 관련된 국부적 운동
ii) 주사슬과 연결된 곁그룹의 운동
iii) 주사슬과의 협동 없이 곁사슬 그룹이 자체적으로 가지는 내부 운동
iv) 고분자 매트릭스(matrix)에 내포(embed) 되어 있는 작은 크기의 분자 운동(예를 들면, 물 분자와 고분자 내의 친수성 그룹과의 상호 작용 등)
v) 반결정 고분자에서의 2차 이완(일반적으로 무정형 영역과 관련됨)
vi) 액정 고분자에서의 2차 이완(메조젠의 두 결합 사이의 협동적 비틀림 등)

폴리메틸 메타크릴레이트(PMMA)의 경우, 아래 그림 9.11에서와 같이 2차 이완인 β-이완의 강도가 α-이완 때 보다 더 크게 나타나는데, 이는 고분자 시스템에서 매우 드문 경우이다. PMMA의 β-유전 이완은 메타크릴레이트 그룹(methacrylate group)의 회전 운동과 관련된다. 유전 이완 스펙트럼은 가해진 진동 주파수의 함수로 나타나는데, 아래 그림 9.11에서와 같이 아주 낮은 주파수(3 Hz)에서 스펙트럼을 얻을 경우에 이완 피크의 구분이 용이해진다. 이에 비해, 가해진 주파수가 아주 커지면(10,000 Hz) α-이완과 β-이완 피크의 분리가 어려워진다. 이는 가해진 주파수가 높을 경우, α, β 이완을 위한 각각의 활성화 에너지 차이가 별로 없어, β-이완 온도가 α-이완 온도를 따라잡아 두 이완 모드가 거의 같은 온도에서 일어나기 때문이다. 유전 손실 인자(dielectric loss facfor)는 가해진 전기장의 에너지가 매질에 흡수되어 열로 발산되는 지표이다.

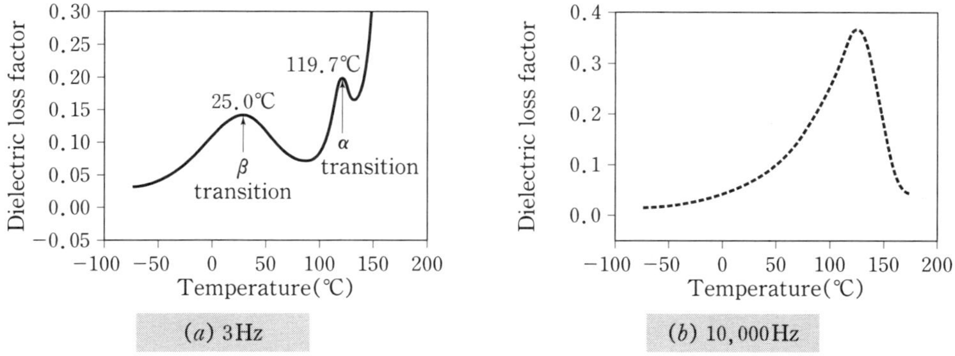

그림 9.11 ❖ 폴리메틸 메타크릴레이트의 진동 주파수에 따른 α, β 이완 분리: (a) 3 Hz, (b) 10,000 Hz[3]

많은 경우, 2차 이완은 α-이완과 중첩되어 나타나거나 뚜렷하게 보이는 α-이완의 어깨(shoulder)로 나타난다. 이로 인해 중첩된 피크들의 얽힘을 풀(deconvolution) 때에 에러(error)가 발생할 수 있어, 2차 이완의 구분에는 어느 정도의 불확실성이 내포되어 있다.

분자인 쌍극자의 배향은 비교적 느린 과정이다. 배향에 관련된 요동의 시간 스케일은 시료의 종류 및 관련 완화 메커니즘에 달려 있는데, 보통 낮은 점도의 액체일 경우에 수 피코 초(few picosecond)이고, 유리질 상태의 경우에는 수 시간에도 이른다.

유전 이완 분광법(dielectric relaxation spectroscopy, DRS)은 고분자 시료와 작은 시간 스케일에 따라 작은 크기로 변하는 전기장(small magnitude time-dependent electric field) 사이의 상호 작용을 탐지할 수 있다. 이때 이완 과정은 흔히 유전율을 주파수의 함수로 설명한다. 시료의 에너지 흡수가 일어나는 진동 주파수의 위치와 그 크기는 물질의 화학적, 물리적 특성 및 탐지 당시의 온도 및 압력에 의해 주로 영향을 받는다.

DRS는 가장 넓은 동적 범위(dynamic range)를 가진 기법 중의 하나이다. 이에 따라, 전자 전이나 분자의 진동 운동 등과 같이 순간적인 붕괴 과정 ($t < 10^{-12}$ sec)도 탐지 가능하다.

유전 이완이 그 위상에 있어서 가해진 전기장에 비해 지연되는 반응을 보이는 것은 쌍극자의 재배향 편극이나 계면 편극 등에 기인하는 것이다. 가해진 전기장이 진동함에 따라 극성 그룹이나 쌍극자들은 전기장과 같은 위상으로 진동을 하는 경향을 가지는데, 쌍극자들이 내부 저항(전하의 이동에 따른 저항), 비탄성 저항(inelastic resistance: 물질의 변형에 따른 저항), 마찰 저항(물질의 운동에 따른 저항) 등으로 인해 에너지를 잃게 되면, 진동수가 감소하게 되어 외부 전기장의 위상보다 지연된다. 편극을 유발하기 위해 쌍극자에 장(field)의 방향이 교대하는 전기장(alternating electric field: 진폭이 E_0이고 각 주파수가 ω임)을 가하는 경우의 전기장(E)은 다음과 같이 표시할 수 있다.

$$E = E_0 \cos \omega t \tag{9.42}$$

쌍극자의 배향에 의한 전기 변위장(D)은 아래 그림 9.12에서와 같이 지연되는 반응에 의해 다음과 같이 표시된다.

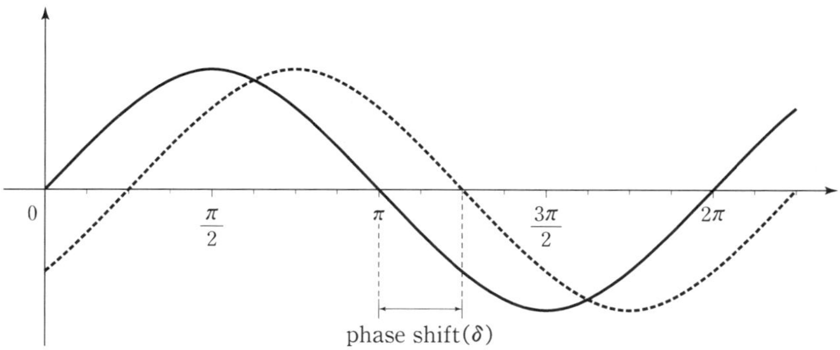

그림 9.12 ❖ 쌍극자의 배향에 의한 전기 변위장의 위상 지연

$$D = D_0 \cos(\omega t - \delta) = D_1 \cos \omega t + D_2 \sin \omega t \tag{9.43}$$

$$D_1 = D_0 \cos \delta \tag{9.44}$$

$$D_2 = D_0 \sin \delta \tag{9.45}$$

여기에서 두개의 상대 유전율을 다음과 같이 정의한다.

$$\varepsilon' = D_1/\varepsilon_0 E_0 \qquad \varepsilon'' = D_2/\varepsilon_0 E_0 \tag{9.46}$$

$$\tan \delta = \varepsilon''/\varepsilon' \tag{9.47}$$

Sine파 모양(sinusoidal)의 정상 상태의 전기장을 가할 경우, 유전체의 평균 동력 밀도($\langle W \rangle$: 단위 부피당 평균 동력, average power density)는 다음과 같이 표시된다.

$$\langle W \rangle = \langle E \cdot (\partial D/\partial t) \rangle \tag{9.48}$$

위 식에 주기적으로 변하는 장(field)의 경우에 대한 시간 평균 정리(time average theorem)를 적용하면 다음과 같이 된다.

$$\langle \mathrm{Re}(Ae^{i\omega t})\mathrm{Re}(Be^{i\omega t}) \rangle = (1/2)\mathrm{Re}(AB^*) \qquad (\text{Re: 복소수의 실수 부분}) \tag{9.49}$$

$$\langle W \rangle = (1/2)\mathrm{Re}(i\omega)D \cdot E^* \tag{9.50}$$

$$D = \varepsilon E = \varepsilon_r \varepsilon_0 E = [(\varepsilon' - i\varepsilon'')\varepsilon_0]E \tag{9.51}$$

$$\langle W \rangle = (\omega/2)E^2(\varepsilon' - \varepsilon'')\varepsilon_0 \tag{9.52}$$

$$\langle W_{\mathrm{cycle}} \rangle = \pi E^2(\varepsilon' - \varepsilon'')\varepsilon_0 \qquad (\omega = 2\pi \text{ radians/sec}) \tag{9.53}$$

여기서, ε'는 물질의 전기 변위가 외부에서 가해진 전기장과 같은 위상이므로, 전기장이 매질을 통과할 때에 단순히 물질과 상호 작용하여 편극을 야기시킴으로써 물질 내에 저장되는 진동 사이클당 동력 밀도를 나타내는 지표이고, ε''는 가해진 전기장과 전기 변위의 위상 차이가 90°가 되어, 전기장이 가진 에너지가 매질에 영구적으로 흡수되어 열로 발산되는 진동 사이클당 동력 밀도를 나타내는 지표가 된다. 이에 따라, ε'는 유전 저장 인자(dielectric storage factor)라 부르며, ε''는 유전 손실 인자(dielectric loss factor)라 부른다.

위의 정의에서, tan δ는 사이클당 물질의 열로 발산되는 에너지와 저장되는 에너지의 비율로서 에너지 저장에 대한 발산의 상대적 경향을 나타낸다. 물질의 발산되는 에너지는 점성에 가까운 성질이고, 저장되는 에너지는 탄성에 가까운 성질이다. ε''는 열로 손실되는 에너지에 관련되므로 tan δ는 '유전 손실 탄젠트(dielectric loss tangent)' 또는 '감쇠 인자(dissipation factor)'라 부르기도 하는데, 전기장이 가진 에너지가 매질에 흡수되는 정도를 나타내는 지표가 된다. 유전 손실 탄젠트가 유전 상수보다 물질에 더 민감한 경향을 보여 자주 이용되는 파라미터이다. ε'과 ε''은 실험적으로 관찰될 수 있는 양으로서, 특정의 주파수 범위에 걸쳐 유전 분산(dielectric dispersion) 현상을 특성화 하는데 사용된다. 유전 분산은 가해진 전기장의 주파수에 따른 유전체의 유전율 의존성이다.

위의 ε'과 ε''를 다음과 같이 복소 상대 유전율(complex relative permittivity), 즉 복소 유전 상수(complex dielectric constant)로 나타낼 수 있다.

$$\varepsilon^* = \varepsilon' - i\varepsilon'' \tag{9.54}$$

이때 복소수의 허수 부분에 음의 부호를 사용하는 것은, 복소수의 절대값이 복소수 좌표에서 원점으로부터의 거리를 나타내게 하기 위함이다. 일반적으로 물질에 외부 전기장을 가할 때 물질의 유전 반응은 외부 전기장의 진동 주파수에 의해 좌우된다. 이와 같이 물질의 유전 반응이 주파수에 영향을 받음은 물질의 편극이 순간적으로 변화하지 않는 사실을 반영한다. 즉, 외부 전기장에 의한 물질의 유전 반응은 위상 차이로 표현할 수가 있다. 이에 따라, 유전율은 외부 전기장의 주파수의 복소 함수(복소수로 나타내는 함수)로 표시할 수 있다. 복소 함수는 크기와 위상을 동시에 표시할 수 있기 때문이다.

유전체 이완 거동의 기본적인 현상에 바탕을 둔 이론은 Debye에 의해 전개되었는데, 거시적 관점에서 외부 전기장의 주파수의 영향을 고려하는 것으로부터 출발한다. 유전체에 외부 전기장을 가하여 편극이 충분히 평형 상태에 도달한 후 전기장을 끊으면, 편극 밀도(P)는 이상적 쌍극자(ideal dipole: 시스템 내의 모든 쌍극자들이 상호작용이 없어 같은 이완 시간을 가짐)에 대하여 다음과 같은 보편 법칙에 의거하여 시간에 따라 감소하게 된다.

$$P(t) = P_o \cdot \exp(-t/\tau) \tag{9.55}$$

여기서, P_o는 유전체에 직류 전압을 가했을 때 최종적으로 얻어지는 정적 편극(static polarization: 시간에 따라 변하지 않는 편극)으로서 주파수가 0일 때의 교류 전압을 가한 편극에 해당한다.

그러나 우리가 보다 관심을 가지는 부분은 편극 밀도의 전압 주파수 의존성이므로 $P(t)$의 Fourier 변환(시간 의존성 함수를 주파수 의존성 함수로 변환)이 필요하다.

$$P(\omega) = \int P_o \cdot \exp(-t/\tau)\exp(-i\omega t)dt \tag{9.56}$$

$P(\omega) = P_o/(\omega_0 + i\omega)$: Fourier 계수(주파수 의존성 함수의 각 성분의 세기에 해당) (9.57)

위 식에서, ω_o는 유전체에 직류 전압을 가한 경우에 상응하므로 유전 손실이 최대로 일어나는 외부 전기장의 주파수(ω_{max})에 해당되어 다음과 같이 된다(뒤에 나타나는 식 9.71 참조).

$$\omega_o = \omega_{max} = 1/\tau \tag{9.58}$$

일반적으로 유전 손실은 외부 전기장의 진동수가 클수록 감소하는데, 이는 주파수의 증가에 따라 공간 전하(space charge: 유전체 내의 특정 영역에 모이는 전하)에 의한 편극 효과가 감소하기 때문이다. 직류 전압을 가할 경우에 공간 전하에 의한 편극 효과가 가장 커지므로 ω_{max}는 이완 시간과 직접적인 상관 관계를 가진다.

$P(\omega)$는 외부 전기장 $E = E_0 \cdot \exp(i\omega t)$를 가했을 때 얻어지는 시스템의 편극 반응이다. 외부 전기장은 실수 값을 가지나 계산 상의 편의를 위하여 복소 지수(complex exponential)로 표시할 수도 있다. 위의 Fourier 계수는 복소수이다. 전기 감수율($\chi = P/\varepsilon_0 E$)도 교류장에서는 주파수의 함수가 되므로 다음 관계식이 성립한다.

$$P(\omega) = \varepsilon_o \chi(\omega) E(\omega), \qquad E(\omega) = E_0/(\omega_{max} + i\omega) \tag{9.59}$$

$$\varepsilon_o \cdot \chi(\omega) = P(\omega)/E(\omega) = (P_o/E_o)\{(1/(\omega_{max} + i\omega)\} = \chi_s[1/(1 + i\omega/\omega_{max})] \tag{9.60}$$

여기서, $\chi_s = P_o/E_o$로서 정적 감수율(static susceptibility)이다.

$P(\omega)$의 시간 의존성을 나타내는 위 식에 있어서, 가능한 위상 이동의 고려 없이 단순히 exp(iωt)로 나타내고 있기 때문에 $\chi(\omega)$는 복소수가 되어야 한다.

$$\chi(\omega) = \chi'(\omega) + i\chi''(\omega) \tag{9.61}$$

χ'과 χ''를 구하기 위해서는 위 관계식 9.60의 분모와 분자를 $\{1-i(\omega/\omega_{max})\}$로 나누어주면 되는데 그 결과는 다음과 같다.

$$\varepsilon_o\chi(\omega) = \chi_s/[1+(\omega/\omega_{max})]^2 - i\chi_s\cdot(\omega/\omega_{max})[1+(\omega/\omega_{max})^2] \quad (9.62)$$

$$\varepsilon_o\chi' = \chi_s/[1+(\omega/\omega_{max})^2] \quad (9.63)$$

$$-\varepsilon_o\chi'' = \chi_s(\omega/\omega_{max})/[1+(\omega/\omega_{max})^2] \quad (9.64)$$

일반적으로 전기 감수율보다는 유전 상수가 물질 파라미터로서 자주 사용되기 때문에 위 관계식을 유전 함수(dielectric function)인, $\varepsilon(\omega)$로 바꾸어 표시하기 위해서는 단순히 P를 D로, χ를 ε_r로, χ_s를 ε_s로 대체하여 복소 함수 형태의 유전 함수, $\varepsilon(\omega)$를 구하는 것이 필요하다. 위 관계식에서 매우 큰 주파수에서는 쌍극자가 따라갈 수 없으므로 편극이 원천적으로 0이라 가정하였다. 그러나 일반적으로는 반드시 그렇지는 않고 매우 큰 주파수에 있어서도 배향 편극이 아닌 다른 메커니즘이 작동할지도 모른다. 이를 고려하면 주파수가 매우 클 때의 유전율, 또는 유전 상수를 ε_∞($\chi_\infty = 0$인 경우에 해당)로, 주파수가 0인 정적(static) 상태의 유전율, 또는 유전 상수를 ε_s(χ_s에 해당)로 표시하여 유전 함수에 다음과 같이 도입한다. 유전 함수와 전기 감수율의 관계는 $\varepsilon(\omega) = 1+\chi(\omega)$이다.

$$D(\omega) = \varepsilon(\omega)E(\omega) = \{(\varepsilon_s-\varepsilon_\infty)/[1+i(\omega/\omega_{max})]+\varepsilon_\infty\}E(\omega) \quad (9.65)$$

$$\varepsilon(\omega) = \varepsilon^* = \varepsilon'(\omega) - i\varepsilon''(\omega) = \varepsilon_\infty + [(\varepsilon_s-\varepsilon_\infty)/(1+i\omega\tau)] \quad \text{(Debye 이완 식)} \quad (9.66)$$

$$\varepsilon' = \varepsilon_\infty + \{(\varepsilon_s-\varepsilon_\infty)/[1+(\omega/\omega_{max})^2]\} = \varepsilon_\infty + [(\varepsilon_s-\varepsilon_\infty)/(1+\omega^2\tau^2)] \quad (9.67)$$

$$\varepsilon'' = (\omega/\omega_{max})(\varepsilon_s-\varepsilon_\infty)/[1+(\omega/\omega_{max})^2] = (\varepsilon_s-\varepsilon_\infty)\omega\tau/(1+\omega^2\tau^2) \quad (9.68)$$

앞서 언급한 바와 같이, 유전 분산은 유전 물질의 유전율(또는 유전 상수)이 전기장의 주파수에 따라 변하는 양상을 말한다. 이에 따라, 위의 두 관계식(ε', ε'')을 'Debye 분산 식'이라 부른다. 위 식으로부터 손실 탄젠트($\tan\delta$)도 쉽게 구할 수 있다.

$$\tan\delta = \varepsilon''/\varepsilon' = (\varepsilon_s-\varepsilon_\infty)\omega\tau/(\varepsilon_s+\varepsilon_\infty\omega^2\tau^2) \quad (9.69)$$

위 관계식에 의거하여, 가해진 전기장의 주파수에 대하여 ε'와 ε''을 플롯하면 아래 그림 9.13과 같다.

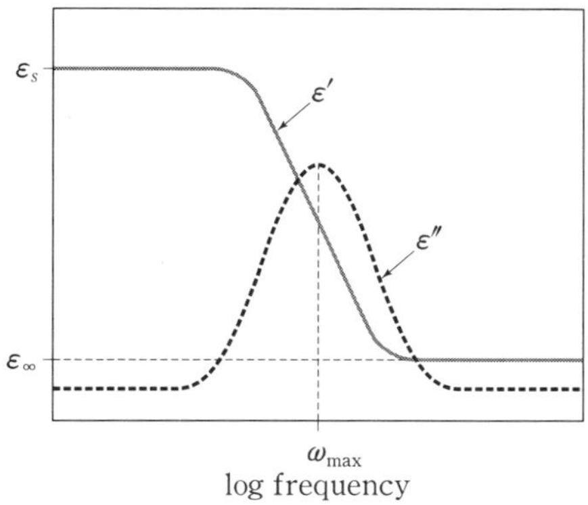

그림 9.13 ❖ 유전 물질의 유전 분산(가해진 전기장의 주파수에 따른 유전 저장 인자와 유전 손실 인자)

위 그림에서 유전 재료를 특징짓는 3개의 파라미터는 ε_s, ε_∞, τ임을 알 수 있다. 주파수가 매우 높으면 ε_∞가 1.0에 근접하므로, 유전체를 특성화하는 핵심적인 파라미터는 실질적으로 ε_s와 τ(또는 ω_{max})가 된다. ε_s값은 곡선의 맞춤(curve fitting)에 의해 구할 수 있다. 위의 ε'' 곡선에서 최대 손실 값은 아래 식 9.71에 의거하여 $\omega\tau = 1$ 지점($\omega_{max} = 1/\tau$에 해당)에서 일어난다.

$$d\varepsilon''/d\omega = 0 \tag{9.70}$$

$$\omega_{max} = 1/\tau \tag{9.71}$$

이를 바탕으로 실험적으로 얻어지는 ε'' 곡선의 최대 손실에 해당하는 주파수로부터 이완 시간을 구할 수 있다. 전형적인 유전체의 이완 시간은 10^{-11} 초 근처 값이므로 GHz 범위에 속하게 되어 마이크로파 범주의 거동을 보인다. 이완 시간도 유전 재료의 종류와 온도에 의해서 상당히 변한다. 일반적으로 원자가 클수록 이완 시간이 커지며 온도가 증가할수록 쌍극자의 움직임이 빨라져 이완 시간은 감소하는 경향을 보인다.

유전체의 ε_s값은 직류 전압하에서 측정이 되어야 하는데, 커패시터가 직류 전류를 블록(block)하므로 실험적으로 측정이 어렵다. 이 값은 Langevin 함수를 이용하여 구할 수도 있다. 물질의 편극 밀도(P_s)는 단위 부피 당의 쌍극자 모멘트이다. 물질의 편극 밀도와 유전율은 다음 관계를 가진다.

$$D = \varepsilon_o E + P_s \tag{9.72}$$

$$\varepsilon_s E = \varepsilon_o E + P_s \tag{9.73}$$

$$P_s = (\varepsilon_s - \varepsilon_0)E \tag{9.74}$$

물질의 쌍극자 모멘트(P_s)는 다음과 같이 Langevin 함수인 $f(a)$에 의해 결정된다.

$$P_s = p\{[(e^a + e^{-a})/(e^a - e^{-a})] - 1/a\} = pf(a) \tag{9.75}$$

$$a = pE/kT \tag{9.76}$$

$$f(a) = [(e^a + e^{-a}/(e^a - e^{-a})] - 1/a \qquad \text{(Langevin 함수)} \tag{9.77}$$

여기서, p는 분자의 쌍극자 모멘트이다.

즉, 분자의 쌍극자 모멘트를 알면 a값 및 $f(a)$값이 정해지고, 이로부터 P_s가 결정됨으로써 ε_s값이 결정될 수 있다.

위의 두 관계식 9.67과 9.68 사이에서 파라미터인 $\omega\tau$를 제거하면 다음 식이 얻어진다.

$$[\varepsilon' - \{(\varepsilon_s + \varepsilon_\infty)/2\}]^2 + \varepsilon''^2 = [(\varepsilon_s - \varepsilon_\infty)/2]^2 \tag{9.78}$$

위 식은 원(circle)을 나타내는 관계식이다. 그 원의 중심은 $[(\varepsilon_s + \varepsilon_\infty)/2, 0]$이고, 반경이 $(\varepsilon_s - \varepsilon_\infty)/2$이며 그 중심이 x-축 위에 있다. 이에 따라, ε'와 ε'' 플롯은 아래 그림 9.14와 같이 복소수 평면상에서 반원(semi-circle)의 그래프가 된다. 이와 같이 복소수 평면상에서 그래프 형태로 나타내는 것을 Cole-Cole 도표(diagram) 또는 Nyquist 도표라고 부른다. 반원 형태로 나타난 Cole-Cole 도표는 Debye의 분산식을 그래프 형태로 가시적으로 나타낸 것으로서, 유전율의 주파수 의존 성질을 설명하기 위해 흔히 사용하는 방법 중의 하나이다.

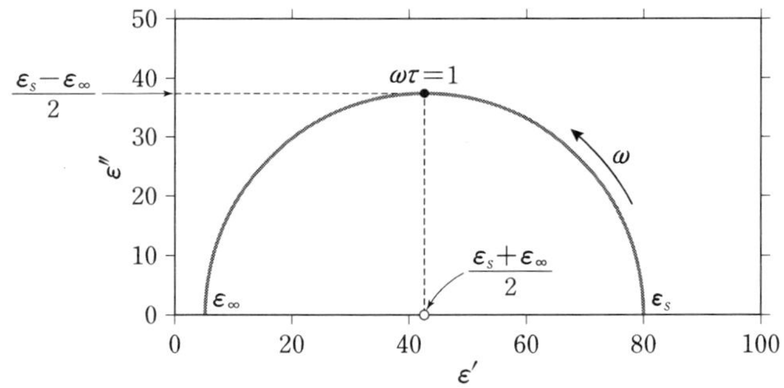

그림 9.14 ❖ Cole-Cole 도표

Cole-Cole 도표가 위 그림에서와 같이 완전한 반원 형태를 보이는 것은 물질의 유전 이완이 단 하나의 메커니즘에 의존하는 것을 의미한다. 이러한 경우는 극성을 가진 저분자 액체에서 잘 적용이 된다. 고분자 유전체의 경우에는 분자가 크고 점탄성을 가지고 있으며 유전 이완 시간이 국부적 환경에 따라 다른 모드의 분포를 가질 수 있어, 위의 관계식이 Cole-Cole에 의해 아래와 같이 반경험적(semi-empirically)으로 제안되었다.

$$\varepsilon'' = \varepsilon' - i\varepsilon'' = \varepsilon_\infty + \{(\varepsilon_s - \varepsilon_\infty)/[(1 + (i\omega\tau)^{1-\alpha})]\} \tag{9.79}$$

여기서, α는 $0 < \alpha \leq 1$의 값을 가지는 분산 매개 파라미터로서 중첩된 분산 곡선의 형태를 묘사한다. $\alpha = 0$이면 Debye 모델이 되며, α 값이 증가할수록 Debye 이완보다 더 넓은 범위의 주파수 스케일을 보여준다. 이는 이완 시간(τ)을 중심으로 하여 대칭적으로 분포하고 있는 특정 범위의 이완 시간을 가지는 Debye 형의 이완 과정들의 중첩에 해당한다. 즉, 위의 반경험적 관계식은 넓은 분포의 분산을 보다 잘 설명할 수 있게 한다. 이에 따라, α-파라미터는 실험적으로 얻어지는 이완 피크들의 분포 넓이를 규정하는 편리한 파라미터가 된다. 이와 같이 수정된 Cole-Cole 식은 피크가 더 넓어지고 비대칭성을 가진다.

아래 그림 9.15에 폴리아크릴레이트(polyacrylate) 필름 접착제의 유전 이완과 관련하여 Cole-Cole 식에 의한 도표가 나타나 있다. 곡선 맞춤에 의해 얻어진 유전 상수(ε_r)는 다음과 같다. ($\varepsilon_{rs} = 4.27, \varepsilon_{r\infty} = 3.05, \alpha = 0.53$)

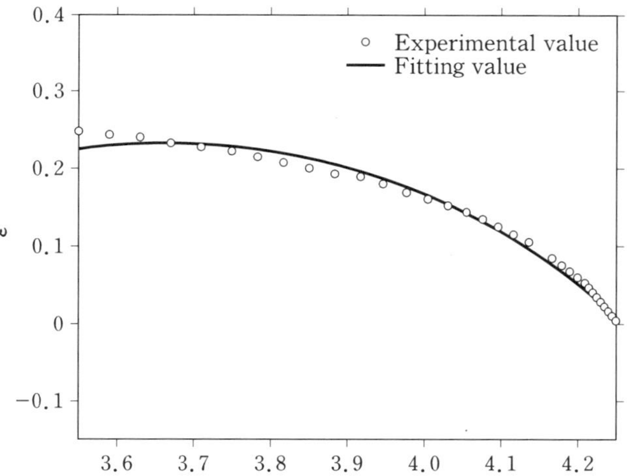

그림 9.15 ❖ 폴리아크릴레이트에 대한 Cole-Cole 플롯(실험치와 이론적 예상치의 비교)[4]

아래 그림 9.16에 염화비닐 고분자(PVC)의 주파수 및 온도의 변화에 따른 유전 저장 및 유전 손실의 측정 결과가 나타나 있다. PVC의 유리 전이 온도인 85°C 근처에서는 비교적 낮은 유전 저장 인자(ε')를 보이나, 이후 온도의 증가에 따라 그 값이 증가한다. 이는 온도의 증가에 따라 고분자 사슬의 운동성이 증가하여 이완 시간이 감소하게 되어, 쌍극자 편극이 가해진 교류 전기장과 같은 위상으로 잘 배열하기 때문이다. 그러나 주파수가 증가함에 따라 가해진 교류 전기장과 같은 위상으로 배열하는 정도가 점차 감소한다. 또, 온도의 증가에 따라 고분자 사슬의 운동성 증가에 따른 유전 손실 인자(ε'')가 커지고 있다.

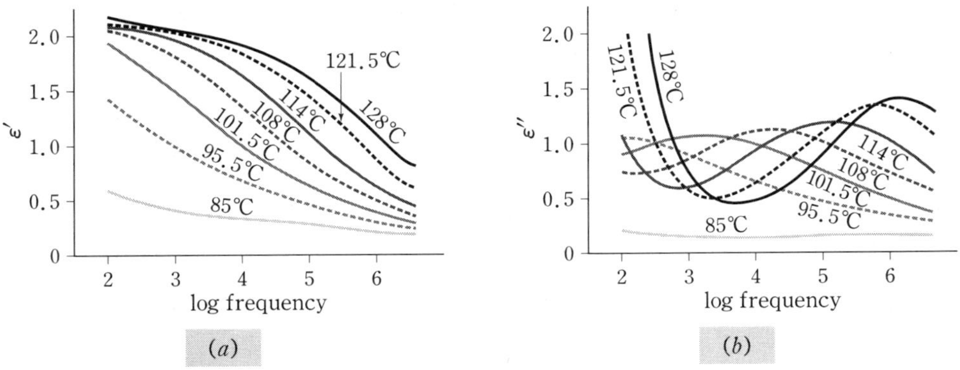

그림 9.16 ❖ 염화비닐 고분자의 진동 주파수 및 온도에 따른 (a) 유전 저장 인자와 (b) 유전 손실 인자[5]

위와 같은 형태의 Cole-Cole 도표는 유전체의 성질 이외에도, 유변학에서의 복소 전단 점도(complex shear viscosity), 전기적 복소 임피던스(electrical complex impedance) 분석 등에도 널리 적용되고 있다.

9.6 고체 고분자의 유전 이완

고분자에서의 유전 데이터(dielectric data)는 일반적으로 고분자 사슬의 부분에 해당하는 쌍극자의 운동을 대변한다. 이러한 쌍극자 그룹의 운동이 고분자 사슬 자체의 동역학에 영향을 미치므로 쌍극자 그룹들이 고분자 사슬의 동역학 조사를 위한 탐침(probe) 역할을 할 수 있다. 고체 고분자에는 몇 가지 분명한 이완 과정들이 존재한다. 이들은 쌍극자 그룹의 현저한 배향이 있을 때에 유전적으로(dielectrically) 활성화된다. 이때 여러 개의 이완 과정의 존재는 다음 그림 9.17에서와 같이 일정 주파수에서 유전 손실을 온도의 함수로 측정할 때 가장 잘 보인다.

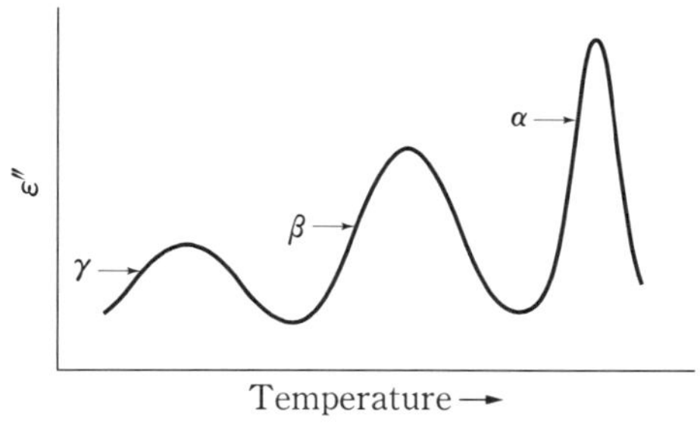

그림 9.17 ❖ 일정 주파수에서의 고체 고분자 유전체의 유전 이완

전기장이 가해진 상태에서 온도가 증가함에 따라 여러가지 모드의 사슬 분자 운동은 쌍극자 그룹의 배향을 위해 연속적으로 에너지를 얻게 된다. 관례적으로 유전체의 이완 과정은 위 그림에서와 같이 α, β, γ 등으로 표시하는데, 이는 분자 규모의 이완 메커니즘과는 상관없이 높은 온도로부터의 순서대로 현상학적인 존재를 나타내고 있어, 고분자의 특성에 따라 혼선을 유발할 때가 있다. 이완 과정을 세밀하게 검토하기 위해서는 상대 유전율과 유전 손실 인자를 주파수의 함수로 조사(scan)한다. 그러한 일련의 플롯으로부터 각각의 이완 과정을 위한 이완 시간들이 온도의 함수로 얻어질 수 있다.

무정형 고체 고분자에서 나타나는 높은 주파수 영역의 2차 이완 피크들(β, γ, δ 등의 부수적 피크들)은 매우 넓은 시간 범위의 이완 특성을 가지는데, 높은 유리 전이 온도를 가지는 고분자의 경우에는 이완 시간이 수십 년에 이르기도 한다. 그럼에도 불구하고, 선형 Arrhenius 플롯이 비교적 잘 이루어지므로 2차 이완 과정이 비협동적 메커니즘(non-cooperative mechanism: 독립적으로 일어나는 현상)에 의해 형성됨을 예측하게 한다. 예를 들어, 아래 그림 9.18과 같은 화학 구조를 가진 폴리에피클로르하이드린(polyepichlorohydrin: $T_g \approx -22°C$)의 β-이완을 고려하면 다음과 같다. 폴리에피클로르하이드린은 거의 무정형 고분자로서 고무상의 가루(powder) 형상을 보인다.

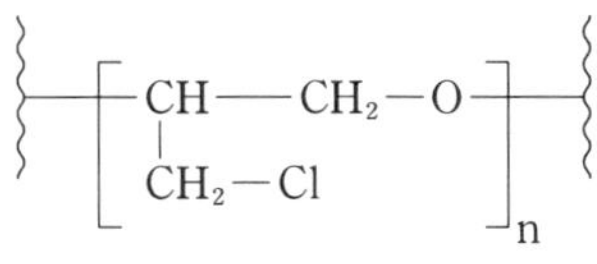

그림 9.18 ❖ 폴리에피클로로하이드린의 화학 구조식

폴리에피클로르하이드린의 β-이완 과정은 주사슬에 연결되어 있는 C–C 결합을 중심으로 극성을 가진 $-CH_2Cl$ 그룹의 회전에 기인한다. 아래 그림 9.19에 $-138°C$에서

−99°C의 낮은 온도 영역에 걸쳐 폴리에피클로로르하이드린의 주파수에 따른 유전 손실의 변화를 보여주는데, 피크가 매우 넓게 퍼져 있음을 알 수 있다.

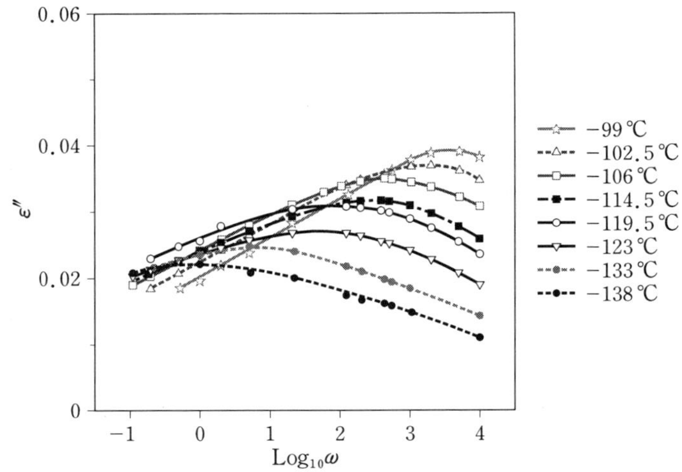

그림 9.19 ❖ 폴리에피클로로르하이드린의 주파수에 따른 유전 손실 인자: ☆(−99°C), △(−102.5°C), □(−106°C), ■(−114.5°C), ○(−119.5°C), ▽(−123°C), ●(−133°C), ●(−138°C) [6]

위 데이터로부터 최대의 유전 손실을 보이는 주파수(ω_{max})를 온도의 역수($1/T$)로 Arrhenius 플롯을 한 결과가 아래 그림 9.20에 나타나 있다. 이로부터 폴리에피클로로르하이드린의 β-이완에 대한 활성화 에너지를 구할 수 있다. 같은 방법으로 폴리에피브로모하이드린(polyepibromohydrin)에 대해 얻어진 결과도 함께 보여주고 있다.

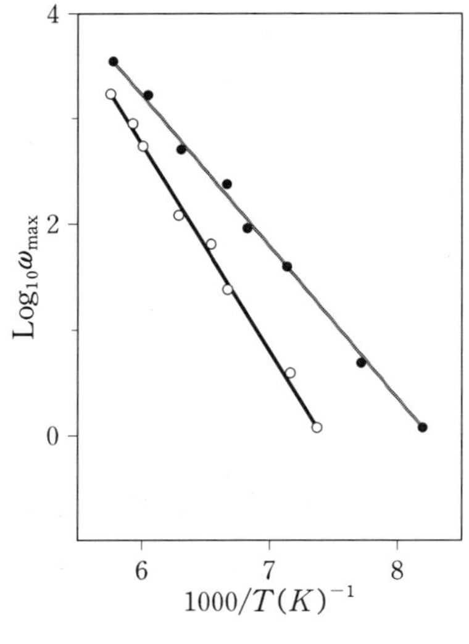

그림 9.20 ❖ 폴리에피클로로르하이드린과 폴리에피브로모하이드린의 β-이완 활성화 에너지를 구하기 위한 Arrhenius 플롯: ○(폴리에피클로로르하이드린), ●(폴리에피브로모하이드린) [6]

위 결과로부터 폴리에피클로로하이드린의 β-이완을 위한 활성화 에너지(8.5 kcal/mole)가 비교적 작음을 알 수 있다. 폴리에피브로모하이드린의 경우에는 더 작은 활성화 에너지(6.5 kcal/mole)를 보여준다. 이는 폴리에피브로모하이드린의 경우에 분자 내에서의 쌍극자 간의 상호 작용 에너지가 더 작기 때문이다. 이와 같이 두 고분자 모두 활성화 에너지가 매우 낮은 것은 이완 과정과 관련하여 고분자의 일부분에서 배향이 일어나기 때문이다.

아래 표 9.21에 여러 고체 고분자들의 β-유전 이완을 위한 활성화 에너지(ΔH^*)가 나타나 있다.

Polymer	ΔH^*(kJ mol^{-1})
Poly(methyl methacrylate)	84
Poly(epichlorohydrin)	35
Poly(vinyl chloride)	63
Poly(vinyl acetate)	42
Poly(4-chlorocyclohexyl methacrylate)	48

그림 9.21 ❖ 대표적 고체 고분자의 β-유전 이완을 위한 활성화 에너지

이들 β-이완의 메커니즘은 해당 쌍극자 그룹의 기본적 특성 및 그 그룹의 고분자 사슬 내에서의 위치에 관련되는 것으로, 아래에 주어진 몇 개의 다른 형태 중의 하나일 수 있다.

i) C–C 결합을 중심으로 한 곁그룹의 회전
ii) 고리 단위(cyclic unit)의 conformation 뒤집기(flip)
iii) 주사슬 세그멘트의 국부적 운동

일반적으로 α-이완의 온도 의존성은 β-이완 때보다 훨씬 크게 나타나는데, 이는 아래 그림 9.22에 주어진 바와 같이 α-이완 때의 큰 스케일의 운동에 더 많은 열적 활성화 에너지가 요구되기 때문이다. 아래 그림에 폴리에피클로로하이드린 및 폴리에피브로모하이드린의 높은 온도 영역에서의 이완 과정인 α-이완 과정을 위한 최대 유전 손실 주파수(ω_{max})의 온도 의존성을 나타내었다. α-이완을 위한 폴리에피클로로하이드린의 활성화 에너지(0°C ~ −6°C의 직선 영역)는 약 45 kcal/mole이고, 폴리에피브로모하이드린의 경우(14° ~ 0°C의 직선 영역)에는 약 48 kcal/mole이다.

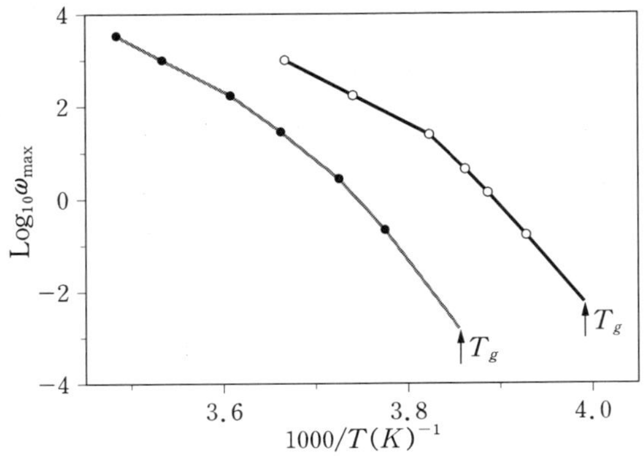

그림 9.22 ❖ 폴리에피클로로르하이드린(○)과 폴리에피브로모하이드린(●)의 α-이완의 활성화 에너지를 구하기 위한 ω_{max}와 $1/T$의 플롯[6]

반결정 고체 고분자에 있어서는 아래에 주어진 것처럼 유전 이완 스펙트럼이 더욱 복잡하게 나타난다.

i) 무정형 영역에서 일어나는 배향 과정은 별도로 하고, 결정 영역과 그 경계 영역에서는 작동하는 메커니즘이 다르다.
ii) 용융체를 급속 냉각함으로써 결정화도를 낮추면 무정형 영역에서 일어나는 어떠한 이완 과정의 강도(relaxation strength: $\varepsilon', \varepsilon''$ 값 등의 크기에 해당)도 커지게 된다.
iii) 이완 강도는 가해 준 전기장에 대한 사슬축의 배향에 달려 있는 것으로 관찰이 된다. 전기장의 방향과 평행으로 존재하는 사슬들의 회전은 이완에 기여할 수 없다.
iv) 결정 경계에 있는 사슬 접힘(chain-fold)들이 느슨하면, 결정 영역에 있는 사슬들은 결정 바깥에서의 사슬 회전에 제약을 적게 가할 것이다. 이로 인해 이완을 위한 활성화 에너지는 결정의 두께에 바로 비례할 것으로 예상된다.

사슬 가지화나 가교 등에 의해서도 고분자의 유전 이완 스펙트럼이 더욱 복잡해질 수 있다.

9.7 고분자 용액의 유전 이완

고체 상태의 고분자의 유전 이완 현상을 완전히 이해하기 위해서는 사슬 내 및 사슬 사이에서의 상호 작용을 별도로 조사함이 바람직하다. 이를 위해서는 묽은 고분자 용액에서의 유전 이완 현상을 조사함이 필요하다. 묽은 고분자 용액에서는 사슬 사이의 상호작용이 최소화되어 고립된 고분자 사슬의 구조 및 동역학적 성질을 규명하기 쉽기 때문이다. 고분자가 용액 상태에 있을 때의 유전 거동을 이해하기 위해서 고려하여야 할 중요한 요소로 다음 세가지를 들 수 있다.

i) 고분자의 각 반복 단위에 존재하는 쌍극자의 종류
ii) 고분자들의 평형 상태에서의 conformation
iii) 고분자 사슬의 유연성

고분자에 존재하는 극성 그룹들은 고분자 사슬의 골격의 경로(contour)에 의해 그들이 갖는 쌍극자 모멘트의 상대적인 기하학적 구조에 따라 다음과 같이 분류될 수 있다.

i) 쌍극자가 경직하게 사슬 골격에 수직으로 붙어 있음(예: PVC)
ii) 쌍극자가 경직하게 사슬 골격에 수평으로 붙어 있음(예: polyphenylene oxide)
iii) 쌍극자가 곁사슬에 붙어 있으며 주사슬과는 독립적으로 움직임(예: PMMA)
iv) 위 3가지 형태가 복합되어 있을 수도 있다.

고분자 사슬의 전체 형태는 전체 분자의 회전 등과 같은 배향 과정에 분명히 영향을 미친다. 유연하고 선형인 고분자들은 액체 상태에서 어느 정도 코일화되는 경향을 보이는데, 용액의 경우에는 사용된 용매의 종류에 따라 영향을 받는다.

고분자 사슬의 골격이 중간 정도의 강직도(intermediate stiffness: 뻣뻣하지만 코일 같은 성질도 가짐)를 가질 때에는, 고분자가 용액에서는 코일 같은 사슬 구조를 허용하지만 세그멘트의 운동성이 매우 낮아, 그들 고분자 쌍극자의 배향은 고분자 사슬을 이루는 개개의 단위 쌍극자 들의 비틀림(twisting)에 의한 것보다 전체 고분자의 회전에 의해 더 빠르게 진행된다. 이 경우에는 단 1개의 이완 과정을 보이고 분자의 이완 시간은 분자량에 의해 큰 영향을 받는다.

셀룰로스 에스테르(cellulose ester: 그림 9.23 참조)와 셀룰로스 에테르(cellulose ether)도 용액 상태에서 뻣뻣하고 코일 같은 급(coil-like class)이긴 하지만, 이들 경우에는 추가적으로 높은 주파수 영역($\tau \sim 10^{-7}$ sec)의 이완 과정을 보인다. 왜냐하면, 이들은 주사슬 내에 고정되어 있는 쌍극자뿐만 아니라 회전할 수 있는 곁사슬의 쌍극자도 포함하고 있기 때문이다.

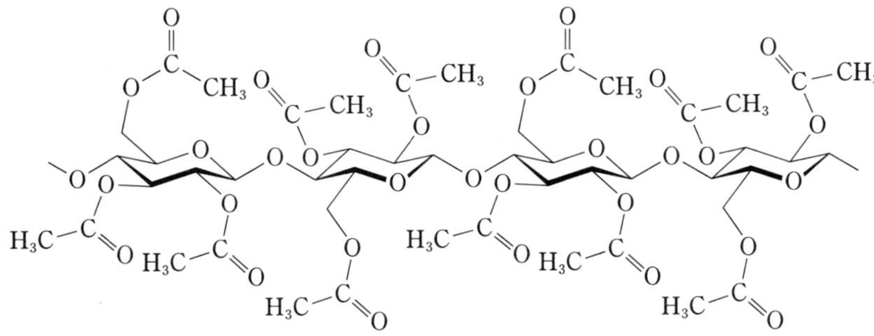

그림 9.23 ❖ 셀룰로스 에스테르의 화학 구조식

단백질이나 공액 고분자(conjugated polymer: 아래 그림 9.24 참조) 사슬들은 용액 상태에서 뻣뻣한 막대(rigid rod)를 형성하는 경향을 가진다. 이론적으로 볼 때, 뻣뻣한 막대의 말단에서 말단에 걸친 회전을 위한 이완 시간은 막대 길이의 세제곱(cube)에 따라 변한다. 고분자 사슬이 더욱 길어질수록 뻣뻣한 막대 구조를 지탱하기가 더욱 어려워지고, 길이가 아주 길어지면 어떤 곡률(curvature)이 불가피해진다. 이때에는 회전을 위한 이완 시간이 관성 회전 반경의 세제곱에 의해 영향을 받는다. 원리적으로 볼 때, 고분자 용액에서 고분자의 분자량이 매우 작을 때에는 막대형(rod-like)이고, 분자량이 점차 증가함에 따라 뻣뻣한 코일을 거쳐 유연한 코일로 변화되는 경향을 가진다.

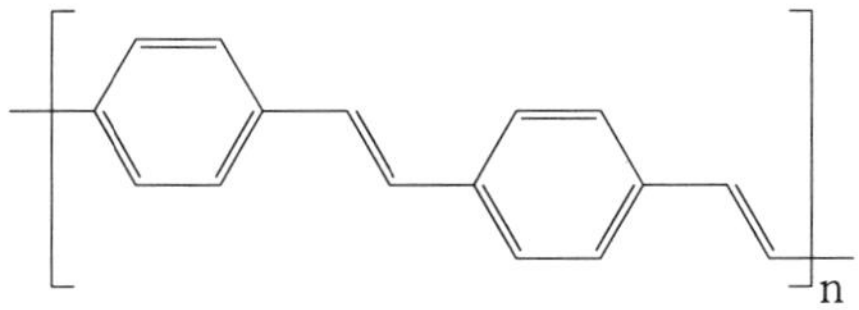

그림 9.24 ❖ 공액 고분자(폴리페닐렌 비닐렌: polyphenylene vinylene)의 화학 구조식

DNA, RNA 등과 같은 생화학 고분자 용액의 경우에는 유전(dielectric) 성질이 정전기적으로 상호 작용하는 힘에 영향을 미쳐, DNA의 구조 및 상호 작용에 영향을 주는 근본적 인자이다. 이때 편극 효과는 고분자 사슬을 둘러싸고 있는 전해질의 이온 이동에 의해 큰 영향을 받는다.

아래 그림 9.25에 폴리프로필렌 옥사이드(polypropylene oxide: PPO)의 묽은 용액에 대한 분자량에 따른 유전 손실(ε'')을 나타내었다. 분자량이 2020보다 큰 PPO 경우에는 2개의 이완 과정이 나타나고, 분자량이 작아짐에 따라 낮은 주파수 이완 과정이 높은 주파수 이완 과정으로 옮겨가고 있다. 또, 분자량이 1160 이하로 떨어지면 2개의 이완 과정이 하나로 접근하고 있음을 알 수 있다.

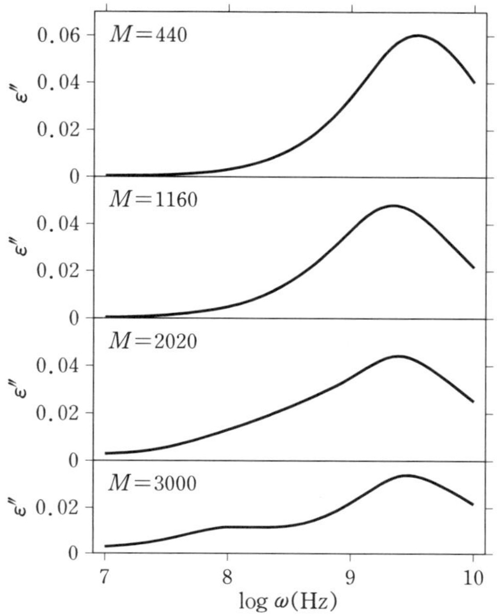

그림 9.25 ❖ 폴리프로필렌 옥사이드의 묽은 용액(벤젠 용매: 5% (w/w), 25°C)에 대한 고분자의 분자량에 따른 유전 손실 인자[7]

위 데이터를 바탕으로 낮은 주파수 영역과 높은 주파수 영역에 대하여 각각 얻어진 이완 시간(τ_ℓ, τ_h)을 아래 그림 9.26에 나타내었다. 낮은 주파수 영역에서의 이완은 PPO의 산소 원자를 중심으로 하는 골격 사슬의 운동에 관련되고, 높은 주파수 영역에서의 이완은 트랜스/고쉬 등과 같은 conformation 전이에 관련된다. 낮은 주파수 영역에서의 이완 시간은 분자량에 따라 거의 선형적으로 변하는 반면, 높은 주파수 영역에서의 이완 시간은 분자량에 거의 무관함을 알 수 있다.

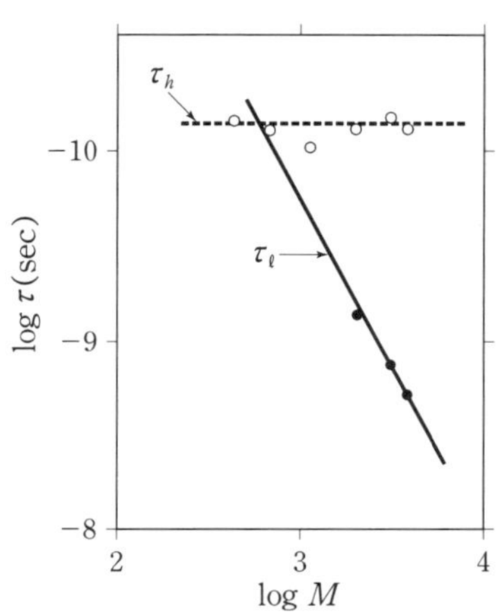

그림 9.26 ❖ 낮은 주파수 영역과 높은 주파수 영역에 대하여 얻어진 폴리프로필렌 옥사이드의 묽은 용액(5%, 벤젠 용매, 25°C) 내에서의 사슬 이완 시간(τ_ℓ, τ_h)[7]

9.8 고분자 용융체의 유전 이완

선형 시스-폴리이소프렌(아래 그림 9.27의 구조 참조)은 구조적 대칭성이 없어 사슬 궤적(contour)의 평행 및 수직 방향으로 서로 다른 쌍극자 모멘트를 가질 수 있다.

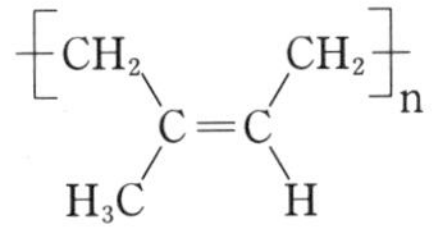

그림 9.27 ❖ 선형 시스-폴리이소프렌의 화학 구조식

위 시스-폴리이소프렌에 대한 용융 상태에서의 유전 이완의 실험적 결과가 아래 그림 9.28에 주어져 있다.

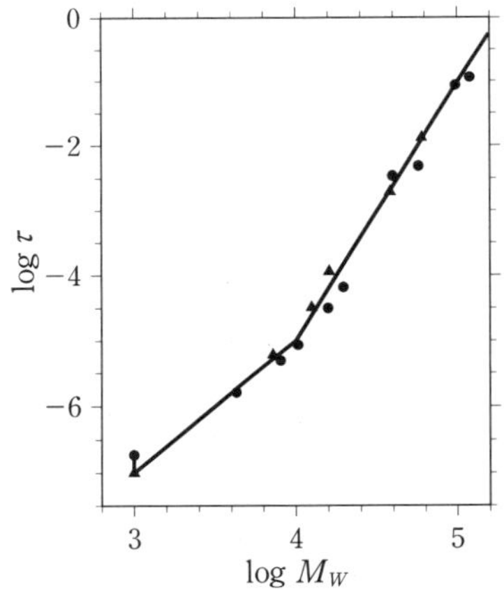

그림 9.28 ❖ 선형 시스-폴리이소프렌의 용융 상태에서의 유전 이완(320 K)[8]

위 그림에서 정규 모드(normal mode)의 이완 시간이 사슬 얽힘을 위한 임계 분자량 이상에서 $M^{3.7}$에 비례함을 알 수 있다. 이는 앞장(chapter 8-2-3)의 사슬의 사행 모델에 의한 결과식과 상당히 일치함을 보여준다. 임계 분자량 아래에서는 사슬의 얽힘이 없어 정규 모드 이완 시간이 $M^{2.0}$에 비례하고 있는데, 이는 Rouse 이론을 따르고 있다. 위 그림에 나타난 정규 모드 이완 시간(τ)은 실험적으로 얻어지는 유전 손실(ε″)의 최대에 해당하는 주파수 값(ω_{max})으로부터 다음 식에 의해 계산된다.

$$\tau = 1/2\pi\omega_{max} \qquad (\omega\text{의 단위: radians/sec}) \tag{9.80}$$

정규 모드 이완(normal mode relaxation)은 α-이완이나 β-이완 등과 같은 사슬의 국부적 이완과는 달리, 전체 사슬의 확산 성질과 관련된다. 앞 장에서 이미 설명한 바와 같이, 정규 모드에서 'normal'이라는 용어는 사슬 내 세그멘트의 각 모드들이 독립적으로 움직인다는 것을 의미한다. 이때 모드라는 의미는 운동 패턴이다.

쌍극자 모멘트가 사슬 궤적에 평행인 방향의 유연한 선형 고분자의 경우, 말단 거리 벡터, 즉 사슬 전체의 요동에 의한 이완은 정규 모드의 유전 이완 과정이다. 이는 Rouse-Zimm 이론이 정규 모드에서 출발한데서 연유한 것이다. 이에 비해, 사슬 궤적에 수직인 방향의 쌍극자 성분은 국부적 운동에 기인하므로 이는 세그멘트 모드 이완 과정이다. 사슬 전체의 정규 모드 이완 과정이 세그멘트 모드 이완 과정에 비해 훨씬 큰 시간 스케일의 운동이다. 세그멘트 운동은 큰 스케일의 운동을 위한 기본 과정이라 볼 수 있다.

9.9 전자의 편극이 유전체에 미치는 영향

전자의 들뜨기(excitation)는 원자핵과 결합된 전자가 결합 상태를 유지하면서도 더욱 활동적인 상태로 전환되는 것이다. 이는 광 들뜨기 등에 의해 야기될 수 있다. 광 들뜨기는 외부의 전자파로부터 에너지(광자)를 흡수하는 과정인데, 일반적으로 전자의 결합 에너지보다 더 큰 에너지를 가지는 주파수의 가시광선 및 자외선(UV) 스펙트럼 영역에서 일어난다. 이때 전자들은 광자를 흡수하여 그 에너지를 얻음으로써 일시적으로 기저 상태보다 높은 에너지를 가지는 들뜬 상태가 된다. 들뜬 전자들이 낮은 에너지 상태로 다시 돌아올 때에는 전자의 이완 현상을 겪게 된다. 이때 낮은 에너지의 전자파 방출도 함께 수반되는데, 이를 방사 이완(radiative relaxation)이라 한다.

원자 및 분자가 가지는 전자 시스템과 외부 전자파의 상호 작용은 전자파의 진동수에 의해 영향을 받으므로, 일반적으로 매질의 상대 유전율보다도 전자파의 진동수와 관련되는 매질의 굴절률로 설명을 한다. 고체 내의 원자나 전자들과 외부 전자파와의 상호 작용은 H.A. Lorentz가 처음으로 제안한 아래 그림 9.29와 같은 감쇠 조화 진동자(damped harmonic oscillator) 모델에 의해 설명이 된다. 감쇠 조화 진동자는 진동자에 회복력(restoring force)과 마찰(friction)이 존재하는 시스템이다. Lorentz 진동자 모델은 전기장이 유전체와 상호 작용하는 문제에 대해 감쇠 조화 진동을 하는 진동자의 고전적 개념을 적용한 것이다. 즉, 외부 전기장이 유전체 내의 전자(가전자)와 상호 작용하여 전자들로 하여금 평균 위치로부터 변위를 야기시켜 유전체의 편극에 기여하는 쌍극자 모멘트를 발생한다.

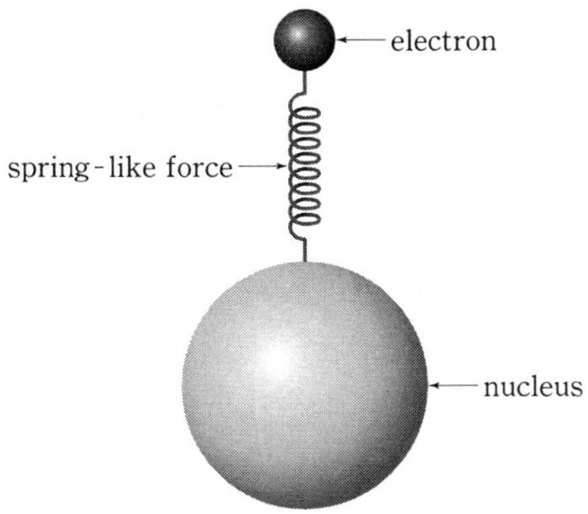

그림 9.29 ❖ 고체 내 원자나 전자들과 전자파의 상호 작용을 설명하기 위한 감쇠 조화 진동자 모델

이 모델에서는 전자가 감쇠 조화 진동자가 된다. 전자의 운동을 야기시키는 원동력($F_{driving}$)은 외부의 전자파에 의한 진동 전기장이다. 감쇠를 위한 힘은 전자들 사이의 충돌에 의하여 형성된다. 이때의 감쇠력은 감쇠 계수(damping constant, γ)로 표시된다. 이때 전자의 관성(inertia)은 Newton의 제2 법칙을 따른다. 이에 따른 전자의 운동 방정식은 다음과 같이 나타난다.

$$m(d^2x/dt^2) = F_{driving} + F_{spring} + F_{damping} \quad (x\text{: 평형 위치로부터의 거리}) \tag{9.81}$$

$$F_{driving} = qE^L \quad (E^L\text{: 외부 전기장에 의해 원자가 느끼는 내부적 국부 전기장}) \tag{9.82}$$

$$F_{spring} = -kx \quad (k\text{: 스프링 상수}) \tag{9.83}$$

$$F_{damping} = -\gamma m(dx/dt) \tag{9.84}$$

$$(d^2x/dt^2) + \gamma dx/dt + \omega_0{}^2 x = (e/m)E^L \quad (\omega_0 = (\mathrm{k/m})^{1/2} \tag{9.85}$$

여기서, E^L은 외부 전기장(E)과 다음과 같은 관계를 가진다.

$$E^L = E + P/3\varepsilon_0 \tag{9.86}$$

또, 편극 밀도(P: 단위 부피당 쌍극자 모멘트)는 다음과 같이 표시될 수 있다.

$$P = Nex \quad (N\text{: 단위 부피당 전자의 개수}) \tag{9.87}$$

이로부터 위 운동 방정식을 편극 밀도를 위한 식으로 표시하면 다음과 같다.

$$d^2P/dt^2 + \gamma(dP/dt) + \omega_0{}^2P = (E + P/3\varepsilon_0)(Ne^2/m) \tag{9.88}$$

여기서, ω_0는 감쇠되지 않은 조화 진동자의 공명 주파수이며, e는 전자의 전하량 (1.602×10^{-19} C), m은 전자의 무게(9.11×10^{-31} kg)이다.

E와 P는 외부 전자파에 의해 생성되지만 서로 위상이 다르므로 다음과 같이 표시할 수 있다.

$$E = E_0e^{i\omega t} \tag{9.89}$$

$$P = \chi\varepsilon_0E_0e^{i\omega t} \tag{9.90}$$

유전체에서 굴절률(n)과 χ 사이에는 다음 관계식이 있다.

$$\varepsilon_r = n^2 \qquad \text{(Maxwell 식)} \tag{9.91}$$

$$\chi = \varepsilon_r - 1 \tag{9.92}$$

$$\chi = n^2 - 1 \tag{9.93}$$

쌍극자 이완 때와 마찬가지로 굴절률도 실수 및 허수 부문($n^* = n - ik$)으로 나누어 표시할 수 있다.

위 관계식을 사용하여 복잡한 계산과정을 거쳐 복소 굴절률(n^*)은 다음과 같이 얻을 수 있다.

$$n = 1 + \left(\frac{Ne^2}{2\varepsilon_0 m}\right)\left[\frac{\omega_0'^2 - \omega^2}{(\omega_0'^2 - \omega^2) + \gamma^2\omega^2}\right] \qquad \text{(실수 부분)} \tag{9.94}$$

$$k = \alpha\lambda/4\pi = \left(\frac{Ne^2}{\varepsilon_0 m}\right)\left[\frac{\gamma\omega}{(\omega_0'^2 - \omega^2) + \gamma^2\omega^2}\right] \qquad \text{(허수 부분)} \tag{9.95}$$

여기서, $\omega_0'^2 = (\omega_0^2 - Ne^2)/3\varepsilon_0 m$이다. (9.96)

위의 허수 부분 함수(k)는 아래 그림 9.30에 나타난 바와 같이 Lorentzian 선 형태를 보인다. 일반적으로 Lorentzian 선은 종 모양의 형태를 가지는 Gaussian 선과 유사하나, 최대값 근처에서 다소 좁고 옆으로는 더 확장되는 양상을 보인다.

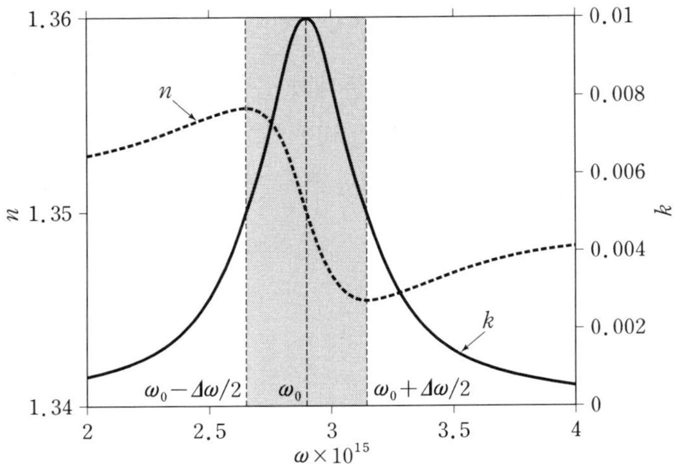

그림 9.30 ❖ 유전체 고분자의 전자의 편극 효과(n, k의 진동수에 따른 변화)

유전체 고분자에서 전자 편극의 효과는 광 흡수 스펙트럼을 통하여 관찰할 수 있다. UV 광 흡수는 밴드간(interband) 전자의 전이에 의해 일어나는데, 전자의 전이가 물질의 편극 밀도와 직접 관련된다. 복소 굴절률의 허수 부분은 물질의 흡수 계수로서 빛이 주어진 파장에서 얼마나 흡수되는지에 대한 정도를 나타낸다. UV 스펙트럼의 경우 전자의 전이에 따른 빛의 흡수를 나타낸다.

분자의 전자구름이 확장되면 에너지 수준 사이의 간격이 줄어들어 흡수 밴드가 큰 파장 쪽으로 옮겨간다. 또, 분자 사이의 상호 작용이 일어나면 흡수 밴드의 폭이 넓어진다. 이에 따라, 고분자의 경우에 흡수 밴드의 폭이 넓어지는 경향을 보인다. 포화(saturated) 고분자의 경우, 흡수 밴드가 파장이 짧은 극자외선(extreme UV) 또는 진공 자외선(vacuum UV) 영역에서 일어나고, C=O 그룹이나 불포화 그룹 등은 자외선-가시광선(UV-visible)과 같은 보다 큰 파장 영역에서 흡수될 수 있다. 아래 그림 9.31에 파라핀(paraffin), 염화비닐 고분자 및 아탁틱 폴리스티렌의 진공-UV 흡수 스펙트럼(파장: 110 ~ 250 nm 범위)을 나타내었다. 흡광도(absorbance)는 광학 밀도(optical density)라고도 부른다.

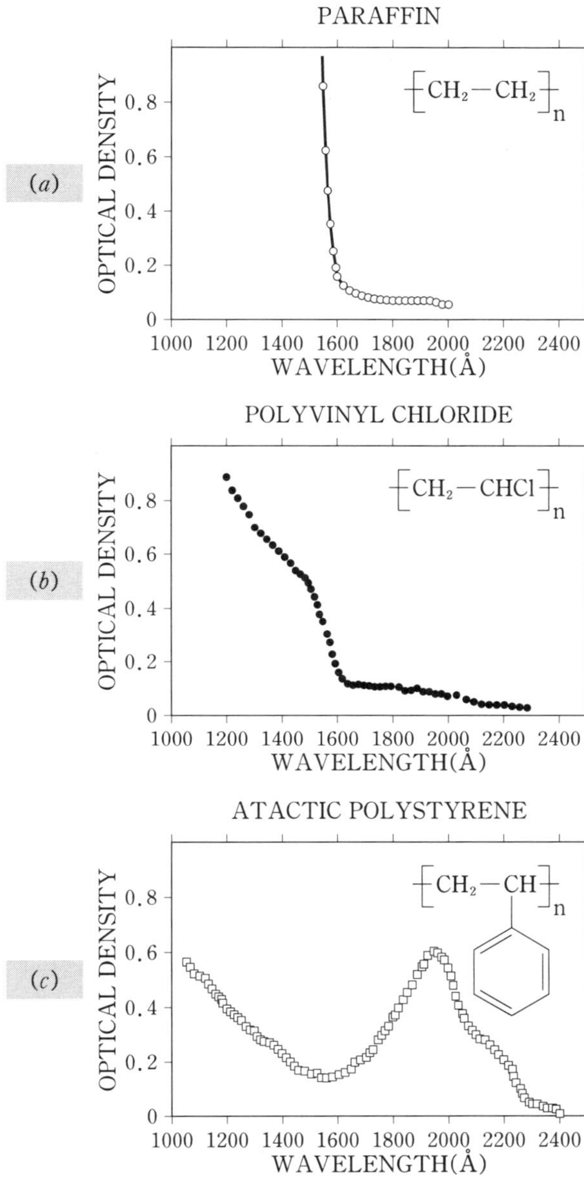

그림 9.31 ❖ 진공-UV 흡수 스펙트럼: (a) 파라핀, (b) 염화 비닐 고분자, (c) 아탁틱 폴리스티렌[9]

파라핀의 경우, 흡수 밴드가 C–C 결합이나 C–H 결합의 전자 전이로부터 일어나는데, 파장이 1600 Å으로부터 출발하여 더 짧은 파장 영역에 걸쳐 빛의 흡수를 보인다. 염화비닐 고분자의 경우에도 유사하게 흡수가 1600 Å 근처에서 나타나기 시작하여 더 짧은 파장 쪽에 넓게 걸쳐 있다. 아탁틱 폴리스티렌의 경우에는 1600 Å 이상의 높은 파장(1950 Å 근처)에서도 흡수 피크가 크게 나타나고 있다. 이로부터 1600 Å 이하의 파장에서 더 작은 파장 쪽으로의 흡수 밴드는 주사슬에 있는 전자의 전이(편극과 관련됨)에 의한 것이고, 1600 Å 이상의 파장 영역에서 발생하는 흡수 피크는 각 유전체 고분자의 단량체의 특징적인 구조에 관련된 전자 전이에 기인함을 알 수 있다. 예를 들어, 염화비닐 고분자의 곁그룹(−Cl)이나 아탁틱 폴리스티렌의 곁그룹(벤젠 그룹) 등의 전자 전이에 기인한다. 이들 곁그룹 사이의 상호 작용이나 주사슬 방향으로의 π-전자의 확장 등이 흡수 밴드의 파장에 영향을 미친다.

앞에서 설명한 광학적 분산(optical dispersion) 관계들은 편극이 전기장과 직접 관련을 가지는 선형 매체에 대하여 유도되었다. 광학적 분산은 외부 광선의 파장이나 주파수가 물질을 통과함에 따라 미치는 영향을 뜻한다. 일반적인 경우에는 편극 세기가 가해진 광학장(optical field)의 세기에 비례하는 선형 관계를 보이지만, 레이저(laser)와 같은 강한 세기의 장(field)을 사용하면 비선형 편극 효과를 무시할 수 없게 된다. 즉, 전기장이 약할 때에는 전자들의 위치가 평형 상태에 있을 때의 위치에서 벗어나는 편극이 가해 준 전기장에 비례할 것이다. 이러한 근사적 접근은 전기장이 매우 클 때에는 에너지 상태에 있어서 모든 에너지 차이에 해당하는 진동이 가능해지는 비선형 효과(non-linear effect)가 나타나므로 모든 매체에 대하여 적용이 될 수 없다.

비선형 광학 효과는 비선형 물질 내에서 빛이 가지는 전기장과 물질의 상호 작용에 의해 물질의 편극, 빛의 주파수, 위상 또는 경로, 진폭이 비선형적으로 나타나는 현상이다. 빛이 비선형 광학 물질과 상호 작용을 하게 되면 물질의 성질이 변하게 되어 다음에 도달하는 광자는 다른 물질을 느끼게 된다. 즉, 빛이 물질을 통과할 때에 그 전기장이 물질 내부의 다른 전기장들과 상호 작용을 한다. 비선형 광학 물질 내에서는 이와 같은 여러 전기장 사이에 강한 상호 작용이 존재한다.

비선형 광학 물질에 있어서는, 분자 내에서 전하가 평형 값에서 벗어나는 정도(편극 밀도, P)가 아래 관계식에서와 같이 전기장의 비선형 함수가 된다.

$$P = \alpha E + \beta E^2 + \gamma E^3 + \cdots \tag{9.97}$$

여기서, α는 1차 편극률(first polarizability: 선형 편극률), β는 1차 초편극률(first hyperpolarizability, 또는 2차 편극률), γ는 2차 초편극률(second hyperpolarizability, 또는 3차 편극률) 등으로 부른다

벌크 시료에 대해서도 유사한 방법으로 편극 밀도(P)를 다음과 같이 표시할 수 있다.

$$P = \chi^{(1)}E + \chi^{(2)}E^2 + \chi^{(3)}E^3 + \cdots \tag{9.98}$$

$$\chi^{(1)} = n^2 - 1 \tag{9.99}$$

여기서, $\chi^{(1)}$, $\chi^{(2)}$, $\chi^{(3)}$ 들을 비선형 감수율(non-linear susceptibility)이라 부르는데 거시적 성질에 해당한다.

1차 초편극률(β)은 입사광의 2차 조화 함수(second order harmonic: 끈이 진동할 수 있는 두번째로 낮은 진동수로서 원래 파동 진동수의 2배에 해당) 생성에 관련된다. 즉, 동일한 진동수를 가진 광자들이 비선형 물질에 흡수되어, 물질과 상호 작용함으로써 서로 결합하여 진동수가 2배인 새로운 광자를 추가로 생성하여 전기장을 형성한다. 또, 2차 초편극률은 3차 조화 함수(third order harmonic)를 야기한다. 3차 조화 함수는 2개의 광자가 비선형 물질에 동시에 흡수되어(two-photon absorption) 형성된다. 두개의 광자가 동시에 흡수될 수 있는 확률은 한 개의 광자가 흡수되는 확률보다 훨씬 작고, 그 흡수 강도는 빛의 세기의 제곱에 비례한다. 이와 같은 비선형 편광파는 매질의 굴절률 변화와 입사 광자의 비탄성 산란(입사된 빛이 물질 내 화학 결합의 전자 밀도와 상호 작용하여 빛의 에너지가 감소되거나 증가됨으로써 빛의 주파수 이동이 유발됨)에 기인한다.

분자의 비선형 성질은 분자 내의 전자들과 빛의 전기장 사이의 상호 작용에 의해 일어난다. 이에 따라, 비선형 성질은 분자 구조의 대칭성과 전자적 성질 등에 의해 결정된다. 일반적으로 전자가 비편재되어 있는(delocalized) 공액 시스템이나, 강한 전자 받게(strong electron acceptor: $-NO_2$, $-COOH$, $-SO_3H$, $-CN$ 그룹 등), 강한 전자 주게(strong electron donor: $-NR_2$, $-CR$ 그룹 등)가 분자에 포함되어 있으면 1차 초편극률 값이 커지게 된다. 이에 더하여, 거시적 2차 감수율은 π-공액 발색단(π-conjugated chromophore)의 상대적 배향에 의해 큰 영향을 받는다. 발색단은 특정 주파수에서 빛을 흡수하여 분자가 색깔을 띠게 하는 화학 그룹이다.

최근 광통신이나 광신호 공정 산업 등이 빠른 속도로 발전하고 있음에 따라, 광섬유나 광 도파로(optical waveguide) 등에서의 비선형 광학 효과가 특별히 중요하여 많은 관심을 끌고 있다. 광섬유를 통한 비선형 전달(transmission) 효과에 의하여 추가적인 신호 대역폭(signal bandwidth), 펄스(pulse)의 모양이나 위상의 변화, 다른 파장을 가진 빛의 생성 등을 얻을 수 있다.

이에 따라, 전자구름이 전체 분자에 퍼져 있고 광 방사(optical radiation)에 대하여 큰 비선형 효과를 가지는 유기 분자들에 대한 관심이 고조되고 있다. 일반적으로 유기 비선형 분자는 무기 비선형 분자에 비해 광학적 비선형성이 높고 반응 시간이 빠르며, 다양한 구조의 물질 합성이 가능할뿐더러 비용이 저렴하고 가공이 용이한 장점을 가지고 있다. 그러나 기계적 안정성이나 열적 안정성 및 물리화학적(physicochemical) 안정성은 상대적으로 낮다.

유기 분자 내의 π-전자들은 원자핵에 느슨하게 결합되어 있고 비편재화된 궤도(delocalized orbital)들이 전체 분자에 걸쳐 확장되어 있으므로, 외부의 광학적 전기장에 의해 매우 쉽게 영향을 받아, 크고 빠른 편극의 유도가 용이하다. 여기에 공액 시스템(conjugated system: 단일결합과 다중 결합이 번갈아가면서 짝을 지어 연결되어 있음)의 반대 쪽 말단에 주게(donor), 받게 그룹(acceptor group)이 추가되어 있으면, π-전자의 비편재화 효과가 더 커진다. 전체 분자를 통하여 이러한 그룹들 사이의 전하 이동이 커지면서 분자 구조의 광학적 비선형성이 더욱 커진다.

비선형 광학 고분자를 위해서는 무정형 유리질 고분자로서 비대칭 발색단을 분자 내에 포함하고 있어야 한다. 무정형 유리질 고분자는 매우 투명하고 거의 빛을 산란하지 않는다. 또한, 고분자가 열적 안정성이 높아 분자 내 발색단의 배열이 수년 이상 고착된 상태로 유지되어야 한다. 발색단은 분자 내의 한 부분으로서 가시광선의 특정 파장을 흡수함으로써 색상을 나타낼 수 있는 실체이며 보통 큰 쌍극자 모멘트를 가진다. 발색단은 2개의 분리된 분자 궤도 사이의 에너지 차이가 가시광선 스펙트럼 영역에 존재한다. 일반적으로 공액 이중 결합을 가진 분자의 경우에 발색단을 가지기 용이하다. 발색단의 비대칭성에 의해 고분자 물질이 비대칭적으로 편극이 형성된다. 이로부터 고분자의 비선형적 광학 특성이 얻어진다.

이와 같은 발색단을 포함하는 고분자의 예를 아래 그림 9.32에 나타내었다. 첫번째 고분자는 곁사슬 고분자로서, 발색단의 한쪽 끝이 사슬의 골격에 붙어 있고 발색단의 대부분은 골격에 달려있는 형태이다. 그러나 발색단이 사슬의 골격 쪽으로 바짝 파고들어 스페이서 그룹(spacer group)을 짧게 하는 것이 더 바람직하다. 두번째 고분자는 발색단의 양쪽 끝이 사슬의 골격에 연결되어 있는 주사슬 고분자이다. 주사슬 비선형 광학 고분자의 경우에는 발색단이 국부적 운동성에 제약을 받아 안정성은 우수한 편이다.

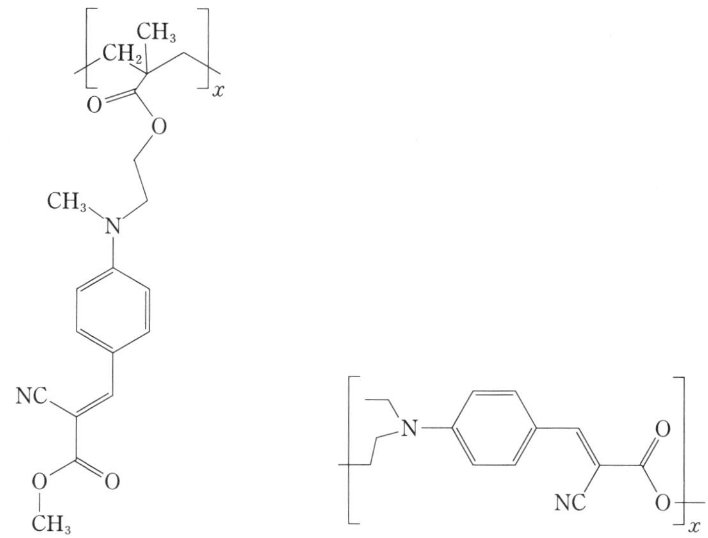

Sidechain Homopolymer $T_g = 114℃$

Inorganic Mainchain $T_g = 105℃$

그림 9.32 ❖ 비선형 광학 고분자의 발색단: (a) 곁사슬, (b) 주사슬

이들 형태 이외에도, 게스트-호스트 시스템(guest-host system: 크기가 작은 분자로 된 고체 상태의 발색단 물질이 고분자에 혼합된 상태), 액정 고분자, 폴리이미드를 주축으로 하는 고온용 비선형 광학 고분자, 가교 고분자 시스템 등이 상황에 맞게 비선형 광학 고분자로 고려되고 있다.

발색단의 비선형 광학 특성을 활성화시키기 위하여는 중심 대칭성(centrosymmetry: 중심 점에 대한 대칭성)을 깨뜨리는 것이 필요하다. 이를 위해서는 폴링(poling: 개개의 쌍극자 모멘트를 모두 같은 방향으로 배열하는 과정)이 필요하다. 폴링을 위해 가장 널리 사용되는 방법은 전기 폴링이다. 전기 폴링에서는 고분자 필름에 유리 전이 온도 근처에서 전기장을 가하여 발색단의 배향이 유도된다. 이외에도, 광학적 폴링, Langmuir-Blodgett 공정, 자기 조립법(self assembly) 등이 발색단의 배향을 위하여 이용될 수 있다.

비선형 광학 물질은 신흥 기술로 떠오르는 광 이미징(optical imaging), 초고속 데이터 프로세싱 및 통신, 초밀도 데이터 저장, 초해상 리소그라피(superlithography), 초해상 분광법(superspectroscopy), 광 센서 등 다양한 분야에서 결정적 역할을 수행할 것으로서, 이들 물질의 구조와 성질의 관계에 대한 근본적 이해가 최대 과제이다.

9.10 고분자의 전자 전도(electronic conduction)

고분자 사슬의 골격을 따라 π-공액(π-conjugation)이 이루어지고 있는 고분자들은 도핑(doping)이 될 경우, 아래 그림 9.33에서와 같이 반도체적인 전도 거동을 보인다. 공액(conjugation)은 라틴어로 함께 연결함(link together)을 의미한다. π-공액은 p-궤도의 전자들이 단일 결합을 사이에 두고 중첩에 의해 연결된 상태를 말한다.

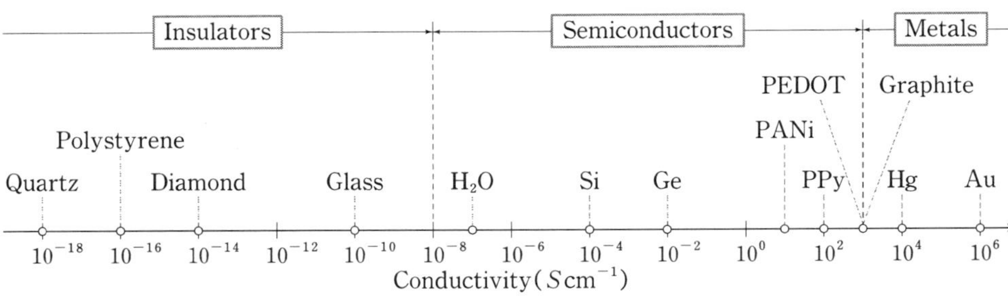

그림 9.33 ❖ 도핑된 π-공액(π-conjugation) 고분자의 전기 전도도

고분자에 있어서 전자의 전도는 기본적으로 화학적으로 π-공액 구조를 가진 고분자의 경우에 가능하다. 대표적인 전도성 고분자로 폴리아세틸렌(polyacetylene), 폴리아닐린(polyaniline: PANi), 폴리피롤(polypyrrole: PPy), 폴리티오펜(polythiopene), 폴리파라페닐렌(polypara-phenylene), 폴리페닐렌 비닐렌(polyphenylene vinylene: PPV), 폴리푸란(polyfuran) 등을 들 수 있다. 전하를 띤 공액 고분자인 poly(3,4-ethylene dioxythiopene)(PEDOT)과 polystyrene sulfonate(PSS)의 두 이오노머(ionomer: 반복 단위 중에 일부 이온 그룹을 포함하는 고분자)로 구성된 혼합물(PEDOT: PSS) 형태의 전도성 고분자도 있다.

9.10.1 전자 전도 메커니즘

π-공액 고분자는 서로 인접된 sp^2 혼성 탄소 센터 구조로 이루어진 골격을 가지고 있다. 각 탄소 센터에서 3개의 가전자는 혼성 궤도를 형성하지만, 나머지 한 개의 가전자(valence electron)는 혼성 궤도를 이루지 못하고 p_z 궤도에 존재하는데, 다른 3개의 시그마(σ) 결합과 직교(orthogonal) 관계에 있다. 이처럼 비편재 궤도(delocalized orbital: 전자가 단일 원자와 관계되지 않고 주위의 몇 원자에 걸쳐 있는 궤도)에 있는 전자들은 물

질이 산화(p-doping)에 의해 도핑(doping)되면 높은 운동성을 가져 비편재화된 전자들의 일부가 제거된다. 도핑은 원래 반도체 물리학에서 사용된 용어로서, 전자가 풍부하거나 부족한 불순물 성격의 원자를 순수한 반도체에 첨가하여 전기 전도성을 향상시키는 과정이다. 이때 전자를 받아들이는(accepting) 역할을 하는 원자 불순물을 *p*-type이라 하고, 전자를 공여하는(donating) 역할을 하는 원자 불순물을 *n*-type이라 한다.

폴리아세틸렌은 전자 전도의 메커니즘을 이해하는데 있어서 가장 일찍이 주목을 받아온 고분자이다. 그러나 폴리아세틸렌은 용해되거나 녹기 어렵고, 환경 안정성이 낮아 기술적으로 응용을 하기에는 덜 매력적으로 여겨져 왔다.

Shirakawa가 Ziegler-Natta 촉매를 사용하여 용액 상에서 시스(cis: 전기 전도도, 10^{-9} S/cm) 및 트랜스(trans: 10^{-5} S/cm) 형태의 폴리아세틸렌을 처음으로 합성하였다. 폴리아세틸렌 필름의 전기 전도도는 아래 그림 9.34에 나타난 바와 같은 도핑 과정에 의해 고분자에 더 많은 전하가 형성되므로 ~10^{-3} S/cm에서 ~10^{3} S/cm로 10^{6} 배만큼 증가될 수 있었다.

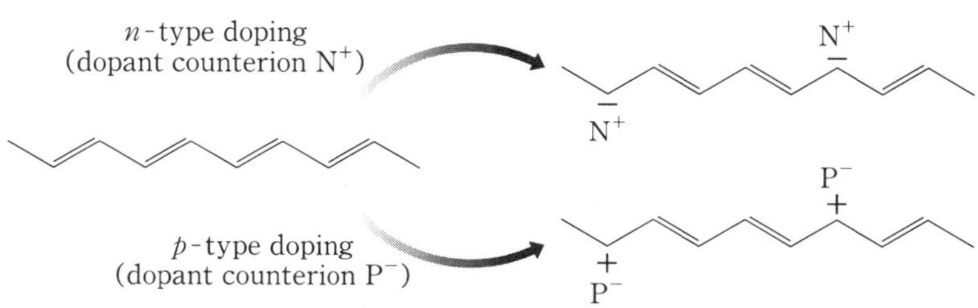

그림 9.34 ❖ 폴리아세틸렌 필름의 도핑 과정(*n*-형, *p*-형)

폴리아세틸렌의 *p*-도핑(산화 도핑)을 위해서는 아래와 같이 할로겐(halogen)이 이용될 수 있고, *n*-도핑(환원 도핑)을 위해서는 알칼리 금속이 이용될 수 있다.

$$[CH]_n + (3x/2)I_2 \rightarrow [CH]_n^{x+} + xI_3^- \qquad \text{산화 도핑}$$

$$[CH]_n + xNa \rightarrow [CH]_n^{x-} + xNa^+ \qquad \text{환원 도핑}$$

고체 상태에서의 에너지 띠(energy band)는 원자들의 상호 혼합에 의해, 아래 그림 9.35에서와 같이 전자들의 에너지 수준이 하나의 값을 가지지 않고 매우 가깝게 무리를 형성하는 것이다. 즉, 고립된 단일 원자의 전자들은 불연속적 개별 에너지를 가지지만, 고체 물질의 전자들은 잘 정의된 궤도의 단일 상태에 머무르지 않고 넓은 띠의 에너지 수준을 가진다. 이는 고체 내에서의 모든 원자들은 인접하고 있어, 원자로부터 가장 먼 궤도의 전자들이 상호 혼합됨으로써 허용 가능한 에너지 수준의 수가 많아지기 때문이다.

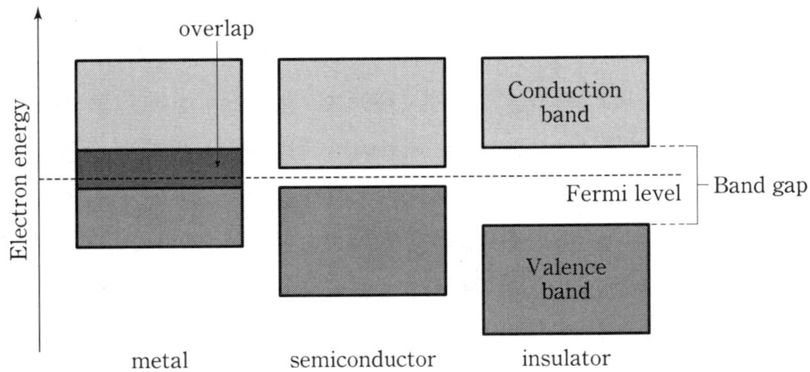

그림 9.35 ❖ 고체 상태에서의 에너지 띠

원자가띠(valence band)는 원자의 가장 바깥쪽 전자(원자가 전자) 궤도의 에너지 띠다. 즉, 원자가띠는 원자가 껍질(valence shell)에 있는 전자들(원자의 가장 먼 전자 궤도)의 에너지 수준의 범위이다. 원자가 전자(valence electrons)는 다른 원자들과의 화학 결합을 형성하는데 참여한다. 원자가띠는 전자가 여기되면 점프하여 빠져 나와 전도띠로 움직일 수 있는 전자 궤도의 띠이다. 전도띠는 가장 바깥쪽 전자 중에서 여기될 때에 일부가 자유 전자가 되어 더 높은 에너지 상태의 띠를 형성하는 영역이다. 전자가 이 영역에 있으면 물질 내에서 자유롭게 움직일 수가 있다.

띠 간격(band gap)은 원자가띠(valence band)의 가장 높이 점유된(highest occupied) 에너지 상태와 전도띠(conduction band)의 가장 낮은 비점유된(lowest unoccupied) 에너지 상태의 에너지 차이로서 물질의 전기 전도도를 나타내는 지표가 된다. 띠 간격에는 전자가 존재하지 않으며 원자가 전자들은 전도띠로 가기 위해 띠 간격을 거쳐 지나가야 한다. 절연체는 공유 결합으로 구성되어 있어 원자가띠가 완전히 채워져 있고, 전도띠가 비어 있으며, 띠 간격 에너지(band gap energy)가 매우 큰 특성을 가진다. 반도체는 원자가띠가 거의 채워져 있고, 전도띠가 거의 비어 있으며, 띠 간격 에너지가 매우 작다. 전도체는 띠 간격이 존재하지 않는다. 전기 전도가 높은 금속 성질을 가지기 위해서는 반드시 원자가띠가 부분적으로만 채워져 있어야 한다. 전도체의 경우에는 원자가띠와 전도띠가 중첩되므로 원자가띠에서는 전자들이 움직일 수 있도록 충분히 빈 공간이 필요하다.

원자가띠는 기본적으로 결합 분자 궤도(bonding molecular orbital: 원자 궤도의 부가적 효과에 의해 형성됨)로 구성되어 있는 반면, 전도띠는 비어 있는 반결합성 분자 궤도(vacant antibonding molecular orbital)로 구성된다. 양자역학적으로 전자는 파동과 같은 성질도 가지는데, 결합 분자 궤도는 원자 궤도들의 파동 함수들이 서로 위상이 맞아(in-phase), 이들이 결합할 때에 부가적(additive) 효과를 가지게 되어 두 원자핵 사이에서 전자 밀도가 크게 된다. 이때 결합 궤도의 에너지는 모원자 궤도(parent atomic orbital)의 어느 하나의 에너지보다 더 낮아진다. 이에 비해, 반결합성 분자 궤도는 원자의 파동 함수들이 위상이 어긋나는 결합을 하게 되어, 두 원자핵 사이에 존재하는 전자가 적고 결합 영역의 바깥 쪽에 대부분의 전자가 존재하여 원자 사이의 반발력을 야기시킨다. 이때 분자는 모원자 궤도의 에너지보다 더 큰 값을 가진다.

일반적으로 원자가띠의 전자들이 들뜨게 되면 원자가띠로부터 전자가 빠져 나와 전도띠로 들어갈 수 있는데, 전도띠에서는 전자들이 물질 내에서 자유롭게 움직일 수 있는 충분한 에너지를 가진다. 위 그림의 Fermi 수준(level)은 전자가 절대 온도 0 K에서 가질 수 있는 가장 높은 에너지로서, 전도띠와 원자가띠 사이에 그 값이 존재하며 서로 다른 에너지 수준에 존재하는 전자의 확률을 결정하는데 관여한다.

홀(hole)은 아래 그림 9.36에서와 같이, 원자 내 전자들이 원자가띠를 빠져 나와 전도띠로 들어갈 때에 형성된다. 이때 원자가띠 내의 다른 전자가 그 홀을 채울 수 있게 되는데, 그로 인해 또 다른 홀이 원자가띠 내에 형성된다. 이와 같은 홀 전달은 반도체나 공액 고분자 등에서 일어날 수 있다. 금속의 경우에는 원자가띠와 전도띠가 중첩되어 있어 원자가 전자(valence electron)가 전도를 위하여 원자가띠를 떠날 필요가 없이 단지 에너지 수준만 변화함으로써 전도에 기여한다. 전기장 하에서 전자들이 한 방향으로 움직이면 상대적으로 홀은 그 반대 방향으로 움직이게 되므로(실질적으로 움직이는 것은 아님) 홀은 양전하로 간주한다. 이 홀을 가상적으로 움직이기 위해서는 전자에 힘을 가하여 일을 할 필요가 있으므로 홀도 무게를 가지는 것으로 고려한다. 양전하(홀)와 음전하(전자)는 서로 반대 전극으로 이동한다. 이러한 전하의 이동이 전기 전도를 생성한다.

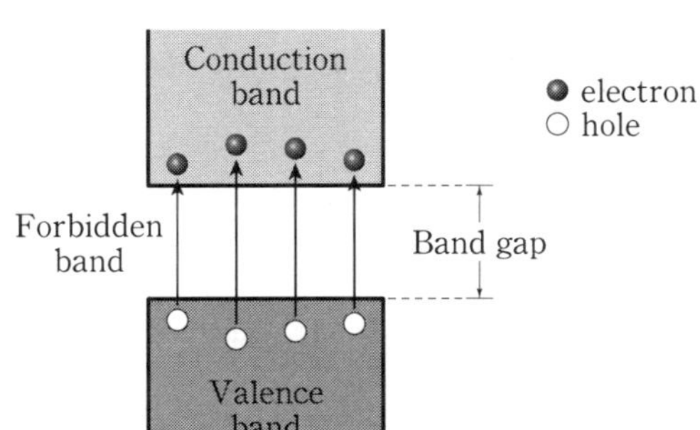

그림 9.36 ❖ 전자들이 원자가띠를 빠져나와 전도띠로 들어갈 때 형성되는 홀(hole)

9.10.2 도핑(doping) 메커니즘

적절히 합성된 고분자는 도핑에 의해 아래 그림(9.37)에서와 같이 에너지띠 이론(energy band theory)에 따라 전도성 물질로서의 이용이 가능하게 된다. 도핑(p 또는 n-도핑)은 전기장에서 움직일 수 있는 전하 운반체를 만들어 낸다. p-도핑은 전자 수용체(I_2, AsF_5 등)를 사용하여 원자가띠로부터 전자를 제거하는 것이고, n-도핑은 전자 공여체(Na, K 등)를 사용하여 전도띠에 전자를 제공하는 것이다. 아래 그림에서와 같이 도핑이 충분히 되면 띠 간격이 불연속적인 별개의 에너지 수준을 가지는 대신 원자가띠와 전도띠가 중첩될 수 있는 새로운 전자 구조를 생성한다. 띠 간격 현상은 2개의 이웃하여 허용된 에너지띠가 전자의 에너지 수준에 있어서 서로 중첩될 정도로 넓지 않을 경우에 나타난다. 즉, 결합 상태(bound state)에 있는 전자들과 전도를 위한 자유 전자 상태의 에너지띠는 서로 중첩될 정도의 에너지 수준을 갖지 못하여 띠 간격을 가진다.

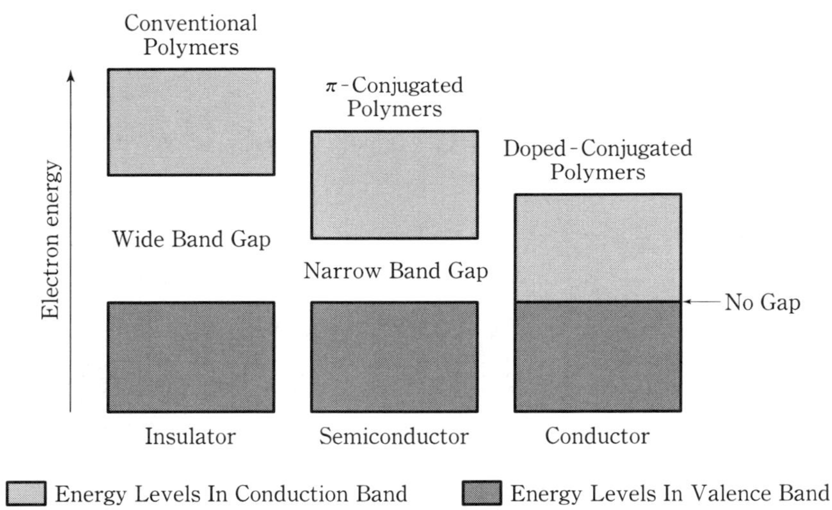

그림 9.37 ❖ 도핑에 의한 고분자의 전도 가능(에너지띠 이론)

공액 π-결합은 π-결합의 비편재를 야기시켜 탄소 사슬을 따라 전자의 흐름을 유도할 수는 있으나 매우 약한 전기 전도를 생성할 수 있을 뿐이어서, 여기에 첨가물(dopant: 예를 들어 할로겐 등)을 도입하면 비편재 결합 배열에 전하 운반체 종(species)인 유사 입자(quasi-particle)로서 아래 그림 9.38에서와 같이 솔리톤(soliton), 폴라론(polaron), 바이폴라론(bipolaron) 등이 형성되는데, 이들 전하들이 고분자 사슬을 따라 상당히 자유롭게 움직여 전기 전도를 크게 향상시킨다. 이들은 전하와 그 전하가 수반하는 편극장

(polarization field)으로 구성되어 있으므로 입자가 아니다. 전하는 물질이 가지는 성질이다. 유사 입자는 물질로 구성된 것이 아니어서 진정한 의미에서의 입자는 아니고, 시스템을 통하여 전개되는 여기(excitation)를 설명하기 위한 물리적 개념으로서 실제 입자들이 가지는 어떤 성질을 가질 수 있다. 그 대표적인 예로 홀(hole)을 들 수 있다.

공액 고분자의 도핑에 따라 고분자 사슬에 나타나는 전하의 형태로서 솔리톤, 폴라론, 바이폴라론이 있다. 솔리톤은 라디칼(radical)이나 양이온 또는 음이온성을 가진다. 라디칼은 중성(neutral) 솔리톤에 해당하고, 양이온 또는 음이온은 전하를 띤 솔리톤이다. 폴라론은 라디칼 이온성(radical ion)을 가지며, 바이폴라론은 이양이온성(dication)이나 이음이온성(dianion)을 가진다. 그 예가 아래 그림 9.38에 나타나 있다.

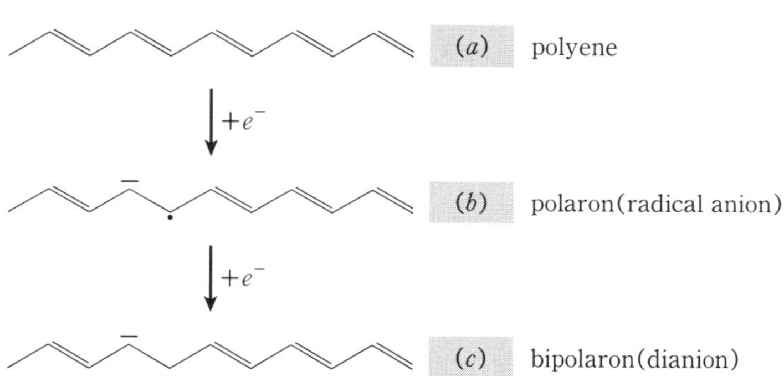

그림 9.38 ❖ 도핑에 의한 트랜스-폴리아세틸렌 사슬에서의 폴라론, 바이폴라론의 형성

폴라론 및 바이폴라론 등의 형성에 따른 폴리피롤(polypyrrole: PPy)의 *p*-도핑에 따른 띠에너지 수준이 아래 그림 9.39에 나타나 있다. PPy 사슬은 도핑 수준에 따라 4개의 서로 다른 전자띠 구조를 보인다. 도핑이 되지 않은 상태에서의 PPy는 약 3.16 eV 정도의 큰 띠 간격을 가지고 있는 절연체이다. *p*-도핑(산화)에 의해 중성의(neutral) PPy 사슬로부터 하나의 π-전자를 제거하면 폴라론이 형성되어 띠 간격 내에 2개의 국부적 전자 수준이 얻어진다. 이 상태에서 산화에 의해 2번째 전자가 제거되면 2배로 전하를 띄는 바이폴라론이 형성된다. 더 산화가 진행되면 바이폴라론 사이에 중첩이 일어나 2개의 좁은 띠가 형성, 발전되어 에너지 간격이 3.16 eV에서 1.4 eV로 감소함을 알 수 있다.

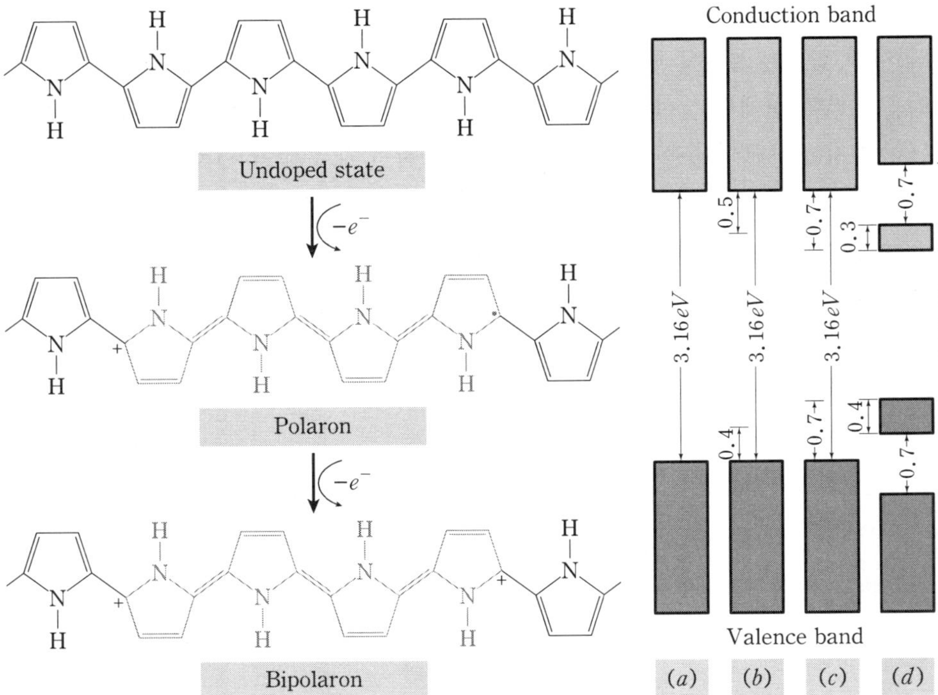

그림 9.39 ❖ 폴리피롤의 완전 도핑 상태 형성 과정[10]: (a)undoped; (b) polaron; (c) bipolaron; (d) fully doped

에너지띠 이론이 간단하게 전기 전도를 설명해 주는 장점이 있지만, 전도성 고분자의 전기 전도를 완전히 분명하게 설명해 주지는 않는다. 이에 따라, 분자 수준에서의 전하 이동 성질을 설명하는 노력도 있다. 전도성 고분자에서 얻어지는 전하는 단순히 전도띠나 원자가띠를 채우는 자유 전자나 홀(hole)이 아니고, 고분자 사슬의 변형에 의해 고분자 사슬과 상호 작용을 하는 전자나 홀이다. 전자가 공액 고분자에 가해지면 순간적으로 전하 주위의 사슬이 변형이 되어 전하를 낮은 전자적 에너지 상태에 놓이게 한다. 이때 탄성적 변형 에너지와 전자 에너지가 서로 경쟁하여 격자 변형(lattice deformation)의 크기를 결정하게 된다. 격자 결합 변형(lattice bond deformation)이 상당한 수준으로 커지면, 탄성 에너지가 증가함으로써 얻어진 전하의 전자 에너지가 감소하게 된다.

일반적으로 높은 전기 전도를 위하여 전하 운반체의 높은 이동도와 높은 전하 운반체 밀도가 요구되는데, 전도성 고분자의 전하 국지성(charge localization)을 피하기 위한 전도성 고분자의 텍스처(texture: 일반적으로 물리적 구조를 의미함, 결정성 고분자의 경우 결정축의 배향 분포 등)나 나노 구조(nanostructure)를 정밀히 조절할 필요가 있다.

이를 위해 전도성 고분자의 결정화, π-π 적층 거리(π-π stacking distance: π 평면 사이의 거리), 미세 결정 크기, 사슬 내 또는 사슬 사이의 상호 작용, 미세 결정 내 또는 미세 결정 사이의 연결성, 결정 경계(grain boundary) 등이 전도성 고분자의 합성 시에 잘 설계되어야 한다. 고분자 사슬을 따라 1차원적 전하 국지화를 피하기 위해 사슬간 전하 이동이 요구된다. 전도성 고분자가 정렬된 영역과 정렬되지 않은 영역으로 구성된 불균일 전도체이므로, 전자 전달은 침투 경로(percolation path: 입자가 다공성 매질을 통과하는 경로)를 통하여 이루어진다.

금속의 전기 전도가 온도의 증가에 따라 감소하는 반면, 반도체나 전도성 고분자의 경우에는 온도의 증가에 따라 전기 전도가 증가한다. 이는 금속이 상대적으로 약한 금속 결합(metallic bonding)으로 이루어져, 온도가 증가하면 전자 바다(electron sea)에 있는 원자핵의 진동도 심해져 전기 전도를 위한 원자가 전자(valence electron)의 움직임을 방해하기 때문이다. 이에 반해, 반도체나 고분자의 경우에는 온도가 증가할 때에 원자가띠의 바깥 쪽 전자들이 에너지를 더 얻게 되어, 원자가띠로부터 전도띠로 더 많은 전자들이 진입할 수 있기 때문이다.

공액 고분자는 사슬 골격을 따라 확장된 공액(extended conjugation)을 가지고 있어, 사슬들이 일반적으로 뻣뻣하고 강한 사슬간 작용을 하게 됨에 따라 잘 용해되지 않고 잘 녹지도 않는다. 공액 고분자를 도핑하면 산소나 수분 등의 대기 환경에 불안정해질 수도 있다.

전도성 고분자는 금속처럼 전기 전도를 보임과 동시에 제조를 위한 공정성이 우수하고 낮은 열전도 등의 장점으로, 현재 상업적으로 슈퍼커패시터(supercapacitor), 발광 다이오드(light emitting diode), 바이오 센서, 나노 코팅 등에 적용되고 있다. 특히, 금속이나 반도체에 비해 가볍고 저렴하며, 유연한 상태로 제조가 가능하고 생체 적합성이 우수하여 생의학적 응용에 많이 채택되고 있다. 또한, 유연한 전자 부품, 자극 반응적(stimulus-responsive) 약물 전달 도구, 인공 기관(prosthetics: 신경 연결 도구 등) 등 그 응용 가능성도 매우 높다.

9.11 고분자의 이온 전도

이온 전도(ionic conduction)는 전기장이 가했졌을 때 전하를 가진 이온이 이동을 함으로써 전기적인 전도성을 보이는 것이다. 전기적인 전도성은 가해진 전기장에 의한 전하의 이동을 의미한다. 전기장에 의한 이온의 이동을 이온 전류(ionic current)라고 한다. 이와 유사하게 전자의 이동에 의한 전기적 전도성을 전자 전도라고 하며, 이때 전자의 이동을 전자 전류(electronic current)라 한다. 일반적으로 불리워지는 전류(electric current or current)라는 용어는 양전하의 이동을 기준으로 하므로, 전류는 전자의 이동과 반대 방향의 흐름을 가진다.

이온 전도도(ionic conductivity: σ, S/cm)는 이온 전하의 이동에 의하여 야기되는 전기 전도도(electrical conductivity)이다. 이는 물질(이온 전도성 물질)의 이온 전도 능력을 나타내는 지표로서 물질의 고유한 성질에 속한다. 여기서 S(siemens)는 저항(Ω)의 역수이다. 총 이온 전도도(total ionic conductivity: 시스템 내의 모든 전하에 의해 얻어지는 이온 전도도, σ)는 전자 전도도 때와 마찬가지로 세가지 요소의 곱으로서 다음과 같이 표시할 수 있다.

$$\sigma = \Sigma q_i n_i \mu_i \tag{9.100}$$

여기서, q_i는 운반체의 전하량, n_i은 전하 운반체(charge carrier)의 개수, μ_i는 전하 운반체의 이동도(mobility)를 나타낸다. 고체 고분자 전해질 내에서의 전하 운반체의 수는 호스트 고분자의 유전 상수와 사용한 염의 격자 에너지(1 mole의 이온 결정성 화합물을 그 성분 이온으로 해리하는데 필요한 에너지)에 의해 결정되는데, 호스트 고분자의 유전 상수가 클수록, 그리고 염의 격자 에너지가 작을수록 전하 운반체의 수가 커진다.

전하 운반체의 이동도는 가해진 단위 전기장의 세기에 의한 운반체의 평균 속도이다. 전하 운반체의 이동도는 이온의 확산 계수(D)와 다음과 같은 Einstein 관계식에 의해 결정될 수 있다.

$$\mu = (q/kT)D \tag{9.101}$$

이온 전도도는 교류 임피던스 분석법(AC impedance spectroscopy)에 의해 측정될 수 있다.

이온 전도성을 보이는 고체 고분자는 고체 전해질로서, 고체 고분자 매트릭스(matrix)에 염(salt)이 용해되어 있는 복합체(complex)이며 고체 이오닉스(solid ionics)라 부르기도 한다. 전해질은 용액 상태에서 이온을 생성할 수 있는 물질로서, 전기장 하에서 이온들의 움직임이 전류를 생성할 수 있다. 이때 전해질 내에서 전자의 이동은 일어나지 않는다.

고분자 외의 다른 고체 전해질의 대표적인 예로서 세라믹(다결정성 무기 물질)이나 유리(glasses: 무정형 무기물질), 또는 무기 결정(단결정) 등이 있다. 아래 그림 9.40에서와 같이 무기 결정 고체 전해질의 경우, 이온 전도가 주로 결정 격자 내의 점 결함(point defect)에 의한 이온 도약(ion-hopping: 이온이 어느 한 지점에서 이웃하는 지점으로 급작스럽게 이동하는 과정) 메커니즘(그림 a)에 의해 일어나고, 고체 고분자 전해질의 이온 전도는 주로 무정형 영역의 유리 전이 온도 이상에서 고분자 사슬 세그멘트들의 국부적 운동(그림 b)에 의해 일어나는 것으로 이해되고 있다. 고분자 사슬 세그멘트들의 국부적 운동이 배위 사이트(coordination site: 중심에 있는 금속 원자나 금속 이온과 리간드의 결합으로 이루어진 국부적 영역)를 반복적으로 생성함으로써 이들 사이의 이온 이동이 야기되는 것으로 이해되고 있다. 리간드(ligand)는 중심에 있는 금속 이온이나 금속 원자의 주위에 결합하고 있는 분자나 이온이다.

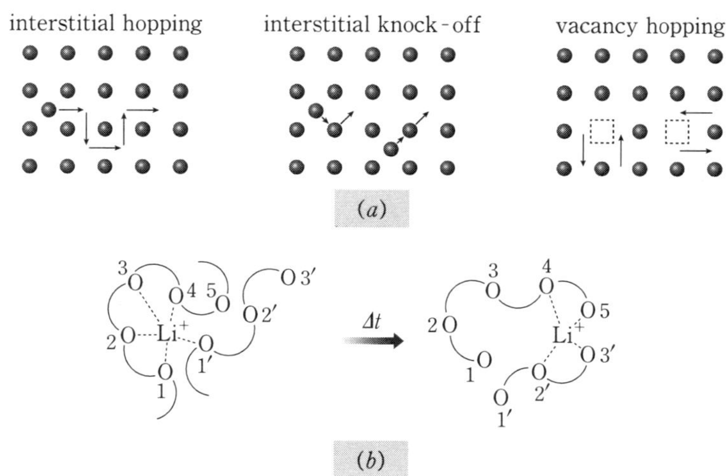

그림 9.40 ❖ 이온 전도 메커니즘: (a) 무기 결정 고체, (b) 고체 고분자 전해질

고체 고분자 전해질의 경우, 사슬 세그멘트의 국부적 운동과 더불어 이온 도약(ion jump: Grotthuss 메커니즘이라고도 함)이나 질량 확산(mass diffusion: vehicle 메커니즘이라고도 함) 등의 작용이 함께 수반될 수도 있으나, 이에 대한 명확한 이해가 아직 부족한 상황이다. 고체 고분자 전해질에서의 이온 도약은 고분자 사슬의 세그멘트 운동과 협동적으로 일어난다. 일반적으로 고체 고분자 전해질의 경우, 고분자의 유리 전이 온도 이상에서 사슬의 세그멘트 운동이 사슬의 극성 그룹과 배위를 하고 있는 이온의 도약을 위한 자유 부피를 제공함으로써, 이온 도약을 위한 평균 자유 경로(average free path: 이온이 2개의 연속적인 충돌 사이에서 이동하는 평균 거리)가 무기 전해질에 비해 상대적으로 크다. 결정성 고분자 전해질의 경우에도 정렬된 구조를 가지고 있어 이온

도약이 일어날 수 있으나 이에 대한 연구는 아직 미진하다. Vehicle 메커니즘은 액체 상태의 이온 전달에 있어서는 보편적이다. 이때에는 이온이 전하 수송체로서 자유 확산에 의하여 전달되는데, 이온의 크기나 이온의 용매화(solvation) 등이 이온의 확산에 결정적 영향을 미치는 과제가 된다.

사슬 세그멘트의 국부적 운동은 유리전이 온도 이상에서 주로 고체 고분자의 무정형 영역에서 일어난다. 이온 전도를 위해 고분자 호스트(host)들이 가져야 할 바람직한 특징은 다음과 같다.

i) 아래 그림 9.41과 같이 고분자 호스트가 양이온과의 배위 결합(coordinate bond) 형성을 위하여 전자 공여를 하는 원자나 그룹을 가진다. 공유 결합이 두 원자 사이에 상호 전자를 공유함으로써 형성되는데 비해, 배위 결합은 단지 하나의 원자에 의해 전자를 공유한다.

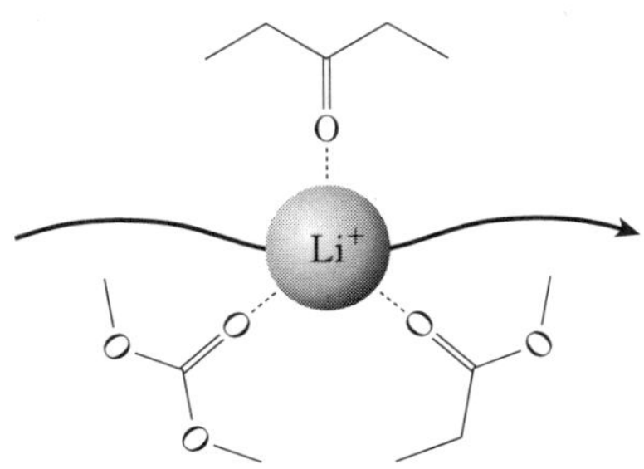

그림 9.41 ❖ 고분자 호스트와 양이온과의 배위 결합

ii) 고분자 사슬의 용이한 세그멘트 운동을 위하여 결합 회전 장애(bond rotation barrier)가 낮아야 한다.

iii) 고분자가 양이온과 여러 개의 내부 결합(intra-bonding)을 형성하기 위하여 배위 센터(coordination center: Li^+) 사이의 거리가 적절하여야 한다.

고체 고분자 전해질이 세라믹 등 다른 고체 이온 전도체들과 크게 다른 점은, 고체 고분자 전해질의 경우에 낮은 격자 에너지를 가지는 염(예: $LiClO_4$, $LiPF_6$, $LiBF_4$, $LiAsF_6$, LiTFSI 등)을 극성이 있는(특히 전자 공여 능력이 우수한 극성) 고분자 매트릭스에 용해시켜 얻어진다는 것이다. 고체 고분자 전해질의 경우, 리튬 이차전지를 위해서는 양이온의 전도가 직류 전기(전자, 즉 전류가 항상 한 방향으로만 흐름)를 만들게 된다.

9.11.1 고체 고분자 전해질의 이온 전도 모델

고체 고분자 전해질의 이온 전도 메커니즘은 아직 완전히 이해되는 단계는 아니지만, 대체로 호스트 고분자의 작용기와 상호 결합된 양이온이 고분자 사슬 골격을 따라 재배위(re-coordination)를 통해 이동하고 있는 것으로 이해되고 있다. 이와 관련하여, 고체 전해질의 이온 전도 메커니즘을 설명하기 위한 몇 가지 모델들이 다음과 같이 제시되고 있다.

1) Arrhenius 모델

Arrhenius 모델은 경험적 사실에 근거한 모델이다. Arrhenius 식은 일반적으로 화학 반응 속도나 확산, 투과(permeation), 용융 전단 점도(melt shear viscosity) 등과 같은 물리적 반응 속도의 온도 의존성을 대변하는데, 이와 유사한 방법으로 이온 전도도(σ)의 경우에 다음과 같은 형태로 표시할 수 있다.

$$\sigma(T) = \sigma_0 \exp(-E_a/kT) \tag{9.102}$$

여기서, σ_0는 전지수 인자(pre-exponential factor)로서 전해질 내의 이온의 개수와 관련되고, E_a는 이온 전도가 일어나기 위한 최소 에너지로서 활성화 에너지라 부른다. 이때, E_a와 σ는 거시적 성질로서 분자 수준에서의 개별적 성질이 아니고, 서로 다른 많은 각 개체들의 이온 전도와 관련된 복합적 성질이다. Arrhenius 플롯은 실험적으로 얻어진 결과를 토대로 log σ에 대하여 1/T를 플롯한 것으로서, Arrhenius 식에 의하면 선형 관계를 보여준다.

일반적으로 고체 상태에서의 운동 과정(kinetic process)은 온도에 의해 지대한 영향을 받으므로, Boltzmann 인자의 존재가 필연적으로 대두되어 위 Arrhenius 식의 경험적 성립이 이루어질 수 있다. 세라믹 전해질의 경우, 대체로 이온 도약이 이온 전도의 주요 메커니즘으로 작용하는데, 이온 도약 속도를 결정하는 과정이 열적 활성화 과정이므로 아래 그림 9.42에서와 같이 이온 전도도(σ)와 온도의 역수($1/T$)에 대하여 Arrhenius 플롯을 할 경우에 선형 관계가 이루어짐을 보여준다.

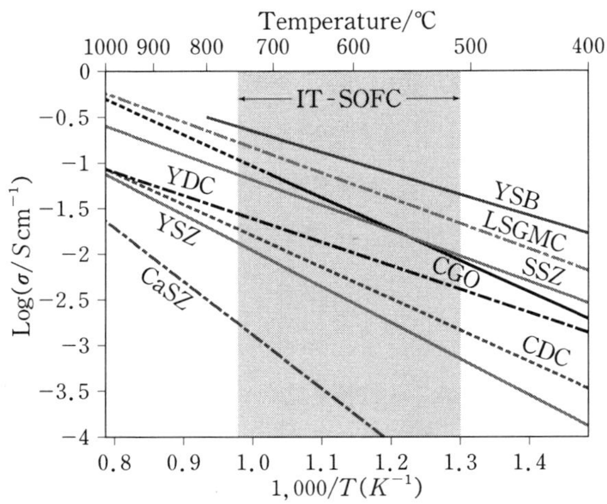

그림 9.42 ❖ 고체 산화물 연료 전지(solid oxide fuel cell: SOFC)를 위한 대표적 세라믹 전해질의 Arrhenius 플롯: 이온 전도도 대비 온도의 역수[11]

2) Vogel-Tamman-Fulcher(VTF) 모델

고체 고분자 전해질의 경우, 이온 전도가 주로 고분자의 세그멘트 운동에 관련된 것으로 설명하게 되면 Arrhenius 식이 아니라, 고분자의 자유 부피와 관련된 VTF(Vogel-Tamman-Fulcher) 식의 지배를 받을 수 있다. 왜냐하면, 고분자 사슬의 세그멘트 운동은 세그멘트의 협동적 운동(cooperative motion) 등이 포함되어 있어 단순한 열적 활성화 과정이 아니기 때문이다. VTF 식은 반경험식으로서 다음과 같이 표시된다.

$$\sigma(T) = AT^{-1/2}\exp[-B/k(T-T_0)] \tag{9.103}$$

여기서, A는 전지수(preexponential) 인자로서 전해질 내의 이온의 개수와 관련이 되고, B는 고분자 사슬 세그멘트의 운동과 관련된 유사 활성화 에너지(pseudo-activation energy), T_0는 configuration 엔트로피가 0이 되는 절대 온도이다. 유사 활성화 에너지라는 용어는 이온 전도가 단순한 열적 활성화 과정이 아니고 세그멘트 운동이 포함되어 있기 때문에 붙여진 것이다.

아래 그림 9.43에 폴리에틸렌 옥사이드 전해질(PEO/$LiCF_3O_3$, EO/Li = 10)에 이온성 액체(ionic liquid: 1-ethyl-3-methylimidazolium trifluoromethanesulfonate, EMITf)를 첨가한 복합체 시스템의 로그 이온 전도도를 $1/T$로 플롯한 결과를 나타내었다. 일반적으로 이온성 액체는 벌키한 유기 양이온과 무기 음이온을 포함하는 염으로서, 융점이 매우 낮아 일반 무기염과는 달리 실온에서도 액체 상태를 유지한다. 이온성 액체를 고체 고분자 전해질에 복합하면 전하 운반체를 부가적으로 제공하는 것과 더불어 가소제의 역할을 함으로써 사슬의 세그멘트 운동을 촉진시킬 수 있다.

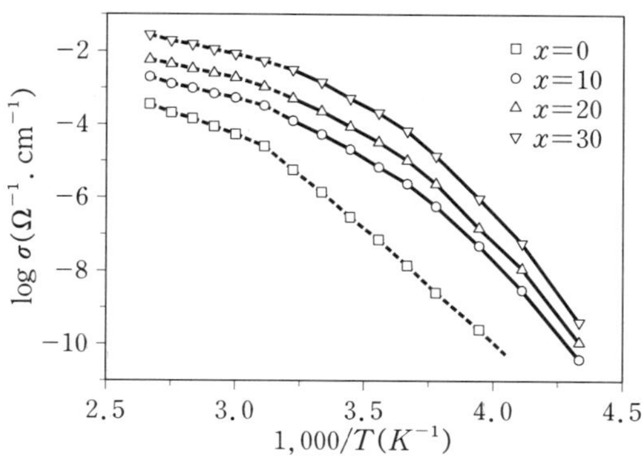

그림 9.43 ❖ 폴리에틸렌 옥사이드/이온성 액체로 구성된 복합체의 이온 전도도 대비 온도의 역수 플롯[12] (x: wt% EMITf)

위의 그림에서 파선(dashed line)은 실험 데이터를 Arrhenius 식에 의해 맞춘(fitting) 것이고, 실선(solid line)은 VTF 식을 기준으로 맞춘 것이다. 이온성 액체가 전혀 포함되지 않은 PEO 전해질의 경우, Arrhenius 식 형태의 거동을 잘 따르고 있음을 볼 수 있다. 이는 이온성 액체가 전혀 포함되지 않을 경우에는 PEO 내에 결정 영역이 지배적으로 많음에 기인할 것으로 예상되고 있다. 이에 비해, PEO 전해질에 이온성 액체가 포함될 경우에는 고분자의 사슬 세그멘트 운동이 활발하여 넓은 온도 범위에 걸쳐 VTF 관계식이 이온 전도를 지배하는 것으로 보인다.

고체 고분자 전해질에 사용되는 많은 극성 고분자는 반결정이다. 이때 무정형 영역 내에서의 세그멘트 운동은 이온이 한 사이트(site)에서 다른 사이트로 도약(사슬 내에서나 사슬 간의 도약 존재)하거나, 이온이 고분자 사슬과 공확산(co-diffusion) 할 수 있게 한다. 물론, 이온이 고분자 사슬을 따라 지속적으로 이동하는 경우도 존재할 수 있다. 실제로는 여러 개의 이온 전도 메커니즘이 동시에 이온 전도에 기여할 것이나, 그 상대적인 중요도는 호스트 고분자의 성질에 달려 있다.

일반적으로 고체 고분자 전해질 내에서 이온의 운동성은 호스트인 고분자 사슬의 이완 모드와 밀접한 관계가 있는데, 이는 고분자의 T_g 이상에서 유효하다. 고분자 전해질 내에서의 이온의 이동이 주로 T_g 이상에서 고분자의 사슬 세그멘트들의 국부적 운동의 도움으로 이루어지는 것은, 고분자의 사슬 세그멘트들이 T_g 이상에서 액체처럼 거동하는 운동성을 보임으로써, 고분자 사슬의 한 지점에서의 국부적 환경이 시간에 따라 변하기 때문이다.

이러한 이유로 실온에서의 이온 전도도가 고체 고분자 전해질 중 PEO-LiX의 경우에 높게 나타나는 편이지만, 대부분의 무기질의 고체 상태 전해질(자체적으로 이온을 보유함)에 비해 수 자릿수(several orders of magnitude) 정도 더 낮다.

결정성 고분자 전해질에서의 이온 전도 거동은 무정형 고분자에서의 거동과 사뭇 다른 양상을 보인다. PEO/Li 염으로 구성된 고체 고분자 전해질의 경우, 사용된 호스트 PEO의 분자량에 따라 고분자 전해질의 몰폴로지가 달라지는데, 높은 분자량의 호스트 PEO일 경우에는 무정형 구조의 복합체가 형성되는 반면, 낮은 분자량의 PEO를 호스트 고분자로 사용하면 결정성 구조의 복합체가 얻어진다. 아래 그림 9.44에 PEO와 Li 염($LiSbF_6$)의 복합체인 고체 고분자 전해질에 대한 Arrhenius 플롯이 주어져 있다.

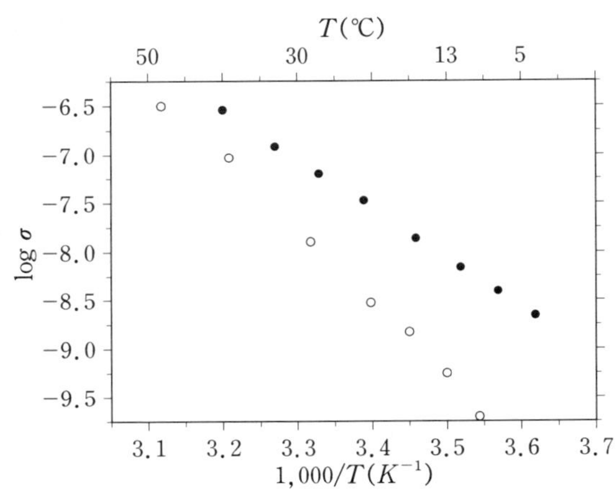

그림 9.44 ❖ 폴리에틸렌 옥사이드/ $LiSbF_6$ 복합체(고분자 전해질)에 대한 Arrhenius 플롯[13] (○: 무정형 PEO/$LiSbF_6$, •: 결정성 PEO/$LiSbF_6$)

위 그림으로부터 무정형 PEO/$LiSbF_6$ 고분자 전해질의 경우, 이온 전도가 Arrhenius 거동으로부터 벗어나는 반면, 결정성 PEO/$LiSbF_6$ 고분자 전해질은 이온 전도가 세라믹 전해질에서와 같이 Arrhenius 거동을 보인다. 이로부터 결정성 고분자 전해질에 있어서도 세라믹 전해질의 경우에서와 같이 이온 도약이 주요 메커니즘으로 작용할 가능성을 보여준다.

앞에서 이미 설명한 바와 같이, 전해질 내에서의 이온 전도도는 운반체의 전하량, 이온의 개수, 이온의 이동도 등에 의해 영향을 받는다. 전하 운반체의 이동성은 정전기장 하에서 이온의 이동(migration)을 나타내는 것으로, 전해질 내에서의 이온이 용매화 껍질(solvation shell: 용질을 둘러싸고 있는 용매 클러스터)을 끌어야(drag)하는 정도, 이온이 고분자 사슬 골격과 결합되어 있는 정도 등에 의해 큰 영향을 받는다. 이때 이동(migration)이라는 용어는 전하를 가진 물질의 이동에 대한 전기장의 효과를 설명하기 위하여 도입된 개념이다. 이에 비해, 확산이라는 개념은 농도 구배의 존재하에서 물질이 이동하는 것이다.

9.11.2 이온 전달률(ion transport number)

이온 전류의 형성은, 양이온과 음이온이 전극에서 전자를 받아들이거나 공여할 수 있음에 따라, 기본적으로 양이온과 음이온의 이동으로부터 얻어진다. 양이온과 음이온으로 구성되는 전하 운반체는 서로 이동도가 다르므로 이들이 이온 전류 형성에 기여하는 정도가 달라진다. 아래 그림 9.45에 방전(discharge: 셀에 저장된 화학 에너지를 전기적 에너지로 변환) 과정을 위하여 2개의 Li 전극(양극 및 음극 역할을 수행함)을 가진 전기화학적 대칭 셀이 주어져 있다. 전기화학 셀(electrochemical cell: 화학 에너지로부터 전기 에너지를 얻는 장치)로부터 전류를 얻기 위하여 Li 이온이 음극 계면에서 생성되어 양극 쪽으로 이동하여 그 계면에서 소모된다.

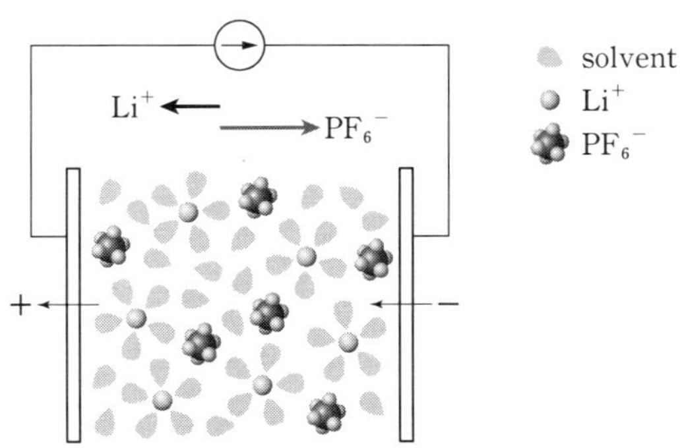

그림 9.45 ❖ 방전 과정을 위한 전기화학적 대칭 셀

전하 운반체의 상대적 이동도를 결정하는 파라미터로서 전해질의 이온 전달률(ion transport number, 또는 ion transference number)을 다음과 같이 정의한다. 특히 양이온 전달률(t^+)은 다음과 같다.

$$t^+ = \mu^+/(\mu^+ + \mu^-) \tag{9.104}$$

여기서, μ^+는 양이온의 이동도(mobility), μ^-는 음이온의 이동도를 나타낸다. 양이온이 Li 이온일 경우의 양이온 전달 수는 일반적으로 0.3 정도의 작은 값을 가지므로 전체 이온 전류의 일부분만이 Li 이온의 이동으로부터 생성된다. 이와 같이 양이온의 전달 수가 음이온의 전달 수보다 낮은 값을 가지는 것은, 고분자 사슬과 배위(coordination)를 하지 않는 음이온이 전해질 내에서 보다 더 자유롭게 움직일 수 있는 반면, 양이온은 고분자 사슬과 협동적으로 움직이거나 고분자 사슬의 염기성 사이트(basic site)에 상당한 정도로 결합되어 있기 때문이다.

전기화학 셀에서의 이온 전류는 전해질 내에서 관찰되는 전하의 흐름으로서, 이온의 확산(diffusion)과 이동(migration)으로부터 얻어진다. 이온의 확산은 두 지점 사이의 농도 구배(concentration gradient)로부터 야기되고, 이온의 이동은 전위 구배(electrical gradient 또는 electric potential gradient라고도 함)로부터 생성된다. 일반적으로 전극으로부터 멀리 떨어진 벌크 전해질 용액에서는 농도 구배의 영향이 적고 주로 전위 구배, 즉 이온의 이동에 의해 영향을 받는다. 전극 근처에서는 확산과 이동이 함께 영향을 미친다.

이동도가 높은 음이온은 전극과 전해질 사이의 계면에 축적이 되어 셀의 편극(polarization: 셀을 가로질러 전기화학적 전위차가 평형 상태로부터 벗어남) 현상을 야기한다. 전기화학적 전위차(electrochemical potential difference)는 이온의 확산과 이동을 모두 고려한 전위차이다. 즉, 이온의 전기적 포텐셜 에너지와 화학적 포텐셜 에너지를 모두 고려한 것이다. 셀을 가로질러 양이온과 음이온이 멤브레인을 동등하게 침투시키면 전기화학 시스템은 평형에 도달한다. 평형 상태에서 벗어나는 정도가 셀 시스템의 전압(셀의 전기화학적 전위차에 해당)이 된다.

아래 그림 9.46에 나타난 바와 같은 이온의 농도 구배(두 지점 사이의 이온의 개수의 불균형 분포)와 전기적 구배(electrical gradient: 두 지점 사이의 전하의 불균형 분포)가 균형(balance)을 이루고 그 방향이 반대이면 이온은 평형 상태에 존재하게 되며, 이때 나타나는 전기적 구배에 의한 전위(전기적 포텐셜)를 이온의 평형 전위 또는 평형 포텐셜(equilibrium potential)이라 한다. 이때 농도 구배는 화학적 구배(chemical gradient)라고도 하며, 전기적 구배는 두 지점 사이의 전하(charge)의 차이를 나타낸다. 전위(electric potential)는 단위 전하가 가지는 전기적 포텐셜 에너지를 말한다. 전기적 포텐셜 에너지(electric potential energy)는 전하가 저장하고 있는 에너지이다.

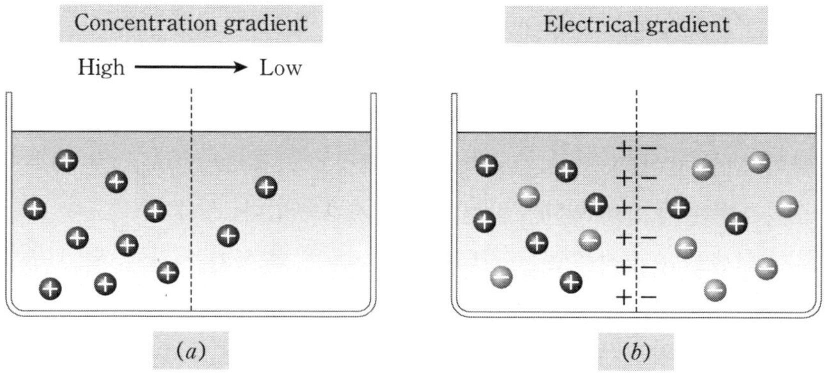

그림 9.46 ❖ 셀 내에서의 이온의 농도 구배(a) 및 전기적 구배(b)

전극에서의 이온의 전기화학 반응 속도와 전해질에서의 이온의 이동 속도의 차이에 의해 전해질 내에서는 염의 농도 구배가 형성되어 리튬의 이용이 제한되고, 전극에 아래 그림 9.47에서와 같이 리튬 덴드라이트(dendrite: 불균일한 구조를 가진 나뭇가지 형태의 침전물)의 형성이 촉진되며 과전압(overpotential)이 발생하는 원인이 될 수 있다. 과전압은 전기화학 반응을 유도하기 위하여 열역학적으로 예상되는 평형 상태의 에너지보다 높은 과잉의 에너지이다. 리튬 덴드라이트는 셀의 안정성도 크게 저하시킨다. 궁극적으로 셀의 전력 밀도, 에너지 밀도 등이 감소하고 수명이 단축되는 효과를 가져온다. 이온 전달률은 셀의 성능에 매우 중요한 영향을 미침에도 불구하고 간과되는 경향이 있음에 유의하여야 한다. 이온 전달률이 1.0이 되면 농도 구배가 형성되지를 않는다. 즉, 이온 전달률이 높을수록 셀의 충방전 과정에서 전해질의 농도 편극(전극 표면 근처에서의 농도 구배가 셀의 전기화학적 전위차에 미치는 효과)을 감소시켜 셀의 동력 밀도(power density) 등을 향상시킬 수 있다. 염의 농도 구배가 형성되는 속도는 이온 전달률과 더불어 염의 확산 계수에 의해 결정되므로, 전해질에 있어서 전체 이온 전도도(total ionic conductivity)와 더불어 이온 전달률, 염의 확산 계수는 가장 중요한 성질이 된다.

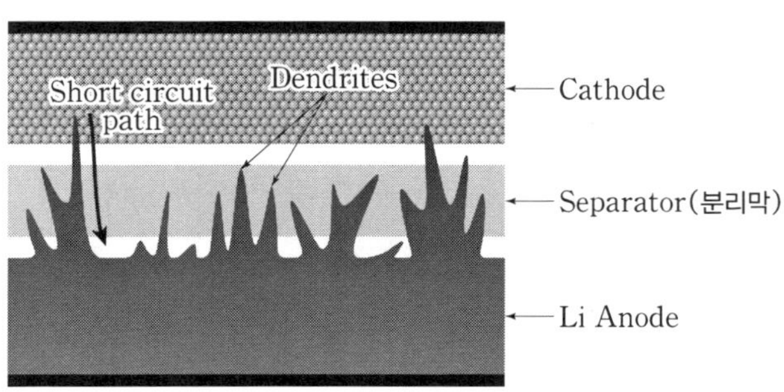

그림 9.47 ❖ 리튬 덴드라이트의 형성

위에서 고려한 양이온성(bi-onic) 고분자 전해질에 비해, 단일 이온 전도성 고분자 전해질(single-ion conducting polymer elctrolyte: 음이온이 고분자 사슬에 공유 결합 형태로 붙어 있으며 고분자 자체가 염의 역할을 함)의 경우, 높은 이온 전달 수를 얻을 수 있는 장점이 있으나, 이온 짝(ion pairing)의 강한 상호 작용으로 인해 이온 전도도가 고분자 사슬의 이동성에 의해 제한을 받는 단점을 가지고 있다.

이온 전달률을 실질적으로 결정(Bruce-Vincent 방법)하기 위하여, 위의 셀 시스템이 완벽한 셀 시스템(전해질과 전극의 계면 저항이 무시되는 시스템)이라고 가정하면 두 전극 사이에 전위차를 가할 때에 초기에 셀을 흐르는 전류(I_0)는 다음과 같이 계산된다.

$$I_0 = (G/k)\Delta V \tag{9.105}$$

여기서, G는 셀의 전도율(conductance)이고, k는 셀 상수(cell constant: 두 전극 사이의 거리를 전극의 단면적으로 나눈 값 $= L/A$), ΔV는 두 전극 사이에 가해 준 전위차이다. 전도율(conductance)은 물질이 형태에 따라 전류를 얼마나 용이하게 흐르게 하는지를 나타내고, 전도도(conductivity: σ)는 물질 자체가 얼마나 전류를 용이하게 흘릴 수 있는지를 나타내는 물질 고유의 성질이다. 이들 사이의 관계는 다음과 같다

$$G = \sigma(A/L) \tag{9.106}$$

셀 시스템에 전위차를 가하지 않은 초기에는 전해질을 통한 이온 전류가 존재하지 않는다. 이때에는 이온들은 단지 랜덤 운동을 하며 전해질 내에서의 염의 농도는 균일하여 염의 농도 분포가 존재하지 않는다. 이후 셀 시스템에 외부 전기장(전위)을 가하면 전해질 내에 염의 농도 구배가 형성되기 시작한다. Li 이온들은 양극 계면에서 생성되고 음극 계면에서 소모된다. Li 이온의 이동도가 낮아 Li 이온이 전기적 이동에 의해 보충되는 것보다 음극 계면에서 소모되는 것이 빠르다. 이로 인해 전해질 내에서 아래 그림 9.48에서와 같이 염의 농도 구배가 형성된다.

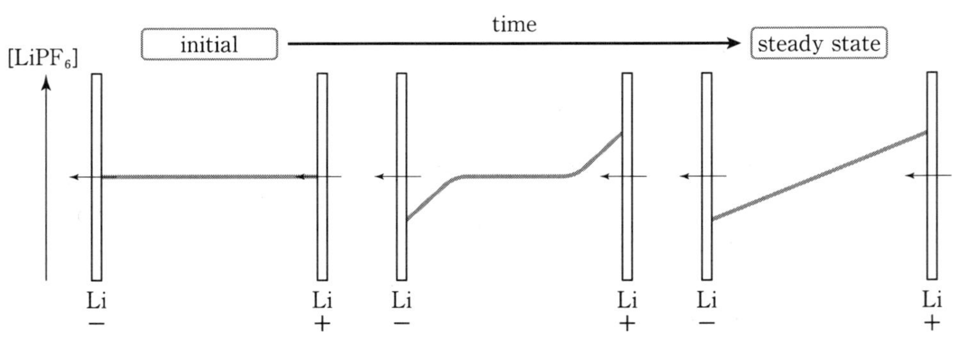

그림 9.48 ❖ 셀 시스템에 외부 전기장(전위)을 가했을 때의 염의 농도 구배

염의 농도 구배는 Li 이온의 이동에 의하여 미처 공급되지 못하는 나머지 부분의 Li 이온 보충을 위하여, 아래 그림 9.49에서와 같이 염의 확산을 야기 시킴으로써 완성되어진다. 정상 상태가 되면 농도 구배는 더 이상 시간에 따라 변하지 않는다. 음이온의 이동은 그 자신의 반대 방향으로의 확산에 의해 균형을 이루게 되어 음이온의 순수 유량(net flux)은 0이 된다. 이는 전극 표면에서 음이온이 전기화학 반응을 하지 못하고 차단(blocking)되기 때문이다. 그 동안에 Li 이온의 전극 표면에서의 전기화학 반응을 위하여 Li 이온의 확산이 부족한 이동을 보충하여야 하므로, Li 이온의 이동과 확산이 50:50의 비율로 이온 전류에 기여하게 된다.

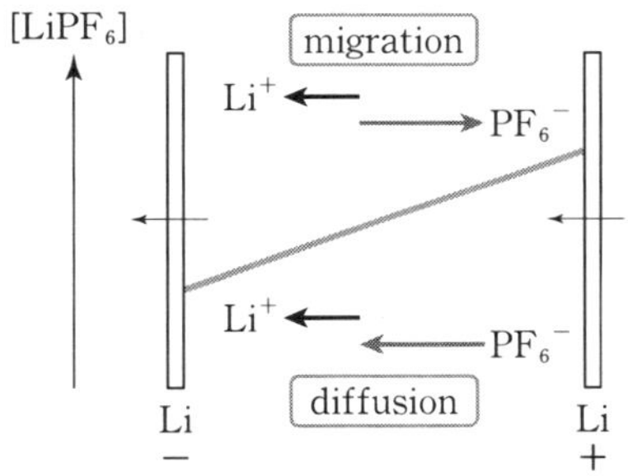

그림 9.49 ❖ 염의 농도 구배 형성을 위한 염의 확산

정상 상태가 되면 전해질 내에서의 음이온의 평균 이동 속도는 0이 되고 Li 이온만 두 전극 사이를 이동하며 농도 구배가 완전히 형성이 되는데, 이는 농도 편극의 원인이 된다. 이에 따라, 초기 전류량보다 정상 상태에서 두 전극 사이를 흐르는 전류량이 감소하게 된다. 정상 상태에서는 Li 이온만 이온 전류에 기여하므로, 양이온의 전달 수는 완벽한 셀 시스템에 대하여 다음과 같이 정상 상태의 전류(I_s)와 초기 상태의 전류(I_0)의 비율로 표시할 수 있다.

$$t^+ = I_s/I_0 \tag{9.107}$$

그러나 실제 셀에서는 계면 저항(interfacial resistance)이 존재하므로 이를 보정하면 양이온 전달 수는 다음 식 9.108과 같이 표시된다. 계면 저항은 보통 접촉하고 있는 두 물질 사이의 불완전한 접촉이나 결합(bond) 등에 의해 발생한다.

$$t^+ = I_s(\Delta V - I_0R_{po})/[(I_0(\Delta V - I_sR_{ps})] \tag{9.108}$$

여기서, R_{po}는 초기 상태에서의 계면 저항이고, R_{ps}는 정상 상태에서의 계면 저항, ΔV는 전위차이다.

9.11.3 젤(gel) 및 고분자 복합체(composite) 전해질

고체 고분자 전해질은 우수한 열적 안정성, 낮은 발화성, 지속 사용성, 배터리 설계의 단순성 등 액체 전해질에 비해 많은 장점을 가지고 있으나, 이온 전도도(실온에서 보통 10^{-8} ~ 10^{-5} S/cm 수준)가 낮고, 전극과의 접촉이 충분하지 않는 등의 단점을 가지고 있다. 고체 고분자 전해질을 위한 대표적인 호스트 고분자로 폴리에틸렌 옥사이드(PEO)나 그 공중합체 등을 들 수 있다.

이에 비해, 액체 전해질은 Li 염을 비수성(aprotic) 용매에 용해시킨 것으로서, 이온 전도도가 향상되고, 전극과의 접촉이 우수하여 배터리의 높은 에너지 밀도, 높은 출력 밀도 등이 유리하나, 액체의 휘발성 및 발화성에 따른 안전 문제와 전기화학적 안정성(electrochemical stability: 물질의 산화나 환원이 일어나지 않는 안정성)이 상대적으로 낮은 단점을 가지고 있다.

이들 문제점들을 개선하기 위한 방법의 하나로 고안된 것이 젤 고분자 전해질(gel polymer electrolyte: 또는 가소화 고분자 전해질이라고도 함)이다. 고체 호스트 고분자에 액체 전해질(가소제의 역할을 함)을 혼합하면, 고분자 사슬의 국부적 이완과 세그멘트들의 운동이 증진되고 염의 해리가 향상되어, 이온 전도도가 고체 고분자 전해질에 비해 자리수(order of magnitude)가 2 ~ 4 정도 향상된다. 대표적 액상 가소제로 에틸렌 카보네이트(ethylene carbonate: EC), 디에틸렌 카보네이트(diethylene carbonate: DEC), 프로필렌 카보네이트(propylene carbonate: PC), 디메틸 카보네이트(dimethyl carbonate: DMC) 등이 있다. 이때 사용하는 대표적인 염으로는 $LiPF_6$(lithium hexafluorophosphate), $LiCF_3SO_3$(lithium trifluoromethanesulfonate) 등이 있다.

젤 고분자 전해질의 경우, 이온 전도도는 온도, 전해질의 농도, 전해액(용매)의 화학 구조 및 점도, 이온의 크기 및 용매화(solvaion: 이온과 용매의 상호 작용) 등에 의하여 영향을 받는다. 젤 고분자 전해질을 위한 대표적인 호스트 고분자로 PVDF(polyvinylidene fluoride), PVDF-HFP(polyvinylidene fluoride-co-hexafluoropropylene) 등이 있다. 아래 그림 9.50에 고분자 블렌드의 종류에 따른 젤 폴리머 전해질(염: 1M $LiPF_6$, 용매: EC/DMC = 1:1)의 이온 전도도를 나타내었다. 적절한 비율의 고분자 블렌드는 용매 캐스팅(solvent casting: 고분자를 용매에 녹여 기판에 코팅한 후 건조시킴으로써 고분자 필름 형태를 얻는 기법)을 할 경우, 상분리에 의해 고분자 멤브레인을 형성할 수 있어 이온 전도에 유리하다. 고분자 블렌드의 종류에 따라 얻어지는 멤브레인의 미세구조적 형태가 달라지므로 그에 따른 젤 고분자 전해질의 이온 전도도가 달라지는데, 아래의 블렌드 중에서 PMC(PVDF-HFP/PMMA/PVA_c) 블렌드를 기초로 한 젤 고분자 전해질의 다공성 및 전해질 흡수(electrolyte uptake)가 다른 젤 고분자 전해질에 비해 높은 값을 가지게 되어 가장 우수한 이온 전도도를 보이고 있다.

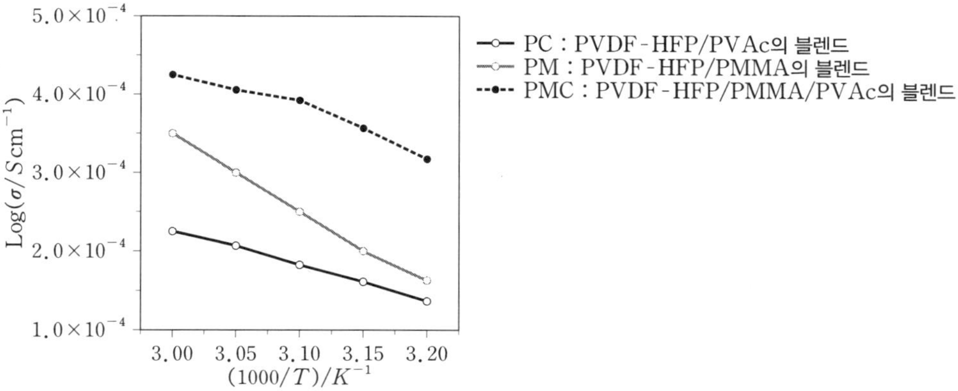

그림 9.50 ❖ 고분자 블렌드의 종류에 따른 이온 전도도[14]

세라믹 등과 같은 매우 작은 입자들도 고체 상태의 충진제(고분자 복합체 형성)로서 고분자 전해질의 이온 전도 향상에 기여할 수 있다. 세라믹 전해질은 기본적으로 높은 이온 전도도, 우수한 열 및 기계적 성질, 높은 Li 이온 전달 수, 넓은 범위의 전기화학 창(electrochemical window: 물질의 산화나 환원이 일어나지 않는 전극의 전위 범위) 등을 가지고 있어, 이들이 고분자 전해질과 결합하여 우수한 고분자 복합체 전해질을 형성할 수 있다. 고분자 복합체 전해질은 고체 고분자 전해질의 낮은 이온 전도도와 젤 고분자의 낮은 기계적 안정성을 보완하는데 도움이 된다. 이때 입자들은 전해질 내에서 국부적인 무정형 영역을 증가시켜 저온에서의 이온 전도도를 향상시키거나, 충진제 형태로 고분자 매트릭스와 네트워크를 형성함으로써 열 및 기계적인 안정성을 향상시킬 수 있다. 또한, 불필요한 액체 성분을 제거하거나 계면에서 안정화제로 작용하여 리튬 전극과의 상용성(compatibility)을 향상시킬 수도 있다.

고분자 전해질은 전해(electrolysis: 전기를 통과시켜 물질의 산화 또는 환원 반응이 야기되는 공정)가 되는 물질로서 이차전지(충전 및 방전이 반복적으로 가능한 전지), 연료전지, 태양 전지, 슈퍼커패시터, 센서, 광전 화학(photoelectrochemical) 또는 전기 변색 장치(electrochromic device), 해수 담수화(sea water desalination) 등에 널리 응용되고 있다.

9.12 고분자의 광학적 특성

9.12.1 투명성과 무색(colorlessness)

빛(light)의 정의에는 크게 2가지가 있다. 일반적으로는 빛은 사람이 인지할 수 있는 파장(400 ~ 700 nm)을 가진 전자파(가시 광선)를 의미하나, 보다 넓게는 γ-선, 적외선(IR light), 가시 광선(visible light), 자외선(UV light), X-선, 마이크로파(microwave) 등 아래 그림 9.51에서와 같이 다양한 파장을 가진 전자파들의 한 형태를 칭하기도 한다.

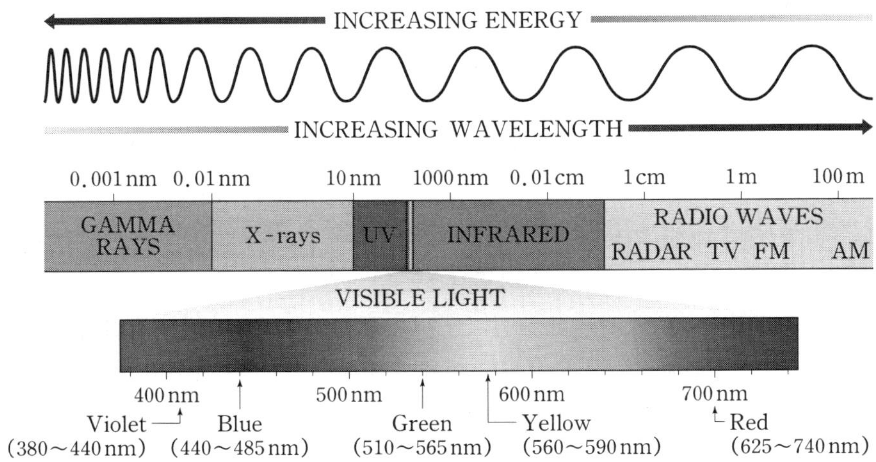

그림 9.51 ❖ 전자파의 종류에 따른 파장 및 색상

고분자의 광학적 성질 중에서 고분자가 빛(가시광선)을 받았을 때의 투명성과 색상의 존재 여부는 실제 응용적 측면에서 매우 중요하다. 가시 광선은 7개의 기본 색상(서로 다른 파장을 가짐)으로 구성되어 있으며, 이들이 혼합되면 백색(white color)으로 나타난다. 이들 색상의 존재는 가시 광선을 이용한 유리 프리즘을 통해서도 쉽게 관찰된다. 색상은 특정 주파수를 가진 가시광선이다. 이에 따라 햇빛도 백색광(white light)이 된다. 햇빛이 백색광임에도 불구하고 공기가 투명하게 보이는 것은, 공기를 구성하는 기체들이 반사 없이 거의 대부분의 빛을 통과시키기 때문이다. 백색광이라 함은 거의 같은 양으로 구성된 모든 가시 색상(visible color)을 결합한 광선으로 정의된다. 백색 물체(흰색 셔츠 등)가 백색으로 보이는 것은 그 물체가 백색광인 빛을 흡수한 후 같은 파장으로 모두 재방사(reemit)하여 백색광으로 나타나기 때문이다. 물체가 특정의 색상을

보이는 것은 대부분의 가시광선 파장을 흡수하고 특정의 파장을 가진 가시광선만 반사하기 때문이다.

물질이 투명한 것은 빛이 모두 물질을 통과하여 반사가 거의 없으므로 우리가 물질을 볼 수 없기 때문이다. 투명한 물질의 경우 전자의 에너지 간격이 너무 커서 가시 광선의 광자가 전혀 흡수되지 않는다. 즉, 백색과 투명함의 차이는 백색은 모든 색상을 반사함으로써 얻어지고, 투명함은 반사가 전혀 일어나지 않은 경우이다. 그럼에도 불구하고, 백색과 투명함 모두 물리적으로 실질적 색상이 없는 것(colorlessness)으로 간주한다. 다만, 백색은 색상이 없되 밝다고(bright) 하고 투명한 것은 깨끗하다고(clean) 한다. 물질이 모든 색상을 흡수하면 어떠한 색상도 반사를 하지 않아 검은 색으로 보이며, 백색 때와 마찬가지로 실질적 색상이 없다고 간주한다. 물질이 반투명한(translucent) 것은 가시광선의 일부만을 통과시키기 때문이고, 불투명한(opaque) 것은 어떠한 가시광선도 통과시키지 않기 때문이다.

많은 경우, 고분자를 구성하는 원자들이 단일 결합이나 고립된 이중 결합(isolated double bond), 또는 벤젠 고리로 연결되어 있을 때에 고분자는 적외선 영역의 전자파를 흡수하거나, 전자 전이를 통하여 자외선 영역의 전자파를 흡수한다. 고분자는 빛의 산란이 상당하지 않는 한, 가시 광선의 모든 파장이 변화되지 않고 고분자를 통과하므로 무색이며 투명하다. 고분자가 결정성을 가지고 있으면 결정 영역과 무정형 영역의 수많은 경계에서 빛의 산란이 일어나 불투명해진다. 고분자 사슬이 규칙적인 conformation을 가질 수 없으면 고분자는 무정형이고 투명할 것으로 기대되는데, 폴리메틸 메타크릴레이트(PMMA)가 그 대표적 예이다.

고분자는 바로 이웃하는 이중 결합(adjacent double bond: 교대하는 이중 결합과 대비됨)이 포함되는 상당한 길이의 사슬이 존재하면 모든 가시 파장 영역에서 상당한 양의 빛을 흡수할 수도 있다. 폴리염화비닐(PVC)의 경우, 가공 공정 중에 고온에서 쉽게 염화 수소(HCl)를 발생하면서 공액 폴리엔(conjugated polyene: 많은 수의 이중 결합들이 단일 결합에 의해 분리되어 있음) 구조를 형성하고, 이들이 다시 다양한 열화 반응을 지속함으로써 변색이 된다. 이에 따라, PVC는 열에 의한 열화나 광화학적 열화(photochemical degradation: 빛을 흡수하여 공액 폴리엔 구조를 형성)를 방지하기 위한 안정제를 포함하지 않으면, 열화의 정도에 따라 황갈색(yellowish brown)이나 거의 검은 색(모든 빛을 흡수하는 경우에 해당)으로 변색이 될 수 있다.

빛이 흡수되어 전자들이 더 높은 에너지 수준의 궤도로 여기되었다가 다시 기저 상태로 돌아오는 과정을 겪게 될 때 방사되는 광선의 파장이 가시 스펙트럼 영역에 있을 때 이를 우리는 색깔로 인지한다. 이를 위해서는 전자 궤도가 이미 완전히 채워져 있으면 안된다. 이러한 성질을 가진 분자의 한 부분을 '발색단(chromophore)'이라고 부르며 색깔을 나타내는 원인이 된다.

일반적으로 알켄(alkene) 화합물은 자외선(UV) 스펙트럼 영역에서 빛을 흡수함으로써 색깔을 나타내지 않지만, 다양한 공액 이중 결합을 가진 폴리엔(polyene) 화합물의 경우에는 흡수된 빛(자외선) 에너지가 결합된 전자(bonding electron)들의 비편재화(delocalization)에 의해 가시 스펙트럼 영역으로 내려와 기저 상태로 돌아오므로, 발색단의 기능을 하게되어 색깔을 나타낼 수 있게 된다. 전자의 비편재화는 에너지를 큰 영역으로 분산시킴으로써 에너지 수준이 낮아지는 효과를 가져온다.

9.12.2 굴절률(refractive index)

빛의 굴절(refraction)은 아래 그림 9.52에서와 같이 빛이 한 매질에서 다른 매질로 통과할 때 파(wave)의 진행 방향이 변화하는(bend: 굽어짐) 현상이다. 이때 빛의 진행 속도는 매질의 밀도에 따라 달라지는데, 매질의 밀도가 높을수록 빛의 진행 경로에 존재하는 입자들이 많아져 빛의 진행 속도가 느려진다. 빛의 진행 속도가 느려지면 빛의 파장은 당연히 짧아져 빛이 서로 다른 매질의 경계면에서 굽어지게 되는데 이를 빛의 굴절이라 한다. 굴절이 일어나고 있는 동안 빛의 에너지는 변화가 없으므로 빛의 진동수는 변화가 없다.

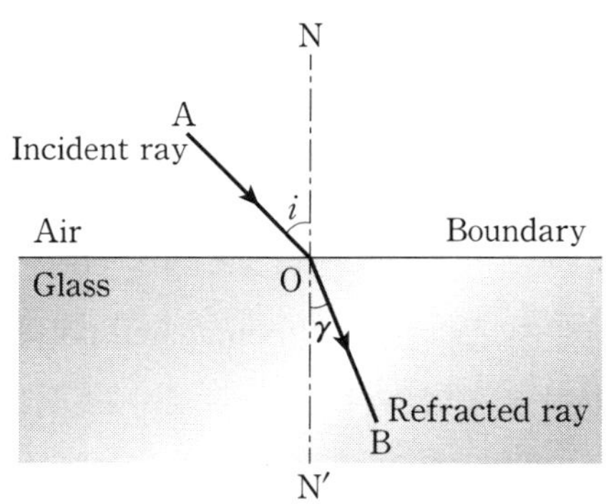

그림 9.52 ❖ 빛의 굴절(i: 입사각, γ: 굴절각)

빛이 덜 조밀한(less dense) 매질에서 더 조밀한 매질을 통과할 때에는 빛의 진행 방향을 기준으로 두 매질의 경계에 대한 법선(normal: 위 그림의 ON′) 쪽으로 굽어지고, 그 반대로 더 조밀한 매질에서 덜 조밀한 매질을 통과할 때에는 법선에서 멀어지는 쪽으로 굽어진다. 이는 더 조밀한 매질에서 빛의 진행 속도가 느려지기 때문이다.

빛의 굴절은 회절(diffraction)과 유사한 측면이 있으나 서로 다른 특성을 가지고 있다. 빛의 회절은 빛이 굽어지는 것은 굴절과 같으나, 회절은 작은 슬릿(slit)이나 작은 구멍(opening), 주기적 구조를 가진 격자(grating) 등에서와 같이 간섭 현상에 의해 빛의 파가 굽어져 퍼지는(bend and spread) 현상을 말한다. 작은 구멍의 경우, 회절 현상은 구멍이 파의 점광원(point source) 역할을 한다. 이는 연못에 돌을 던졌을 경우에 비유될 수 있다. 아래 그림 9.53에 회절 격자에 의한 회절 강도 패턴을 나타내었다. 회절 격자는 주기적 구조를 가진 광학 소자로서, 많은 수의 섬세하고 같은 간격으로 조밀하게 서로 평행한 선(line)으로 구성되어 있다. 이에 비해, 빛의 굴절은 단순히 빛의 진행 속도 차이에 따른 굽어짐(bending) 현상을 말한다.

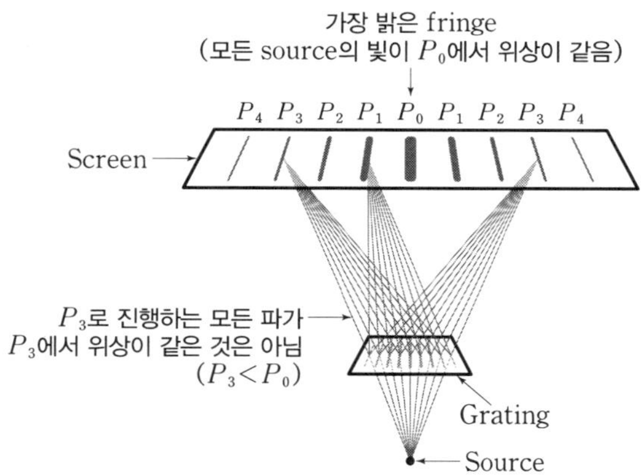

그림 9.53 ❖ 간섭 현상에 의한 빛의 회절

물질의 굴절률(n)은 빛(가시광선)이나 다른 방사선들이 어떻게 매질을 통과하여 진행하는지를 설명하는 무차원 수(dimensionless number)로서 다음과 같은 관계식을 갖는다.

$$n = c/v \tag{9.109}$$

여기서, c는 진공 상태에서의 빛의 속도이고, v는 물질 내를 통과하는 방사선의 속도이다. 굴절률은 물질 내에서의 방사선의 속도와 파장이, 진공 상태에 있을 때에 비해 감소되는 것을 나타내는 인자라 볼 수 있다. 물질의 굴절률은 방사선의 파장에 따라 변하는데 이를 '분산(dispersion)'이라 부른다. 이런 이유로 프리즘(prism)이나 무지개에 있어서 백색 광선(가시 광선의 모든 파장이 혼합됨)이 분리되어 여러 색상으로 나타난다.

미시적 관점에서 바라보면, 전자파의 위상이 가지는 속도는 물질 내에서 감소한다. 왜냐하면, 전기장이 각 원자의 전하(대부분이 전자에 의함) 매체의 전기 감수율(electric susceptibility)에 비례하는 형식으로 방사선의 진행을 방해(전자는 전기장의 방향과 반대 방향으로 가속됨)하기 때문이다. 방사선에서의 전기장은 진동하므로 물질 내의 전하들은 방사선과 같은 진동수로 앞뒤로 '흔들리게(shake)' 되는데, 이로 인해 물질 내에 국부적 전기장이 발생하여 일반적으로 방사선의 위상 지연(phase delay)이 나타난다. 매체 내에서 진행하고 있는 빛은 거시적으로 볼 때 앞의 현상들의 중첩에 해당하는 것으로, 원래의 빛의 파동과 움직이는 전하에 의해 방사되는 파동의 합이 된다. 물질 내 전하의 진동으로부터 야기되는 대부분의 방사선은 입사광을 수정하여 그 속도를 변화시킨다.

고분자는 전형적으로 약 1.30 ~ 1.70 사이의 굴절률을 가진다. 고분자의 굴절률은 편극률(polarizability), 사슬의 유연성, 분자의 기하학적 구조, 고분자 골격 사슬의 배향 등의 여러 인자들에 의하여 결정된다. 매질을 통과하는 물질의 굴절률(n)은 빛의 흡수가 거의 없을 경우, 물질의 거시적 성질이며 전기적 성질인 유전 상수(ε_r)와 다음과 같은 관계식(Maxwell 관계식)을 가진다.

$$\varepsilon_r = n^2 \qquad \text{(Maxwell 관계식)} \tag{9.110}$$

방향족 단량체는 편극되기 쉬워 빛의 진행 속도를 낮추게 함으로써 굴절률을 증가시키고, 대칭 평면이 존재하여 광학적 비등방성을 감소시켜 그에 따라 복굴절을 감소시킨다. 편극률이 높을수록 London 분산력(London dispersion force)이 증가하여 물질의 밀도를 증가시켜 굴절률의 증가를 가져온다. 비반사 코팅(anti-reflective coating)이나 광장치(발광 다이오드, 이미지 센서 등)를 위해서는 높은 굴절률을 가진 고분자가 자주 요구된다. 비반사 코팅은 코팅 층의 바깥 쪽 표면에서 반사된 빛이 코팅 층과 기판 사이의 경계에서 반사된 빛과의 상호 간섭에 의해 반사 효과를 최소화하는 원리에 기초한다. 높은 굴절률은 높은 몰 굴절(molar refraction: 1몰의 물질이 가지는 총 편극률, (($4\pi/3$) $N_A\alpha$에 해당)을 가진 치환기를 도입하거나, 고분자 매트릭스에 높은 굴절률을 가진 입자를 결합함으로써 얻을 수 있다. 굴절률은 물질의 근본 성질(물질 자체에 관련되는 성질로서 어떠한 물리적 인자에 의해서도 변하지 않는 성질: 질량이나, 전하 등)이므로 특정 물질의 실체 확인이나 그것의 순도, 농도 등을 측정하는 데에도 유용하다.

9.12.3 복굴절(birefringence)

복굴절은 이미 앞에서 여러 차례 설명한 바와 같이 물질의 광학적 성질의 하나로서, 아래 그림 9.54에서와 같이 비등방성 매질에 비편광(unpolarized light: 빛의 진동 방향이 랜덤하게 일어남)의 단일 파장의 광선(monochromatic light)이 물질의 표면에 수직이 아니게 입사할 때에, 2개의 광선으로 분리되어 서로 다른 방향으로 진행하는 현상이다.

즉, 아래 그림에서와 같이 비편광은 수직과 수평 방향의 편광 성분을 동시에 가지고 있어 편광기의 특성에 따라 편광 성분들이 분리될 수 있다. 이에 따라, 비편광이 복굴절을 할 수 있는 물질 내에서도 수직과 수평 방향의 편광 성분으로 분리될 수 있다.

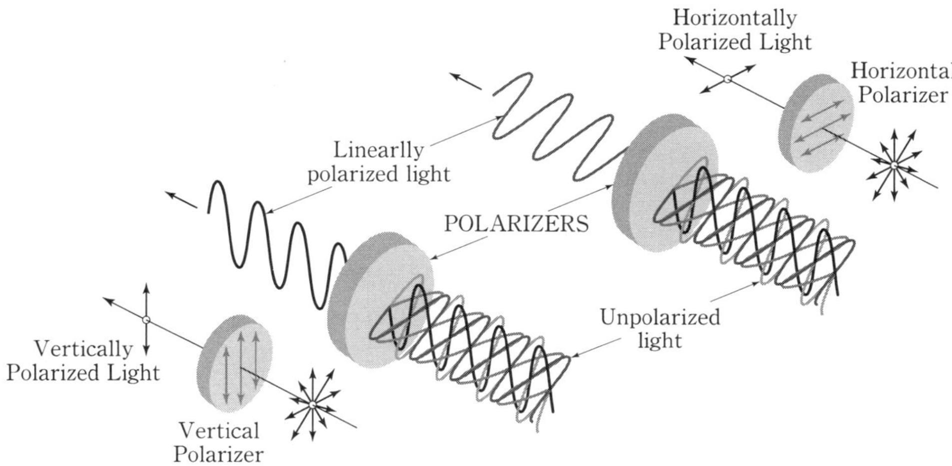

그림 9.54 ❖ 비편광의 편광기에 의한 편광 성분들의 분리

광학적으로 비등방성인 결정들은 결정축(crystallographic axis: 단위셀의 모서리에 평행하게 선택된 기준 축)의 방향에 따라 다른 굴절률을 가진다. 광학적 비등방성이라 함은 빛의 진동 방향(편광)이 서로 직교하는 상태에서의 굴절률의 차이로서 물질 고유의 성질이다.

많은 결정의 경우, 빛의 진동 방향이 서로 직교하는 2개의 다른 굴절률을 보이는데 이것이 복굴절에 해당한다. 모든 등방성 결정의 경우에도 어느 정도의 복굴절은 보인다. 복굴절은 광학축이 1개인 단축 결정(optically uniaxial: 결정축이 한 방향으로만 길어짐)으로부터 얻어지는데, 하나의 광선은 고정된 굴절률로 입사 광선이 변하지 않고 매질을 통과하고, 다른 하나의 광선은 굴절을 하는데 이들 빛의 진동 방향은 서로 수직 관계에 있다. 이때 그림 9.55에서와 같이 변하지 않고 통과하는 광선을 정상 광선(ordinary ray: O Ray)이라 하고, 굴절이 되는 광선을 이상 광선(extraordinary ray: E Ray)이라 부른다. 정상 광선의 경우 편광이 광학축에 수직이다. 결정에서 가장 긴 축을 주축(principle axis)이라 하는데, 이를 광학적 측면에서 광학축(optical axis)이라 부르기도 한다.

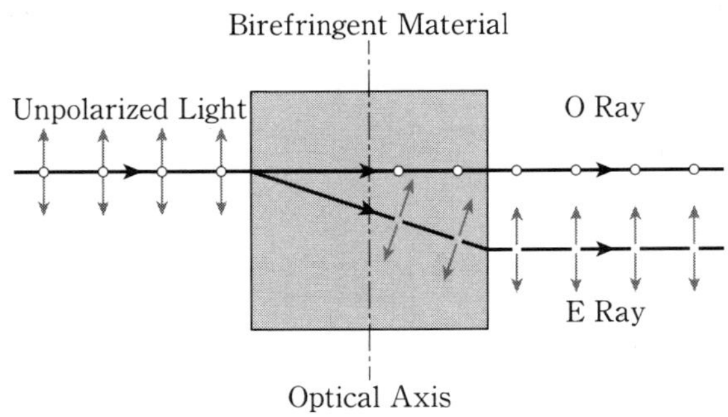

그림 9.55 ❖ 복굴절 물질을 통과한 정상 광선과 이상 광선

빛이 비등방성 결정의 광학축을 따라 입사되면 등방성 결정 때와 같이 입사된 속도로 물질을 통과한다. 그러나 빛이 광학축이 아닌 방향으로 입사되면 진동 방향이 서로 직교하는 2개의 광선으로 분리가 되며 서로 진행 속도가 다르다. 즉, 복굴절 물질에서 하나의 성분은 광학축에 따른 등방성 효과로 정상 성분을 만들어 내고, 다른 하나의 성분은 광학축과 수직인 방향으로 진동 방향을 가지며, 매질의 밀도에 따라 빛의 진행 속도가 낮아져 굴절을 하게 되는 이상 성분을 발생한다. 복굴절을 보이는 대표적 무기 물질로는 단축 결정인 석영(quartz)이나 방해석(calcite) 등을 들 수 있다.

광학 고분자(optical polymers: 우수한 광학적 성질을 가진 고분자)는 공정의 용이성, 가볍고 저렴하며 높은 투명성 등으로 인해, 렌즈, 광학 디스크, 광학 필름 등과 같은 광학 부품을 위한 중요한 재료로서 널리 사용되고 있다. 그러나 많은 광학 부품의 경우 입사 광선의 편광을 유지해야 그 성능이 유지될 수 있으므로 고분자의 복굴절 현상이 그 성능을 저하시킬 수 있다. 이에 따라, 고분자의 복굴절을 보완하거나 조절할 필요가 생긴다. 고분자의 복굴절은 사출 성형이나 압출 공정, 또는 연신 공정 등의 고분자의 제조 공정 중에 용융 상태에서 고분자 사슬의 배향에 의해 자주 형성된다. 이와 관련하여 고분자의 복굴절을 제어할 방법들이 제시되고 있는데, 그 하나는 공정 조건에 있어서 몰딩 온도를 증가시키거나, 어닐링 시간이나 온도를 올리기도 하고, 특수 화합물과의 블렌딩 등을 통해 복굴절을 감소시키는 것이다. 다른 하나는, 고분자의 구조 설계에 있어서 랜덤 공중합 등에 의해 비등방성을 낮게 하거나, 용융 상태에서 유동성(fluidity)이 높게 되도록 하여 유체의 방향 선호(directional preference)가 적도록 고려하는 것 등이다.

이와 반대로, 광선 변조기(light modulator: 광선의 진폭, 편광, 위상, 세기 등을 변조하는 광학 소자), 광학적 저장 디스크(optical storage discs: CD, DVD, Blue-ray disc 등), 위상 지연 필름(phase retardation film: LCD 패널 등에서 발생하는 위상 차이를 보정해 주는 필름) 등에서와 같이 고분자의 상당한 정도의 복굴절이 요구되는 경우도 있다. 고분자의 복굴절을 향상시키기 위하여 전기장이나 자기장을 가하여 사슬의 배향을 유도하거나 편광에 노출(exposure)시키는 방법, 기계적인 힘을 가하는 방법 등이 제시되고 있는데, 가장 간단한 방법은 편광에 노출시키거나 기계적인 힘을 가하는 방법이다. 고분자의 복굴절에 영향을 미치는 인자로는 물질의 조성, 분자량, 결정화도나 결정의 형태, 필름의 두께, 사슬의 유연성 등 다양하게 존재한다. 이외에도, 복굴절은 실험 조건인 광선의 파장, 온도, 압력 등에 의해서도 영향을 받는다. 보고된 대표적인 복굴절 고분자의 복굴절 값은 다음과 같다.

- 폴리에틸렌 테레프탈레이트(polyethylene terephthalate, PET): $\Delta n = 0.045$ (양축 연신, 25°C)
- 폴리비닐 알콜((polyvinyl alchol, PVA): $\Delta n = 0.0262$ (연신 비율, 2.6)
- 폴리이미드(polyimide, PI): $\Delta n = 0.04$ (구조 설계: 방향족 구조)
- 폴리스티렌(polystyrene, PS): $\Delta n = 0.00255$ (연신 비율, 8)

9.12.4 이색성(dichroism)

이색성(dichroism)은 그 어원이 그리스어로 2개의 색상을 의미하는데, 광학 분야에서는 2개의 다른 파장으로 분리되는 개념이다. 이는 복굴절과 같은 근거에서 출발한 개념으로서, 복굴절과 더불어 비등방 매질의 편광(진동이 한 평면에서만 일어나는 광선) 성질을 핵심적으로 나타낸다. 복굴절이 비등방 매질에 있어서 서로 다른 평면에서 진동하는 광선들 사이의 굴절률 차이에 기인하는데 비해, 이색성은 이들 두 평면에서 진동하는 광선들의 흡수 계수(물질이 빛을 흡수하는 능력의 척도)의 차이로 인해 나타나는 현상이다. 비등방 물질이 빛을 선택적으로 흡수하는 것은 광파의 특정 진동수가 물질의 원자 내에 있는 전자들의 진동수와 같기 때문에 일어난다. 빛의 선택적 흡수에 따라 반사되는 빛이나 투과한 빛의 파장이 변하게 되므로 색깔이 방향에 따라 달라지게 되어 이를 이색성이라 부른다. 결국 이색성은 굴절과 흡수에 종속되므로 복굴절의 부분 집합(subset)이 된다.

이색성에는 편광의 형태에 따라 선형 이색성(linear dichroism: LD)과 원형 이색성(circular dichroism: CD)의 2가지 형태가 있다. 선형 이색성은 사슬의 배향에 있어서 수평인 방향과 수직인 방향의 빛의 흡수 차이에 의한 것이고, 원형 이색성은 서로 다른 원형 방향 편광(circular direction: left-or right-handed polarization)에 대한 빛의 흡수 차이에 의한 것이다. 선형 이색성(LD)은 일반적으로 다음식으로 표시할 수 있다.

$$\mathrm{LD} = A_{\parallel} - A_{\perp} \tag{9.111}$$

여기서, $A_{\parallel}$는 입사 평면에 대하여 수평으로 편광된 빛의 흡광도이고 $A_{\perp}$는 수직으로 편광된 흡광도이다.

선형 이색성 분광법은 아래 그림 9.56에서와 같이 선형 편광에 대하여 빛의 파장에 따른 수평, 수직 방향에서의 흡수 차이를 측정하는 것으로서, 시료 내 사슬들이 배향되어 순수 배향(net orientation)을 가지고 있어야 한다. 특히, 자외선-가시광선(UV-visible) 영역의 선형 이색성이 유기화합물, 고분자, 생체 고분자 등의 conformation이나 배향 등에 대한 유용한 정보를 제공할 수 있다.

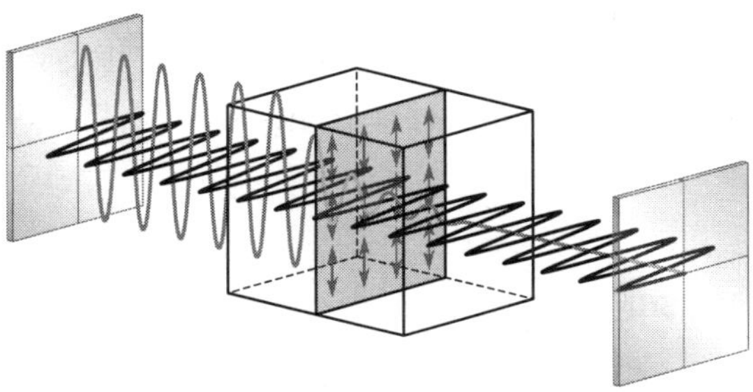

그림 9.56 ❖ 선형 편광에 대한 수평, 수직 방향에서의 빛의 흡수(absorbance) 측정

원형 이색성은 아래 그림 9.57에서와 같이 왼손, 오른손 편광(left- and right- handed polarized light)의 흡수 차이에 기초한 분광학적 방법이다. 광학적인 활성을 가진 카이랄 분자들은 원형 편광의 두 방향에 대하여 서로 다른 양의 빛을 흡수한다. 원형 이색성은 빛의 전기장에 의해 유도되는 분자 내 전자들의 진동으로부터 야기된다. 아래 그림에서와 같이 빛의 진행 방향 축을 따라 내려다 보면 편광 벡터(polarization vector)가 한 파동 주파수(one wave frequency)에 걸쳐 원을 따라 움직이는 것처럼 보이는데, 그 크기는 일정하나 방향은 진동을 한다. 이에 반해 선형으로 편광된 이색성의 경우에는 편광 벡터의 방향이 일정하고 그 크기가 진동을 하게 된다.

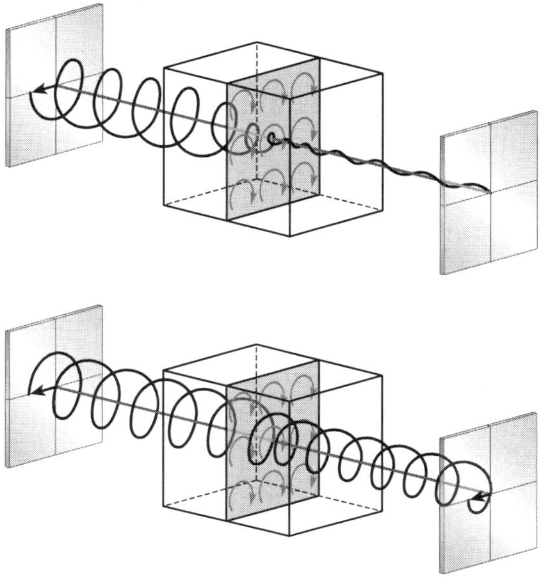

그림 9.57 ❖ 왼손, 오른손 편광의 흡수도 차이 측정

원형 이색성은 기본적으로 빠르고 쉽게 분석을 할 수 있는 장점이 있다. 이는 광학적 활성을 가진 유기 화합물이나 무기 화합물의 카이랄 특성을 이해하거나 시간에 따른 단백질의 구조적 변화인 접힘(folding) 또는 결합(binding), conformation 정렬 정도 등의 2차 구조(secondary structure) 및 생의약 제품의 2차 구조 분석 등에 매우 유용하다. 이때 2차 구조는 분자 내의 상호 작용이나 분자 사이의 상호 작용에 의해 형성되는 사슬 골격의 주기적인 국부 구조이다.

복굴절과 선형 이색성은 원칙적으로 동일한 기초 정보를 가지고 있으나, 선형 이색성이 측정을 위한 시료의 양이 적고, 사슬의 conformation 변화를 확인하고 분석하기가 쉬우며, 분자 구조로부터 쉽게 계산할 수 있고, 실험의 시간 스케일이 매우 짧아(microsecond 스케일의 분리 가능) 동역학 시스템에도 적용 가능하며, 용매의 존재하에서도 이색성 시그널에 변화가 없는 등의 장점을 가지고 있다.

자외선, 가시광선, 적외선 방사선들은 고분자의 이색성을 발생시킨다. 고분자의 특정 사슬의 광선 흡수를 위해서는 다음 2가지 조건이 요구된다. 즉, 방사선의 진동수가 물질의 진동수와 일치하여야 하고, 광선의 흡수를 위하여 물질의 전이 쌍극자 축(transition dipole axis)과 평행한 입사 방사선의 전기장 성분이 존재하여야 한다. 아래 그림 9.58에 우리 몸의 빌딩 블록(building block)인 단백질의 2차 구조인 α-나선(helix)과 β-시트(sheet)의 구조를 나타내었다. 이들 2차 구조는 −NH 그룹과 −C=O 그룹사이의 강한 수소 결합에 의해 유지된다. 1차 구조는 단백질 사슬을 구성하는 아미노산의 배열 패턴을 나타내고, 2차 구조는 사슬의 국부적 3차원 구조이다. 2차 구조는 단백질의 종류에 따라 달라진다.

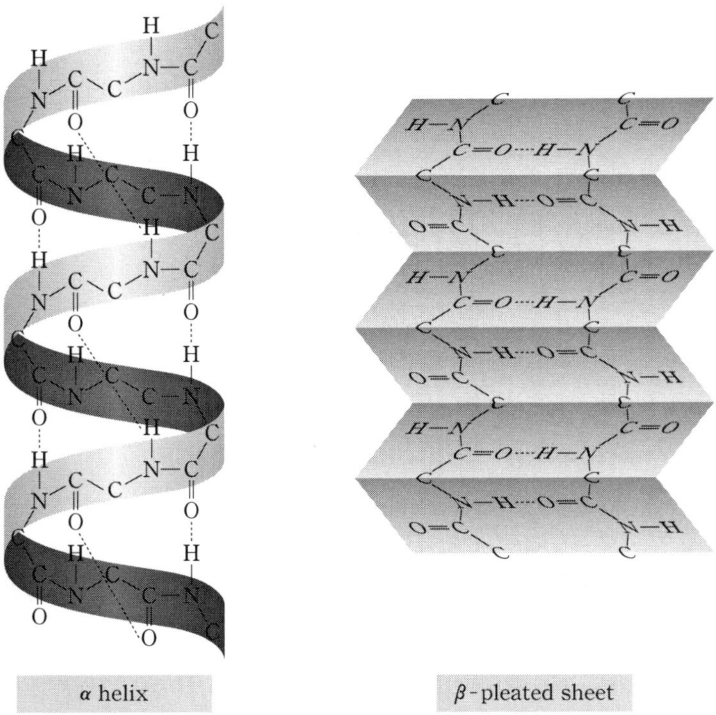

그림 9.58 ❖ 단백질의 2차 구조인 α-나선(helix)과 β-시트(sheet)의 구조

단백질의 β-시트의 구조(주름진 형태를 가짐)에 있어서, 아미노 그룹(amino group)의 배향을 나타내는 선형 이색비(linear dichroic ratio: $R = A_{\parallel}/A_{\perp}$) 값은 그 쌍극자 전이 모멘트에 의해 결정되므로 적외선을 이용하여 선형 이색비를 결정할 수 있다. β-가닥(strand)은 3 ~ 10개 정도의 아미노산 단위로 구성되는 펩티드 사슬(peptide chain: 아미드 결합으로 구성)로서, β-시트 내에서 기울어진 각을 가진다. 아미드 그룹의 배향은 β-가닥 축(axis)에 평행한 방향과 수직인 방향의 2가지 쌍극자 전이 모멘트로 나눌 수 있다. 즉, −C−N 결합과 −C=O 결합이 이루는 각이 공간적으로 특정의 값을 가질 수 있어, 아미드 그룹의 쌍극자 전이 모멘트가 β-가닥의 축 방향에 대하여 수평 및 수직 성분을 가질 수 있게 된다.

이들 두 쌍극자 전이 모멘트를 나타내는 각각의 적외선 흡수 밴드로부터 각 전이 모멘트의 적외선 선형 이색비는 다음과 같이 보고되고 있다. 이때 적외선 흡수 밴드는 편광 투과 모드(polarized transmission mode: 시료에 편광된 적외선을 투과시킴)의 실험으로부터 얻어진다.

β-가닥 축과 수직 방향에 있는 아미노 그룹의 선형 이색비 ($R = 1.05$)
β-가닥 축과 평행 방향에 있는 아미노 그룹의 선형 이색비 ($R = 1.70$)

특히, $R = 1.0$은 전이 모멘트 벡터들이 등방 분포를 하고 있는 경우를 의미한다. 일반적으로는 β-가닥의 축에 평행인 방향으로의 이색비가 β-가닥의 배향을 나타낼 수 있지만, 수직 방향의 이색비를 추가로 확인함으로써 β-가닥 및 β-시트의 배향을 보다 완전하게 정의할 수 있다.

참고문헌

[1] T. Blythe, D. Bloor, *Electrical Properties of Polymers*, 2nd Ed, Cambridge University Press (2008)

[2] R.B Seymour, C.E. Carraher Jr., Chap 4 Optical Properties of Polymers, *Structure-Property Relationship in Polymers*, Springer Link (1984)

[3] *Thernal Analysis Applications Brief* : Characterization of PMMA by Dielectric Analysis, Number TA-102, TA Instruments

[4] H. Wang, L. Yang, X. Zhang, M.H. Ang Jr., *Results in Physics*, 29, 104781 (2021)

[5] Z. Ahmad, Chap 1 Polymer Dielectric Materials, *Dielectric Material*, Interch Open (2012)

[6] A.R. Blythe, G.M. Jeffs, *Journal of Macromolecular Science*, Physics, B3(1), 141 (1969)

[7] S. Mashimo, S. Yagihara, *Macromolecules*, 17, 630 (1984)

[8] D. Boese, F. Kremer, L.J. Fetters, *Macromolecules*, 23, 1826 (1990)

[9] S. Onari, *Journal of Physical Society of Japan*, 26, 500 (1969)

[10] T.H Le, Y.K Kim, H.S Yoon, Polymers, 9, 150(2017).

[11] S.J Cooper, N.P. Brandon, Chap 1 An Introduction to Solid Oxide Fuel Cell Materials, *Technology and Applications Solid Oxide Fuel Cell Life Time and Reliability*, Elsvier Ltd (2017)

[12] A. Karmakar, A. Ghosh, *AIP Advances* 4, 087112 (2014)

[13] Z. Gadjourova, Y.G. Andrew, D.P. Tunstall, P.G. Bruce, *Letters to Nature*, 412, 520 (2001)

[14] D. Mouraliraman, N. Shaji, S. Praveen, M. Nanthagopal, C.W. Ho, M.V. Karthik, T.H. Kim, C.W. Lee, *Nanomaterials*, 12, 1056 (2022)

찾아보기

ㄱ

ㄴ

ㄷ

ㅅ

ㅇ

ㅊ

ㅋ

ㅌ

A

B

D

E

T